Entscheidungen des Reichsgerichts in Zivilsachen

Sammlung der noch wichtigen Entscheidungen nach Fachgebieten geordnet

Herausgegeben

von

Professor Dr. L. **Auerbach**, Berlin,
Präsident des Patentamtes Berlin **Johannes Eylau**, Rechtsanwältin **Charlotte Graf**, Berlin, Ministerialdirektor z. D. Senatspräsident Dr. **Ernst Knoll**, Berlin, Rechtsanwalt **Erich Kummerow**, Berlin, Rechtsanwalt **Hermann Reuss**, Berlin, Rechtsanwalt Dr. **Walter Schmidt**, Düsseldorf, Landgerichtsdirektor **Alexander Swarzenski**, Berlin, Rechtsanwalt Dr. **Werner Vahldiek**, Berlin

Gruppe I Bürgerliches Recht

Recht der Schuldverhältnisse

Teil 1

Berlin 1951

Walter de Gruyter & Co.

vormals G. J. Göschen'sche Verlagshandlung / J. Guttentag, Verlagsbuchhandlung / Georg Reimer / Karl J. Trübner / Veit & Comp.

Recht der Schuldverhältnisse

Herausgegeben

von

Dr. Ernst Knoll

Ministerialdirektor z. D. Senatspräsident

Teil 1

Berlin 1951

Walter de Gruyter & Co.

vormals G. J. Göschen'sche Verlagshandlung / J. Guttentag, Verlagsbuchhandlung / Georg Reimer / Karl J. Trübner / Veit & Comp.

Archiv-Nr. 28 17 51
Satz und Druck: A. W. Hayn's Erben, Berlin SO 36

Vorwort

Bei der Auswahl der Entscheidungen aus dem Schuldrecht war der anfallende Stoff so umfangreich, daß eine strengere Sichtung vorgenommen werden mußte, um das Werk in dem aus wirtschaftlichen Gründen unbedingt gebotenen Rahmen zu halten. Außer den überholten und den — wenigen — ausgesprochen nationalsozialistischen Entscheidungen mußten auch manche Entscheidungen geringerer Bedeutung fortgelassen werden, namentlich auch solche, deren Inhalt in anderen abgedruckten Entscheidungen im wesentlichen wiedergegeben ist, oder welche Rechtsfragen und tatsächliche Verhältnisse betreffen, die in anderen Entscheidungen ähnlicher Art behandelt sind; auch ließ es sich nicht vermeiden, in einzelnen Entscheidungen Kürzungen von Abschnitten geringerer Bedeutung vorzunehmen. Eine solche Auswahl ist nicht leicht und auch für den Bearbeiter, trotz äußerster Sorgfalt, nie restlos befriedigend; sie wird, da die Entscheidung über geringere oder größere Bedeutung für die Gegenwart immer einen subjektiven Einschlag hat, nicht jeden voll zufriedenstellen. Immerhin wird man feststellen können, daß nichts Wesentliches fortgelassen ist.

Die Verteilung des Stoffes auf die verschiedenen Sachgruppen der Bände des Werks war gerade für das Schuldrecht nicht leicht; denn hier behandeln besonders viele Entscheidungen außer den schuldrechtlichen Fragen auch solche anderer Rechtsgebiete. Namentlich auf dem Gebiete der unerlaubten Handlungen und des Haftpflichtrechts spielen Fragen des bürgerlichen und des öffentlichen Rechts (Beamtenrecht, Wege- und Verkehrsrecht, Sozialversicherung) in den einzelnen Fällen stark ineinander. Es empfiehlt sich daher, in solchen Fällen gegebenenfalls auch den Band „Öffentliches Recht" zu Rate zu ziehen.

Dr. Ernst Knoll

Inhaltsverzeichnis

Verzeichnis

der aufgenommenen Entscheidungen aus der alten Sammlung

Die Entscheidungen sind grundsätzlich — von unwesentlichen Streichungen abgesehen — ungekürzt gebracht worden. Ausnahmsweis gekürzte Entscheidungen sind mit einem † gekennzeichnet.

Soweit eine Entscheidung mehrere Fachgebiete betrifft, ist sie nur in einem Fachgebiet aufgenommen worden. Die anderen Gebiete enthalten nur den Leitsatz der betreffenden Entscheidung mit einem Hinweis, wo der vollständige Abdruck erfolgt ist.

Um das Auffinden der Entscheidungen zu erleichtern, wird am Schluß der Sammlung ein Gesamt-Fundstellenregister erscheinen, in dem alle Entscheidungen der amtlichen Sammlung verzeichnet sind. Die in der Sammlung abgedruckten Entscheidungen sind nach der Fundstelle der alten und der neuen Sammlung zitiert; bei den nicht aufgenommenen findet sich ein Hinweis über den Grund des Ausscheidens.

Allgemeiner Teil

Verpflichtung zur Leistung

RGZ. 49, 72

1. Kann dadurch allein, daß der Kläger die Erfüllung der streitigen Verpflichtung an einem bestimmten Orte verlangt, die Zuständigkeit des Gerichtes dieses Ortes gemäß § 29 ZPO. begründet werden?

2. Wo ist mangels besonderer Abrede bei Gattungskäufen die Verpflichtung des Käufers zur Abnahme zu erfüllen? Wird insbesondere für den Käufer eine Verpflichtung, die Ware an dem Wohnsitze oder dem Niederlassungsorte des Verkäufers abzunehmen, dadurch begründet, daß letzterer die Ware an seinem Wohnsitze oder seinem Niederlassungsorte zu übergeben hat, oder dadurch, daß die Ware bereits dem Käufer übersandt, aber nicht angenommen, sondern zurückgesandt worden ist und sich demgemäß wieder im Gewahrsam des Verkäufers befindet?

ZPO. § 29. BGB. §§ 433 Abs. 2, 269 Abs. 1 u. 2.

II. Zivilsenat. Urt. v. 24. September 1901.

I. Landgericht I Berlin. II. Kammergericht daselbst.

Die in Berlin domizilierte Klägerin hatte im Jahre 1900 an den in Elberfeld wohnhaften Beklagten eine Anzahl von Kleidern verkauft und von Berlin nach Elberfeld übersandt. Der Beklagte nahm einen Teil dieser Waren wegen angeblich verspäteter Lieferung nicht an und sandte ihn an die Klägerin nach Berlin zurück, welche die zurückgesandten Waren für den Beklagten in Besitz nahm. Die Klägerin erhob sodann im November 1900 bei dem Landgerichte I Berlin Klage mit dem Antrage, den Beklagten zu verurteilen, von der Klägerin die letzteren Waren zu Berlin abzunehmen.

Der Beklagte wendete die Unzuständigkeit des Gerichts ein, indem er geltend machte: dadurch, daß er nach der Behauptung der Klägerin im Annahmeverzug sei, daß die Klägerin daraufhin die Ware wieder in Besitz genommen habe und nur Abnahme derselben verlange, werde der Erfüllungsort für seine streitige Verpflichtung, welcher der Ort seiner gewerblichen Niederlassung sei, nicht geändert. Die Klägerin suchte dagegen die Zuständigkeit des Landgerichts I

Berlin damit zu begründen, daß sie infolge der Zurücksendung der Ware Besitz von derselben ergriffen habe und also an dem Orte klagen könne, an dem sich die abzunehmende Ware befände und auch der Beklagte seine Abnahmepflicht zu erfüllen habe.

Abweichend von dem Landgerichte, wies das Berufungsgericht die Klage wegen Unzuständigkeit des Gerichtes ab. Die Revision der Klägerin wurde zurückgewiesen aus folgenden

Gründen:

„Der Revision war der Erfolg zu versagen.

Dieselbe macht zunächst geltend, daß die Zuständigkeit des Landgerichts zu Berlin für die gegenwärtige Klage gemäß § 29 ZPO. sich schon aus dem in derselben gestellten Antrage, — den Beklagten *zu verurteilen, die fraglichen Waren von der Klägerin zu* Berlin abzunehmen, — ergebe. Dieser Umstand kann aber nicht als entscheidend für die nach § 29 a. a. O. maßgebende Frage angesehen werden, wo die streitige Verpflichtung zu erfüllen ist. Wenn auch durch den klägerischen Antrag im allgemeinen bestimmt wird, welche Verpflichtung als die streitige anzusehen ist, so kann doch die Klagepartei dadurch allein, daß sie die Erfüllung der streitigen Verpflichtung an einem bestimmten Orte verlangt, nicht nach ihrem Belieben die Zuständigkeit des Gerichts dieses Orts gemäß § 29 ZPO. begründen. Vielmehr kommt es für die Frage, an welchem Orte der Gerichtsstand des Erfüllungsorts gegeben ist, darauf an, wo die den Gegenstand der Klage bildende Verpflichtung an sich nach dem materiellen Rechte zu erfüllen ist, sofern nicht die Vereinbarung eines anderen Erfüllungsorts in der Klage behauptet ist. Da das letztere im gegebenen Falle nicht zutrifft, so hängt die Entscheidung nur von der Beantwortung der Rechtsfrage ab, wo die im § 433 Abs. 2 BGB. neben der Verpflichtung zur Zahlung des Kaufpreises besonders festgesetzte und im gegenwärtigen Prozesse allein geltend gemachte Verpflichtung des Käufers, die gekaufte Sache abzunehmen, ihrer rechtlichen Natur nach zu erfüllen ist. Maßgebend hierfür sind in Ermangelung besonderer handelsrechtlicher Vorschriften lediglich die Bestimmungen des § 269 Abs. 1 und 2 BGB. Hiernach hat eine vertragliche Leistung, also auch die Erfüllung einer Verpflichtung aus dem Kaufvertrage, an dem Orte zu erfolgen, an welchem der Schuldner zur Zeit der Entstehung des Schuldverhältnisses seinen Wohnsitz bzw. seine gewerbliche Niederlassung hatte, sofern nicht ein anderer Ort für die Leistung bestimmt oder aus den Umständen, insbesondere aus der Natur des Schuldverhältnisses, zu entnehmen ist. Da, wie schon bemerkt, im gegebenen Falle eine ausdrückliche Verabredung der Parteien darüber, wo der Beklagte die fraglichen Waren abzunehmen habe, nicht behauptet worden ist, kommt also nur in Frage, ob etwa aus den Umständen, insbesondere aus der Natur des den Gegenstand bildenden Schuldverhältnisses, sich ein anderer als der regelmäßige Erfüllungsort für die streitige Verpflichtung des Beklagten ergibt, namentlich, ob etwa die Tatsachen, daß die abzunehmenden Waren bereits von der Klägerin dem Beklagten übersandt, aber von letzterem nicht angenommen, sondern der Klägerin zurückgeschickt worden sind und sich zur Zeit wieder im Gewahrsam der Klägerin zu Berlin sich befinden, eine Verpflichtung des Beklagten begründen, dieselben in Berlin abzunehmen. Dieses ist zu verneinen. Es handelt sich auch gegenwärtig lediglich um die durch den ursprünglichen Vertrag begründete Verpflichtung des Beklagten zur Abnahme der gekauften Waren, wie sie in § 433 Abs. 2 BGB. vorgesehen ist; denn der klageweise geltend gemachte Anspruch stützt sich im wesentlichen auf die Behauptung, daß der Beklagte die streitigen Waren von der Klägerin gekauft, seine von Anfang an bestehende Verpflichtung aus diesem Kaufvertrage, die Ware abzunehmen, aber nicht erfülllt habe und daher zu deren nachträglicher Erfüllung verpflichtet sei. Durch die weiteren klägerischen Behauptungen, daß der Beklagte die Annahme der ihm schon früher übersandten Waren ohne Grund verweigert und dieselben der Vorschrift des § 379 HGB. zuwider an die Klägerin zurückgeschickt habe, wird ein anderer selbständiger Klagegrund und ein anderer Klaganspruch nicht geltend gemacht; denn aus dem aus diesen weiteren Klagebehauptungen etwa zu folgernden Annahmeverzuge des Beklagten würde höchstens herzuleiten sein, daß derselbe der Klägerin den durch seinen Verzug entstandenen Schaden zu ersetzen habe (§ 304 BGB.), und daß die Klägerin berechtigt sei, mit der streitigen Ware gemäß § 373 HGB. oder § 383 BGB. zu verfahren, was sie aber nach ihrem nur auf Abnahme der Ware gerichteten Klagantrage im gegenwärtigen Prozesse nicht geltend macht. Durch diese nachträglich entstandenen akzessorischen Rechte der Klägerin wird aber an der den Gegenstand der Klage bildenden ursprünglichen Abnahmeverpflichtung des Beklagten und an dem für dieselbe einmal begründeten Erfüllungsorte nichts geändert.

Es fragt sich daher nur, wo die ursprünglich begründete Abnahmeverpflichtung des Beklagten ihrer Natur nach zu erfüllen ist. In dieser Hinsicht aber ist nach § 269 Abs. 1 und 2 BGB. die zur Zeit der Entstehung des Schuldverhältnisses vorhandene Sachlage maßgebend. Das fragliche Kaufgeschäft hat nicht individuell bestimmte, sondern nur ihrer Gattung nach bestimmte Waren zum Gegenstande, bezüglich deren nicht einmal von der Klägerin behauptet ist, daß sie zur Zeit des Verkaufes schon vorhanden oder im Besitze der Klägerin zu Berlin gewesen sind. Es erscheint aber unbedenklich, bei Gattungskäufen gemäß § 269 BGB. anzunehmen, daß der Käufer die ihm obliegende Abnahmepflicht in der Regel an dem Orte zu erfüllen hat, an welchem er zur Zeit des Vertragsabschlusses seinen Wohnsitz bzw. seine gewerbliche Niederlassung hatte; denn gerade die zu dieser Zeit vorhandene individuelle Unbestimmtheit des Kaufgegenstandes schließt die Annahme aus, daß etwa mit Rücksicht auf den letzteren, der bei der Erfüllung der Abnahmeverpflichtung des Käufers hauptsächlich in Betracht kommt, aus der Natur des Schuldverhältnisses ein anderer Ort für die Erfüllung dieser Verpflichtung zu entnehmen sei. Anderseits wird bei einer Verschiedenheit des Wohnsitzes bzw. des Ortes der gewerblichen Niederlassung des Verkäufers und des Käufers für letzteren eine Verpflichtung, die Ware an dem Wohnsitze oder dem Niederlassungsorte des Verkäufers abzunehmen, nicht dadurch begründet, daß der Verkäufer gemäß § 269 BGB. die ihm nach § 433 Abs. 1 BGB. obliegende Uebergabe der Ware in der Regel, wenigstens bei Gattungskäufen, an seinem Wohnsitze oder Niederlassungsorte zu betätigen hat; denn hieraus ist nicht ein gemeinsamer Erfüllungsort für das ganze Vertragsverhältnis herzuleiten (vgl. § 269 BGB.). Vielmehr kann bei der Verschiedenheit der dem einen und dem anderen der Vertragschließenden obliegenden Leistungen der Erfüllungsort für beide auch verschieden sein. Insbesondere fällt bei Distanzkäufen, wie ein solcher hier in Frage steht, die dem Käufer obliegende Abnahme der Ware örtlich nicht notwendig mit der Uebergabe der Ware seitens des Verkäufers zusammen. Der letzteren Verpflichtung genügt der Verkäufer in der Regel dadurch, daß er die Ware an seinem Wohnsitze oder Niederlassungsorte einem Transportunternehmer behufs Uebermittelung an den Käufer übergibt (vgl. § 447 BGB.), während der Käufer sie erst nach ihrer Ankunft am Bestimmungsorte bei der in der Regel an seinem Wohnsitze oder gewerblichen Niederlassungsorte erfolgenden Ablieferung abzunehmen hat.

Vgl. Urteil des I. Zivilsenats des Reichsgerichts vom 18. November 1899 in Gruchot's Beiträgen Bd. 44 S. 1153.

Hiernach ist also im gegebenen Falle Elberfeld, wo die streitige Ware an den dort wohnenden und eine gewerbliche Niederlassung besitzenden Beklagten abzuliefern und somit von ihm abzunehmen ist, nicht aber Berlin als Erfüllungsort für die streitige Verpflichtung desselben anzusehen. Dieses Ergebnis ist auch allein als dem Willen des Gesetzgebers entsprechend zu erachten; denn wenn bei Gattungskäufen die Verpflichtung des Käufers, die Sache abzunehmen, stets am Wohnsitze oder Niederlassungsorte des Verkäufers oder da, wo die von diesem zur Lieferung bestimmte Ware sich gerade zur Zeit der Klage befindet, zu erfüllen wäre, so würde die Anwendung der in § 269 BGB. aufgestellten Regel, daß der Schuldner an seinem Wohnsitze oder Niederlassungsorte zu erfüllen hat, übermäßig beschränkt, und in letzterem Falle überdies eine große Unsicherheit über den Erfüllungsort und über den Gerichtsstand des § 29 ZPO. gegeben sein. Es ist insbesondere nicht anzunehmen, daß der Gesetzgeber für die beiden in § 433 Abs. 2 BGB. bestimmten Verpflichtungen des Käufers, den vereinbarten Kaufpreis zu zahlen und die gekaufte Sache abzunehmen, bei welch ersterer doch in der Regel nur der Wohnsitz oder Niederlassungsort des Käufers als Erfüllungsort in Betracht kommt, einen verschiedenartigen Erfüllungsort habe festsetzen und so dem nur auf Abnahme der Ware und nicht auf Zahlung des Kaufpreises klagenden Verkäufer die Möglichkeit habe gewähren wollen, nach seinem Belieben den Käufer bei einem anderen Gerichte als demjenigen seines Wohnsitzes oder Niederlassungsortes zu belangen." . . .

RGZ. 52, 133*)

Begründet der Vermerk „Erfüllungsort Berlin" auf der gleichzeitig mit der Ware übersandten Faktura dann die örtliche Zuständigkeit der dortigen Gerichte für die Klage gegen den auswärtigen Käufer, wenn in dem früheren Geschäftsverkehr der Parteien die dem Käufer übersandten und von ihm ohne Vorbehalt angenommenen Fakturen denselben Vermerk enthalten hatten?

II. Zivilsenat. Urt. v. 4. Juli 1902.

I. Landgericht I Berlin. II. Kammergericht daselbst.

In der vorliegenden Prozeßsache hatte die beklagte, in Iserlohn domizilierte Firma der gegen sie zum Landgericht Berlin I erhobenen, auf Zahlung des Kaufpreises für von ihr bestellte und ihr gelieferte Waren gerichteten Klage die Einrede der örtlichen Unzuständigkeit entgegengesetzt. Das Landgericht erachtete diese Einrede für begründet, während das Kammergericht auf eingelegte Berufung entgegengesetzt entschied, indem es unter Verwerfung der Unzuständigkeitseinrede die Sache zur Verhandlung über den Anspruch selbst an das Landgericht zurückwies. In den Gründen wird unter anderem ausgeführt, es sei wesentlich auf Grund des Umstandes, daß nicht nur die in Frage stehende Faktura, sondern eine Reihe früherer Fakturen, welche in dem längeren Geschäftsverkehr der Parteien seit dem 30. Mai 1899 von der Klägerin der Beklagten übersandt und von dieser honoriert worden seien, bis auf eine den Vermerk „Erfüllungsort Berlin" mit geschriebenen Lettern hinter der von der Beklagten

*) Vgl. auch Bd. 58 S. 66 (abgedruckt unter „Handelsrecht").

durchgängig innegehaltenen Bedingung „30 Tage mit Skonto 2 Prozent" enthielt, anzunehmen, daß zwischen den Parteien eine Vereinbarung dahin zustande gekommen sei, daß für das fragliche Verhältnis Berlin als Erfüllungsort angesehen werden sollte; danach sei der Gerichtsstand des § 29 ZPO. gegeben.

Auf die Revision der Beklagten wurde das Berufungsurteil aufgehoben.

Aus den Gründen:

„Das Berufungsgericht hat die Zuständigkeit des Landgerichts I Berlin für die Klage gegen die in Iserlohn geschäftlich domizilierte Beklagte auf eine von ihm angenommene stillschweigende Genehmigung des Erfüllungsorts Berlin seitens der Beklagten für das in Frage stehende Geschäft gegründet. Die desfallsigen Ausführungen geben indessen zu rechtlichen Bedenken Anlaß, die zur Aufhebung des angefochtenen Urteils führen müssen.

Nach dem feststehenden Tatbestand hatte die Beklagte bei der Klägerin die Waren, deren Kaufpreis mit der Klage verlangt wird, bestellt, ohne bezüglich des Erfüllungsorts irgendeine Erklärung abzugeben. Die Klägerin hat der Beklagten die Waren übersandt gleichzeitig mit einer Faktura, auf welcher sich der Vermerk „Erfüllungsort Berlin" befindet. Das Berufungsgericht hat bei seiner Entscheidung auch auf dieses Moment ersichtlich Wert gelegt, und es mußte das um deswillen allerdings geschehen, weil bezüglich des speziell in Frage stehenden Geschäfts dieser Fakturenvermerk die einzige vorliegende Erklärung auch der Klägerin ist, daß sie für dasselbe Berlin als Erfüllungsort in Anspruch nehmen wolle. Anderseits ist diese einseitige Aeußerung nach erfolgter Bestellung und nach Abschluß des Vertrages, wie wiederholt vom Reichsgericht ausgesprochen ist, als solche unerheblich. Die Beklagte hatte weder einen Anlaß noch eine Verpflichtung, gegen dieselbe zu protestieren; an sich war nach dem Abschluß des Geschäfts für ihre Vertragsverbindlichkeit gemäß § 269 BGB. lediglich ihr Wohnort Erfüllungsort, der durch die betreffende Notiz auf der Faktura nicht geändert werden konnte. Indem aber das Berufungsgericht auch auf dieses Moment Wert legt, und auf das Stillschweigen der Beklagten selbstredend auch in diesem Falle hinweist, bietet es Anlaß zu dem entscheidenden Bedenken, daß nicht festgestellt ist, daß die Beklagte bereits bei der Bestellung stillschweigend und rechtsverbindlich genehmigt habe, daß für die von ihr durch dieselbe übernommene Vertragsverbindlichkeit Berlin Erfüllungsort sein solle. Dieses Bedenken, welches nicht beseitigt wird durch den Wortlaut der Entscheidungsgründe, die in dieser Hinsicht eine klare Aussprache vermissen lassen, muß aber zur Aufhebung des Urteils führen, indem die Annahme einer nachträglichen Genehmigung auf Grund derartiger einseitiger Vermerke des Verkäufers nach feststehender Rechtsprechung rechtsirrtümlich ist.

Weiter ist aber hervorzuheben, daß, wenn das Berufungsgericht darauf wesentliches Gewicht legt, daß in dem früheren Geschäftsverkehr der Parteien auf einer großen Anzahl von Fakturen derselbe Vermerk „Erfüllungsort Berlin" sich befunden habe — was für die Annahme eines bezüglichen Einverständnisses bereits bei der Bestellung allerdings verwertet werden könnte —, diese Argumentation rechtlich nicht gebilligt werden kann. Das Reichsgericht hat in einem ähnlich liegenden Falle ausgesprochen, daß auch bei fortgesetzten Warenbestellungen und Warenlieferungen der auf den Fakturen befindliche Vermerk über einen anderen Erfüllungsort als denjenigen des Käufers für die folgenden Bestellungen keine rechtliche Bedeutung und Wirkung habe.

Vgl. Holdheim, Monatsschrift für Handelsrecht Bd. 7 S. 275.

Der erkennende Senat tritt dieser Ansicht bei. Für jeden einzelnen Fall der Bestellung war der Vermerk auf der Faktura unerheblich und ohne rechtliche Bedeutung; die Beklagte war in keinem der einzelnen Fälle gehalten, eine Erklärung bezüglich des Vermerks abzugeben oder dagegen zu protestieren; aus ihrem Stillschweigen konnte in keinem Falle ein Präjudiz gegen sie hergeleitet werden. Waren aber die Vermerke jeder für sich ohne rechtliche Bedeutung, so können sie es auch nicht in ihrem Zusammenhang sein. Daß das Wort Berlin auf den Fakturen nicht gedruckt, sondern geschrieben war, ist ebenso unerheblich für die vorliegende Frage, wie der Umstand, daß die Beklagte von einer ihr regelmäßig auf den Fakturen seitens der Klägerin gemachten Skontobewilligung Gebrauch gemacht hat.

Wenn hiernach die vom Berufungsgerichte gegebenen Gründe die Annahme der Zuständigkeit des Landgerichts I Berlin zu rechtfertigen nicht geeignet sind, so konnte doch nicht sofort gemäß § 565 Abs. 3 Ziff. 1 ZPO. durcherkannt werden. Es mußte vielmehr bei Aufhebung des angefochtenen Urteils die Zurückverweisung erfolgen, weil die Klägerin sich auch noch auf ihre, nach ihrer Behauptung der Beklagten übersandte Preisliste, bezogen hat, und es immerhin der Klägerin nachgelassen werden muß, aufzustellen und zu erweisen, daß die in Frage stehende Bestellung von der Beklagten auf Grund der Preisliste und insbesondere unter den auf derselben befindlichen Bedingungen, in welchen Berlin als Erfüllungsort angegeben ist, erfolgt ist."

RGZ. 53, 75*)

Findet die Bestimmung des § 254 BGB. über das mitwirkende Verschulden des Beschädigten auf die aus dem Reichs-Haftpflichtgesetze entspringenden Schadensersatzansprüche Anwendung?

VI. Zivilsenat. Urt. v. 24. November 1902.

I. Landgericht I Berlin. II. Kammergericht daselbst.

Gründe:

„Der Kläger ist nach den Feststellungen der Vorinstanzen in der Nacht zum 26. Dezember 1900 zwischen 12 und 1 Uhr in der Frankfurter Allee zu Berlin, als er im Begriffe war, von einer Leiter aus eine Litfaßsäule an der Ecke der Proskauer Straße zu bekleben, dadurch zu Falle gekommen, daß ein Motorwagen der Beklagten die auf dem Straßendamm in der Nähe der Schienen stehende Leiter streifte und umwarf. Durch den Sturz hat er sich eine erhebliche Verletzung des Fußes zugezogen; für den ihm daraus entstehenden Schaden macht er auf Grund des § 1 des Reichs-Haftpflichtgesetzes die Beklagte verantwortlich, und hat in beiden Vorinstanzen ein obsiegliches Urteil erstritten.

In der Berufungsinstanz hatte die Beklagte den Einwand eigenen Verschuldens des Klägers erhoben, weil er das untere Ende der Leiter unnötigerweise — denn die Schienen seien von der Bordschwelle der Promenade, auf der die Litfaßsäule stehe, noch ¾ bis 1 Meter entfernt — so nahe an das Gleis der Straßenbahn herangestellt habe, daß der Straßenbahnwagen sie habe erfassen müssen . . . Der Kläger behauptete demgegenüber ein Verschulden des Wagenführers der Beklagten: hätte dieser nicht das polizeilich vorgeschriebene Glockensignal beim Ueberschreiten der Proskauer Straße schuldhafterweise unterlassen, so würde er, Kläger, das Herannahen des Motorwagens bemerkt und Zeit gehabt haben, von der Leiter herabzusteigen.

Das Berufungsgericht hat . . . den angebotenen Beweis darüber, daß der Kläger ohne Not die Leiter in unmittelbarer Nähe der Schienen aufgestellt habe, abgelehnt, weil nicht das sachwidrige Aufstellen der Leiter, möge es auch an sich eine Fahrlässigkeit des Klägers nach § 276 BGB. darstellen, den Unfall verursacht habe, sondern die schuldhafte Unterlassung des Fahrers. Dieser habe nicht auf die Fahrtrichtung geachtet; er würde sonst den Kläger auf seiner Leiter gesehen haben, wie ihn auch der auf dem Hinterperron des Wagens stehende Zeuge Z. gesehen habe; er würde alsdann den Kläger durch ein Glockensignal rechtzeitig haben warnen und die

*) Vgl. auch Bd. 63 S. 332 (abgedruckt unter „Schuldrecht, Nebengesetze").

Fahrgeschwindigkeit mäßigen können und müssen; wäre dies aber geschehen, so würde der Unfall vermieden worden sein.

Diese Ablehnung des Beweisantrages über das eigene Verschulden des Klägers und die zu ihrer Begründung gemachten Ausführungen des Berufungsgerichts hat die Beklagte zum Gegenstande ihres Revisionsangriffes gemacht. Sie bezeichnet die in § 254 BGB. aufgestellten Grundsätze über das konkurrierende Verschulden des Beschädigten als verletzt und macht weiter geltend, daß gerade das Versehen des Fahrers, das das Berufungsgericht als die einzige Ursache des Schadens ansehe, für diesen nur dann kausal geworden sein könne, wenn der Fahrer bei Anwendung der erforderlichen Aufmerksamkeit nicht nur den Kläger auf der Leiter, sondern auch die Stellung der Leiter an ihrem unteren Ende hätte wahrnehmen müssen; das sei aber nicht festgestellt und auch von dem vom Berufungsgericht als Gegensatz zum Fahrer verwerteten Zeugen Z. nicht bekundet worden, der vielmehr selbst nach seiner ausdrücklichen Erklärung die Stellung der Leiter nicht wahrgenommen habe.

Die Rüge des Revisionsklägers war für begründet zu erachten.

Das Reichs-Haftpflichtgesetz schließt in § 1 die Haftung des Betriebsunternehmers aus, wenn er beweist, daß der Betriebsunfall durch eigenes Verschulden des Verletzten verursacht ist; es enthält dagegen keine Vorschrift darüber, ob, wenn dem Verschulden des Verletzten wiederum ein Verschulden des Betriebsunternehmers oder seiner Angestellten gegenübersteht, auch in diesem Falle das Verschulden des Verletzten die Haftpflicht des Betriebsunternehmers aufhebt, oder letztere bestehen bleibt. Hier tritt die Bestimmung des § 254 Abs. 1 BGB. ein, wonach, wenn bei der Entstehung eines Schadens ein Verschulden des Beschädigten mitgewirkt hat, die Schadensersatzpflicht wie der Umfang des Ersatzes von den Umständen, insbesondere davon abhängt, von welchem Teile der Schade vorwiegend verursacht worden ist. Der Anwendung des § 254 Abs. 1 BGB. auch für den Rechtskreis des Reichs-Haftpflichtgesetzes, die der erkennende Senat bereits in der Sache preuß. Eisenbahnfiskus w. B., Rep. VI. 180/01, ausgesprochen hat, stehen grundsätzliche Bedenken nicht entgegen. Die Neuredaktion einer Anzahl von Reichsgesetzen im Einführungsgesetze zum Bürgerlichen Gesetzbuch, darunter auch die in Art. 42 vorgenommene des Reichs-Haftpflichtgesetzes, hat den ausgesprochenen Zweck, die Vorschriften dieser Gesetze mit dem Bürgerlichen Gesetzbuch in Einklang zu bringen,

vgl. Motive zum 1. Entwurf des Einführungsgesetzes S. 136,

so daß nunmehr das neue Recht des Bürgerlichen Gesetzbuchs zusammen mit dem in Art. 32 Einf.-Ges. aufrechterhaltenen bisherigen Reichsrecht als eine einheitliche Kodifikation sich darstellt. Daraus ergibt sich aber, daß die allgemeinen Vorschriften des Bürgerlichen

Gesetzbuchs sowohl im ersten Buche wie im ersten Abschnitte des zweiten Buches auch die in den Einzelgesetzen geregelten Rechtsmaterien erfassen, soweit nicht der besondere Zweck und gesetzgeberische Gedanke der letzteren dem entgegensteht,

vgl. Dernburg, BR. Bd. 1 S. 28 unter IV,

und daß diese Anwendbarkeit des Bürgerlichen Gesetzbuchs sich nicht auf die Fälle beschränkt, in denen ausdrücklich in den Sondergesetzen auf die Bestimmungen des Bürgerlichen Gesetzbuchs verwiesen wird. Wie das Berufungsgericht im vorliegenden Falle für den Rechtsbegriff der Fahrlässigkeit zutreffend auf § 276 BGB. sich bezogen hat, so ist auch die Anwendung des § 254 zunächst in seinem Abs. 1 um so mehr unbedenklich, als sein Inhalt sich mit dem bei Auslegung des Reichs-Haftpflichtgesetzes von der Rechtsprechung entwickelten Rechtssatze,

daß bei beiderseitigem Verschulden eine Abwägung desselben einzutreten habe, und das schwerer wiegende Verschulden als die ausschlaggebende Ursache des Unfalles zu erachten sei,

vgl. die bei Eger, Reichs-Haftpflicht-Gesetz 5. Aufl. S. 160 bis 169, angezogenen Entscheidungen des Reichsoberhandelsgerichts und des Reichsgerichts,

vollständig deckt und diesem nur den weiteren, bereits im § 287 (früher § 260) ZPO. begründeten,

vgl. Protokolle der 2. Kommission Bd. 1 S. 300,

Satz hinzufügt, daß der Richter bei konkurrierendem Verschulden des Beschädigten die Ersatzpflicht nach Verhältnis der Verursachung des Schadens durch den einen oder anderen Teil ermäßigen könne; dieser Satz steht aber mit dem Zweck des Reichs-Haftpflichtgesetzes nicht im Widerspruch, ergänzt dieses vielmehr in förderlicher Weise. Daß trotzdem in der Literatur,

vgl. Eger, a. a. O. S. 161; Planck, Bürgerliches Gesetzbuch Bd. 6 Nr. 7 zu Art. 42; v. Reetz, Blätter für Rechtsanwendung Bd. 64 S. 91,

dem § 254 BGB. die Anwendbarkeit auf den Kreis des Reichs-Haftpflichtgesetzes bisher überhaupt versagt wurde, erklärt sich durch die Verhandlungen der 2. Kommission über Art. 42 (24) Einf.-Ges. zum BGB., die eine Verweisung auf § 254 im Reichs-Haftpflichtgesetze selbst ablehnte. Allein die hier ausgesprochenen Bedenken treffen lediglich den Abs. 2 des Paragraphen (Prot. Bd. 6 S. 594 flg.); inwieweit sie begründet sind, und ob die Aufstellung der Diligenzpflicht des Beschädigten, vielleicht auch noch die Anziehung des § 278 BGB. in dem Abs. 2 mit den Grundgedanken des Reichs-Haftpflichtgesetzes zu vereinen sind oder nicht, steht gegenwärtig nicht zur Entscheidung.

Von den in § 254 Abs. 1 BGB. und durch die Rechtsprechung für das Reichs-Haftpflichtgesetz entwickelten Gesichtspunkten aus ist auch im vorliegenden Streitfalle die Frage zu lösen, ob und in welchem Umfange die Beklagte für den Schaden, den der Kläger erlitten hat, verantwortlich zu machen ist. Hierbei sind alle Umstände des konkreten Falles in Betracht zu ziehen. Deren Würdigung aber hat das Berufungsgericht unterlassen. Es hat die Beweiserhebung über das Verschulden des Klägers abgelehnt, weil das etwaige sachwidrige Aufstellen der Leiter nicht die Ursache des Unfalles gewesen sei, und es hat das Verschulden des Fahrers als die alleinige Ursache des letzteren hingestellt, weil, wenn dieser pflichtgemäß gehandelt hätte, der Unfall jedenfalls vermieden worden wäre. Allein daß die eigene Handlungsweise des Klägers zu dem schädlichen Erfolge mitwirkend kausal gewesen ist, kann bei richtiger Auffassung des Rechtsbegriffes der Kausalität nicht wohl geleugnet werden; denn gerade sie hat erst die Möglichkeit des Unfalles begründet, und wie dieser durch pflichtgemäßes Handeln des Fahrers vermieden worden wäre, so hätte er bei sorgfältigem Handeln des Verletzten, die Behauptung der Beklagten von dem schuldhaften Handeln des Klägers als richtig vorausgesetzt, überhaupt nicht eintreten können. Auch die Rüge des Revisionsklägers ist begründet, daß das Berufungsgericht, obwohl es dem Fahrer die ganze Schuld an dem Unfalle beimißt, gar nicht festgestellt habe, daß dieser die gefährliche Stellung der Leiter an ihrem unteren Ende bei der nächtlichen Beleuchtung überhaupt erkennen konnte; jedenfalls hat sie der Zeuge Z., auf Grund dessen Wahrnehmung das Berufungsgericht das allein ursächliche Verschulden des Fahrers annimmt, nach seiner ausdrücklichen Bekundung nicht gesehen. Würde sich bei Ermittlung des Sachverhaltes herausstellen, daß der Kläger in sorglosester Weise ohne Not das Fußende der Leiter in eine derartige Nähe des Schienengleises gestellt hat, daß er sich sagen m u ß t e, sie würde durch einen herankommenden Motorwagen umgeworfen werden, andererseits daß der Fahrer das untere Ende der Leiter erst in solcher Nähe wahrnehmen konnte, daß das Umstoßen der Leiter nicht mehr zu vermeiden war, so würde voraussichtlich das Verschulden des Klägers als das maßgebende, das des Fahrers, wenn er auch immerhin den Vorschriften über die Signale und das Fahren bei Straßenübergängen zuwidergehandelt hat, als das geringere erscheinen; anders wieder, wenn der Raum für eine sichere Aufstellung der Leiter etwa nur knapp, und deren Aufstellung auch derartig war, daß der Kläger, weil er das Maß des Uebergreifens der Motorwagen über das Gleis nicht genau abzuschätzen vermochte, das Umstoßen der Leiter nicht voraussehen mußte.

Diesen für die rechtliche Entscheidung notwendigen Ermittlungen hat sich das Berufungsgericht entzogen. . . Bei der neuen Entscheidung ist im Falle der Annahme eines beiderseitigen kausalen Verschuldens auch in Erwägung zu ziehen, ob etwa eine Verteilung des Schadens nach Maßgabe des § 254 Abs. 1 BGB. einzutreten hat, und deshalb eine Beschränkung des Umfanges der Ersatzpflicht der Beklagten auszusprechen ist."

RGZ. 54, 237

Kann der vertretungsberechtigte Gesellschafter einer offenen Handelsgesellschaft, der gegen die Bestimmung des Gesellschaftsvertrages ohne Genehmigung der übrigen Gesellschafter im Namen der Gesellschaft aus Mitteln der Gesellschaft ein Grundstück in der Zwangsversteigerung erstanden hat, gegen den Anspruch der Mitgesellschafter auf Rückzahlung des für den Erwerb aus der Gesellschaftskasse Entnommenen zur Gesellschaftskasse geltend machen, daß er zur Rückzahlung nur Zug um Zug gegen Auflassung des auf den Namen der Gesellschaft im Grundbuche eingetragenen Grundstücks verpflichtet sei?

BGB. §§ 273, 274.

I. Zivilsenat. Urt. v. 8. April 1903

I Landgericht Hannover II Oberlandesgericht Celle

Der Beklagte war vertretungsberechtigter Gesellschafter der offenen Handelsgesellschaft M. & W. zu Hannover, durfte aber nach dem Gesellschaftsvertrage ohne schriftliche Genehmigung aller Gesellschafter Grundbesitz für die Gesellschaft nicht erwerben Nachdem er 1901 ohne diese Genehmigung ein Werftgrundstück in Danzig in der Zwangsversteigerung namens der Gesellschaft erstanden und dafür 45 000 M. aus der Gesellschaftskasse entnommen, auch bei der Kaufgelderbelegung eine eingetragene Hypothek übernommen hatte, klagten die Mitgesellschafter auf Rückzahlung der 45 000 M. zur Gesellschaftskasse und Befreiung von der Hypothek

Der erste Richter verurteilte den Beklagten nach der Klage. In der Berufungsinstanz machte der Beklagte u. a. geltend, daß er zur Rückzahlung und zur Befreiung von der Hypothek nur Zug um Zug gegen Auflassung des auf den Namen der Gesellschaft im Grundbuche eingetragenen Grundstücks verpflichtet sei. Dementsprechend erkannte der Berufungsrichter. Sein Urteil ist auf die Revision der Kläger aufgehoben, und das erste Urteil wiederhergestellt

Aus den Gründen:

. . . „Streit besteht nur noch darüber, ob der Beklagte die Rückerstattung der aus der Gesellschaftskasse entnommenen Beträge und die Befreiung der Gesellschaft von der Verpflichtung aus der Uebernahme der Hypothek nur Zug um Zug zu leisten habe gegen Auflassung des Grundstücks an ihn.

. . . Es versteht sich von selbst und wird auch von dem Vertreter der Revision der Kläger nicht in Zweifel gezogen, daß die Kläger nicht den für die Gesellschaft vom Beklagten gemachten Erwerb zurückweisen und Erstattung der Aufwendungen fordern und zu gleicher Zeit den Erwerb für die Gesellschaft in Anspruch nehmen können. Aber davon ist auch nicht die Rede. Die Kläger fordern in der Hauptsache mit der Klage aus dem Gesellschaftsvertrage zur Gesellschaftskasse zurück, was der Beklagte aus der Gesellschaftskasse ohne ihre Genehmigung und ohne Recht entnommen hat. Von einer Verpflichtung der Kläger zu einer Leistung Zug um Zug könnte, da die Anwendung der §§ 320, 322 Abs. 1 BGB. ohne weiteres ausgeschlossen ist, nur die Rede sein, wenn durch die Entnahme des Geldes aus der Gesellschaftskasse und dessen Verwendung für den Erwerb des Grundstücks ein Rechtsverhältnis im Sinne der §§ 273, 274 BGB. zwischen den Klägern und dem Beklagten entstanden wäre. Nach § 273 soll der Schuldner, der aus demselben rechtlichen Verhältnis, auf dem seine Verpflichtung beruht, gegen den Gläubiger einen fälligen Anspruch hat, die von ihm geschuldete Leistung verweigern dürfen, bis die ihm gebührende Leistung bewirkt wird, sofern nicht aus dem Schuldverhältnis sich ein anderes ergibt. Nach § 274 Abs. 1 hat dies die Wirkung, daß der Schuldner nur zur Leistung Zug um Zug zu verurteilen ist. Aber diese Vorschriften sind auf den vorliegenden Fall nicht anwendbar.

Durch die unberechtigte Entnahme und Verwendung der Beträge wurde der Beklagte lediglich Schuldner der Gesellschaft und seiner Mitgesellschafter, der Kläger. Einen Anspruch aus dieser unberechtigten Handlung kann der Beklagte gegen die Kläger nicht erworben haben und hat er nicht erworben, weil die Kläger den Erwerb durch ihn mit den Mitteln der Gesellschaft als Erwerb für die Gesellschaft nicht gelten zu lassen brauchen und nicht gelten lassen wollen. In dem rechtlichen Verhältnis zwischen den Klägern und dem Beklagten ist der Erwerb materiell Erwerb des Beklagten, aus dem er Schuldner der Gesellschaft geworden ist, weil er Mittel der Gesellschaft dazu verwendet hat. Anders liegt der Fall, wo der Vertreter, Beauftragte oder Geschäftsführer ohne Auftrag mit eigenen Mitteln für einen anderen erworben hat, und der andere den Erwerb genehmigt oder zu genehmigen verpflichtet ist, Gläubiger des Anspruchs auf das Erworbene, zugleich aber Schuldner des für den Erwerb Aufgewendeten ist. Davon ist hier nicht die Rede. Der Beklagte hat aus der unberechtigten Ersteigerung des Grundstücks und dem unberechtigten Ankauf der Sachen einen Anspruch gegen die Gesellschaft oder die Kläger nicht erworben.

ist vielmehr nur Schuldner der Gesellschaft und der Kläger geworden, nicht deren Gläubiger. Daran wird dadurch nichts geändert, daß die gekauften Sachen, wie anzunehmen, dem Beklagten für die Gesellschaft übergeben sind, noch weniger dadurch, daß der Beklagte ohne Recht die Eintragung des Grundstücks auf den Namen der Gesellschaft im Grundbuch . . . herbeigeführt hat. Durch diese widerrechtlichen, willkürlichen, vertragswidrigen Maßnahmen allein kann eine Verpflichtung der Gesellschaft oder gar der Kläger nicht begründet werden, der Beklagte nicht Gläubiger der Kläger geworden sein. Nach der dargelegten rechtlichen Gestaltung der Sache entsteht eine Verpflichtung der Kläger, und werden die Kläger Schuldner des Beklagten erst dann, wenn der Beklagte zurückerstattet hat, was er unberechtigt aus der Gesellschaftskasse entnommen, und die Gesellschaft und die Kläger von der Verpflichtung aus der Hypothekübernahme befreit hat. Dann werden die Kläger allerdings verpflichtet sein, auf Kosten des Beklagten zum Grundbuch alle die Erklärungen abzugeben, die erforderlich sind, um die formelle Legitimation zu beseitigen, welche die Eintragung in das Grundbuch auf den Namen der Gesellschaft als Eigentümerin des Grundstücks und der Hypothek gewährt, und um zugleich den Erwerb des Grundstücks, den die Gesellschaft für sich ablehnt, als Erwerb des Beklagten erscheinen zu lassen. Aber es fehlt an jedem Rechtsgrunde dafür, daß die Kläger diese Verpflichtung auch nur Zug um Zug gegen das, was der Beklagte zu leisten hat, zu erfüllen haben. Diese Verpflichtung entsteht vielmehr erst dann, wenn der Beklagte seine Verpflichtung erfüllt hat." . . .

RGZ. 55, 329

Ist der Rechtsanwalt, welcher im Namen seines Mandanten einen Gerichtsvollzieher mit Ausführung der Zwangsvollstreckung gegen einen Schuldner beauftragt hat, in Ansehung des durch gesetzwidrige Vornahme der Pfändung von dem Gerichtsvollzieher dem Gläubiger verursachten Schadens als eine Person anzusehen, deren Verschulden der Beschädigte wie eigenes Verschulden im Sinne von § 254 Abs. 2 und § 278 BGB. zu vertreten hat?

VI. Zivilsenat. Urt. v. 5. Oktober 1903.

I. Landgericht Flensburg. II. Oberlandesgericht Kiel.

Am 11. Juni 1901 nahm der Beklagte, Gerichtsvollzieher P., im Auftrage des Prozeßbevollmächtigten der Klägerin bei einem Schuldner derselben Pfändung vor und pfändete dabei mehrere Stücke Vieh. Diese Pfändung wurde in der Folge von dem zuständigen Gericht aufgehoben, weil das fragliche Vieh zum Wirtschaftsbetriebe des dem Schuldner gehörigen Landgutes bestimmt und danach Zubehör des Landgutes sei. In dem kurz darauf über das Vermögen des Schuldners eröffneten Konkursverfahren fiel die Klägerin mit ihrer Forderung zum größten Teil aus. Sie verlangte von dem Beklagten wegen des Ausfalles Schadensersatz, weil dieser fahrlässigerweise die gesetzlich unzulässige Pfändung vorgenommen habe, während zur fraglichen Zeit ein der Pfändung unterworfenes Warenlager des Schuldners vorhanden gewesen sei, aus welchem die Klägerin volle Befriedigung gefunden haben würde. Das Landgericht verurteilte nach dem Klagantrage; die Berufung des Beklagten wurde zurückgewiesen. Auf die Revision desselben ist das Berufungsurteil aufgehoben worden.

Aus den Gründen:

. . . „ Zu rechtlichen Bedenken gibt . . . der letzte Teil der Urteilsbegründung Anlaß, welchen denn auch die Revision zum Gegenstande des Angriffs gemacht hat. Der Beklagte hat laut Tatbestandes geltend gemacht: die Klägerin treffe überwiegendes eigenes Verschulden; die Pfändung sei erfolgt im Auftrage des Vertreters der Klägerin, des Rechtsanwaltes B.-Sch. in Flensburg. Das Pfändungsprotokoll über die am 11. Juni 1901 vorgenommene Pfändung sei dem genannten Rechtsanwalt an demselben Tage übersandt worden und spätestens am 12. Juni 1901 in seinen Besitz gelangt. Ihm habe es obgelegen, den Inhalt des Protokolles genau zu prüfen; er hätte aus demselben ersehen müssen — und habe auch anderweit gewußt —, daß der Schuldner Landwirtschaft betrieb. Es hätte ihm deshalb auffallen müssen, daß der Gerichtsvollzieher nicht gemäß § 60 der Geschäftsanweisung für Gerichtsvollzieher einen landwirtschaftlichen Sachverständigen zur Pfändung zugezogen gehabt habe. Das Schreiben des Rechtsanwaltes B.-Sch. vom 11. August 1901 beweise, daß er diesen Umstand auch bemerkt habe. Er hätte — meint der Beklagte — sofort beim Gerichtsvollzieher nachfragen und diesen eventuell alsbald mit der Pfändung anderer Gegenstände beauftragen müssen. Für die tatsächlichen Angaben wurde Rechtsanwalt B.-Sch. als Zeuge benannt. Das Berufungsgericht weist diese Einwendung des Beklagten mit der Begründung zurück: auf ein Verschulden des Rechtsanwaltes B.-Sch. komme es nicht an, weil der Beklagte, auch wenn ein solches vorliegen sollte, der Klägerin hafte. Eine Verantwortung der Klägerin aber im Sinne des § 254 BGB. aus einem etwaigen Verschulden des genannten Rechtsanwaltes könne nicht in Frage kommen, weil die Voraussetzungen des § 278 BGB. nicht gegeben seien. Weshalb das Berufungsgericht diese Voraussetzungen nicht als gegeben ansieht, wird nicht näher gesagt. Offenbar aber liegt jener Erwägung, wenn auch nicht — wie die Revision zunächst rügt — eine mißverständliche Auffassung der Rechtsverteidigung des Beklagten, so doch eine unrichtige Auslegung der in Frage stehenden Gesetzesvorschriften zugrunde. Denn allerdings erscheint hier bei Unterstellung der von dem Beklagten behaupteten Tatsachen die Anwendung des § 254 in Verbindung mit § 278 BGB. als gegeben.

Nach § 254 Abs. 2 BGB. gelten die Vorschriften des ersten Absatzes auch dann, wenn sich das Verschulden des Beschädigten darauf beschränkt, daß er unterlassen hat, den Schuldner auf die Gefahr eines ungewöhnlich hohen Schadens aufmerksam zu machen, die der Schuldner weder kannte, noch kennen mußte, oder daß er unterlassen hat, den Schaden abzuwenden oder zu mindern. „Die Vorschrift des § 278 findet entsprechende Anwendung." Der § 278 aber bestimmt, daß der Schuldner ein Verschulden seines gesetzlichen Vertreters und der Personen, deren er sich zur Erfüllung seiner Verbindlichkeit bedient, in gleichem Umfange zu vertreten hat, wie ein eigenes Verschulden. Indem das Gesetz für den Fall des § 254 Abs. 2 die entsprechende Anwendung des § 278 vorschreibt, geht es von der Unterstellung aus, daß der Beschädigte dem Gegner verpflichtet sei, ihn auf die Gefahr eines ungewöhnlich hohen Schadens aufmerksam zu machen, ebenso auch verpflichtet, den Schaden abzuwenden oder zu mindern. In Ansehung dieser Verpflichtung wird der Geschädigte als „Schuldner" behandelt und für ein Verschulden derjenigen Personen verantwortlich gemacht, die ihn in der Erfüllung der Verbindlichkeit — wie allgemein der gesetzliche Vertreter — zu vertreten haben, oder deren er sich hierzu als seiner Gehilfen bedient. Nicht genannt ist in § 278 neben dem gesetzlichen auch der rechtsgeschäftliche, sog. gewillkürte Vertreter; und dies mit gutem Grund. Denn „der Fall, wenn der Schuldner einen Dritten zu seiner rechtsgeschäftlichen Vertretung bestellt hat, kommt hier nicht in Betracht, weil die rechtsgeschäftliche Vertretung in der in Frage stehenden Beziehung an sich unerheblich erscheint und nur von Belang wird, wenn der Stellvertreter bei der Bewirkung der Leistung tätig ist, in welchem Falle er als faktischer Vertreter jedem anderen gleich steht, dessen sich der Schuldner bei Bewirkung der Leistung bedient, sei es, daß dieser andere die Leistung allein bewirkt, oder dabei nur helfend tätig wird."

So die Motive zu § 224 Abs. 2 des Entwurfes S. 29; Mugdan, Materialien Bd. 2 S. 16.

Wenn daher der rechtsgeschäftliche Vertreter zwar nicht als solcher zu den in § 278 BGB. bezeichneten Personen gehört, so kann er doch gegebenenfalls sehr wohl als Gehilfe bei Erfüllung einer Verbindlichkeit in Betracht kommen; es ist auch möglich, daß es sich bei der Erfüllung gerade um Vornahme einer rechtlichen Vertretung handelt.

Vgl. Planck, BGB. Bd. 2 zu § 278 Bem. 1 S. 50; Oertmann, Schuldverhältnisse zu § 278 Bem. 2b; Schollmeyer, Das Recht der Schuldverhältnisse zu § 278 Bem. 1b S. 103; Endemann, Bürgerliches Recht 8. Aufl. Bd. 1 § 116 S. 655 Anm. 14; Cosack, Lehrbuch des Deutschen bürgerlichen Rechts 4. Aufl. Bd. 1 § 71 Ziff. VI b; Rehbein, Bürgerliches Gesetzbuch Bd. 2 zu §§ 241 bis 292 Bem. 91 S. 104; Nußbaum, Die Haftung für Hilfspersonen S. 44. 56 flg.

Auf den § 254 Abs. 2 BGB. angewandt, bedeutet die fragliche Bestimmung also, daß der Beschädigte verantwortlich ist für ein Verschulden in Unterlassung der Schadensabwendung, welches einem von ihm für die Erfüllung dieser Verpflichtung beigezogenen Gehilfen zur Last fällt. Es mag für Anwendung dieser, bei kontraktlichem wie bei außerkontraktlichem Schaden geltenden, Vorschrift in mehrfacher Richtung zweifelhaft werden, ob und inwieweit ein Beauftragter, Bevollmächtigter, Angestellter des Beschädigten als dessen Vertreter bzw. Gehilfe in Hinsicht der Pflicht zur Abwendung des Schadens anzusehen sei. Keinenfalls darf die Grenze so eng gezogen werden, daß die betreffende Person gerade speziell für die Tätigkeit der Schadensabwendung usw. zugezogen oder doch hiermit besonders beauftragt sein müßte. Vielmehr ist anzunehmen, daß der Beschädigte sich im Sinne des Gesetzes des anderen zur Erfüllung seiner Verbindlichkeit bediene, wenn nur dieser andere mit der Wahrnehmung der Angelegenheit, in welcher der Schade eintrat, betraut oder zur Pflege des geschädigten Gutes bestellt war.

Vgl. Schollmeyer, a. a. O. zu § 254 Bem. 6c S. 46; Planck, a. a. O. zu § 254 Bem. 4 S. 26; Staudinger, Kommentar zu § 254 Bem. 7; Rehbein, a. a. O. zu §§ 241—292 S. 62; Cosack, a. a. O. § 90 Ziff. V 2, b). S. übrigens Endemann, a. a. O. Bd. 1 § 132 S. 761 Anm. 25.*)

Wenn — wie vorliegendenfalls — ein Gläubiger seinen Rechtsanwalt mit der Betreibung einer Zwangsvollstreckung gegen den Schuldner betraut, und der Rechtsanwalt seinerseits einen Gerichtsvollzieher mit Ausführung einer Pfändung beauftragt hatte, in der Weise, daß der Gerichtsvollzieher dem Rechtsanwalt über Erledigung des Auftrages zu berichten und die urkundlichen Belege hierfür einzureichen hatte, so ist unbedenklich der beauftragte Rechtsanwalt als eine Person anzusehen, deren sich der Gläubiger dem Gerichtsvollzieher gegenüber zur Erfüllung seiner Verbindlichkeit in Absicht auf einen ihm etwa aus der Tätigkeit des letzteren zugehenden Schaden bedient. Eine damit freilich noch nicht entschiedene, weitere Frage ist es, ob die so mit der betreffenden Angelegenheit betraute Person ein Verschulden trifft, wenn sie unterlassen hat, Schaden abzuwenden oder zu mindern, was im konkreten Falle nach dem zwischen

*) Teilweise abweichend: Gottschalk, Das mitwirkende Verschulden des Beschädigten S. 121 flg.

dieser Person und dem Beschädigten bestehenden Rechtsverhältnisse und nach Maßgabe der allgemeinen Grundsätze (§ 276 BGB.) zu beurteilen ist.

Ob man im gegenwärtigen Falle, auch abgesehen von den Bestimmungen in § 254 Abs. 2 und § 278 BGB., schon unmittelbar aus § 254 Abs. 1 BGB. eine Verantwortlichkeit der Klägerin für ein Verschulden ihres Rechtsanwaltes unter dem von der Revision geltend gemachten Gesichtspunkte ableiten dürfte, daß der Rechtsanwalt B.-Sch. im Verhältnis zum Beklagten der (rechtsgeschäftliche) Vertreter der Klägerin im Sinne von § 164 Abs. 1. § 166 BGB. gewesen, und sein, hiernach von der Klägerin zu vertretendes, Verschulden zur Entstehung des Schadens mitwirksam geworden sei, kann hier unentschieden bleiben, da das Berufungsurteil jedenfalls wegen der zu Unrecht abgelehnten Anwendung des § 254 Abs. 2 BGB. der Aufhebung unterliegt.

Zur Aufrechterhaltung des Urteils gelangt man nämlich auch nicht auf dem Wege der Prüfung, ob bei dem vom Beklagten behaupteten Sachverhalte dem Rechtsanwalt B.-Sch. ein Verschulden überhaupt zur Last gelegt werden könnte. Denn diese Frage läßt sich keinenfalls — wie die Revisionsbeklagte will — schon jetzt in verneinendem Sinne entscheiden. Wenn auch nicht ganz allgemein eine Verpflichtung des den Gläubiger vertretenden Rechtsanwaltes bestehen mag, das ihm von dem Gerichtsvollzieher übersandte Pfändungsprotokoll auf die gesetzmäßige Ausführung der Pfändung nachzuprüfen, so werden doch in einem Falle, wo dem Rechtsanwalt (wie hier behauptet wird) aus dem Pfändungsprotokoll in Verbindung mit den ihm sonst bekannten Umständen ersichtlich geworden ist, daß die Pfändung fehlerhaft vorgenommen war, für ihn Anlaß und Pflicht zur Ergreifung geeigneter Maßregeln gegeben sein. Bei der Verantwortung des Beschädigten nach § 254 Abs. 2 BGB. kommt für ein Verschulden des Vertreters oder Gehilfen dessen persönliche Sach- und Rechtskenntnis mit in Betracht, und die Anschauung, daß die Klägerin wegen Unterlassung einer Maßnahme, welche man von ihr, falls sie selbst die Angelegenheit besorgt hätte, nicht verlangen könnte, auch nicht verantwortlich sei, nachdem sie hierzu einen Rechtsanwalt bestellt habe, ist als unzutreffend abzulehnen." . . .

RGZ. 56, 267

Unter welchen Voraussetzungen bleibt der Käufer wandlungsberechtigt, wenn die Unmöglichkeit, die Sache zurückzugeben, zu einem Zeitpunkte eintritt, in dem der Verkäufer sich bereits im Rücknahmeverzug befand? Einfluß eines Mitverschuldens des Käufers.

BGB. §§ 254 Abs. 1, 300 Abs. 1, 351, 353.

V. Zivilsenat. Urt. v. 9. Dezember 1903.

I. Landgericht Ostrowo. II. Oberlandesgericht Posen.

Klägerin, die vom Beklagten ein Hotelgrundstück in K. mittels notariellen Vertrages vom 23. Mai 1901 gekauft und im Juni 1901 übergeben und aufgelassen erhalten hatte, klagte, nachdem sie Ende Oktober 1901 dem Beklagten ihren Rücktritt vom Vertrage erklärt hatte, weil das Hotelgebäude mit Schwamm und Mauerfraß behaftet sei, auf Rücknahme des Grundstücks und änderte, weil im Laufe des Prozesses das Grundstück zur Zwangsversteigerung gekommen war, demnächst den Antrag dahin ab, daß sie nunmehr unter anderm die Verurteilung des Beklagten zur Rückzahlung von 10 985,36 M. als eines Teils der von ihr geleisteten baren Anzahlung verlangte. Beklagter bestritt, zur Wandlung verpflichtet zu sein, da Klägerin durch ihre schlechte Wirtschaft die Zwangsversteigerung verschuldet habe und gegenwärtig zur Rückgabe des Grundstücks außerstande sei. Der erste Richter erkannte auf einen Eid für den Beklagten; der zweite Richter verurteilte ihn durch Teilurteil zur Zahlung von 8332,44 M. Auf die von ihm eingelegte Revision ist dieses Urteil aufgehoben worden.

Aus den Gründen:

. . . „Weiterhin stellt der Berufungsrichter fest, daß sich zur Zeit der Uebergabe des Hotels Schwamm in dem Gebäude befunden habe. Gegenüber dem danach begründeten Wandlungsanspruche der Klägerin erachtet er den Umstand, daß dieser Anspruch nachträglich infolge der Unmöglichkeit einer Rückgewähr des Grundstücks hinfällig geworden ist, für unerheblich, weil Beklagter, der bereits Ende Oktober 1901 der damals an ihn ergangenen Aufforderung der Klägerin zur Wandlung hätte nachkommen müssen, sich zur Zeit der Klaganstellung im Verzuge befunden habe, dieser Verzug die Ursache der Ende des Jahres 1901 erfolgten Einleitung der Zwangsversteigerung gewesen sei, und daher die dadurch bewirkte Hinfälligkeit des Wandlungsanspruches von ihm, dem Beklagten, vertreten werden müsse. Selbst wenn, wie der Beklagte behaupte, die Zwangsversteigerung durch die Vernachlässigung der Wirtschaft seitens der Klägerin verschuldet sein sollte, würde dennoch, da es bei unverzüglicher Rücknahme des Grundstücks keinesfalls zur Zwangsversteigerung gekommen wäre, der Verzug des Beklagten vorwiegend als Ursache für die Unmöglichkeit der Rückgewähr des Grundstücks anzusehen, und deshalb durch jenes Mitverschulden der Klägerin der nach §§ 280 Abs. 1, 286 BGB. begründete Schadensersatzanspruch der letzteren gemäß § 254 Abs. 1 BGB. nicht ausgeschlossen sein. Der Schadensersatz bestehe in der Ersatzleistung dafür, daß Klägerin infolge der Unmöglichkeit, das Grundstück zurückzugewähren, ihres Wandlungsanspruchs verlustig gegangen sei. Dahin gehöre, wie schon jetzt feststehe, die Rückzahlung des bar empfangenen Kaufgeldes in Höhe eines Betrages von 8332,44 M. In dieser Höhe sei daher der geltend gemachte Anspruch der Klägerin durch Urteil zuzusprechen gewesen." (Es folgt nunmehr eine Ausführung, daß der Hauptangriff der Revision sich erledige, weil das Berufungsurteil schon aus anderen Gründen aufgehoben werden müsse, und daß es in letzterer Hinsicht zunächst an einer ausreichenden Feststellung des Rücknahmeverzugs des Beklagten fehle. Sodann wird fortgefahren:)

„Aber auch wenn mit dem Berufungsrichter davon ausgegangen wird, die Klägerin sei zur Zeit ihrer Rücktrittserklärung zum Rücktritt berechtigt gewesen, leidet das Berufungsurteil an einem Mangel, der ebenfalls zur Aufhebung führen muß. Für die Annahme, daß der Beklagte durch seinen Rücknahmeverzug nicht bloß die später eingetretene Zwangsversteigerung verschuldet habe, sondern sein Verschulden auch gegenüber dem etwaigen Mitverschulden der Klägerin das überwiegende sei, hat der Berufungsrichter eine tatsächliche Begründung nicht gegeben. Er scheint der Meinung zu sein, der bloße Eintritt des Verzugs auf seiten des Beklagten habe die Klägerin jeder Verantwortlichkeit in bezug auf die weiteren Schicksale der zurückzugebenden Sache überhoben; namentlich brauche sie nicht dafür einzustehen, daß das Grundstück ihr demnächst durch die Zwangsversteigerung entzogen worden sei. Das Rechtsirrtümliche dieser Auffassung ergibt sich schon, wenn man § 353 BGB. in Betracht zieht. Hier wird rücksichtlich der Frage, inwieweit der Rücktrittsberechtigte durch eine Weiterveräußerung der empfangenen Sache zu deren Rückgabe außerstande gesetzt wird, die Zwangsversteigerung auf eine Stufe mit der freiwilligen Veräußerung gestellt. Vom Standpunkte der Rechtsauffassung des Berufungsrichters aus müßte also, sobald der Verkäufer sich mit der Rücknahme der Sache im Verzuge befindet, der Käufer für berechtigt angesehen werden, die Sache freihändig an einen Dritten zu verkaufen und gegenüber der Einrede des Verkäufers, daß er nur gegen Rückempfang der Sache zur Herausgabe des erhaltenen Kaufpreises verpflichtet sei, zu replizieren, der Verkäufer selbst habe die Unmöglichkeit der Rückgabe verschuldet, da, wenn er die Sache rechtzeitig zurückgenommen hätte, es zum Weiterverkauf an den Dritten nicht gekommen wäre. Daß eine solche Replik nicht zugelassen werden kann, liegt auf der Hand. Der Berufungsrichter verstößt aber mit seiner erwähnten Ansicht weiterhin auch gegen § 300 Abs. 1 BGB. Der hier ausgesprochene Grundsatz, wonach beim Verzuge des Gläubigers die Vertretungsverbindlichkeit des Schuldners in betreff schuldhaften Verhaltens nicht gänzlich wegfällt, sondern in abgeschwächtem Maße (unter Beschränkung auf Vorsatz und grobe Fahrlässigkeit) fortdauert, gilt nach der der Vorschrift im Bürgerlichen Gesetzbuch gegebenen systematischen Stellung allgemein für alle Schuldverhältnisse, also auch für das Schuldverhältnis, vermöge dessen im Falle der Wandlung der wandlungsverpflichtete Verkäufer von dem wandlungsberechtigten Käufer die Rückgabe der Kaufsache verlangen kann. Behauptet der Käufer, daß er wandeln dürfe, ohne gleichzeitig die empfangene Sache zurückgeben zu müssen, so hat er die seine Befreiung von der Rückgabepflicht begründeten Tatsachen zu beweisen. Der Beweis ist, wenn die Unmöglichkeit der Rückgabe vor Beginn des Rücknahmeverzugs eingetreten war, darauf zu richten, daß er an der Unmöglichkeit überhaupt keine Schuld trägt, anderenfalls darauf, daß die Unmöglichkeit weder durch Vorsatz noch durch grobes Versehen veranlaßt ist. Danach war im vorliegenden Falle, bevor von einer an sich rechtlich nicht zu beanstandenden Anwendung des Grundsatzes des § 254 Abs. 1 BGB. auf den Wandlungsanspruch der Klägerin die Rede sein konnte, zunächst näher zu erörtern und festzustellen, welche Umstände die Zwangsversteigerung des streitigen Grundstücks verursacht haben, inwieweit der Eintritt dieser Umstände dem einen oder anderen Teil als Verschulden anzurechnen ist, und ob die Zwangsversteigerung vermieden worden wäre, wenn der Beklagte das Grundstück anfangs November 1901 zurückgenommen hätte, oder ob sie auch durch die rechtzeitige Rücknahme nicht mehr abzuwenden gewesen wäre." . . .

RGZ. 59, 221*)

1. Ist in § 254 BGB. unter „Verschulden" in betreff eines Minderjährigen etwas anderes zu verstehen, als Vorsatz und Fahrlässigkeit?

2. Ist § 828 BGB. auf dieses Verschulden anwendbar?

BGB. §§ 254, 276, 828.

VI. Zivilsenat. Urt. v. 1. November 1904.

I. Landgericht Prenzlau. II. Kammergericht Berlin.

Ueber die obigen Fragen hat sich das Reichsgericht zu dieser Sache folgendermaßen ausgesprochen in den

Gründen:

. . . „Gegen die Begründung des angefochtenen Urteils liegt . . . noch ein weiteres Bedenken vor. Es ist darin die Frage übergangen,

*) Vgl. auch Bd. 108 S. 89 (abgedruckt unter „Schuldrecht, unerlaubte Handlung").

ob nicht bei der Entstehung des Schadens ein eigenes Verschulden des Beschädigten mitgewirkt hat. Behauptet hat der Beklagte solches Verschulden; denn er hat geltend gemacht, der Kläger habe dem öfteren Verbote, sich mit der Maschine zu befassen, zuwidergehandelt. Der Kläger ist zur Zeit des Unfalls über sieben Jahre, aber noch nicht achtzehn Jahre alt gewesen; deswegen wird nach § 828 BGB. vom Berufungsgerichte festzustellen sein, ob er bei der Begehung der ihm als Verschulden anzurechnenden Handlung die zur Erkenntnis der Verantwortlichkeit erforderliche Einsicht besessen hat.

Gegen die Anwendung des § 828 auf Fälle, wo der Minderjährige nicht einen anderen, sondern sich selbst beschädigt hat, ist verschiedentlich Widerspruch erhoben worden, und ebenso ist streitig, ob für den Begriff des Verschuldens im Sinne des § 254 BGB. die Vorschriften des § 276 Abs. 1 BGB. maßgebend seien. Allein es ist an der bereits in mehrfachen Urteilen (Entsch. des RG.'s in Zivils. Bd. 51 S. 275, Bd. 54 S. 404, 407) ausgesprochenen Rechtsauffassung festzuhalten.

Der § 254 spricht von einem mitwirkenden Verschulden des Beschädigten, ohne näher anzugeben, wie dessen Begriff zu bestimmen sei. Aber in demselben, die allgemeinen Bestimmungen über die Verpflichtung zur Leistung enthaltenden Titel des Bürgerlichen Gesetzbuchs sagt § 276: „Der Schuldner hat, sofern nicht ein anderes bestimmt ist, Vorsatz und Fahrlässigkeit zu vertreten," und daran schließen sich die Bestimmung des Begriffs der Fahrlässigkeit und die Vorschrift über die Anwendung des § 828 BGB. Nach seinem Wortlaute („der Schuldner") enthält § 276 im ersten Satze allerdings lediglich eine Vorschrift über die Leistungspflicht eines Schuldners, und Schuldner ist der nicht, der sich selbst beschädigt. Aber schon der zweite Satz enthält nach seiner Fassung eine Vorschrift, die für alle Fälle anwendbar sein soll, wo das Bürgerliche Gesetzbuch von Fahrlässigkeit spricht. Der untrennbare Zusammenhang zwischen beiden Sätzen nötigt nun dazu, den ersten ebenfalls in dem Sinne auszulegen, daß er eine für alle Schuldverhältnisse gültige Regel geben soll. Die Erwähnung des „Schuldners" soll also nicht der Anwendbarkeit der aufgestellten Rechtsregel eine Grenze ziehen, sondern erklärt sich aus der Stelle, wo die allgemein geltenden Sätze zuerst ausgesprochen werden. Die letzteren haben daher auch auf § 254 Anwendung zu finden. Also wo dieser von Verschulden des Beschädigten spricht, ist nicht ein dem Bürgerlichen Gesetzbuch sonst fremder Begriff zu unterstellen, sondern das, was für Schuldverhältnisse allgemein gilt, hat auch für das Schuldverhältnis von Beschädiger und Beschädigten zu gelten. Der letztere hat hiernach nur Vorsatz und Fahrlässigkeit zu vertreten. Bei Minderjährigen grenzt sich die Verantwortlichkeit für beides nach den Vorschriften des

§ 828 BGB. ab. Dawider läßt sich nicht einwenden, daß er lediglich den Fall berühre, wo jemand einen anderen, nicht sich selbst schädige. Denn wenn bei Gelegenheit der Regelung der allgemeinen Verantwortlichkeit in Schuldverhältnissen seine Anwendbarkeit vorgeschrieben wird, so folgt daraus mit Notwendigkeit, daß die für unerlaubte Handlungen gegebenen Vorschriften eben nicht auf den im § 828 vorausgesetzten Tatbestand beschränkt bleiben sollen. Der hier angenommenen Rechtsauffassung läßt sich ein Bedenken aus § 829 BGB. nicht entgegenstellen, weil dessen Vorschrift eine für einen besonderen Tatbestand gegebene Ausnahmevorschrift ist, die die Auslegung der §§ 254 und 276 nicht beeinflussen kann." . . .

RGZ. 60, 33

Kann es schlechthin als eine Außerachtlassung der im Verkehr erforderlichen Sorgfalt angesehen werden, wenn der Zessionar einer Hypothekenforderung es unterläßt, das Grundbuch einzusehen?

BGB. § 276.

V. Zivilsenat. Urt. v. 21. Januar 1905.

I. Landgericht Dresden. II. Oberlandesgericht daselbst.

Bei der am 25. März 1901 erfolgten Zwangsversteigerung eines Grundstücks in D. fiel der Kläger mit einer für ihn auf diesem Grundstück haftenden Hypothek von 25 050 M. vollständig aus. Die Hypothek war ihm am 15. Januar 1901 von der Beklagten abgetreten und auf ihn am 6. Februar 1901 im Grundbuch umgeschrieben worden. Er hatte selbst die Abtretungsurkunde mit dem Antrage auf Umschreibung zu den Grundakten überreicht. Damals war bereits die Zwangsversteigerung über das Grundstück angeordnet; der Zwangsversteigerungsvermerk war am 30. November 1900 eingetragen worden. Die Beklagte hatte davon, daß das Zwangsversteigerungsverfahren schwebte, dem Kläger keine Mitteilung gemacht; sie hatte auch die ihr vom Vollstreckungsgericht am 15. Februar 1901 zugegangene Bekanntmachung des Versteigerungstermins und die ihr am 14. März 1901 zugegangene Mitteilung über die beteiligten Gläubiger (§ 41 Abs. 1 u. 2 ZwVG.) dem Kläger nicht übermittelt, sondern hinter sich behalten. Infolgedessen behauptete der Kläger ohne Kenntnis von der Zwangsversteigerung geblieben zu sein, woraus es sich erkläre, daß er im Bietungstermin nicht erschienen sei und seine Rechte als Hypothekengläubiger im Zwangsversteigerungsverfahren nicht wahrgenommen habe. Er machte hierfür die Beklagte verantwortlich, weil sie es durch ihr untätiges Verhalten und namentlich dadurch, daß sie die beiden erwähnten amtlichen Mitteilungen des Versteigerungsgerichts hinter sich behalten, verschuldet habe, daß er ohne Kenntnis von der Zwangsversteigerung geblieben sei. Er verlangte daher Ersatz des ihm hieraus entstandenen Schadens, nämlich des Ausfalls von 25 050 M. nebst Zinsen seit der Klagezustellung. Die Beklagte bestritt, daß ihr ein Versehen zur Last falle, und daß der Kläger vor dem Versteigerungstermin davon, daß das Grundstück unter Zwangsversteigerung stehe, keine Kenntnis erlangt habe. Sie maß, wenn dies der Fall sein sollte, die Schuld hieran ihm selbst bei, weil er es bei der Zession und namentlich bei der Ueberreichung der Zessionsurkunde behufs Umschreibung zu den Grundakten unterlassen habe, das Grundbuch einzusehen. Hätte er dies getan, so würde er den Zwangsversteigerungsvermerk gesehen haben, der damals bereits eingetragen stand. Sie bestritt außerdem auch die Höhe des vom Kläger beanspruchten Schadens. Der erste Richter legte dem Kläger einen Eid dahin auf, daß er vor dem Bietungstermin davon, daß sich das Grundstück im Zwangsversteigerungsverfahren befand, keine Kenntnis gehabt habe. Für den Fall der Eidesleistung sollte „die Verpflichtung der Beklagten, dem Kläger wegen des Ausfalles seiner Hypothek von 25 050 M. bei der erwähnten Zwangsversteigerung Schadensersatz zu leisten, dem Grunde nach festgestellt werden". Für den Fall der Eidesweigerung sollte die Klage abgewiesen werden.

Auf Berufung der Beklagten wurde, unter Zurückweisung derselben im übrigen, dieses Urteil dahin abgeändert, daß die Klage insoweit unbedingt abgewiesen wurde, als mit ihr der Kläger mehr als die Hälfte des Schadens aus dem Ausfall der Hypothek von der Beklagten verlangte; im übrigen sollte es bei dem dem Kläger auferlegten Eide unter entsprechender Abänderung der Folgen seiner Leistung oder Verweigerung verbleiben. Die Revision des Klägers wurde zurückgewiesen.

Aus den Gründen:

. . . „Es handelt sich für die Revisionsinstanz ausschließlich darum, ob auch den Kläger der Vorwurf des Verschuldens trifft, ob also — wie das Gesetz (§ 254 BGB.) sagt — „bei der Entstehung des Schadens ein Verschulden des Beschädigten mitgewirkt hat", und ob, wenn dies der Fall ist, der Annahme des Berufungsgerichts, daß die beiderseitigen Verschulden gleich schwer wiegen, beigetreten werden kann. In beiden Beziehungen handelt es sich nicht um rein tatsächliche Feststellungen, die der Nachprüfung durch das Revisionsgericht entzogen wären; dies wenigstens insoweit nicht, als die Frage, ob in den festgestellten Vorgängen ein Verschulden im Sinne des § 276 BGB. zu finden ist, sich zugleich als Rechtsfrage darstellt, und auch die Abwägung des Verschuldens nach der Richtung hin, ob es vorwiegend im Sinne des § 254 BGB. dem einen oder dem anderen zur Last fällt, auf rechtlichem Gebiete ruht. Was nun die erste Frage anlangt, also die Frage, ob auch der Kläger die im Verkehr erforderliche Sorgfalt außer acht gelassen hat, so würde ihre Bejahung allerdings erheblichen Bedenken unterliegen, wenn der Berufungsrichter angenommen haben sollte, daß jeder, der eine Hypothek durch Zession erwerben will, verpflichtet sei, das Grundbuch vorher einzusehen, so zwar, daß es ihm als Außerachtlassung der im Verkehr erforderlichen Sorgfalt angerechnet werden dürfe, wenn er die Einsichtnahme unterläßt. In dieser Allgemeinheit ist eine Verpflichtung, Einsicht in das Grundbuch zu nehmen, nicht anzuerkennen. Aber im vorliegenden Falle liegen die tatsächlichen Umstände anders. Wie aus dem Tatbestande des erstinstanzlichen Urteils hervorgeht, auf welchen der Berufungsrichter als „in allen seinen Teilen" dem Berufungsgericht vorgetragen Bezug nimmt, wußte der Kläger bereits vor der Zession, daß die Zinsen der Hypothek rückständig waren; er rechnete damit, daß das Grundstück zur Subhastation kommen werde, und er hat sich selbst dafür, daß er dies wünschte, und daß dies die Beklagte aus seinen Schreiben vom 26. und 30. Oktober 1900 hätte ersehen müssen, auf diese Schreiben berufen. Es steht ferner fest, daß der Besitzer des Grundstücks mit der Zinszahlung auch anderen Hypothekengläubigern gegenüber im Rückstande war. Wenn unter solchen Umständen der Berufungsrichter ein Verschulden des Klägers darin findet, daß er sich das Grundbuch zur Einsicht nicht vorlegen ließ, obwohl er selbst die Abtretungsurkunde behufs Umschreibung der Hypothek auf dem Grundbuchamte überreichte, so kann demselben der Vorwurf, daß er die im Verkehr erforderliche Sorgfalt zu hoch gespannt und dadurch den Begriff des Verschuldens verkannt habe, nicht gemacht werden. Vergeblich weist die Revision auch darauf hin, daß der Kläger Ende Oktober 1900 das Grundbuch eingesehen und dabei gefunden habe, daß ein Zwangsversteigerungsvermerk nicht eingetragen war. Bei einem Grundstück, von welchem der Kläger wußte, daß der Besitzer mit Zahlung der Hypothekenzinsen nicht Ordnung hielt, ließ sich jeden Tag die Einleitung der Zwangsversteigerung erwarten, und der Kläger kann sich daher, um sein Verschulden auszuschließen, nicht darauf berufen, daß er etwa drei Monate vor der Zession das Grundbuch eingesehen habe. Eine Verletzung des § 276 BGB. fällt daher dem Berufungsgericht nicht zur Last. Ebensowenig läßt sich die Annahme des Berufungsgerichts beanstanden, daß die beiderseitigen Verschulden gleich schwer wiegen, und daß der Schaden vorwiegend weder von dem einen noch von dem anderen Teile verursacht worden ist (§ 254 Abs. 1 BGB.)." . . .

RGZ. 60, 84

Ist die Bestimmung in einem Sukzessivlieferungsvertrage, daß die Zahlung am Ende jeder Empfangswoche zu erfolgen habe, eine Bestimmung nach dem Kalender im Sinne des § 284 Abs. 2 Satz 1 BGB., die zur Folge hat, daß der Schuldner ohne Mahnung in Verzug kommt?

II. Zivilsenat. Urt. v. 31. Januar 1905.

I. Landgericht Dortmund. II. Oberlandesgericht Hamm.

Die Frage wurde verneint aus folgenden

Gründen:

„Die Annahme und Begründung im Eingang des Urteils, daß der Beklagte sich im Zahlungsverzug befunden habe, und der Kläger daher mit Recht auf Grund des § 326 BGB. von den fraglichen Abschlüssen zurückgetreten sei, kann jedenfalls, was den Zahlungsverzug anlangt, nicht gebilligt werden. Der Beklagte war allerdings nach den getroffenen Feststellungen dauernd mit den Zahlungen, die nach den Verträgen am Ende jeder Empfangswoche erfolgen mußten, im Rückstand. Wenn das Oberlandesgericht aber den Zahlungsverzug auf Grund des § 284 Abs. 2 Satz 1 BGB., wonach es zum Eintritt des Verzuges einer besonderen Mahnung nicht bedarf, wenn für die Leistung eine Zeit nach dem Kalender bestimmt ist, annimmt, so kann dem nicht beigepflichtet werden. Die Bestimmung, daß die Zahlung am Ende jeder Empfangswoche zu erfolgen habe, ist keine Zeitbestimmung nach dem Kalender im Sinne der erwähnten Vorschrift, weil sie einen bestimmten, an sich nach dem Kalender zu berechnenden Tag nicht ergibt, vielmehr noch von dem Eintritt eines sonstigen Ereignisses abhängig ist. Die Bestimmung in Satz 2 des § 284 Abs. 2 a. a. O., wonach das gleiche wie nach Satz 1 gilt, wenn der Leistung eine Kündigung vorauszugehen hat, und von dieser ab die Leistungszeit kalendermäßig zu berechnen ist, ist nicht ausdehnend auszulegen und nicht auf Fälle anzuwenden, in denen die Berechnung des Tages nach einem anderen, an sich ungewissen Ereignis erfolgen kann, wie dies sowohl in der Begründung des ersten Entwurfs (Bd. 2 S. 57), wie namentlich auch bei den Beratungen der II. Kommission (Metallographierte Protokolle S. 8421) unzweideutig zum Ausdruck gebracht wurde. Auch die vornehmlichsten Kommentare zum Bürgerlichen Gesetzbuch stehen auf dem hier vertretenen Standpunkt.

Vgl. u. a. Planck zu § 284 Nr. 6; Rehbein, S. 120 Nr. 111.

Einen Verzug auf Grund einer besonderen Mahnung hat aber das Oberlandesgericht nicht festgestellt, und dem Revisionsgericht ist es entzogen, in dieser Hinsicht in eine Prüfung des vorliegenden tatsächlichen Materials einzutreten." . . .

RGZ. 60, 160

Darf, wenn der Käufer von Kuxen sich im Annahme- und Zahlungsverzug befindet, der Verkäufer, um sich von der Haftung für Zubußen zu befreien, die Kuxe nach § 130 preuß. Allg. Bergges. der Gewerkschaft zur Verfügung stellen?

I. Zivilsenat. Urt. v. 18. Februar 1905.

I. Landgericht Essen. II. Oberlandesgericht Hamm.

Am 19. Februar 1900 kaufte der Handlungsgehilfe G. von der Beklagten 4 Kuxe des Bergwerks Desdemona für 683 M. Auf die Kuxe waren gemäß Gewerkenbeschlusses vom 17. Februar 1899 Zubußen von je 850 M. ausgeschrieben, wovon 200 M. bei Abschluß des Kaufes bereits bezahlt, 400 M. in Raten von je 100 M. auf den 15. Februar, 15. April, 15. Juni und 15. August 1900 eingefordert waren, und über den Rest von 250 M noch nichts bestimmt war. Zwei von den gekauften Kuxen wurden später im Auftrage des G. wieder verkauft und kommen hier nicht in Betracht. Die beiden verbleibenden Kuxe händigte die Beklagte nicht aus, da G. trotz Mahnung den Kaufpreis und die inzwischen fällig gewordenen, von der Beklagten entrichteten Zubußen nicht zahlte. Im Oktober 1900 forderte die Beklagte den G. nochmals auf, ihr jetzt auf 1619,20 M. berechnetes Guthaben gegen Aushändigung der als Nr. 721 und 804 bezeichneten beiden Kuxe zu begleichen und erwirkte im November 1900 Versäumnisurteil gegen den G., welches diesen zur Zahlung des genannten Betrages mit Zinsen verurteilte. Das Urteil wurde nicht zugestellt, nach Angabe der Beklagten aus dem Grunde, weil G. nicht aufzufinden war. Im Dezember 1900 stellte die Beklagte die beiden Kuxe in Gemäßheit des § 130 preuß. Allg. Bergges. der Gewerkschaft zur Verfügung. Nach ihrer Angabe waren damals die Kuxe der Desdemona fast unverkäuflich und nur ab und zu mit 50—90 M. unterzubringen. Später aber stieg der Wert derselben wieder bedeutend. In der Zeit bis zum Frühjahr 1903 wurden von G. keine Schritte getan. Im Mai 1903 übertrug er seine Ansprüche gegen die Beklagte auf den Kläger. Dieser forderte von der Beklagten, unter Fristsetzung, die Herausgabe der von G. gekauften beiden Kuxe gegen Berichtigung der darauf haftenden Schuld. Da die Beklagte ihre Verpflichtung bestritt, wurde er klagbar auf Zahlung des Mehrbetrags von 4308,59 M., der sich bei dem Ankaufe von zwei Kuxen des Bergwerks Desdemona an der Börse über die Schuld des G. hinaus ergeben haben sollte.

Die Klage wurde in beiden Vorinstanzen abgewiesen. Die Revision hat keinen Erfolg gehabt. Das Revisionsurteil beruht, soweit es hier interessiert, auf folgenden

Gründen:

„Das Berufungsgericht stützt seine Entscheidung auf folgende Erwägungen: der klägerische Zedent habe sich aus dem Kaufe der zwei Kuxe in Annahmeverzug und gleichzeitig wegen des Kaufpreises und der von der Beklagten bezahlten Zubußen in Zahlungsverzug befunden. Infolge davon sei die Beklagte der Gewerkschaft oder ihrem Vormanne für die noch nicht berichtigten Zubußen verhaftet geblieben. Sie habe aber dem G. gegenüber, der sich um die damals für ziemlich wertlos erachteten Kuxe gar nicht gekümmert, nicht durch Zahlung der noch ausstehenden Zubußen in weiteren Vorschuß zu gehen gebraucht. Um sich aus dieser Zwangslage zu befreien, sei ihr nur das Mittel übriggeblieben, die Kuxe, wie sie getan habe, in Gemäßheit des § 130 preuß. Allg. Bergges. zur Verfügung zu stellen, da eine Hinterlegung der Kuxscheine nach §§ 372 flg. BGB. ihr nicht geholfen haben, und ein Selbsthilfeverkauf nach § 373 HGB. bei dem niedrigen Kurse der Kuxe erfolglos geblieben sein würde. Unter diesen Umständen sei das Verhalten des Beklagten, wenn es sich auch auf keine bestimmte Gesetzesvorschrift stützen könne, doch nach dem allgemeinen Grundsatze des § 242 BGB. für gerechtfertigt anzusehen, da es ein Verhalten sei, wie es sich bei dieser Vertragslage für einen vernünftigen, billig denkenden und die konkreten Umstände würdigenden Mann gebühre. Daneben hat das Berufungsgericht noch auf die Zeugenaussage des Prokuristen L. hingewiesen, wonach der Zedent G. diesem erklärt hat, die Beklagte solle für seine Rechnung keine Zubuße bezahlen, und hat diese Erklärung des G. dahin ausgelegt, daß sie auch die Ermächtigung enthalten habe, die Kuxe der Gewerkschaft zur Verfügung zu stellen.

Diesen Ausführungen des Berufungsgerichts ist trotz der Einwendungen der Revision im Ergebnisse beizustimmen. . . .

Unbedenklich ist die Ansicht der Vorinstanz, daß G., der trotz wiederholter Mahnungen die Kuxe nicht abgenommen (§ 433 Abs. 2 BGB.) und seine Schuld an Kaufgeld und bezahlten Zubußen nicht berichtigt hatte, sich sowohl in Annahme-, wie in Leistungsverzug befand (§§ 284, 295 das.). Mindestens seit dem Schreiben vom Anfang Oktober 1900, worin die Beklagte durch ihren Anwalt dem G. gegen Zahlung seiner Schuld die Lieferung der beiden Kuxe 721 und 804 angeboten hat, ist die Gefahr in bezug auf die beiden angebotenen Kuxe auf G. übergegangen (§ 300 Abs. 2 das.). Von diesen Kuxen steht nun fest, daß sie nicht mehr geliefert werden können, da die Beklagte sie am 24. Dezember 1900 in Gemäßheit des § 130 Allg. Bergges. der Gewerkschaft behufs Befriedigung zur Verfügung gestellt hat. Dadurch ist für die Beklagte jedenfalls ein nachträglich eingetretenes Unvermögen zur Leistung herbeigeführt worden, das nach § 275 Abs. 2 BGB. wie die nachträglich eingetretene Unmöglichkeit wirkt. Demgemäß ist nach Abs. 1 das. die Beklagte von der ihr obliegenden Leistung dann frei geworden, wenn das Unvermögen seinen Grund in einem Umstande hatte, den sie nicht zu vertreten braucht. Der Umstand, welcher das Unvermögen herbeigeführt hat, ist vorliegend eine eigene, vorsätzliche Handlung der Beklagten. Es fragt sich, ob dies allein schon genügt, um die Beklagte dafür haftbar zu machen, oder ob nach der besonderen Gestaltung des Falles trotzdem anzunehmen ist, daß sie ihn im Sinne des Gesetzes nicht zu vertreten hat. Der erkennende Senat gelangt mit der Vorinstanz zu dem Ergebnisse, daß das Verfahren der Beklagten rechtmäßig gewesen ist.

Für Vorsatz haftet der Schuldner allgemein (§ 276 Abs. 1 BGB.), auch bei Verzug des Gläubigers (§ 300 Abs. 1 das.). Voraussetzung ist aber selbstverständlich, daß das vorsätzliche Handeln überhaupt gegen die Vertragspflicht verstößt; denn wenn es nach dem Inhalte des Schuldverhältnisses gestattet ist, kann von einer Haftung für die Folgen nicht die Rede sein. Für die Frage nun, ob der Schuldner gegen seine Vertragspflicht gehandelt, diese verletzt hat, darf allerdings, wie die Vorinstanz getan hat, der § 242 BGB. herangezogen werden, insofern hier, neben der Auslegungsvorschrift des § 157 über den Inhalt des Vertrages, Bestimmung über die Art der Leistung des geschuldeten Gegenstandes getroffen wird, was auch das Verhalten des Schuldners im Hinblick auf die künftige Leistung umfaßt.

Nach §§ 102, 107 Allg. Bergges. war die Beklagte, obgleich sie im Gewerkenbuche noch nicht eingetragen war, der Gewerkschaft für die bereits beschlossene Zubuße verhaftet, also nicht bloß für die bereits fällige Augustzubuße, sondern auch für die noch nicht eingerufenen 250 M. (Brassert, Kommentar S. 305). Daneben haftete sie ihrem Verkäufer, wenn sich die Gewerkschaft an diesen hielt. Auf der anderen Seite konnte sie auf Grund des Kaufgeschäfts von G. verlangen, daß er sie durch Abnahme der Kuxe von der Notwendigkeit weiterer Zubußenzahlung befreie, und es ist ganz unbedenklich, wenn das Berufungsgericht annimmt, daß die Beklagte, nachdem G. mit der Abnahme in Verzug war und sich um die gekauften Kuxe trotz Mahnungen und Einklang nicht mehr bekümmert hat, nicht mehr verpflichtet war, für die Zubußen in Vorschuß zu gehen, um so weniger, als sie in den Kuxen bei dem damaligen niedrigen Kursstande nicht einmal Deckung für die bereits vorgelegten Zubußen hatte. Wenn unter diesen Umständen die Beklagte dazu schritt, sich aus der unverschuldeten Notlage selbst zu befreien und sich vor weiterem Verluste zu schützen, so kann ihr der säumige Käufer keinen Vorwurf daraus machen, sofern das von ihr eingeschlagene Verfahren durch die Sachlage geboten war. Mit Recht aber hat das Berufungsgericht angenommen, daß ihr zur Erreichung dieses Ziels ein anderer als der eingeschlagene Weg nicht offenstand. Daß die Hinterlegung der Kuxscheine nach §§ 372 flg. BGB. der Beklagten nicht geholfen haben würde, liegt auf der Hand. Durch die tatsächliche Feststellung, daß die Kuxe im Dezember

1900 nur einen Kurs von höchstens 100 gehabt hätten, während die gleich hohe Augustzubuße noch nicht bezahlt war, rechtfertigt sich die Annahme, daß auch von einem Selbsthilfeverkaufe nach § 373 HGB. kein Erfolg wäre zu erwarten gewesen. Allerdings hätte der Beklagten auch ein Vorgehen nach § 326 BGB. freigestanden. Sie hätte dem G. eine angemessene Frist zur Abnahme der Kuxe gegen Zahlung seiner Schuld bestimmen und nach fruchtlosem Ablaufe der Frist die Erfüllung ablehnen können. Um aber dann zu dem Ziele, der Befreiung von der Zubußenhaftung, zu gelangen, was nur auf dem Wege des § 130 Allg. Bergges. erreicht werden konnte, hätte sie nicht den Schadensersatz wegen Nichterfüllung wählen dürfen, sondern wäre ausschließlich auf den Rücktritt vom Vertrag angewiesen gewesen; denn nur so hätte sie die freie Verfügung über die Kuxe erhalten. Auf diesem Wege hätte sie also ihre Rechte aus dem Kaufvertrage aufgeben müssen. Dazu war sie nicht verpflichtet. Bei dieser Sachlage hat die Beklagte genug getan, wenn sie unter wiederholten Mahnungen und schließlich unter Klagerhebung die Kuxe so lange Zeit für G. bereit hielt, und es kann ihr nicht als eine Verletzung ihrer Vertragspflichten angerechnet werden, daß sie, nachdem alle Schritte gegen G. erfolglos geblieben, zu dem ihr allein noch möglichen Hilfsmittel griff, die Kuxe der Gewerkschaft zur Verfügung zu stellen. Es kann nicht die Absicht des Gesetzes sein, den vertragstreuen Teil gegenüber dem säumigen noch zu positiven Aufwendungen zu zwingen, für deren Ersatz er keine Sicherheit hat. Allerdings ist die Befugnis zur Preisgebung des geschuldeten Gegenstandes im Falle des Abnahmeverzugs, wenn man von der Aufgabe des Besitzes nach § 303 BGB. absieht, nirgends ausdrücklich eingeräumt; es kann auch davon nur in besonders gearteten Fällen, wie der vorliegende einer ist, die Rede sein. Daß aber in solchen Ausnahmefällen der vertragstreue Teil selbst bis zur Preisgebung schreiten kann, steht nicht im Widerspruche mit den Bestimmungen des Bürgerlichen Gesetzbuchs über die Verzugsfolgen, sondern ist nur eine besondere Anwendung derselben unter Berücksichtigung des in den §§ 157 und 242 ausgesprochenen Grundsatzes, daß an die Beurteilung des einzelnen Schuldverhältnisses der Maßstab von Treu und Glauben mit Rücksicht auf die Verkehrssitte anzulegen sei. Damit wird nicht, wie die Revision meint, dieser Grundsatz an die Stelle der speziellen Gesetzesbestimmungen gesetzt." . . .

RGZ. 62, 331

1. Kann Schadensersatz verlangt werden, wenn durch Verschulden des Spediteurs der Verkäufer zwar seinen Anspruch auf den Kaufpreis rechtlich nicht verloren hat, ihn aber nunmehr erst im Wege des Prozesses erstreiten mußte?

2. Kann mit der Klage gegen den ersatzpflichtigen Vertragsgegner auch derjenige Schaden geltend gemacht werden, welchen nicht der Kläger, sondern vertragsdritte Personen, für deren Rechnung er tätig geworden ist, durch den Vertragsbruch erlitten haben?

I. Zivilsenat. Urt. v. 29. Januar 1906.

I. Landgericht Düsseldorf. II. Oberlandesgericht Köln.

Die Klägerin machte aus eigenem Rechte und aus Zession ihres Spediteurs, H. & Co. in Antwerpen, die Beklagte dafür verantwortlich, daß sie als Unterspediteur der genannten Firma für die Strecke von Düsseldorf bis zu den Ablieferungsorten es verschuldet habe, daß zwei Partien Pitchpineholz, welche die Klägerin aus Nordamerika importiert und an zwei Abnehmer in Düsseldorf und Soest verkauft hatte, bei der Ablieferung zwischen den beiden Käufern verwechselt, infolge davon von diesen nicht abgenommen und nicht bezahlt worden seien. Der Kaufpreis für beide Partien betrug 1696,85 M. Diesen Betrag mit 5 Prozent Zinsen seit dem Klagantrage klagte die Klägerin von der Beklagten als Schadensersatz ein. Die Beklagte stützte die Bitte um Klagabweisung u. a. auf die Verteidigung, daß nach Maßgabe des § 447 BGB. der Klägerin überhaupt kein Schaden entstanden, weil Erfüllungsort Hamburg gewesen, und deshalb der Transport nach den Ablieferungsorten auf Gefahr der Käufer gegangen sei. Beide Instanzgerichte erachteten diese Verteidigung des Beklagten für durchgreifend. Auf Revision der Klägerin ist dies mißbilligt worden aus folgenden

Gründen:

„Das Berufungsgericht gelangt, ohne die Klagebegründung im übrigen zu prüfen, zur Zurückweisung der Berufung gegen das die Klage abweisende Urteil der ersten Instanz aus dem Grunde, weil durch die Verwechselung der Hölzer der Klägerin kein Schaden entstanden sei. Dies wird darauf gestützt, daß Erfüllungsort für die beiden Verkäufe an die Firmen T. in Barmen-Rittershausen und H. in Soest, in Ermangelung einer abweichenden Vereinbarung, nach § 269 BGB. Hamburg als Wohnsitz und Ort der gewerblichen Niederlassung der Klägerin gewesen sei, daß bei diesem Sachverhalt gemäß § 447 das. die Gefahr mit der Auslieferung des verkauften Holzes an den Spediteur auf die Käufer übergegangen, und daß eine Haftung der Klägerin für die Handlungen der Beklagten auch nicht aus der hier unanwendbaren Vorschrift des § 278 das. zu folgern sei. Die Klägerin habe daher trotz der Verwechselung den Anspruch auf Erfüllung gegen die Käufer behalten; sie könne von ihnen Zahlung des Kaufpreises verlangen.

Insoweit es sich nur um die Annahme handelt, daß die Klägerin durch die Verwechselung des Holzes ihren Anspruch auf Zahlung des

Kaufpreises nicht verloren habe, ist die Begründung ohne Bedenken. Weder die Feststellung, daß Hamburg Erfüllungsort gewesen sei, läßt einen Rechtsirrtum erkennen, noch sind die daraus nach § 447 BGB. gezogene Folgerung und die Verneinung einer Haftung der Klägerin aus § 278 das. rechtlich zu beanstanden. Rechtsirrtümlich dagegen ist die Ansicht des Berufungsgerichts, daß hierdurch bereits die Abweisung der Klage gerechtfertigt sei. Dieser Schluß beruht auf zu enger Auslegung des Schadensbegriffes*).

Geklagt ist auf Schadensersatz in Höhe des Fakturapreises. Die Meinung der Klägerin ist dabei offenbar die, daß sie diesen Betrag von ihren Käufern als Kaufpreis erhalten haben würde, wenn das Holz von der Beklagten richtig abgeliefert und nicht verwechselt worden wäre. Es steht fest, daß die Käufer nicht bezahlt haben, und wenigstens behauptet von der Klägerin und deshalb zu unterstellen ist, daß die Käufer die Zahlung dauernd weigern aus dem Grunde, weil ihnen statt des gekauften Holzes anderes geliefert sei, und daß bisher die Versuche einer gütlichen Erledigung gescheitert sind. Anstatt glatt eingegangener Kaufpreisforderungen würde nach diesen Behauptungen die Klägerin auf bestrittene Ansprüche angewiesen sein, auf Zahlungen, die sie erst im Prozeßwege von den widerstrebenden Käufern erzwingen müßte. Auch dies wäre ein Schaden, den die Klägerin erlitten, und dafür kann sie, wenn ihr die Beklagte für die vorgekommene Verwechselung des Holzes verantwortlich ist, von dieser Ersatz verlangen. Die Ersatzpflicht geht in erster Linie auf Wiederherstellung des früheren Zustandes (§ 249 BGB.); eine Wiederherstellung mit dem Erfolge, daß tatsächlich das richtige Holz an den richtigen Käufer zu richtiger Zeit und an richtigem Ort abgeliefert sein würde, ist natürlich nicht möglich; möglich aber ist die Wiederherstellung in dem Sinne, daß die Beklagte der Klägerin das verschafft, was sie gehabt haben würde, wenn jene Ablieferung richtig geschehen wäre, also, wenn die Behauptungen der Klägerin zutreffen, den anstandslosen Eingang der Kaufgelder. Diesen Ersatz kann die Klägerin fordern, auch wenn ihr der Rechtsanspruch auf die Kaufgelder geblieben ist. Die Beklagte darf von der Klägerin nicht verlangen, daß sie sich zunächst im Wege des Prozesses an ihren Käufern zu erholen versuche; sie darf sich auch den Folgen ihres schuldhaften Verhaltens nicht dadurch entziehen, daß sie sich auf das Rechtsverhältnis zwischen der Klägerin und ihren Käufern beruft, über welches in diesem Verfahren gar nicht entschieden werden kann. Für ihr eigenes Verschulden ist die Beklagte in erster Linie selbst verantwortlich. Allerdings ist dieser Ersatzanspruch nicht unbedingt. Voraussetzung dafür ist, wie schon aus dem bisher Ausgeführten folgt, daß die Käufer, wenn die Verwechselung des Holzes nicht vorgekommen wäre, keinen anderen Grund gehabt hätten, die Zahlung des Kaufpreises zu verweigern. In dieser Richtung würde die Behauptung der Beklagten von Bedeutung sein, daß das Holz zum Teil nicht vertragsmäßig, die Sendungen nicht vollständig gewesen seien. Für die Beweisfrage müßte aber auch geprüft werden, ob nicht gerade durch die Verwechselung und ihre Folgen der Klägerin die Möglichkeit genommen worden sei, die Vertragsmäßigkeit der Sendungen darzutun. Weiter aber kann die Klägerin selbstverständlich nicht die Entschädigung von der Beklagten verlangen und daneben ihre Ansprüche gegen die Käufer behalten; vielmehr muß sie diese Ansprüche gegen Leistung der Entschädigung abtreten und dadurch die Beklagte in die Lage bringen, ihrerseits gegen die Käufer vorzugehen. Dabei wird zu erwägen sein, inwiefern es dem Klagebegehren entgegenstände, wenn infolge des Verhaltens der Klägerin solche Ansprüche zur Zeit nicht mehr vorhanden gewesen wären.

Die Klägerin steht nur mit der Firma H. & Co., nicht mit der Beklagten im Vertragsverhältnis. Daraus ist aber nichts Entscheidendes gegen die Klage zu entnehmen, wenn die Firma H. & Co., was behauptet ist, ihre Rechte gegen die Beklagte aus dem mit ihr geschlossenen Speditionsvertrag auf die Klägerin übertragen hat. Denn es ist ein anerkannter Satz, insbesondere des Handelsrechts, daß der Beauftragte, der für fremde Rechnung, aber im eigenen Namen abschließt, beim Bruche des Vertrages durch den Mitkontrahenten von diesem Ersatz des Schadens verlangen kann, nicht nur wie er ihm persönlich, sondern auch weiter, wie er seinem Auftraggeber erwachsen ist.

Vgl. Entsch. des RG.'s in Zivils. Bd. 58 S. 42 flg.

Ein solcher Fall liegt hier vor, da die Firma H. & Co. zur teilweisen Ausführung ihres von der Klägerin erhaltenen Speditionsauftrages die Beklagte als Unterspediteur angenommen hat. Wie demnach die Firma H. & Co. gegen ihre Vertragsgegnerin, die Beklagte, auch das Interesse der Klägerin geltend machen könnte, so kann es auf Grund der Zession die Klägerin nun selbst tun. Dieser Gesichtspunkt führt aber, wie die Revision mit Recht bemerkt hat, noch weiter. Auch für den Verkäufer, der nach § 447 BGB. die gekaufte Ware auf Verlangen des Käufers nach einem anderen Orte als dem Erfüllungsorte versendet und zu diesem Behufe mit dem Frachtführer oder Spediteur im eigenen Namen abschließt, muß man der Ansicht bewährter Autoren beipflichten, daß er mit seiner Kontraktsklage zugleich die Interessen der Käufer verfolgen könne.

Vgl. Staub, Kommentar zum Handelsgesetzbuche 6. u. 7. Aufl. Anm. 54 zu § 382 (S. 1405), Anm. 20 zu § 383 (S. 1420), Anm. 20 zu § 408 (S. 1478); Düringer u. Hachenburg, Handelsgesetzbuch Bd. 3 S. 58/59 Nr. 4a.

Es liegt in der Konsequenz dieser Auffassung, daß dann auch in einem Falle, wo es sich, wie hier, um mehrere hintereinander stehende

Beteiligte handelt, derjenige, welcher auf Grund des Vertrages zur Erhebung des Entschädigungsanspruchs gegen den fehlsamen Vertragsgegner berechtigt ist, mit der Klage auch die sämtlichen vorgehenden Interessen, soweit sie nebeneinander bestehen können, geltend machen darf. Und selbstverständlich darf dies auch sein Zessionar." . . .

RGZ. 62, 346*)

1. Unter welchen Voraussetzungen hat der durch eine unerlaubte Handlung Beschädigte für ein mitwirkendes Verschulden seines gesetzlichen Vertreters oder der für ihn handelnden Hilfspersonen auf Grund der in § 254 Abs. 2 BGB. am Schlusse ausgesprochenen Verweisung auf § 278 BGB. einzustehen?

2. Zur Anwendung des § 254 BGB. auf die aus dem Reichshaftpflichtgesetze entspringenden Schadensersatzansprüche.

VI. Zivilsenat. Urt. v. 29. Januar 1906.

I. Landgericht Braunschweig. II. Oberlandesgericht daselbst.

Die damals dreijährige Klägerin stürzte am 14. April 1903 aus einem Durchgangswagen der Eisenbahn während der Fahrt auf der Strecke Blankenburg-Halberstadt der verklagten Gesellschaft heraus, geriet zwischen die Schienen und erlitt eine schwere Verletzung der rechten Hand. Sie machte durch ihren Vater als gesetzlichen Vertreter für den ihr entstandenen Schaden die Beklagte verantwortlich. Ihrer Klage wurde in den beiden vorderen Instanzen entsprochen. Die Revision der Beklagten ist zurückgewiesen worden.

Aus den Gründen:

. . . „Daß von einem eigenen Verschulden des dreijährigen Kindes wegen dessen mangelnder Zurechnungsfähigkeit nicht die Rede sein kann, ist von dem Berufungsgericht in Anlehnung an die Rechtsprechung des Reichsgerichts zutreffend ausgeführt worden. Die dieser Anschauung entgegenstehende Rechtsansicht, daß das eigene Verschulden nach § 254 BGB. in jeder Hinsicht rein objektiv zu nehmen sei, und es auf die subjektiven Voraussetzungen des schuldhaften Handelns in der Person des Verletzten nicht ankomme, ist vom erkennenden Senat bereits in wiederholten Entscheidungen verworfen worden (Entsch. Bd. 59 S. 22; Jurist. Wochenschr. 1906 S. 55 Nr. 6); das Gericht verbleibt bei dieser Auffassung.

Die Beklagte sucht den Einwand des eigenen Verschuldens der Klägerin nun anderweit auf das nach den Feststellungen des Berufungsgerichts unzweifelhaft gegebene Verschulden der Mutter des

*) Vgl. auch Bd. 75 S. 257 (abgedruckt S. 84 dieses Bandes).

Kindes durch unachtsame Beaufsichtigung des letzteren unter Berufung auf die im Schlußsatze des § 254 Abs. 2 BGB. ausgesprochene Verweisung auf § 278 BGB. zu stützen; in der Revisionsinstanz sucht sie insbesondere auszuführen, daß es sich um die Verletzung einer vertragsmäßigen Verpflichtung aus dem Transportvertrage durch die Mutter als Hilfsperson des Kindes handle, so daß aus diesem Gesichtspunkte die Anwendung des § 278 BGB. begründet sei. Allein diese Annahme scheitert schon an dem Umstande, daß als Gegenkontrahent der Beklagten für den geschlossenen Transportvertrag nicht die Klägerin, sondern allein deren Mutter anzusehen ist, die ihre eigene entgeltliche und daneben auf Grund des § 11 Abs. 2 der Eisenbahn-Verkehrsordnung vom 26. Oktober 1899 die unentgeltliche Beförderung des Kindes vereinbart hatte. Diese hatte durch den Ankauf ihrer Fahrkarte zugleich das Recht auf die Beförderung des Kindes, jedoch ohne besonderen Platz, gegen die Eisenbahn erworben. Daß die Mutter in diesem Vertrage auch eine Verpflichtung zur Beaufsichtigung des Kindes während des Transportes der Beklagten gegenüber übernommen hatte, ist allerdings anzunehmen. Durch schuldhafte Verletzung dieser Vertragsverpflichtung hat sie sich der Beklagten verantwortlich gemacht und ihr das Recht gegeben, gegen sie — ganz oder zum Teil, je nach der Abwägung des beiderseits zu vertretenden Verschuldens nach Maßgabe der §§ 254, 276 BGB. — ihren Rückgriff zu nehmen. Wollte man des weiteren selbst der Revision nachgeben, daß das Kind neben der Mutter als zweite Gegenpartei der Beklagten für den Transportvertrag angesehen werden könnte, so würde doch die alsdann vom Standpunkte der Revisionsklägerin erforderliche Aufstellung eines Vertragsinhaltes dahin, daß das Kind, vertreten durch die Mutter, der Eisenbahn gegenüber die Verpflichtung übernommen hätte, sich durch die Mutter beaufsichtigen zu lassen, widersinnig erscheinen.

Es bleibt mithin nur die Frage übrig, ob die Anwendung des § 278 BGB. lediglich auf Grund der im Schlußsatze des § 254 Abs. 2 ausgesprochenen Verweisung auf diese Bestimmung auch ohne eine bestehende Vertragsverbindlichkeit einzutreten habe.

Diese Frage ist zu verneinen. (Vgl. Entsch. des RG.'s in Zivils. Bd. 55 S. 316, und Bd. 54 S. 404 und 407.)

Die Vorschrift des § 254 BGB. ist an und für sich zur Anwendung für alle Fälle einer Schadensersatzverpflichtung, mag diese aus Verträgen, oder aus unerlaubten Handlungen entstanden sein, bestimmt, wie sich aus ihrer Stellung im allgemeinen Teile des Rechts der Schuldverhältnisse ergibt. Die Bestimmung des § 278 BGB. begründet dagegen die Haftung eines Schuldners für das Verschulden seines gesetzlichen Vertreters und seiner Hilfspersonen nur, wenn diese in „Erfüllung einer Verbindlichkeit" gefehlt haben; sie setzt mithin ein bestehendes Schuldverhältnis voraus. Dies muß auch von der in § 254 Abs. 2 BGB. vorgesehenen „entsprechenden" Anwendung des § 278 BGB. gelten, sei es daß man für diese das Vorhandensein einer zu erfüllenden Verpflichtung auf seiten des Beschädigten und Ersatzberechtigten fordert, sei es daß man die Verweisung dahin versteht, daß überall, wo für den Schädiger und Ersatzpflichtigen § 278 BGB. Platz zu greifen habe, also auf seiner Seite eine zu erfüllende Verpflichtung vorlag und verletzt wurde, für das mitwirkende Verschulden auf der Seite des Beschädigten in gleicher Weise die Haftung für jene Personen einzutreten habe. Zwischen dem Schädiger und dem Verletzten bei einer unerlaubten Handlung besteht aber vor Begehung der letzteren auf keiner Seite irgendein Schuldverhältnis; erst durch die unerlaubte Handlung selbst treten sie zueinander in gewisse Rechtsbeziehungen: es ist auf der einen Seite ein Gläubiger-, auf der anderen Seite ein Schuldverhältnis, wenn der Schaden schon eingetreten ist, bereits entstanden, wenn er noch droht, doch im Entstehen begriffen, und aus diesem ursächlich begründeten Gläubigerverhältnis können nach den Grundsätzen von Treu und Glauben gewisse Diligenzpflichten gegen den anderen Teil für den Beschädigten abgeleitet werden, die in ausdrücklicher positiver Bestimmung hinsichtlich der Abwendung und Minderung des Schadens — der dritte in § 254 Abs. 2 BGB. herausgehobene Diligenzfall, der Hinweis des Schädigers auf die Gefahr eines ungewöhnlich hohen Schadens, kommt nach dem Gesagten für das Gebiet der unerlaubten Handlungen nicht wohl in Betracht — das Gesetz in Abs. 2 des § 254 BGB. dem Beschädigten dem Schädiger gegenüber auferlegt. Insoweit es sich daher um die Abwendung eines aus der bereits verursachten unerlaubten Handlung drohenden und um die Minderung eines daraus schon entstandenen Schadens handelt, stellen die bezeichneten gesetzlichen Diligenzpflichten nach § 254 Abs. 2 BGB. sich als Verpflichtungen gegenüber der Person des Schädigers im Sinne des § 278 BGB. dar, die dessen entsprechende Anwendung auch außerhalb des Gebietes der rechtsgeschäftlichen Verbindlichkeiten gestatten und rechtfertigen.

Eine Ausdehnung der Anwendung des § 278 BGB. im Gebiete der unerlaubten Handlungen über die bezeichnete Grenze hinaus auf jedes Verschulden von gesetzlichen Vertretern und Hilfspersonen, das auch nur zur Entstehung des Schadens (§ 254 Abs. 1 BGB.) mitgewirkt hat, kann nicht als richtig anerkannt werden. Die zu ihrer Stütze aufgestellten Sätze: jedermann sei verpflichtet, sich und seine Güter vor Schaden zu bewahren (Cosack), oder: jedermann habe die dem Normalmenschen obliegende Sorgfalt auf seine Person und sein Vermögen aufzuwenden, und deren Betätigung entspreche der „Erfüllung der Verbindlichkeit" in § 278 BGB. (v. Leyden), sind ohne Beweiskraft, da jene Verpflichtungen nur Verpflichtungen gegen die eigene Person, nicht gegen einen Dritten, also in Wirklichkeit nicht Verpflichtungen im juristischen Sinne, und jedenfalls nicht im Sinne des § 278 BGB., bedeuten. Diese Ausdehnung liegt auch nicht im Interesse der Billigkeit und Gerechtigkeit (Planck, BGB. 3. Aufl. Bem. 5 zu § 254), würde vielmehr eine auffallende Rechtsungleichhheit zuungunsten des Beschädigten herbeiführen. Denn während auf der Seite des Schädigers für das Gebiet der unerlaubten Handlungen der Vertretene und Geschäftsherr für ein Verschulden seines gesetzlichen Vertreters, von der auf besonderen gesetzgeberischen Gedanken beruhenden Haftung der juristischen Personen für die unerlaubten Handlungen ihrer verfassungsmäßig berufenen Vertreter nach §§ 31, 89 BGB. abgesehen,

vgl. dazu Motive zum ersten Entw. des Bürgerlichen Gesetzbuchs Bd. 4 S. 1083 flg.,

gar nicht, für die Handlungen und Unterlassungen von Hilfspersonen nur in den Grenzen des § 831 BGB. einzustehen hat, würde der Beschädigte bei einer solchen Anwendung des § 278 BGB. im Bereiche der unerlaubten Handlungen für die Versehen aller dieser Personen unbedingt einzutreten haben. Es muß deshalb genügen, daß der Schädiger gemäß §§ 840, 426 BGB. seinen Rückgriff gegen den Vertreter oder die Hilfsperson nehmen kann, deren Verschulden bei der Entstehung des Schadens ursächlich mitgewirkt hat.

Würde es sich daher im gegebenen Falle um die Abwendung des aus der ursächlich bereits gesetzten Handlung drohenden oder um die Minderung eines schon daraus entstandenen Schadens handeln, so würde die entsprechende Anwendung des § 278 BGB. auch ohne ein besonderes hinzutretendes Schuldverhältnis der Klägerin zu der Beklagten für begründet zu erachten sein. Auch daraus, daß im vorliegenden Falle nicht eine unerlaubte Handlung nach dem Bürgerlichen Gesetzbuche, sondern eine solche nach § 1 des Reichshaftpflichtgesetzes in Frage steht, würde ein Bedenken dagegen nicht zu entnehmen sein. In den Verhandlungen der zweiten Kommission zur Beratung des Bürgerlichen Gesetzbuchs über Art. 42 (24) des Einführungsgesetzes gab allerdings gerade die Aufstellung der Diligenzpflichten in § 254 Abs. 2 BGB. — vgl. Protokolle der zweiten Kommission (Spahn) Bd. 6 S. 594 flg. — Anlaß zur Beanstandung der unbedingten Anwendung des § 254 auf den Rechtskreis des Reichshaftpflichtgesetzes. Der erkennende Senat hat jedoch, nachdem er zuerst in dem Urteil vom 24. November 1902 (Entsch. Bd. 53 S. 75 flg.) und später in zahlreichen Entscheidungen die Anwendbarkeit des § 254 Abs. 1 BGB. für diesen Rechtskreis bejaht hatte, auch bereits in einem nach dem Reichshaftpflichtgesetze zu beurteilenden Falle (Jur. Wochenschr. 1905 S. 201 Nr. 4) für die Anwendung des Abs. 2 des § 254 sich ausgesprochen. Es wäre deshalb nur noch zu fragen, ob die Mutter der Klägerin als deren gesetzlicher Vertreter oder Hilfsperson zur Erfüllung jener Verbindlichkeiten zu erachten wäre. Allein es handelt sich im gegebenen Falle nicht um ein Verschulden der Mutter in bezug auf die Abwendung des ursächlich bereits gesetzten Schadens, sondern um ein mitwirkendes Verschulden hinsichtlich der Verursachung des Unfalles und des daraus entstandenen Schadens selbst. Als gesetzlicher Vertreter des Kindes würde im übrigen, wie das Berufungsgericht zutreffend angenommen hat, die Mutter im gegebenen Falle nicht anzusehen sein, da die im inneren Verhältnisse zu dem Kinde nach § 1634 BGB. ihr obliegende Sorge für die Person des Kindes ein nach außen wirkendes Vertretungsverhältnis nicht begründet. Ob sie als eine für die Diligenztätigkeit der erörterten Art bestellte Hilfsperson zu erachten wäre, kann dahingestellt bleiben." . . .

RGZ. 63, 116

Anwendung des § 278 BGB. auf Fälle, in denen die Verbindlichlichkeit in einem Unterlassen besteht.

VI. Zivilsenat Urt. v. 29. März 1906.

I. Landgericht Halle a. S. II. Oberlandesgericht Naumburg a. S.

Der Beklagte hatte sich im Februar 1903 schriftlich verpflichtet, während der Dauer von fünf Jahren Sanatogen und Sanatogenpräparate nicht unter gewissen, von der Klägerin vorgeschriebenen Detailpreisen zu verkaufen, und diese Verpflichtung auch durch keinerlei sonstige Vergünstigungen zu umgehen; für jeden Fall der Zuwiderhandlung hatte er die Zahlung einer Konventionalstrafe von 100 M. der Klägerin versprochen. Mit der Behauptung, daß er jener Verpflichtung dadurch zuwidergehandelt habe, daß er den Käufern von Sanatogen Rabattmarken verabreicht habe, forderte die Klägerin Zahlung der Konventionalstrafen. Das Oberlandesgericht erklärte diesen Anspruch dem Grunde nach für gerechtfertigt. Die Revision des Beklagten wurde zurückgewiesen, aus folgenden

Gründen:

„Das Berufungsgericht führt aus, daß nach der von den Parteien übereinstimmend geschilderten Einrichtung der Rabattsparvereine in der Verabreichung von Rabattmarken bei Verkauf von Sanatogen und Sanatogenpräparaten eine Zuwiderhandlung gegen die vom Beklagten der Klägerin gegenüber übernommene Verpflichtung liege. Diese, von der Revision lediglich zur Nachprüfung gestellte, Ausführung läßt einen Rechtsirrtum nicht erkennen. Es wird im Berufungsurteil weiter dargelegt, daß die Verwirkung der Vertragsstrafe ein Verschulden des Beklagten nicht voraussetze, da die von diesem geschuldete Leistung in einem Unterlassen bestehe; unerheblich sei, daß lediglich seine Angestellten ohne sein Wissen oder selbst gegen seine ausdrückliche Anordnung den Kunden Rabattmarken verabreicht hätten; denn für diese Zuwiderhandlungen habe er nach § 278 BGB. einzustehen. . . . Die Revision wendet sich hiergegen mit der Ausführung, die Angestellten des Beklagten seien keine Personen, deren er sich zur Erfüllung seiner Verbindlichkeit gegenüber der Klägerin bediene.

Dieser Angriff kann nicht für begründet erachtet werden. Es kann dabei dahingestellt bleiben, ob mit der in der Literatur herrschenden, auch vom V. Zivilsenate des Reichsgerichts (vgl. Entsch. des RG.'s in Zivils. Bd. 55 S. 79) geteilten Ansicht der Satz 2 des § 339 BGB. dahin aufzufassen, ist, daß, wenn die geschuldete Leistung in einem Unterlassen besteht, die Strafe mit der Zuwiderhandlung verwirkt ist ohne Rücksicht darauf, ob den Schuldner ein Verschulden trifft, oder ob nicht vielmehr jene Gesetzesvorschrift den Gläubiger nur vom Nachweise des Verschuldens befreit, dem Schuldner aber nachläßt, den Mangel eines solchen als Befreiungsgrund geltend zu machen und zu beweisen. Nach § 241 BGB. kann die Leistung, die der Gläubiger kraft eines Schuldverhältnisses zu fordern berechtigt ist, auch in einem Unterlassen bestehen. Die Erfüllung der Verpflichtung besteht hier darin, daß der Schuldner die Handlung, die er unterlassen soll, nicht vornimmt. Solange er diese Handlung nicht vornimmt, befindet er sich im Zustande der Erfüllung. Nun könnte man auf den ersten Anblick sagen, es sei undenkbar, daß er sich hierbei der Hilfe anderer Personen bedient, es komme hierbei vielmehr nur auf sein persönliches Tun und Lassen an. Das wird der Fall sein, wenn die verbotene Handlung nur vom Schuldner selbst vorgenommen werden kann, und daher auch nur eine Zuwiderhandlung des Schuldners selbst als unter das Verbot fallend von den Vertragschließenden gemeint sein kann. Im vorliegenden Falle kann aber ein Verkauf des Sanatogens unter den von der Klägerin festgesetzten Detailpreisen nicht bloß vom Beklagten selbst, sondern auch von denjenigen vorgenommen werden, die er mit dem Verkauf beauftragt hat, und daß auch ein solcher Verkauf durch das Verbot hat getroffen werden sollen, kann nicht zweifelhaft sein. Nun läßt sich schon sagen, daß der Beklagte, da er beim Verkauf des Sanatogens die der Klägerin gegenüber übernommene Verbindlichkeit zu erfüllen hat, eine andere Erfüllung überhaupt nicht denkbar ist, sich zur Erfüllung dieser Verbindlichkeit derjenigen Personen bedient, die er mit dem Verkauf beauftragt hat. Man könnte vielleicht aber den Zweifel aufwerfen, ob dies für den Fall zutrifft, daß er seinen Angestellten nicht untersagt haben sollte, den Abnehmern von Sanatogen Rabattmarken zu gewähren, und jene auf Grund der allgemeinen Uebung in seinem Geschäfte es getan hätten. Solchenfalls würde § 278 schon deswegen nicht anwendbar sein, weil es an einem Verschulden der Angestellten fehlen würde; der Beklagte würde aber gleichwohl zur Zahlung der Strafe verpflichtet sein, weil dann der Fall so anzusehen ist, als ob er selbst — und zwar schuldhaft — die Zuwiderhandlung vorgenommen hätte. Es kann aber jedenfalls dann, wenn er seinen Angestellten die Gewährung von Rabattmarken beim Verkauf von Sanatogen ausdrücklich untersagt haben sollte, keinem Zweifel unterliegen, daß er sich jener zur Erfüllung der von ihm der Klägerin gegenüber übernommenen Verbindlichkeit bei dem Verkauf von Sanatogen bedient hat, und daß diese Angestellten, da sie seinem Verbot zuwidergehandelt haben, ein Verschulden trifft." . . .

RGZ. 63, 297

Kann ein Wirt von einem auf längere Zeit abgeschlossenen Bierabnahmevertrage wegen vereinzelter Lieferungen schlechten Bieres zurücktreten?

II. Zivilsenat. Urt. v. 11. Mai 1906.

I. Landgericht Köln. II. Oberlandesgericht daselbst.

Die Frage wurde verneint aus folgenden

Gründen:

„Das Berufungsgericht ist von der Annahme ausgegangen, der Beklagte habe niemals, weder bei der Bestellung einer weiteren Sicherungshypothek von 1000 M. wegen Erhöhung seiner Bierschuld, noch bei seinem Rückzahlungserbieten vom 13. August 1904, das Bier der Klägerin irgend bemängelt. . . . Von jenem Ausgangspunkte aus konnte nun das Berufungsgericht eine Gefährdung des Vertragszwecks wegen angeblicher Lieferung schlechten Bieres und folgeweise ein Recht des Beklagten zum Rücktritt vom Vertrage verneinen, indem es in dem Unterlassen jedweder Bemängelung des Bieres, somit in dem eigenen Verhalten des Beklagten, einen Beweis dafür erblickte, daß dieser selbst die angebliche Lieferung schlechten Bieres nicht für erheblich genug angesehen habe, um deshalb Beschwerde zu führen, geschweige denn von dem Vertrage zurückzutreten. Vom Standpunkte dieser rechtlich nicht zu beanstandenden Auffassung aus konnte es das Beweiserbieten des Beklagten dafür, daß ihm und anderen von der Klägerin schlechtes Bier geliefert worden sei, als unerheblich ablehnen. Denn für den Regelfall und abgesehen von besonderen, vom Beklagten nicht behaupteten Umständen gebieten bei einem auf längere Zeit abgeschlossenen Bierabnahmevertrage Treu und Glauben mit Rücksicht auf die Verkehrssitte, daß ein Wirt nicht wegen jeder, selbst unerheblichen, Lieferung vertragswidrigen Bieres sofort und ohne vorherige Beanstandung vom ganzen Vertrage zurücktreten, sondern hierzu erst dann übergehen darf, wenn trotz Beschwerde die Bierlieferung von nicht vertragsmäßiger Beschaffenheit in einer Weise fortgesetzt wird, daß er an der weiteren Lieferung in solcher Art kein Interesse hat, und die Fortsetzung des Vertrags bei loyaler Auslegung und Erfüllung nach den Umständen des Falles billigerweise ihm nicht zugemutet werden kann. Wegen vereinzelter vertragswidriger Lieferungen ist der Wirt genugsam geschützt durch das Recht, 1. die Annahme der vertragswidrigen Lieferung zu verweigern, und a) auf vertragsmäßiger *Lieferung zu bestehen (§ 480 BGB.), oder b) sofern* dies zur ununterbrochenen ordnungsmäßigen Fortführung der Wirtschaft notwendig erscheint, was vielfach der Fall sein wird, sofort und ohne vorherige Fristbestimmung anderweitig sich zu decken und Schadensersatz wegen Nichterfüllung zu fordern (§ 326 Abs. 2 BGB.), 2. Wandlung oder Preisminderung zu verlangen (§ 462 BGB.)." . . .

RGZ. 66, 24*)

Kann ein dingliches oder ein persönliches Zurückbehaltungsrecht an einem Hypothekenbrief durch Vertrag rechtswirksam begründet sein, wenn

a) die Voraussetzungen des gesetzlichen Zurückbehaltungsrechts nicht sämtlich vorliegen,

b) der Wille der Vertragschließenden auf die Bestellung eines Pfandrechts gerichtet war, der Vertrag aber als Pfandvertrag nichtig ist?

BGB. §§ 273, 140.

V. Zivilsenat. Urt. v. 17. April 1907.

I. Landgericht Schweidnitz. II. Oberlandesgericht Breslau.

Die Kläger zu 1 bis 6 und R. St. sind die Erben des im Jahre 1897 verstorbenen K. St. Für letzteren stand auf dem Grundstücke S. Bl. 2 eine Briefhypothek von 20 400 M. eingetragen. Der Beklagte O. gelangte Anfang 1902 in den Besitz des Hypothekenbriefes und verweigerte dann die Rückgabe. Die Kläger und R. St. klagten auf Herausgabe des Briefes zu Händen der Klägerin zu 1. Beklagter wandte ein, R. St., der Eigentümer des belasteten Grundstückes, habe am 3. Januar 1902 für sich selbst und zugleich im Auftrage der an-

*) Vgl. Bd. 68 S. 386 (389) (abgedruckt unter „Sachenrecht").

deren Miterben die Hypothek für ein Darlehn von 6000 M., das er von ihm, dem Beklagten, erhalten habe, verpfändet, darüber ein Schriftstück des Inhalts ausgestellt „Erhielt von O. für eine verpfändete Hypothek 6000 M." und den Hypothekenbrief übergeben. Der erste Richter erkannte auf zugeschobene Eide für die Kläger und machte davon abhängig, ob die Verurteilung des Beklagten zur Herausgabe des Briefes schlechthin oder Zug um Zug gegen Zahlung von 6000 M. auszusprechen sei.

Der Berufungsrichter unterschied auf die Berufung des Beklagten zwischen der Klage der Kläger 1, 3, 4 und der Klage der Kläger 2, 5. 6. Auf die erstere Klage verurteilte er zwar den Beklagten zur Herausgabe, aber nur gegen Zahlung von 6000 M., und wies die Kläger 1. 3, 4 mit ihren weitergehenden Anträgen ab. Er gründete diese Entscheidung darauf, daß Klägerin zu 1 unstreitig, die Kläger 3, 4 erwiesenermaßen Auftrag bzw. Genehmigung zur Hingabe des Hypothekenbriefes zu dem in Rede stehenden Zwecke erteilt hätten. Auf die Klage der Kläger 2, 5, 6, deren Auftrag oder Genehmigung er nicht für erwiesen ansah, erkannte er auf den hierüber vom Beklagten zugeschobenen Eid für diese Kläger und machte davon die Verurteilung des Beklagten zur Herausgabe schlechthin, oder gegen Zahlung von 6000 M. abhängig.

Auf die Revision lediglich der Kläger 1, 3, 4 wurde das Urteil aufgehoben, und die Sache an das Berufungsgericht zurückverwiesen.

Aus den Gründen:

. . . „Der Berufungsrichter erachtet eine Verpfändung der in Rede stehenden Briefhypothek seitens der Erben des eingetragenen Gläubigers nicht als rechtswirksam erfolgt, weil die Verpfändung gemäß §§ 1274, 1154 BGB. schriftlich hätte geschehen müssen, die Urkunde vom 3. Januar 1902 aber eine Verpfändungserklärung bezüglich der Hypothek nicht enthalte. Er erklärt ferner, daß ein Pfandrecht an dem Hypothekenbriefe nicht gültig bestellt sei, weil die Verpfändung eines Hypothekenbriefes für sich allein nicht angängig sei. Weiter verneint er, daß dem Beklagten ein Recht an dem Hypothekenbriefe in Gestalt eines Zurückbehaltungsrechts zustehe, da das Bürgerliche Gesetzbuch ein dingliches Zurückbehaltungsrecht nicht kenne. Dagegen erachtet er die Eingehung eines Schuldvertrages, durch den der eine Teil sich verpflichtet, dem andern Teile einen Hypothekenbrief so lange zu belassen, bis dieser wegen einer Forderung befriedigt ist, für rechtlich zulässig, und er nimmt an, daß zwischen dem Beklagten und R. St. ein solcher Zurückbehaltungsvertrag geschlossen sei, und die drei Revisionskläger zufolge Beauftragung des R. St., bzw. wegen erteilter Genehmigung ebenfalls an diesen Vertrag gebunden seien.

Die Revision leugnet die Rechtswirksamkeit eines solchen Zurückbehaltungsvertrages und sucht auszuführen, es sei, weil ein dingliches Retentionsrecht dem Bürgerlichen Gesetzbuche fremd sei, auch das vom Berufungsrichter konstruierte Zurückbehaltungsrecht nicht anzuerkennen. Dies ist jedoch nicht zutreffend. Der Kreis der dinglichen Rechte ist nach dem Bürgerlichen Gesetzbuche allerdings ein bestimmt begrenzter; er kann durch Vereinbarung der Beteiligten nicht erweitert werden. Da das Bürgerliche Gesetzbuch ein dingliches Zurückbehaltungsrecht nicht kennt, kann ein solches auch nicht durch Vertrag begründet werden (Jurist. Wochenschr. 1902 Beil. S. 223). Anders verhält es sich jedoch mit einem persönlichen Zurückbehaltungsrecht. Zwar ist im Bürgerlichen Gesetzbuch (§§ 273, 274) ausdrücklich nur das kraft Gesetzes zustehende persönliche Zurückbehaltungsrecht geregelt. Nach dem das Gebiet der Schuldverhältnisse beherrschenden Grundsatze der Vertragsfreiheit ist es aber für zulässig zu erachten, daß durch Vertrag ein hinsichtlich seiner Wirkung auf die Vertragschließenden beschränktes Zurückbehaltungsrecht, soweit nicht besondere Vorschriften entgegenstehen, auch dann begründet wird, wenn die Voraussetzungen für ein gesetzliches Zurückbehaltungsrecht nicht vorliegen. Es war daher auch ein Vertrag, durch den die Kläger als Erben des Gläubigers der fraglichen Briefhypothek sich dem Beklagten gegenüber verpflichteten, diesem den Hypothekenbrief so lange zu belassen, bis die Forderung des Beklagten gegen R. St. bezahlt sein würde, rechtlich möglich und für die Kläger verbindlich. Dem steht auch nicht entgegen, daß, wie der Berufungsrichter zutreffend annimmt, ein Hypothekenbrief für sich allein nicht Gegenstand eines die Berechtigung zur Zurückbehaltung der hingegebenen Sache ebenfalls in sich schließenden Pfandrechts sein kann. Ein Hypothekenbrief ist als Legitimations- und Beweisurkunde für die Hypothekenforderung mit dieser verbunden und von ihrem rechtlichen Schicksal abhängig; er kann daher nicht losgelöst von der Hypothekenforderung selbständig Gegenstand eines dinglichen Rechtes sein.

Vgl. Gruchot, Beiträge Bd. 47 S. 957, Bd. 49 S. 366; Motive zu § 1109 Entw. I Bd. 3 S. 744; Prot. Bd. 3 S. 645.

Aber dadurch, daß der Inhaber einer Hypothek einem anderen den Hypothekenbrief mit der Verpflichtung hingibt, den Brief nicht eher zurückzuverlangen, als bis eine bestimmte Voraussetzung erfolgt sei, gewährt er dem Empfänger nicht ein auch gegenüber Dritten wirkendes Recht an dem Hypothekenbriefe als an einer selbständigen Sache, sondern schließt nur das ihm als Eigentümer des Hypothekenbriefs an sich zustehende Recht auf Herausgabe für seine Person zeitweise und bedingt aus. Ein solches, durch obligatorischen Vertrag begründetes, nur zwischen den Vertragschließenden persönlich wirkendes Zurückbehaltungsrecht an einem Hypothekenbriefe ist daher für rechtsgültig zu erachten.

Vgl. Entsch. des RG.'s in Zivils. Bd. 51 S. 87, 88, Turnau u. Förster, Liegenschaftsr. Bd. 1 S. 502, 1098; v. Staudinger, Bem. I 1 e zu § 1204 BGB.

Der in dieser Richtung erhobene Revisionsangriff ist sonach unbegründet. Zu beanstanden ist auch nicht die weitere Ausführung des Berufungsrichters, daß, wiewohl der Wille der Kontrahenten auf Schaffung eines dinglichen Pfandrechts gerichtet gewesen sei, doch an Stelle der wegen Formmangels nichtigen Verpfändung ein persönliches Zurückbehaltungsrecht an dem Hypothekenbriefe gemäß § 140 BGB. als vertragsmäßig bestellt zu gelten habe. Der Berufungsrichter erwägt mit Recht, daß der von den Kontrahenten verfolgte wirtschaftliche Zweck der Beschaffung einer Sicherheit auch, wennschon in geringerem Maße, durch das persönliche Zurückbehaltungsrecht erreicht werde, und folgert daraus bedenkenfrei, daß, wenn die Kontrahenten die Nichtigkeit der Verpfändung gekannt hätten, sie die Geltung des einer Form nicht bedürfenden Vertrages über die Bestellung des persönlichen Zurückbehaltungsrechts gewollt haben würden (Prot. Bd. 1 S. 127).

Rechtsirrtümlich aber ist die Ansicht des Berufungsrichters, daß der Beklagte jedem der den Auftrag oder die Zustimmung zu der Verpfändungserklärung des R. St. erteilenden Kläger für sich allein und ohne Rücksicht darauf, ob eine gleiche Willensäußerung der anderen Kläger vorliege, ein Recht auf Zurückbehaltung entgegensetzen könne."

(Es wird dies auf Grund von Vorschriften des preußischen Allgemeinen Landrechts näher dargelegt, und dann die Zurückverweisung an das Berufungsgericht ausgesprochen.)

RGZ. 66, 402*)

Haftet, wer Frachtgut in einen ihm von der Bahnverwaltung gestellten Bahnwagen durch einen Spediteur einladen läßt, gegenüber dem Bahnunternehmer für eine dem Spediteur oder seinen Leuten zur Last fallende Unvorsichtigkeit bei der Verladung?

BGB. § 278. Preuß. Gesetz über die Eisenbahnunternehmungen vom 3. November 1838 § 25.

VI. Zivilsenat. Urt. v. 24. Oktober 1907.

I. Landgericht Stettin. II. Oberlandesgericht daselbst

*) Vgl. Bd. 87 S. 289 (293) (abgedruckt unter „Schuldrecht, Versprechen der Leistung an einen Dritten").

Das Berufungsurteil wurde aufgehoben und die Sache an die Berufungsinstanz zurückverwiesen aus folgenden

Gründen:

„Am Morgen des 29. März 1904 wurden auf dem Güterbahnhof in B. Ballen von Heede und Flachs, die die Klägerin nach einer sächsischen Bahnstation versenden wollte, durch Bedienstete des Spediteurs P. in B. in einen ihnen von den zuständigen Bahnbeamten angewiesenen offenen Bahnwagen verladen. Während der Verladung gerieten zu einer Zeit, wo sich gerade keiner der dabei beschäftigten Männer bei dem Wagen befand, die Ballen in Brand, und zwar, wie das Berufungsgericht festgestellt hat, durch Funken, die von einer vorüberfahrenden Lokomotive ausgestoßen und von dem Winde zu den unverdeckt auf dem Wagen liegenden Ballen geführt worden waren.

Der von der Klägerin gegen den Eisenbahnfiskus erhobene Schadensersatzanspruch, dem dieser nach Grund und Betrag bestreitet, ist von der ersten Instanz für dem Grunde nach berechtigt erklärt worden; dagegen hat das Berufungsgericht, dem Antrage des Beklagten entsprechend, auf Klagabweisung erkannt, indem es annimmt, daß der Schade durch Verschulden der Klägerin entstanden sei; bei der Feuergefährlichkeit der Ware, namentlich der Heede, hätte, da die einzelnen Ballen nicht vollständig umhüllt gewesen seien, für die Zeit, wo keiner der mit der Verladung betrauten Arbeiter bei dem Bahnwagen anwesend gewesen sei, eine Bedeckung der auf dem Wagen liegenden Ballen stattfinden müssen, und das sei nicht geschehen, obschon die erforderlichen, von der Bahnverwaltung gelieferten Planen zur Verfügung bereit gelegen hätten.

Die Vorinstanz geht bei dieser Annahme im Anschluß an die Darlegungen in dem reichsgerichtlichen Urteil vom 3. Mai 1906, Rep. VI. 295/05 (Entsch. in Zivils. Bd. 63 S. 270 flg.) davon aus, daß bei den unter die Bestimmungen in § 25 des preußischen Gesetzes über die Eisenbahnunternehmungen vom 3. November 1838 fallenden Schäden der Anspruch des Beschädigten, sofern nicht ein unabwendbarer äußerer Zufall vorliegt, nur dann ausgeschlossen sei, wenn der Schade nachweislich durch ein dem Beschädigten selbst zur Last fallendes Verschulden verursacht worden sei. Ein solches eigenes Verschulden der Klägerin nimmt die Vorinstanz an, weil die Klägerin, obwohl sie nach ihren eigenen Erklärungen damit gerechnet habe, daß die Ballen in den Verladungspausen nicht mit Planen bedeckt werden würden, diese Bedeckung nicht angeordnet habe, dies aber geboten gewesen sei, da an dem Morgen, an dem die Verladung stattfand, stürmisches Wetter geherrscht, und, wie nicht zu bezweifeln sei, die Klägerin dies gewußt habe, sie sich auch, da das Anfahren der Ware zum Bahnhofe nur durch einen Wagen erfolgt sei, bei Anwendung gehöriger Sorgfalt habe sagen müssen, daß Pausen in der Verladung eintreten würden, in denen der mit den bereits angefahrenen Ballen beladene Wagen unbewacht sein werde.

Die Revision greift in erster Linie die Annahme der Vorinstanz an, daß bei der Beladung des Bahnwagens in der Zeit, wo eine Unterbrechung der Arbeit eintrat, eine vorläufige Bedeckung der bereits eingeladenen Ballen hätte stattfinden müssen, sofern nicht für eine stete Ueberwachung des Wagens gesorgt war; sie beruft sich hierbei darauf, daß von den vier vernommenen Sachverständigen sich drei zugunsten der Klägerin ausgesprochen hätten. Das Revisionsgericht findet indes keinen Anlaß, der Auffassung des Berufungsgerichts entgegenzutreten. Von diesem ist wesentliches Gewicht darauf gelegt worden, daß im gegebenen Falle die Flachs- und Heedeballen zwar stark gepreßt, aber nur zum Teil mit einer Umhüllung versehen waren, und die Verladung an einem stürmischen Tage stattfand. Es kann nicht als rechtsirrtümlich angesehen werden, wenn die Vorinstanz angenommen hat, daß unter diesen Umständen in der Zeit, wo der zum Teil beladene Wagen aufsichtslos war, die Gefahr, daß die Ballen durch Funken aus einer der auf dem Bahnhof umherfahrenden Lokomotiven in Brand gesetzt werden könnten, nicht fernlag, und es daher bei Anwendung der im Verkehr erforderlichen Sorgfalt geboten gewesen wäre, hiergegen Schutzmaßregeln zu ergreifen, durch welche diese Gefahr, wenn nicht ausgeschlossen, so doch wesentlich gemindert wurde.

Der Ausspruch des Berufungsgerichts, daß die Zerstörung der auf den Bahnwagen gebrachten Waren durch ein der Klägerin selbst zur Last fallendes Verschulden verursacht worden sei, ist aber aus prozessualen Gründen zu beanstanden." (Wird dargelegt.)

„Erscheint hiernach die Annahme, daß der Klaganspruch durch ein der Klägerin selbst zur Last fallendes Verschulden ausgeschlossen sei, nicht einwandfrei begründet, so entsteht die weitere Frage, ob der Schade durch schuldhaftes Verhalten anderer Personen entstanden sei, und die Klägerin dies gegenüber dem Beklagten vertreten müsse. Die Vorinstanz hat das, wie bereits erwähnt ist, verneint, weil sie im Anschluß an das reichsgerichtliche Urteil vom 3. Mai 1906 davon ausgeht, daß bei der Beurteilung von Schadensersatzansprüchen, die auf § 25 des preußischen Gesetzes vom 3. November 1838 gestützt sind, die Bestimmung in § 254 BGB. überhaupt keine Anwendung finde, und dabei lediglich das eigene Verschulden des Beschädigten in Betracht komme, ein Verschulden seines Beauftragten also seinen Schadensersatzanspruch gegenüber dem Eisenbahnunternehmer nicht berühre. Dem erkennenden Senate sind indes gegen diese von ihm bisher vertretene Auffassung Bedenken entstanden, die es zweifelhaft erscheinen lassen, ob an ihr festzuhalten sein werde. Einer Entscheidung hierüber bedarf es aber jetzt nicht, da nach dem hier vorliegenden Sachverhalt, ganz abgesehen von der im § 254 Abs. 2 enthaltenen Verweisung auf § 278, der in diesem ausgesprochene Rechtsgrundsatz gegen die Klägerin zur Anwendung zu kommen hat.

Dadurch, daß die Klägerin vor dem 29. März 1904 bei der Bahnverwaltung in B. die Stellung eines offenen Bahnwagens behufs der Versendung von Flachs und Heede beantragt, und die Bahnverwaltung diesem Verlangen entsprochen hat, ist zwischen den Parteien ein Vertragsverhältnis begründet worden. Mag das Abkommen über die Stellung des Bahnwagens als Teil des Vertrages über die Beförderung des Frachtgutes anzusehen sein, oder als eine neben dem Frachtvertrage bestehende, ihn vorbereitende Vereinbarung; in jedem Falle erwuchs daraus für die Klägerin die Vertragspflicht, die Verladung unter Beobachtung der im Verkehr erforderlichen Sorgfalt so auszuführen, daß dabei eine Beschädigung des Eigentums des Beklagten, insbesondere des gestellten Bahnwagens, vermieden, also auch der Entzündung des leicht Feuer fangenden Frachtgutes soweit möglich vorgebeugt wurde. Ist bei der Verladung hiergegen verstoßen worden, so hat die Bestimmung in § 278 Anwendung zu finden, auch dann, wenn anzunehmen wäre, daß durch die von der Klägerin bewirkte Bestellung des Bahnwagens für sie noch keine bindende Verpflichtung zur Anlieferung des Frachtgutes entstanden sei; denn jedenfalls war, sofern die Klägerin die Anlieferung bewirkte, dies eine zur Erfüllung des getroffenen Abkommens vorgenommene Handlung, die, wenn sie in vertragswidriger Weise ausgeführt wurde, nach dem in § 278 ausgesprochenen Grundsatze beurteilt werden muß.

An der hieraus sich ergebenden Folgerung, daß die Klägerin für ein etwaiges Verschulden der Personen, deren sie sich zur Verladung der Ware in den ihr vom Beklagten gestellten Wagen bediente, einzustehen hat, ändert sich auch nichts, wenn an der vorerwähnten Auffassung, daß bei Ansprüchen aus § 25 des Gesetzes von 1838 der Beschädigte nur ihm selbst zur Last fallendes Verschulden zu vertreten habe, grundsätzlich festzuhalten wäre. Denn da der Schade, dessen Ersatz die Klägerin fordert, bei der Vornahme von Handlungen eingetreten ist, die zur Ausführung eines zwischen den Parteien geschlossenen Vertrages stattfanden, so ist auch die Frage, ob und inwieweit die Klägerin für fremdes Verschulden einzustehen hat, nach den für Vertragsverhältnisse geltenden allgemeinen Vorschriften zu beantworten.

Von der Revision ist angeregt worden, ob nicht eine Haftung der Klägerin für ein etwaiges Verschulden des Spediteurs P. und seiner Leute deshalb ausgeschlossen erscheine, weil dieser Bahnspediteur sei. In den Vorinstanzen ist indessen niemals behauptet worden, daß P. zu der Bahnverwaltung in dem in § 68 Abs. 3 der Eisenbahn-Verkehrsordnung vom 26. Oktober 1899 vorgesehenen Verhältnis gestanden und deshalb zu den in § 9 der Verkehrsordnung bezeichneten Personen gehört habe; der Umstand allein, daß er in den Parteiverträgen als Bahnspediteur bezeichnet ist, läßt das nicht erkennen, und nach dem erstinstanzlichen Tatbestande hat Einverständnis darüber bestanden, daß P. die Zufuhr und Verladung des Frachtgutes im Auftrage der Klägerin vorgenommen hat.

Für die Entscheidung der Sache ist daher von wesentlicher Bedeutung, ob dem Spediteur, dessen sich die Klägerin bedient hat, eine Außerachtlassung der im Verkehr erforderlichen Sorgfalt zur Last zu legen ist. Das Berufungsgericht ist hierauf, wie nach dem von ihm eingenommenen Rechtsstandpunkte natürlich ist, nicht eingegangen; die Erwägungen, auf Grund deren es ein Verschulden der Klägerin selbst angenommen hat, können für die Bejahung der vorstehend bezeichneten Frage schon deshalb nicht als ausreichend angesehen werden, weil sie mit auf einer aus prozessualem Grunde unhaltbaren Unterstellung beruhen. . . . In Betracht zu ziehen ist aber noch folgendes. Von der Klägerin ist behauptet und unter Beweis gestellt worden, es sei in B. und überhaupt auf den Güterbahnhöfen der preußischen Staatseisenbahnen allgemein üblich, Flachs und Heede so, wie es am 29. März 1904 von seiten des Spediteurs P. geschehen sei, zu verladen. Gemeint ist damit offenbar, es bestehe keine Vorschrift, durch die allgemein oder wenigstens für Tage, wo ein starker Wind weht, angeordnet sei, daß Frachtgüter der bezeichneten Art, wenn sie in offene Wagen verladen werden, in den Ladepausen vorläufig überdeckt oder einer dauernden Bewachung unterworfen werden müßten, und es werde auch von den Bahnverwaltungen allgemein widerspruchslos geduldet, daß bei Verladungen der bezeichneten Art von solchen Vorsichtsmaßregeln, die eine erhebliche Erschwerung des Verkehrs mit sich bringen würden, Abstand genommen werde. Es muß geprüft werden, ob, wenn dies auf Wahrheit beruhen sollte, in der Unterlassung solcher Vorsichtsmaßregeln ein Verschulden, auf das der Beklagte sich berufen dürfte, zu finden sei. Auch insoweit kommt der oben erwähnte Gesichtspunkt in Betracht, daß hier die durch das zwischen den Parteien begründete Vertragsverhältnis gegebenen Rechte und Pflichten maßgebend sind; es müssen also bei der Bestimmung, inwieweit die Pflichten der Klägerin sich erstreckten, auch die Verkehrssitten berücksichtigt werden (§ 157 BGB.)." . . .

RGZ. 68, 32

Voraussetzungen der Anwendbarkeit des § 273 Abs. 1 BGB. Was ist unter „demselben rechtlichen Verhältnis, auf dem die Verpflichtung (des Schuldners) beruht", zu verstehen?

II. Zivilsenat. Urt. v. 18. Februar 1908.

I. Landgericht Leipzig. II. Oberlandesgericht Dresden.

Die Beklagte gab am 8. Dezember 1905 der Klägerin die Herstellung und Lieferung von 5000 Fächern zu bestimmten Preisen in Auftrag. Es folgte am 22. Februar 1906 eine weitere Bestellung von 26 000 und 4000 Passepartouts. Die Klägerin nahm diese Bestellungen an. In den maßgebenden Lieferungsbedingungen der Bestätigungsschreiben war bestimmt, daß bestellte Waren sofort nach Fertigstellung geliefert, auf Abruf bestellte Waren sechs Monate nach Fertigstellung berechnet werden sollten. Die Fertigstellung sämtlicher bestellter Waren war im Februar 1906 erfolgt. Am 30. Juni 1906 sandte die Klägerin der Beklagten eine Rechnung über die bis zu diesem Zeitpunkte von der Beklagten noch nicht abgenommenen Fächer und Passepartouts zum Betrage von 2630 M. Die Beklagte verweigerte die Zahlung. In einem Schreiben vom 17. Juli 1906 hatte die Beklagte von den Fächern 1000 Stück, gleichmäßig sortiert, abgerufen. Die Lieferung dieser Fächer war nicht erfolgt. Die Beklagte rief sodann durch Schreiben vom 23. August 1906 weitere 1000 sortierte Fächer ab und erklärte, daß sie, wenn sie bis zum 27. dess. Mts. nicht im Besitze der Faktura sei, den Auftrag annulliere und die Klägerin mit derselben Schadenshöhe belaste, wie bei der früheren, auch nicht ausgeführten Bestellung geschehen.

Die Klägerin erhob Klage mit dem Antrage, die Beklagte zu verurteilen, an die Klägerin 2630 M. nebst Zinsen zu zahlen.

In beiden Instanzen wurde nach diesem Antrage erkannt. In dem auf die Revision der Beklagten ergangenen Urteile wurde, in Uebereinstimmung mit den Vorinstanzen, ein von der Beklagten gegenüber den Anforderungen vom Juni und August 1906 geltend gemachtes Zurückbehaltungsrecht als begründet anerkannt aus folgenden

Gründen:

. . . „Die Beklagte macht geltend, sie schulde den eingeklagten Kaufpreis überhaupt nicht, weil sie am 17. Juli und 23. August 1906 die Klägerin unter Fristbestimmung zur Lieferung von je 1000 Fächern mit der Androhung aufgefordert habe, daß sie im Falle der Nichtlieferung den Auftrag annulliere; da die Klägerin nicht geliefert habe, so sei sie gemäß § 326 BGB. mit Recht vom Vertrage zurückgetreten.

Die Klägerin hat hierauf erwidert, sie sei zur Zurückhaltung der abgerufenen 2000 Fächer gemäß § 273 BGB. berechtigt gewesen, weil die Beklagte mit der Zahlung des Kaufpreises für gelieferte gleichartige Waren aus anderen gleichzeitigen Geschäften im Rückstande gewesen sei; sie sei daher durch die Briefe der Beklagten vom 17. Juli und 23. August 1906 nicht in Verzug gekommen, und die Beklagte sei nicht berechtigt gewesen, von den Verträgen zurückzutreten. Die Beklagte hat demgegenüber dieses Zurückbehaltungsrecht mit der Begründung bestritten, daß es sich bei den Ansprüchen der Klägerin, wegen deren sie zurückbehalten zu haben erkläre, um solche, die nicht auf demselben rechtlichen Verhältnis beruht hätten, gehandelt habe; § 273 könne daher keine Anwendung finden. Das Oberlandesgericht hat indessen, obgleich es sich um andere Vertragsabschlüsse handelte, dasselbe rechtliche Verhältnis mit dem, worauf die Lieferungsverpflichtung der Klägerin beruhte, angenommen, und dem ist nach der hierfür gegebenen tatsächlichen Begründung in rechtlicher Hinsicht beizutreten.

Nach dem Wortlaute des § 273 BGB. könnte man allerdings zu einer anderen Auslegung kommen und, soweit Vertragsverhältnisse vorliegen, die Frage, ob die sich gegenüberstehenden Ansprüche aus demselben rechtlichen Verhältnisse entspringen, immer dann verneinen wollen, wenn sie auf verschiedenen selbständigen Verträgen beruhen. Es hat sich indessen sowohl die Rechtsprechung, als die Rechtslehre durchgängig für eine weitere Auffassung „desselben rechtlichen Verhältnisses" im Sinne des § 273 ausgesprochen.

In der Begründung zu § 233 des I. Entwurfes des Bürgerlichen Gesetzbuches (jetzt § 273) wird über die Frage bemerkt: mit dem Zurückbehaltungsrechte werde in Wirklichkeit eine exceptio doli geltend gemacht zum Schutze gegen ein Vorgehen des Gegners, der, indem er einen Anspruch ohne Rücksicht auf einen dem anderen Teile zustehenden Gegenanspruch erhebe, durch Loslösung seines Anspruches von dem gesetzlichen oder natürlichen Zusammenhange mit dem Gegenanspruch und durch dessen Ignorierung gegen Treu und Glauben verstoße. Danach sei für das Zurückbehaltungsrecht an dem Erfordernisse der Konnexität festzuhalten. Der Entwurf vermeide es aber, dieses Erfordernis näher zu präzisieren; der Richter solle unbehindert sein, im Einzelfalle zu entscheiden, ob ein Auseinanderreißen desselben Rechtsverhältnisses nach der aktiven oder passiven Seite zum Nachteile des in Anspruch Genommenen stattfinden würde, und danach das Retentionsrecht begründet sei oder nicht. Es wird sodann verwiesen auf die Entscheidung des III. Zivilsenates des Reichsgerichtes vom 26. Oktober 1885 (Entsch. in Zivils. Bd. 14 S. 231), das sich über das Retentionsrecht nach gemeinem Rechte dahin ausspricht, es sei nicht die kontraktliche Bedingtheit der Leistung und Gegenleistung, die zum Retentionsrechte berechtige, sondern die natürliche, gewollte oder als gewollt vorauszusetzende Einheitlichkeit des faktischen Verhältnisses, die es als gegen Treu und Glauben verstoßend erscheinen lasse, wenn der eine Interessent vom anderen die Leistung verlange, die von ihm selbst geschuldete aber nicht gewähren wolle.

Ein solches Verhältnis hat das Oberlandesgericht im vorliegenden Falle der an sich unstreitigen Sachlage entnommen. Danach unterhielten die Parteien seit längerer Zeit in der Art eine Geschäftsverbindung, daß die Klägerin der Beklagten unter denselben Zahlungsbedingungen auf zeitlich getrennte Bestellungen gleichartige Waren lieferte. Jeder derartige neue Abschluß wird vom Oberlandesgerichte als Fortsetzung der früheren Bestellungen aufgefaßt. Aus einem solchen tatsächlichen Zusammenhange konnte rechtlich unbedenklich die Folgerung gezogen werden, daß die Verpflichtung zur Leistung auf seiten des einen Vertragsteiles abhängig war von der Erfüllung der Verbindlichkeiten des anderen Teiles auch aus den anderen Abschlüssen, daß also die Klägerin die hier streitigen Fächer nicht zu liefern brauchte, solange die Beklagte mit der Zahlung fälliger Kaufpreise für frühere Lieferungen erheblich im Rückstande war. Letzteres ist aber für die Zeit der Aufforderungen zur Lieferung vom 17. Juli und 23. August 1906 vom Oberlandesgerichte bedenkenfrei festgestellt." . . .

RGZ. 68, 163

Ist die sog. abstrakte Schadensberechnung ausgeschlossen, wenn Ersatzansprüche wegen der Nichtlieferung von Maschinen erhoben werden, die nach einem neuen System zu fertigen und bisher noch nicht auf den Markt gebracht waren?

BGB. § 252. ZPO. § 287.

VII. Zivilsenat. Urt. v. 20. März 1908.

I. Landgericht I Berlin. II. Kammergericht daselbst.

Die Klägerin behauptete, daß zwischen ihr und der Beklagten im August 1905 ein Vertrag über die Lieferung von 1050 Kartoffelschneidemaschinen, die nach einem ihr angeblich patentierten Systeme hergestellt werden sollten, zum Preise von 17,50 M. für das Stück zustande gekommen sei, daß indes die Beklagte weder innerhalb der vertragsmäßigen Lieferfrist, noch bis zum Ablaufe der ihr gesetzten Nachfrist geliefert habe. Sie erhob Klage auf Schadensersatz, indem sie ihren Schaden k o n k r e t mit dem Vorbringen berechnete, daß sie von den zu liefernden Maschinen 150 Stück anderweit zu einem höheren Preise verkauft habe. Sie forderte in der ersten Instanz 1375 M. nebst Zinsen.

Das Landgericht wies dem Antrage der Beklagten entsprechend die Klage ab. In der zweiten Instanz erweiterte die Klägerin ihren Antrag auf 2600 M. Sie berechnete nunmehr ihren Schaden auch abstrakt und machte geltend, daß sie in der Lage gewesen sei, sämtliche 1050 Maschinen zum Preise von 22,10 M. das Stück weiter zu verkaufen, daß ihr also bei einem Selbstkostenpreise von 17,50 M. ein Gewinn von 4,60 M. an jeder Maschine entgangen sei. Die Beklagte bestritt die Richtigkeit dieser Berechnung. Das Kammergericht wies die Berufung der Klägerin zurück; es erachtete zwar die Schadensersatzpflicht der Beklagten, nicht aber einen Schaden der Klägerin für dargetan. Die Revision der Klägerin führte zur Aufhebung des Berufungsurteils und zur Zurückverweisung der Sache.

Gründe:

„Für die Revisionsinstanz handelt es sich nur um die Frage, ob der Berufungsrichter ohne rechtlichen Verstoß den Anspruch der Klägerin, soweit ihm die sog. abstrakte Schadensberechnung zugrunde liegt, zurückgewiesen hat. Die Revision rügt zu diesem Punkte mit Recht die Verletzung des § 252 BGB. und des § 287 ZPO. Der Berufungsrichter führt aus, daß Maschinen der Art, wie die streitigen, noch nicht Gegenstand des Handelsverkehrs geworden seien. Eine fabrikmäßige Herstellung der neu patentierten Erfindung habe noch nicht stattgefunden. Daß überhaupt schon solche Maschinen in den Verkehr gekommen seien, ergebe der Vortrag der Klägerin nicht; es sei nicht einmal ersichtlich, ob mehr Maschinen, als die auf der Kochkunstausstellung in F. ausgestellten, hergestellt worden seien. Bei dieser Sachlage könne nicht als dargetan angesehen werden, daß diese Maschinen verkäufliche Gegenstände des Handelsverkehrs gewesen seien.

Die Anforderungen, die der Berufungsrichter hiernach an die Begründung des von der Klägerin erhobenen Schadensersatzanspruches stellt, sind mit dem Gesetze nicht vereinbar. Nach § 252 BGB. gilt als entgangen der Gewinn, der nach dem gewöhnlichen Laufe der Dinge oder nach den besonderen Umständen mit Wahrscheinlichkeit erwartet werden konnte. Die besonderen Umstände (der sog. konkrete Schaden) scheiden im vorliegenden Falle aus. Es kommt also darauf an, ob die Klägerin nach dem gewöhnlichen Laufe der Dinge wahrscheinlich einen Gewinn, dessen Höhe vorläufig dahingestellt bleiben kann, gemacht hätte, wenn die Beklagte ihrer Vertragspflicht entsprochen und die bestellten Kartoffelschneidemaschinen geliefert hätte. Während also einerseits die Feststellung, daß ein Gewinn überhaupt ausgeschlossen gewesen sei, den

Anspruch beseitigt, wird anderseits nicht gefordert, daß der Eintritt des Gewinns als unbedingt sicher und zweifellos gelten müsse. Eine nicht bloß entfernte Möglichkeit, wie sie sich bei verständiger, objektiver Würdigung der Sachlage ergibt, genügt, um die Erwartung eines Gewinns zu rechtfertigen. Dabei ist der zur Prüfung der Frage des entgangenen Gewinns berufene Richter nach § 287 ZPO. nicht an das Vorbringen der Partei gebunden; er hat sich unabhängig von einer Darlegungspflicht des angeblich Beschädigten oder einer diesen treffenden Beweispflicht ein Urteil darüber zu bilden, ob ein Gewinn gemäß § 252 BGB. entgangen sei. Die frühere, auch für das neue Recht verwertbare Praxis erachtete es beim Handelskaufe, sofern der Käufer Schadensersatz wegen Nichterfüllung vom Verkäufer forderte, für ausreichend, daß für Waren, die keinen Marktpreis haben, die Möglichkeit des Verkaufs bestand. Man setzte an Stelle des Marktpreises den Verkäuflichkeitswert und nahm einen solchen bei Waren, die einen Gegenstand des Handelsverkehrs bilden, ohne weiteres — bis zum Beweise des Gegenteils — an. Der Beweis des Vorhandenseins von Kauflustigen wurde nicht gefordert.

Vgl. Entsch. des RG.'s in Zivils. Bd. 4 S. 1 flg.; Düringer u. Hachenburg, Bd. 2 S. 161, 162; Lehmann u. Ring, Anm. 60 zu § 376 HGB.; Staub-Könige, Exkurs zu § 374 HGB. Anm. 61.

Der Berufungsrichter scheint zu verneinen, daß die von der Klägerin gekauften Maschinen verkäuflich gewesen seien. Zu diesem Ergebnis kommt er aber nur deshalb, weil die Maschinen noch nicht gehandelt worden seien. Träfe dies zu, so würde bei allen neuen Artikeln, die noch keinen Markt besitzen, sondern einen solchen erst erobern wollen, die Verkäuflichkeit und ein Verkäuflichkeitswert fehlen. Eine solche Anschauung setzt sich mit dem Wesen des Handelsverkehrs und den in ihm gemachten Erfahrungen in Widerspruch. Gegenstand des Handelsverkehrs ist auch eine Ware, die neu erzeugt und bisher noch nicht auf den Markt gebracht worden ist. Es ist zunächst davon auszugehen, daß auch sie Abnehmer finden werde, um so mehr, als dies dem Standpunkte der Parteien, die zum Zwecke der Weiterveräußerung verkauft und gekauft haben, entspricht. Sache des vertragsbrüchigen Verkäufers ist es, darzutun, daß die von ihm zu liefernde Ware für den Verkehr unbrauchbar und ihr Absatz unmöglich sei. Indem der Berufungsrichter den Beweis des Gegenteils vom Käufer fordert, verstößt er gegen die bezeichneten Gesetze. Richtig ist, daß die Feststellung der Höhe des Verkäuflichkeitswertes bei noch nicht eingeführten Waren schwieriger sein wird, als bei gangbaren Artikeln. Von vornherein unmöglich ist sie aber nicht.

Darum wird der Berufungsrichter . . . von neuem der abstrakten Schadensersatzberechnung der Klägerin, insbesondere unter Berücksichtigung der Brauchbarkeit der Maschinen und der dadurch gegebenen Absatzmöglichkeit, näher zu treten haben." . . .

RGZ. 68, 192

Können bei verspäteter Leistung des Schuldners Schadensersatzansprüche gegen ihn auch allein aus § 276 BGB. begründet werden? oder nur aus §§ 284, 286 BGB?

VII. Zivilsenat. Urt. v. 27. März 1908.

I. Landgericht II Berlin. II. Kammergericht daselbst.

Die Klägerin forderte Vergütung für ihr übertragene Arbeiten. Der Beklagte und die Nebenintervenientin machten geltend, die Arbeiten seien nicht rechtzeitig fertig gestellt. Bei einem Teile der Arbeiten — den Gängen der Fabrik — habe die Klägerin die Fertigstellung der Arbeiten mutwillig oder mindestens fahrlässig verzögert. Die Klägerin sei dadurch schadensersatzpflichtig geworden. Deshalb wurde Abweisung der Klage und widerklagend Verurteilung der Klägerin zur Zahlung des die Klageforderung übersteigenden Betrages der Schadensersatzforderung beantragt.

Das Landgericht erkannte, unter Abweisung der Widerklage, nach dem Klagantrage. Die Berufung wurde zurückgewiesen. Auf die Revision der Nebenintervenientin wurde das Berufungsurteil aufgehoben, und die Sache zurückverwiesen.

Gründe:

„Die Revision rügt, daß die Entscheidung des Berufungsgerichts hinsichtlich des aus der nicht rechtzeitigen Herstellung der Gänge hergeleiteten Schadensersatzanspruchs den von der Nebenintervenientin aufgestellten Behauptungen nicht gerecht werde. Es sei — so führt sie aus — nicht gerechtfertigt, daß das Berufungsgericht diesen Anspruch lediglich deshalb zurückweise, weil eine Mahnung nach der Fälligkeit, d. h. nach dem Ablaufe der innezuhaltenden Fristen, nicht erfolgt sei. Die tatbestandsmäßige Behauptung, daß die Klägerin geradezu mutwillig, mindestens aber fahrlässig die Fertigstellung der Gänge verzögert und sogar, wenn sie an die Fertigstellung gemahnt wurde, darüber gespottet habe, da keine Konventionalstrafe ausgemacht sei, habe berücksichtigt werden müssen. Werde diese Behauptung erwiesen, so ergebe sich die Schadensersatzpflicht der Klägerin, abgesehen davon, daß die einzelnen Arbeitsleistungen vor Ablauf der Frist fällig geworden seien, aus der allgemeinen Vorschrift des § 276 BGB. Ja es liege sogar ein Verstoß gegen § 826 BGB. vor.

Diesen Angriffen der Revision war der Erfolg nicht zu versagen.

Das Berufungsgericht stellt aus der Korrespondenz der Parteien fest, daß die Klägerin versprochen hatte, bei den Arbeiten an den Gängen nach Möglichkeit die angesetzten Termine inne zu halten. Diese Feststellung findet in dem in Bezug genommenen Schreiben der Klägerin vom 24. Juli 1905 auch eine ausreichende Stütze. Die Klägerin lehnt darin zwar ab, sich einer Vertragsstrafe zu unterwerfen, erklärt aber, daß sie alles aufbieten werde, den angesetzten Termin nach Möglichkeit einzuhalten. Mit Recht erachtet das Berufungsgericht ein solches Versprechen nicht für bedeutungslos, sondern sieht darin die von der Klägerin bei Eingehung des Werkvertrages übernommene Vertragspflicht, so schnell wie möglich zu arbeiten und die Arbeiten ohne Säumnis zur Vollendung zu bringen.

Gleichwohl ist indes der geltend gemachte Schadensersatzanspruch vom Berufungsgerichte zurückgewiesen, weil die Klägerin durch Mahnung nach der Fälligkeit der Gesamtleistungen nicht in Verzug gesetzt sei, und es damit an der gesetzlichen Voraussetzung für die aus der Verzögerung der Leistung hergeleitete Schadensforderung fehle.

Das Berufungsgericht stellt sich damit auf den rechtlichen Standpunkt, daß bei verzögerten Leistungen des Schuldners Schadensersatzansprüche stets nur nach Maßgabe der §§ 284, 286 BGB. auf Grund des Verzugs erhoben werden könnten. In solcher Allgemeinheit ist indes dieser Rechtssatz als richtig nicht anzuerkennen. Es trifft nur zu, wie dies auch vom II. Zivilsenate des Reichsgerichts im Urteile vom 20. Dezember 1907, Rep. II. 399/07, ausgesprochen ist, daß im Regelfalle und ohne weiteres der Schuldner deshalb, weil er nicht mit dem Eintritte der Fälligkeit leistet, allerdings noch nicht dafür, daß er später leistet, schadensersatzpflichtig wird. Vielmehr ist, sofern allein verspätete Leistung vorliegt, die Vertretungspflicht des Schuldners nicht nach dem allgemeinen Grundsatze des § 276 BGB., sondern nach den ebenfalls ein Verschulden voraussetzenden besonderen Bestimmungen der §§ 284, 286 zu beurteilen.

Wird aber die schuldhafte Vertragsverletzung nicht erst durch die verspätete Leistung selbst begangen, sondern hat der Schuldner schon vor der Fälligkeit vertragswidrig gehandelt, und ist die verspätete Leistung nur die Folge eines solchen früheren vertragswidrigen Verhaltens, so steht nichts entgegen, in solchem Falle auf die Vertretungspflicht des Schuldners den § 276 BGB. anzuwenden. Diese Vertretungspflicht kann aber mangels anderweiter gesetzlicher Vorschriften gegenüber dem anderen Teile nur in der Weise verwirklicht werden, daß der Schuldner den durch sein vorsätzliches oder fahrlässiges Handeln der anderen Partei erwachsenen Schaden zu ersetzen hat (Entsch. des RG.'s in Zivils. Bd. 52 S. 19).

So liegt aber, wenn die Behauptungen der Nebenintervenientin zutreffen, die Sache hier. Die Klägerin soll der . . . übernommenen Vertragspflicht, ohne Säumnis die Arbeiten vorzunehmen und so schnell wie möglich zu arbeiten, vertragswidrig entgegengehandelt und rasches Arbeiten, weil sie sich einer Konventionalstrafe nicht unterworfen habe, abgelehnt haben. Ist das richtig, so besteht gegen sie, sofern die verspätete Lieferung als Folge eines solchen bei der Ausführung des Werkes gezeigten vertragswidrigen Verhaltens eingetreten ist, ein unabhängig vom Verzuge schon aus der Verletzung ihrer Vertragspflichten herzuleitender Schadensersatzanspruch gemäß § 276 BGB. Die Behauptung der Nebenintervention ist somit, entgegen der Annahme des Berufungsgerichts, erheblich." . . .

RGZ. 68, 305

Verteilung der Beweislast, wenn der auf Zahlung des Kaufpreises verklagte Käufer Stundung behauptet.

BGB. § 271.

II. Zivilsenat. Urt. v. 28. April 1908.

I. Landgericht Magdeburg, Kammer für Handelssachen.

II. Oberlandesgericht Naumburg a. S.

Der Verkäufer hatte den Käufer auf Zahlung des Kaufpreises für in der Zeit vom 3. Juni 1904 bis zum 30. November 1906 gelieferte Gegenstände verklagt. Der Beklagte wendete ein, beim Kaufabschlusse habe er mit dem Kläger Stundung des Kaufpreises auf 3—4 Jahre vereinbart. Das Landgericht gab dem Beklagten den richterlichen Eid über die von ihm vorgeschützte Stundung auf. Das Oberlandesgericht erkannte dagegen auf den dem Kläger über die Stundungsabrede zugeschobenen Eid. Dieses Urteil wurde vom Reichsgericht aufgehoben, aus folgenden

Gründen:

„Der Berufungsrichter verneint, daß ein Verzicht auf eine etwaige Stundung stattgefunden habe, und untersucht sodann, ob die angebliche Stundung vereinbart worden ist oder nicht. Bei dieser Untersuchung kommt der Berufungsrichter zu dem Ergebnis, daß die vom Beklagten behauptete Stundung nach dem Beweisergebnis sowohl, wie nach den sonstigen Umständen gleich unwahrscheinlich erscheine, auch der Beklagte in seinen Behauptungen schwanke. Trotzdem macht der Berufungsrichter nicht von seiner Befugnis Gebrauch, wenn er überhaupt noch Zweifel hat, die Lösung durch Auferlegung eines richterlichen Eides nach § 475 ZPO. herbeizuführen; er nimmt vielmehr an, der Beklagte habe eine „Einrede" der Stundung erhoben.

Für diese „Einrede" treffe ihn die Beweislast. Deshalb erkennt der Berufungsrichter auf den dem Kläger zugeschobenen Eid über die Stundungsvereinbarung. Hiermit hat der Berufungsrichter die Grundsätze über die Beweislast verkannt.

In der Literatur wird allerdings mehrfach die Ansicht vertreten, der Käufer, der eine Befristung der Kaufpreiszahlung behaupte, müsse dafür die Beweislast übernehmen, weil es sich um eine Abänderung der naturalia negotii handle. Mit anderen Worten: der Absatz 1 des § 271 BGB. stelle die Regel auf, daß der Kaufpreis sofort fällig sei. Das Gesetz nehme also an, daß nichts über eine Zahlungsfrist verabredet sei; der klagende Verkäufer brauche deshalb nur den Kaufabschluß und eine Vereinbarung über die Höhe des Kaufpreises als die wesentlichen Elemente eines Kaufvertrages zu behaupten. Nur diese Tatsachen seien zur Klagebegründung erforderlich. Der auf Zahlung verklagte Käufer, der Stundung vorschütze, behaupte eine Abweichung von der gesetzlichen Regel des § 271 Abs. 1, gebe den ganzen klagebegründenden Tatbestand zu und stelle einen neuen selbständigen Tatbestand auf, den er zu beweisen habe. Mitunter wird dieser Ansicht auch in ihrer Begründung eine andere Form gegeben: es wird nämlich zugegeben, daß wer eine Befristung als vereinbart behauptet, das ganze Geschäft leugne. Komme es aber zum Beweise, so genüge der Beweis der wesentlichen Erfordernisse eines Kaufs; zu diesen wesentlichen Erfordernissen gehöre eine Behauptung über Art und Weise der Kaufpreiszahlung nicht. Denn beim Fehlen einer besonderen Vereinbarung kämen die gesetzlichen Bestimmungen über die Fälligkeit des Kaufpreises zur Geltung. Auch auf diesem Wege würde den Beklagten hier die Beweislast treffen.

Dieser Ansicht kann jedoch nicht beigetreten werden. Wäre die angebliche Stundung erst nach Abschluß des Kaufvertrages vereinbart, so müßte allerdings, wer sich der Frist bedienen will, den Beweis übernehmen. Denn es würde sich dann um einen Einwand handeln, der in prozessualer Beziehung einer Einrede im eigentlichen Sinne gleichstände. In dem hier zu entscheidenden Falle soll aber die Stundung gleichzeitig mit dem Abschlusse des Kaufvertrages selbst und als ein Bestandteil dieses Kaufvertrages vereinbart worden sein. Hier liegt in dem Vorschützen der Stundung ein mit Begründung versehenes Leugnen des Klagegrundes.

Aus den Grundsätzen über das qualifizierte Geständnis, die in § 289 ZPO. aufgestellt sind, ergibt sich diese Lösung allerdings nicht; denn darüber, ob ein qualifiziertes Geständnis oder ein motiviertes Leugnen vorliegt, entscheiden die materiellen Regeln über die Beweislast. Aus diesen Regeln ist aber der oben aufgestellte Satz herzuleiten, wie sich aus folgendem ergibt. Der Anspruch auf Zahlung des Kaufpreises stützt sich auf einen Kaufvertrag, dessen Inhalt, was die Fälligkeit angeht, durch das Gesetz, also durch § 271 BGB., ergänzt werden soll, weil nach dem Klagevortrag über Art und Weise der Zahlung nichts ausgemacht worden sein soll. Der § 271 Abs. 1 sagt ausdrücklich, es gelte als gesetzliche Regel die sofortige Fälligkeit, wenn die Parteien nichts anderes vereinbart haben. Der Beklagte bestreitet aber, daß der Kläger den Inhalt des Kaufvertrages vollständig angegeben habe: der Kaufvertrag habe eine ausdrückliche Hinausschiebung der Fälligkeit enthalten; hätte der Kläger den Inhalt richtig angegeben, so wäre sein Anspruch nicht gerechtfertigt. Der Beklagte hat also geleugnet, daß der Vertrag so und mit dem Inhalt abgeschlossen worden ist, wie ihn der Kläger angibt und zur Begründung seines Anspruchs angeben mußte, wenn er obsiegen will. Die gesetzliche Regel des § 271 Abs. 1 findet nur Anwendung, wenn die Parteien nichts anderes bestimmt haben. Daß nichts anderes bestimmt worden, behauptet der Kläger und muß er behaupten, um die Klage tatsächlich gehörig zu begründen. Für diese Behauptung muß der Kläger den Beweis führen, weil sie der Beklagte, wenn auch unter Begründung, leugnet, indem er einen anderen Vertragsinhalt angibt. Zuzugeben ist, daß der Kläger nicht schon in der Klage ausdrücklich zu sagen braucht, es sei nichts über die Zahlungszeit vereinbart, weil die Regel des § 271 Abs. 1 eingreift, wenn der Beklagte nicht widerspricht. Widerspricht aber der Beklagte, wie hier, so muß der Kläger behaupten und beweisen.

Die mitunter für das Gegenteil angezogenen Entscheidungen des Reichsgerichts (Entsch. in Zivils. Bd. 18 S. 158; Jurist. Wochenschr. 1897 S. 154 Nr. 36) besagen das Vermeinte nicht. In beiden Entscheidungen ist (wie in Entsch. des RG.'s in Zivils. Bd. 29 S. 119) davon ausgegangen, daß wer auf Grund eines unbedingten Geschäftes klagt, die Unbedingtheit zu beweisen hat, nicht aber der Beklagte, der die Bedingtheit vorschützt, die Bedingung. Daß dies der Sinn jener Entscheidungen (Bd. 18 S. 157 und Bd. 29 S. 119) ist, hebt Jurist. Wochenschr. 1902 S. 312 Nr. 13 ausdrücklich hervor. In der Entscheidung Jurist. Wochenschr. 1903 S. 47 Nr. 8 wird dieser Grundsatz als ein allgemeiner bezeichnet und daher auch auf solche Fälle übertragen, wo der Beklagte gegen den auf Vertragserfüllung gerichteten Anspruch einwendet, der Vertrag sei mit einer Befristung geschlossen, oder es sei ein niedrigerer Preis als der vom Kläger geforderte angemessen, oder es sei eine besondere Eigenschaft der Ware bedungen. In allen diesen Fällen wird bestritten, daß der Vertrag so, wie ihn der Kläger erfüllt sehen will, abgeschlossen worden ist. Für den Einwand der Stundung insbesondere hat sich das Reichsgericht in einem Streitfalle, der allerdings bereits am 10. Mai 1884, also vor der Herrschaft des Bürgerlichen Gesetzbuchs, zur Entscheidung gekommen ist, ausdrücklich auf den hier vertretenen Standpunkt gestellt, daß der Einwand der Stundung kein selbständiges Angriffs- oder Verteidigungsmittel im Sinne des § 289 ZPO. darstellt, sondern lediglich eine Verneinung der gegnerischen Behauptung enthält.

Unter der Herrschaft des Bürgerlichen Gesetzbuchs ist aber die Frage nicht anders zu beantworten und die Beweislast nicht anders zu verteilen. Die Entscheidung des RG.'s Bd. 57 S. 46, die der Berufungsrichter anzieht, spricht, wie bereits in Entsch. Bd. 1 S. 383 geschehen, aus, daß wer seinen Anspruch auf Darlehnsrückzahlung auf den Ablauf der gesetzlichen Kündigungsfrist stütze, zur Begründung seines Anspruches nicht noch weiter zu behaupten brauche, daß diese Kündigungsfrist vereinbart worden sei; daher seien die Modalitäten der Rückzahlung von dem zu beweisen, der sich darauf berufe. Diese Entscheidung beruht auf dem in § 609 Abs. 2 BGB. zu suchenden Grundsatze, daß es nach dem Gesetz einer besonderen Vereinbarung über diese Modalität nicht bedarf. Wo das Gesetz selbst einen regelmäßigen Vertragsinhalt angenommen wissen will, ist eine abweichende Vereinbarung etwas, was gegen die gesetzliche Vermutung spricht; wer sich auf eine solche abweichende Vereinbarung beruft, muß daher den Beweis übernehmen. Ein Beispiel dafür, daß die Ausnahme von einer gesetzlichen Regel von dem zu erweisen ist, der die Ausnahme anruft, findet sich auch in Entsch. des RG.'s Bd. 42 S. 157.

Im Falle des § 271 Abs. 1 ist der Wille des Gesetzgebers aber ein anderer. Im Eingange dieser Gesetzesstelle ist audrücklich hervorgehoben, daß es in erster Linie auf den ausdrücklichen oder stillschweigenden Willen der Parteien, also auf den Inhalt der Vereinbarung, ankommen soll. Nur wenn die Parteien nichts über die Fälligkeit vereinbart haben, soll der fehlende Parteiwille durch die Vorschrift sofortiger Fälligkeit ersetzt werden."

RGZ. 68, 386

Kann derjenige, dem vertragsmäßig ein Zurückbehaltungsrecht an einem Grundschuldbrief eingeräumt worden ist, nachdem er den Besitz des Grundschuldbriefs ohne seinen Willen, aber fehlerfrei an den anderen Teil verloren hat, auf Grund des Retentionsvertrages auf Wiedereinräumung der Retention Klage erheben?

BGB. §§ 273, 861 flg.

V. Zivilsenat. Urt. v. 16. Mai 1908.

Die Entscheidung ist abgedruckt unter „Bürgerliches Recht, Sachenrecht".

RGZ. 69, 9

Greift die subsidiäre gesetzliche Regel des § 269 Abs. 1 BGB. auch dann Platz, wenn aus einem Konkurrenzverbot und Straf-

versprechen nicht auf Unterlassung, sondern nur auf die Vertragsstrafe geklagt wird?

ZPO. § 29.
BGB. § 269 Abs. 1.

III. Zivilsenat. Urt. v. 29 Mai 1908.

I. Landgericht Fürth, Kammer für Handelssachen.

II. Oberlandesgericht Nürnberg.

Die Frage wurde bejaht aus folgenden, den Sachverhalt ergebenden

Gründen:

„Der Beklagte trat am 16. März 1903 auf Grund eines Anstellungsvertrages vom 22. Februar 1903 als Handlungsgehilfe in den Dienst der Klägerin. In dem Vertrage hatte er sich bei einer Vertragsstrafe von 10000 M. unter anderem auch dazu verpflichtet, während der Dauer der nächsten drei Jahre nach seinem Austritt sich nicht für ein Konkurrenzgeschäft in Süddeutschland, namentlich Bayern, gleichviel in welcher Stellung, engagieren zu lassen. Nach der Behauptung der Klägerin hat er das Dienstverhältnis zum 1. Oktober 1906 gekündigt und ist an diesem Tage bei der Konkurrenzfirma M in Bamberg als Handlungsgehilfe gegen 8000 M. Gehalt eingetreten. Die zunächst zum Landgericht Nürnberg erhobene Klage wurde wegen Unzuständigkeit des Gerichts rechtskräftig abgewiesen. Die Klägerin erhob darauf bei dem Landgericht zu Fürth Klage auf Zahlung der Vertragsstrafe mit Rücksicht auf die Tatsache, daß der Beklagte zur Zeit des Vertragsabschlusses in Erlangen, das zum Bezirke des Landgerichts Fürth gehört, seinen Wohnsitz hatte. Der Beklagte erhob die Einrede der örtlichen Unzuständigkeit des Gerichts, verweigerte die Einlassung zur Hauptsache und beantragte Abweisung der Klage. Das Landgericht wies wegen Unzuständigkeit die Klage ab. Die Berufung der Klägerin wurde als unbegründet zurückgewiesen.

Der Revision war der Erfolg nicht zu versagen. Die Zuständigkeit des Landgerichts zu Fürth wird auf den § 29 ZPO. in Verbindung mit § 269 BGB. gestützt. Das Berufungsgericht stellt als unbestritten fest, daß ein Ort für die Leistung weder bestimmt noch aus den Umständen, insbesondere aus der Natur des Schuldverhältnisses, zu entnehmen sei. Es greift daher die im § 269 Abs. 1 BGB. ausgesprochene Regel Platz, daß die Leistung an dem Orte zu erfolgen hat, an welchem der Schuldner zur Zeit der Entstehung des Schuldverhältnisses seinen Wohnsitz hatte. Das Berufungsgericht führt aus: das hier streitige Schuldverhältnis sei die Verpflichtung des Beklagten zur Zahlung der Vertragsstrafe; diese Verpflichtung sei nicht mit dem Abschlusse des Dienstvertrages entstanden, sondern von der Tatsache der Zuwiderhandlung gegen das vertragsmäßige Konkurrenzverbot als aufschiebender Bedingung abhängig gewesen und daher erst mit dem Eintritte des Beklagten in die Konkurrenzfirma zu Bamberg zur Entstehung gelangt; die Aufstellung der Klägerin, daß es auf diese Frage nicht anzukommen habe, weil das Gesetz die Entstehung des Schuldverhältnisses im ganzen, des Anstellungsvertrages als solchen ohne Rücksicht auf die Bedingtheit gewisser Verpflichtungen im Auge habe, sei unhaltbar; auch handle es sich hier nicht um den Anspruch auf Unterlassung, welcher der Klägerin nach § 75 HGB. ohnehin versagt wäre, sondern die Zahlung der Vertragsstrafe sei ausschließlicher und prinzipaler Gegenstand des Schuldverhältnisses; zwar enthalte dieses im Verhältnis zum Hauptvertrag eine Nebenverpflichtung; aber mit Rücksicht auf ihren selbständigen Charakter habe die Nebenverpflichtung dem Erfüllungsort des Hauptvertrages nicht zu folgen.

Dieser rechtlichen Beurteilung kann nicht beigetreten werden. Die Konkurrenzklausel mit hinzutretendem Strafversprechen hat zwei Verpflichtungen zum Gegenstand, die in notwendigem inneren Zusammenhang stehen: das Versprechen, nicht Konkurrenz zu machen, und das Versprechen, die Vertragsstrafe zu zahlen, falls der ersten Verpflichtung zuwidergehandelt werde. Von dem lediglich durch den Eintritt einer Tatsache bedingten Strafversprechen unterscheidet sich die Konkurrenzklausel mit hinzugefügtem Strafversprechen dadurch, daß die Strafe nicht den einzigen und nicht einmal den nächstliegenden und hauptsächlichen Inhalt des Schuldverhältnisses bildet, vielmehr in erster Linie der Versprechende von einer Konkurrenztätigkeit abgehalten werden soll, und daß das Versprechen den Zweck hat, einen Zwang auf ihn auszuüben, um auf diese Weise die Erfüllung der durch die Konkurrenzklausel übernommenen Verpflichtungen zu sichern. Daneben hat das Strafversprechen den Zweck, für den Fall der Nichterfüllung der Verpflichtung das Interesse des Berechtigten an der Leistung und die Ersatzleistung festzusetzen; auch enthält es eine Beweiserleichterung für die Geltendmachung des durch die Zuwiderhandlung gegen das Verbot entstandenen Schadens. Hiernach ist die Konkurrenzklausel die Hauptverbindlichkeit, das Strafversprechen eine akzessorisch hinzutretende Nebenverabredung, die von der Konkurrenzklausel abhängig ist. Wäre die vom Schuldner übernommene Hauptleistung aus materiellen oder formellen Gründen nichtig, so würde auch das Strafversprechen keine Gültigkeit haben. Das Konkurrenzverbot mit dem sich anschließenden Strafversprechen ist, wie in betreff des anzuwendenden örtlich verschiedenen Rechtes, so auch in betreff des Gerichtsstandes als einheitliches Schuldverhältnis zu behandeln. Es widerstreitet daher dem Wesen des Rechtsverhältnisses, das Strafversprechen losgelöst von dem Konkurrenzverbot als ein selbständiges Schuldverhältnis anzusehen und mit einem lediglich von dem Eintritt einer Tatsache als Bedingung abhängigen Strafversprechen auf eine Stufe zu stellen. Hiernach kann in dem für die Hauptverpflichtung gegebenen Gerichtsstand auch der Anspruch auf die Vertragsstrafe erhoben werden.

Vgl. Entsch. des RG.'s in Zivils. Bd. 15 S. 435 und Bd. 57 S. 15 Abs. 2 mit Zitaten.

An diesem Ergebnis ändert auch die Bestimmung des § 75 Abs. 2 HGB. nichts, welche dahin geht, daß, wenn der Handlungsgehilfe für den Fall der Zuwiderhandlung gegen das Konkurrenzverbot eine Strafe versprochen hat, der Prinzipal nur die verwirkte Strafe verlangen kann, der Anspruch auf Erfüllung aber ausgeschlossen ist. Diese Bestimmung ist getroffen im Interesse der Handlungsgehilfen, damit ihnen ihr Fortkommen nicht unnötig erschwert werde. Das Konkurrenzverbot wird hier nicht für nichtig erklärt, nur die Klagbarkeit wird ihm entzogen. Der Zusammenhang des Strafversprechens mit der Konkurrenzklausel bleibt trotz der Bestimmung des § 75 Abs. 2 HGB. bestehen, da der Zweck des Strafversprechens, auf die Erfüllung hinzuwirken, fortdauert. Der Zusammenhang tritt ferner in der Anwendbarkeit des § 343 BGB. hervor, der bei bloß bedingtem Strafversprechen nicht Platz greifen würde, falls nicht die Vornahme oder Unterlassung einer Handlung des Verpflichteten in Frage steht (§ 343 Abs. 2). Das Konkurrenzverbot behält hiernach als klaglose Verbindlichkeit (naturalis obligatio) seine Wirksamkeit und bildet die rechtliche Grundlage für den Anspruch auf die Vertragsstrafe, und zwar auch dann noch, wenn mit der Zuwiderhandlung der Zweck des Strafversprechens, auf die Erfüllung des Konkurrenzverbots hinzuwirken, hinfällig geworden ist; denn hierdurch entsteht kein neues Schuldverhältnis; das bisherige einheitliche Schuldverhältnis, der Zusammenhang der Strafe mit der Konkurrenzklausel besteht weiter und zeigt sich auch darin, daß die Strafe Ersatz für die Erfüllung ist.

Das Landgericht, dem das Berufungsgericht überall beitritt, hat noch erwogen: nach dem Vertrage sei der stillschweigende Wille beider Parteien dahin gegangen, daß in Erlangen keinerlei Leistung aus dem Vertrage erfolgen solle. Für diese Annahme fehlt jede Begründung; erheblich würde auch nur die positive Feststellung sein, daß an einem bestimmten anderen Orte erfüllt werden solle. Nach der Rechtsprechung des erkennenden Senats greift die subsidiäre gesetzliche Regel des § 269 Abs. 1 BGB. auch bei einer rechtsgeschäftlichen Verpflichtung zu einer Unterlassung Platz.

Vgl. Entsch. des RG.'s in Zivils. Bd. 51 S. 311—315 und Urteil des III. Zivilsenats vom 14. November 1902, Gruchot, Beiträge Bd. 47 S. 919.

Das gleiche muß nach den obigen Ausführungen gelten, wenn aus dem Konkurrenzverbot und Strafversprechen nicht auf Unterlassung, sondern nur auf die Vertragsstrafe geklagt wird."

RGZ. 69, 137

Trägt ein Kaufmann, der gegenüber der Postverwaltung die Erklärung abgegeben hat, daß er die für ihn eintreffenden Postsendungen abholen lasse, die Gefahr für das Abhandenkommen einer an ihn adressierten Wertsendung, die ein Dritter unter Benutzung jener Abholungserklärung sich rechtswidrig zugeeignet hat?

BGB. § 270.

II. Zivilsenat. Urt. v. 7. Juli 1908.

I. Landgericht Chemnitz. II. Oberlandesgericht Dresden.

Die Beklagte schickte zur Begleichung einer Schuld an den Kläger mittels Einschreibebriefes einen Scheck, worin die Filiale der Dresdener Bank in Ch. angewiesen war, aus dem Guthaben der Beklagten an den Kläger oder Ueberbringer den näher angegebenen Geldbetrag zu bezahlen.

Der Kläger ließ damals gemäß seiner Abholungserklärung vom 25. November 1886 die für ihn eingehenden Ablieferungsscheine über Wert- und Einschreibsendungen sowie Postanweisungen bei der Postanstalt in Ch. abholen. Der Einschreibebrief ging am Abend des 31. Mai 1906 bei der Post ein. Noch an demselben Abend, oder am 1. Juni erschien ein nicht ermittelter Mann an dem Postschalter und erhielt auf seine Nachfrage nach den für den Kläger eingegangenen Postsendungen den Ablieferungsschein über den Einschreibebrief ausgehändigt. Nach Rückgabe des Scheins mit der gefälschten Quittung wurde ihm im Laufe des 1. Juni der Einschreibebrief übergeben. Am Nachmittag dieses Tages legte ein gleichfalls nicht ermittelter Mann den Scheck mit der auf der Rückseite angebrachten gefälschten Quittung des Klägers der Zahlstelle der Ch.'er Filiale der Dresdener Bank, an die anscheinend aus dem klägerischen Geschäft eine bezügliche telephonische Mitteilung erfolgt war, zur Einlösung vor und erhielt den Betrag ausbezahlt.

Der Kläger hat den durch den Scheck übermittelten Geldbetrag nicht erhalten. Seine Klage auf Verurteilung der Beklagten zur Bezahlung eines Teils des Scheckbetrages wurde in den beiden Vorinstanzen abgewiesen; seine Revision wurde zurückgewiesen.

Aus den Gründen:

„In Frage steht ein sogenannter weißer Scheck, worin als Zahlungsempfänger der Kläger „Sch. oder Ueberbringer" angegeben war; es war ein Scheck auf den Inhaber. Nicht der Scheck, sondern die Quittung des Sch. auf dem Scheck über den Empfang des angewiesenen Geldbetrages war gefälscht, als er von dem Unbekannten und Unberechtigten der Filiale der Dresdener Bank zur Auszahlung vorgelegt und daraufhin ausbezahlt wurde.

Wie das Oberlandesgericht festgestellt hat, beruht die Nichtbefriedigung des Klägers durch den ihm von der Beklagten zugesandten Scheck ursächlich auf der von ihm getroffenen Einrichtung, wonach er damals die für ihn bei der Post in Ch. eingehenden Ablieferungsscheine über Wert- und Einschreibesendungen sowie Postanweisungen bei der Postanstalt abholen ließ; ohne die Abholungserklärung des Klägers würde er den Scheck bekommen und auch die angewiesene Summe von der Bank ausbezahlt erhalten haben. Das Oberlandesgericht hat nun nicht verkannt, daß die Beklagte als Schuldnerin bei der Uebersendung des Schecks, den sie im vorliegenden Falle als Zahlungsmittel ihrer Geldschuld dem Kläger zuschickte, an sich die aus der Uebermittlung durch die Post sich ergebende Gefahr zu tragen hatte (§ 270 BGB.); es hat aber ausgeführt, es entspreche den Anforderungen von Treu und Glauben und dem allgemeinen Rechtsbewußtsein, daß ein Kaufmann — beide Parteien sind Kaufleute —, der von der postalisch zulässigen Einrichtung der Abholung Gebrauch mache, die aus der hierdurch verminderten Sicherheit hervorgehende Gefahr zu tragen, und dem Absender für den dadurch herbeigeführten Verlust einer Postsendung aufzukommen habe, da in der Schaffung und Benutzung dieser Einrichtung dem Publikum gegenüber die stillschweigende Garantie dafür liege, daß sie nicht schädlich wirke; der Kläger müsse sich bei der ihm hiernach obliegenden Schadensersatzpflicht gemäß § 249 BGB. so behandeln lassen, als habe er Scheck und Zahlung darauf erhalten, weshalb er die Kaufpreisforderung gegen die Beklagte nicht mehr geltend machen könne.

Ob dieser Begründung in allen Einzelheiten für den vorliegenden Fall beizutreten ist, bedarf keiner Erörterung, da sich die Entscheidung des Berufungsgerichts jedenfalls aus folgenden Erwägungen rechtfertigt. Hätte der Kläger von seiner Abholungsbefugnis keinen Gebrauch gemacht, so würde der Scheck, wie festgestellt, in seine Hände gelangt sein, und er durch seine Versilberung für seine Forderung an die Beklagte Befriedigung erlangt haben; dadurch, daß er von jenem Rechte Gebrauch machte, verhinderte er die Weiterbeförderung der Sendung, wie sie sonst gemäß Aufgabe der Beklagten zur Post postordnungsmäßig stattgefunden haben würde. Die Verbindlichkeit der Postverwaltung für den Verlust der Sendung bestand der Beklagten gegenüber vom Augenblick der Aushändigung der Schecksendung an den abholenden Betrüger an nicht mehr; die

Postverwaltung hatte ihre Vertragspflicht auch gegenüber der Beklagten erfüllt. Der Schade, der hierdurch in Verbindung mit dem Abhandenkommen des Schecks durch dessen Einlösung bei der Bank seitens des Unberechtigten, und durch Belastung des Kontos der Beklagten bei der Bank der Beklagten entstanden ist, fällt daher dem Kläger zur Last, welcher die schädlichen Folgen der von ihm geschaffenen Einrichtung vertreten und den Schaden in Gemäßheit des § 249 BGB. in der Weise ersetzen muß, daß der Scheckbetrag als an ihn ausbezahlt anzusehen ist. Die Sache könnte vielleicht zugunsten des Klägers beurteilt werden, wenn die Beklagte gewußt hätte, daß der Kläger die für ihn eingehenden Postsendungen abholen ließ; es würde dann in Betracht kommen, ob nicht die Beklagte verpflichtet gewesen wäre, durch einen Vermerk auf dem Scheck „zur Verrechnung" oder durch Bezeichnung des Einschreibebriefes als „Eigenhändig" der Abholung und Verwertung durch einen Unberechtigten vorzubeugen. Allein der Kläger hat im Verlaufe des Rechtsstreites eine solche Kenntnis der Beklagten nicht behauptet, und wenn auch in Ch. eine größere Zahl kaufmännischer Firmen von dem Abholungsrecht Gebrauch machen sollte, so kann doch hieraus eine Verpflichtung der Beklagten zur Vornahme von Sicherungsmaßregeln in dem vorerwähnten Sinne nicht hergeleitet werden. Die Rüge der Verletzung der §§ 270 und 249 BGB. entbehrt hiernach der Begründung.

Der Kläger rügt sodann Mangel in der Begründung, nämlich insofern, als der Berufungsrichter nicht geprüft habe, ob die Beklagte bei dem Umstande, daß die Geschäftslokale der Parteien in Ch. nahe beieinander liegen, und die Beklagte an dem Geschäftslokale des Klägers habe vorübergehen müssen, um zur Post zu gelangen, Anlaß gehabt habe, den immerhin nicht ganz sicheren Weg des Posttransports zur Uebermittlung des Schecks zu wählen. Auch dieser Angriff kann keinen Erfolg haben. Die Post dient allgemein zur Befriedigung der Verkehrsinteressen, sowohl für den Verkehr von Ort zu Ort, als auch für den Verkehr innerhalb des Postortes selbst (Gesetz, betr. einige Aenderungen von Bestimmungen über das Postwesen, vom 20. Dezember 1899); die Beklagte war mithin gesetzlich nicht gehindert, den Posttransport zu wählen, und der Posttransport der Einschreibesendung war für sie mindestens ebenso sicher, wie die Uebersendung des Schecks durch einen Boten. Das Berufungsgericht brauchte sich hierüber nicht noch besonders auszusprechen."

RGZ. 69, 407

Wann hat derjenige, der eine nur der Gattung nach bestimmte Sache zu liefern verpflichtet ist, das zur Erfüllung dieser Ver-

pflichtung Erforderliche getan, so daß sich demgemäß das Schuldverhältnis auf die tatsächlich gelieferte Sache beschränkt?

BGB. § 243.

II. Zivilsenat. Urt. v. 10. November 1908.

I. Landgericht Königsberg. II. Oberlandesgericht daselbst.

Die Klägerin verlangte vom Beklagten Bezahlung des Kaufpreises für eine Dampfdreschmaschine einer näher bezeichneten Fabrikmarke nebst dazu passender Lokomobile. Die Klägerin hatte eine Maschine jener Marke nebst Lokomobile auf das Gut des Beklagten geliefert und hier von einem Monteur im Dezember 1905 in Betrieb setzen lassen. Bei einem Brande auf dem Gut des Beklagten am 4. Januar 1906 wurde die Dreschmaschine (der Dreschkasten) durch das Feuer zerstört, die Lokomobile erheblich beschädigt.

Die Klägerin führte mit der Klage auf Zahlung des Kaufpreises aus: wengleich die Maschine bei der Abreise des Monteurs noch einige geringe Mängel aufgewiesen habe, und der Beklagte vielleicht auf Grund der vertraglichen Garantiebedingungen zur Uebernahme nicht verpflichtet gewesen sei, so habe er sie doch abgenommen; es seien die Maschinen ihm übergeben, und sie seien von ihm angenommen. Der Beklagte bestritt sowohl den Abschluß eines Kaufgeschäfts mit der Klägerin als die Uebergabe oder Abnahme der auf sein Gut gelieferten Maschinen; er machte geltend, er habe die Abnahme der Maschinen ausdrücklich abgelehnt gehabt. Der Dreschsatz sei mit wesentlichen Material- und Montagefehlern behaftet, namentlich der Funkenfänger vorschriftswidrig und feuergefährlich gewesen; die Maschinen seien von ihm erst abzunehmen gewesen, wenn sie tadellos arbeiteten. Nach dem Brande habe er sie der Klägerin sofort zur Verfügung gestellt. Durch die unrichtige Konstruktion des Funkenfängers, der das Hinausfliegen der Funken aus dem Schornstein ermöglicht habe, sei der Brand am 4. Januar 1906 verursacht. Die Klägerin entgegnete, daß dem Beklagten ein Recht zur Wandelung nicht zustehe, weil er den Untergang, jedenfalls eine wesentliche Verschlechterung der Maschinen verschuldet habe; der Brand sei durch vom Beklagten selbst zu vertretende Umstände entstanden.

Das Landgericht verurteilte den Beklagten dem Klagantrage gemäß. Die von ihm eingelegte Berufung wurde zurückgewiesen. Auf die Revision des Beklagten wurde das Berufungsurteil aufgehoben, aus folgenden

Gründen:

. . . „Der Berufungsrichter stellt unangefochten fest, daß ein Kaufabschluß zwischen den Parteien vorliege. Das Vorbringen des Beklagten, die Klägerin habe nicht erfüllt und könne daher auch den Kaufpreis nicht verlangen, verwirft der Berufungsrichter mit folgenden Erwägungen: die Klägerin habe bei dem eine Gattungssache betreffenden Kaufgeschäft durch Lieferung der Kaufsache das zur Leistung ihrerseits Erforderliche getan gehabt; dadurch habe sich das Schuldverhältnis nach § 243 BGB. auf die gelieferten Sachen beschränkt. Wenn es nun auch zu einer vollständigen Vertragserfüllung bezüglich der gelieferten Sachen von seiten der Klägerin noch nicht gekommen, und diese Erfüllung infolge des Brandes (der die Maschinen teils vernichtet, teils erheblich beschädigt hat) unmöglich geworden sei, so habe die Klägerin trotzdem nach § 324 BGB. den Anspruch auf den Kaufpreis behalten, sofern die Unmöglichkeit infolge eines vom Beklagten zu vertretenden Umstandes eingetreten sei. Das sei hier der Fall. Der Brand sei durch Fahrlässigkeit des Sohnes des Beklagten August K. entstanden; dessen Verschulden habe der Beklagte nach § 278 BGB. zu vertreten; ein von der Klägerin zu vertretendes Verschulden als Ursache des Brandes könne daneben nicht für vorliegend angesehen werden.

Diese Ausführungen sind nicht geeignet, das Berufungsurteil zu tragen; sie beruhen, wie der Revisionskläger mit Recht rügt, auf einer Verkennung des § 243 BGB. Der Berufungsrichter, der zutreffend von dem Vorliegen des Kaufs einer „nur der Gattung nach bestimmten Sache" ausgeht, nimmt an, daß die Klägerin schon dadurch, daß sie Maschinen von der im Vertrage vorgesehenen Gattung dem Beklagten tatsächlich geliefert habe, das zur Leistung ihrerseits Erforderliche getan und so das Schuldverhältnis auf die von ihr gelieferte Sache beschränkt habe. Das ist, in dieser Ausdehnung und Allgemeinheit, nicht zutreffend. Wer eine nur der Gattung nach bestimmte Sache schuldet, hat seinerseits die Sache, die er liefern will, aus der Gattung zu entnehmen; er kann aber nicht irgend eine beliebige Sache aussuchen, sondern er muß, wenn über die Beschaffenheit der Gattung sonst nichts bestimmt ist, eine brauchbare Sache, und zwar eine solche von mittlerer Art und Güte, und, wenn für die, obwohl nur der Gattung nach bestimmte, Sache noch besondere Eigenschaften innerhalb der Gattung vereinbart sind, eine Sache mit diesen Eigenschaften auswählen. Das zur Leistung seinerseits Erforderliche hat er nur dann getan, wenn die von ihm ausgewählte (und gelieferte) Sache den gesetzlichen und vertraglichen Erfordernissen entspricht; nur unter dieser Voraussetzung beschränkt sich das Schuldverhältnis auf die spezielle, von ihm individuell bestimmte Sache. Wo aber eine den Gesetzen oder dem Vertrage entsprechende Gattungssache nicht ausgewählt war, hat der Schuldner das seinerseits Erforderliche nicht getan; das Schuldverhältnis hat sich auf eine bestimmte Sache, die Spezies, noch nicht beschränkt (konzentriert), und der Schuldner kann daher auf die Gegenleistung noch keinen Anspruch erheben, wenn auch die Sache, durch deren Lieferung er den Vertrag erfüllen wollte, die aber dazu nicht geeignet war, infolge eines vom Gläubiger zu vertretenden Umstandes untergeht. Mit dem Geleisteten hatte der Schuldner das Erforderliche noch nicht getan; durch den Untergang des Geleisteten ist die ihm obliegende Leistung, nämlich die (vertragsmäßige) Leistung einer Gattungssache, nicht unmöglich geworden.

Im vorliegenden Falle hatte der Beklagte ausdrücklich bestritten, daß ihm eine den Vertragsbedingungen entsprechende und überhaupt eine brauchbare Sache geliefert worden sei, und der Berufungsrichter hat Gegenteiliges nicht festgestellt. Er führt im Verlaufe der von ihm für seine Entscheidung gegebenen Gründe selbst aus, daß die Klägerin für die vom Beklagten behaupteten Mängel nach den gesetzlichen Bestimmungen (§§ 459 flg. BGB.), und nach Maßgabe der im Vertrage zugesicherten Eigenschaften zu haften gehabt habe (bei deren Fehlen der Beklagte die Uebernahme der Maschinen abzulehnen berechtigt gewesen sei); er hat sich aber, obwohl er auch die Uebernahme als Erfüllung durch den Beklagten dahingestellt läßt, jeder weiteren Prüfung der Sache — insbesondere auch nach der Richtung hin, ob die Klägerin vertragsmäßig angeboten hatte, und der Beklagte durch Ablehnung der Annahme in Gläubigerverzug gekommen wäre (§ 300 Abs. 2 BGB.) — für überhoben erachtet, und dies lediglich um deswillen, weil das Schuldverhältnis sich durch Lieferung von Maschinen der vereinbarten Gattung auf die tatsächlich gelieferten Maschinen beschränkt gehabt, und die Klägerin trotz deren Untergangs den Anspruch auf die Gegenleistung nach § 324 BGB. behalten habe. Das ist nach dem Vorbemerkten rechtsirrtümlich.

Nun soll freilich, worauf die Revisionsbeklagte hingewiesen hat, die von der Klägerin dem Beklagten gelieferte Sache durch einen vom Beklagten zu vertretenden Umstand teils untergegangen, teils erheblich beschädigt sein. Das würde nicht den Klaganspruch rechtfertigen. Es könnten daraus für die Klägerin Schadensersatzansprüche entstanden sein; diese Schadensersatzansprüche würden sich aber in keiner Weise (nicht tatsächlich und nicht rechtlich) mit der hier geltend gemachten Kaufpreisforderung decken, so daß nicht zu prüfen ist, ob solche Schadensansprüche der Klägerin (gegen den Beklagten) nach der in dem Berufungsurteil getroffenen Feststellung für begründet zu erachten wären." . . .

RGZ. 71, 7

Findet § 254 Abs. 1 BGB. Anwendung, wenn bei der Entstehung des durch Verschulden eines anderen verursachten Schadens ein Tier mitgewirkt hat, dessen Halter der Beschädigte ist?

VI. Zivilsenat. Urt. v. 22. März 1909.

I. Landgericht Regensburg. II. Oberlandesgericht Nürnberg.

Der Beklagte war zum Schadensersatze verurteilt worden, weil er sich auf seinem Motorrade, ohne ein Warnungszeichen mit der Hupe zu geben und die Geschwindigkeit zu ermäßigen, von hinten dem Fuhrwerke der Klägerin genähert hatte, so daß das Pferd scheute und durchging und die Klägerin, die es an der Trense zu halten versuchte, zu Boden geworfen und von dem Wagen überfahren wurde.

Aus den Gründen:

. . . „Die Revision vertritt unter Berufung auf das Urteil des IV. Zivilsenats vom 21. November 1907 (Entsch. in Zivils. Bd. 67 S. 120) die Ansicht, daß die Klägerin, die als Tierhalterin durch ihr eigenes Tier verletzt worden sei, einen Teil des Schadens zu tragen habe. Der Revision ist zuzugeben, daß sowohl die Ueberschrift der abgedruckten Entscheidung des IV. Zivilsenats wie die ganz allgemein lautende Fassung der Gründe zu der Anschauung verleiten kann, es sei in jedem Falle, wo der Beschädigte „der Halter eines bei der Entstehung des Schadens mitwirkenden Tieres ist", § 254 Abs. 1 BGB. gegen ihn anzuwenden. Indes liegt dem Urteile der besondere Tatbestand zugrunde, daß der Hund des Beklagten das Pferd des Klägers angebellt hat, das Pferd darauf durchgegangen ist und den Schaden angerichtet hat, daß also nicht bloß der Beschädigte, sondern auch der andere Teil Tierhalter war, und der Schade durch die Tiere der beiden Parteien verursacht worden ist, mithin auf beiden Seiten die Gefährdungshaftung des § 833 BGB. in Frage kam.

Zu dem Urteile des IV. Zivilsenats braucht keine Stellung genommen zu werden, weil der gegenwärtige Fall sich von dem darin behandelten in dem wesentlichen Punkte unterscheidet, daß der Beklagte in Anspruch genommen wird, weil er durch schuldvolles Verhalten das Pferd der Klägerin zum Scheuen gebracht habe. Hier greift jedenfalls § 840 Abs. 3 BGB. ein, der bestimmt, daß, wenn neben dem nach §§ 833—838 BGB. zum Ersatze des Schadens Verpflichteten ein Dritter für den Schaden verantwortlich ist, in ihrem Verhältnis zueinander der Dritte allein verpflichtet ist. Diese Vorschrift regelt allerdings zunächst die Ausgleichungspflicht mehrerer Gesamtschuldner, die aus einer unerlaubten Handlung nebeneinander dem Verletzten haften (vgl. Entsch. in Zivils. Bd. 53 S. 114). Sie findet aber schon nach ihrem Wotlaute unbedenklich auch dann Anwendung, wenn der Dritte, der von dem Beschädigten für den Schaden verantwortlich gemacht wird, seinerseits vom Beschädigten begehrt, daß er einen Teil des Schadens auf sich nehme, weil er nach §§ 833—838 BGB. ersatzpflichtig sei. Denn auch dann handelt es sich um das Verhältnis der beiden zueinander, wie es § 840 Abs. 3 im Auge hat (vgl. Entsch. des RG.'s in Zivils. Bd. 58 S. 335). Die Regel, daß die Gesamtschuldner im Verhältnis zueinander zu gleichen Teilen verpflichtet sind, ist aus Billigkeitsgründen, entsprechend der Lage der in Betracht kommenden Verhältnisse, durchbrochen worden: nach innen gilt derjenige, der die schädigende Handlung verübt hat, als allein verpflichtet (Motive S. 737). Der Rechtsgedanke, der sich in § 840 Abs. 2 u. 3 ausprägt, führt ganz besonders in den Fällen, wo, wie hier, auf der einen Seite Gefährdungshaftung, auf der andern Haftung aus Verschulden vorliegt, dazu, den Urheber der schuldhaften Handlung den Schaden, für den er verantwortlich ist, allein tragen zu lassen. Hiernach gründet sich die Auffassung des erkennenden Senats auf § 840 Abs. 3 BGB., der in dem Urteil des IV. Zivilsenats gar nicht erwähnt ist. Die Anrufung der Vereinigten Zivilsenate erscheint daher nicht geboten." ...

RGZ. 72, 219

Ist für den Verletzten, der zur Behandlung seiner Verletzung einen Arzt zuzieht, dieser eine Person, deren er sich zur Erfüllung seiner aus § 254 BGB. folgenden Verpflichtung, den Schaden zu mindern, bedient, und deren Verschulden er nach § 278 BGB. gegenüber dem auf Schadensersatz belangten Verletzer zu vertreten hat?

VI. Zivilsenat. Urt. v. 29. November 1909.

I. Landgericht Kassel. II. Oberlandesgericht daselbst.

Nach der Verletzung, für deren Folgen der Kläger von der Beklagten Entschädigung forderte, hatte er sich in die Behandlung eines staatlich geprüften Arztes begeben, der jedoch das Leiden irrig beurteilte und dem Kläger nicht das Verhalten anriet, das die Heilung beschleunigt haben würde. Ueber eine Einrede, die von der Beklagten aus dieser Tatsache gegen den Klaganspruch entnommen war, heißt es in den

Gründen:

... „Die Revision hat ... ausgeführt, der Kläger sei nach § 254 BGB. gegenüber der Beklagten verpflichtet gewesen, den Schaden zu vermindern, und zur Erfüllung dieser Verbindlichkeit habe er sich des Arztes bedient; er müsse darum nach § 278 BGB. dessen Verschulden wie eigenes vertreten. Das sei vom Berufungsgerichte verkannt. Diese Ausführung beruht jedoch auf einer irrigen Beurteilung des Inhaltes der Verpflichtung, die § 254 dem Verletzten auferlegt. Der Beklagte hatte nach dieser gesetzlichen Vorschrift mit der im Verkehr erforderlichen Sorgfalt darauf hinzuwirken, daß der

Schade sich minderte. Der Verkehr fordert im Falle einer nicht ganz geringfügigen Körperverletzung das Anrufen ärztlicher Hilfe, und zwar bei einem Arzte, der durch die staatliche Prüfung seine Befähigung zu diesem Berufe dargetan hat. Abgesehen von Ausnahmefällen, von denen hier keiner behauptet ist, fordert die im Verkehr erforderliche Sorgfalt von dem Verletzten nicht, daß er die Leistungen des Arztes und die Richtigkeit seiner Anordnungen nachprüfe, was dem Kläger ja nur durch Zuziehung eines zweiten Sachverständigen möglich geworden wäre. Der Kläger hatte also die Verpflichtung, die § 254 BGB. ihm gegenüber der Beklagten auferlegte, dadurch vollständig erfüllt, daß er einen approbierten Arzt zuzog und dessen Anordnungen befolgte. Diese selbst aber waren nicht mehr ein Teil der nach § 254 vom Kläger der Beklagten geschuldeten Erfüllungsleistung, und darum geht es fehl, wenn die Beklagte auf Grund von § 278 den Kläger für ein vom Arzt begangenes Versehen haftbar machen will."

RGZ. 73, 21

Wie ist bei Nichterfüllung einer rechtskräftig auferlegten Verpflichtung zur hypothekarischen Sicherheitsbestellung der Schadensersatz wegen Nichterfüllung zu leisten?

BGB. §§ 283, 232 flg.

V. Zivilsenat. Urt. v. 29. Januar 1910.

I. Landgericht Offenburg. II. Oberlandesgericht Karlsruhe.

Der Beklagte, der Vater des Klägers, war durch rechtskräftiges Urteil vom 15. Januar 1907 im Anschluß an die Feststellung, daß seinem Sohne eine Forderung von 200 000 M. gegen ihn zustehe, zur Bestellung einer Sicherungshypothek für diese Forderung, und zwar entweder durch Eintragung auf dem Gute H. unter Zugrundelegung des Belastungszustandes vom 1. Juli 1902 oder durch Eintragung auf den in den Gemarkungen von K. und S. gelegenen Grundstücken, unter Zugrundelegung des Belastungszustandes zur Zeit des Urteils, verurteilt worden. Er ließ, da er das Gut H. bereits im Jahre 1903 und die Grundstücke in S. im Jahre 1905 veräußert hatte, die ihm auferlegte Sicherungshypothek nur auf den Grundstücken in K. eintragen und behauptete, daß nach der hierdurch gewährten Sicherheit eine weitere Sicherstellung überflüssig sei. Demgegenüber verlangte der Kläger noch fernere Sicherheit in Höhe von 100 000 M. nach Maßgabe der §§ 232 flg. BGB. als Schadensersatz wegen Nicherfüllung des Urteils auf Grund des § 283 BGB. und des § 893 ZPO. Die Bestimmung einer Frist nach § 283 a. a. O. hielt er anfänglich wegen der Weigerung des Beklagten nicht für erforderlich, setzte aber später im Laufe des Rechtsstreits dem Beklagten noch eine 14tägige Frist mit der Androhung, daß er nach ihrem Ablauf die Hypothekenbestellung nicht mehr annehmen werde. Der erste Richter verurteilte den Beklagten nach dem Klagantrage. Der zweite Richter setzte die zu leistende weitere Sicherheit auf 50 000 M. herab und wies im übrigen die Klage ab. Der Revision des Klägers wurde stattgegeben aus folgenden

Gründen:

. . . „Der Berufungsrichter geht davon aus, daß der Kläger nach § 283 BGB. nur Schadensersatz wegen Nichterfüllung fordern kann, und prüft bei der Frage, inwieweit dem Kläger durch die Nichteintragung auf den Grundstücken in S. ein solcher Schade entstanden ist, den Wert der Liegenschaften in K. an der Hand der vorliegenden Schätzungsurkunden, die für das Schloß in R. und dessen Nebengebäude einen Wert von 200 000 M., für den Acker und die Waldungen einen solchen von 79 250 M. ergäben. Er stellt danach fest, daß die Sicherungshypothek auf K. in Höhe von 150 000 M. für absolut sicher zu erachten sei, und hält deshalb den Kläger nur in Höhe von 50 000 M. für geschädigt.

Demgegenüber rügt die Revision nicht ohne Grund, daß es auf die Eintragung auf K. und die dort gewährte Sicherheit im vorliegenden Fall nicht ankommen könne, weil der Kläger, gleichviel, ob er dort bereits ausreichende oder mehr als ausreichende Sicherheit gefunden, einen urteilsmäßigen Anspruch auch auf die Verpfändung der Grundstücke von S. gehabt habe. Die Frage, inwieweit eine Sicherstellung auf diesen Grundstücken neben der auf K. noch erforderlich war, hätte in dem Urteil, das diese Sicherstellung zuerkannte, geprüft werden müssen. Nachdem dem Kläger die Sicherstellung mit den Grundstücken in S. voll zuerkannt ist, hat er im Falle der Nichterfüllung auch den Anspruch auf vollen Ersatz. Dieser Ersatz kann bei der eigenartigen Natur des in Rede stehenden Anspruchs nicht, wie sonst regelmäßig (Entsch. des RG.'s in Zivils. Bd. 61 S. 353), in einer Geldzahlung an den Berechtigten, sondern nur in einer anderen Sicherheitsleistung bestehen. Der Beklagte kann zu diesem Zwecke nach § 232 BGB. Geld hinterlegen; er ist aber nicht benachteiligt, wenn ihm der Kläger statt dessen die Wahl einer anderen Sicherheitsleistung nach §§ 232 flg. BGB. läßt. Nur ist bei der dem Beklagten auferlegten Ersatzleistung in Betracht zu ziehen, daß die zuerkannte Sicherstellung auf S. nicht dem vollen Werte der dortigen Grundstücke, sondern nur dem Wertteil entsprach, der nach den örtlichen Verhältnissen Sicherheit gewährte. Die anderweitige Sicherstellung, die dem Kläger nach Maßgabe der §§ 232 flg. BGB. zuzusprechen ist, kann daher jenen Wertteil nicht übersteigen. Nun hat zwar der Berufungsrichter beiläufig bemerkt, die Grundstücke in S. hätten mindestens einen Wert von 90 000 M. und gewährten Sicherheit in Höhe von mindestens 50 000 M. Es kommt aber nicht darauf an, welche Sicherheit sie mindestens, sondern welche Sicherheit sie höchstens gewähren. Zu diesem Zwecke bedarf es einer genauen Wertermittlung und deshalb war unter Aufhebung des Berufungsurteils, soweit dieses zu Ungunsten des Revisionsklägers erkannt hat, die Sache in die Vorinstanz zurückzuverweisen." . . .

RGZ. 73, 333

1. Unter welchen Voraussetzungen können Baulieferanten wegen Wegschaffung von Materialien, die sie in einen Neubau verbaut hatten, für den Ausfall einer Hypothek ersatzpflichtig gemacht werden, insbesondere wenn ihnen das Eigentum vorbehalten war?

2. Unentschuldbarer Rechtsirrtum*).

3. Wie ist der Schade zu berechnen, wenn der ausgefallene Hypothekengläubiger selbst Ersteher des Grundstücks ist?

BGB. §§ 276, 823, 946, 1121, 1134, 1135.

V. Zivilsenat. Urt. v. 7. Mai 1910.

I. Landgericht Dresden. II. Oberlandesgericht daselbst.

Der Baugewerke R. führte im Jahre 1906/07 auf seinem Grundstück in D. einen Wohnhausneubau auf. Hierzu hatte die Beklagte zu 1 die Töpferarbeiten, der Beklagte zu 2 Klempnerarbeiten zu liefern. Der Kläger, für den auf dem Grundstück eine zweitstellige Hypothek von 64 000 M. haftete, fiel bei der im Jahre 1907 von ihm betriebenen Zwangsversteigerung des Grundstücks, bei der er das letztere als Meistbietender erstand, mit seiner Hypothek aus. Er nahm die beiden Beklagten auf Schadensersatz in Anspruch, weil sie kurz vor Einleitung der von ihm ebenfalls erwirkten Zwangsverwaltung, nachdem die Beklagte zu 1 die Töpferarbeiten, der Beklagte zu 2 die Klempnerarbeiten größtenteils geliefert und sie derart in den Neubau eingefügt hätten, daß sie wesentliche Bestandteile des Gebäudes geworden seien, einen großen Teil davon herausgerissen und wieder entfernt hätten. Der erste Richter wies die Klage ab. Der zweite Richter erklärte die Klagansprüche gegen beide Beklagte dem Grunde nach für gerechtfertigt. Die Revision der Beklagten zu 1 wurde zurückgewiesen aus folgenden

Gründen:

. . . „Nach der von der Revision nicht angefochtenen und auch keinem Bedenken unterliegenden Feststellung des Berufungsrichters

*) Vgl. auch Bd. 156 S. 113 (120) (abgedruckt unter „Handelsrecht, VVG.).

sind die fraglichen Oefen und Kochmaschinen, abgesehen von noch fehlenden Kleinigkeiten, von der Beklagten zu 1 in dem Neubau des R. vollständig aufgestellt gewesen, wobei insbesondere die Oefen unter Verwendung von Kacheln auf Sockel aufgebaut worden waren. Von diesen Gegenständen hat die Beklagte zu 1 kurz vor der am 23. April 1907 erfolgten Einleitung der Zwangsverwaltung einen großen Teil wieder herausgerissen und fortgeschafft, und zwar die Oefen in einer Weise, daß sie fast einer Zerstörung gleichkam. . . . Der Berufungsrichter nimmt weiter an, daß die Oefen und Kochmaschinen gemäß §§ 93, 94 Abs. 2 BGB. wesentliche Bestandteile des Neubaus gewesen seien. Auch dies ist von der Revision nicht angefochten und nach der vom Berufungsrichter festgestellten Art der Errichtung ebenfalls nicht zu beanstanden. Danach waren die Gegenstände mit dem Zeitpunkte ihrer Einbringung in die Haftung des Grundstücks für die Hypothek des Klägers eingetreten. Letzterer . . . behauptet, der Ausfall seiner Hypothek sei teilweise dadurch verursacht worden, daß infolge Wegschaffung der von den beiden Beklagten eingebauten Gegenstände das Grundstück erheblich entwertet worden sei.

Würde R. selbst die Gegenstände weggeschafft haben, so würde er als Eigentümer, ganz abgesehen von seinem persönlichen Schuldverhältnisse, dem Kläger, soweit dieser dadurch in Ansehung seines Rechtes auf Befriedigung aus dem Grundstück und dessen Bestandteilen Schaden erlitten hätte, auf Grund des § 823 BGB. ersatzpflichtig sein. Denn das Herausreißen aus dem Neubau und die Wegschaffung würde eine den Regeln einer ordnungsmäßigen Wirtschaft zuwiderlaufende, die Sicherheit der Hypothek gefährdende Maßnahme gewesen sein, und daher R., wiewohl dem Eigentümer im Interesse seiner Wirtschaftsführung im § 1121 BGB. das Recht verliehen worden ist, bis zur Beschlagnahme einzelne Bestandteile oder Zubehörstücke der Haftung für die Hypotheken zu entziehen, doch, wie sich aus den §§ 1134, 1135 BGB. ergibt, widerrechtlich und schuldhaft das Hypothekenrecht des Klägers verletzt haben.

Vgl. Entsch. des RG.'s in Zivils. Bd. 42 S. 170, Bd. 44 S. 186, Bd. 69 S. 91; Jur. Wochenschr. 1907 S. 332 Nr. 10.

Aber auch die tatsächlich durch die Beklagte zu 1 bewirkte Wegschaffung stellt sich zunächst als eine widerrechtliche Handlung im Sinne des § 823 BGB. dar. Denn von der Beklagten wurde, indem sie die Oefen und Kochmaschinen aus dem Neubau herausriß, und zwar die Oefen in einer Weise, daß sie einer Zerstörung gleichkam, gefährdend in das Hypothekenrecht des Klägers eingegriffen (Urteil des erkennenden Senats vom 20. April 1907 Rep. V. 333/06).

Die Beklagte kann sich auch, wie der Berufungsrichter zutreffend ausführt, mit Erfolg nicht darauf berufen, daß der Eigentümer R.

angeblich seine Einwilligung in die Wegnahme der Gegenstände erteilt hat, und daß in dem Lieferungsvertrage ihr das Eigentum an den zu liefernden Gegenständen vorbehalten und das Recht zur Wegnahme für den Fall der Nichtzahlung des Preises gewährt worden ist. Denn die etwaige Einwilligung des Eigentümers würde nach obigen Ausführungen widerrechtlich gewesen sein und daher die Berechtigung zur Wegnahme gegenüber dem Kläger nicht haben begründen können. Der Eigentumsvorbehalt und das Wegnahmerecht ferner hatten nur obligatorische Wirkungen gegenüber dem R. Da die Oefen und Kochmaschinen durch die Einbauung wesentliche Bestandteile des Neubaues und damit des Grundstücks geworden waren, hatte R. trotz des vorbehaltenen Eigentums und Wegnahmerechts gemäß §§ 93, 946 BGB. Eigentum an den Gegenständen erlangt (Entsch. des RG.'s in *Zivils.* Bd. 62 S. 411, Bd. 63 S. 421), und unterlagen daher die Gegenstände der Haftung für die Hypothek des Klägers.

Nach diesen Richtungen ist auch von der Revision ein Angriff nicht erhoben worden. Gerügt wird von der Revision nur, daß der Berufungsrichter ein Verschulden der Beklagten angenommen habe, ohne den von der Beklagten angetretenen Entschuldigungsbeweis zu erheben. In dieser Hinsicht führt der Berufungsrichter aus, ob die Beklagte zur Zeit der Wegnahme das Bestehen der Hypothek des Klägers gekannt habe, könne dahingestellt bleiben. Jedenfalls ergebe sich aus der Sachlage die Kenntnis der Beklagten von der Tatsache, daß auf dem Grundstück Hypotheken hafteten, die durch eine solche Verschlechterung des Grundstücks, wie die in Rede stehende, in ihrer Sicherheit hätten beeinträchtigt werden können, und dies genüge. Durch die angebliche Einwilligung des R., den Eigentumsvorbehalt und das Wegnahmerecht würde die Gutgläubigkeit der Beklagten auch dann nicht bewiesen werden, wenn, wie die Beklagte behaupte, in Lieferantenkreisen tatsächlich die Anschauung herrschend gewesen sein sollte, daß beim Zusammentreffen dieser Umstände die Wegnahme der bereits eingebauten Gegenstände zulässig sei. Denn schon seit langer Zeit sei durch die Rechtsprechung unter Führung des Reichsgerichts die Unwirksamkeit solcher Umstände gegenüber dem dinglichen Rechte des Hypothekengläubigers anerkannt worden, und die Ergebnisse dieser Rechtsprechung hätten der Beklagten als Baulieferantin auf die Dauer nicht unbekannt bleiben dürfen. Sollte dies, was aber nicht anzunehmen sei, geschehen sein, so habe die Beklagte die im Verkehr erforderliche Sorgfalt außer acht gelassen, und sei ihr Irrtum kein entschuldbarer.

Die Revision macht hiergegen geltend, die Beklagte habe keine Veranlassung gehabt, Zweifel darüber zu hegen, was von ihren Berufs- und Standesgenossen, wie unter Beweis gestellt worden, allgemein in der gleichen Art beurteilt worden sei. Ein Rechtsirrtum, insbesondere über eine so zweifelhafte und schwierige Rechtsfrage, könne einem Laien nicht ohne weiteres als Verschulden angerechnet werden. Die vom Berufungsrichter angezogenen Entscheidungen hätten teils andere Fälle betroffen, teils zu der in Betracht kommenden Zeit noch nicht vorgelegen.

Allein nach der festgestellten Sachlage kommt es auf die Kenntnis der Beklagten von dem Stande der Rechtsprechung hinsichtlich der vorbezeichneten Rechtsfragen nicht weiter an. Daß der Eigentümer, wenn er seine Genehmigung zum Herausreißen der Oefen und Kochmaschinen aus dem Neubau erteilte, unwirtschaftlich und zum Nachteil der Hypothekengläubiger handelte, lag so klar zutage, daß die Beklagte als erfahrene Baulieferantin über die Unrechtmäßigkeit der Genehmigung gegenüber den hypothekarischen Rechten nicht im Zweifel sein konnte. Was sodann den Eigentumsvorbehalt und das Wegnahmerecht anlangt, so würde sich die Beklagte, wenn sie sich daraufhin, was zu ihren Gunsten unterstellt werden mag, für berechtigt gehalten haben sollte, die Oefen und Kochmaschinen wegzuschaffen, nach obigen Ausführungen in einem Rechtsirrtum befunden haben, und ihre widerrechtliche Verletzung des Hypothekenrechtes des Klägers würde als eine fahrlässige im Sinne des § 823 Abs. 1 BGB. zu erachten sein.

Allerdings kann auch ein Rechtsirrtum des Verletzenden die Annahme eines Verschuldens ausschließen. Jedoch muß der Irrtum ein entschuldbarer sein (RG. in der Jur. Wochenschr. 1907 S. 251 Nr. 12, 1908 S. 480 Nr. 14). Entschuldbar aber ist der Rechtsirrtum gemäß § 276 BGB. nur dann, wenn der Verletzende bei Beobachtung der im Verkehr erforderlichen Sorgfalt zu der rechtsirrigen Auffassung gelangen konnte, seine beschädigende Handlung sei erlaubt. Vorliegend hatte die Beklagte die von ihr gelieferten Materialien zu Oefen und Kochmaschinen in dem Neubau verbaut. Die auf diese Weise hergestellten Teile des Neubaus mußten bei der Wegschaffung der Materialien wieder auseinandergerissen werden. Diese Sachlage hätte die Beklagte, wenn sie die im Verkehr erforderliche Sorgfalt beobachtet hätte, dazu führen müssen, vor der Wegschaffung an rechtskundiger Stelle Belehrung darüber einzuholen, ob sie nicht trotz des Eigentumsvorhaltes und des Wegnahmerechtes die Rechte Dritter, insbesondere der Hypothekengläubiger, verletzen würde, wenn sie die Materialien herausriß und wegschaffte. Hätte sie dies getan, so würde ihr, wie nach der Rechtlage und den Ergebnissen der damals veröffentlichten Rechtsprechung anzunehmen ist, die Auskunft erteilt worden sein, daß der Eigentumsvorbehalt und das Wegnahmerecht gegenüber den Hypothekengläubigern wirkungslos seien, oder doch, daß nach den obwaltenden Umständen die Frage der Berechtigung zur Wegschaffung sehr zweifelhaft sei, und sie hätte daher zur Zeit der Wegschaffung nicht der Ueberzeugung sein können, daß diese die Hypothekenrechte am Grundstück schädigende Handlung ihr erlaubt sei. Auch wenn die vorbezeichnete Auffassung in Lieferantenkreisen herrschen, und die Beklagte darauf ihre Meinung, zur Wegschaffung berechtigt zu sein, gestützt haben sollte, würde ihr Irrtum nicht entschuldbar sein. Denn eine solche einseitige Anschauung in Interessentenkreisen bot keine Gewähr für die Richtigkeit, und die Beklagte hätte deshalb die im Verkehr erforderliche Sorgfalt außer acht gelassen, wenn sie sich darauf verlassen hätte. Sollte dennoch die Beklagte der Ansicht gewesen sein, daß sie wegen des Eigentumsvorhaltes und des Wegnahmerechtes den Hypothekengläubigern gegenüber berechtigt sei, die gelieferten Materialien aus dem Neubau herauszureißen und wegzuschaffen, so würde ihr Fahrlässigkeit zur Last zu legen sein, weil sie in dem Rechtsirrtum nicht befangen gewesen wäre, wenn sie durch gehörige Erkundigung die im Verkehr erforderliche Sorgfalt beobachtet hätte. Aus diesen Gründen hat der Berufungsrichter die Erhebung des Beweises über die angebliche Auffassung in Lieferantenkreisen mit Recht abgelehnt, und ist seine Annahme nicht zu beanstanden, daß, soweit der Ausfall des Klägers durch die Wegschaffung der fraglichen Gegenstände verursacht worden, die Beklagte dem Kläger auf Grund des § 823 BGB. ersatzpflichtig sei.

Was sodann die Frage anlangt, ob dem Kläger durch die Wegschaffung ein Schade verursacht worden ist, so führt der Berufungsrichter in dieser Hinsicht folgendes aus: der Einwand der Beklagten, daß der Kläger eine Schädigung überhaupt nicht erlitten habe, weil das Grundstück zu der Zeit, in der es der Kläger erstanden, einen dessen Hypothek deckenden Wert gehabt habe, sei vollkommen hinfällig, da der Wert des Grundstücks, nachdem von den beiden Beklagten die streitigen Gegenstände weggeschafft gewesen seien, nur 102 100 M. betragen habe, die Hypothek des Klägers aber ausweislich des Teilungsplanes mit annähernd 124 000 M. ausgegangen, also ungefähr 22 000 M. ungedeckt geblieben seien. Die Annahme des ersten Richters, daß das Gebot des Klägers auch ohne die angerichteten Zerstörungen nicht übersetzt worden wäre, könne nicht als richtig anerkannt werden. Es sei recht gut denkbar, daß das unbeschädigte Grundstück bessere Gebote erbracht haben würde. Das Gegenteil wäre nur damit zu erklären, daß andere, weil sie erwartet hätten, der Kläger werde seine Hypothek möglichst weit ausbieten, sich deshalb vom Bieten hätten abhalten lassen. Jene Annahme des ersten Richters rechtfertigt daher nicht den Schluß, daß die Forderung des Klägers durch die Grundstücksbeschädigungen an ihrem Werte keine Einbuße erlitten habe.

Die Revision macht hiergegen geltend, wenn der Schade nur „denkbar" sei, so sei er nicht festgestellt. Ferner fehle die wesentliche Feststellung, daß wegen der bezeichneten Erwartung jedenfalls die Abgabe eines weiteren Gebotes unterlassen worden wäre. Durch den Zuschlag sei dem Kläger der Vorteil erwachsen, daß er ein Grundstück im Werte von 102 100 M. für 60 250 M. erstanden habe, so daß er einen Schaden nur in Höhe von etwa 22 000 M. erlitten habe, was auch der Berufungsrichter annehme. Es frage sich also, ob der Verlust von 22 000 M. zum Teil auf Wegschaffung der Gegenstände beruhe, d. h. ob ohne Entfernung der Gegenstände ein Gebot von über 102 100 M. abgegeben worden wäre. Denn wenn der Kläger oder ein Dritter nur 102 100 M. geboten hätte, so hätte der Verlust des Klägers immer noch etwa 22 000 M. betragen, da die Hypothek des Klägers mit 124 000 M. ausgegangen sei. Daß, wenn die Gegenstände auf dem Grundstücke verblieben wären, ein höheres Gebot als 102 100 M. abgegeben worden wäre, sei vom Berufungsrichter nicht festgestellt.

Der Berufungsrichter ist jedoch, wie nach seinen Ausführungen anzunehmen ist, der Ansicht, für die Schadensberechnung sei maßgebend, ob und wieviel über das Gebot des Klägers hinaus geboten worden wäre, wenn die von den beiden Beklagten weggeschafften Gegenstände sich zur Zeit der Versteigerung noch auf dem Grundstück befunden hätten. Wäre dieser Ansicht zu folgen, und würde anzunehmen sein, daß unter der genannten Voraussetzung ein höheres Gebot abgegeben sein würde, so würde der Schade, den der Kläger durch Wegschaffung an seiner Hypothek erlitten hätte, in dem Betrage bestehen, der sich ergibt, wenn das Gebot des Klägers von 60 250 M. von dem beim Vorhandensein der Gegenstände zu erwarten gewesenen Gebot in Abzug gebracht wird. Denn es würde dann der Kläger, wenn die Gegenstände nicht weggeschafft gewesen wären, aus dem Erlöse diesen Betrag erhalten haben, während er jetzt mit seiner Hypothek von 64 000 M. gänzlich ausgefallen ist. Der Berufungsrichter ist nun der Meinung des ersten Richters, daß auch beim Vorhandensein der Gegenstände kein höheres Gebot abgegeben worden wäre, entgegengetreten und hat erklärt, es sei recht gut denkbar, daß das unbeschädigte Grundstück ein besseres Gebot erbracht haben würde. Dies ist dahin zu verstehen, daß der Berufungsrichter als möglich annimmt, das Meistgebot wäre, wenn die Gegenstände vorhanden gewesen wären, zu irgend einem Betrage höher gewesen. Daraus würde sich von jener Ansicht aus ergeben, daß der Kläger durch die Wegschaffung der Gegenstände möglicherweise eines Betrages verlustig gegangen ist, der beim Vorhandensein der Gegenstände auf seine Hypothek entfallen wäre. Dies genügte, um eine Vorabentscheidung über den Grund des Anspruchs zu erlassen. Mit Recht hat der Berufungsrichter die genaueren Feststellungen über den Wert der weggeschafften Gegenstände und über den durch die Wegschaffung verursachten Minderwert des Grundstücks dem Verfahren über den Betrag des Anspruchs vorbehalten. Vgl. Jur. Wochenschr. 1893 S. 75 Nr. 7, 1897 S. 107 Nr. 9, 1909 S. 357 Nr. 1.

Jene Ansicht über die Art der Schadensfeststellung kann freilich nicht gebilligt werden. Sie wird der wirklichen Sachlage nicht gerecht. Jedoch aus den vom Berufungsrichter einwandfrei getroffenen Feststellungen ergibt sich bereits auch vom richtigen Gesichtspunkte aus, daß dem Kläger durch die Wegschaffung der fraglichen Gegenstände ein Schade entstanden ist. Der Kläger hat das Grundstück für das Meistgebot von 60 250 M. erstanden. Er ist mit seiner Hypothek in Höhe von 64 000 M. ausgefallen. Nach der Feststellung des Berufungsrichters hatte das Grundstück zur Zeit der Versteigerung, nachdem von den beiden Beklagten die streitigen Gegenstände weggeschafft worden waren, einen Wert von 102 100 M. Der Kläger hat also den Ausfall dadurch, daß er das Grundstück zu einem billigen Preise erstand, nur in Höhe von 41 850 M. wieder eingebracht. Zum Betrage von 22 150 M. ist der Ausfall ungedeckt geblieben. Würden die streitigen Gegenstände zur Zeit der Versteigerung auf dem Grundstück vorhanden gewesen sein, so würde der Betrag, um den der Wert des Grundstücks durch die Gegenstände sich erhöht hätte, den Ausfall weiter gedeckt haben. Demnach besteht der wirkliche Schade des Klägers darin, daß er in Höhe dieses Betrages mit seinem Ausfall ungedeckt geblieben ist (RG. in Seuffert's Archiv Bd. 60 Nr. 117).

Gegenüber diesem richtigen Gesichtspunkt, von dem aus der Schade, den der Kläger durch die Wegschaffung der Gegenstände erlitten hat, festzustellen ist, kommen die Revisionsangriffe als gewichtig überhaupt nicht in Betracht." . . .

RGZ. 73, 347.

1.—2. . . .

3. Inwieweit sind Beamte einer Gemeindekasse verpflichtet, die Echtheit der Unterschriften von angeblichen Quittungen des angewiesenen Zahlungsempfängers zu prüfen, die ihnen mit den echten Zahlungsanweisungen behufs Auszahlung der angewiesenen Beträge vorverlegt werden? BGB. §§ 133, 157, 167, 276.

III. Zivilsenat. Urt. v. 10. Mai 1910.

Die Entscheidung ist abgedruckt unter „Bürgerliches Recht, Allgemeiner Teil".

RGZ. 75, 19

1. Inwieweit können krankhafte Zustände, die die Aufregungen des um die Entschädigung geführten Prozesses in dem Verletzten hervorrufen, als vom Schädiger zu vertretende Wirkungen einer Körperverletzung angesehen werden?

2. Einwirkung eines schuldhaften Verhaltens des Verletzten bei Verfolgung seines Schadensersatzanspruches.

BGB. § 254.

VI. Zivilsenat. Urt. v. 14. November 1910.

I. Landgericht München. II. Oberlandesgericht daselbst.

Der Kläger befand sich am 13. Dezember 1902 in einem Personenzuge der vom Beklagten betriebenen Eisenbahn. Auf einer Station entgleisten einige Wagen des Zuges. Der Kläger behauptete infolge der damit verbundenen Erschütterungen und der dadurch hervorgerufenen seelischen Aufregungen unheilbar nervenkrank geworden und in seiner Erwerbsfähigkeit dauernd schwer beeinträchtigt zu sein. Er nahm auf Ersatz seines Schadens den Beklagten auf Grund des § 1 des Reichshaftpflichtgesetzes in Anspruch.

Beide Vordergerichte nahmen als erwiesen an, daß der Kläger infolge der Erschütterungen bei dem Eisenbahnunfalle nervös erkrankt und ihm dadurch an Heilungskosten, vermehrten Bedürfnissen und Verlust der Erwerbsfähigkeit ein Schade entstanden sei. Streitig war zwischen den Parteien, ob auch die Verschlimmerung des Krankheitszustandes des Klägers infolge der Aufregungen, die der Prozeß zur Erkämpfung der Rente hervorgerufen hatte, auf den Unfall als ihre Ursache zurückzuführen und vom Beklagten zu vertreten sei.

Aus den Gründen:

. . . „Die . . . hier zu entscheidende Frage, ob auch die krankhaften Zustände, die die Aufregungen und Enttäuschungen des Prozesses um die Entschädigung, das ungeduldige Warten auf die Entscheidung, die Angst vor einer ungünstigen Entscheidung in diesem Prozesse, bei dem Verletzten hervorrufen, im Rechtssinne als Wirkungen des schädigenden Ereignisses, des Unfalles, zu erachten sind, hat der erkennende Senat in einem nach preuß. Allg. Landrecht zu entscheidenden Falle (Jur. Wochenschr. 1906 S. 231 Nr. 15) verneint; es ist dort ausgeführt, daß nur ein äußerlicher tatsächlicher Zusammenhang vorliege und der Unfall nicht als entferntere Ursache der Einwirkungen des Prozesses auf den Gesundheitszustand des Verletzten angesehen werden könne, da er zu dem Prozesse und dessen Folgen nur den Anlaß gegeben habe. In einem späteren Urteile vom 8. Oktober 1906, Rep. VI. 31/06, hat derselbe Senat nach der in diesem Rechtsstreite gegebenen Sachlage — die durch den Unfall hervorgerufene traumatische Neurose hatte in dem Verletzten eine Schwächung der seelischen Widerstandskraft für den Kampf mit den ungünstigen Bedingungen des Lebens bewirkt, und die infolge der Herabsetzung der Arbeitskraft eingetretenen Nahrungssorgen, verbunden mit den Aufregungen des um die Rente geführten Prozesses, hatten ihn alsdann zum Selbstmorde getrieben — den vom Berufungsgerichte angenommenen Ursachenzusammenhang zwischen dem Selbstmorde des Verletzten und dem Unfalle rechtlich nicht beanstandet. Ebenso hat der III. Zivilsenat in zwei Entscheidungen des Jahres 1908 (Jur. Wochenschr. 1908 S. 405 Nr. 5 und S. 526 Nr. 11) die von den Berufungsgerichten vertretene Auffassung, daß in den zur Entscheidung stehenden Fällen der Krankheitszustand, der bei dem Verletzten durch die mit der Führung des Rechtsstreits auf Schadensersatz verknüpften seelischen Eindrücke hervorgerufen worden war, als Folgeerscheinung der Verletzung anzusehen sei, nicht für rechtsirrtümlich erachtet und in dem zuletzt angeführten Urteile ausgesprochen, daß zwar in Fällen dieser Art die Frage des ursächlichen Zusammenhanges mit ganz besonderer Sorgfalt geprüft werden müsse, daß aber bei dem auf eine körperliche Verletzung gegründeten Anspruche die Zwangslage, in welche die Partei durch die Weigerung des Schadensersatzpflichtigen gesetzt werde, den Anspruch im Rechtswege zu verfolgen, in der Tat vermöge der eigentümlichen Beschaffenheit des ursprünglichen, den Schadensersatzanspruch erzeugenden Umstandes den Erfolg haben könne, die schädliche Wirkung dieser Ursache zu vergrößern.

Der erkennende Senat tritt diesen Ausführungen in dem Sinne bei, daß es überall Frage des einzelnen Falles ist, ob ein ursächlicher Zusammenhang zwischen der vom Beklagten zu vertretenden Verletzung und dem unmittelbar durch die Aufregungen des um die Erkämpfung des Schadensersatzes geführten Prozesses hervorgerufenen Krankheitszustande angenommen werden kann. Zu bejahen wird diese Frage überall da sein, wo es gerade nervöse Krankheitserscheinungen waren, die, sei es allein, sei es in Verbindung mit anderen Krankheitsfolgen, die Körperverletzung ausgelöst hat und die, hervorgerufen durch die letztere, durch die später hinzugetretenen Aufregungen des Prozesses gesteigert und verschlimmert worden sind, wie dies sowohl in dem Falle des Urteils des VI. Senates vom 8. Oktober 1906, als auch in der zuletzt angezogenen Entscheidung des III. Zivilsenates ausdrücklich festgestellt war. Der Prozeß auf Schadensersatz ist gewiß nicht an sich eine Folgewirkung der Körperverletzung, sondern nur durch diese veranlaßt; dieser Zusammenhang ist, wie die Entscheidung des erkennenden Senats vom 5. März 1906, Jur. Wochenschr. 1906 S. 231 Nr. 15, sagt, ein bloß äußerlicher und zufälliger. Nichtsdestoweniger können die seelischen Aufregungen, die der Prozeß für den Verletzten mit sich bringt, in innerem und ursächlichem Zusammenhange mit der Verletzung stehen, insofern diese in dem Betroffenen eine auf nervösem Krankheitszustande beruhende Herabminderung der seelischen Kräfte, eine Schwächung der Widerstandskraft gegen die Unbilden und Kämpfe des Lebens erzeugt hat, die alsdann tatsächlich, wenn solche Unbilden eintreten oder solche Kämpfe notwendig werden, jenen Krankheitszustand verschlimmern und die Widerstandskraft des Verletzten vollends erschöpfen. Das alles ist nun aber im vorliegenden Falle vom Berufungsgerichte festgestellt; gegen die Annahme eines ursächlichen Zusammenhanges zwischen dem Unfalle und den Krankheitsfolgen der Prozeßaufregungen sind deshalb im gegebenen Falle an sich rechtliche Bedenken nicht zu erheben.

Wenn indes hiernach auch dem Urteile des III. Zivilsenates vom 19. Juni 1908 darin beizustimmen ist, daß den Schadensersatzpflichtigen zwar vom Standpunkte des Rechts aus kein Vorwurf trifft, wenn er es auf einen Rechtsstreit mit dem Berechtigten ankommen läßt, daß er dies aber auf seine Gefahr tut, so kann dies doch nur insoweit gelten, als sich der Schadensersatzberechtigte mit seinen Ansprüchen in den Grenzen hält, die durch seine Lebens- und Erwerbsverhältnisse vor dem Unfalle und die Einwirkungen der Verletzung auf diese Verhältnisse gegeben sind. Wenn der Verletzte aber über diese Grenzen hinaus seine Schadensersatzforderungen ins Maßlose erweitert, dergestalt daß dem Schadensersatzpflichtigen überhaupt nicht mehr zugemutet werden kann, sich mit ihm zur Vermeidung des Prozesses in von vornherein unfruchtbare Verhandlungen einzulassen, dann wird, wie die Revision mit Recht geltend macht, gefragt werden müssen, ob sich der Verletzte nicht ganz oder zum Teil den Prozeß und seine Aufrgungen und damit auch die Verschlimmerung seines durch die Verletzung hervorgerufenen Krankheitszustandes durch sein eigenes schuldhaftes Verhalten zugezogen hat, das als mitwirkendes Verschulden bei der Entstehung oder Vergrößerung des Schadens nach § 254 Abs. 2 BGB. in Betracht zu ziehen ist und die Ersatzpflicht des Schädigers für die durch jene Verschlimmerung der durch die unerlaubte Handlung an sich erzeugten Krankheitszustände nach dem Grundsatze des § 254 Abs. 1 BGB. ganz oder teilweise aufhebt. Daß die Schwächung der Widerstandskraft gegen die Unbilden des Lebens, die die durch die Verletzung verursachte Nervenerkrankung im Gefolge hatte, dem Verletzten auch alle vernünftige Erwägung unmöglich machte und ihn der Verantwortung für ein schuldhaftes Handeln überhaupt enthöbe, wird nicht schlechthin angenommen werden können, und die Frage, inwieweit die Vergrößerung des Schadens dem eigenen schuldhaften Handeln des Verletzten zuzuschreiben ist, muß daher selbständig geprüft werden. Es darf aber noch weiter gegangen und, auch abgesehen von einer schuldhaften Handlungsweise des Verletzten, die Frage aufgeworfen werden, ob nicht eine maßlose Uebertreibung der Schadensersatzansprüche von seiten des Verletzten, insoweit sie gerade entweder überhaupt erst zu dem Prozesse und seinen Aufregungen geführt oder doch das Verhalten des Prozeßgegners wesentlich beeinflußt und den Prozeß schwieriger und langwieriger gestaltet hat, jenen ursächlichen Zusammenhang, der zwischen der Verletzung und den durch die Prozeßaufregung erzeugten Verschlimmerungen in dem Krankheitszustande des Verletzten an sich anzuerkennen ist, ganz oder zum Teile wieder aufhebt Denn das vermittelnde Glied, daß die Aufregungen des Prozesses mit der Verletzung und deren unmittelbaren Krankheitsfolgen ursächlich verknüpft, ist die Zwangslage, in die sich der Schadensersatzberechtigte versetzt sieht, seinen Anspruch erst im Rechtswege verfolgen zu müssen (s. das Urteil des III. Zivilsenats vom 19. Juni 1908); wenn und insoweit eine solche an sich nicht vorhanden war und sich der Verletzte die Aufregungen des Prozesses mit ihrer Ungeduld, mit ihren wechselnden Hoffnungen und Befürchtungen selbst geschaffen hat, wird deshalb auch von jenem mittelbaren ursächlichen Zusammenhange nicht gesprochen werden können.

Im gegebenen Falle hat der Beklagte, wie das Berufungsgericht festgestellt hat, dem Kläger vor dem Prozesse in der Ausgleichung des ihm entstandenen Schadens ein weitgehendes Entgegenkommen gezeigt. Auf der anderen Seite hat der Kläger Schadensersatzforderungen erhoben, die auf den ersten Blick in Ansehung der durchschnittlichen Lebensverhältnisse in der Berufsstellung, der der Kläger angehört, und der örtlichen Verhältnisse, in denen er seinen Beruf ausübt, Zweifel an ihrer Berechtigung zu erwecken geeignet sind, und die auch das Berufungsgericht als zu weitgehend bezeichnet hat. . . .

Inwieweit in dieser Richtung ein eigenes Verschulden des Klägers angenommen werden kann, inwieweit er sich die Verschlimmerung seines Leidens schuldhaft zugezogen hat, indem er bewußterweise oder unter Verletzung der im Verkehre erforderlichen Sorgfalt Schadensersatzforderungen im Prozesse und schon vorher dem Beklagten gegenüber geltend machte, von denen er wußte oder wissen konnte und mußte, daß sie weit übertrieben waren und daß ihre Anerkennung dem Beklagten vernünftigerweise nicht angesonnen werden könne, inwieweit ferner auch ohne ein Verschulden des Klägers infolge der objektiv ungerechten Uebertreibungen der ursächliche Zusammenhang der sonst als mittelbare Wirkung der Verletzung erscheinenden Krankheitserscheinungen, die durch die Prozeßaufregungen erzeugt sind, mit der Verletzung und ihren unmittelbaren Folgen als durchbrochen angesehen werden muß, kann in der gegenwärtigen Lage des Rechtsstreits nicht ermessen werden. Denn die Beantwortung dieser Fragen hängt im gegebenen Falle eng mit der Ermittelung zusammen, in welcher Höhe die Schadensersatzansprüche des Klägers sachlich als begründet angesehen werden können." . . .

RGZ. 75, 257

1. Ist der Schlußsatz des § 254 BGB. auch auf die Fälle des Abs. 1 im Gebiete der unerlaubten Handlungen zu beziehen?

2. Haftet der durch eine unerlaubte Handlung Beschädigte für ein mitwirkendes Verschulden der für ihn handelnden Hilfspersonen wenigstens im Rahmen des § 831 BGB.?

VI. Zivilsenat. Urt. v. 29. Dezember 1910

I. Landgericht Köln. II. Oberlandesgericht daselbst.

Aus den Gründen:

. . . „Der erkennende Senat hat die Frage, ob der Schlußsatz des § 254 BGB. auch auf die Fälle des Abs. 1 im Gebiete der unerlaubten Handlungen zu beziehen ist, in seinem in den Entsch. in Zivils. Bd. 62 S. 346 flg. abgedruckten Urteile . . . mit eingehender Begründung verneint und findet auch nach erneuter Prüfung trotz der dagegen in der Literatur erhobenen Angriffe keine Veranlassung, von dieser Ansicht abzugehen. . . . Aus der Stellung des die entsprechende Anwendung des § 278 BGB. anordnenden Schlußsatzes als Bestandteils des Abs. 2 kann allerdings eine Beschränkung dieses Schlußsatzes auf die in Abs. 2 genannten Fälle nicht hergeleitet werden; vielmehr ist er sowohl auf den Tatbestand des Abs. 1, wie auf den des Abs. 2 anwendbar, aber in dem einen, wie in dem anderen Falle nur, soweit die „Erfüllung einer Verbindlichkeit" in Frage kommt. Dieses Tatbestandsmoment des § 278 BGB. läßt sich auch nicht durch eine entsprechende Anwendung beseitigen; eine solche kann nur dazu führen, daß nicht gerade die Erfüllung einer Verbindlichkeit im eigentlichen Sinne vorausgesetzt wird, sondern daß es genügt, wenn etwas einer Verbindlichkeit Aehnliches vorliegt, das erfüllt werden kann. Mindestens ein so geartetes Schuldverhältnis muß daher vorliegen, um zu einer entsprechenden Anwendung des § 278 gelangen zu können. Vor Begehung einer unerlaubten Handlung ist aber auch nicht ein solches Schuldverhältnis zwischen dem Schädiger und dem Beschädigten vorhanden; es kann daher auch von einer entsprechenden Anwendung des § 278 auf die Fälle des Abs. 1 des § 254 nicht die Rede sein.

In dem angezogenen Urteile des erkennenden Senats ist auch auf die auffallende Rechtsungleichheit hingewiesen worden, die eine weitergehende Ausdehnung der Anwendung des § 278 im Gebiete der unerlaubten Handlungen zu Ungunsten des Beschädigten herbeiführen würde. Demgegenüber ließe sich allerdings die Frage aufwerfen, ob es nicht, um eine Rechtsungleichheit zu Ungusten des S c h ä d i g e r s tunlichst auszuschließen, als eine Folge des im Bürgerlichen Gesetzbuche grundsätzlich zum Ausdrucke gebrachten Gedankens von dem Umfange der Haftung für das Verschulden dritter Personen angesehen werden müsse, den durch eine unerlaubte Handlung Beschädigten wenigstens im Rahmen des § 831 BGB. haften zu lassen. Das würde ein Ergebnis sein, zu dem man schon nach den allgemeinen Grundsätzen, von denen das Bürgerliche Gesetzbuch ausgeht, gelangen würde, auch wenn der Schlußsatz des § 254 fehlte: Haftung nach § 278, soweit es sich um die Erfüllung einer Verbindlichkeit oder einer entsprechenden Verpflichtung handelt; Haftung nach § 831 in den anderen Fällen, soweit nicht schon die Voraussetzungen zur Anwendung der §§ 30, 31, 89 BGB. vorliegen. Die Beifügung des Schlußsatzes ließe sich wohl dadurch erklären, daß dem Gesetzgeber der Gedanke vorgeschwebt hat, daß gerade in den im Abs. 2 Satz 1 des § 254 erwähnten Fällen die Erfüllung einer Verpflichtung durch p o s i t i v e Handlungen in Frage komme. Im vorliegenden Falle braucht jedoch auf die Frage der Uebertragbarkeit des § 831 auf den § 254 nicht eingegangen zu werden, weil das Berufungsgericht positiv festgestellt hat, daß die Klägerin bei der Bestellung ihres Sohnes zum Leiter des Fuhrwerks die im Verkehr erforderliche Sorgfalt beobachtet hat." . . .

RGZ. 75, 333

Kann, wer einen Vertrag wegen arglistiger Täuschung angefochten hat, den anderen Teil wirksam an die Vertragserfüllung mahnen und dadurch in Verzug setzen?

BGB. §§ 123, 284.

I. Z i v i l s e n a t. Urt. v. 1. Februar 1911.

I. Landgericht I Berlin. II. Kammergericht daselbst.

Aus den G r ü n d e n :

„In der Revisionsinstanz war nur über den Anspruch auf die Vertragsstrafe zu entscheiden, den der Beklagte teils aufrechnend, teils widerklagend geltend macht. Der Beklagte hatte durch Vertrag vom 22. Januar 1905 vom Kläger dessen unter der Firma H. F. betriebenes Geschäft käuflich für 14 000 M. erworben. In dem Vertrage hatte sich der Kläger unter einer „sofort fälligen Konventionalstrafe" verpflichtet, bis Anfang April 1905 jeden Nachmittag von 3—7 Uhr das Geschäft in bisheriger Weise weiterzuführen, um dem Beklagten Gelegenheit zu geben, sich einzuarbeiten. Der Beklagte hat am Tage der Uebergabe 10 441,95 M. vom Kaufpreise bezahlt. Die Zahlung des Restes hat er verweigert und dem Kläger durch seinen Anwalt am 25. Februar 1905 mitteilen lassen, daß er den Kaufvertrag anfechte und Wiederherstellung des früheren Zustandes sowie Schadensersatz verlange. Er behauptete, daß ihn der Kläger über die Höhe des Umsatzes und des Reingewinnes getäuscht habe. Gegenüber der Klage auf Zahlung des Restkaufpreises hat der Beklagte Klagabweisung beantragt und ursprünglich Widerklage auf Rückzahlung des von ihm geleisteten Betrages erhoben. Nachdem aber im Laufe des Rechtstreites ein dem Kläger günstiges Sachverständigen-Gutachten erstattet war, hat der Beklagte erklärt, daß er von der Vertragsanfechtung, der Wandlung und dem Rücktritte abstehe und Vertragserfüllung sowie Schadensersatz verlange. Er hat nunmehr den Anspruch auf die Vertragsstrafe geltend gemacht und ihn damit begründet, daß der Kläger seiner Verpflichtung, bis zum 1. April 1905 das Geschäft an jedem Nachmittage weiterzuführen, nicht nachgekommen sei.

Das Kammergericht hat in dieser Beziehung festgestellt, daß der Kläger bis Anfang März 1905 nur in vereinzelten Fällen im Geschäfte gefehlt hat und dabei durch seinen Gesundheitszustand entschuldigt war. Im März sei er allerdings nur noch sehr unregelmäßig ins Geschäft gekommen. Gleichwohl sei die Vertragsstrafe nicht fällig geworden, weil der Beklagte dem Kläger bereits Ende Februar 1905 durch den schon erwähnten Brief seines Anwalts mitgeteilt habe, daß er keine Vertragserfüllung mehr wolle. Außerdem kann der Beklagte nach Ansicht des Kammergerichts die Vertragsstrafe auch deshalb nicht fordern, weil er sie sich bei der Annahme der mangelhaften Leistung des Klägers im März 1905 nicht vorbehalten habe.

Die Revision ficht beide Entscheidungsgründe als rechtsirrtümlich an. Zu dem ersten führt sie aus, es stehe fest, daß der Beklagte den Kläger Ende Februar und am 9. März brieflich aufgefordert habe, regelmäßig ins Geschäft zu kommen. Daß der Beklagte damals den Vertrag bereits angefochten hatte, sei unerheblich. Durch diese Aufforderungen sei der Kläger mit der Erfüllung seiner Verpflichtung in Verzug geraten, und die Vertragsstrafe sei fällig geworden. Die Vertragsanfechtung des Beklagten komme nicht in Betracht, weil sie der Kläger nie als berechtigt anerkannt und weil sie der Beklagte selbst im Prozesse nach Erstattung des Sachverständigengutachtens zurückgenommen habe.

Die Rüge ist nicht begründet. Bei Verbindlichkeiten, die auf ein Tun gerichtet sind, setzt die Verwirkung der Vertragsstrafe den

Verzug des Schuldners voraus. Der Schuldner kann aber nicht in Verzug kommen, wenn ihm der Gläubiger durch die Vertragsanfechtung erklärt, daß er den Vertrag seinerseits als nichtig ansehe, die Wiederherstellung des früheren Zustandes vor dem Vertragsabschlusse und Schadensersatz verlange. Unerheblich ist es, daß der Beklagte später im Laufe des Prozesses die Anfechtung zurückgenommen hat; denn als dies geschah, war die Zeit, innerhalb deren der Beklagte seine Vertragspflicht hätte erfüllen können und sollen, längst verstrichen.

Nun hat der Beklagte allerdings Ende Februar und Anfang März 1905 den Kläger aufgefordert, der erwähnten Vertragsbestimmung gemäß ins Geschäft zu kommen. Die Revision erblickt hierin eine wirksame Mahnung. Allein wer einen gegenseitigen Vertrag gemäß § 123 BGB. anficht und vom Gegenkontrahenten Wiederherstellung des früheren Zustandes verlangt, der kann nicht gleichzeitig durch eine rechtswirksame Mahnung von ihm Vertragserfüllung begehren. Man kann diesen Aufforderungen rechtliche Wirkung (Verzugsfolgen) auch nicht unter dem Gesichtspunkt beimessen, daß der Beklagte den Kläger nur bedingungsweise, nur für den Fall, daß seine Vertragsanfechtung keinen Erfolg haben sollte, gemahnt habe. Der Rechtsverkehr erfordert klare und unzweideutige Erklärungen, namentlich wenn es sich um die Stellungnahme der Parteien zu einem über die Vertragserfüllung ausgebrochenen Streite handelt. Aus der Mahnung erfährt der angeblich säumige Teil, was sein Vertragsgegner von ihm verlangt, und muß damit rechnen. Aber auf widerspruchsvolle Erklärungen, auf eine an Bedingungen oder Eventualitäten geknüpfte Mahnung braucht er sich nicht einzurichten. Eine derartige Zumutung wird in der Regel wider Treu und Glauben verstoßen. Jedenfalls handelt der Schuldner nicht schon dadurch schuldhaft und vertragswidrig, daß er einer derartigen Mahnung keine Folge leistet." . . .

RGZ. 75, 335

Läßt § 279 BGB. eine erweiterte Anwendung zu für solche Fälle, wo der Grund für die Unmöglichkeit der Leistung oder der rechtzeitigen Leistung darin besteht, daß dem Schuldner zu dem entscheidenden Zeitpunkte die zur Beschaffung der Leistung erforderlichen Geldmittel fehlen?

V. Zivilsenat. Urt. v. 8. Februar 1911.

I. Landgericht Paderborn. II. Oberlandesgericht Hamm.

Der Kläger hatte vom Beklagten Grundstücke gekauft und vertragsgemäß bei der Auflassung den Kaufpreis in bar, teils durch

Aktien einer neu zu errichtenden Aktiengesellschaft zu leisten. Die Uebergabe und Auflassung sollte spätestens am 15. April 1908 erfolgen. Da der Kläger an dem vom Beklagten für die Auflassung bestimmten Termine nicht auf dem Amtsgerichte erschien, setzte der Beklagte ihm einen neuen Termin mit dem Bemerken, daß er, wenn jener auch diesen nicht innehalte, vom Vertrage zurücktreten werde. Als der Kläger auch in diesem Termine ausblieb, trat der Beklagte vom Vertrage zurück, was er jenem brieflich mitteilte.

Der Kläger, der den Rücktritt des Beklagten für unberechtigt hielt, erhob Klage auf Schadensersatz, die in beiden Rechtszügen abgewiesen wurde. Auch seine Revision ist zurückgewiesen worden.

Gründe:

„Das Berufungsgericht versagt, im Einverständnis mit dem Landgerichte, dem Kläger den Anspruch auf Schadensersatz, weil der Beklagte infolge des Verzuges des Klägers mit ausreichendem Grunde und rechtswirksam vom Vertrage zurückgetreten sei. Wenn das Berufungsgericht als die dem Kläger obliegende Leistung, mit der er am 16. April 1908 im Verzuge gewesen sei, nicht nur die Zahlung von 72 000 M. bar, sondern auch die Gewährung von 36 000 M. Aktien der neu zu gründenden Aktiengesellschaft bezeichnet, indem es den Kaufvertrag nicht nur aus diesem selbst, sondern unter Zuhilfenahme verschiedener Briefe dahin auslegt, daß auch die Aktien bei der Entgegennahme der Auflassung zu liefern waren, so ist diese Auslegung nicht angreifbar, da sie weder den klaren Wortlaut noch eine Prozeßregel verletzt. . . .

Zu Unrecht rügt die Revision die Nichtbeachtung des § 285 BGB., wonach der Schuldner nicht in Verzug kommt, solange die Leistung infolge eines Umstandes unterbleibt, den er nicht zu vertreten hat, wofür den Schuldner die Beweislast trifft. Obwohl insofern grundsätzlich der Verzug ein Verschulden voraussetzt, so sind doch Fälle denkbar, wo der Schuldner auch unverschuldete Umstände zu vertreten hat.

Vgl. v. Staudinger, § 285 Bem. 1.

Eine derartige Bestimmung enthält z. B. § 279 BGB. für Gattungsschulden, solange die Leistung aus der Gattung möglich ist. Der dieser Bestimmung zugrunde liegende Gedanke, daß subjektives Unvermögen den Schuldner nicht befreie, mag es von vornherein vorhanden oder nachträglich eingetreten sein,

vgl. Mugdan, Materialien Bd. 2 S. 24 und 528,

läßt aber eine erweiterte Anwendung zu für solche Fälle, wo der Grund für die Unmöglichkeit der Leistung oder der rechtzeitigen Leistung darin besteht, daß dem Schuldner die zur Beschaffung der

Leistung erforderlichen Geldmittel, sei es dauernd, sei es zu dem entscheidenden Zeitpunkte, fehlen. In einem solchen Falle soll sich der Schuldner ebensowenig, wie in dem, wo er unmittelbar Geld zu leisten hat, darauf berufen können, daß er ohne sein Verschulden unvermögend geworden sei, das Geld zu beschaffen. Ein solcher Fall liegt, wie der Revisionsgegner zutreffend bemerkt hat, hier vor; denn aus der eigenen Darstellung des Klägers ergibt sich, daß ihm mangelnde Geldmittel die Ursache der Verzögerung der Gewährung der Aktien waren." (Es wird an der Hand des Tatbestandes nachgewiesen, daß, wenn der Kläger die Mittel zur Einzahlung der gesetzlich vorgeschriebenen 25 v. H. des Aktienkapitals zur Verfügung gehabt hätte, die Zeit vom 7. Januar bis zum 16. April 1908 unbedingt ausgereicht hätte, um die Eintragung der Gesellschaft ins Handelsregister zu ermöglichen und bei der Auflassung, falls der Kläger die bar zu zahlenden 72 000 M. zur Verfügung hatte, seine Verpflichtungen vollständig zu erfüllen, indem er dem Beklagten gleichzeitig auch die 36 000 M. Aktien gewährte.) „Der Umstand, daß er weder an diesem Tage die 72 000 M. dem Beklagten anbot, zu deren Zahlung allein bei der Auflassung er sich verpflichtet erachtet haben will, noch daß er bis dahin die erforderlichen Einzahlungen bewirkt hatte, rechtfertigt den Schluß, daß es ihm an den Geldmitteln gebrach, die erforderlich waren, um bei der Auflassung dem Beklagten die 36 000 M. Aktien zu gewähren. Hatte er aber auch ohne Verschulden dafür einzustehen, so konnte es auf den von ihm angebotenen Entlastungsbeweis dafür nicht ankommen, daß er das Seinige getan habe, um rechtzeitig seinen für den Zeitpunkt der Auflassung übernommenen Verpflichtungen zu genügen." . . .

RGZ. 76, 146

1. Was ist unter Herstellung des früheren Zustands einer Sache nach §§ 249, 250, 251 BGB. zu verstehen?

2. Muß sich der Eigentümer der beschädigten Sache damit begnügen, daß ihm deren in mehreren Jahren zu bewirkende Wiederherstellung in Aussicht gestellt wird?

3. Darf der Eigentümer der beschädigten Sache nach § 249 Satz 2 BGB. sofort deren Minderwert in Geld ersetzt verlangen, wenn dieser Minderwert weniger als die unverhältnismäßig hohen Kosten der Wiederherstellung der Sache (§ 251 Abs. 2 BGB.) beträgt?

V. Zivilsenat. Urt. v. 19. April 1911.

I. Landgericht Cleve. II. Oberlandesgericht Düsseldorf.

Die Klägerin ist Eigentümerin verschiedener in der Gemeinde H. im E.-Bruch gelegenen Grundstücke. Sie klagte im Dezember 1904 wegen deren durch den Bergbau der Beklagten herbeigeführten Versumpfung usw. auf Schadensersatz von mindestens 10 868,80 M. Die Beklagte stellte zwar nicht in Abrede, daß ihr Bergbau einen vorübergehenden Einfluß auf den Grundbesitz der Klägerin ausübe. Da sie aber den Pächter der Klägerin entschädige, auch nach einem Entwurf des Wiesenbaumeisters B. den ganzen E.-Bruch zu entwässern und dadurch den frühern Zustand nicht nur wiederherzustellen, sondern sogar zu verbessern gedenke, die Klägerin somit doppelte Vergütung in überspannter Weise herauszuschlagen versuche, beantragte sie Klagabweisung.

Der erste Richter sprach durch Teilurteil auf Grund von Sachverständigen-Gutachten der Klägerin für einen Teil der Grundstücke eine Entschädigung von 8687,50 M. nebst Zinsen zu. Vom Oberlandesgericht wurde die Klage im Umfange des landgerichtlichen Teilurteils deswegen abgewiesen, weil sich mittels Ausführung des B.'schen oder eines anderen Entwässerungs-Entwurfes in spätestens 5 Jahren der frühere Zustand der beschädigten Grundstücke wiederherstellen lassen werde, und weil bis dahin Schaden durch Nutzungsentgang nicht behauptet und nicht ersichtlich sei.

Das Reichsgericht hob auf und verwies die Sache an das Oberlandesgericht zurück.

Aus den Gründen:

. . . „Daß die in Rede stehenden Grundstücke der Klägerin durch den Bergbau der Beklagten beschädigt sind, steht nach deren Zugeständnissen fest. Sie sollen sich zum Teil um 1—1,30 m gesenkt haben und infolgedessen stark versumpft sein usw. Deswegen hat die Klägerin unzweifelhaft Entschädigungsansprüche nach § 148 ABG., die nach ihrer Art und ihrem Umfange gemäß §§ 249 flg. BGB. beurteilt werden müssen. Nach diesen Gesetzesstellen ist die erste Hauptfrage, ob der frühere Zustand der beschädigten Wiesen und Aecker überhaupt wieder hergestellt werden kann. Es ist dies nicht eine reine Tatfrage; es muß vielmehr zunächst rechtlich geprüft werden, was die §§ 249, 250, 251 BGB. unter Herstellung des früheren Zustandes einer Sache verstehen. Würden sie hierbei strenge Anforderungen stellen, so wäre es kaum denk- und ausführbar, daß die beschädigte Sache durch Verbesserungsarbeiten genau in ihre frühere Beschaffenheit zurückversetzt wird. Sie wird nach der sog. Wiederherstellung immer mehr oder minder eine andersartige sein, als vor der Beschädigung. Dies lehrt namentlich auch der vorliegende Fall. Es ist hier nur von zwei Wiederherstellungsarten die Rede: 1. von Auffüllung des gesunkenen Landes mittels Aufschüttung einer Menge anderswo entnommenen Erdreichs; 2. von Einbeziehung der Grundstücke in einen größeren zu entwässernden Landstrich und von ihrer hierdurch zu bewirkenden Trockenlegung.

Es liegt auf der Hand, daß auf keinem dieser Wege der frühere Zustand vollkommen wiederhergestellt werden kann. Zu 1 würde nach Vollendung der Aufschüttungen die Lage und Zusammensetzung der Erdschichten eine andere sein als früher; zu 2 bliebe das Gelände in seiner durch den Bergbau herbeigeführten Senkung und müßte vielleicht wegen Notwendigkeit der Legung von Entwässerungsröhren, der Ziehung von Gräben usw. noch mancherlei neue Veränderungen erleiden.

Allein solch strenge Anforderungen der völligen äußerlichen (physischen) Gleichartigkeit der Sache vor der Schadenszufügung und nach der Verbesserung stellt das Gesetz nicht; es spricht dagegen eine billige, allgemeine Erwägung und insbesondere auch der Umstand, daß die genannten Gesetzesstellen nicht von Wiederherstellung, sondern nur von Herstellung sprechen und damit schon genügend ausdrücken, daß sie eine vollständige und genaue Zurückversetzung in den Zustand vor der Beschädigung nicht verlangen. Vielmehr lassen sie sich unzweifelhaft daran genügen, wenn die beschädigte Sache durch die Verbesserungsarbeiten, namentlich hinsichtlich ihrer wirtschaftlichen Brauchbarkeit und Nutzbarkeit, im allgemeinen wieder so gestaltet wird, wie sie vor Eintritt der Beschädigung gewesen ist*).

Somit müßte sich auch die jetzige Klägerin an sich damit begnügen, wenn ihre beschädigten Grundstücke im allgemeinen wieder zu den guten und ertragreichen Aeckern und Wiesen gemacht würden, die sie nachweisbar vor der Beschädigung gewesen sind. Die Möglichkeit solcher Herstellung des früheren wirtschaftlichen Zustandes der vier in Rede stehenden Liegenschaften stellt der Berufungsrichter auch fest, indem er sie von der Ausführung des B.'schen oder eines anderen Entwässerungsvorschlags in spätestens 5 Jahren erwartet und deshalb die auf sofortige Geldentschädigung gerichtete Klage abweist. Es braucht aber nicht untersucht zu werden, ob nicht bei dieser Entscheidung der Klägerin zum mindesten die rechtzeitige Ausführung jener Entwässerung gesichert werden mußte, und ob die von der Revision gegen die vom Oberlandesgericht angenommene Herstellungsmöglichkeit vorgebrachten Einzelangriffe begründet sind, weil die ganze Entscheidung rechtlich unhaltbar ist.

Wie sich aus § 250 BGB. und der hier gleichfalls anwendbaren allgemeinen Vorschrift des § 271 ergibt, und wie das Reichsgericht — vgl. Rep. V. 491/07 vom 29. Januar 1908, Rep. V. 505/07 vom 20. Mai 1908, Rep. V. 81/10 vom 28. Januar 1911 — schon wiederholt ausgesprochen hat, muß der Schadensersatz nach §§ 148 ABG., 249 fl. BGB. alsbald geleistet werden, und braucht sich der Ge-

*) Vgl. Bd. 95 S. 160 (164) (abgedruckt S. 217 dieses Bandes).

schädigte nicht auf eine ungewisse Zukunft, die ihm vielleicht die Wiederherstellung des früheren Zustands bringen könnte, vertrösten zu lassen. Dieses mutet aber die angefochtene Entscheidung der Klägerin zu, indem sie ihr unter Abweisung ihrer Klage in Aussicht stellt, daß in spätestens 5 Jahren durch Ausführung eines umfangreichen Entwässerungsplanes ihre beschädigten Aecker und Wiesen die frühere gute Beschaffenheit wieder erlangt haben werden. Daß aber ein derartiges schwieriges und verwickeltes Vorhaben, dessen Verwirklichung von der freiwilligen oder erzwungenen Zustimmung einer großen Anzahl Beteiligter, von der Genehmigung der zuständigen Behörden usw. abhängt, und dessen vollständiger Enderfolg immerhin, wie auch einzelne der vernommenen Sachverständigen annehmen, keinesfalls ganz zweifellos ist, der Klägerin keine genügende Sicherheit zu bieten und den alsbaldigen Schadensersatz, auf den sie Anspruch hat, nicht zu ersetzen vermag, liegt auf der Hand und bedarf weiterer Ausführungen nicht. Aus diesem Grunde muß das Berufungsurteil aufgehoben werden, zumal da ein anderer Grund, um es nach § 563 ZPO. zu halten, nicht ersichtlich ist.

Allerdings kann nach dem Gesetze in erster Reihe nur Herstellung des frühern Zustandes verlangt werden, soweit nicht ausnahmsweise Satz 2 des § 249 BGB., Satz 2 des § 250 und die Vorschriften des § 251 sofortige Geldentschädigung gestatten. Da nun — nach Wegfall des Entwässerungsvorhabens — immer noch die schon erwähnte Möglichkeit der Wiederherstellung der Grundstücke durch Aufschüttung geblieben ist, so muß geprüft werden, ob die Klägerin gleichwohl sofort auf Schadensersatz in Geld klagen konnte. Diese Frage muß bejaht, und der vom Landgericht eingeschlagene Weg der Sachbeurteilung als der richtige erklärt werden. Die Klägerin brauchte sich von Anfang an, da es sich um Beschädigung ihrer „Sachen" handelt, nach dem angezogenen § 249 Satz 2 Wiederherstellungsarbeiten durch die Beklagte nicht aufdrängen zu lassen; sie konnte vielmehr nach dieser Gesetzesstelle sogleich statt der Herstellung den dazu erforderlichen Geldbetrag verlangen. Wenn sie sich aber auch im ersten Rechtszuge auf die zuletzt bezeichnete Gesetzesvorschrift nicht ausdrücklich gestützt, sondern nur die Unmöglichkeit der Wiederherstellung des frühern Zustandes mittels der erwähnten Entwässerung im Sinne des § 251 Abs. 1 BGB. vorgebracht zu haben scheint, so hat doch der erste Richter in seinen Entscheidungsgründen die Klagebegründung dahin aufgefaßt, daß sich die Klägerin allerdings auf § 249 Satz 2 BGB. stütze, dabei aber zugleich dem Umstand Rechnung trage, daß die Wiederherstellung der Aecker und Wiesen durch Aufschüttung unverhältnismäßig viel (22 000—23 000 M.) kosten würde, und daß sie sich darum mit einem geringeren, nur den Minderwert der Grundstücke darstellenden Geldersatz begnüge. Hiervon ausgehend hat das Landgericht den Gesamtminderwert der vier Grundstücke nach Sachverständigen-Gutachten auf 8687,50 M. festgestellt und auf diesen Betrag Teilurteil erlassen. In diesem Verfahren kann ein Rechtsverstoß nicht gefunden werden, und es beschwert insbesondere die Beklagte nicht, daß die Klägerin und mit ihr das Landgericht zu ihren Gunsten bei Bemessung des Geldbetrages nach Satz 2 des § 249 BGB. zugleich den § 251 Abs. 2 mit berücksichtigt hat.

Die Klägerin war mit dieser Behandlung der Klage durch das Landgericht durchaus einverstanden, wie schon daraus hervorgeht, daß sie immer nur Geldentschädigung verlangt, auch selbst Berufung nicht eingelegt hat. Hiernach war schon im ersten Rechtszuge die Klage auf § 249 Satz 2 BGB. mitgestützt, und es ist daher nicht richtig, wenn die Revisionsgegnerin jetzt diese Klagebegründung für eine unzulässige Klagänderung erklärt. Auch jetzt noch muß die Klage so, wie vom Landgericht geschehen, beurteilt, und hiernach der der Klägerin gebührende Geldersatz festgesetzt werden. Hierüber hat sich das Oberlandesgericht noch nicht geäußert, weshalb die Sache zur weitern Verhandlung und Entscheidung zurückverwiesen werden muß. Vorbehalten bleibt es dem Berufungsgericht, darüber zu befinden, ob auf die Verwirklichung des Entwässerungsplanes mit solcher Sicherheit zu rechnen ist, daß dieser bei der Schätzung des Minderwerts der Grundstücke berücksichtigt werden muß."

RGZ. 78, 137

Gilt § 270 BGB. nur für den Fernverkehr oder auch für den Platzverkehr? Rechtzeitigkeit der Erfüllung bei Leistung mittels Schecks.

BGB. §§ 269, 270, 242.

VI. Zivilsenat. Urt. v. 11. Januar 1912.

I. Landgericht Hannover. II. Oberlandesgericht Celle.

Der Beklagte hatte urkundlich anerkannt, dem Kläger aus Darlehn 43 600 M. zu schulden, und versprochen, diese Schuld vom 1. Januar 1910 an in Teilbeträgen abzuzahlen und bis zur völligen Tilgung zu verzinsen. In der Urkunde war bestimmt: „Kommt Herr F. diesen seinen Verpflichtungen nicht nach und bleibt mit einer monatlichen Ratenzahlung länger als bis zum 3. eines jeden Monats und den Zinsen bis zum 10. des betreffenden Monats im Rückstande, so ist die Restsumme sofort fällig."

Der Kläger behauptete, der am 1. April 1910 fällige Zinsbetrag sei nicht rechtzeitig, sondern verspätet gezahlt worden, und klagte deshalb auf Rückzahlung des ganzen Kapitals samt Zinsen. Nach den

Feststellungen des Berufungsgerichts hatte nämlich der Beklagte am 11. April abends — der 10. April war ein Sonntag — an R., der wie der Beklagte selbst in H. wohnte und zur Empfangnahme der Zahlungen für den in N. wohnhaften Kläger befugt war, einen von einem gewissen K. auf die L.-Kreditbank ausgestellten Scheck über den zur Zinszahlung nötigen Betrag durch Aufgabe zur Post gesandt; R. hatte den Scheck am Morgen des 12. April erhalten und noch im Laufe desselben Tages den Betrag bei der Bank erhoben. Der Beklagte war der Ansicht, daß hierdurch die vertragsmäßige Zahlungsfrist — „bis zum 10." des April — gewahrt worden sei. Der Kläger bestritt dies. Außer Streit stand, daß als der letzte Tag der Frist der 11. April anzusehen war (§ 193 BGB.).

Die Vorinstanzen willfahrten dem Klagbegehren. Das Landgericht hielt die Leistung des Schuldners im wesentlichen deshalb für verspätet, weil die Uebersendung des Schecks überhaupt keine Zahlung im Rechtssinne, eine solche mithin jedenfalls nicht rechtzeitig geschehen sei. Das Berufungsgericht dagegen war der Meinung, daß, wenn der Gläubiger einen Scheck annehme und zur Einlösung bringe, diese Einlösung zur Folge habe, daß, soweit eine Fristwahrung in Frage stehe, die Zahlung des Schuldners als durch die Hingabe des Schecks im Augenblicke der Hingabe erfolgt anzusehen sei. Weil aber der Scheck erst am 12. April dem Gläubiger in der Person des Empfangsbevollmächtigten zugekommen sei, wurde die Uebergabe des Schecks für verspätet erachtet und hierzu ausgeführt, die Zinszahlung des Darlehnschuldners sei nach der Verkehrsauffassung eine Bringschuld, eine solche werde aber im Platzverkehr erst durch „Ueberbringung getilgt". Die vom Landgericht in bezug genommene Vorschrift des § 270 BGB. gelte nur für Distanzzahlungen, nicht aber auch im Platzverkehre.

Auf die Revision des Beklagten wurde das Urteil aufgehoben und die Sache an das Berufungsgericht zurückverwiesen.

Aus den Gründen:

„Unzweifelhaft wäre die fragliche Zahlung verspätet erfolgt, wenn die Fristbestimmung dahin zu verstehen sein sollte, der Gläubiger bedinge sich, die Zahlung müsse so geleistet werden, daß er sie vor Fristablauf empfange, vor Ablauf des letzten Tages in Händen habe. Mit der Frage, wie die dafür maßgebenden Worte der Urkunde,

„. . . bleibt er bis zum 10. . . . im Rückstande," . . .

in dieser Richtung auszulegen sind, haben sich die Vorinstanzen noch nicht beschäftigt. Auch das Parteivorbringen hat sich bisher im wesentlichen nur der Frage zugewandt, ob der Schuldner die ihm obliegende Leistung noch vor oder erst nach Fristablauf bewirkt hat. Der Prüfung jener Frage wird sich das Berufungsgericht noch zu unterziehen haben. Aber auch soweit es die Frage behandelt hat, kann die Urteilsbegründung nicht gebilligt werden: sie ist teils rechtsirrig, teils würdigt sie nicht erschöpfend die Eigenart des festgestellten Sachverhalts.

Wie schon das Landgericht zutreffend angenommen hat, würde, wenn der Schuldner am Abend des 11. April den erforderlichen Geldbetrag bei der Post bar einbezahlt hätte, seine Zahlung als noch vor Fristablauf erfolgt zu gelten haben, auch wenn sie frühestens am 12. April dem Gläubiger zugehen konnte. Nach § 269 BGB. hat der Schuldner — von besonderen, hier nicht in Frage kommenden Umständen abgesehen — an seinem Wohnsitze zu leisten: aus diesem ist auch die Rechtzeitigkeit des Erfüllungsaktes zu beurteilen. Daß hieran bei Geldleistungen auch durch die Uebermittelungspflicht nach § 270 Abs. 1 BGB. nichts geändert wird, ist bei der Auslegung dieser Vorschriften herrschende Meinung und auch schon vom VII. Senat des Reichsgerichts in der Sache Rep. VII. 333/08 (vgl. Recht 1909 Nr. 2231) ausgesprochen worden. § 270 BGB. will nur sagen, daß im Zweifel der Schuldner die Versendung der Schuldsumme auf seine Kosten und Gefahr besorgen, also bei Verlust nochmals leisten muß. Daß dadurch nichts am Leistungsorte geändert wird, spricht Abs. 4 des § 270 ausdrücklich aus. Bezüglich der Leistungszeit kommt es darauf an, worin die zur Erfüllung bestimmte Leistung des Schuldners besteht: hat er das, was seinerseits zur Erfüllung zu geschehen hat, am Erfüllungsorte, also nach § 269 regelmäßig an seinem Wohnsitze, vor Fristablauf getan, so ist dies jedenfalls rechtzeitig geschehen, sofern die Leistung nur überhaupt an den Gläubiger gelangt.

Für Geldzahlungen ergibt sich hieraus, daß sich der Schuldner, sofern sein Wohnsitz nach § 269 als Erfüllungsort anzusehen ist, des Geldes nicht früher zu entäußern braucht, als wenn der Gläubiger bei ihm erschiene, um es zu holen: will er es durch die Post versenden, so genügt es, wenn die Einzahlung bei der Post vor Fristablauf geschieht. Anders nur, wenn etwa vereinbart ist, daß der Gläubiger die Leistung innerhalb der Frist zu empfangen habe. Dem entsprechend ist schon auf Grund des Art. 325 HGB. a. F., dem der § 270 BGB. nachgebildet ist, in der Rechtsprechung des Reichsgerichts (Entsch. in Zivils. Bd. 1 S. 446) bei der Entscheidung der Frage, ob für die Kaufpreisklage das Gericht am Wohnsitze (Handelsniederlassung) des Käufers oder des Verkäufers im Sinne des § 29 ZPO. zuständig sei, die Aufgabe der Geldsendung zur Post am Orte der Handelsniederlassung des Käufers als der Akt der Erfüllung seiner Verpflichtung bezeichnet worden.

Das Berufungsgericht will die Vorschrift des § 270 BGB. nur für Distanzzahlungen gelten lassen, nicht auch im Platzverkehre. Für den vorliegenden Fall soll aber nicht statt dessen § 269 BGB. gelten, was für die Entscheidung wohl zu dem gleichen wie dem bereits dargelegten Ergebnis führen würde, sondern eine Verkehrssitte, wonach die Zinsschuld des Darlehnsschuldners Bringschuld sei; eine solche werde aber im Platzverkehre erst durch Ueberbringung getilgt.

Dem kann nicht beigetreten werden. Die vom Berufungsgericht angenommene Einschränkung ist dem § 270 BGB. fremd, weder durch seinen Wortlaut geboten noch innerlich begründet. In Abs. 1 des § 270 ist von dem Wohnsitze des Gläubigers nicht anders die Rede, als in Abs. 1 des § 269 von dem des Schuldners, durchaus ohne Beziehung zu räumlicher Trennung beider Teile; ein „übermitteln", wie im Gesetze bezeichnet, kann auch innerhalb derselben Ortschaft oder politischen Gemeinde stattfinden. Natürlich schließt die Bezeichnung Wohnsitz die nähere Feststellung des Leistungsorts innerhalb des Wohnsitzes (Wohnung, Geschäftsräume des Schuldners oder des Gläubigers) in sich.

Wollte man annehmen, § 270 gelte nicht im Platz-, sondern nur im Fernverkehre, so würde dies zu dem Ergebnis führen, daß, sofern nicht eine besondere Abmachung oder eine besondere Verkehrssitte entgegensteht, der Gläubiger im Platzverkehre die Geldleistung holen müßte. Das widerspräche als Regel durchaus der Auffassung des Verkehrs, die in § 270 Abs. 1 als Auslegungsbehelf für den Parteiwillen dienen soll, und damit auch den Erwägungen, aus denen die Vorschrift des § 270 hervorgegangen ist. Im ersten Entwurfe hatte man (§ 230 Abs. 2) von der Regel des Abs. 1, wonach mangels anderweiter Bestimmbarkeit der Schuldner an dem Orte zu leisten habe, wo er zur Zeit der Entstehung des Schuldverhältnisses seinen Wohnsitz hatte, für Geldleistungen „die der Verkehrssitte entsprechende Ausnahme" (Motive Bd. 2 S. 36) bestimmt, daß solche am Wohnsitze des Gläubigers zu zahlen seien. Indem man hierdurch erklärte, die Geldschulden seien regelmäßig sogenannte Bringschulden, glaubte man, der heutigen Verkehrssitte zu entsprechen. Das eine solche nur für den Fernverkehr, nicht für den Platzverkehr hätte anerkannt werden sollen, kann nicht angenommen werden. Die II. Kommission (Prot. Bd. 1 S. 306) trug nur Bedenken, über die Vorschrift des Art. 325 HGB. a. F. hinauszugehen, insbesondere den Wohnsitz des Gläubigers auch über den Gerichtsstand entscheiden zu lassen; so gelangte man zu der jetzt geltenden Vorschrift. Uebrigens würden sich bei der vom Berufungsgerichte vertretenen Auslegung auch alsbald, z. B. wenn eine politische Gemeinde mehrere Ortschaften oder mehrere Postbestellbezirke umfaßt, Zweifelsfälle ergeben können, die das Gesetz ohne erkennbaren Grund ungeregelt gelassen hätte.

Gilt § 270 auch für den Platzverkehr, dann bedarf es für die an sich zutreffende Ansicht, die Zinsschuld sei eine Bringschuld gewesen, nicht der besonderen vom Berufungsgericht angeführten Verkehrssitte. Und daß weiter eine solche dahin bestünde, Bringschulden würden im Platzverkehre „nur durch Ueberbringung getilgt", beruht auf einer nicht begründeten Unterscheidung zwischen dem Platz- und dem Fernverkehre: für beide gelten vielmehr die bereits aus § 270 Abs. 4 verb. mit § 269 entwickelten Grundsätze.

Hiernach bleibt es dabei, daß, wenn der Schuldner am Abend des 11. April 1910 bares Geld bei der Post für den Empfangsbevollmächtigten des Gläubigers eingezahlt hätte, seine Leistung als vor Fristablauf geschehen gelten müßte, auch wenn das Geld erst am 12. April beim Adressaten eintreffen konnte.

Nun hat er ihm aber nicht bares Geld, sondern einen Scheck gesandt. Mittels des Schecks hat der Bevollmächtigte des Gläubigers das Geld am 12. April 1910 erlangt, höchstens einige Stunden später, als ihm die Post gesandtes Bargeld ausbezahlt hätte. Zutreffend und ohne Widerspruch sind beide Vorinstanzen davon ausgegangen, daß der Scheck *nicht an Zahlungsstatt* gegeben und genommen wurde, sondern nur zahlungshalber, daß mithin durch seine Hingabe Erfüllung nur eintreten konnte, wenn und soweit er honoriert wurde. Vgl. §§ 364, 788 BGB.

Nach dem festgestellten Sachverhalt hat aber der Gläubiger in der Person seines Bevollmächtigten mittels des Schecks die Zahlung im wesentlichen so zeitig erhalten, daß er die Sendung des Geldes, wenn sie unmittelbar erfolgt wäre, als rechtzeitig gelten lassen müßte. Bei diesem Verlaufe der Dinge muß er auch die Schecksendung als rechtzeitige Erfüllungsleistung gelten lassen. Nach § 242 BGB. ist der Schuldner verpflichtet, die Leistung so zu bewirken, wie es Treu und Glauben mit Rücksicht auf die Verkehrssitte erfordern. Diese Vorschrift erhebt nicht nur eine Forderung an den Schuldner, sie enthält auch eine Beschränkung für den Gläubiger: er darf nicht mehr fordern, als Treu und Glauben mit Rücksicht auf die Verkehrssitte rechtfertigen. Hiergegen aber würde der Gläubiger im vorliegenden Falle verstoßen, wenn er die mittels des Schecks erlangte Geldleistung nicht als vor Fristablauf geschehen gelten lassen wollte. Gegenüber der unmittelbaren Geldleistung hat der Gläubiger allerdings insofern weniger erhalten, als er sich das Geld erst beim Scheckbezogenen holen mußte. Diesen Umstand kann er aber nicht gegen den Schuldner geltend machen, weil er den Scheck angenommen und es damit freiwillig auf sich genommen hat, zur Beschaffung der Leistung selbsttätig mitzuwirken.

Ob und unter welchen Umständen im allgemeinen der Gläubiger, um einer solchen Folge zu begegnen, einen ihm übersandten Scheck ausdrücklich zurückzuweisen und statt dessen das bare Geld verlangen muß, kann unerörtert bleiben, weil der Gläubiger im vorliegenden Falle den Scheck zweifellos und unbestritten angenommen hat. Wie zu urteilen wäre, wenn die Verwertung des Schecks längere Zeit beansprucht hätte oder vom Gläubiger lässig betrieben worden wäre, kann gleichfalls dahinstehen; denn diese Fälle sind nicht eingetreten, und die vorliegende Entscheidung stützt sich lediglich auf den für den vorliegenden Fall festgestellten Hergang der Dinge." . . .

RGZ. 78, 239

Haftet der Inhaber eines Warenhauses für das Verschulden seines Angestellten, der einen Kauflustigen beim Vorlegen von Waren körperlich verletzt?

BGB. § 278.

VI. Zivilsenat. Urt. v. 7. Dezember 1911.

I. Landgericht I Berlin. II. Kammergericht daselbst.

Aus den Gründen:

„Nach der Feststellung des Berufungsgerichts hat sich die Klägerin, nachdem sie in dem Warenhause der Beklagten bereits verschiedene Einkäufe gemacht hatte, in das Linoleumlager begeben, um einen Linoleumteppich zu kaufen. Sie erklärte dies dem Handlungsgehilfen W., der dort bediente, und suchte aus den von diesem vorgelegten Mustern dasjenige heraus, in welchem sie den Teppich zu haben wünschte. W. setzte, als er die von der Klägerin bezeichnete Rolle hervorholen wollte, zwei andere Rollen etwas beiseite. Die Rollen fielen um, trafen die Klägerin und ihr Kind, die näher getreten waren, und rissen beide zu Boden. Der Kauf des Teppichs ist nicht zustande gekommen, weil die Klägerin, wie sie sagte, durch den Sturz in zu große Erregung geraten war.

Ohne Rechtsirrtum nimmt das Berufungsgericht ein Verschulden W.'s an dem Unfalle der Klägerin an, weil er die Rollen, die wegen ihres verhältnismäßig geringen Umfanges keine genügende Standfestigkeit hatten, ohne Sicherung beiseite gestellt habe, statt ihnen eine seitliche Stütze zu geben oder sie schräg an die Wand zu lehnen, obwohl er hätte voraussehen können, daß sich die Klägerin nach der Gepflogenheit des kaufenden Publikums dem Aufbewahrungsplatze der Waren, deren Vorlegung sie erbeten hatte, nähern werde. Die Auffassung des Berufungsgerichts wird durch den einfachen Rückschluß bestätigt, daß die Rollen, wenn W. sie mit Bedacht und ordnungsmäßig beiseite gestellt hätte, nicht umgefallen sein würden.

Die Ansicht des Berufungsgerichts, daß die Beklagte für das Verschulden W.'s aus § 278 BGB. hafte, ist entgegen der Rüge der Revision rechtlich nicht zu beanstanden und steht mit der Rechtsprechung des erkennenden Senats im Einklange. W. war in Vertretung der Beklagten (§ 164 BGB., § 54 HGB.) in Kaufunterhandlungen mit der Klägerin getreten. Die Klägerin hatte um Vorlegung eines Linoleumteppichs ersucht, den sie ansehen und kaufen wolle. Dem Ersuchen ist W. nachgekommen, um einen Kauf zustande zu bringen. Antrag auf Vorlegung des Teppichs und Annahme des Antrags bezweckten die Hervorbringung eines Kaufs, also eines rechtsgeschäftlichen Erfolges. Dies war kein bloß tatsächlicher Vorgang, wie ihn etwa eine reine Gefälligkeitshandlung darstellen würde, sondern es entstand ein den Kauf vorbereitendes Rechtsverhältnis zwischen den Parteien, das einen vertragsähnlichen Charakter trägt und insofern rechtsgeschäftliche Verbindlichkeiten erzeugt hat, als dem Verkäufer wie dem Kauflustigen die Pflicht erwuchs, bei der Vorlegung und der Besichtigung der Ware die gebotene Sorgfalt für die Gesundheit und das Eigentum des andern Teiles zu beobachten.

Von ähnlichen Grundsätzen sind schon die Urteile des erkennenden Senats in den Entsch. des RG.'s in Zivils. Bd. 65 S. 17, Bd. 66 S. 402 ausgegangen, und in der Rechtsprechung des Reichsgerichts ist in zahlreichen Entscheidungen anerkannt, daß sich aus einem Vertrags- oder Schuldverhältnis Sorgfaltspflichten für Leben und Eigentum des Gegners ergeben können, die mit der rechtlichen Natur des Verhältnisses im engeren Sinne nichts zu tun haben, jedoch aus seiner tatsächlichen Gestaltung notwendig folgen.

Vgl. außer den angef. Urt. Entsch. des RG.'s in Zivils. Bd. 55 S. 335, Bd. 73 S. 148; Jur. Wochenschr. 1904 S. 358 Nr. 10, S. 484 Nr. 6; Rep. VI. 113/06, VI. 215/07, VI. 17/10.

Die Beklagte hat sich W.'s zur Erfüllung der bezeichneten Verbindlichkeit dem Kauflustigen gegenüber bedient, ist daher für sein Verschulden verantwortlich. Der Rechtsgedanke des § 278 BGB. trifft hier durchaus zu, daß wer selbst eine Leistung schuldet, die er mit der erforderlichen Sorgfalt zu bewirken hat, dann, wenn er hierzu einen Gehilfen verwendet, für die sorgfältige Leistung des Gehilfen einstehen muß, und daß ebenso der andere, dem gegenüber die Leistung zu bewirken ist, nicht schlechter gestellt sein darf, weil der Gegner sie nicht selbst ausführt, sondern sie einem Gehilfen übertragen hat. Es würde dem allgemeinen Rechtsempfinden widerstreiten, wenn in Fällen, wo der Geschäftsangestellte beim Vorzeigen oder beim Vorlegen von Waren zur Besichtigung, zum Verkosten, um einen Versuch zu machen u. dgl. den Kauflustigen durch Unvorsichtigkeit schädigt, der Geschäftsinhaber — mit dem der Kauflustige den Kauf hat abschließen wollen — nur nach Maßgabe des § 831 BGB. und nicht unbedingt haftete, der Verletzte also beim Gelingen des Entlastungsbeweises an den zumeist mittellosen Angestellten verwiesen würde.

Auf die rechtlich bedenklichen Ausführungen des Berufungsgerichts, daß schon durch den Eintritt eines Kauflustigen oder gar eines Besuchers ohne bestimmte Kaufabsicht in ein Warenhaus ein Vertragsverhältnis zwischen ihm und dem Warenhausinhaber geschlossen werde, das die mehrerwähnten Sorgfaltspflichten zum Gegenstande habe, braucht hiernach nicht eingegangen zu werden." . . .

RGZ. 78, 270

Haftet der Verkäufer eines Geschäfts, der den Käufer durch Betrug zum Abschlusse des Kaufvertrages veranlaßt hat, unter dem Gesichtspunkte des Schadensersatzes dem Käufer für Verluste, die dieser beim Betriebe des Geschäfts erleidet?

BGB. § 249.

I. Zivilsenat. Urt. v. 7. Februar 1912.

I. Landgericht I Berlin. II. Kammergericht daselbst.

Durch Vertrag vom 21. Februar 1903 hatte der Erblasser der Beklagten, C. sen., an seinen Sohn R. C. und an den Kläger gemeinschaftlich seine Fabrik für 300 000 M. verkauft, wovon der Kläger die Hälfte zahlen sollte. Die Fabrik war übergeben und der Betrieb von den Käufern auf Grund eines Gesellschaftsvertrages vom 23. Februar 1903 begonnen worden. Am 4. Juli 1903 focht der Kläger dem Verkäufer gegenüber den Kaufvertrag wegen Betruges an, der dadurch begangen sein sollte, daß der Verkäufer über die Geschäftsergebnisse der vergangenen Jahre unrichtige Angaben gemacht habe.

Zwischen dem Kläger und R. C. kam es bald nach der Geschäftsübernahme zu Zerwürfnissen. R. C. bewirkte eine einstweilige Verfügung, die dem Kläger die Geschäftsführung und die Vertretung der Firma entzog und ihm aufgab, die Geschäftsbücher, die Kasse und die Schlüssel zu den Geschäftsräumen an R. C. zu überliefern.

Nach der Behauptung des Klägers sollte R. C. sodann widerrechtlich Wechsel auf die Firma gezogen und akzeptiert, die Valuta für seine Privatzwecke mißbraucht und sich demnächst flüchtig ins Ausland begeben haben. Die Wechsel seien gegen die Firma geltend gemacht, und er, der Kläger, habe dafür 17 835,82 M. zahlen müssen. Er erblickte auch in diesem Schaden eine Folge des von C. sen. verübten Betruges und beanspruchte von dessen Erben Ersatz der Summe.

Die Klage wurde in beiden Instanzen abgewiesen. Auch die Revision des Klägers hatte keinen Erfolg.

Aus den Gründen:

. . . „Beide Instanzen haben den ursächlichen Zusammenhang

zwischen dem geltend gemachten Schaden und dem angeblichen Betruge des Erblassers der Beklagten verneint. Der erste Richter führt aus, es liege, selbst wenn der Schade ohne das fragliche Ereignis nicht eingetreten wäre, der Zusammenhang nicht vor, wenn sich der eingetretene Schade oder das ihn unmittelbar verursachende Ereignis als eine rein zufällige Folge darstelle, die im gegebenen Falle nur infolge einer Verkettung der Umstände durch das ursprüngliche schadenbringende Ereignis möglich geworden sei. Der Berufungsrichter lehnt es ab, sich diese Begründung ohne weiteres anzueignen. Er verneint den Kausalzusammenhang, weil der Kläger dem Verkäufer nicht zur Last lege, daß dieser ihm das Geschäft zur Hälfte übertragen habe; vielmehr nur, daß er ihn verleitet habe, als Entgelt die Summe von 150 000 M. zu zahlen. Nur hierin habe wie einerseits der Vorteil so anderseits der Vermögensnachteil gelegen. Der hier geltend gemachte Schade stehe damit nicht im Zusammenhange. Diesen führe der Kläger vielmehr auf die Uebertragung des Geschäfts zurück. Der Erwerb des Geschäfts sei aber keine Schädigung des Klägers, habe ihm vielmehr nur ein Recht gegeben, dessen Ausübung von seinem freien Willen abgehangen habe. Daher sei die unberechtigte Handlung des Vaters C. kein Umstand, der mit der unberechtigten Handlung des Sohnes zur Schädigung des Klägers zusammengewirkt habe.

Diese Begründung mag zu Ausständen Anlaß geben, im Ergebnis ist den Vorinstanzen beizupflichten. Wenn sich der Kläger vielleicht auch darauf mag berufen können, daß es zu dem Gesellschaftsvertrage mit R. C. und dann auch ferner zu dessen Unrechtfertigkeiten ihm gegenüber nicht gekommen wäre, wenn C. sen. ihn nicht durch den Betrug veranlaßt hätte, auf den Kauf des Geschäfts einzugehen, so wäre damit doch nur ein ursächlicher Zusammenhang im rein logischen Sinne des Begriffs gegeben. Es ist aber anerkannt und auch das Reichsgericht hält in ständiger Rechtsprechung daran fest, daß der natürliche Kausalzusammenhang mit seinen reichen und unübersehbaren Verzweigungen jedenfalls in den Fällen nicht genügt, wo es sich um nur mittelbare Folgen handelt. Es muß, will man nicht zu praktisch unerträglichen Ergebnissen gelangen, für den rechtlich beachtlichen Zusammenhang der Ereignisse ein weiteres Erfordernis aufgestellt werden, das mit dem Urteile des Reichsgerichts in Seuff. Archiv Bd. 64 Nr. 7 dahin zu bestimmen ist, daß die nur mittelbar eingetretene Folge nicht in einem so entfernten Zusammenhange mit dem als Ursache in Anspruch genommenen Ereignisse stehen darf, daß er nach der Auffassung des Lebens vernünftigerweise nicht mehr in Betracht gezogen werden kann.

Mit Recht haben die Vorinstanzen hier einen Kausalzusammenhang in diesem Sinne verneint. Es wäre in der Tat unvernünftig, die Verantwortlichkeit des Verkäufers eines Geschäfts für einen beim Verkaufe begangenen Betrug so weit auszudehnen, daß er für alles aufzukommen hätte, was dem Käufer im Laufe des Geschäftsbetriebes Uebles widerfährt. Mag es im vorliegenden Falle zweifelhaft sein, ob zwischen dem Kaufe des Geschäfts und dem Gesellschaftsvertrage mit R. C. ein ursächlicher Zusammenhang in diesem Sinne noch gefunden werden kann, so ist das doch ohne allen Zweifel nicht der Fall, was die erst viele Monate später begangenen, durch den Streit der Gesellschafter untereinander und durch die dadurch geschaffene Lage veranlaßten Unredlichkeiten — den Beweis aller Beschuldigungen immer vorausgesetzt — angeht." . . .

RGZ. 78, 334

Ist dauernde Geschäftsverbindung zwischen einer Bank und ihrem Kunden stets ein Anzeichen dafür, daß der für das Zurückbehaltungsrecht erforderliche Zusammenhang zwischen Anspruch und Gegenanspruch besteht?

BGB. § 273.

I. Zivilsenat. Urt. v. 3. Februar 1912.

I. Landgericht Wiesbaden. II. Oberlandesgericht Frankfurt a. M.

Ende Juni 1907 überwies der Ingenieur P. auf Grund einer Verabredung mit dem Branddirektor S., dem Vermögensverwalter Josefine W.'s, um eine Schuld an diese abzutragen, dem Beklagten 17 744,38 M. zur Gutschrift auf das Konto S.'s. Die Gutschrift erfolgte auf dem einzigen (später Konto I genannten) Konto, das für S. angelegt war. Im Auftrage S.'s kaufte der Beklagte mit der überwiesenen Summe Wertpapiere und legte ein besonderes Konto (Konto II) auf den Namen S.'s an, worin er den Kauf der Wertpapiere verbuchte. Die Papiere behielt er gemäß der Anweisung S.'s auf dessen Namen in Verwahrung und fertigte ihm den Depotschein zu. Nachdem S. die Verwaltung des Vermögens Josefine W.'s aufgegeben hatte, nahm diese die beim Beklagten niedergelegten Wertpapiere für sich in Anspruch und erhob, als die Herausgabe verweigert wurde, Klage auf Herausgabe. Der Beklagte machte wegen der ihm gegen S. zustehenden Forderung von 47 309,61 M. (Konto I) ein Zurückbehaltungsrecht geltend.

Das Landgericht wies die Klage ab. Im Laufe der Berufungsinstanz starb die Klägerin. Der Ingenieur P. nahm, als ihr Testamentsvollstrecker, den Rechtsstreit auf. Das Oberlandesgericht wies die Berufung mit der Maßgabe zurück, daß der Beklagte verurteilt werde, die Wertpapiere Zug um Zug gegen Zahlung von 47 309,61 M. an den Kläger herauszugeben.

Auf die Revision wurde dieses Urteil aufgehoben, und der Beklagte unbedingt zur Herausgabe der Wertpapiere verurteilt.

Gründe:

„Das Oberlandesgericht führt rechtlich einwandfrei aus, der Beklagte sei als Einkaufskommissionär zunächst selbst Eigentümer der für S. angeschafften Wertpapiere geworden und habe sie ihm erst dadurch übereignet, daß er sie auf S.'s Namen in Verwahrung genommen. S. habe das Eigentum an den Papieren nicht durch Besitzkonstitut auf Josefine W. übertragen, sondern diese habe das Eigentum und die Ansprüche S.'s aus dem Verwahrungsvertrage durch dessen Zession vom 15. Mai 1908 gemäß § 931 BGB. erworben. Das Oberlandesgericht nimmt aber an, daß der Beklagte die Herausgabe der Papiere mit Recht verweigere, weil er sie wegen seiner fälligen vor der Zession entstandenen Forderung von 47 309,61 M. gegen S. auf Grund des § 273 BGB. zurückbehalten dürfe. Die Revision rügt die Verletzung dieses Gesetzes. Die Rüge ist begründet.

Nach § 273 kann der Schuldner, wenn er aus demselben rechtlichen Verhältnis, auf dem seine Verpflichtung beruht, einen fälligen Anspruch gegen den Gläubiger hat, die geschuldete Leistung verweigern, bis die ihm gebührende Leistung bewirkt wird, sofern nicht aus dem Schuldverhältnisse sich ein anderes ergibt. Danach müssen Anspruch und Gegenanspruch auf demselben rechtlichen Verhältnis beruhen. Dies ist, wie vom Reichsgericht in ständiger Rechtsprechung anerkannt ist, in einem weiteren, nicht am Worte haftenden Sinne zu verstehen. Es ist nicht erforderlich, daß die Ansprüche aus einem einheitlichen Rechtsgeschäfte entspringen oder in einem sich gegenseitig bedingenden Verhältnisse zueinander stehen, sondern es genügt ihr Ursprung aus Rechtsgeschäften, zwischen denen ein natürlicher, wirtschaftlicher Zusammenhang vorhanden ist, so daß es gegen Treu und Glauben verstoßen würde, wenn der eine Anspruch ohne Rücksicht auf den andern Anspruch geltend gemacht würde. Das hat das Oberlandesgericht, wie die Entscheidungsgründe ergeben, auch nicht verkannt. Es hält indes jene Voraussetzung des § 273 BGB. bei allen beiderseitigen Ansprüchen aus dauernder Geschäftsverbindung zwischen einer Bank und ihrem Kunden für gegeben und deshalb das Zurückbehaltungsrecht hier für begründet. Hierin kann dem Oberlandesgerichte nicht beigetreten werden. Mag auch dauernde Geschäftsverbindung zwischen einer Bank und ihrem Kunden im allgemeinen ein Anzeichen dafür sein, daß der in § 273 vorausgesetzte Zusammenhang zwischen Anspruch und Gegenanspruch besteht, so darf dies doch nicht dahin führen, eine solche Geschäftsverbindung als untrügliches Merkmal aufzufassen, woraus dieser Zusammenhang schlechthin abgeleitet werden müßte, sondern es kommt immer auch auf die übrigen Umstände des einzelnen Falles an. Diese zwingen hier zur Verneinung des Zusammenhanges.

Der von P. eingezahlte Betrag von 17 744,38 M. war für Josefine W. bestimmt, und die mit diesem Betrage gekauften Wertpapiere wurden von S. für sie angeschafft. Irgendein wirtschaftlicher Zusammenhang zwischen seinen eigenen Geschäften und den Geschäften, die das Vermögen Josefine W.'s betrafen, bestand mithin nicht. Allerdings war der Beklagte, als die Zahlung P.'s bei ihm einging, nicht davon unterrichtet, daß die Einzahlung tatsächlich für Rechnung Josefine W.'s erfolge, und nach der Feststellung des Berufungsgerichts hat S. bei Erteilung des Auftrags zum Ankaufe der Wertpapiere nichts hiervon erwähnt, aber er hat erklärt, sie sollten besonders behandelt werden. Auf seine Anweisung wurde ein besonderes Konto (II) auf seinen Namen lautend angelegt, worin ihm die von P. überwiesenen Gelder gut und die angekauften Papiere zur Last geschrieben wurden. Damit ist deutlich zum Ausdrucke gebracht, daß diese Geschäfte von seinen übrigen im Konto I enthaltenen Geschäften mit dem Beklagten getrennt sein sollten. Diese Tatsachen, insbesondere der Umstand, daß S. das von P. überwiesene Geld nicht zur Tilgung seiner eigenen Schuld verwandte, sondern in Wertpapieren anlegte und diese besonders behandeln ließ, schließen die Annahme eines natürlichen, wirtschaftlichen Zusammenhangs zwischen den Geschäften auf Konto I und II, wie ihn die Anwendung des § 273 BGB. erfordert, aus. Es besteht daher auch kein solcher Zusammenhang zwischen den Ansprüchen S.'s aus dem Verwahrungsvertrage und den hier geltend gemachten Gegenansprüchen des Beklagten. Denn die Anordnung der besonderen Behandlung erstreckte sich selbstverständlich auch auf die ebenfalls auf Anweisung S.'s vom Beklagten in Verwahrung genommenen Papiere. Unter diesen Umständen würde S. nicht gegen Treu und Glauben verstoßen haben, wenn er die Herausgabe der Papiere forderte, ohne gleichzeitig die mit dem Verwahrungsgeschäfte nicht zusammenhängenden Forderungen des Beklagten zu befriedigen, und dieser würde die Herausgabe auf Grund des § 273 BGB. nicht haben verweigern können. Dasselbe gilt im Verhältnis des Beklagten zu dem Rechtsnachfolger S.'s." . . .

RGZ. 78, 385

Kann bei langdauernden Bezugsverpflichtungen der Verpflichtete im Falle der Zerstörung des guten Einvernehmens oder des Vertrauens die Erfüllung verweigern oder sich von seiner Verpflichtung für die Zukunft lossagen?

BGB. §§ 242, 626, 723. HGB. §§ 92, 133.

II. Zivilsenat. Urt. v. 27. Februar 1912.

I. Landgericht Coblenz. II. Oberlandesgericht Cöln.

Durch notariellen Vertrag vom 14. September 1908 verkauften die Kläger ihr zu C. unter der Firma: „A. Fr. Blumenhalle C." betriebenes Handelsgeschäft für 20000 M. dem Beklagten. Nach Nr. 4 des Vertrages verpflichteten sich die Kläger, „für die Dauer von 10 Jahren weder ein Wettbewerbsgeschäft in C. oder in einem Umkreise von 30 Kilometern von C. zu betreiben, noch sich unmittelbar oder mittelbar an einem solchen zu beteiligen, noch für ein solches Geschäft unmittelbar oder mittelbar tätig zu sein"; im Falle der Zuwiderhandlung sollten die Verkäufer verpflichtet sein, eine Vertragsstrafe von 10000 M. zu zahlen. In Nr. 5 des Vertrages war bestimmt:

„Die Verkäufer betreiben die Kunstgärtnerei weiter, und ist Ankäufer verpflichtet, zu dem jeweiligen Tagespreise von den Verkäufern seinen Bedarf an Blumen und Pflanzen zu decken, soweit Verkäufer dieselben vorrätig haben. Für jeden Fall der Zuwiderhandlung gegen diese Verpflichtung ist Ankäufer verpflichtet, eine Vertragsstrafe von 100 M. an Verkäufer zu zahlen."

Weil der Beklagte in mindestens 41 Fällen seiner in Nr. 5 des Vertrages übernommenen Verpflichtung zuwider gehandelt habe, forderten die Kläger 4100 M. Vertragsstrafe.

Die Klage wurde vom Landgerichte abgewiesen. Der Berufung der Kläger gab das Oberlandesgericht statt und verurteilte den Beklagten zur Zahlung von 4100 M. Die vom Beklagten eingelegte Revision führte zur Aufhebung des Berufungsurteils und zur Zurückverweisung der Sache.

Aus den Gründen:

... „Das Berufungsgericht geht von der unbestrittenen Tatsache aus, daß der Beklagte seit dem 1. April 1910 von den Klägern keinerlei Blumen und Pflanzen mehr bezogen, daß er auch schon vorher zeitweise den Bezug eingestellt, sowie seit Anfang 1909 in großem Umfange Material von Dritten bezogen hat, und es erachtet für erwiesen, daß der Beklagte keinen Grund hatte, den Bezug wegen mangelnder Leistungsfähigkeit der Gärtnerei der Kläger zu vermindern oder gar völlig einzustellen." (Wird näher ausgeführt.)

„Der Beklagte hatte aber auch geltend gemacht, die Kläger hätten den Geschäftsverkehr durch unfreundliches Wesen erschwert und den Beklagten mit Schikanen und Strafanzeigen verfolgt. Er hatte insbesondere unter Beweis gestellt, der klagende Ehemann habe ein so unfreundliches Wesen an den Tag gelegt, daß jeder geschäftliche Verkehr mit ihm ausgeschlossen wäre, er habe den Beklagten fortgesetzt schikaniert und fortwährend Strafanzeigen erstattet, wenn der Beklagte einmal in Notfällen nach Ladenschluß noch gearbeitet oder einige Minuten später noch etwas verkauft habe; er sei deshalb auch wiederholt bestraft worden. Das Berufungsgericht erachtet eine solche Erstattung von Strafanzeigen, selbst wenn sie moralisch nicht zu billigen sei, noch weniger das angebliche unfreundliche Verhalten im geschäftlichen Verkehr, weder allein noch in Verbindung mit dem sonstigen Verhalten der Kläger, für eine hinreichende Unterlage zur Begründung der Einstellung des Warenbezugs.

Dem gegenüber macht die Revision mit Recht geltend, diese Ausführung verstoße gegen §§ 157, 242 BGB. Zur Feststellung dessen, was Treu und Glauben erfordern, bedarf es einer Berücksichtigung aller Umstände des einzelnen Falles. Demgemäß war hier in Betracht zu ziehen, daß sich der Beklagte, wie das Berufungsgericht . . . annimmt, auf unbegrenzte Zeit zum Bezuge aus der Gärtnerei der Kläger verpflichtet hat, und daß es sich, wie das Berufungsgericht gleichfalls . . . annimmt, um eine besonders schwierig durchzuführende Verpflichtung des Beklagten handelte, bei der Streitigkeiten unausbleiblich waren, namentlich wenn erst einmal das zur Zeit des Vertragsabschlusses vorhandene gute Einvernehmen der Parteien gestört war. Das Berufungsgericht stützt sich . . . auf das Gutachten des Sachverständigen W., der bekundet, daß ohne gutes Einvernehmen auf beiden Seiten und ohne guten Willen dazu so allgemeine Bestimmungen wie Nr. 5 des Vertrages bei den besonderen Verhältnissen der Blumengeschäfte nicht zu erzwingen seien, insbesondere auch wegen der schwierigen einwandfreien Feststellung der Tagespreise. Auch war zu berücksichtigen, daß die vertragliche Bezugspflicht des Beklagten mangels eines festen Verkaufs bestimmter Waren nicht einen Sukzessivlieferungsvertrag enthielt, vielmehr einen Kaufvorvertrag (pactum de emendo), da die zu beziehenden Blumen in jedem Einzelfalle noch aus der Handelsgärtnerei der Kläger auszuwählen waren. Dieser Vorvertrag sollte eine dauernde Geschäftsverbindung begründen und sich in zahlreichen Einzelgeschäften, deren Zustandekommen ein persönliches Zusammenarbeiten der Parteien erforderte, vollziehen.
Vgl. Gruchot, Bd. 51 S. 954; Leipz. Zeitschr. 1911 S. 379 Nr. 11.
Zu beachten war endlich die Schwere der vom Beklagten, nach Annahme des Berufungsgerichts auf unbegrenzte Zeit, also wohl über die Lebensdauer des Beklagten hinaus, übernommenen Verpflichtung, seinen ganzen Bedarf in der Hauptsache bei den Klägern zu decken, während die Kläger in der Gestaltung ihres Betriebes, außer dem ihnen auferlegten Konkurrenzverbote, frei waren.

Alle diese den vorliegenden Fall kennzeichnenden Umstände hat das Berufungsgericht bei der Beantwortung der Frage, ob die fortwährenden Strafanzeigen, das unfreundliche Verhalten und die behaupteten andauernden Zuwiderhandlungen der Kläger gegen das ihnen auferlegte Konkurrenzverbot dem Beklagten das Recht gaben, den Pflanzenbezug einzustellen, nicht berücksichtigt. Das Berufungsgericht hat die gerügte Handlungsweise der Kläger insbesondere nach der Richtung zu prüfen unterlassen, ob sie geeignet war, das gute Einvernehmen der Parteien und damit eine Vorbedingung der vertraglichen Bezugspflicht des Beklagten zu zerstören.

In dieser Beziehung kam es bei den Strafanzeigen darauf an, ob sie, wie der Beklagte behauptet, die feindliche Gesinnung der Kläger gegen den Beklagten und den Willen, ihn zu schädigen, offenbarten. Ob die Strafanzeigen, wie das Berufungsgericht aus den . . . Bestrafungen folgert, nicht grundlos waren, ist nicht von entscheidender Bedeutung. Bekundeten sie eine derart feindliche Gesinnung . . ., daß sie das gute Einvernehmen der Parteien, das zur Durchführung der Bezugspflicht des Beklagten erforderlich war, zerstören mußten, so war der Beklagte zur Erfüllung seiner Bezugspflicht nicht verpflichtet, weil das dazu nötige dauernde persönliche Zusammenarbeiten mit den Klägern ihm nicht zuzumuten war, außerhalb dessen lag, was Treu und Glauben von ihm zwecks Erfüllung seiner Vertragspflicht erforderten (§ 242 BGB.). Dasselbe gilt von der Behauptung, daß die Kläger ein den Geschäftsverkehr ausschließendes unfreundliches Benehmen dem Beklagten gegenüber an den Tag gelegt hätten. Unter den vorliegenden Umständen hätte das Berufungsgericht, wenn ihm die Behauptung zu allgemein erschien, gemäß § 139 ZPO., wie die Revision zutreffend bemerkt, das Fragerecht ausüben müssen.

Endlich hat das Berufungsgericht zu prüfen unterlassen, ob die teils festgestellten teils unter Beweis gestellten Zuwiderhandlungen der Kläger gegen das ihnen auferlegte Konkurrenzverbot geeignet waren, das Vertrauen des Beklagten auf den guten Willen der Kläger zu redlicher Vertragserfüllung zu zerstören. Es handelt sich hier besonders um die Fälle, wo den Klägern vorgeworfen ist, daß sie bei ihnen einlaufende Bestellungen an Bindearbeiten, die ersichtlich für den Beklagten bestimmt waren, diesem nicht abgegeben, sondern entweder selbst ausgeführt oder durch Konkurrenten des Beklagten hätten ausführen lassen. Das Berufungsgericht hat dabei nur in Betracht gezogen, daß diese Zuwiderhandlungen einen großen Umfang nicht gehabt und deshalb den Beklagten nicht in dem Maße geschädigt hätten, um eine Zurückbehaltung der Bezugspflicht zu rechtfertigen. Es hat aber nicht erwogen, daß die Durchführung der Bezugspflicht, zumal bei der angenommenen unbegrenzten Dauer, ein gegenseitiges Vertrauen der Parteien auf redliche Vertragserfüllung erforderte und daß solche fortgesetzte grobe und vorsätzliche Zuwiderhandlungen, wie sie den Klägern vorgeworfen werden, geeignet waren, dieses Vertrauen zu zerstören. Daß der Beklagte nach Kenntnis von den ersten Zuwiderhandlungen den Pflanzenbezug noch fortsetzte, steht dem nicht entgegen, daß die späteren Zuwiderhandlungen in Verbindung mit den ersten das Vertrauen zerstörten.

Haben die Kläger durch fortwährende Strafanzeigen, unfreundliches Verhalten und Zuwiderhandeln gegen das Konkurrenzverbot das zur Durchführung der Bezugspflicht erforderliche gute Einvernehmen und Vertrauen zerstört, so war der Beklagte schon nach § 242 BGB. nicht verpflichtet, solange dieser Zustand dauerte und jedenfalls solange ihm eine Aenderung im Verhalten der Kläger nicht erkennbar geworden war, seinen Bedarf an Blumen und Pflanzen von den Klägern zu beziehen und sich anderweitigen Bezuges zu enthalten. Das Berufungsgericht könnte demnach nur durch außerhalb dieses Zeitraums liegende Zuwiderhandlungen des Beklagten die Vertragsstrafe als verwirkt erachten. Jene Zerstörung des Vertrauens und guten Einvernehmens könnte aber auch in Betracht kommen als wichtiger Grund, der den Beklagten zur endgültigen Lossagung von seiner Bezugsverpflichtung *für die Zukunft* berechtigte. Aus §§ 92, 133 HGB., §§ 626, 723 BGB. ergibt sich als allgemeiner Rechtsgrundsatz, daß bei Rechtsverhältnissen von längerer Dauer, die ein persönliches Zusammenarbeiten der Beteiligten und daher ein gutes Einvernehmen erfordern, beim Vorliegen eines wichtigen Grundes jederzeit die Aufkündigung erfolgen kann.

Vgl. Entsch. des RG.'s in Zivils. Bd. 65 S. 37; Leipz. Zeitschr. 1911 S. 223 Nr. 3 und S 379 Nr. 11.

Eine solche stillschweigende Lossagung von der Bezugspflicht für die Zukunft könnte unter Umständen darin gefunden werden, daß der Beklagte seit dem 1. April 1910 jeglichen Bezug bei den Klägern eingestellt hat; dann würde beim Vorliegen eines wichtigen Grundes von Zuwiderhandlungen des Beklagten seit dieser Zeit nicht mehr die Rede sein können.

Welche Einwirkung eine solche Lossagung auf den Bestand des ganzen Vertrages vom 14. September 1908 haben könnte, ist gegenwärtig nicht zu erörtern. Der Beklagte hat bisher nicht zu erkennen gegeben, daß er über seine Bezugspflicht hinaus den ganzen Vertrag angreifen wolle." . . .

RGZ. 81, 214

Kann dem als Mieter aus eigenem Rechte Schadensersatz verlangenden Ehemann ein mitwirkendes Verschulden seiner Frau entgegengehalten werden?

BGB. § 254.

III. Zivilsenat. Urt. v. 17. Januar 1913.

I. Landgericht Beuthen. II. Oberlandesgericht Breslau.

Der Kläger hatte im Hause des Beklagten Räume gemietet. Seine Frau stürzte, als sie die Treppe hinabgehen wollte, mußte sich in ärztliche Behandlung begeben und litt in der Folgezeit an nervösen Beschwerden. Der Kläger führt den Unfall auf ein Verschulden des Beklagten zurück und beantragt die Schadensersatzpflicht des Beklagten festzustellen. Als seinen Schaden bezeichnet er, daß er die Heilungskosten für seine Frau bezahlen und ihre Dienste in seinem Erwerbsgeschäft entbehren müsse. Der Beklagte bestritt jede Haftung und berief sich auf ein mitwirkendes Verschulden der Frau des Klägers. Der Klage wurde stattgegeben, die Berufung des Beklagten wurde zurückgewiesen. Seine Revision hatte keinen Erfolg.

Aus den Gründen:

(Es wird ausgeführt, daß den Beklagten ein Verschulden treffe sowie daß er hierfür dem Kläger nach §§ 536, 538 BGB. vertragsmäßig und nach §§ 823 Abs. 1, 845 BGB. auch wegen unerlaubter Handlung hafte. Dann wird fortgefahren:)

„Dem Einwand eines mitwirkenden Verschuldens der Frau des Klägers weist das Berufungsgericht in erster Linie mit der Begründung zurück, daß dem Kläger, da er als Vertragspartei aus eigenem Rechte klage, der Einwand überhaupt nicht entgegengehalten werden könne. Diese Begründung ist rechtsirrig. Sie beruht offenbar auf der Erwägung, daß § 254 BGB. nur vom Verschulden des Beschädigten spricht und daß als Beschädigter für den Vertragsanspruch nur der Kläger in Betracht kommt. Damit ist aber eine Berücksichtigung des Verschuldens der Frau nicht ausgeschlossen. Sie rechtfertigt sich schon durch Erwägungen, wie sie auf dem Gebiete der unerlaubten Handlung für Ersatzansprüche Dritter nach §§ 844, 845 BGB. dazu geführt haben, die Vorschriften des § 254 ausdrücklich da für anwendbar zu erklären, wo ein Verschulden des durch die unerlaubte Handlung unmittelbar Verletzten vorliegt (§ 846 BGB.). Die rechtliche Selbständigkeit der von vornherein in der Person der mittelbar Geschädigten entstandenen, von dem Rechte des unmittelbar Verletzten an sich unabhängigen Ansprüche hätte dazu führen können, ein mitwirkendes Verschulden des Getöteten, des körperlich Verletzten gar nicht oder doch nur insoweit zu berücksichtigen, als es für den ursächlichen Zusammenhang zwischen der unerlaubten Handlung und der Verletzung von Bedeutung war. Dieses Ergebnis wurde jedoch als unannehmbar, der Gerechtigkeit und Billigkeit zuwiderlaufend erachtet. Es wurde insbesondere, wie in Entsch. des RG.'s in Zivils. Bd. 55 S. 32 dargelegt ist, geltend gemacht: der Anspruch der Hinterbliebenen eines Getöteten habe seinen Grund in der Tötung; es liege in der Natur der Sache, daß sie, mit Rücksicht auf ihre Beziehungen zu dem Verletzten, auch die Folgen aus seinem fahrlässigen Verhalten auf sich nehmen müßten, insofern dieses den tödlichen Ausgang herbeigeführt oder beschleunigt habe; der Gedanke, der dem § 222 (jetzt § 254) zugrunde liege, passe auch auf die hier in Frage kommenden Fälle.

Diese Erörterungen treffen entsprechend auch dann zu, wenn, wie hier, ein vertragsmäßiger Anspruch auf Schadensersatz daraus abgeleitet wird, daß durch ein Verschulden des Vertragsgegners eine Verletzung der Frau des Klägers herbeigeführt worden ist. Daß aber ein mitwirkendes Verschulden der Verletzten, auch für den Vertragsanspruch des Klägers erheblich ist, ergibt sich mit Notwendigkeit gerade aus der Natur des Vertragsverhältnisses. Der Mieter von Wohnungs- und Geschäftsräumen hat den vertragsmäßigen Gebrauch der gemieteten Räume und ihrer Zugänge, wie der Treppen, nicht bloß für seine Person, sondern auch für seine Angehörigen zu beanspruchen. Sie üben, wenn sie davon Gebrauch machen, hierbei die Rechte des Mieters aus, wie er sich auch sonst ihrer zur Erfüllung seiner vertragsmäßigen Verbindlichkeiten bedienen kann (vgl. § 278 BGB.). Stößt daher bei solchem Gebrauch einem Angehörigen des Mieters durch Verschulden des Vermieters ein Unfall zu, und will der Mieter hieraus eine Verletzung seiner Vertragsrechte ableiten, dann muß er sich auch das Verschulden der Personen entgegenhalten lassen, die eben diese verletzten Vertragsrechte ausgeübt haben. Der Einwand des mitwirkenden Verschuldens war daher allerdings erheblich. Die Entscheidung des Berufungsgerichts ist aber gleichwohl aufrecht zu halten, da für ein wirksames Verschulden der verletzten Frau kein Anhaltspunkt vorliegt." (Wird näher ausgeführt.)

RGZ. 83, 71

1. Besteht ein bürgerlichrechtliches Vertragsverhältnis zwischen der Stadtgemeinde und dem in eine höhere Pflegeklasse ihres öffentlichen Krankenhauses aufgenommenen Kranken?

2. Haftung der Stadtgemeinde für den von Krankenhausangestellten durch schuldhaftes Zurücklassen von Fremdkörpern in der Operationswunde verursachten Schaden*).

BGB. §§ 276, 278.

III. Zivilsenat. Urt. v. 9. Juli 1913

I. Landgericht Stettin. II. Oberlandesgericht daselbst.

Der an Blinddarmentzündung erkrankte Kläger wurde am 14. Oktober 1910 in das Krankenhaus der Beklagten aufgenommen, und zwar als Kranker der zweiten Verpflegungsklasse, in der für Wohnung, Wartung, Pflege und ärztliche Behandlung täglich 7 M.

*) Vgl. auch Bd. 97 S. 4 (abgedruckt unter „Schuldrecht, Dienstvertrag").

zu zahlen sind. Am 15. Oktober wurde durch eine Operation, vorgenommen von dem als Oberarzt angestellten Dr. J., der Wurmfortsatz des Blinddarms entfernt. In der Wunde wurde versehentlich ein 60 bis 100 cm langer Gazestreifen, sog. Tampon, zurückgelassen, der bei der Operation zur Aufsaugung von Blut und Eiter hineingelegt worden war. Durch den zurückgebliebenen Gazestreifen wurde langdauernde Eiterung der Wunde und nach Behauptung des Klägers eine schwere, nicht bloß vorübergehende, Schädigung seiner Gesundheit verursacht. Er nimmt die Beklagte auf Schadensersatz in Anspruch, verlangt die Bezahlung von Schmerzensgeld sowie Krankheitskosten und begehrt Feststellung ihrer weiteren Schadensersatzpflicht.

Das Landgericht verneinte eine Fahrlässigkeit des Dr. J. und den ursächlichen Zusammenhang zwischen dem Schaden und dem Zurückbleiben des Tampons und wies die Klage ab. Das Oberlandesgericht wies in Ansehung des Schmerzengeldes die Berufung zurück, erklärte aber den weiteren Leistungsanspruch dem Grunde nach für berechtigt und gab der Feststellungsklage statt.

Die Revision der Beklagten wurde zurückgewiesen aus folgenden

Gründen:

„1. Daß zwischen Kranken, der zur Vornahme einer Operation als „zahlungsfähige Privatperson" in die besondere Pflegeklasse eines Krankenhauses aufgenommen wird, und dem Krankenhausunternehmer, auch wenn dieser als juristische Person des öffentlichen Rechtes das Krankenhaus im allgemeinen zur Erfüllung einer öffentlich-rechtlichen Verpflichtung hält, ein bürgerlichrechtliches Vertragsverhältnis begründet wird, hat der erkennende Senat bereits in dem Bd. 64 S. 231 der Entsch. des RG.'s in Zivils. abgedruckten Urteil ausgesprochen. An dieser Auffassung hat er auch in anderen Entscheidungen festgehalten (vgl. Urteile vom 8. Februar 1907, Rep. III. 255/06 und vom 24. November 1911, Rep. III. 643/10); er ist davon in der Sache Rep. III. 256/06 lediglich mit Rücksicht auf landesrechtliche Bestimmungen abgegangen; sie liegt aber wiederum dem Urteile Rep. III. 554/12 vom 22. April 1913 zugrunde. Auch der VI. Zivilsenat des Reichsgerichts teilt diese Ansicht offenbar; er hat die Entstehung eines Vertragsverhältnisses in der Entsch. des RG.'s in Zivils. Bd. 59 S. 197 bloß deshalb verneint, weil es sich um die besonderen öffentlichrechtlichen Beziehungen zwischen der Invalidenversicherungsanstalt und dem Versicherten handelte. Ebenso wird ein Vertragsverhältnis angenommen vom preußischen Oberverwaltungsgericht in seiner Entscheidung Bd. 45 S. 155. Derselben Meinung ist Hellwig, „die Stellung des Arztes im bürgerlichen Rechtsleben" S. 30, 36; vgl. auch Rapmund-Dietrich, Aerztliche Rechts- und Gesetzeskunde Bd. 1 S. 483 und Zitelmann in Grobers Werke „das Deutsche Krankenhaus" S. 915.

Von der in der Entsch. des RG.'s Bd. 64 S. 231 ausgesprochenen Ansicht abzugehen, findet der Senat keinen Anlaß. Der von der Revision in bezug genommene Aufsatz von Kiesel (Preuß. VerwBl. Jahrg. 34 Nr. 11) bringt für die gegenteilige Meinung im wesentlichen nur sog. Billigkeitserwägungen. Kiesel meint, die Unterscheidung in der Gestaltung der Haftpflicht, je nachdem Aufnahme auf Grund der öffentlichrechtlichen Fürsorge oder auf Grund Vertrags mit einer zahlungspflichtigen Partei erfolge, verletzte das soziale Empfinden. Allein die Verschiedenheit der Haftung beruht auf dem Gesetze; mit jener Erwägung kann das Bestehen eines Vertrags nicht widerlegt werden.

Ob die Gemeinden durch den Betrieb eines Krankenhauses einen Gewinn erzielen oder erzielen wollen, oder ob durch die Zahlungen des in die besondere Verpflegungsklasse Aufgenommenen die ihm gewährten Leistungen des Unternehmers völlig aufgewogen werden, ist für die Vertragsfrage gleichgültig. Der Umstand, daß das städtische Krankenhaus einer gemeinnützigen Bestrebung dient, hindert nicht, daß die Stadt als Unternehmerin über die zu gewährenden Leistungen Verträge abschließt. (Vgl. Entsch. OVerwG. Bd. 45 S. 155). Ob die Krankenhausgebühren öffentliche Abgaben sind, kann dahingestellt bleiben. Das Wesen dieser Gebühren ist für die Frage, ob ein Vertrag geschlossen worden ist, nicht schlechthin entscheidend, ebensowenig der Umstand, daß sie im Wege des Verwaltungszwangsverfahrens beitreibbar sind (vgl. Begr. zu § 74 Entw. zum KommAbgG., § 90 des Gesetzes vom 14. Juli 1893). Dieser Umstand ergibt noch nicht, daß es sich um staatsrechtliche und nicht etwa um privatrechtliche Gebühren handelt. Auch die öffentlichrechliche Körperschaft, die zur Erfüllung einer mit Rücksicht auf das Gemeinwohl ihr obliegenden öffentlichrechtlichen Verpflichtung ein Krankenhaus einrichtet und für Erfüllung dieser Verpflichtung im allgemeinen Gebühren als öffentliche Abgaben im staatsrechtlichen Sinne erhebt, kann im Einzelfalle dieselben Leistungen auf Grund einer bürgerlichrechtlichen Verpflichtung gegen eine vertragsmäßige Gegenleistung gewähren. Daß diese Gegenleistung von vornherein und allgemein der Höhe nach gleichmäßig bestimmt ist, steht der Annahme eines Vertragswillens nicht entgegen. Das Vorhandensein eines solchen Vertragswillens hat das Berufungsgericht hier ohne Rechtsirrtum festgestellt. Für diesen Willen spricht besonders, daß der Kläger nicht Eingesessener der Stadt St. war, die mit der Einrichtung und dem Betriebe des Krankenhauses doch in erster Reihe der Fürsorgepflicht gegenüber den Ortsangehörigen dienen will, und ferner, daß er nicht zu den Sätzen der untersten Verpflegungsklasse aufgenommen ist. Die Beklagte hat ihm nicht bloß das gewährt, was sie gewähren will und muß, um der öffentlichen Verpflichtung zu genügen; lediglich um dieser Verpflichtung willen wird sie niemals jemanden in eine der höheren Verpflegungsklassen aufnehmen.

Der von der Revision angeführte Aufsatz von Cormann (Preuß. VerwBl. 1913 S. 394) beschäftigt sich mit der Frage, inwieweit die Erhebung öffentlicher Abgaben für die Deckung der Kosten kommunaler „gewerblicher Unternehmungen" zulässig ist. Zur Beantwortung der Frage wird eine Untersuchung über den Unterschied zwischen gewerblicher Unternehmung und öffentlicher Anstalt vorgenommen und als Merkmal für den Gewerbebetrieb hingestellt, daß das Rechtsverhältnis durch Vertrag begründet wird. Dabei wird ausgeführt, daß ein Vertragsverhältnis grundsätzlich ausgeschlossen ist, wenn es für den einen Teil an der Vertragsfreiheit fehlt. Auf derselben Grundlage ist vom Reichsgericht in den Entscheidungen Rep. VI. 583/08 und Rep. III. 271/10 (Jur. Wochenschr. 1910 S. 63 Nr. 9 und Jur. Wochenschr. 1911 S. 958 Nr. 36) das Bestehen eines Vertragswillens und folglich eines Vertragsverhältnisses verneint worden in Rücksicht der Beziehungen zwischen der Stadtgemeinde und den zur Benutzung des städtischen Schlachthauses Verpflichteten. Von solchem Benutzungszwange kann bei dem Krankenhaus im gegebenen Falle nicht die Rede sein.

2. Ohne Rechtsverstoß hat das Berufungsgericht angenommen, daß ein Verschulden das schadenbringende Verbleiben des Tampons in der Wunde verursacht hat. Mag dies Verschulden den Arzt Dr. J. oder die Krankenschwester oder einen sonstigen bei der Operation mitwirkenden Angestellten treffen, sie alle sind Erfüllungsgehilfen der Beklagten in Ansehung ihrer Verbindlichkeit aus dem Vertrage mit dem Kläger (Entsch. des RG.'s in Zivils. Bd. 59 S. 22), und für ihr Verschulden haftet die Beklagte nach § 278 BGB. Hat auch der Sachverständige H. eine grobe Fahrlässigkeit mit Recht verneint, so liegt doch eine Außerachtlassung der im Verkehr erforderlichen Sorgfalt vor. Bei Anwendung dieser Sorgfalt würde das Zurückbleiben des Tampons in der Wunde vermieden worden sein. Es mußte, sei es durch Verbindung der mehreren Sicherungsarten, sei es auf andere Weise, ein Mittel gefunden werden, wodurch das Hineinrutschen des Tampons verhindert und die Entfernung sämtlicher Tampons aus der Wunde gewährleistet wurde. Worauf das Verbleiben in der Wunde zurückzuführen ist, ob eine der vom Berufungsgericht erwogenen oder ob die von der Revision angeführten Erklärungsmöglichkeiten gegeben sind, kann dahingestellt bleiben. Jede dieser Möglichkeiten schließt ein Verschulden in sich.

Daß, wie die Revision behauptet, eine Narkose nicht möglich und deshalb die Operation zu beschleunigen war, darüber ergeben die Akten nichts. Nicht weil sie unmöglich, sondern weil sie nach dem Brauche des Krankenhauses der Beklagten vermeidbar war, unterblieb die Narkose und die Operation wurde nach Herbeiführung örtlicher Unempfindlichkeit vorgenommen. Für das Vorkommen eines die Operation erschwerenden Zwischenfalls liegt ebenfalls nichts vor; die Angaben des Klägers über die Vorgänge bei der Operation sind nach der tatsächlichen Würdigung des Berufungsgerichts nicht widerlegt. Auf die Frage der Beweislast ist das Berufungsgericht nicht eingegangen, weil es den Sachverhalt für vollkommen aufgeklärt hält. Uebrigens hat die Beklagte auch nicht dargetan, daß und wie der Tampon ohne das Verschulden eines Erfüllungsgehilfen in der Wunde geblieben sein könnte (Entsch. des RG.'s Bd. 78 S. 436). Der Krankenbericht ist nach seinem Inhalte zu solcher Darlegung nicht geeignet.

Daß bei den späteren Operationen eigens nach einem Fremdkörper in der Wunde gesucht worden sei, hat die Beklagte in den ersten beiden Rechtszügen nicht behauptet. Die Feststellung, daß die Möglichkeit des Zurückbleibens eines Tampons nie erwogen worden sei, ist daher nicht aktenwidrig. Uebrigens findet ja das Berufungsgericht und auch der Kläger das ursächliche Verschulden in den Vorgängen bei der Haupt-, nicht in denen bei der Nachoperation. Eine Verletzung der Vorschrift des § 286 ZPO. fällt daher dem Berufungsgerichte nicht zur Last."

RGZ. 83, 343

Inwieweit kommen Angestellte eines Straßenbahnunternehmens als dessen Gehilfen bei der Erfüllung des Beförderungsvertrags in Betracht?

BGB. § 278.

VII. Zivilsenat. Urt. v. 9. Dezember 1913.

I. Landgericht I Berlin. II. Kammergericht daselbst.

Der Kläger befand sich als Fahrgast in einem Triebwagen der Linie 28 der Beklagten. Auf einer Haltestelle fuhr diesen Wagen ein Triebwagen der Linie 29 der Beklagten an. Der Kläger wurde hierbei körperlich verletzt; er beansprucht Schadensersatz. Das Landgericht erkannte auf Abweisung der Klage. In der Berufungsinstanz wurde die Haftung der Beklagten aus dem Beförderungsvertrage bejaht und der Anspruch des Klägers dem Grunde nach für gerechtfertigt erklärt. Die Revision der Beklagten wurde zurückgewiesen.

Gründe:

. . . „ Der Vorderrichter stellt fest, daß vor der Haltestelle, wo der Wagen der Linie 29 den vom Kläger benutzten Triebwagen angefahren hat, eine Neigung der Fahrbahn besteht. Eine solche in der

Fahrtrichtung eines Triebwagens befindliche Neigung erschwere, so führt das angefochtene Urteil aus, das Anhalten des Wagens erheblich und deshalb müsse zur Wahrung der Verkehrssicherheit hierauf Rücksicht genommen werden. Das sei nicht in genügender Weise geschehen und damit die im Verkehr erforderliche Sorgfalt verletzt worden. Die Bremsvorrichtungen des Wagens seien in Ordnung gewesen und unter gewöhnlichen Umständen würde das Bremsen ein rechtzeitiges Halten des Wagens bewirkt haben, wegen der nicht beachteten Neigung der Fahrbahn habe aber das Bremsen das Auffahren auf den stehenden Wagen der Linie 28 nicht verhindert. Ob dabei auch noch die Schlüpfrigkeit der angeblich vorher bei der Straßenbesprengung mitbesprengten Schienen mitgewirkt habe, könne unaufgeklärt bleiben, denn die Schlüpfrigkeit der Schienen und die damit eintretende Schwierigkeit des Bremsens sei ein so gewöhnliches Vorkommnis, daß es von jedem Straßenbahnfahrer in Betracht gezogen werden müsse. Das somit festgestellte Verschulden habe nach § 278 BGB. die Beklagte zu vertreten. Als Erfüllungsgehilfen der Beklagten im Sinne der angeführten Gesetzesbestimmung kämen nicht nur die zur Bedienung des Wagens, in dem sich der Kläger befand, bestimmten Angestellten in Betracht, sondern Erfüllungsgehilfen des Beförderungsvertrags seien auch der Führer des Wagens der Linie 29 und, sofern dieser über die durch die Neigung der Fahrbahn hervorgerufene Gefahrserhöhung nicht genügend belehrt worden sei, die mit seiner Ausbildung beauftragten Beamten der Beklagten. Das vertragliche Verschulden irgendeines Angestellten der Beklagten bleibe bei dieser Sachlage immer bestehen, ohne daß es der Aufklärung bedürfe, welcher Angestellte zur Rechenschaft zu ziehen sei.

Durch die so begründete Entscheidung erachtet sich die Beklagte für beschwert. Den von ihr mit der Revision erhobenen Angriffen war aber der Erfolg zu versagen. In dem vom Berufungsgericht in Bezug genommenen Urteile des erkennenden Senats Rep. VII. 479/1911 vom 19. März 1912 stand zur Entscheidung, ob bei einem Zusammenstoße, der auf der von dem damaligen Beklagten, dem Eisenbahnfiskus, betriebenen Strecke zwischen zwei Eisenbahnzügen, einem Personen- und einem Arbeitszuge stattgefunden hatte, als Erfüllungsgehilfen des Beklagten nur die Bediensteten des Personenzugs, in dem sich der dabei verletzte Kläger als Reisender befand, anzusehen seien, oder ob auch das Dienstpersonal des Arbeitszuges zur Erfüllung des Beförderungsvertrags gedient habe. Letzteres wurde bejaht und ausgeführt: da der Unternehmer mit dem Beförderungsvertrage die Pflicht übernehme, den Fahrgast ungefährdet an das Reiseziel zu bringen, so gehöre auch zu seinen Vertragspflichten, für Vermeidung des Zusammenstoßes mit einem seiner anderen Züge Sorge zu tragen. Um einen Zusammenstoß bei der Kreuzung von Zügen zu verhüten, reiche es aber nicht aus, daß das Dienstpersonal des einen Zuges vorschriftsmäßig verfahre, auch das Personal des anderen Zuges und die weiteren hierbei mit Obliegenheiten betrauten Personen hätten dazu mitzuwirken, deshalb seien auch sie Erfüllungsgehilfen des Unternehmers.

Diese Rechtssätze hat das Berufungsgericht auf den hier zur Entscheidung stehenden Fall entsprechend angewendet und in den Vorinstanzen ist das von der Beklagten nicht bemängelt worden. Die Revision macht jetzt auch in dieser Beziehung Bedenken geltend. Sie erachtet die Annahme für zuweitgehend, daß der Unternehmer aus dem Beförderungsvertrage auch das Verschulden solcher Angestellten vertreten solle, die an der Beförderung des Fahrgastes nicht unmittelbar beteiligt sind. Es würden dadurch den Transportunternehmungen Verpflichtungen auferlegt, die mit dem Sinne des Reichshaftpflichtgesetzes vom 7. Juni 1871 nicht vereinbar seien. Weiter stellt die Revision auch in Abrede, daß die Sachlage hier eine dem entschiedenen Falle entsprechende sei. Die Schienen für Straßenbahnen würden nicht, wie die Eisenbahngleise, nur vom Unternehmer benutzt, sondern es gehe, weil sie nicht abgeschlossen seien, auch der sonstige Straßenverkehr darüber hinweg. Deshalb und da den Angestellten jedes Wagens nur dessen Fahrgäste anvertraut seien, der Schaffner jedes Wagens auch nur befugt sei, durch Ausgabe der Karte für seinen Wagen einen Vertrag zu schließen, nehme jeder andere, dasselbe Gleis befahrende Wagen der Beklagten keine andere Rechtsstellung ein, als ein dieselbe Straße befahrender Wagen eines Dritten.

Diese Ausführungen der Revision sind als zutreffend nicht anzuerkennen. Das erwähnte Urteil des Senats beruht darauf, daß der Betrieb eines Eisenbahnunternehmens als ein einheitlicher anzusehen und daß deshalb der Unternehmer, der durch den Beförderungsvertrag die Verbindlichkeit übernimmt, den Reisenden ungefährdet an sein Reiseziel zu bringen, verpflichtet ist, seinen ganzen Betrieb so zu gestalten, daß dem Reisenden keine Gefahren daraus erwachsen. Bei Kreuzung von Zügen haben alle dabei dienstlich verwendeten Personen zur Vermeidung von Gefahren mitzuwirken, deshalb sind sie für Erfüllungsgehilfen des Unternehmers erachtet worden. Daß diese aus der rechtlichen Natur des Beförderungsvertrages hergeleiteten Folgerungen dem Unternehmer zuweitgehende und mit dem Sinne des Reichshaftpflichtgesetzes sich in Widerspruch setzende Verpflichtungen auferlegten, ist der Revision nicht zuzugeben. Wenn sie zur Widerlegung anführt, dann müßte auch beim Zusammenstoße zweier Schiffe auf hoher See, sofern sie nur demselben Unternehmer gehören, allein schon aus diesem Umstande, abgesehen von sonstigen gesetzlichen Bestimmungen, die Schadensersatzpflicht des Unternehmers den geschädigten Schiffspassagieren gegenüber hergeleitet werden, so berücksichtigt sie den entscheidenden Gesichtspunkt, die Einheitlichkeit des Betriebes nicht. Sie ist vorhanden bei einem an die Benutzung von Schienen gebundenen Unternehmen, ist aber nicht ohne weiteres zu bejahen bei Schiffen, von denen jedes auf dem Meere seinen eigenen Weg nimmt; ihre Zusammengehörigkeit ist, wenn sie Schiffe derselben Unternehmer sind, nur eine wirtschaftliche. Der Straßenbahnbetrieb eines Unternehmers ist örtlich begrenzter, als der Eisenbahnbetrieb; das spricht aber nicht gegen, sondern für die Annahme, daß ein solcher ebenfalls an die Benutzung von Schienen gebundener Betrieb auch ein einheitlicher ist. Daß die Schienenstränge vom sonstigen Straßenverkehr nicht abgeschlossen sind, ändert hieran nichts. Wie im Eisenbahnverkehr wird auch im Straßenbahnverkehr durch den Beförderungsvertrag für den Unternehmer die Verpflichtung begründet, den in seinem Betriebe zu befördernden Fahrgast vor den Gefahren dieses Betriebes zu bewahren. Dazu gehört, daß an Haltestellen, die mehreren Linien des Betriebes dienen, der aus derselben Richtung nachkommende Wagen so zum Stillstehen gebracht wird, daß durch ihn die Fahrgäste eines schon haltenden Wagens nicht gefährdet werden. Für die Sicherheit des Betriebs in dieser Beziehung kommt es in der Hauptsache darauf an, daß das Dienstpersonal des später anfahrenden Wagens, insbesondere dessen Fahrer mit der gebotenen Sorgfalt und Umsicht handelt. Welcher der verschiedenen Linien der später ankommende Wagen angehört, ist bedeutungslos. Wenn es ein von seinen eigenen Angestellten geführter Betriebswagen des Unternehmers ist, so bedient sich der Unternehmer auch dieser Angestellten zur Erfüllung seiner Verbindlichkeit, in seinem Betriebe die Fahrgäste gefahrlos zu befördern. Die Annahme der Revision: weil der Schaffner jedes Wagens nur Fahrkarten für diesen ausgebe, so seien Erfüllungsgehilfen des Unternehmers auch nur die Angestellten des Wagens, für den die Karte ausgegeben ist, verkennt, daß bei einem einheitlichen Betriebe der Unternehmer durch den mit ihm abgeschlossenen Beförderungsvertrag für die Sicherheit des Fahrgastes in seinem ganzen Betrieb einzustehen hat.

Ohne berechtigten Grund rügt die Revision weiter, daß ein von der Beklagten zu vertretendes Verschulden nicht ausreichend festgestellt sei. Es soll die Sachlage nicht genügend aufgeklärt, sondern es sollen nur Vermutungen aufgestellt sein. Das trifft nicht zu. Mit dem Beförderungsvertrage hat der Unternehmer, wie schon mehrfach hervorgehoben ist, die Sorgfaltspflicht übernommen, den Fahrgast ungefährdet an sein Ziel zu bringen. Ist diese Vertragsleistung nicht bewirkt, ist der Fahrgast, wie dies hier der Fall ist, körperlich auf der Fahrt verletzt worden, so hat der Unternehmer zu beweisen, daß ihn kein Verschulden trifft (vgl. Entsch. des RG.'s in Zivils. Bd. 66 S. 12; Jur. Wochenschr. 1908 S. 196 Nr. 10). Diesen Beweis hat das Berufungsgericht für nicht erbracht angesehen und in seinen vorstehend wiedergegebenen Ausführungen mit ausreichender und nicht zu beanstandender Begründung angenommen, daß unabwendbarer Zufall ausgeschlossen und das Auffahren des Wagens auf ein Verschulden der Angestellten der Beklagten zurückzuführen ist. Die Neigung der Fahrbahn ist nicht beachtet worden und darin, daß dies nicht geschehen ist, wird ohne Rechtsirrtum ein für das Auffahren des Wagens und damit für die dabei erfolgte Verletzung des Klägers ursächliches Verschulden gefunden. Dieses Verschulden legt das Berufungsgericht dem Fahrer zur Last, wenn er die Neigung kannte und darüber unterrichtet war, daß bei solchen Neigungen der Fahrbahn früher, als sonst üblich, vor der Haltestelle zu bremsen ist. Hat der Fahrer die Neigung der Fahrbahn nicht gekannt und ist er über sie und sein Verhalten dabei nicht unterrichtet worden, ehe ihm die Führung des Wagens anvertraut wurde, so ist das Verschulden nach der Annahme des Berufungsgerichts von den Beamten begangen worden, die es unterlassen haben, den Fahrer genügend zu unterrichten. Damit sind nicht bloß, wie die Revision meint, Vermutungen aufgestellt, sondern es ist nach ganz bestimmten Richtungen hin schuldhaftes Verhalten bei solchen Angestellten der Beklagten festgestellt, die zur Sicherung ihres Betriebes gegen Gefahren der Fahrgäste mitzuwirken haben. Hatten die Angestellten aber dazu mitzuwirken, so sind sie auch Erfüllungsgehilfen der Beklagten und sie hat für deren Verschulden einzustehen." . . .

RGZ. 84, 125

Kann der Verkäufer, wenn mehrere im voraus von der Jahresernte eines von ihm allein angebauten Erzeugnisses gekauft haben und die Ernte zur Befriedigung aller Käufer nicht ausreicht, jeden der Käufer auf einen verhältnismäßigen Anteil verweisen?

BGB. §§ 275, 279, 242.

II. Zivilsenat. Urt. v. 3. Februar 1914.

I. Landgericht Halle a. S., Kammer für Handelssachen.

II. Oberlandesgericht Naumburg a. S.

Anfangs Juni 1909 verkaufte der Beklagte Wesche an die Klägerin „je 200 Zentner Zuckerrübensamen Wesche's zuckerreichste Elite für die Jahre 1910, 1911 und 1912 zum Preise von 26 M. per 50 kg netto, Lieferung im Monat Februar der betreffenden Jahre". Im Februar 1912 lieferte er von den dritten 200 Zentnern nur 92, 108 dagegen nicht, weil von dem nicht im Handel befindlichen, ausschließlich von ihm selbst gezüchteten Samen im Jahre 1911 infolge der außerordentlichen Trockenheit anstatt durchschnittlich zu erwartender 4908 Zentner nur 993,35 Zentner gewonnen seien und er daher, um einen Teil seiner Käufer nicht leer ausgehen zu lassen, verpflichtet gewesen sei, diese Gesamternte nach Verhältnis zu verteilen. Da er im ganzen 2160 Zentner der Ernte von 1911 verkauft gehabt, habe die Klägerin nur Anspruch gehabt auf $^{200}/_{2160}$ von 993 35 Zentnern. Soviel habe sie mit 92 Zentnern, gleich 46 %, bekommen. Die Klägerin, die diese Verteilung nicht gelten lassen wollte, behauptete, sich wegen der nicht gelieferten 108 Zentner mit 90 M. für den Zentner eingedeckt zu haben. Sie verlangte klagend den Unterschied mit 6912 M. zuzüglich 93,70 M. Fracht = 7005,70 M.

Während die Kammer für Handelssachen die Klage abwies, erklärte das Oberlandesgericht den Anspruch der Klägerin dem Grunde nach für berechtigt. Die Revision hatte Erfolg aus folgenden

Gründen:

„Mit Recht stellt das Berufungsgericht zunächst fest, was der Beklagte verkauft hat. was also die beteiligten Verkehrskreise unter „Zuckerrübensamen, Wesche's zuckerreichste Elite" verstehen. So genannt wird ein Same, den der Beklagte Wesche in bestimmter Weise aus Stecklingen auf beschränktem Areal gewinnt, den niemand sonst züchtet, der daher im Zuckerrübenbau als „Spezialität" bezeichnet wird und im freien Handel im allgemeinen nicht zu haben ist. Danach geht der Berufungsrichter zutreffend davon aus, daß der Kaufgegenstand im Sinne des § 279 BGB. der Gattung nach bestimmt war. Aber die Gattung war eine beschränkte; was der Beklagte nicht 1911 auf seinem und seiner Anbauer Grund und Boden in der bezeichneten Weise gezogen hatte, gehörte nicht dazu, und irrig ist die Meinung des Berufungsrichters, im Notfalle habe auch gleichwertiger Ersatzsame mit zur Gattung gerechnet werden müssen. Das widerspricht der Feststellung. Gegenstand des Kaufes habe nur die eigene Züchtung des Beklagten sein sollen. Dieser Abmachung gegenüber konnte die Käuferin eigene Züchtung des Beklagten verlangen, der Beklagte aber sich grundsätzlich auf sein Unvermögen, zu leisten, schon dann berufen, wenn er selbst gezüchtete zuckerreichste Elite nicht mehr liefern konnte, nicht erst dann, wenn er auch gleichwertige Ersatzware nicht zu beschaffen vermochte.

Das Unvermögen befreite den Beklagten freilich erst, wenn die Leistung aus der Gattung überhaupt nicht mehr möglich war; solange dies nicht zutraf, hatte er sein Unvermögen zur Leistung auch dann zu vertreten, wenn ihm ein Verschulden nicht zur Last fiel (§ 279 BGB.). Diesem Satze entnimmt der Berufungsrichter die Grundlage seiner Entscheidung. Da der Beklagte, so ist sein Gedankengang, zwar nicht die für den Regelfall mit 12 Zentnern auf jeden seiner 409 Morgen Landes voreinzuschätzende Ernte, also nicht insgesamt 4908 Zentner des verkauften Zuckerrübensamens, im Jahre 1911 gewonnen, wohl aber zur Deckung der an Klägerin verkauften 200 Zentner völlig genügende 993,35 Zentner, da weiter der Beklagte nicht bestritten habe, im Februar 1912 mehr als 200 Zentner hiervon noch zur Verfügung gehabt zu haben, so habe die vertragsmäßige Leistung tatsächlich erfolgen können. Das Unvermögen des Beklagten, die 200 Zentner der Klägerin zu liefern, ohne gleichzeitig die übrigen Abnehmer der insgesamt verkauften 2160 Zentner ganz oder teilweise zu schädigen, berühre die Klägerin nicht. Die Leistung aus der Gattung sei objektiv noch möglich gewesen, und des Beklagten Verpflichtung gegenüber anderen Käufern des Samens habe für das Vertragsverhältnis der Parteien außer Betracht zu bleiben.

Mit Recht wendet sich hiergegen die Revision. Sie bezeichnet es als Fehler, daß der Berufungsrichter in einem Falle wie dem vorliegenden, in welchem die Leistung aus einer bestimmten, nur in begrenztem Maße vorhandenen Gattung zu erfolgen habe, eine Unmöglichkeit der Leistung erst dann annehmen wolle, wenn durch Aufteilung unter die einzelnen Käufer über die Gattung vollständig verfügt sei, der Verkäufer also tatsächlich nichts mehr in der Hand habe, nicht aber schon dann, wenn die wirklich geerntete Menge nicht entfernt genüge, den Kaufverpflichtungen, in ihrer Gesamtheit betrachtet, nachzukommen, der Verkäufer sich daher zu einer verhältnismäßigen Teilung der ganzen Ernte entschließe und nun, nachdem er einem seiner Abnehmer den auf ihn entfallenden Anteil ausgekehrt, für diesen nichts mehr übrig habe, es sei denn, daß er die Anteile der anderen verkürzen wollte. Schon die Entscheidung des erkennenden Senats vom 23. Februar 1904 — Bd. 57 S. 116 der Sammlung — zwinge zu der weiteren Auslegung des Begriffs der Unmöglichkeit dahin, daß es ihr gleichstehe, wenn die Beschaffung von Gegenständen aus der geschuldeten Gattung für den Verkäufer auf Schwierigkeiten stoße, die ihm billigerweise niemand zumuten könne.

Es kann auf sich beruhen, ob der Beklagte auf diesem zuletzt angeregten Wege zum Ziele gelangen könnte. Unbedenklich hat der Beklagte aber mit seinem Angriffe Recht, so weit er darauf hinausläuft, daß der Berufungsrichter bei Prüfung der Frage nach einer Unmöglichkeit der Leistung diese Leistung selbst nicht richtig bestimmt, bei ihrer Umgrenzung vielmehr den § 242 BGB. verletzt habe.

Verkauft waren im Jahre 1909 200 Zentner aus einer genau bestimmten Samengattung, deren überhaupt zu erzielendes Maß von den Witterungsverhältnissen des Jahres 1911 abhing. Gab es eine Mißernte, so war das Fehlende vom Beklagten nirgendwoher zu beschaffen. Die Klägerin ist eine Zuckerfabrik, die hierüber genau unterrichtet war; irgendeine Gewähr aber dafür, daß die Ernte der verkauften Menge entsprach, enthielt das Bestätigungsschreiben des Beklagten vom 2. Juni 1909 nicht, wie schon das Landgericht mit

Recht angenommen hat und auch der Berufungsrichter stillschweigend annimmt. War die Klägerin allein Käuferin des Samens, so trug sie die Gefahr allein, wenn die Ernte das von ihr gekaufte Maß nicht brachte; der Beklagte hatte für den Rest nicht aufzukommen, denn für diesen Rest war die Leistung aus der Gattung schlechterdings nicht mehr möglich. Die Klägerin mußte sich aber sagen, daß sie alleinige Käuferin aus der Ernte 1911 nicht sein werde, daß neben ihr vielmehr weitere Abnehmer des Beklagten stehen würden, deren Rechte an sich nicht schlechter waren, als die ihrigen, und mangels anderweiter Abmachung nicht etwa dadurch bestimmt werden konnten, wer zuerst gekauft hatte oder wer künftig von dem Verkäufer zuerst die Leistung fordern werde. Zwischen den mehreren Käufern ergab sich, für jeden von ihnen voraussehbar, eine Interessengemeinschaft, deren Folge sich zeigen mußte, wenn die Ernte zwar genügte, einen einzelnen oder mehrere zu befriedigen, nicht aber hinreichte zur Befriedigung aller. Dem Verkäufer durfte auch jetzt die Gefahr nicht aufgebürdet werden. Er konnte nicht mehr tun, als die gesamte Ernte der Gesamtheit seiner Käufer zur Verfügung zu stellen. Ging er darüber hinaus und gab er einem der Käufer mehr als seinen Anteil, so belastete er sich mit Ansprüchen der anderen, die von ihm fordern konnten, daß er bei der Verteilung nach Recht und Billigkeit verfuhr, also gleichmäßig.

Eine solche Selbstbelastung mit Ersatzansprüchen Gleichberechtigter konnte hier auch die Klägerin vom Beklagten nicht fordern, das Verlangen verstieß gegen § 242 BGB. Der Beklagte brauchte die Leistung nur so zu bewirken, wie Treu und Glauben mit Rücksicht auf die Verkehrssitte es erforderten. Stand der Beklagte infolge der übrigens allgemein bekannten, großen und anhaltenden Dürre des Sommers 1911 den verkauften 2160 Zentnern selbst zu züchtenden Rübensamens mit einer tatsächlichen Ernte von nur 993 Zentnern gegenüber, so mochte Streit darüber entstehen, wie er auch entstanden ist, ob der Beklagte das Seinige getan hatte, dieses Mißverhältnis zu vermeiden. Unterstellt man aber, was nach den Gründen des Berufungsrichters unterstellt werden muß, daß ausschließlich höhere Gewalt jenes Ergebnis herbeigeführt hat, so entspricht es Treu und Glauben nicht, daß der Beklagte dem einen Käufer auf Kosten der anderen mehr leisten soll, als dem Verhältnis der ihm verkauften Menge zu dem gesamten verkauften Maße entsprechen würde. Umgekehrt forderte dann die Klägerin etwas, was dem gesunden Rechtsempfinden widerstritt. Es ist nicht bedeutungslos, daß die mit Handelsrichtern besetzte erste Instanz aus der Verkehrsauffassung heraus bestätigt, nur durch gleichmäßige, teilweise Befriedigung seiner Abnehmer habe der Beklagte die Pflichten eines anständigen Kaufmanns erfüllen können.

Auch der Berufungsrichter verkennt nicht, daß solche verhältnismäßige Verteilung auf den ersten Blick der Billigkeit zu entsprechen scheine. Er glaubt nur das Interesse der Käufer gefährdet, weil diese dann von dem größeren oder geringeren Maße der Verkäufe abhängen würden, auf die sie ihrerseits keinen Einfluß hätten. Der Grund ist nicht überzeugend. Diese Abhängigkeit besteht nur insoweit, als der Verkäufer mit seinen Abschlüssen nicht über die zulässige Grenze hinausgegangen ist, und diesseits dieser Grenze dem Käufer die Gefahr aufzubürden, ist nicht unbillig. Auch der Samenhandel im allgemeinen empfindet es nicht als unbillig, wie der Berufungsrichter selbst feststellt; die Handelskammer in Halberstadt bestätigt dies für ihren Bezirk in ihrem Gutachten vom 13. Oktober 1911 ebenso, wie die Handelskammer in Erfurt es für den ihrigen bezeugt. Wenn demgegenüber der Berufungsrichter das, was für Samen im allgemeinen gilt, auf den Handel mit Rübensamen deshalb nicht angewendet wissen will, weil bei der volkswirtschaftlich so wichtigen Zuckerfabrikation der Käufer mit Bestimmtheit darauf müsse rechnen können, daß er die gekaufte Menge erhalte und seine Fabrik in Betrieb bleibe, so wird dabei übersehen, daß dieser Gesichtspunkt von jeder anderen unter den Käufern befindlichen Zuckerfabrik mit demselben Rechte geltend gemacht werden könnte, wie von der Klägerin, die verlangt, daß sie ihre 100 % erhalte, die andere aber nicht.

Die prozentuale Verteilung, zu der der Beklagte gegriffen hat, war also an und für sich das Richtige. Zu ihr allein war er angesichts der Mißernte nach § 242 BGB. verpflichtet. Er brauchte nicht weiter zu leisten, wenn er durch das Mehr den Anteil der anderen Käufer schmälerte. Ohne solche Schmälerung mehr zu leisten war unmöglich. . . .

Das angefochtene Urteil konnte hiernach nicht aufrecht erhalten werden. Die Sache ist aber zur Endentscheidung nicht reif. Die Klägerin hat bestritten, daß die Unmöglichkeit, ihr mehr als 92 Zentner des verkauften Rübensamens zu liefern, ohne gleichzeitig die übrigen Käufer in ihren prozentualen Anteilen zu schädigen, die Folge von Umständen sei, die der Beklagte sämtlich nicht zu vertreten habe. Sie hat unter anderem behauptet, der Beklagte habe zu wenig Areal bepflanzt, zu viel Vorverkäufe abgeschlossen, sie abgeschlossen zu einer Zeit, als er schon mit einer Mißernte rechnen mußte, bei sich und seinen Anbauern nicht die genügende Aufsicht ausgeübt, sich insbesondere von diesen nicht die ganze Erntemenge herausgeben lassen. Der Beklagte hat dem allem widersprochen. Er hat nicht verkannt, daß ihm nach § 282 BGB. die Beweislast zufällt, diesen Beweis aber auch angetreten. Der Berufungsrichter hat die Ausführungen beider Teile in diesem Punkte für unerheblich erachtet, weil Unmöglichkeit der Leistung nicht vorgelegen habe. Dieser Grund hat sich als irrig erwiesen. Somit ist in die Würdigung des beiderseitigen Vorbringens über den Grund der Unmöglichkeit einzutreten."

RGZ. 84, 131

1. Verliert der Betrogene oder Gezwungene mit der Versäumung der Anfechtungsfrist zugleich die Möglichkeit, die Wirkung des Geschäfts mit Hilfe des Schadensersatzanspruchs aus unerlaubter Handlung schuldrechtlich rückgängig zu machen?

2. Zur Gegeneinrede der Arglist.

BGB. §§ 124, 249, 823, 826.

II. Zivilsenat. Urt. v. 6. Februar 1914.

I. Landgericht Eisenach. II. Oberlandesgericht Jena.

Der Beklagte hatte in der Gemeinde Calinesci in Rumänien ein Geschäft betrieben, welches das Fällen, Sägen, Entrinden, Verladen und Veräußern des Holzes zum Gegenstande hatte und sich auf den Erwerb einer 20 Jahre währenden Berechtigung zur Fällung des Nadelholzbestandes Calinesci-Proeni gründete. Im Oktober 1906 verkaufte er dieses Geschäft mit allen Rechten und Pflichten für einen Gesamtpreis von 360 000 Lei rumänischer Währung an die Firma M. & St. in Budapest. 100 000 Lei sollten angezahlt, der Rest durch Akzepte berichtigt werden.

Im Januar 1907 erhob die Käuferin beim Landgericht Eisenach Klage gegen den Beklagten mit dem Antrag, ihn zur Rückgabe der Akzepte oder zur Zahlung von 208 000 M. (= 260 000 Lei) zu verurteilen. Sie behauptete, der Beklagte habe sie arglistig getäuscht. Vor allem habe er ihr wider besseres Wissen vorgespiegelt, daß sie die benachbarten Waldungen auf dem linken Ufer des Calinescibaches, die ausgedehnter und wertvoller seien als der verkaufte Bestand, von den Erbbauern leicht hinzuerwerben könne. Außerdem habe er falsche Angaben gemacht über den Betrag seiner Aufwendungen für die Anlegung einer Rollbahn sowie für die Anlegung von Wagen und Rutschbahnen, ferner über die Höhe einer von ihm hinterlegten Sicherheit, nicht minder falsche Angaben über den Bestand an Schnittware, Rundholz sowie an frisch gefälltem und fertig geklotztem Holze, endlich auch über eine Zusage der Kgl. Rumänischen Eisenbahndirektion in Bukarest, in der Nähe der Niederlassung eine Eisenbahnhaltestelle zu errichten. Der Beklagte bestritt diese Behauptungen. Der Rechtsstreit wurde beendigt durch einen am 11. Februar 1907 vor dem Prozeßgerichte geschlossenen Vergleich, worin der Beklagte 95 000 Lei am Kaufpreise nachließ und gegen alsbaldige Zahlung der Restsumme von 165 000 Lei die Herausgabe der Akzepte zusagte. Weiter wurde in dem Vergleiche bestimmt: „Damit gelten alle jetzigen und zukünftigen Bemängelungen aus Wert und Beschaffenheit des Vertragsgegenstandes für jetzt und die Zukunft als erledigt und alle Ansprüche wegen Täuschung oder Irrtums beim Vertragsabschluß für ausgeschlossen."

Schon im Dezember 1906 war, ohne daß dies der Beklagte im Vorprozesse wußte, die jetzt klagende Aktiengesellschaft zum Zweck der Ausbeutung des Calinesci-Waldes gegründet worden und hatte die Rechte und Pflichten der Firma M. & St. aus dem Vertrage mit dem Beklagten übernommen. Im Juni 1909 erhob sie die jetzt vorliegende, wiederum auf arglistige Täuschung beim Vertragsschlusse gestützte Klage auf Zahlung von 200 000 M. als Teil eines neuen Schadens von *insgesamt 774 000 Lei. Diesmal wurde der Betrug* darin erblickt, daß der Beklagte über den Umfang des Waldes, auf den sich seine Berechtigung erstreckte, bewußt unwahre Angaben gemacht und dem Beauftragten von M. & St., der im Sommer 1906 den Wald besichtigte, durch seinen Geschäftsleiter V. falsche Grenzen habe vorzeigen lassen. Während der Waldbestand des Beklagten auf den südlichen Hängen des Calinesci-Tales vom Bache aufwärts 9 km weit bis zu einem Chika-Capatine genannten Berge reiche, habe V. in seinem Einverständnis als Chika-Capatine eine Erhebung gezeigt, die etwa 16 km entfernt fast am Ende des Tales gelegen sei. Dadurch sei es gekommen, daß M. & St. anstatt des wirklichen Bestandes von wenig über 30 000 cbm mit der fünffachen Ausbeute habe rechnen müssen. Erst im Sommer 1907 nach der Schneeschmelze sei der Betrug entdeckt worden. Auf den im Vergleich vom 11. Februar 1907 enthaltenen Verzicht könne sich der Beklagte nicht berufen, da er diesen durch Fortsetzung seines betrügerischen Verhaltens erschlichen habe. Das Gericht habe ihn gefragt, ob noch etwas vorliege, was seiner Prozeßgegnerin unbekannt sei, oder ob sonstige Ansprüche beständen. Diese Frage habe er verneint und dabei erklärt, von seiner Seite sei alles in Ordnung, er habe keine Ansprüche zu fürchten, aber zu seiner Beruhigung und Sicherheit müsse durch eine Klausel jede neue Schikane ausgeschlossen werden. Daraufhin sei der Vergleich zustande gekommen, den M. & St. nie geschlossen haben würden, wenn sie die Täuschung über den Umfang des Waldbestandes gekannt hätten.

Beide Vorinstanzen wiesen die Klage ohne Beweisaufnahme ab. Auf die Revision wurde das Berufungsurteil aufgehoben und die Sache in die Vorinstanz zurückverwiesen.

Aus den Gründen:

. . . „Das Oberlandesgericht stellt fest, daß eine Anfechtung des Vergleichs nicht stattgefunden hat. Die Firma M. & St., die

die Anfechtung hätte erklären müssen, hat dies nicht getan. Die Klägerin würde zur Anfechtung nicht berechtigt gewesen sein; überdies will sie das, was der Beklagte beim Vergleich arglistig verschwiegen haben soll, schon im Sommer 1907 entdeckt haben, sodaß die einjährige Frist des § 124 BGB. bei der Klageerhebung (Juni 1909) abgelaufen sein würde. Hiermit, meint das Oberlandesgericht, sei alles entschieden. Wie das Reichsgericht in dem Urteil Entsch. in Zivils. Bd. 63 S. 268 ausgesprochen habe, gebe es keinen Schadensersatzanspruch, kraft dessen der die Klage hindernde Verzicht trotz unterbliebener Anfechtung ganz oder teilweise aufgehoben werden könnte. In der Tat verliere die Fristbestimmung des § 124 jede Bedeutung, wenn es möglich sein sollte, den Zweck, dem die Anfechtungsbefugnis diene, noch nach Ablauf der Frist auf dem Umweg über die §§ 823, 826, 249 BGB. zu erreichen.

Dem Urteile des Reichsgerichts Bd. 63, dem sich das Oberlandesgericht mit diesen Ausführungen anschließt, stehen überwiegende Bedenken entgegen. Wenn der V. Zivilsenat damals den § 124 für eine die allgemeinen Vorschriften der §§ 249, 826 einschränkende Sonderregel erklärt hat, so hat er nicht genügend beachtet, daß es sich sowohl um verschiedene Voraussetzungen wie um verschiedene Rechtswirkungen handelt. Während der Anspruch aus unerlaubter Handlung den Nachweis eines Schadens und des Bewußtseins der Schädigung erfordert, ist die Anfechtung hiervon nicht abhängig (so auch der V. Zivilsenat, Warneyer Rechtspr. 1913 S. 54); während mit Hilfe jenes Anspruchs nur eine schuldrechtliche Rückgängigmachung der Vertragswirkungen erzielt wird, wirkt die Anfechtung dinglich gegen jedermann. Da mit dem Verluste der Anfechtungsmöglichkeit die dingliche Wirkung wegfällt, trifft es auch nicht zu, daß der § 124 bei Fortbestehen des schuldrechtlichen Aufhebungsanspruchs gegenstandslos sein würde. Mit Recht ist ferner entgegengehalten worden, daß die kurze Frist des § 124 nur durch die Wirkung der Anfechtung gegen Dritte gerechtfertigt wird und kein Anlaß ersichtlich ist, weshalb die gewöhnlichen Deliktsfolgen dem Betrüger oder dem Drohenden selbst gegenüber gemildert werden sollten. Bei der Frage der Konkurrenz zwischen Wandlung und Irrtumsanfechtung, auf die sich das Urteil bezieht, spielen die hier maßgebenden Gesichtspunkte keine Rolle. . . .

Auch der jetzt erkennende Senat nimmt an, daß ein Wiederherstellungsanspruch aus unrechter Tat nach Ablauf der Anfechtungsfrist zulässig ist. Einer Angehung der vereinigten Zivilsenate bedarf es dazu nicht, weil der V. Zivilsenat seine Ansicht inzwischen aufgegeben hat. In dem Falle Entsch. in Zivils. Bd. 70 S. 193 hatte die Klägerin gegen den Beklagten als betreibenden Gläubiger eine Widerspruchsklage erhoben, um das Grundstücksinventar, das sie kurz vor der Eintragung der Hypothek des Beklagten von dem

Schuldner erworben hatte, der Mitversteigerung zu entziehen. Die Hypothek war auf Grund einer Besprechung der Parteien statt einer älteren, gleichzeitig gelöschten Hypothek des Beklagten eingetragen, für die das Inventar haftete; dabei hatte ihm die Klägerin ihren Eigentumserwerb verschwiegen, im Gegenteil zugesichert, durch die eine Rangänderung bezweckende Löschung und Wiedereintragung werde an der Haftung nichts geändert werden. Hier hat der V. Senat erwogen, der Umstand, daß der Beklagte die arglistig herbeigeführten Rechtsgeschäfte nicht nach § 123 BGB. angefochten habe, hindere ihn nicht, gemäß §§ 249, 826 BGB. Herstellung des Zustandes zu fordern, der ohne den Betrug vorliegen würde; mit Recht habe er daher widerklagend verlangt, daß die Klägerin die Fortsetzung der Zwangsvollstreckung in das Inventar dulden solle (S. 197). Die einzige Abweichung dieses Falles von dem früheren besteht darin, daß die anfechtbare Erklärung, wodurch der Getäuschte die ältere Hypothek aufgab, nicht gegenüber der Betrügerin selbst abgegeben wurde, so daß sich Anfechtung (vgl. § 123 Abs. 2 Satz 2) und Schadensersatzanspruch gegen einen andern als den Geschäftsgegner richten mußten. In Bd. 63 S. 268 war Betrüger und Geschäftsgegner dieselbe Person. Dieser Unterschied kann eine verschiedene Beurteilung nicht begründen; die Rollen des Anfechtungsgegners und des Schadensersatzpflichtigen fielen beide Male zusammen. Und völlig gleich dem früheren liegt der in Bd. 79 S. 194 behandelte Fall eines durch Drohung erzwungenen Schuldversprechens, wo der VII. Zivilsenat erkannt hat, daß dem Gezwungenen nach Versäumung der Anfechtungsfrist noch der Anspruch aus unerlaubter Handlung auf Beseitigung der Wirkungen des Schuldversprechens zustehe.

Hiernach erscheint die Begründung des Oberlandesgerichts nicht geeignet, das Urteil zu tragen. Ihre Widerlegung ist aber für die vorliegende Sache nicht einmal erforderlich, denn die Behauptungen der Klägerin würden auch dann erheblich sein, wenn ein klagbarer Anspruch auf Wiederherstellung nach Versäumung der Anfechtung nicht bestände. Was mit der erhobenen Klage beansprucht wird, ist gar nicht die Aufhebung des Vergleichs vom 11. Februar 1907, vielmehr fordert die Klägerin Schadensersatz dafür, daß der Beklagte im Oktober 1906 ihrer Rechtsvorgängerin einen falschen Umfang der verkauften Holzschlagberechtigung vorgespiegelt hat. Die Angaben über sein Verhalten bei Vereinbarung des Vergleichs sollen nur verhüten, daß aus der Tatsache des Vergleichsschlusses ein Verteidigungsgrund hergeleitet wird. Hierzu genügt aber die Berufung darauf, daß die Verteidigung arglistig sein würde. Wie die exceptio doli generalis in der Rechtsprechung des Reichsgerichts in vielfacher Uebung steht (vgl. Entsch. in Zivils. Bd. 58 S. 428, Bd. 70

S. 195, beides Urteile des V. Senats; ferner Bd. 71 S. 435, Bd. 75 S. 342 usw.), so wird auch ihr Gegenstück, die Gegeneinrede der Arglist, anerkannt und gebraucht, wofür z. B. an die Gegeneinrede gegenüber der Einrede der Verjährung erinnert werden mag (Entsch. in Zivils. Bd. 57 S. 376, Bd. 64 S. 220, Warneyer Rechtspr. 1908 S. 41; allgemein Entsch. Bd. 76 S. 355).

Trifft also die Sachdarstellung der Klägerin zu, so hat sie ein Recht darauf, daß der Beklagte den Vergleich nicht zur Bekämpfung des Klaganspruchs benutzt. Nur ist dabei festzuhalten, daß es zur Annahme einer arglistigen Verteidigung noch nicht hinreichen würde, wenn der Beklagte beim Vergleiche die Täuschung der Firma M. & St. über den Umfang des verkauften Rechtes gekannt haben sollte. Hätte er, wie er dies behauptet, annehmen dürfen, daß die Firma auf den Umfang keinen Wert legen werde, so würde er zum Vergleichsabschluß berechtigt gewesen sein, ohne sie zuvor aufklären zu müssen. In diesem Falle würde der Einrede des Vergleichs nichts im Wege stehen."

RGZ. 85, 108*)

1. Zurückbehaltung einer Geldschuld gegen eine Geldschuld des Gläubigers?

2. Inwieweit ist die Zurückbehaltung zulässig, wenn das Aufrechnungsverbot einschlägt?

3. Wirksamkeit der Einrede der Arglist gegenüber dem Aufrechnungsverbot?

BGB. §§ 273, 394.

III. Zivilsenat. Urt. v. 26. Mai 1914.

I. Landgericht Hamburg. II. Oberlandesgericht daselbst.

Die den Sachverhalt ergebenden

Gründe

lauten:

„1. Der Kläger hat als im Hamburgischen Staatsdienst angestellter Zollaufseher im Dezember 1911 fünf Fuhren Branntwein gegen eine Belohnung von 150 M. für die Fuhre unverzollt in das Zollgebiet einfahren lassen, ist deshalb zu Zuchthausstrafe verurteilt und wegen dieser seiner Beteiligung an der Zollhinterziehung dem Beklagten mindestens den Betrag von 4660 M. zu ersetzen schuldig. Zur Deckung dieser Ersatzschuld hat der Beklagte seit 1. Februar 1913 das gesamte Gehalt des Klägers von monatlich 215 M. zurück-

*) Vgl. auch Bd. 123 S. 8 (abgedruckt in Recht der Handelsgesellschaften [GmbH.]).

behalten und dies dem Kläger durch Schreiben vom 30. Januar 1913 unter Berufung auf § 273 BGB. eröffnet. Die Klage fordert die am 1. Februar und 1. März 1913 fällig gewesenen, unpfändbaren Gehaltsbeträge mit 2 × 185 = 370 M. nebst Zinsen, während der Beklagte die Zurückbehaltung auch des unpfändbaren Gehaltsteils für zulässig erachtet.

Das Landgericht hat den Beklagten klaggemäß verurteilt, da die Zurückbehaltung in Wahrheit eine Aufrechnung und darum nach § 394 BGB. unzulässig sei. Der Berufungsrichter hat den Beklagten verurteilt, „dem Kläger Zug um Zug gegen eine vom Kläger an den Beklagten zu leistende Zahlung von 4600 M. 370 M. zu zahlen", mit der Begründung: Zurückbehaltung und Aufrechnung seien ihrer Natur nach verschieden, aus der Unzulässigkeit der Aufrechnung folge nicht die der Zurückbehaltung, und der Beklagte habe ausdrücklich nur ein Zurückbehaltungsrecht geltend gemacht, also den zulässigen Weg der Zurückbehaltung gewählt, gerade weil ihm die Unzulässigkeit einer Aufrechnung bekannt gewesen sei.

2. In diesen Entscheidungen der Instanzen, welche sich beim Mangel landesgesetzlicher Vorschriften gemäß Art. 81 EG. z. BGB. auch in diesem Streitfalle lediglich auf die anzuwendenden Bestimmungen des Bürgerlichen Gesetzbuchs gründen, wiederholen sich die gegensätzlichen Rechtsauffassungen über das Verhältnis wischen Zurückbehaltung und Aufrechnung, die seit langem in Theorie und Praxis zu lebhaftem Streit und zu widersprechenden Erkenntnissen geführt haben; vgl. z. B. Seuff. Arch. Bd. 59 Nr. 52 (Kammergericht: 14. März 1903) und Bd. 65 Nr. 22 (OLG. Marienwerder: 29. Oktober 1909). So wie jetzt der Berufungsrichter hat der erkennende III. Zivilsenat des Reichsgerichts durch Urteil vom 17. Februar 1903 (unvollständig abgedruckt in RGZ. Bd. 55 S. 1) in einem dem vorliegenden gleichen Falle entschieden: Gehaltsklage eines Eisenbahnbeamten, Einwand der Aufrechnung oder der Zurückbehaltung von seiten des beklagten preußischen Fiskus wegen eines Erstattungsanspruchs aus Amtsunterschlagung. Die Entscheidung besagt, daß der Einwand der Aufrechnung nach § 394 BGB. unzulässig sei, daß jedoch der damalige Berufungsrichter (Oberlandesgericht Kiel, 27. Oktober 1902, Rechtspr. OLG. Bd. 6 S. 225), der zur Zahlung des Gehalts „gegen Erstattung des dem Beklagten unterschlagenen Betrags" verurteilt hatte, „in richtiger Anwendung des § 273 den Beklagten für befugt erklärt habe, die geschuldete Leistung (Gehaltsbetrag von 648,33 M.) zu verweigern, bis der Kläger den unterschlagenen Betrag von 1166,63 M. erstatte."

Dieses Urteil, auf welches der Kommissar des Reichsjustizamtes in der Sitzung des Reichstags vom 4. Mai 1911 gegenüber fünf an den Reichstag gerichteten Petitionen um Aenderung und Ergänzung des § 394 (des Kaufmannsgerichts Berlin, des Ausschusses für das Gewerbegericht Breslau, des Vereins Deutscher Spediteure, der Handelskammer für das Herzogtum Oldenburg, des Niedersächsischen Schutzverbandes für Handel und Gewerbe) verwiesen hat, kann jedoch nicht aufrecht erhalten und den Gründen des jetzigen Berufungsrichters nicht beigetreten werden. Die Nachprüfung der ganzen Frage führt vielmehr zu anderen Ergebnissen.

3. a) Die Verschiedenheit von Zurückbehaltung und Aufrechnung nach Voraussetzungen und Wirkungen (insbesondere: Erfordernis der Konnexität nur bei der Zurückbehaltung, Wirkung des Erlöschens der Forderung nur bei der Aufrechnung) ist offensichtlich und bereits so häufig dargelegt worden, daß es einer Wiederholung nicht bedarf. Aus dieser Verschiedenheit folgt jedoch nicht, daß, wenn aufrechenbare und zugleich im Sinne des § 273 konnexe Forderungen sich gegenüberstehen, der Schuldner sich schlechthin des Zurückbehaltungsrechts bedienen dürfe, nämlich immer auch dann, wenn er mit seiner Gegenforderung nach § 394 nicht aufrechnen darf. Die Erwägung, es könne der Gegenforderung die nur aus ihrer Konnexität fließende Eigenschaft der Zurückhaltbarkeit (§ 273) nicht um deswillen entzogen werden, weil ihr die von Konnexität unabhängige Aufrechenbarkeit durch § 394 entzogen ist, geht fehl. Eine solche Trennung der Rechtsbehelfe für eine und dieselbe Gegenforderung gegen eine und dieselbe Forderung ist immer dann ausgeschlossen, wenn die Zurückbehaltung denselben Zweck und denselben Erfolg hat, den § 394 für eben diese Gegenforderung und Forderung verbietet. Wird kraft der Zurückbehaltung für den einen und einheitlichen Tatbestand eine Wirkung erzielt, die nach dem eben diesen Tatbestand ergreifenden Aufrechnungsverbote des § 394 unzulässig ist, dann kann diese Wirkung nicht dadurch gerechtfertigt werden, daß sie wenigstens nach § 273, für sich allein betrachtet, statthaft sei: der Tatbestand unterliegt ebensowohl den Vorschriften über das Zurückbehaltungsrecht. als zugleich den Vorschriften über Aufrechnung. Dieses sein eigentliches, individuelles Wesen wird verkannt und verletzt. wenn durch Zurückbehaltung eben der Rechtserfolg erstrebt und erreicht wird, den die Aufrechnungsvorschriften gerade ausschließen. Ob § 394 eine nicht auszudehnende lex singularis ist oder ein allgemeines Prinzip enthält, kann nicht in Frage kommen; denn der gegebene Tatbestand wird tatsächlich und wirklich eben auch von den Aufrechnungsnormen neben den Zurückbehaltungsnormen beschränkt.

Nach seinem Grundgedanken verfolgt das Lohnbeschlagnahmegesetz vom 21. Juni 1869, wie der Beschluß des Oberlandesgerichts Hamburg vom 22. Januar 1887 (Seufferts Arch. Bd. 42 S. 240) zutreffend bemerkt, den Zweck, der im Erwerbe begriffenen Arbeitskraft gegen jeden Angriff Schutz zu gewähren und das Produkt der Arbeitstätigkeit (Lohn, Gehalt usw.) zunächst unangefochten in die Hände des Arbeitnehmers hinüberzuführen, damit dieser zur Erhaltung seiner Arbeitslust und Arbeitskraft die für sich und die Seinigen unentbehrlichen Lebensbedürfnisse bestreiten könne (vgl. Komm. Ber. in den Stenograph. Ber. des Reichstags, Sess. 1869 Bd. 3 S. 582 Sp. 2, 583 Sp. 1 und Mandry, Der zivilrechtliche Inhalt der Reichsgesetze, 4. Aufl., S. 246):

„Das Gesetz strebt als hauptsächlichstes Resultat das Freibleiben und Verbleiben des Arbeitsverdienstes, welcher das Mittel für die Forterhaltung der Arbeitskraft ist, und hiermit das Freibleiben der Arbeitskraft selbst an";

und S. 249:

„zugrunde liegt die Anschauung: es solle die noch nicht verwertete und noch nicht zum Kapital gewordene Arbeitskraft so wenig als die menschliche Individualität selbst zugunsten des Gläubigers in Anspruch genommen werden dürfen".

Eben diesem Zwecke, die Vergütung ganz oder zu einem gewissen Teile unverkürzt und unverkümmert in die Hand des kraft geleisteter Arbeiten oder Dienste Vergütungsberechtigten gelangen zu lassen, dient wie die Gewerbeordnung in ihren gegen das Trucksystem gerichteten Vorschriften (RGSt. Bd. 17 S. 286, Bd. 26 S. 210), soweit diese reichen, so der § 850 ZPO. und so das diese prozessuale Vorschrift in das Zivilrecht einführende (vgl. RGZ. Bd. 41 S. 53/54 und Oberstes LG. für Bayern in Seuff. Arch. Bd. 43 S. 159/63) Aufrechnungsverbot des § 394; vgl. Motive Bd. 2 S. 113 (Sicherung des nötigen Lebensunterhalts, die zugleich im Staatsinteresse liege und durch die Rücksicht auf das allgemeine Wohl gefordert werde).

Dieser Zweck kann nur erreicht und soll erreicht werden durch die rechtzeitige wirkliche Erfüllung der Verbindlichkeit zur Entrichtung der Vergütung (Lohn, Gehalt, Honorar, Sold, Pension), also durch Erlöschen des Schuldverhältnisses infolge Bewirkung der vom Vergütungspflichtigen geschuldeten Leistung. Das Gegenteil dieses Zweckes aber, nämlich, daß der Vergütungsberechtigte zur rechten Zeit nichts in die Hand bekommt, tritt ein, sowohl wenn die Forderung des Vergütungsberechtigten ohne wirkliche Erfüllung, auf andere Weise, zum Erlöschen gebracht wird (Aufrechnung), als wenn die Leistung der Vergütung verweigert wird, bis der Vergütungsberechtigte eine anderweite, ihm gegenüber dem Vergütungsschuldner obliegende Leistung bewirkt (Zurückbehaltung). Diese, die Zurückbehaltung, ist an sich durch § 273 positiv gestattet und insoweit das Recht des Vergütungsgläubigers auf wirkliche sofortige Erfüllung der Vergütungsschuld eingeschränkt. Diese Beschränkung ist abgeleitet aus der Anwendung des Grundsatzes von Treu und Glauben auf konnexe aus demselben rechtlichen Verhältnis fließende Forderungen (Jur. Wochenschr. 1907 S. 101 Sp. 1; RGZ. Bd. 68 S. 34; Motive Bd. 2 S. 41; KommProt. Bd. 1 S. 311; Wächter, Pandekten, Bd. 2 S. 336/337). Immer dann aber, wenn nach den objektiven und dem

Zurückbehaltenden bekannten Umständen der Vergütungsgläubiger die ihm gegen den Vergütungsschuldner obliegende Leistung nie oder doch nicht in absehbarer Zeit wird leisten können, widerstreitet die Zurückbehaltung dem gekennzeichneten Gesetzeszweck und kann nicht mehr als eine Treu und Glauben entsprechende Verknüpfung der beiderseitigen Ansprüche erachtet werden. Dann bezweckt und bewirkt die Zurückbehaltung in Wahrheit nicht etwas Vorläufiges, sondern eine endgültige Nichterfüllung der Vergütungsforderung; dann ist der formelle Fortbestand dieser Forderung nur ein Schleier, hinter dem sich deren gewollte materielle Auslöschung verbirgt. Dann ist die erklärte Zurückbehaltung nicht mehr ein „präsentes Sicherungsmittel", „ein Zwangsmittel", wie es die Zurückbehaltung sein soll, Motive Bd. 2 S. 41/42, KommProt. Bd. 1 S. 311/312, sondern sie ist einfach ein „Mittel zur Deckung"; sie ist der Sache nach eine Aufrechnung, und auf die Sache und deren inneren Kern kommt es an, nicht auf die gebrauchten Worte. Der Richter ist an die Erklärung der Partei, daß das Zurückbehaltungsrecht geltend gemacht werde, nicht gebunden, wenn ersichtlich ist, daß der wahre Rechtswille der Partei eben nicht auf Zurückbehaltung, auf zeitweilige Unterlassung der geschuldeten Vergütungsleistung, sondern auf ihre endgültige Verweigerung geht. Der Fall liegt anders als der RGZ. Bd. 62 S. 130 entschiedene, in welchem die Parteien, gerade weil ihnen die Unwirksamkeit einer ohne körperliche Uebergabe vereinbarten Verpfändung (§ 1205 BGB.) bekannt war, die Sicherstellung der Forderung durch Sicherungsübereignung erstrebten. Denn dieser andere Weg der Sicherstellung der Forderung ist nach der Praxis des Reichsgerichts nicht verboten (RGZ. Bd. 26 S. 184/185, Bd. 59 S. 148), sondern gesetzlich gestattet. Hier jedoch steht gerade in Frage, ob das Gesetzesgebot, daß der Vergütungsberechtigte die Vergütung in die Hand bekommen soll, und das zur Durchführung dieses Gebots aufgestellte Aufrechnungsverbot die rechtliche Möglichkeit offen lassen, den verbotenen wirtschaftlichen Erfolg, die insoweit endgültige Entblößung des Vergütungsberechtigten von den im erarbeiteten Verdienste gesuchten und in diesem bestehenden Existenzmitteln, auf dem anderen Wege der Zurückbehaltung herbeizuführen. Das muß verneint werden. Darum ist die Erklärung der Zurückbehaltung, während in Wirklichkeit der sachliche Enderfolg einer Aufrechnung in Aussicht genommen und gewollt wird, belanglos. Der wahre Wille entscheidet, nicht der, um dem Gesetzesverbot zu entgehen, gewählte Wortlaut. So hat z. B. die Entscheidung des Reichsgerichts in Strafsachen Bd. 27 S. 280 die behufs Vermeidung der Rechtsfolge des § 2 Abs. 2 des Lohnbeschlagnahmegesetzes gewählte Bezeichnung „Vollmacht" für gänzlich bedeutungslos erklärt, weil die „Vollmacht" in Wirklichkeit eine Anweisung war; vgl. Reichstagssitzung vom 5. Mai 1891, Stenograph. Ber. S. 2772 Sp. 1.

Ein solcher Sachverhalt ist z. B. gegeben, wenn ein Arbeiter, der eine kostspielige Maschine seines Arbeitgebers absichtlich zersägt hat, eine Lohnklage erhoben hat (DJurZ. 1901 S. 305) und der Arbeitgeber zur Zahlung des Lohnes von 100 M. Zug um Zug gegen Erstattung des Wertes der Maschine von (angenommen) 20 000 M. verurteilt wird. Ein gleicher Sachverhalt besteht aber auch hier, wo der Beklagte den Gehaltsteil von 370 M. an den Kläger zahlen soll gegen eine von dem zurzeit eine Zuchthausstrafe verbüßenden Kläger an ihn zu leistende Zahlung von 4660 M.

Diese Auffassung ergibt sich ohne Zuhilfenahme des Zwischensatzes in § 273 „sofern nicht aus dem Schuldverhältnis sich ein anderes ergibt", der nur den individuellen Inhalt des einzelnen und einzeln für sich betrachteten Schuldverhältnisses, insbesondere die etwaige Vorleistungspflicht des Schuldners im Auge hat (Ent. eines Bürgerl. Gesetzbuchs § 234, 364; Motive Bd. 2 S. 43, KommProt. Bd. 1 S. 312). Und von dieser Auffassung ist der erkennende Senat bereits im Urteile vom 30. September 1913, RGZ. Bd. 83 S. 140, ausgegangen: die Erklärung der Zurückbehaltung ist eine Erklärung der Aufrechnung, „wenn der Erklärende weiß, daß seine Forderung von dem Gegner nicht beigetrieben und daher voraussichtlich auf andere Weise als durch Aufrechnung nicht getilgt werden kann".

b) Dazu kommt ein zweiter Gesichtspunkt.

Schon im Urteile vom 24. April 1908, Rep. II. 524/07, (Warneyer 1908 S. 440/441) hat der zweite Zivilsenat des Reichsgerichts im Anschluß an einen Tatbestand, für den § 394 nicht in Betracht kam, ausgesprochen: „wo es sich um Geldforderungen auf beiden Seiten handelt, können Geldleistungen Zug um Zug unter gewöhnlichen Umständen nur den Sinn einer Aufrechnung haben." Daran ist festzuhalten, und zwar gerade auch dann, wenn das Aufrechnungsverbot des § 394 hineinspielt. Allerdings ist das Zurückbehaltungsrecht des Bürgerlichen Gesetzbuchs ein anderes Recht als das kaufmännische Retentionsrecht und das Retentionsrecht des Preußischen Allgemeinen Landrechts (Entsch. des ROHG. Bd. 21 S. 34, Jur. Wochenschr. 1881 S. 142 Sp. 1, RGZ. Bd. 12 S. 90, Bd. 21 S. 292); es ist zulässig nicht nur an fremdem Gelde und nicht nur an einer Geldspezies, sondern es kann auch eine eigene Geldschuld zurückbehalten werden. Daraus aber und weil ferner auch bei gleichartigen Leistungen die Zurückbehaltung stattfindet, folgt nicht, daß die Zurückbehaltung einer Geldschuld gegen eine Geldschuld immer auch wirklich eine Zurückbehaltung ist. Gewöhnlich wird sie es nicht sein, und ein besonderer Umstand kommt hier nicht in Betracht. Unter gewöhnlichen Umständen stellt, zunächst abgesehen von dem Aufrechnungsverbote, die Zurückbehaltung einer geschuldeten Geldleistung gegen eine dem Zurückbehaltenden gebührende Geldleistung nicht eine Suspension der Leistung von seiten des Zurückbehaltenden dar, sondern eine Suspension der vom Zurückbehaltenden für den Fall, daß der Gegner leisten könnte und leisten wollte, beabsichtigten Aufrechnung, also gerade eine Suspension der Nichtleistung der vielmehr anderweit zum Erlöschen zu bringenden Schuld. Denn der Parteiwille kann ernstlich nicht die sinnlose Gebarung ins Auge fassen, daß der Zurückbehaltungsgegner die von ihm geschuldete Geldsumme dem Zurückbehaltenden auszahlt und gleichzeitig der Zurückbehaltende seine Geldschuld an den Gegner bar berichtigt.

Der gegen diese Auffassung erhobene Einwand betrifft hauptsächlich den Fall, daß für eben diese vom Zurückbehaltenden geschuldete Geldleistung das Aufrechnungsverbot einschlägt. Dann, wird ausgeführt, habe die Zurückbehaltung der Geldschuld einen vollen, nämlich einen den Arbeitnehmer benachteiligenden Sinn; dann könne sich die Zurückbehaltung nie und nimmermehr zur Aufrechnung gestalten, weil diese eben verboten sei. Dieser Einwand wird der Rechtslage nicht gerecht. Es kommt nicht an auf den Sinn, den der Zurückbehaltende einer derartigen Zurückbehaltung nach außen hin und dem Buchstaben nach beizulegen versucht, sondern immer kommt es an auf den wirklichen Willen und den hieraus sich ergebenden wahren Sinn. Eben weil die Zurückbehaltung einer Geldschuld gegen eine Geldschuld eine für später gewollte und angekündigte Aufrechnung ist, wird sie, soweit das Aufrechnungsverbot einschlägt, noch aus einem zweiten selbständigen Grunde unzulässig, nämlich wegen Verletzung des Aufrechnungsverbots. Dieser zweite Grund schließt sich an den ersten Grund an. Der erste Grund geht dahin, daß materiell und wirklich, also rechtlich, bei der Zurückbehaltung einer Geldschuld gegen eine Geldschuld immer nicht eine dem Wortaut nach erklärte Zurückbehaltung, sondern eine bedingte, nämlich durch die zukünftige Zahlungsfähigkeit und Zahlungsbereitschaft des Zurückbehaltungsgegners bedingte Aufrechnung erstrebt und erreicht wird, demnach eine Aufrechnung, deren Erklärung nach § 388 Satz 2 BGB. unwirksam ist; Motive Bd. 2 S. 108, KommProt. Bd. 1 S. 365/366. Falls aber eine solche nur verdeckte und bedingte Aufrechnung doch an sich für zulässig erachtet werden könnte, dann wird sie, fährt der zweite Grund fort, jedenfalls in den vom Aufrechnungsverbote betroffenen Fällen durch dieses unzulässig.

4. Nach dem bisher Dargelegten (3 a und b) ist vorliegend die vom Beklagten, offenbar im Anschluß an die frühere Entscheidung dieses Senats vom 17. Februar 1903, erklärte Zurückbehaltung in Wahrheit eine Aufrechnungserklärung. Und danach wäre diese Aufrechnung unzulässig und ergäbe sich das Urteil des Landgerichts als zutreffend.

5. In Frage steht aber weiter, ob nicht dem Beklagten gegenüber der Gehaltsforderung des Klägers trotz des Wortlauts des § 394 eine präsente und unbedingte, also wirksame Aufrechnung darum zusteht, weil die ihm gegen den Kläger erwachsene Schadensersatzforderung sich gründet auf eine vorsätzliche unerlaubte und sogar strafbare, im Rahmen eben des Dienstverhältnisses, aus welchem der Gehaltsanspruch des Klägers entsteht, begangene Handlung. Auf diee Frage beziehen sich zahlreiche an den Reichstag und den Bundesrat gerichtete Petitionen; die Petenten waren: der Ausschuß des deutschen Handelstages (2. Juni 1908); der Ausschuß für das Gewerbegericht Breslau (20. März 1910); der deutsche Handelstag — zustimmend die Handelskammer Lübeck — (21. April 1910); der deutsche Handwerks- und Gewerbekammertag (10. September 1910); der Verein deutscher Spediteure (9. Oktober 1913), dem sich die Handelskammern Görlitz, Harburg, Leipzig, Osnabrück, Bielefeld, Bonn, Geestemünde, Gera, Posen, Mühlheim angeschlossen haben. Vgl. die im Auftrage des deutschen Handelstages herausgegebene Zeitschrift „Handel und Gewerbe", Jahrgang 15 S. 643; 17 S. 81; 18 S. 560, S. 213; 21 S. 519. Die Frage ist, ob nach dem geltenden Rechte des Bürgerlichen Gesetzbuchs in solchen Fällen der Berufung auf das Aufrechnungsverbot des § 394 die Replik der Arglist im weiteren Sinne entgegensteht (W ä c h t e r , Erörterungen Heft 2 S. 50 Anm. 10, RGZ. Bd. 58 S. 356, Bd. 78 S. 354). Dies muß bejaht werden, so daß die Aufrechnung allerdings statthaft und es insoweit eines Eingreifens des Gesetzgebers nicht bedarf. Dabei geht der erkennende Senat nach eingehender Prüfung — deren Ergebnisse im einzelnen auszuführen der vorliegende Rechtsstreit nicht erfordert — davon aus, daß diese Frage nur nach dem Bürgerlichen Gesetzbuche zu beantworten ist, da das Lohnbeschlagnahmegesetz und die Gewerbeordnung über die Aufrechnung keinerlei Bestimmungen enthalten.

6. Der § 394 Satz 1 BGB. ist ein Glied im Organismus des einheitlichen geschlossenen Rechtssystems; er darf nicht für sich allein, sondern nur als Stück des in allen seinen Teilen untrennbar zusammenhängenden Ganzen betrachtet werden. Das System des Bürgerlichen Gesetzbuchs wird durchdrungen von dem Grundsatze von Treu und Glauben mit Rücksicht auf die Verkehrssitte und von dem Grundsatze der Zurückweisung jeder Arglist im weitesten Sinne. Die §§ 157, 226, 242, 826 erscheinen nur als besondere Ausprägungen eines allgemeinen Prinzips. Die §§ 242 und 394 stehen sich nicht als zwei gleich zwingende und gleich kräftige Rechtssätze gegenüber, in deren Zusammentreffen § 394 als die lex specialis die Oberhand behalten müßte; sondern das allgemeine Prinzip beherrscht alle Einzelbestimmungen und muß gerade in ihnen lebendige Wirkung

üben, zur Klärung, Erweiterung, Ergänzung oder Beschränkung des vereinzelten Wortlauts. Dem in § 394 zum öffentlichen Wohl und im Staatsinteresse verfolgten Zwecke der Sicherung des Lebensunterhalts und eines darüber hinaus genügenden Einkommensteils darf keine Durchführung und Erfüllung zugestanden werden, die auf dem Irrwege eines unfreien formalistischen Haftens am Wortlaute der Arglist zum Siege verhelfen würde. Darüber will und kann der § 394 selbst nichts besagen; das ergibt sich aus dem Grundgedanken des Bürgerlichen Gesetzbuchs. Von diesem Standpunkt aus ist der vorliegende Fall und die zu beantwortende Frage zu prüfen.

Der Vergütungs- oder Diensteinkommensberechtigte verletzt bei bestehendem Arbeits- oder Dienstverhältnis die ihm danach obliegenden Treupflichten vorsätzlich, indem er im Rahmen des Arbeits- oder Dienstverhältnisses unter Benutzung der ihm dadurch gegebenen Befugnisse oder Zugriffsmöglichkeiten den Dienstherrn durch vorsätzliche unerlaubte und strafbare Handlungen (Diebstahl, Unterschlagung, Betrug, Untreue, Sachbeschädigung) schädigt. Trotzdem fordert er die ihm aus dem Arbeits- oder Dienstverhältnis zustehende Vergütung und beruft sich, wenn der derart von ihm beschädigte Dienstherr mit dem entsprechenden Teile seiner vielleicht außerordentlich hohen Schadensersatzforderung aufrechnet, auf § 394.

Eine solche Berufung auf § 394 kann nicht zugelassen werden. Das verstieße gröblich, wie gegen das allgemeine Rechtsgefühl, so gegen den obersten Leitsatz des Bürgerlichen Gesetzbuchs. Der formell Vergütungsberechtigte selbst hat durch vorsätzliche Straftat den Vertragsboden, aus dem er seinen Lebensunterhalt durch vertragstreue Arbeit und vertragstreuen Verdienst ziehen wollte und sollte, zerstört und zur Schädigung des andern Teiles mißbraucht, und zwar in dem Bewußtsein, den so von ihm zugefügten Schaden niemals oder kaum jemals ersetzen zu können; er hat z. B. wertvolle Maschinen zersägt und so den Betrieb des Dienstherrn schwer gestört oder gar lahmgelegt oder er hat Mittel, die seine Lohnforderung weit übersteigen, durch Diebstahl, Unterschlagung, Untreue, dem Dienstherrn entwendet und sich selbst zugeeignet. Dürfte er dessen ungeachtet dem aufrechnenden Dienstherrn entgegenhalten, daß sein Lohn als der Betrag der ihm nötigen Lebensunterhaltsmittel ihm gesichert zu bleiben habe, so wäre das ein Erfolg der Arglist; es wäre eine Anerkennung, daß, wer selbst innerhalb eines Vertragsbandes treulos und strafbar handelt, trotzdem den andern Teil an der baren Gegenvertragsleistung in eben dem Verhältnis festhalten dürfe. Das widerstreitet dem allgemeinen Wohl und dem Staatsinteresse.

Bei einer solchen Sachlage ist die Einforderung der Vergütung und deren Einklagung für sich allein schon eine gegen die gute Sitte verstoßende Handlung, welche in sich selbst die Arglist offen zur

Schau und vor den Richter bringt, und welche die durch zuvor begangene arglistige Straftat zugefügte Schädigung nur fortsetzen und zu einer völlig endgültigen machen will. Wer das Dienstverhältnis zu vorsätzlicher strafbarer Schädigung des Dienstherrn mißbraucht hat, muß es sich — auch wenn der Wert der Arbeit an sich durch die Straftat unberührt blieb, also nicht, sei es als durch sie nutzlos geworden, sei es als Posten der Schadensliquidation des Dienstherrn ohne weiteres, d. h. ohne Aufrechnung, unterging — nach den Geboten der Billigkeit und des richtigen Rechtes als Folge seiner Arglist gefallen lassen, daß die formell erwachsene und bestehende Lohnforderung durch die Schadensersatzgegenforderung ausgestrichen wird; er darf nicht beanspruchen, den nötigen Lebensunterhalt als Entgelt aus der Hand dessen zu erhalten, den er derart beschädigt hat.

Zutreffend ist darauf hingewiesen worden, daß § 394 als Schutzgesetz im Sinne des § 823 Abs. 2 BGB. erachtet werden muß. In dem gegebenen Falle würde sich also der Dienstherr, der gegen die Vergütungsforderung des derart ungetreuen Bediensteten dem isolierten Wortlaut des § 394 zuwider aufrechnet, seinerseits einer unerlaubten Handlung schuldig machen und seinerseits entsprechend haften. Das ergäbe eine durchaus unerträgliche Verkehrung der Sachlage: eine Deliktshaftung würde den treffen, der sich gegen die Folgen eines in demselben Vertragsverhältnis vorsätzlich gegen ihn begangenen, vielleicht sehr schweren Delikts dem Täter gegenüber wehren will.

Der bisher gewürdigte Tatbestand beschränkt sich auf eine Schadensersatzforderung, die aus demselben Arbeits- oder Dienstverhältnis durch eine vorsätzlich begangene, unerlaubte, und zwar strafbare Handlung gegen den Dienstherrn diesem selbst erwachsen ist. Die Würdigung schließt alle Schadensersatzforderungen irgendwelcher Art aus, die nicht dem Dienstherrn selbst, sondern einem Dritten entstanden und auf ihn nur übertragen sind; und sie umfaßt keineswegs alle sonstigen Schadensersatzforderungen, die dem Dienstherrn selbst aus demselben Arbeits- oder Dienstverhältnis zustehen.

Wohl aber kann die exceptio doli generalis begründet sein schon durch unerlaubte Handlungen, die der Bedienstete gegen den Dienstherrn im Arbeits- oder Dienstverhältnis vorsätzlich begangen hat, die aber nicht strafbar sind. Gerade in diesem weiteren Rahmen ist der Gedanke der exceptio doli generalis im Bürgerlichen Gesetzbuche sogar zu ausdrücklicher Ausprägung gekommen. Zunächst in § 273 Abs. 2 Fall 2, der dem zur Herausgabe eines Gegenstandes Verpflichteten das Zurückbehaltungsrecht wegen Verwendungen auf den Gegenstand oder wegen eines ihm durch diesen verursachten Schadens versagt, wenn er den Gegenstand durch eine vorsätzlich begangene unerlaubte Handlung erlangt hat. Die Motive Bd. 2 S. 44 bemerken dazu ohne weitere Begründung: „Solchenfalls ist der Schuldner unter allen Umständen vorleistungspflichtig bzw. er hat seinen Gegenanspruch selbständig zu verfolgen". Sodann besonders für die Aufrechnung in § 393, den die Motive Bd. 2 S. 112 als eine Ausdehnung des Satzes L 14 § 2 C 4, 31 „Possessionem autem alienam perperam occupantibus compensatio non datur" und als eine mit § 273 Abs. 2 Fall 2 korrespondierende Vorschrift bezeichnen. Die Entziehung des Aufrechnungsrechts sei nicht nur gegen Ansprüche aus widerrechtlicher Besitzaneignung gerechtfertigt, sondern gegen alle Ansprüche aus vorsätzlich begangenen unerlaubten Handlungen. § 393 gibt die Vorschrift, daß der Forderungsberechtigte, dem eine Gegenforderung aus von ihm vorsätzlich begangener unerlaubter Handlung gegenübersteht, *für seine Forderung zunächst nicht soll Erfüllung verlangen dürfen*, insbesondere nicht durch Selbstvollstreckung mittels von ihm erklärter Aufrechnung gegen jene Gegenforderung, daß er vielmehr zunächst der so gearteten Gegenforderung zu genügen hat. Es fehlt denn auch nicht an Stimmen, die in § 393 die positive Satzung finden, daß der einer vorsätzlich begangenen unerlaubten Handlung Schuldige „sich der Deckungshandlung des Gläubigers (nämlich der Aufrechnung desselben) nicht entziehen darf."

Uebrigens wäre es vergeblich und unrichtig, den Tatbestand der hier in Frage stehenden, das Aufrechnungsverbot des § 394 beseitigenden exceptio doli generalis im voraus abschließend kennzeichnen zu wollen. Denn die Würdigung dieser Einrede muß ihrer Natur nach dem völlig freien Ermessen des Richters überlassen bleiben. Ihre Zulassung oder Ablehnung kann immer nur aus den im voraus nicht übersehbaren, individuellen Umständen des Einzelfalles gefolgert werden; die Grenzen lassen sich rein theoretisch überhaupt nicht ziehen.

7. Nach dem Dargelegten wäre vorliegend auf Abweisung der Klage zu erkennen gewesen, da die Zurückbehaltung des Beklagten in Wahrheit die Erklärung einer Aufrechnung, und zwar einer zulässigen Aufrechnung darstellt.

Der Beklagte hat jedoch die Revision nicht eingelegt; es ist demnach lediglich die Revision des Klägers zurückzuweisen."

RGZ. 85, 372

Zur Anwendung des § 254 BGB., insbesondere unter Berücksichtigung des § 3 des Gesetzes betr. die privatrechtlichen Verhältnisse der Binnenschiffahrt vom 15. Juli 1895 (RGBl. S. 301).

VI. Zivilsenat. Urt. v. 26. Oktober 1914.

I. Landgericht Stade. II. Oberlandesgericht Celle.

Der Kläger fordert in abgetretenen Rechten des Schiffseigners W. Ersatz des Schadens, den dieser durch den Untergang seines Kahnes im neuen Harburger Hafen am 31. August 1907 erlitten hat. Das Berufungsgericht hat angenommen, daß dieser Schaden durch Verschulden der verfassungsmäßigen Vertreter des Beklagten verursacht worden sei, daß aber bei seiner Entstehung auch ein Verschulden, wenn auch nicht des W. so doch seines Bootsmannes N., das jenem nach § 3 BinnSchG. zuzurechnen sei, mitgewirkt habe, ohne daß ihm ein Entlastungsbeweis gemäß § 831 BGB., wie ihn das bürgerliche Recht zulasse, freistehe. Deswegen hat es den Klaganspruch nur zur Hälfte dem Grunde nach für gerechtfertigt erklärt, im übrigen aber die Klage abgewiesen.

Die Revision des Klägers wurde zurückgewiesen.

Gründe:

. . . „Ohne Grund beschwert sich die Revision darüber, daß das Berufungsgericht dem Kläger den Entlastungsbeweis bezüglich des N. versagt hat. Sie weist darauf hin, daß ein solcher Beweis dem Geschädigten stets zustehe, wenn — wie hier — Schadensersatz auf Grund unerlaubter Handlung gefordert werde und das Verschulden eines Angestellten des Geschädigten bei der Entstehung des Schadens mitgewirkt habe; § 3 BinnSchG. könne hier nicht zur Anwendung kommen, da es sich nicht um den Schaden eines Dritten handle, der durch die Schiffsbesatzung verschuldet worden sei. Dieser Auffassung kann nicht beigetreten werden. Richtig ist zwar, daß jene Bestimmung sich darüber nicht verhält, in welcher Weise auf den, dem Schiffseigner gegen einen Dritten wegen dessen Verschuldens zustehenden Schadensersatzanspruch das mitwirkende Verschulden einer Person der Schiffsbesatzung in Ausführung ihrer Dienstverrichtungen einwirkt. Allein die durch den § 3 bestimmte Haftung des Schiffseigners muß auch bei der Schadensteilung im Rahmen des § 254 BGB. entsprechende Anwendung finden. Was eine Haftung wegen Verschuldens Dritten gegenüber begründet, begründet regelmäßig auch die Haftung gegen sich selbst in der Form der Berücksichtigung des eigenen Verschuldens bei der Schadensteilung. Nach der Feststellung des Berufungsgerichts ist der Schaden, für den der Kläger Ersatz fordert, auch durch ein Verschulden des Bootsmanns seines Rechtsvorgängers in Ausführung seiner Dienstverrichtungen herbeigeführt worden. Der Kläger muß daher sich selbst dieses Verschulden in derselben Weise zurechnen lassen, wie es ihm zugerechnet werden müßte, wenn der Bootsmann in Ausführung seiner Dienstverrichtungen durch sein Verschulden einem Dritten Schaden zugefügt hätte. Da der angezogene § 3 letzterenfalls den Schiffseigner schlechthin für den Schaden haften läßt, ohne ihm einen Entlastungsbeweis in der Richtung des § 831 BGB. zu gestatten, so hat die gleiche Haftung auch einzutreten, soweit es sich um einen Schaden handelt, den ihm selbst der Bootsmann zugleich mit dem Beklagten zugefügt hat, d. h. bei der durch § 254 BGB. gebotenen, nach Befinden zur Versagung oder Abminderung des Schadensersatzanspruchs führenden Abwägung ist das Verschulden des Bootsmanns schlechthin einzustellen, ohne daß dem Schiffseigner (oder seinem Rechtsnachfolger) zu gestatten wäre, einen Entlastungsbeweis in der Richtung des § 831 zu führen. Von den gleichen Erwägungen ist der I. Zivilsenat in seinem RGZ. Bd. 55 S. 316 flg., 321 abgedruckten Urteil ausgegangen. Der darin entschiedene Fall betraf zwar den § 485 HGB.; dieser Bestimmung ist aber § 3 BinnSchG. nachgebildet worden. Der Anwendung dieser Vorschrift im Rahmen des § 254 BGB. steht auch § 4 Abs. 1 Nr. 3 nicht entgegen, wonach der Schiffseigner nicht persönlich, sondern nur mit Schiff und Fracht haftet, wenn der Anspruch auf das Verschulden einer Person der Schiffsbesatzung gegründet wird. Denn bei der Anwendung des § 254 kann von einer eigentlichen Haftung des Schiffseigners, sei es mit seinem ganzen Vermögen, sei es nur mit Schiff und Fracht, überhaupt nicht die Rede sein, sondern nur davon, ob überhaupt oder in welchem Umfange ihm als dem Geschädigten Ersatz zu leisten ist." . . .

RGZ. 86, 399

Inwiefern findet das Recht, eine Schuld aufzukündigen, weil ein höherer Zinssatz als sechs vom Hundert vereinbart ist, auf die Hingabe von Geld gegen Beteiligung am Gewinn Anwendung?

BGB. § 247.

II. Zivilsenat. Urt. v. 7. Mai 1915.

I. Landgericht Plauen, Kammer für Handelssachen.

II. Oberlandesgericht Dresden.

Laut Vertrag vom 29. Dezember 1904 gab der Beklagte dem Kläger, der in G. eine Fabrik betrieb, zum Zwecke der Auszahlung ausscheidender Gesellschafter 110 000 M. in das Geschäft. In dem Vertrage wird das Rechtsverhältnis als Darlehen bezeichnet, für welches durch Eintragung einer Grundschuld in das Fabrikgrundstück Sicherheit bestellt wird. Außer 5 % Zinsen wurden als weiterer Entgelt ein Anteil am Reingewinn vereinbart. Der nach bestimmten Grundsätzen zu berechnende Nettogewinn sollte zwischen den Parteien nach Verhältnis des Kapitalkontos des Klägers zum „Darlehnskonto" des Beklagten verteilt werden, jedoch dergestalt, daß der Kläger dem Beklagten vom Reingewinn mindestens so viel überlassen mußte, daß dieser im ganzen eine Verzinsung seines Kapitals von 10 % erhielt. Nach § 4 des Vertrags hatte der Beklagte in seinem Verhältnis zum Fabrikbetriebe des Klägers die Rechte eines Kommanditisten. Der Vertrag wurde auf 20 Jahre fest geschlossen. Die Fabrik arbeitete mit Gewinn, so daß der Beklagte in der ganzen Zeit mehr als 6 % seines Kapitals bezog.

Der Kläger erachtet sich auf Grund des § 247 BGB. für berechtigt, das Vertragsverhältnis aufzukündigen. Er hat das getan und, da der Beklagte der Kündigung widersprochen hat, Klage erhoben mit dem Antrage, festzustellen, daß der Vertrag mit dem Ablaufe des Jahres 1913 sein Ende erreicht habe. Während die Kammer für Handelssachen die Klage abwies, wurde in der zweiten Instanz nach dem Klagantrag erkannt. Auf die Revision des Beklagten hat das Reichsgericht das erste Urteil wiederhergestellt aus folgenden

Gründen:

„Der erste Richter hat dem Kläger das Recht, den Vertrag auf Grund des § 247 BGB. zu kündigen, abgesprochen, weil es sich hier um einen Gesellschaftsvertrag und nicht um ein Darlehen handle und weil die Vorteile, welche dem Beklagten über die 5prozentige Verzinsung seines Geldes hinaus zugesagt seien, Beteiligung am Gewinne darstellten, aber nicht Verzinsung. Der Berufungsrichter hat dagegen nach dem Klagantrag erkannt. Er hat ausführlich begründet, daß nicht Gesellschaftsvertrag, sondern Darlehen vorliege, daß nicht nur der Beklagte tatsächlich während der ganzen bisherigen Vertragszeit mehr als die vereinbarten Zinsen von 5 % und auch mehr als 6 % Versinsung seines Kapitals erhalten habe, sondern daß auch bei der Sicherheit, mit der man im voraus auf ein solches Ergebnis habe rechnen können, eine dem tatsächlichen Ergebnis entsprechende Verzinsung als vereinbart anzusehen sei.

Es kommt aber für die Entscheidung des vorliegenden Falles gar nicht darauf an, ob der Vertrag, den die Parteien miteinander geschlossen haben, als Gesellschaftsvertrag oder als Darlehen aufzufassen ist und ob überhaupt, wenn ersteres anzunehmen wäre, im Sinne des § 247 BGB. von einer Schuld des einen Gesellschafters gegen den anderen und von einer Verzinsung dieser Schuld die Rede sein könnte. Denn unter allen Umständen fehlt es hier an dem Tatbestande, daß ein höherer Zinssatz als 6 % vereinbart wäre. Die Verzinsung ist auf 5 % festgesetzt, und was dem Beklagten darüber hinaus zukommen soll, sind nicht Zinsen, sondern Gewinnanteil. Was der Vorderrichter in diesem Punkte zur Begründung seiner gegenteiligen Auffassung ausführt, beruht auf einer Verkennung des Begriffs der Zinsen. Darunter sind Vergütungen für Ueberlassung des

Kapitals zu verstehen, die auf Bruchteile dieses Kapitals bemessen im voraus dem Betrage nach fest bestimmt sind. Gerade hierdurch unterscheidet sich der Zins von der Dividende, dem nach dem Ergebnis der Geschäftsführung sich bestimmenden Gewinnanteil, und es erscheint ausgeschlossen, daß die Dividende dadurch zum Zins wird, daß man mit großer und größter Sicherheit auf ein günstiges Ergebnis rechnen kann. Es mag alles richtig sein, was in letzterer Beziehung vom Vorderrichter ausgeführt wird. Man mag, sei es gleich beim Abschlusse des Vertrags, sei es von einem späteren Zeitpunkt ab, mit größter Zuversicht darauf gerechnet haben und darauf haben rechnen dürfen, daß ständig mit einem Gewinne gearbeitet werden würde, der dem Beklagten eine Gesamtverzinsung seines Kapitals von nahezu 10 % gewährte. Der § 247 BGB. redet nicht von einer Verzinsung in diesem gemeinen Sinne, sondern von Zinsen im oben angegebenen juristischen Sinne des Begriffs. In diesem Sinne ist die Verzinsung im Vertrage auf 5 % festgesetzt. Zu einer Zahlung darüber hinaus ist der Kläger erst verpflichtet, wenn ein Gewinn und insoweit als ein solcher gemacht wird. Diese Vergütung ist keine fest bestimmte, sondern abhängig vom Geschäftsergebnis Dabei kommt es freilich nicht auf die Bezeichnung an, sondern auf die Sache. Wäre ein bestimmter Gewinnanteil über die 5 % und über 6 % hinaus garantiert, dann könnte in Frage kommen, ob eine solche Dividende nicht auch unter die Bestimmung des § 247 fiele. Eine solche Garantie über die ersten 5 % hinaus ist hier aber gerade nicht bedungen.

Daß dieses dem Gesetze zu entnehmende Ergebnis mit Notwendigkeit — wie der Vorderrichter hervorhebt — dazu führt, daß die Anwendung des § 247 gerade in Fällen eines besonderen Schutzbedürfnisses ausgeschlossen wird, kann nicht zugegeben werden. Im Gegenteil würden durch eine Anwendung des § 247, wie ihr der Vorderrichter das Wort redet, zahlreiche, namentlich im Handelsverkehr häufige, auf die Beteiligung an dem Unternehmen eines anderen gerichtete Vertragsverhältnisse gefährdet sein, gegen deren Inhalt nicht das geringste einzuwenden ist und deren Vereinbarung nichts weniger bedeutet, als eine „Umgehung" des § 247, der gar nichts anderes bestimmen will, als eben nur das, was sein Wortlaut besagt."

RGZ. 87, 190

Ist der Schiedsgutachter verpflichtet, das dem Mehrheitsbeschluß entsprechende Gutachten zu unterzeichnen, auch wenn er ihm nicht zugestimmt hat?

VII. Zivilsenat. Urt. v. 18. Juni 1915.

Das Urteil ist abgedruckt unter „Zivilprozeß".

RGZ. 87, 276

Inwieweit sind Angestellte, welche der Dienstherr in seinen gemieteten Räumen beschäftigt, als dessen Gehilfen bei Erfüllung der Mieterpflichten anzusehen?

BGB. §§ 276, 278.

III. Zivilsenat. Urt. v. 5. November 1915.

I. Landgericht Aurich. II. Oberlandesgericht Celle.

Die Beklagte hatte vom Kläger einen Teil des von diesem auf der Baustelle „Neue Seeschleuse" in Emden aufgestellten Schuppens gemietet, u. a. auch zur Aufbewahrung von Farben, Benzin und Oelen. Am 17. Juli 1912, noch während der Dauer des Mietverhältnisses, warf ein von ihr in dem Raume beschäftigter Arbeiter H. ein Streichholz, mit dem er sich soeben eine Zigarette angezündet hatte, achtlos auf den Boden, wo es auf eine mit einem brennbaren Stoffe getränkte Stelle fiel. Hierdurch entstand ein Feuer, und der Schuppen brannte nieder. Der Kläger macht den Beklagten für den ihm hierdurch entstandenen Schaden verantwortlich.

Das Landgericht hat den Klaganspruch dem Grunde nach für gerechtfertigt erklärt. Das Oberlandesgericht wies die Berufung der Beklagten zurück. Auf die Revision der Beklagten ist das Berufungsurteil aufgehoben und die Klage abgewiesen worden.

Aus den Gründen:

. . . „Das Berufungsgericht nimmt an, daß die Beklagte auf Grund von § 278 BGB. für den von H. fahrlässigerweise verursachten Schaden aufzukommen habe. Nun ist zwar so viel richtig, daß ein Angestellter, dem sein Dienstherr den Mitgebrauch von ihm gemieteter Räume zur Verrichtung von Arbeiten überläßt, dadurch zugleich mit der Erfüllung der dem Mieter obliegenden Vertragspflicht betraut wird, die Mietsache schonend und pfleglich zu benutzen. Im Falle einer schuldhaften Verletzung dieser Pflicht durch den Angestellten hat aber der Mieter dem Vermieter aus § 278 nur zu haften, wenn das pflichtwidrige Verhalten des Angestellten in ursächlichem Zusammenhange mit der ihm aufgetragenen Arbeitsleistung steht. Zuwiderhandlungen, welche sich der Angestellte nur bei Gelegenheit der Dienstleistung in den Mieträumen zuschulden kommen läßt, hat der Dienstherr nicht zu vertreten (RGZ. Bd. 84 S. 224, Bd. 63 S. 341). Seine Haftpflicht erstreckt sich nur auf solche Verstöße des Angestellten, welche dieser im Rahmen der Tätigkeit begeht, zu deren Ausübung ihm der Mitgebrauch an der Mietsache eingeräumt war. Es ist demnach unzutreffend, wenn das Berufungsgericht die Haftung der Beklagten für den Brandschaden aus § 278 um deswillen bejaht, weil H.'s Aufenthalt in dem Schuppen durch den ihm erteilten Arbeitsauftrag veranlaßt worden sei. Die Verwendung des Streichholzes, durch dessen Fortwerfen der Brand von H. verursacht wurde, stand zu der ihm aufgetragenen Verrichtung in keinerlei Beziehung." . . .

RGZ. 87, 281

Ist gegenüber der Verjährungseinrede die Gegeneinrede der allgemeinen Arglist zulässig?

III. Zivilsenat. Urt. v. 9. November 1915.

Die Entscheidung ist abgedruckt unter „Bürgerliches Recht, Allgemeiner Teil".

RGZ. 88, 71

1. Unter welchen Umständen tritt Unmöglichkeit der Leistung bei einem Verkauf ein, durch den der Verkäufer sich verpflichtet hat, eine binnen bestimmter Zeit von dem überseeischen Ursprungsort abzuladende Ware an dem europäischen Bestimmungsorte der Seereise zu liefern?

2. Welche Wirkung hat es auf die gegenseitigen Verpflichtungen aus solchem Vertrage, wenn der Verkäufer eine abgeladene Partie unter Benennung des Dampfers dem Käufer als für ihn bestimmt anzeigt?

BGB. § 279.

II. Zivilsenat. Urt. v. 4. Februar 1916.

I. Landgericht Hamburg. II. Oberlandesgericht daselbst.

Die Klägerin hat dem Beklagten durch zwei Verträge vom 2. Mai und 1. Juli 1914 je 250 Ballen (afrikanischen) Westküsten-Raffiabast F. S. verkauft. Die Schlußnoten lauten übereinstimmend:

> Qualität telle quelle, jegliche Reklamation betreffs der Qualität ausgeschlossen; Mai/Juni (im 2. Falle Juni/August) 1914 Abladung von Madagaskar; ab Quai hier; ausgeliefertes Gewicht; reine Tara; Kasse — 2,3 % Dekort; Zahlung gegen Dokumente bei Dampfers Ankunft auf der Elbe; glückliche Ankunft vorbehalten; prompt ex Quai zu empfangen, eventuelle Seebeschädigung mit Refaktie.

Die durch den ersten Vertrag verkaufte Ware ist auf dem Dampfer „Usambara" nach Hamburg abgeladen worden, was die Klägerin durch Brief vom 1. Juli dem Beklagten mitgeteilt hat. Der Dampfer hat aber wegen des Krieges die Reise nicht vollenden können, sondern ist mit der Ware in Teneriffa liegen geblieben. Gegen den zweiten Vertrag ist nach der Behauptung der Klägerin, die der Beklagte bestritten hat, überhaupt keine Ware abgeladen worden, weil durch den Ausbruch des Krieges Verschiffungen aus dem französischen Madagaskar nach Deutschland unmöglich geworden sind.

Der Beklagte als Käufer nimmt den Standpunkt ein, daß zwar die Erfüllung beider Verträge während des Krieges unmöglich sein möge, daß aber die gekauften Waren nach Behebung der Hindernisse, insbesondere nach Friedensschluß, so schnell wie möglich geliefert werden müßten.

Die Klägerin hat demgegenüber mit der Klage beantragt, festzustellen, daß dem Beklagten aus den streitigen Verträgen kein Rechte mehr gegen die Klägerin zustehen. Beide Vorinstanzen erkannten zugunsten der Klägerin. Die Revision des Beklagten wurde zurückgewiesen.

Gründe:

. . . „Wenn man unter eigentlichen Abladegeschäften nur diejenigen Verkäufe versteht, bei denen der Verkäufer die Lieferpflicht durch Abladung der Ware vom Verschiffungshafen erfüllt und folgeweise der Käufer die Gefahr der Beförderung trägt (wie dies regelmäßig für die cif und c & f-Geschäfte gilt), so liegen im Streitfalle keine eigentlichen Abladegeschäfte vor. Laut der in beiden Schlußnoten enthaltenen Bestimmung „ab Quai hier" sollte bei den streitigen Geschäften nicht der überseeische Abladeort Madagaskar, sondern das Ziel der Seereise, Hamburg, Erfüllungsort für den Verkäufer sein. Dieser trägt deswegen auch die Gefahr der Seereise, was sich in der Bestimmung „eventuelle Seebeschädigung mit Refaktie" kundgibt.

Als Abladegeschäfte im weiteren Sinne kennzeichnen sich die streitigen Verkäufe aber dadurch, daß Gegenstand der in Hamburg zu erfüllenden Lieferpflicht eine innerhalb bestimmter Monate von Madagaskar abgeladene oder abzuladende Ware ist, welche sofort nach Ankunft des Dampfers auf Grund der alsdann vom Käufer einzulösenden Konnossemente vom Kai empfangen werden soll. Die die Abladezeit betreffende Abrede ist, wie das Oberlandesgericht übereinstimmend mit dem sonst bekannten Handelsgebrauch ausspricht, eine wesentliche Bestimmung des Vertrags. Nur eine Ware, die innerhalb des bestimmten Zeitraums von Madagaskar abgeladen ist, entspricht dem Vertrag und kann zu seiner Erfüllung dienen.

Hiernach ist also die Erfüllung des Vertrags nicht schon dann möglich, wenn innerhalb der verabredeten Zeit Ware von Madagaskar abgeladen werden, sondern nur, wenn eine so abgeladene Ware in Hamburg geliefert werden kann. Anderseits ist die Erfüllung aber nicht schon dann unmöglich, wenn der Verkäufer selbst keine dem Vertrag entsprechenden Abladungen bewirken kann, sondern nur dann, wenn vertragsmäßig abgeladene Waren (oder Konnossemente über solche in ankommenden Schiffen) am Markte überhaupt nicht erhältlich sind.

Wendet man dies auf den streitigen Tatbestand an, so gelangt man zu dem Ergebnis, daß die Klägerin frei geworden ist, und zwar von beiden Verkäufen. Die zur Erfüllung des ersten Verkaufs bestimmte Partie wurde allerdings in vertragsmäßiger Zeit von Madagaskar abgeladen. Die Klägerin hat dies auch in üblicher Weise dem Beklagten angezeigt, wodurch nach Handelsgebrauch die Verbindlichkeit des Verkäufers auf die abgeladene Ware beschränkt wurde. Es ist also nur die mit der „Usambara" abgeladene Ware Gegenstand der Lieferpflicht. Diese Ware konnte die Klägerin zu der dem Vertrag entsprechenden Zeit, nämlich im Herbste 1914, nicht liefern, und kann sie auch jetzt noch nicht liefern, weil der Transport nach Hamburg wegen des Krieges unmöglich ist. Wann das Hindernis behoben wird, ist nicht abzusehen. Danach ist aber die vertragliche Leistung endgültig unmöglich geworden; denn die notwendig gewordene zeitliche Verschiebung verändert die wirtschaftliche Bedeutung der Lieferung in dem Maße, daß sie, wenn sie in Zukunft einmal beschafft würde, etwas wesentlich anderes sein würde als die im Vertrage bedungene Leistung. Es ist zunächst für den Käufer etwas völlig anderes, wenn er die gekaufte Ware anstatt im Herbste 1914 fast zwei Jahre später, vielleicht mit noch längerer Verzögerung, erhält. Die Revision irrt mit der Ausführung, daß hieraus nur ein Recht des Beklagten zum Rücktritt folge. Dies würde zu dem unannehmbaren Ergebnis führen, daß der Käufer bei steigendem Markte beim Vertrage stehen bleibt, bei rückgängigen Preisen zurücktritt, also auf Gefahr des Verkäufers spekuliert. Ferner aber ändert die zeitliche Verschiebung auch für die Verkäuferin den Inhalt ihrer Leistung ganz wesentlich. Sie müßte nicht nur den Kaufpreis jahrelang entbehren, sondern auch die Gefahr der Gewichts- und Wertminderung tragen, ferner für Aufbewahrung des Gutes, Versicherung, Beiträge zur großen Haverei Aufwendungen machen, welche nicht wie in Friedenszeiten durch die gewöhnliche Versicherung gedeckt würden. Die Leistung würde sich also infolge der durch den Krieg verursachten Verzögerung für die Klägerin zu einer ganz anderen Last gestalten, als sie ohne diesen Zwischenfall war. Da demnach für beide Teile die den Gegenstand des Vertrags bildende Leistung durch die notwendig gewordene zeitliche Verschiebung nach Inhalt und wirtschaftlicher Bedeutung wesentlich verändert ist, hat die zeitliche Unmöglichkeit eine endgültige Unmöglichkeit nach sich gezogen, so daß beide Teile vom Vertrage frei sind.

Das gleiche gilt für den zweiten Verkauf. Hier liegt allerdings die Sache insofern anders, als die Verkäuferin unbestrittenermaßen dem Käufer nicht die erfolgte Abladung und den Dampfer angezeigt hat, und nach ihrer — vom Beklagten bestrittenen — Behauptung auch keine Ware, die der Erfüllung dieses Geschäftes dienen sollte, abgeladen hat. Die Lieferpflicht ist hier also jedenfalls nicht auf einen bestimmten Warenteil beschränkt, sondern betrifft einen nur der Gattung nach bestimmten Gegenstand. Die Klägerin ist auch — soviel ist der Revision zuzugeben — nicht schon deswegen vom Vertrage frei, weil seit Anfang August keine Ware von Madagaskar nach Hamburg abgeladen werden konnte. Zwar kann sie nicht dafür haftbar gemacht werden, daß sie nicht, wie es möglich war, im Juni oder Juli abgeladen hat. Denn nach dem Vertrage stand ihr die Wahl der Abladezeit innerhalb der festgesetzten drei Monate frei, und es ist keine Fahrlässigkeit, daß sie die Abladung nicht innerhalb der ersten Monate bewirkt hat. Allein, wie das Oberlandesgericht mit Recht ausgeführt und im Beginne dieses Urteils bereits hervorgehoben ist, die Klägerin brauchte nicht selbst die Ware verschiffen zu lassen; auch eine von anderer Seite abgeladene Ware war zur Erfüllung verwendbar. Die Befreiung der Klägerin von der Lieferpflicht tritt folgeweise nur dann ein, wenn Ware von vertragsmäßiger Beschaffenheit und Abladezeit im Markte nicht erhältlich ist und demnach in Hamburg nicht geliefert werden kann. Daß solche Unmöglichkeit besteht, daß die Leistung aus der Gattung seit Ausbruch des Krieges und auch jetzt noch (vermutlich bis zum Frieden) unmöglich ist, hat der Beklagte nie bestritten. Er hat es vielmehr in der Klagebeantwortung zugestanden und hat seine Berufung laut dem vorgetragenen Schriftsatze vom 15. September 1915 darauf begründet, daß nach dem Frieden eine Abladung möglich sein werde.

Darauf kommt es nicht an. Gleichviel, ob die Klägerin keine weiteren Abladungen bewirkt hat, oder ob, wie der Beklagte als möglichst hinstellt, solche Abladungen geschehen sind, aber wegen des Krieges Hamburg nicht erreichen können, jedenfalls stehen der Lieferung Hindernisse entgegen, die wohl einmal schwinden werden, aber in ihrer Dauer unabsehbar sind. Sie dauern auch schon so lange, daß die Lieferung, wenn sie jetzt wieder möglich würde, nach Wesen und Bedeutung nicht mehr die im Vertrage vereinbarte wäre. Es ist also aus denselben Gründen, die bei Beurteilung des ersten Verkaufs dargelegt sind, aus der zeitlichen Unmöglichkeit eine endgültige geworden. Die Klägerin ist demnach auch von dem zweiten Vertrage frei. Die Revision ist deshalb gänzlich zurückzuweisen."

RGZ. 88, 76

Ist in dem Falle, daß ein Landwirt einer Molkerei für eine gewisse Zeitdauer täglich eine bestimmte Menge Milch seiner Kühe liefern muß und die Lieferung längere Zeit hindurch schuldhaft unterlassen hat, eine Verurteilung zur Nachlieferung für die Vergangenheit zulässig?

II. Zivilsenat. Urt. v. 4. Februar 1916.

I. Landgericht Liegnitz. II. Oberlandesgericht Breslau.

Der Kläger hat als Rechtsnachfolger des Molkereidirektors W. gegen die Beklagten im Februar 1910 Klage erhoben mit dem Antrage, die Beklagten nach näherer Bestimmung der mit ihnen von W. im Januar 1909 abgeschlossenen Verträge zur Lieferung der zugesagten Milchmengen für die Zeit vom 1. Februar 1910 bis zum 1. Februar 1918 zu verurteilen. Gegen diesen Antrag wandten die Beklagten, welche in I. Instanz obgesiegt hatten, in II. Instanz u. a. ein, er sei insoweit unzulässig, als damit für die Vergangenheit eine unmögliche Leistung gefordert werde.

Das Oberlandesgericht hat durch Urteil vom 1. Juli 1915 jeden der Beklagten verurteilt, gemäß den Bestimmungen des von W. mit ihnen abgeschlossenen Vertrags an die Molkerei des Klägers in R. für die Zeit vom 1. Februar 1910 bis einschließlich 31. Januar 1916 täglich von drei Kühen je 1 Liter Milch zu liefern. Die Revision hatte insoweit Erfolg, als sie die Verurteilung der Beklagten zur Milchlieferung für die Vergangenheit betraf.

Aus den Gründen:

... „Zutreffend wird aber die Entscheidung insoweit, als sie die Vergangenheit betrifft und die Beklagten verurteilt sind, nach Maßgabe des Vertrags an die Molkerei des Klägers in R. für die Zeit vom 1. Februar 1910 bis einschließlich 1. Juli 1915 täglich von drei Kühen je 1 Liter Milch zu liefern, mit der Begründung bekämpft, daß sie sich als eine unzulässige Verurteilung zu einer unmöglichen Leistung darstelle. In dieser Beziehung hat das Berufungsgericht folgendes ausgeführt. Eine offenbar unmögliche Leistung komme nicht in Betracht. Allerdings könne eine Leistung, deren objektive Unmöglichkeit feststehe, nicht zum Gegenstand einer Klage gemacht werden. Ein solcher Fall liege aber hier nicht vor. Denn zur Zeit der Klagezustellung — Ende Februar 1910 — sei das Verlangen nach Lieferung der seit dem 1. Februar 1910 rückständigen Milch noch keineswegs unmöglich gewesen, da eine Ersatzlieferung unschwer zu bewirken gewesen wäre, wenn der Klaganspruch von den Beklagten alsbald anerkannt worden wäre. Ob eine solche Nachlieferung jetzt noch in Frage kommen könne und wie sie auszuführen wäre, könne nur im Wege des beiderseitigen Uebereinkommens zu regeln sein. Denn natürlich könnten die Beklagten im Falle der Verurteilung nicht die ganze rückständige Menge dem Kläger auf einmal anliefern. Indessen handle es sich hierbei lediglich um Fragen, deren Lösung in der Zwangsvollstreckungsinstanz versucht werden möge. Die Beklagten seien jedenfalls nicht berechtigt, im Laufe des Rechtsstreits dem Kläger die Einrede der Unmöglichkeit der Erfüllung entgegenzusetzen, wenn sie diese Unmöglichkeit selbst herbeigeführt und somit zu vertreten hätten. Denn dadurch würde die Prozeßlage des Klägers verschlechtert werden, indem dieser nunmehr gezwungen wäre, die Voraussetzungen für den Grund und die Höhe eines Schadensersatzanspruches nachzuweisen, während es ihm sonst freistehen würde, die Erfüllung zu fordern und nach Erwirkung eines obsiegenden Urteils den für ihn bequemeren Weg des § 283 BGB. zu beschreiten (RGZ. Bd. 54 S. 31). Der Einwand der Unmöglichkeit könne deshalb hier keine Berücksichtigung finden.

In der Rechtslehre ist allerdings streitig, ob in dem Falle, daß nach Entstehung des Schuldverhältnisses die Leistung infolge eines von dem Schuldner zu vertretenden Umstandes unmöglich wird, auf den ursprünglichen Leistungsgegenstand geklagt werden kann und eine dahingehende Verurteilung zulässig ist, oder die Verbindlichkeit sich in eine solche auf Schadensersatz umwandelt. Die herrschende Meinung entscheidet die Frage im Sinne der letzteren Alternative. In Uebereinstimmung hiermit hat der I. Zivilsenat des Reichsgerichts in dem von dem Berufungsgerichte bezogenen Urteile RGZ. Bd. 54 S. 31 entschieden, daß ein Urteil auf eine Leistung, deren Unmöglichkeit bereits feststeht, nicht zu erlassen ist, die Verurteilung der Beklagten zu dem ursprünglichen Leistungsgegenstande wurde dann auch auf die Erwägung gestützt, daß die Unmöglichkeit seiner Leistung zwar von der Beklagten behauptet, von dem Kläger aber bestritten sei und noch nicht feststehe. Dabei wurde auf den besonderen Vorteil hingewiesen, der dem Kläger aus einer solchen Verurteilung im Hinblick auf § 283 BGB. erwachse.

Dieser Rechtsprechung schließt sich der erkennende Senat an. Im Unterschiede von dem damals entschiedenen Falle steht jedoch schon gegenwärtig ohne weiteres fest, daß die Verpflichtung der Beklagten, innerhalb einer gewissen Zeit täglich an die Molkerei des Klägers eine bestimmte Menge Milch zu liefern, für den bereits abgelaufenen Zeitraum in der im Vertrage vorgesehenen, dem Vertragszweck und den beiderseitigen Interessen der Parteien entsprechenden Weise nicht mehr erfüllt werden kann. Durch die Hinausschiebung der Leistung auf lange Zeit hinaus ist der Leistungsgegenstand selber verändert worden und hat damit die Fähigkeit, als Vertragserfüllung zu dienen, verloren. Daher ist die Leistung des ursprünglichen Vertragsgegenstandes unmöglich geworden; vgl. RGZ. Bd. 42 S. 116. Dies ist von dem Berufungsgerichte verkannt. Deshalb unterliegt seine Entscheidung insoweit der Aufhebung." . . .

RGZ. 88, 342

Begründet die fahrlässig falsche Auskunftserteilung eines Rechtsanwalts über nicht dem Rechtsgebiet angehörende Verhältnisse eine

Haftung der mit ihm zur gemeinschaftlichen Berufsausübung verbundenen Rechtsanwälte?

BGB. §§ 157, 242.

III. Zivilsenat. Urt. v. 26. Mai 1916.

I. Landgericht München. II. Oberlandesgericht daselbst.

Der Kläger fordert von den Beklagten, die früher in München gemeinschaftlich den Anwaltsberuf ausübten, als Gesamtschuldnern Schadensersatz mit der Begründung, daß er im Jahre 1909 durch fahrlässig falsche Auskünfte der Beklagten G. und M. zur Gewährung von Darlehnen an die Eheleute Gr. bestimmt worden sei, die über Mittel zur Rückzahlung nicht verfügten.

Das Landgericht wies die Klage ab. Das Oberlandesgericht erklärte den Klaganspruch dem Grunde nach für gerechtfertigt. Die Revision des Beklagten M. ist durch Beschluß als unzulässig verworfen worden. Auf die Revision der Beklagten v. P. und G. ist das Berufungsurteil, soweit es sie betrifft, aufgehoben worden.

Aus den Gründen:

„Mit Recht greift die Revision die Annahme des Berufungsgerichts an, daß die Beklagten v. P. und G. für den Schaden einzustehen haben, der dem Kläger durch die auf Fahrlässigkeit beruhenden unrichtigen Angaben des Beklagten M. entstanden ist. Wie unbestritten ist, bot der Ingenieur Gr. dem Kläger, als er ihn um die Gewährung des ersten Darlehens ersuchte, die Geschäftsanteile als Sicherheit an, mit denen er und seine Ehefrau an der Internationalen Reklamegesellschaft m. b. H. in C. beteiligt waren. Wegen der Einholung von Auskünften über die Sicherheit verwies Gr. den Kläger an die Kanzlei der Beklagten, denen er für einen gegen die Reklamegesellschaft geführten, damals noch schwebenden Rechtsstreit Vollmacht erteilt hatte. Bei der Rücksprache, die auf diese Veranlassung hin der Kläger mit dem Beklagten M. nahm, ließ er diesem — so stellt das Berufungsgericht fest — durch den mit ihm erschienenen N. erklären, er mache das Geschäft mit den Gr.schen Eheleuten nur, wenn es ohne Risiko sei. Die Aufschlüsse, welche ihm hierauf M. gab, waren nach den Beweisannahmen des Vorderrichters insofern unrichtig, als jener in bezug auf die Reklamegesellschaft versicherte, daß sie gut sei, und als er dem Kläger keine Mitteilung davon machte, daß Gr., abgesehen von der Beteiligung an dem C.er Unternehmen, vermögenslos sei. Das Berufungsgericht nimmt nun an, daß durch die Inanspruchnahme und die Erteilung der Auskunft ein Vertragsverhältnis zwischen den Parteien begründet worden sei, auf Grund dessen die Beklagten für die schuldhaft falsche Ratserteilung eines jeden von ihnen als Gesamtschuldner zu haften haben, und zieht hieraus die Folgerung, daß die Beklagten v. P. und G. die von M. verschuldeten unrichtigen Angaben vertreten müssen. Diese Beurteilung des Sachverhalts wird der besonderen Lage des Falles nicht gerecht.

In dem Urteile RGZ. Bd. 85 S. 306 ist allerdings dargelegt worden, daß zwei Rechtsanwälte, die sich zur gemeinsamen Berufsausübung vereinigt haben, als Gesamtschuldner für den Schaden haftbar sind, der durch das Verschulden des einen von ihnen der Partei erwachsen ist, welche sie mit der Wahrnehmung ihrer Rechte betraut hat. Dieser Rechtsgrundsatz kommt jedoch dem Kläger nicht zu statten. Wie sich die gemeinschaftliche Betätigung der mehreren miteinander verbundenen Anwälte auf das Berufsgebiet beschränkt, so kann die in ihr zu erblickende Kundgebung an das Publikum nur darin verstanden werden, daß sie sich zu *gemeinschaftlichen* Dienstleistungen innerhalb der Grenzen des Anwaltsberufs erbieten. Wenn und soweit daher einer der Anwälte eine Auskunft unter Ueberschreitung dieser Grenzen erteilt, greift zwar nach Befinden eine vertragliche Haftung des Auskunfterteilenden selbst, nicht aber auch der mit ihm verbundenen Anwälte Platz, die durch eine solche Betätigung ihres Berufsgenossen überhaupt nicht in Vertragsbeziehungen zu dem Auskunft Begehrenden treten. Die falschen Angaben M.s betrafen aber lediglich Verhältnisse, die dem wirtschaftlichen, nicht dem Rechtsgebiet angehören, deren Aufklärung auch nicht einmal durch die Beanwortung von Vorfragen rechtlicher Art bedingt war oder in einem sonstigen inneren Zusammenhange mit den Aufgaben eines rechtskundigen Beraters stand. Mit Unrecht weist der Kläger demgegenüber darauf hin, daß M. im Namen der beiden anderen Beklagten dem Kläger gegenüber die Verpflichtung übernommen habe, kraft der ihnen von den Gr.schen Eheleuten zu erteilenden Generalvollmacht über deren Geschäftsanteile an dem C.er Unternehmen, soweit es die Sicherung der Darlehnsansprüche des Klägers erforderte, zu verfügen, also wirtschaftliche Interessen des Klägers wahrzunehmen. Selbst wenn M. zur Uebernahme einer solchen Verpflichtung von den beiden anderen Beklagten ermächtigt war oder diese die Eingehung der Verpflichtung nachmals genehmigt haben, so schließt weder das eine noch das andere zugleich eine Einverständniserklärung der beiden Anwälte mit der Erteilung von Auskünften wirtschaftlicher Art durch M. in sich.

Ebensowenig wie hiernach die Ansprüche begründet sind, die auf Grund der unrichtigen Aufschlüsse M.s gegen die Rechtsanwälte v. P. und G. erhoben werden, ist auch der Anspruch gegen v. P. gerechtfertigt, der auf die falsche Auskunft von G. gestützt wird. Das Berufungsgericht stellt in dieser Hinsicht fest, daß G. bei Gelegenheit der Errichtung der Urkunde über das zweite Darlehen auf die Frage des Klägers, ob bei Gr. doch nichts fehle, erwidert hat, dies sei ausgeschlossen, in kurzer Zeit sitze Gr. im Golde. In dieser Aeußerung sieht der Berufungsrichter einen Hinweis auf die Vermögenslage, in die Gr. durch die Veräußerung seiner Geschäftsanteile an dem Unternehmen der Reklamegesellschaft kommen würde, und er erblickt demgemäß in den Worten die fahrlässig falsche Zusicherung, daß die Gesellschaft gut fundiert und die Anteile sicher und verwertbar seien. Auch hier handelt es sich daher um eine Auskunft, die nur das wirtschaftliche Gebiet berührt und für die deshalb dem Beklagten v. P. eine Verantwortung nicht aufgebürdet werden kann." . . .

RGZ 88, 389

Zur Individualisierung der Gattungschuld, wenn im Getreidehandel der Verkäufer dem Käufer ein Konnosement über einen Bruchteil einer ungetrennt verladenen größeren Warenmenge liefert. Bedeutung der Verladungsanzeige im überseeischen Abladegeschäft, insbesondere beim Deutsch-Niederländischen Getreidevertrage.

BGB. §§ 243, 447. HGB. § 346.

II. Zivilsenat. Urt. v. 19. September 1916.

I. Landgericht Bremen, Kammer für Handelssachen.

II. Oberlandesgericht Hamburg.

Die Klägerin verkaufte der Beklagten am 2. Juli 1914 300 Tonnen Gerste zum Preise von 116,25 M. einschließlich Fracht und Versicherung bis zur Weser, zu verladen im Laufe des Juli a. St. von Häfen des Asowschen oder Schwarzen Meeres, Zahlung gegen Dokumente. Dem Abschlusse lag das Formular des Deutsch-Niederländischen Vertrags für Teilladungen von Gerste zugrunde. Bis zum 25. Juli n. St. verlud die Klägerin in dem am Asowschen Meere belegenen Hafe Chenitschek 2500 Tonnen Gerste in dem englischen Dampfer Patagonia; die Konnossemente lauten von diesem Tage. Am 1. August erstattete sie der Beklagten durch Telegramm die vorgeschriebene Verladungsanzeige über 300 Tonnen aus der Partie von 2500 Tonnen und fügte zugleich vorläufige Rechnung bei. Das Telegramm wurde nach Behauptung der Klägerin am 1. August morgens abgesandt, ging aber der Beklagten frühestens am 2. August, einem Sonntage, bald nach Mittag zu; die Beklagte behauptet, es erst Montag den 3. gleichzeitig mit dem Briefe der Klägerin erhalten zu haben. Am selben Tage lehnte sie die Andienung ab, da durch die unterdessen zwischen Rußland und Deutschland eingetretenen Feindseligkeiten die Patagonia gefährdet sei. Hierbei blieb sie auch, als ihr später die Konnossemente zur Einlösung vorgelegt wurden.

Die Patagonia fuhr nicht ab. Die Ware wurde später von Rußland beschlagnahmt und ging somit verloren.

Die Klägerin forderte mit der Klage, indem sie die Konnossemente auch jetzt anbot, Zahlung des Kaufpreises, eventuell Schadensersatz in gleicher Höhe. Sie beantragt, die Beklagte zur Zahlung von 31 957,50 M. nebst Zinsen zu verurteilen. Beide Vorinstanzen wiesen die Klage ab. Auf die Revision der Klägerin wurde die Sache an das Berufungsgericht zurückverwiesen.

Gründe:

„Durch den streitigen Vertrag hat die Klägerin der Beklagten 300 Tonnen Gerste, zu verschiffen vom Asowschen oder Schwarzen Meere innerhalb des Juli a. St. 1914 gegen einen Preis von 116,25 M. für 1000 kg einschließlich Fracht und Versicherung bis zur Weser, verkauft. Mit Recht entnimmt das Berufungsgericht aus diesen Bestimmungen wie aus dem gesamten Inhalte des für den Abschluß verwandten Deutsch-Niederländischen Vertragsformulars, daß der Verkäufer seine Lieferpflicht im Abladehafen durch Verschiffung der Ware zu erfüllen hatte und daß mit der Verschiffung die Gefahr der Ware auf den Käufer übergehen sollte, soweit der Vertrag nicht Einschränkungen diese Grundsatzes enthält. . . . (Wird ausgeführt.)

Die Anwendung dieses Grundsatzes ist auch nicht deswegen ausgeschlossen, weil bei Gattungsschulden der Uebergang der Gefahr nicht ohne Beschränkung der Schuld auf eine Spezies denkbar ist, und weil die Klägerin die angedienten 300 Tonnen nicht gesondert, sondern als Bruchteil der größeren Menge von 2500 Tonnen verschifft hat. Zu diesem Verfahren war die Klägerin nach dem Vertrage berechtigt. Der Vertrag trifft ausdrücklich die Bestimmung, daß, wenn die verkaufte Ware mit anderen Partien ohne Trennung verladen ist, Fegsel, Beschädigung, Mehr- oder Mindergewicht unter die Empfänger nach Verhältnis zu verteilen sind. Es ist also vorgesehen (was übrigens der Handelsgebrauch für Getreideverkäufe längst zugelassen hat), daß der Verkäufer zum Zwecke der Vertragserfüllung den Bruchteil einer größeren Menge anbieten darf, und daß der Käufer dann in eine Gemeinschaft mit den übrigen beteiligten Empfängern eintreten muß. Bei solcher Erfüllung des Kaufes genügt der Verkäufer seiner Verbindlichkeit nicht durch Verschaffung des Eigentums an der im Vertrage bestimmten Menge, sondern durch Verschaffung des Miteigentums zu entsprechendem Bruchteil an einer größeren Menge. Diese größere Menge ist dann die bestimmte Sache auf die sich gemäß § 243 BGB das Schuldverhältnis beschränkt, sobald der Verkäufer das zur Leistung seinerseits Erforderliche getan hat.

Ohne Zweifel kann aber die Einladung der Ware in das Schiff für sich allein bei Geschäften wie dem streitigen nicht den Uebergang der Gefahr auf den Käufer bewirken. Denn, wie das Berufungsgericht mit Recht ausspricht, steht damit noch nicht fest, daß die verladene Ware zur Erfüllung einer bestimmten Lieferpflicht dienen soll. Der Verkäufer verliert durch die Einladung (wenn er, wie gebräuchlich und wie auch im Streitfalle geschehen, die Konnossemente an seine eigene Order ausstellen läßt) nicht die Freiheit, die verladenen Partien seinen verschiedenen Abkäufern beliebig zuzuteilen, und er wird sich hierüber häufig erst später entschließen. Solange aber nicht eine bestimmte Sache Gegenstand der Lieferpflicht gegenüber einem bestimmten Käufer geworden ist, kann auch die Gefahr einer solchen Sache nicht auf den Käufer übergehen. Obwohl gemäß dem Vertrage der Käufer die Gefahr des Unterganges der Ware von der Einladung an tragen soll, kann also der Uebergang der Gefahr erst stattfinden, wenn der Verkäufer das seinerseits Erforderliche getan hat, um eine bestimmte Partie — oder einen Bruchteil davon — dem Käufer zu liefern. Das geschieht bei dem gewöhnlichen Uebersendungsverkaufe dadurch, daß der Verkäufer eine Spezies dem Frachtführer zur Beförderung an den Käufer ausliefert. Bei Verschiffungen wie der hier streitigen, die gegen ein an Order des Verkäufers gestelltes Konnossement geschehen würde, wenn nur die Regeln des Gesetzes Platz griffen, hinzukommen müssen, daß der Verkäufer das Konnossement, gehörig indossiert, an den Käufer absendet; denn hiermit wäre ein Tatbestand geschaffen, der nach § 243 BGB. die Beschränkung der Verbindlichkeit auf die Einzelsache und zugleich nach § 447 den Uebergang der Gefahr auf den Käufer bewirkt.

Die Uebersendung des Konnossements kann aus leicht ersichtlichen Gründen nicht alsbald nach der Verladung und nicht so rasch, wie die Konzentration der Verbindlichkeit und der Uebergang der Gefahr eintreten sollen, erfolgen. Deswegen bedient sich der Handel der Verladungsanzeige und mißt ihr Wirkungen bei, die nach dem Gesetz erst der Absendung des Konnossements an den Käufer zukommen würden. Es ist unstreitig, daß nach der allgemeinen Rechtsüberzeugung der Kaufleute durch die Verladungsanzeige eine Beschränkung der Verbindlichkeit auf die verladene Ware eintritt und damit, wenn der Abladeplatz Leistungsort für den Verkäufer ist, auch die Gefahr der Sache auf den Käufer übergeht.

Daß diese Anschauung auch dem im Streitfalle verwandten Deutsch-Niederländischen Vertrage zugrunde liegt, wird vom Berufungsgericht anerkannt. Es spricht aus, daß die Gefahr der „Verzögerung des Transports" durch die Verladungsanzeige auf den Käufer übergeht. Von Rechtsirrtum beeinflußt und unzureichend sind aber die Gründe, aus denen das Berufungsgericht annimmt, es komme auf den Zeitpunkt an, in dem die Erklärung dem Käufer z u g e h t. Das Berufungsgericht stützt diese Entscheidung darauf, daß die Anzeige eine empfangsbedürftige Willenserklärung sei, die gemäß § 130 BGB. erst mit dem Zugange wirksam werde und widerrufen werden könne, bis sie dem Käufer zugegangen ist. Es unterläßt zu prüfen, ob der § 130 auf die Verladungsanzeige anzuwenden ist. Das Anzeigen, welche rechtsgeschäftliche Bedeutung haben, keineswegs immer erst mit dem Eintreffen beim Empfänger wirksam werden, zeigen die Beispiele des § 478 BGB. und § 377 HGB. Die Verladungsanzeige steht in ihrer Wirkung der Uebergabe der Ware an den Frachtführer beim gewöhnlichen Uebersendungskaufe gleich. Auch bei diesem ist der Verkäufer in der Lage, die Ware nachträglich anzuhalten (§ 433 HGB.); er ist aber dem Käufer gegenüber dazu nicht berechtigt, weil die Konzentration der Verbindlichkeit auf die Spezies eingetreten ist. Dementsprechend würde auch die Widerruflichkeit der Verladungsanzeige zu verneinen sein, wenn gemäß dem Deutsch-Niederländischen Vertrag oder dem Handelsgebrauche die Verladungsanzeige die Wirkung, das Schuldverhältnis auf die Einzelsache zu beschränken, schon in dem Zeitpunkte der Abgabe ausübt. Ob die der Fall ist, oder ob die Verladungsanzeige nur als empfangsbedürftige Willenserklärung funktioniert, ist die zu entscheidende Frage.

Die Analogie der den gleichen Gegenstand betreffenden gesetzlichen Regeln weist darauf hin, daß die Verladungsanzeige sehr wohl mit ihrer Absendung, nicht erst mit dem Zugange wirken kann; denn nach den §§ 243, 447 BGB. werden Konzentration des Schuldverhältnisses und der Uebergang der Gefahr auf den Käufer durch einseitiges Handeln des Verkäufers herbeigeführt, nicht erst dadurch, daß dem Käufer Nachricht darüber zugeht. Der Deutsch-Niederländische Vertrag behandelt auch verschiedentlich die Absendung der Verladungsanzeige als entscheidend. So werden die für die Anzeige gesetzten Fristen durch rechtzeitige Absendung gewahrt, nicht erst durch rechtzeitiges Eintreffen. Nach einer weiteren Bestimmung soll Ware aus einem durch Havarie seeuntüchtig gewordenen Schiffe nicht mehr andienbar sein, wenn der Verkäufer von der Seeuntüchtigkeit Kenntnis erlangt hat. Es liegt jedenfalls näher, das Erfordernis des guten Glaubens auf den Zeitpunkt der Absendung der Anzeige als auf den ihres Eintreffens beim Empfänger zu beziehen. Ob nun die Wirkung der Konzentration des Schuldverhältnisses auf die Spezies und des Ueberganges der Gefahr auf den Käufer von dem Handelsgebrauch und dem Deutsch-Niederländischen Vertrage der Absendung der Verladungsanzeige oder erst ihrem Eintreffen beim Käufer beigelegt wird, das ist nur durch Ermittelung des genaueren Inhalts des Handelsgebrauchs und durch eine auch von tatsächlichen Momenten abhängige Auslegung des Vertrags festzustellen. Die Entscheidung dieser Frage muß daher dem Tatrichter überlassen werden, der dabei die dargelegten rechtlichen Erwägungen zu berücksichtigen haben wird. Keineswegs kann sie ohne weitere Gründe durch Hinweis auf den § 130 BGB. entschieden werden, weil gerade dessen Anwendbarkeit in Frage steht. Für das Verständnis und die Tragweite der Verladungsanzeige hatte die Klägerin sich aber laut der vorgetragenen Berufungsbegründung auf das Gutachten von Sachverständigen bezogen. Dieses erhebliche Beweiserbieten ist vom Berufungsgericht übergangen. Die Begründung verstößt also auch gegen § 286 ZPO.

Ist demnach der Ausspruch, daß der Zeitpunkt des Eintreffens der Verladungsanzeige, frühestens also der Nachmittag des 2. August 1914 für die Frage der Andienbarkeit der streitigen Partie entscheidend sei, nicht aufrechtzuerhalten, so verlieren die weiteren Ausführungen, daß nach der in diesem Zeitpunkte bestehenden Weltlage die Zurückweisung der Andienung berechtigt gewesen sei, ihre Erheblichkeit. Es wird von der Entscheidung über den Zeitpunkt der Wirkung der Verladungsanzeige abhängen, ob es für die Andienbarkeit der streitigen Partie auf die Lage am Vormittage des 1. August oder auf diejenige am Nachmittage des 2. August ankommt. Der Unterschied beider Zeitpunkte kann erheblich sein, weil zwischen ihnen die deutsche Kriegserklärung an Rußland liegt.

Schon hiernach mußte die Sache unter Aufhebung des angefochtenen Urteils an das Berufungsgericht zurückverwiesen werden, damit dieses zunächst nochmals über den Zeitpunkt der Wirkung der Verladungsanzeige und dann über die Andienbarkeit der Ware im entscheidenden Zeitpunkt urteilt.

Ueberdies sind aber auch die Gründe, aus welchen das Berufungsgericht auf Grund der Sachlage vom 2. oder 3. August die Zurückweisung der Andienung für berechtigt erklärt, für sich genommen nicht von Rechtsirrtum frei. Das Berufungsgericht spricht aus, die Beklagte habe die Partie aus der Patagonia mit Recht zurückgewiesen, weil sie zur entscheidenden Zeit durch die zwischen Rußland und Deutschland ausgebrochenen Feindseligkeiten gefährdet gewesen sei. Die Klägerin sei verpflichtet gewesen, ein geeignetes Transportmittel zu wählen, und nicht berechtigt, ein solches zu benutzen, dessen Ankunft auf der Weser zweifelhaft war. Danach scheint das Berufungsgericht der Klägerin ein Verschulden bei der Auswahl des Schiffes zur Last legen zu wollen. Ein solches ist aber von der Beklagten nicht behauptet worden und ist nicht erfindlich. Es ist nicht einzusehen, was die Klägerin darin versehen haben sollte, daß sie das Getreide vor dem 25. Juli in einem englischen Dampfer verlud, auch liegt nichts dafür vor, daß es in einem Dampfer anderer Flagge sicherer gewesen wäre. Soweit aus dem festgestellten Tatbestande ersichtlich ist, hat der Verlauf der politischen Ereignisse, den die Klägerin weder voraussehen noch abwenden konnte, eine Gefahr, daß die Reise der Ware durch Krieg gehindert werde, herbeigeführt. Immerhin lag zu der entscheidenden Zeit, sollte dies auch der 2. oder 3. August gewesen sein, nur eine Gefahr vor. Schiff und Ladung waren noch nicht von kriegerischen Maßregeln betroffen; ein Schade war noch nicht eingetreten. Die zu entscheidende Frage ist also, ob eine im maßgeblichen Zeitpunkte für den sicheren Verlauf des Transports bestehende, nicht auf Verschulden des Verkäufers zurückzuführende Gefahr den Käufer berechtigt, die Andienung zurückzuweisen. Auch diese Frage ist auf Grund des streitigen Vertrags und des einschlägigen Handelsgebrauchs zu entscheiden und war deswegen dem Tatrichter zu überlassen.

Falls die bisher erörterte Verteidigung der Beklagten verworfen wird, so kommt es noch auf die Einwendung an, die die Beklagte aus dem Absatze des Deutsch-Niederländischen Vertrags über „Verladungsverhinderung" herleitet. Da der Vorderrichter erklärt, diese Klausel nicht ohne Erhebungen über ihre Entstehung und Bedeutung auslegen zu können, hat das Revisionsgericht keinen Anlaß, sich zu diesem Streitpunkt auszusprechen."

RGZ. 89, 426

1. . . .

2. Muß ein Rechtsanwalt einer von der seinigen abweichenden Rechtsanschauung im Interesse seiner Partei Rechnung tragen?

3. . . .

BGB. § 249.

III. Zivilsenat. Urt. v. 23. Februar 1917.

Die Entscheidung ist abgedruckt unter „Verfahrensrecht, ZVG."

RGZ. 90, 350 †

1. . . .*)

2. Kann gegen Hypothekengläubiger, die komplottmäßig zur Beseitigung eines fremden Besitz- und Ablösungsrechts zusammenwirken, der Verlust des Hypotheken- und Zwangsversteigerungsrechts ganz oder teilweise ausgesprochen werden?

BGB. §§ 826, 249, 268.

V. Zivilsenat. Urt. v. 23. Juni 1917

I. Landgericht Köln. II. Oberlandesgericht daselbst.

Eine später in Zahlungsschwierigkeiten geratene Firma Z. B. & Co. hatte von den Geschwistern E. in der Gemarkung von W. durch

*) Geringere Bedeutung.

Vertrag vom 5. März 1910 ein aus zahlreichen Grundstücken zusammengesetztes Gut, genannt „Engelshof", in der Gesamtgröße von 513 Morgen, für 1 300 000 M. erworben und nach Maßgabe einer notariellen Schuldverschreibung vom 15. März 1910 an erster Stelle mit einer Darlehnshypothek von 600 000 M. zugunsten der Klägerin belastet. Die Hypothek sollte zwar 10 Jahre unkündbar sein, im Falle unpünktlicher, länger als 2 Wochen verzögerter Zinszahlung sollte jedoch die Gläubigerin zu sofortiger Einforderung berechtigt sein. Die Schuldnerin unterwarf sich sofortiger Zwangsvollstreckung. Anderseits behielt sie sich, da sie eine Villenkolonie anlegen wollte, das Recht vor, jederzeit die Freigabe einzelner Pfandgrundstücke zu verlangen (Nr. 11). Im Falle der Freigabe sollte sie 1200 M. für je 25 a abzahlen und bei etwaiger Gefährdung der Sicherheit noch eine weitere von der Gläubigerin zu bestimmende Abzahlung (Ablage) leisten.

Hinter dieser Darlehnshypothek ließ die Schuldnerin noch 3 Hypotheken für die Geschwister E., August, Mathilde und Johanna als Restkaufpreis eintragen. Ihr Gesamtbetrag beläuft sich noch auf 435 000 M.; nämlich je 195 000 M. für Mathilde und Johanna E., während die Hypothek von August E. noch 45 000 M. (in zwei Teilbeträgen von 33 200 M und 11 800 M) beträgt.

Am 9. Februar 1914 schloß die Schuldnerin mit mehreren Personen (A. u. Gen.) einen Vertrag, worin sie ihnen unter Vorbehalt des Eigentums an den Grundflächen den Kies und Sand von 150 Morgen der Grundstücke 472/96 (48 ha 86 a 21 qm) und 97 Flur 1 (26 a 82 qm), am Rhein gelegen, zu 25 000 M. für je 5 Morgen zu 25 a „verkaufte". Den Käufern war die Uebertragung ihres Rechtes gestattet, die sie dann auch zugunsten der Beklagten vornahmen. Diese begann mit Hilfe von Baggermaschinen mit der Aussandung und Auskiesung, nachdem sie die Abräumung des Lehm- und Mutterbodens, die eigentlich die Eigentümerin vornehmen sollte, mangels Erfüllung dieser Verpflichtung selbst bewirkt hatte.

Darauf hat am 15. September 1915 die Klägerin, die behauptete, ihre Sicherheit wäre gefährdet, auf Grund des § 1134 BGB. Klage mit dem Antrag erhoben, der Beklagten solle unter Strafandrohung untersagt werden, Kies und Sand zu entnehmen und den Lehm- und Mutterboden abzuräumen. Die Beklagte verlangte Abweisung der Klage und erhob Widerklage mit dem Antrage, die Klägerin solle dulden, daß ihr Pfandrecht gemäß § 268 BGB. und Nr. 11 des Beleihungsvertrags durch Zahlung von je 1200 M. für 25 a abgelöst werde. Diese Widerklage ist jedoch vom Landgerichte durch Urteil vom 14. Juni 1916 abgewiesen worden, während das von der Klägerin verlangte Verbot bei Vermeidung einer Strafe von 1500 M. für jede Zuwiderhandlung (unter Nachlaß der Abwendung durch eine Sicherheitsleistung von 300 000 M.) erlassen wurde.

Inzwischen hatte die Aktiengesellschaft der M.-Werke, die zum Baue größerer Werkanlagen den Engelshof und andere Grundstücke erwerben wollte, um Preissteigerungen zu vermeiden, eine Gesellschaft m. b. H. „Ziegelei W." zu diesem Zwecke gegründet. Diese erwarb zunächst, am 23. Oktober 1915, die der Klägerin nachstehenden Hypotheken von insgesamt 435 000 M. für 225 000 M und setzte sich dann mit der Klägerin in Verbindung, um unter Beseitigung des Aussandungs- und Auskiesungsrechts der Beklagten den Engelshof an sich zu bringen. Sie erwarb von der Eigentümerin (Firma Z. B. & Co.) durch Vertrag vom 9. Dezember 1915 zunächst den Hauptbestand des Engelshofes, ohne die zur Aussandung bestimmten Flächenabschnitte Flur 1 Nr. 97 und 472/96, und übernahm die Hypothek der Klägerin als persönliche Schuld insoweit, als die Klägerin nicht in dem Zwangsversteigerungsverfahren, das diese inzwischen, am 18. Oktober 1915, wegen eines Teilbetrags von 100 000 M. und der seit dem 1. Januar 1915 rückständig gebliebenen Zinsen hatte einleiten lassen, Befriedigung finden würde. Die Zwangsversteigerung der die Ziegelei W. mit 195 000 M. n. Z. beitrat, wurde nur noch in Ansehung der Grundstücke I 97, 472/96 fortgesetzt. Den Restbestand des Engelshofes entließ die Klägerin aus der Pfandhaft und dehnte anderseits den Zwangsversteigerungsantrag, soweit er noch aufrecht erhalten war, auf den ganzen Betrag ihrer Hypothek von noch 576 378,93 M. sowie der rückständigen Zinsen, zusammen 627 119,48 M. aus. Im Zwangsversteigerungstermine vom 31. Juli 1916 bot die Beklagte der Klägerin Ablösung ihrer gesamten Hypothek gemäß § 268 BGB. durch Barzahlung von rund 630 000 M. an, mußte aber dieses Angebot zurückziehen, als sie erfuhr, daß die Klägerin den Hauptteil des verhafteten Gutes freigegeben hatte und weitere Sicherheiten nicht besaß. Doch wurde auf Grund einer von der Beklagten erzielten einstweiligen Verfügung (vom 28. Juli 1916) das Zwangsversteigerungsverfahren eingestellt. Anderseits ruhte auch (infolge des für vorläufig vollstreckbar erklärten landgerichtlichen Urteils) die Aussandung und Auskiesung seit Mitte Juli 1916.

Die Klägerin trat demnächst ihre Hypothek an eine andere, von den M.-Werken gegründete Gesllschaft m. b. H. „Westdeutsche Immobiliengesellschaft" ab und erhielt volle Befriedigung. Sie schloß sich der von der Beklagten gegen das landgerichtliche Urteil eingelegten Berufung an und verlangte zugunsten ihrer Zessionarin den Wegfall der der Beklagten nachgelassenen Sicherheitsleistung sowie die Aufrechtserhaltung des beantragten Verbots. Die Beklagte hielt ebenfalls ihre Anträge, den früheren Widerklagantrag jedoch nur als Hilfsantrag, aufrecht und beantragte zur Widerklage in erster Reihe die Feststellung, daß das Pfandrecht der Klägerin an den Grundstücken I 97 und 472/96 von zusammen 153 Morgen durch Verwirkung erloschen sei.

Das Oberlandesgericht hat auf die Berufung der Beklagten unter Zurückweisung der klägerischen Anschlußberufung die Klage abgewiesen. Es nahm an, daß die Aussandung und Auskiesung die Sicherheit der Klägerin nicht gefährdet habe, so daß die Voraussetzungen des § 1134 BGB. nicht vorgelegen hätten. Im übrigen stehe der Klage infolge des böswilligen Zusammenwirkens mit den M.-Werken und deren vorgeschobenen Tochtergesellschaften (in der Absicht, das Recht der Beklagten zum Falle zu bringen) die Einrede der Arglist entgegen. Die Widerklage hat das Oberlandesgericht, sowohl in Ansehung des Haupt- als auch des Hilfsantrags ebenfalls für unbegründet erachtet und abgewiesen.

Gegen diese Abweisung der Widerklage hat die Beklagte mit teilweisem Erfolge Revision eingelegt.

Aus den Gründen:

(. . . Nach Ausführungen über eine verfahrensrechtliche Frage fährt das Urteil fort:)

Dagegen sind die Ausführungen der Revision, womit sie die weitere Begründung des Berufungsrichters zu beseitigen versucht hat, nur zum Teil zutreffend. Das komplottmäßige Zusammenwirken zur Zerstörung eines fremden Rechtes, auch eines persönlichen Anspruchs, hat allerdings nach der Rechtsprechung des Reichsgerichts (Entsch. Bd. 62 S. 137, Bd. 83 S. 237/40, Gruchot Bd. 51 S. 987, Jur. Wochenschr. 1910 S. 390 Nr. 7) nicht bloß Schadensersatzansprüche in der Form von Geldersatz, sondern unter Umständen auch den Verlust von Rechten auf seiten des Schädigers zur Folge (vgl. RGZ. Bd. 70 S. 193/7, Jur. Wochenschr. 1913 S. 539 Nr. 1, Gruchot Bd. 58 S. 901/3). Solche Verluste können jedoch immer nur insoweit eintreten, als der nach den §§ 826, 249 BGB. dem Geschädigten zustehende Schadensersatz- und Wiederherstellungs-Anspruch dies erfordert. Das der Beklagten zustehende Aussandungs- und Auskiesungsrecht konnte an sich weder an dem Hypothekenrechte noch an dem damit verknüpften Zwangsversteigerungsrechte der Klägerin etwas ändern. Auf die Kündigung des § 57 ZwVG. mußte sie gegebenenfalls gefaßt sein, und die Zwangsversteigerung des Flächeneigentums ging sie überhaupt nichts an. Es stand ihr, wenn sie die Zwangsversteigerung und die Folge des § 57 ZwVG. vermeiden wollte, in ihrer Eigenschaft als Besitzerin der gepachteten Grundstücke (§ 268 Abs. 1 Satz 2 BGB., Prot. Bd. 3 S. 578) das Ablösungsrecht zu, und nur insoweit, als dieses vereitelt oder erschwert worden ist, ist sie in ihren Vertragsrechten geschädigt. Nur insoweit kann sie Schadensersatz und Wiederherstellung verlangen. Der Berufungsrichter ist also schon zu weit gegangen, wenn er der Beklagten das Recht, die Durchführung der Zwangsversteigerung zu untersagen, allgemein vorbehalten hat, und es erledigt sich damit die

Revisionsrüge, daß er zum mindesten die Verwirkung dieses Zwangsversteigerungsrechts hätte ausprechen müssen.

Beseitigt wird die Schädigung der Beklagten, wenn ihr das gesetzliche Ablösungsrecht des § 268 BGB. mit einem der Verringerung der Pfandgrundstücke entsprechenden verhältnismäßigen Betrage gestattet und demgemäß das Zwangsversteigerungsrecht der Klägerin und ihrer Rechtsnachfolgerin auf diesen verhältnismäßigen Betrag beschränkt wird. Insoweit, als der Berufungsrichter dies übersehen und in seinem Urteile nicht zum Ausdruck gebracht hat, sind die Revisionsrügen begründet. Eines besonderen Antrags in dieser Beziehung bedurfte es nicht, weil es sich dabei gegenüber den gestellten Widerklageanträgen um mindere Rechte handelt.

Einen Anspruch auf das weitergehende vertragsmäßige Ablösungsrecht der Nr. 11 des Beleihungsvertrags, wie es mit dem ursprünglichen Haupt-, späteren Hilfsantrage von der Beklagten verfolgt worden ist, hatte diese nicht. Die Ausführungen des Berufungsrichters in dieser Beziehung sind durchaus zutreffend und konnten auch durch die Gegenausführungen der Revision nicht entkräftet werden. Auch wenn man mit der Revision annimmt, daß das vertragsmäßige Ablösungsrecht kein selbständiges Recht, sondern nur eine Ermäßigung der Schuldnerpflichten darstellt, so ist doch die Beklagte weder Beleihungsschuldnerin noch deren Rechtsnachfolgerin. Sie hat nur das gesetzliche Ablösungsrecht des § 268 BGB., mit dem vertragsmäßigen der Grundeigentümerin hat sie mangels Abtretung nichts zu schaffen. Demnach erübrigt sich die Erörterung, ob die Grundeigentümerin selbst nach Eintritt der Fälligkeit der Hypothek das vertragsmäßige Ablösungsrecht noch auszuüben vermag.

Zur näheren Erörterung der der Beklagten nach dem Vorhergehenden zustehenden Rechte, insbesondere des Wertverhältnisses der Grundstücke war das Berufungsurteil, soweit es die Widerklage betrifft, aufzuheben und die Sache in die Vorinstanz zurückzuverweisen." . . .

RGZ. 91, 30*)

In welchem Zeitpunkt entsteht der Anspruch auf Schadensersatz wegen Nichterfüllung eines gegenseitigen Vertrags? Welcher Zeitpunkt ist maßgebend für den Marktpreis, den der Käufer bei Berechnung des abstrakten Schadens zugrunde zu legen hat?

BGB. §§ 280, 287, 325, 326.

II. Zivilsenat. Urt. v. 22. Juni 1917.

I. Landgericht I Berlin. II. Kammergericht daselbst.

*) Vgl. auch Bd. 91 S. 99 (102) (abgedruckt auf S. 164 dieses Bandes)

Im September 1913 verkaufte die Beklagte der Klägerin 2600 Sack Kartoffelmehl zum Preise von 22,85 M. für 100 kg, lieferbar vom Oktober 1913 bis September 1914. Bis zum Juni 1914 wurden 1500 Sack, im Anfang Oktober noch weitere 100 Sack geliefert. Die Lieferung des Restes verweigerte die Beklagte ohne Grund. Die Klägerin setzte sie am 12. Oktober 1914 durch Mahnung in Verzug, bestimmte ihr aber erst am 20. April 1915 eine Nachfrist bis zum 28. April. Schon Ende November 1914 hatte sie auf Lieferung von 200 Sack vorbehaltlich des Restes geklagt. Nach Ablauf der Nachfrist ging sie zum Anspruch auf Schadensersatz über. Sie forderte als solchen den Unterschied zwischen dem Vertragspreis und dem Ende April 1915 geltenden Marktpreise. Wider die Höhe des Anspruchs wandte die Beklagte ein, für die Berechnung könne nur der Marktpreis vom Oktober 1914 in Betracht kommen, denn damals habe sie die Lieferung ernstlich und endgültig verweigert, weshalb die Klägerin schon damals sich hätte eindecken müssen. Außerdem sei die Lieferung für die Beklagte schon im Laufe des Oktober 1914, jedenfalls aber im Januar 1915 unmöglich geworden.

Das Landgericht verurteilte die Beklagte zur Zahlung von 5490 M. nebst Zinsen. Das Berufungsgericht wies ihre Berufung zurück, indem es die Berechnung des Schadensersatzes gemäß dem Ende April 1915 bestehenden Marktpreise für berechtigt erklärte. Auf die Revision der Beklagten wurde das Berufungsurteil aufgehoben.

Aus den Gründen:

. . . „Die Klägerin ist zum Anspruch auf Schadensersatz berechtigt. Sie fordert den abstrakten Schaden. Da die Preise anscheinend beständig gestiegen sind, hängt die Höhe des zu leistenden Ersatzes davon ab, nach dem Preise welches Tages er zu berechnen ist.

Der abstrakte Schaden wird in erster Linie auf Grund des Marktpreises des Tages berechnet, an dem der Schuldner in Verzug geraten ist. Vorbehaltlich der Rücksicht auf Treu und Glauben kann der Gläubiger aber auch, wie die Klägerin will, den Marktpreis des Tages zugrunde legen, an dem der Anspruch auf Erfüllung erloschen und der Anspruch auf Schadensersatz an seine Stelle getreten ist. Gleichzeitig und wahlweise nebeneinander bestehen beide Ansprüche nicht. Die Umwandlung des Anspruchs auf Erfüllung in den Anspruch auf Schadensersatz geschieht vornehmlich entweder nach den Vorschriften des § 326 BGB. oder dadurch, daß die Leistung infolge eines vom Schuldner gemäß §§ 276, 287 zu vertretenden Umstandes unmöglich wird. Gemäß § 326 entsteht der Anspruch auf Schadensersatz mit dem Ablauf einer wirksam gesetzten Nachfrist, außerdem auch dadurch, daß der Gläubiger auf Grund einer ernstlichen und endgültigen Weigerung des Schuldners (oder wegen erloschenen Interesses an der Leistung) erklärt, nunmehr die Leistung ablehnen und Schadensersatz wegen Nichterfüllung fordern zu wollen. Irrtümlich ist die gelegentlich aufgestellte und auch in dem angefochtenen Urteil enthaltene Behauptung, daß schon die ernstliche und endgültige Weigerung des Schuldners den Anspruch auf Schadensersatz zur Entstehung bringe, und daß ihr Zeitpunkt bei Berechnung des abstrakten Schadens zugrunde gelegt werden dürfe. Dies hat der erkennende Senat auch schon in dem Urteile vom 7. November 1916 i. S. des St. Konsumvereins wider H. II. 268. 16 im Anschluß an das Urteil RGZ. Bd. 52 S. 151 abgelehnt.

Da nun die Klägerin niemals vor Setzung der Nachfrist erklärt hat, zum Anspruch auf Schadensersatz übergehen zu wollen, so ist dieser Anspruch auf Grund der Regeln des § 326 BGB. nicht vor dem Ablaufe der Nachfrist entstanden. Das Berufungsgericht berechnet den Schaden denn auch nach dem *Preise des Tages* des Ablaufs dieser Nachfrist, nämlich des 28. April 1915, und legt demgemäß der Differenzrechnung den damals auf Grund des Erlasses des Reichskanzlers vom 25. Februar 1915 geltenden Höchstpreis zugrunde. Dies wäre also richtig, wenn nur die Grundsätze des § 326 in Betracht kämen. Uebersehen ist aber, daß die Umwandlung des Anspruchs auf Erfüllung in denjenigen auf Schadensersatz nach §§ 325, 280, 287, 279 auch eintritt, sobald während des Verzugs des Verkäufers die Leistung unmöglich wird. Dann wird der Anspruch auf Erfüllung ausgeschlossen, was die Beklagte rechtlich richtig eingewandt hat. Ist dies geschehen, so darf der abstrakte Schaden spätestens nach dem Tage des Eintritts der Unmöglichkeit berechnet werden, während der konkrete Schaden möglicherweise auch anders substantiiert werden könnte.

Die bekannte Rechtsprechung, RGZ. Bd. 54 S. 28 und Bd. 88 S. 77, daß, wenn der Gläubiger die vom Schuldner eingewandte Unmöglichkeit bestreitet, ein Urteil auf Erfüllung erlassen und der Streit über die Unmöglichkeit aufgeschoben werden kann, hat hiermit nichts zu tun. Denn im Streitfalle wird eben nur noch um den Schadensersatz gestritten und, um seine Höhe zu bestimmen, muß der Zeitpunkt seiner Entstehung ermittelt werden. Die hierüber vom Berufungsgerichte getroffene Feststellung beruht auf Uebersehen des Einflusses der behaupteten Unmöglichkeit.

Die Frage der Unmöglichkeit und der Zeit ihres Eintritts ist auch keineswegs geklärt. Streitig ist schon die Vorfrage, ob Kartoffelmehl beliebiger Herkunft oder ob nur deutsches Kartoffelmehl Gegenstand des Verkaufes war. Streitig ist ferner, ob und wann es für die Beklagte unmöglich geworden ist, deutsches Kartoffelmehl zu liefern. Die Beklagte nimmt schließlich den Standpunkt ein, daß die Lieferung schon im Oktober für sie unmöglich geworden sei, während sie früher auf die Beschlagnahme durch die Trockenkartoffel-Verwertungsgesellschaft vom 18. Januar 1915 berufen hatte. Die hierüber aufgestellten

Behauptungen, die sich an verschiedenen Stellen der vorgetragenen Schriftsätze finden, sind sämtlich bestritten. Die Feststellung, ob und wann Unmöglichkeit der Leistung eingetreten ist, muß deswegen dem Tatrichter überlassen werden, der danach den für die Berechnung des abstrakten Schadens maßgeblichen Zeitpunkt von neuem zu bestimmen haben wird.

Auch der zweite Grund, mit dem die Höhe des Schadens gerechtfertigt wird, ändert hieran nichts. Das Berufungsgericht führt aus: wenn die Beklagte die Ware bei Fälligkeit der Leistung, also im Oktober 1914 geliefert hätte, so sei anzunehmen, daß die Klägerin Ende Februar noch mindestens 200 Sack im Vorrat gehabt hätte und diese zu dem seit dem 25. Februar geltenden Höchstpreise, sei es durch Verkauf, sei es in ihrer Fabrik, hätte verwerten können. Sollte sich herausstellen, daß die Lieferung nicht vor Ablauf der Nachfrist oder doch nicht vor Inkrafttreten des neuen Höchstpreises unmöglich geworden ist, so ist dieser Entscheidungsgrund unnötig, um das Urteil zu tragen. Falls aber die Lieferung früher unmöglich geworden ist, so genügt er nicht.

Wäre diese Art der Substantiierung des Schadens grundsätzlich richtig, so könnte — abgesehen von der späteren Nachfristsetzung — die Klägerin augenscheinlich ihren Schaden auch auf Grund des Preises einer noch viel späteren Zeit berechnen. Sie könnte vorkommendenfalls geltend machen, daß sie die Ware noch ein Jahr länger aufbewahrt und zu noch viel höherem Preise verwertet hätte. Es wäre dann dem Anwachsen des Ersatzanspruchs keine Grenze gezogen. Das ist unannehmbar und im Rechte nicht begründet. Wenn der Anspruch auf Erfüllung ausgeschlossen und in den Anspruch auf Schadensersatz umgewandelt wird, muß der Käufer sich entweder mit dem abstrakten Schaden, d. h. dem Unterschiede zwischen dem Preise des Stichtags und dem Vertragspreise begnügen, oder aber seinen wirklichen, konkreten Schaden dartun. Dieser Schaden besteht in dem Unterschiede zwischen der Vermögenslage, in der der Käufer sein würde, wenn der Verkäufer richtig geliefert hätte, und der Vermögenslage, in die er durch die Nichterfüllung des Vertrags geraten ist. Die erste Vermögenslage hat das Berufungsgericht festgestellt, nicht die zweite Der konkrete Schaden kann aber nicht, wie die Klägerin und mit ihr das Berufungsgericht tut, durch einen Vergleich zwischen der Vermögenslage, in die der Käufer durch richtige Lieferung versetzt wäre, und dem Vertragspreis ermittelt werden. Vielmehr hätte festgestellt werden müssen, wie sich die Vermögenslage der Klägerin tatsächlich gestaltet hat, ob und wie sie sich eingedeckt oder sonst ohne die ausgebliebene Lieferung durchgeholfen hat. Auf diesen zweiten Punkt ist das Berufungsgericht gar nicht eingegangen, obwohl erst der Vergleich zwischen der tatsächlich eingetretenen Vermögenslage und derjenigen, die bei Erfüllung des Vertrags eingetreten wäre, den konkreten Schaden ergibt.

Die Feststellungen des Berufungsgerichts reichen also für die Zubilligung des Ersatzes eines konkreten Schadens, außerdem auch für die Beurteilung der Frage etwaiger Mitschuld der Klägerin, nicht aus."

RGZ. 91, 99

Darf der Käufer seiner Schadensersatzforderung einen Deckungskauf zugrunde legen, den er erst geraume Zeit, nachdem sein Anspruch auf Erfüllung durch Unmöglichkeit der Lieferung untergegangen war, zu inzwischen gestiegenem Preise vorgenommen hat?

Unterschied zwischen abstrakter und konkreter Schadensberechnung.

II. Zivilsenat. Urt. v. 30. Oktober 1917.

I. Landgericht Cottbus. II. Kammergericht Berlin.

Laut Bestätigungsschreiben vom 4. Februar 1915 verkaufte die Beklagte an die Klägerin 50 Barrels Tran zum Preise von 70,50 M. für 100 kg unverzollt ab Lager Hamburg; „Lieferung prompt auf Grund einer uns Ihrerseits (also seitens der Klägerin) einzusendenden Ausfuhrbewilligung." Die Klägerin erhielt die Ausfuhrbewilligung, die sie nachzusuchen hatte, erst am 4. April 1915. Vorher schon, mit Brief vom 4. März 1915, hatte ihr die Beklagte mitgeteilt, da die Ausfuhrbewilligung noch nicht eingetroffen sei, habe sie die 50 Barrels anderweit verkauft und sehe den Kauf als annulliert an. Die Klägerin anwortete am 8. März 1915 telegraphisch und brieflich, sie könne die Stornierung des Kaufes nicht annehmen und werde die Ausfuhrbewilligung der Beklagten „morgen" zugehen lassen. Am 10. März 1915 telegraphierte die Beklagte, sie wolle die Partie entgegenkommend bis zum 12. März 1915 reservieren und sie dann verkaufen, wenn bis dahin die Ausfuhrbewilligung nicht vorliege. Die Klägerin erwiderte am 12. März 1915, sie bestehe unbedingt auf Lieferung des gekauften Tranes und erwarte täglich die Ausfuhrbewilligung. Nachdem die Beklagte noch geschrieben hatte, daß sie nicht länger warten könne, telegraphierte sie am 19. März 1915: „Kauf gestrichen, Ware anderweitig vergeben. Lieferungsverlangen zwecklos, da keine Vorräte."

Auf die Klage, mit der die Klägerin Erfüllung des Vertrags begehrte, wurde die Beklagte vom Landgerichte verurteilt, Zug um Zug gegen Zahlung des Kaufpreises die 50 Barrels Tran zu liefern. In der Berufungsinstanz erklärte die Klägerin mit Schriftsatz vom 17. April 1916, sie lasse ihren Anspruch auf Lieferung fallen und verlange statt dessen Schadensersatz wegen Nichterfüllung, gegründet auf die bestimmte Erfüllungsverweigerung der Beklagten. Sie behauptete, sie habe sich den Tran durch Deckungskäufe vom 15. und 17. November 1915 anderweit mit Unkosten beschafft, die den Vertragspreis um 24 686 M. überstiegen.

Das Kammergericht verurteilte die Beklagte unter Abweisung der Mehrforderung zur Zahlung von 18 866 M. nebst 5 % Zinsen seit 18. April 1916. Ihre Revision wurde zurückgewiesen.

Gründe:

„Der von der Beklagten am 19. März 1915 endgültig erklärte Rücktritt von dem Kaufvertrage der Parteien wird vom Berufungsgericht ohne Gesetzesverletzung für nicht gerechtfertigt erachtet. . . .

Mit dem Anspruch auf Schadensersatz wegen Nichterfüllung fordert die Klägerin lediglich Ersatz des ihr durch die ungerechtfertigte Nichterfüllung verursachten positiven Verlustes, bestehend in dem Unterschiede zwischen dem Preise, den sie infolge der von ihr am 15. und 17. November 1915 vorgenommenen Deckungskäufe hat zahlen müssen, und dem Vertragspreise. Das Berufungsgericht hält diesen Anspruch für begründet. Mit Unrecht macht die Revision geltend, daß die Deckungskäufe im November 1915 der Schadensberechnung nicht hätten zugrunde gelegt werden dürfen.

Der Umstand, daß die Beklagte die Erfüllung schon am 19. März 1915 endgültig verweigert hatte, machte eine Eindeckung der Klägerin vor dem 15. November 1915 nicht erforderlich. Wohl war die Klägerin infolge der Leistungsverweigerung berechtigt, statt ihres mit Erteilung der Ausfuhrbewilligung am 4. April 1915 fällig gewordenen Anspruchs auf Erfüllung, unter Aufgabe dieses Anspruchs, sofort Schadensersatz wegen Nichterfüllung zu fordern. Und hätte sie dies getan, so würde sich die Frage erhoben haben, ob sie nicht den ihr durch die Deckungskäufe entstandenen Schaden gemäß § 254 Abs. 2 BGB. ganz oder teilweise deshalb tragen müßte, weil sie die frühere Vornahme des Deckungskaufs zu billigeren Preisen schuldhaft unterließ. Diese Frage scheidet aber aus, weil die Klägerin, wozu sie gleichfalls berechtigt war, auch nach der der Erfüllungsverweigerung folgenden Fälligkeit ihres Lieferungsanspruchs auf Erfüllung bestanden, im Mai 1915 Klage auf Erfüllung erhoben und noch am 5. November 1915 ein die Beklagte zur Lieferung verurteilendes Erkenntnis des Landgerichts erwirkt hat. Solange aber die Klägerin mit Recht Erfüllung forderte, konnte ihr die Vornahme eines Deckungskaufs nicht zugemutet werden. Wann sie ihren Anspruch auf Erfüllung aufgeben und statt dessen Schadensersatz wegen Nichterfüllung fordern wollte, war ihrer freien Entschließung überlassen. Die Erfüllungsverweigerung der Beklagten vom 19. März 1915 war nicht geeignet, auch wenn der Preis der Ware erheblichen Schwankungen unterlag, die Klägerin zu nötigen, alsbald nach dem 19. März 1915 oder überhaupt vor dem 17. April 1916 sich zu entscheiden und der Beklagten zu erklären, ob sie ihren Anspruch auf Erfüllung aufgeben und sich auf den Anspruch auf Schadensersatz wegen Nichterfüllung beschränken wolle. Dies hat auch das Berufungsgericht angenommen unter Bezugnahme auf das Urteil des erkennenden Senats in RGZ. Bd. 83 S. 176 flg.; die dort gedachten Ausführungen treffen auch auf den vorliegenden Fall, wo der vertragstreue Teil der Käufer ist, zu.

Die Erfüllungsverweigerung der Beklagten vom 19. März war also nicht geeignet, ein Verschulden der Klägerin wegen unterlassener früherer Vornahme eines Deckungskaufs zu begründen.

Nun hatte aber die Beklagte behauptet, der Erfüllungsanspruch der Klägerin sei schon vor der Vornahme der Deckungskäufe dadurch, daß ihr die Erfüllung unmöglich wurde, untergegangen, und zwar bereits im Juni 1915, spätestens aber am 8. November 1915 durch die Beschlagnahme ihrer sämtlichen Tranvorräte. Dafür, daß die Unmöglichkeit im Juni 1915 eingetreten sei, hatte sie geltend gemacht, sie habe sich damals, nach Ablauf der Frist, die in der Bewilligung vom 4. April 1915 für die Ausfuhr gesetzt war, um eine neue Ausfuhrbewilligung für die der Klägerin verkaufte Menge Tran bemüht und einen ablehnenden Bescheid erhalten, der mit der Knappheit der Vorräte begründet worden sei.

Mit Recht nimmt das Berufungsgericht an, daß die den Behauptungen der Beklagten gemäß unterstellte Unmöglichkeit nach § 287 BGB. von ihr zu vertreten sei, weil sie sich infolge der am 4. April 1915 eingetretenen Fälligkeit der Lieferung und infolge des fortgesetzten Erfüllungsverlangens der Klägerin schon vor dem Juni 1915 in Verzug mit der Lieferung befand. Wenn demnach die im Juni oder am 8. November 1915 eingetretene Unmöglichkeit der Lieferung die Beklagte von ihrer vertraglichen Verpflichtung nicht befreite, so hatte sie doch die Wirkung, den bis dahin bestehenden Anspruch der Klägerin auf Erfüllung in einen Anspruch auf Schadensersatz wegen Nichterfüllung des Vertrags umzuwandeln, wie dies bereits in dem Urteile des erkennenden Senats Rep. II. 30/17 (RGZ. Bd. 91 S. 30) ausgeführt worden ist. Daraus ergibt sich die dort gezogene Folgerung, daß ein abstrakter Schaden seitens des Käufers spätestens nach dem Tage des Eintritts der Unmöglichkeit berechnet werden darf. Hätte sich also die Klägerin nicht eingedeckt und nur den abstrakten Schaden, bestehend in dem Unterschiede zwischen dem Vertragspreis und dem höheren späteren Marktpreise gefordert, so hätte sie einen höheren Marktpreis als den vom Juni oder 8. November 1915 nicht zugrunde legen dürfen. Es beruht dies darauf, daß sie Erfüllung nur bis zum Eintritte der Unmöglichkeit beanspruchen und die spätere Lieferung der zu ihrem Marktpreise verkäuflichen Ware nicht mehr fordern konnte

Die Klägerin, der an der Erlangung der Ware lag, weil sie den gekauften Tran zur Herrichtung von Leder dringend gebrauchte, hat sich aber tatsächlich eingedeckt. Sie hat Schaden erlitten, weil ihr Eindeckungspreis höher war als der Vertragspreis, zu dem die Beklagte hätte liefern müssen. Dieser Schaden ist dadurch verursacht, daß die Beklagte vertragswidrig nicht geliefert hat. Die Klägerin kann daher den ihr durch den höheren Eindeckungspreis erwachsenen Verlust ersetzt verlangen, ohne Rücksicht darauf, ob sie bereits vor der Eindeckung ihren Anspruch auf Lieferung verloren hatte. Denn ihr Ersatzverlangen wird schon durch die vertragswidrige Nichtlieferung, die ursächlich zum Deckungskaufe führte, gerechtfertigt und bedarf zu seiner Begründung nicht eines bis zum Deckungskaufe fortbestehenden Anspruchs auf Lieferung. Die Klägerin begehrt nicht den Verkaufswert der Ware im November 1915 abzüglich des Einkaufspreises und damit den Gewinn, den sie im Falle der Lieferung in einem bestimmten Zeitpunkte mit der ihr dann zur Verfügung stehenden Ware gemacht haben würde, sondern Ersatz des Vermögensverlustes, der ihr durch die Tatsache der Nichtlieferung und die dadurch bedingte Eindeckung zu einem höheren als dem Vertragspreise verursacht ist.

Voraussetzung dieses Anspruchs ist nicht, daß der Anspruch auf Erfüllung zur Zeit der Eindeckung noch fortbestand, während bei dem entgangenen Gewinn im Fall abstrakter Berechnung nur der höhere Preis eines solchen Zeitpunktes in Frage kommen kann, in dem der Käufer, wenn der Verkäufer seiner Erfüllungspflicht nachgekommen wäre, die Ware zwecks Weiterveräußerung zur Verfügung gehabt hätte, in dem er also Erfüllung noch hätte beanspruchen können. War demnach der Deckungskauf trotz der Ereignisse vom Juni oder 8. November 1915 an sich zulässig und hatte deshalb das Berufungsgericht keinen Anlaß, die Beklagte durch Ausübung des Fragerechts zu dem Nachweise zu veranlassen, in welchem Zeitpunkte der Erfüllungsanspruch der Klägerin verloren ging, so bleibt nur noch die Frage übrig, ob diese den Deckungskauf wegen der angeblich früher bei der Beklagten eingetretenen Unmöglichkeit der Lieferung vor dem 15. November 1915 hätte vornehmen müssen.

Die Beklagte hat nach dieser Richtung in der Berufungsinstanz nur auf ihre Erfüllungsverweigerung verwiesen und daraus hergeleitet, daß eine Pflicht zur Eindeckung schon im März 1915 zu den damals noch erheblich niedrigeren Preisen bestanden habe. Die Unrichtigkeit dieser Ausführung ist bereits dargetan, da die Klägerin an ihrem damals noch bestehenden Anspruch auf Lieferung festhielt. Mangels weiterer Behauptungen der Beklagten brauchte das Berufungsgericht nicht zu prüfen, ob sich die Klägerin im Juni oder anfangs November 1915 zu billigeren Preisen hätte eindecken können und müssen. Dafür, daß sie den Deckungskauf wider Treu und Glauben bis zum

15. November 1915 hingezogen habe, lag kein Anhalt vor. Nach der Aussage des Zeugen P., die das Berufungsgericht seiner Beurteilung zugrunde legt, hat sie die Deckungskäufe alsbald betrieben, nachdem sie anfangs November 1915 erfahren hatte, daß in Deutschland die Beschlagnahme der Tranvorräte drohe, und nachdem ihr eigener Tranvorrat so weit zusammengeschrumpft war, daß sie sich die von der Beklagten nicht gelieferte Menge zur Deckung ihres Bedarfs beschaffen mußte." . . .

RGZ. 91, 134†

1. . . .*)

2. Begründet die nur vorläufige Gewährung von Einlaß und Unterkunft im Krankenhaus einer Gemeinde vertragliche Beziehungen zwischen ihr und der aufgenommenen Person? Haftung der Gemeinde für ihre Angestellten.

BGB. §§ 254, 278.

III. Zivilsenat. Urt. v. 2. November 1917.

I. Landgericht Mannheim. II. Oberlandesgericht Karlsruhe.

Die Klägerin erkrankte am 6. Juni 1912 auf der Reise unter Zeichen einer geistigen Störung, wurde auf Ersuchen ihres Ehemanns vorläufig in das Krankenhaus der beklagten Stadtgemeinde aufgenommen und sprang dort, während sie nur mit einer hilfsweise zur Pflege verwendeten Kranken zusammen war, aus einem Fenster des zweiten Stockwerks, wodurch sie schwere Verletzungen erlitt. Sie verlangte auf Grund Vertrags und wegen unerlaubter Handlung Schadensersatz, nämlich Erstattung von Auslagen und Entrichtung einer Rente für Beeinträchtigung der Erwerbsfähigkeit, ferner Feststellung der Ersatzpflicht wegen des weiteren Schadens. Das Landgricht wies die Klage ab. Nachdem ein bestätigendes Erkenntnis zweiter Instanz durch Urteil des Reichsgerichts vom 5. November 1915 aufgehoben und die Sache an das Berufungsgericht zurückgelangt war, erhob dieses Beweis und entschied dann ebenso wie früher. Die neue Revision hatte nunmehr den Erfolg, daß der Leistungsanspruch dem Grunde nach für gerechtfertigt erklärt und dem Feststellungsanspruche stattgegeben wurde.

Gründe:

(. . . Nach verfahrensrechtlichen Ausführungen fährt das Urteil fort:)

Das Berufungsgericht nimmt an, die vorläufige Gewährung von Einlaß und Unterkunft durch die Oberschwester habe nur einen tatsächlichen Zustand herbeigeführt, nicht ein Vertragsverhältnis, das gesetzlichen Vorschriften unterliege. Das ist rechtsirrig. Die vor-

*) Geringere Bedeutung.

läufige Aufnahme durch die Oberschwester, die auch in § 3 der Krankenhausordnung als zulässig vorausgesetzt wird, war keine bloße Gefälligkeitshandlung, diente vielmehr der Vorbereitung des von der Klägerin und ihrem Manne gewünschten endgültigen „Krankenpflege- und Abwartungsvertrags" und begründete deshalb für die Dauer dieses vorläufigen Zustandes vertragliche Beziehungen mit der Verpflichtung der Beklagten, die Kranke einstweilen in Obhut und Fürsorge zu nehmen und das dafür Erforderliche zu tun. Vgl. RGZ. Bd. 65 S. 17, Bd. 78 S. 239. Wenn, wie das Berufungsgericht auf Grund der Vorschriften des badischen Landesrechts feststellt, die Klägerin als Geisteskranke nicht aufgenommen werden durfte, so mag dies unter Umständen für die der Oberschwester gegenüber der Beklagten obliegende Verantwortung von Bedeutung sein. Ihre Vollmacht gegenüber den die vorläufige Aufnahme begehrenden Personen wird dadurch nicht berührt. Eine vertragliche Haftung der Beklagten läßt sich auch nicht mit der Erwägung verneinen, daß die Oberschwester erkennbar eine Geisteskranke nicht habe aufnehmen wollen. Wie es sich mit dem Zustande der Klägerin verhielt, und ob sie sich danach zur Aufnahme eignete, mußte erst der Arzt feststellen. Bis zu seiner Entscheidung aber bedurfte es einer vorläufigen Regelung, deren Rechtsbestand nicht dadurch beeinträchtigt wurde, daß das Aufnahmeverlangen sich nachträglich als unbegründet erwies. Das Berufungsgericht hat nicht festgestellt, daß die Aufnahme auf Grund einer öffentlich-rechtlichen Fürsorgepflicht geschehen sei, insbesondere auch auf das badische Armengesetz nur als „allenfalls" anwendbar hingewiesen. Es bedarf deshalb nicht der Erörterung, ob eine solche Feststellung die Annahme vertraglicher Beziehungen und die Anwendung des § 278 BGB. ausschließen würde. Vgl. RGZ. Bd. 59 S. 197, Bd. 64 S. 231, Bd. 83 S. 71. Die Beklagte war also zum Ersatze des durch das Verschulden der Oberschwester verursachten Schadens vertraglich verpflichtet. Als anspruchsberechtigter Vertragsteil aber kam, da der Ehemann der Klägerin erkennbar zugleich in deren Interesse handelte und die Klägerin seine Geschäftsführung genehmigte, neben dem Manne auch die Klägerin in Betracht. Sie war daher berechtigt, den Ersatz allen Schadens zu verlangen, der ihr selbst entstanden ist. Soweit bei den von ihr erhobenen Ansprüchen etwa Schäden in Frage kommen, die in der Person des Mannes entstanden sind, ergibt sich ihr Klagrecht daraus, daß ihr der Mann seine Ansprüche unstreitig abgetreten hat. Es bedarf daher keiner Prüfung der einzelnen Klagansprüche nach dieser Richtung.

Rechtsirrig sind auch die Ausführungen des Berufungsgerichts über das Verschulden des Ehemannes und seinen Einfluß auf die Ersatzpflicht der Beklagten. Die im Anschluß an Staudinger, Bürgerl. Gesetzbuch § 254 Anm. 5, vertretene Auffassung, wonach der in Abs. 2 des § 254 erwähnte § 278 auf das ganze Gebiet des § 254 anzuwenden sei, steht im Widerspruche mit der Rechtsprechung des Reichsgerichts, das die Anwendung des § 278 auf den Fall des Abs. 1 des § 254 BGB. auf dem Gebiete der unerlaubten Handlung ablehnt (RGZ. Bd. 75 S. 257), unter welchem Gesichtspunkte das Berufungsgericht die Ansprüche der Klägerin überhaupt nicht geprüft hat. Nicht minder rechtsirrig ist die Annahme, daß der Ehemann der Klägerin im Sinne des § 278 wie ein gesetzlicher Vertreter zu behandeln sei. Die bei Staudinger § 278 Anm. I 2a erörterte Streitfrage bezieht sich auf den Fall, daß der Mann kraft des ehelichen Güterrechts Verwaltungsbefugnisse in Ansehung des eingebrachten Gutes oder des Gesamtgutes hat. Das Berufungsgericht ist aber auf die güterrechtlichen Verhältnisse nicht eingegangen, und nach dem Tatbestande des ersten Urteils leben die Klägerin und ihr Mann unstreitig in Gütertrennung. Eine Berücksichtigung schuldhaften Verhaltens des Mannes wäre damit allerdings nicht ausgeschlossen. Denn wenn die Klägerin die Geschäftsführung ihres Mannes genehmigte und daraus Rechte für sich ableiten will, muß sie auch ein in seinem Verhalten liegendes Verschulden gegen sich gelten lassen. Der Mann ist insoweit, als er die Geschäfte seiner Frau führte, als deren Erfüllungsgehilfe anzusehen. Soweit ferner Schadensersatzansprüche in der Person des Mannes entstanden und durch Abtretung auf die Klägerin übergegangen sein sollten, ergibt sich die Erheblichkeit seines Verschuldens von selbst. Dem Berufungsgerichte kann jedoch darin nicht beigetreten werden, daß den Ehemann der Klägerin ein für die Entscheidung erhebliches Verschulden träfe. Hatte einmal die Beklagte durch die Oberschwester die Obhut der Klägerin, wenn auch nur vorläufig, übernommen, dann mußte sie auch für die Klägerin sorgen, und deren Ehemann durfte sich darauf verlassen, daß diese Fürsorge auch in seiner Abwesenheit sachgemäß geübt werden würde. Ein Verschulden des Mannes kann daher weder darin gefunden werden, daß er sich entfernte, noch darin, daß er länger ausblieb als nötig war. Ein sonstiges Verschulden nimmt das Berufungsgericht selbst nicht an.

Damit erweist sich aber nach dem festgestellten Sachverhältnis die Sache als zur Entscheidung insoweit reif, als es sich um die Feststellung der Ersatzpflicht und den Anspruch auf Leistung bestimmter Zahlungen dem Grunde nach handelt." . . .

RGZ. 91, 213*)

Inhalt und Rechtswirkung einer Ausbietungsgarantie. Zum Grundsatze der Naturalrestitution. Begriff des Schadens.

BGB. § 249.

III. Zivilsenat. Urt. v. 23. November 1917.

*) Vgl. auch Bd. 95 S. 160 (abgedruckt auf S. 217 dieses Bandes).

I. Landgericht III Berlin. II. **Kammergericht daselbst.**

Der Klägerin stand auf einem Grundstück in Berlin-Reinickendorf, hinter der für eine Bank eingetragenen ersten Hypothek von 56 000, eine Darlehenshypothek von 11 000 M. zu. Die Firma K. u. F., deren Alleininhaber jetzt der Beklagte ist, hatte sich laut schriftlicher Urkunde vom 17. Juli 1911 verpflichtet, „für den Fall, daß dieses Pfandgrundstück zur Subhastation kommen sollte, die Forderungen der Klägerin an Kapital, Zinsen und Kosten voll herauszubieten und der Gläubigerin für jeden Schaden, welchen sie durch die Nichterfüllung dieser Verpflichtung etwa erleiden sollte, aufzukommen". Dagegen hatte die Klägerin versprochen, „falls die Firma K. u. F. das Grundstück erstehen sollte, ihr oder ihrer Order unter Beibehaltung der Ausbietungsgarantie die dann noch im Besitze der Klägerin befindliche Hypothek zu den im Grundbuch eingetragenen Bedingungen weiter zu belassen, auch auf Kautionsbestellung zu verzichten". Der Beklagte wurde durch Schreiben der Klägerin vom 22. Oktober 1914 und vom 17. Mai 1915 von der auf Antrag der ersten Hypothekarin am 31. Juli 1914 angeordneten Zwangsverwaltung des Grundstücks und von dem wiederum auf Antrag der ersten Hypothekarin am 14. Juni 1915 stattfindenden Zwangsversteigerungstermine benachrichtigt, je unter Hinweis auf seine Ausbietungsverpflichtung. Der Schlußsatz des Schreibens vom 17. Mai 1915 lautete: „wir richten hierdurch die Aufforderung an Sie, unsere Hypothekenforderungen und die der ersten Hypothekengläubigerin an Kapital, Zinsen und Kosten voll herauszubieten. Sollten Sie dieser Verpflichtung nicht nachkommen, so müßten wir Sie für allen Schaden, der daraus entsteht, in Anspruch nehmen." Im Zwangsversteigerungstermine vom 14. Juni 1915 erschienen nur Vertreter der betreibenden ersten Hypothekarin und der Klägerin, der Beklagte nicht. Das einzige Gebot war das der Klägerin mit 57 000 M.; zu diesem wurde ihr das Grundstück zugeschlagen. An die erste Hypothekarin und an Kosten hatte sie 7765,25 M. zu zahlen; mit ihrer eigenen Hypothek sowie mit Zinsen vom 1. April 1914 bis 20. Juli 1915 im Betrage von 646,25 M. fiel sie aus.

Die Ende Juli 1915 erhobene Klage fordert vom Beklagten die Auflassung des Grundstücks entgegenzunehmen, Zug um Zug gegen die Auflassung 8411,50 M. (= 7765,25 + 646,25 M.) an die Klägerin zu zahlen und die Wiedereintragung der Darlehnshypothek von 11 000 M. zu den alten Bedingungen zu bewilligen. Die Vorinstanzen haben den Beklagten verurteilt; seine Revision blieb ohne Erfolg.

Gründe:

„Die Revision wendet gegen die Begründung des angefochtenen Urteils ein, der vom Berufungsrichter anerkannte Schadensersatz-(nicht Erfüllungs-) Anspruch könne zur Herstellung des Zustandes, den die Klage erstrebe und die Instanzurteile bewirken wollten, gar nicht führen. Der Beklagte sei nur zum Ausbieten der Hypothek, nicht zum Erstehen des Grundstücks verpflichtet gewesen. Die Klägerin habe das Grundstück vermöge der ihr obliegenden Schadensabwendungspflicht erworben und könne vom Beklagten nur den ihr dadurch, daß sie das Grundstück erwarb und behält, erwachsenen Schaden ersetzt verlangen. Ein solcher Schaden sei jedoch, was vom Berufungsrichter zu prüfen gewesen wäre, durch die infolge des Erwerbes des Grundstücks in dessen Wert erlangten Vorteile ausgeglichen.

Diese Angriffe gehen fehl.

Nach der vom Berufungsrichter über den Verlauf des Versteigerungstermins getroffenen Feststellung würde der Beklagte, wenn er in Erfüllung seiner Vertragspflicht die Hypothek der Klägerin voll herausgeboten hätte, zu diesem seinem Gebote das Grundstück zugeschlagen erhalten haben; die Klägerin hätte ihre Hypothek zu den alten Bedingungen stehen lassen. Eben dieser Zustand, der ohne die Vertragsverletzung des Beklagten (ohne den ihn zum Ersatze verpflichtenden Umstand) bestehen würde, wird durch das Berufungsurteil hergestellt. Die Revision verkennt, daß „das Prinzip der Wiederherstellungspflicht in erster Linie die Verpflichtung zur Naturalrestitution in sich schließt" (Motive zum Entwurfe des BGB. Bd. 2 S. 20, Kommissionsprotokolle Bd. 1 S. 296), daß § 249 BGB. den Grundsatz der Naturalrestitution an die Spitze stellt" (Prot. Bd. 2 S. 512), und daß die Naturalrestitution durch das Berufungsurteil recht eigentlich erreicht wird. Die Klägerin und der Beklagte werden so gestellt, wie wenn dieser seiner Vertragspflicht nachgekommen wäre, nicht kraft eines eben infolge der Nichterfüllung des Beklagten nicht mehr möglichen Erfüllungsanspruchs, sondern kraft des richtig verwirklichten Schadensersatzanspruchs der Klägerin. Das Ergebnis dieser Verwirklichung des Schadensersatzanspruchs ist dem durch die Erfüllung erreichbaren Ergebnisse wirtschaftlich gleich; dieser Erfolg des Schadensersatzanspruchs ist gerade der von § 249 bezweckte. In den Rahmen der richtigen Naturalrestitution gehört auch, daß die Klägerin die Einwilligung zur Wiedereintragung ihrer Hypothek auf dem dem Beklagten gemäß dem Berufungsurteil aufgelassenen Grundstücke verlangt. Sie kann dies verlangen, nicht wie der Berufungsrichter meint, weil die Wiedereintragung für den Beklagten weniger lästig ist als die Auszahlung des Hypothekenbetrags, sondern weil sie nach dem Vertrage vom 17. Juli 1911 verpflichtet war, ihre Hypothek auf dem vom Beklagten in Verfolg seiner Ausbietung erworbenen Grundstücke weiter stehen zu lassen, also Auszahlung des Hypothekenbetrags diesfalls gar nicht zu beanspruchen hatte; eine Klagforderung auf Auszahlung ihrer Hypothek neben dem Verlangen auf Uebernahme des Grundstücks wäre eine Zuvielforderung gewesen.

Die von der Klägerin verlangte und ihr zugesprochene Naturalrestitution war möglich geworden dadurch, daß sie das Grundstück selbst erstand. Dazu war sie durch § 254 Abs. 2 BGB. nicht verpflichtet (vgl. RGZ. Bd. 65 S. 61, Bd. 80 S. 161). Darüber, daß die Klägerin ihrerseits eine Ausbietungsverpflichtung gegenüber der ersten Hypothekarin hatte und deshalb bieten mußte, hat der Berufungsrichter nichts festgestellt. Wohl aber war die Klägerin auf dem Boden des Ausbietungsvertrags zwischen ihr und dem Beklagten diesem gegenüber zum Bieten auf das Grundstück und zum Erstehen desselben berechtigt. Sie tat damit das, was der Beklagte hätte tun sollen, und ermöglichte so erst dem seine Ausbietungspflicht nicht erfüllenden Beklagten die Erfüllung wenigstens seiner Naturalrestitutionspflicht. Diese Naturalrestitution ihrerseits dem Beklagten zu ermöglichen, war der Klägerin durch ihr dringendstes Interesse geboten. Denn im Falle des Erstehens des Grundstücks durch einen ihre Hypothek nicht ausbietenden Dritten lief sie Gefahr, jede Sicherheit aus dem Grundstücke zu verlieren, indem sie weder den Hypothkenbetrag aus einem baren Kaufgeld ausbezahlt erhielt, noch ihre Hypothek erhalten blieb. So wäre sie auf die persönlichen Ansprüche gegen den Schuldner ihrer hypothekarisch gesichert gewesenen Darlehnsforderung und gegen den Beklagten als den Schadensersatzpflichtigen beschränkt worden. Die Erhaltung der Sicherheit aus dem Grundstücke war aber gerade der offensichtliche Zweck des Vertrags vom 17. Juli 1911, und die Erfüllung des Vertrags hätte das Grundstück in die Hand des Beklagten gebracht. Eben dies — den Vertragszweck zu erreichen und das Grundstück in die Hand des Beklagten zu bringen — beabsichtigte die Klägerin, als sie das Grundstück am 14. Juni 1915 erstand; schon im Juli 1915 hat sie die gegenwärtige Klage auf Naturalrestitution gegen den Beklagten erhoben. Es verstößt also gegen Treu und Glauben im Verkehr, wenn der Beklagte einwendet, die Erstehung des Grundstücks durch die Klägerin sei ihm gegenüber unberechtigt gewesen oder sei doch eine nur den Rechtskreis der Klägerin berührende Handlung. Diese Handlung war vielmehr eine durchaus vertragsmäßige, nämlich dem richtigen und redlichen beiderseitigen Vertragswillen entsprechende, um die spätere Ersatzerfüllung im Wege der Naturalrestitution vorzubereiten und zu ermöglichen. Ebenso unbegründet ist der Vorwurf, die Klägerin hätte wenigstens ihre Hypothek voll ausbieten sollen. Der Berufungsrichter meint, die Klägerin habe nicht weiter, als sie tat, zu bieten brauchen, nur um den vom Beklagten zu ersetzenden Ausfall zu verringern. Der Beklagte hatte aber keineswegs einen Ausfall zu ersetzen, sondern, wie es in der Urkunde vom 17. Juli 1911 lautet, „voll herauszubieten und für jeden Schaden, welchen die Klägerin durch die Nichterfüllung dieser Verpflichtung etwa erleiden sollte, aufzukommen." Um eine Verringerung des zu ersetzenden Ausfalls handelte es sich also nicht, sondern es handelte sich nur um die Vorbereitung der Naturalrestitution. Zu diesem Behufe aber war es gleichgültig, ob die Klägerin ihre Hypothek voll ausbot und dann vom Beklagten die Uebernahme des mit ihrer Hypothek belasteten Grundstücks verlangte, oder ob sie ihre Hypothek nicht ausbot und die Uebernahme des Grundstücks sowie Wiedereintragung ihrer erloschenen Hypothek forderte. Beides führt zu demselben Ergebnis.

Da hiernach der Anspruch auf Naturalrestitution begründet ist, kann eine Schadensaufmachung und Schadensberechnung im Wege einer Vergleichung der von der Klägerin verlorenen und der von ihr durch die Erstehung des Grundstücks erlangten Werte oder Geldbeträge überhaupt nicht mehr in Frage kommen. Die Klägerin wollte und will den im Grundstücke liegenden Wert eben nicht behalten, *sondern im Wege der Naturalrestitution dem Beklagten zuführen.* In keiner Weise passen daher die Entscheidungen RGZ. Bd. 80 S. 163, Jur. Wochenschr. 1912 S. 791, 1914 S. 756, welche die Frage der Vorteilsausgleichung in dem Falle behandeln, daß der in der Zwangsversteigerung mit gewissen Beträgen ausfallende Gläubiger das Grundstück ersteht und behält. Der Prozeßbevollmächtigte der Klägerin hat zutreffend ausgeführt, der Vertrag habe auch die Sicherung der Klägerin gerade gegen einen Selbsterwerb des Grundstücks bezweckt, es sei darum ein Schaden, daß sie wegen der Nichterfüllung des Beklagten das Grundstück nun doch erwerben mußte; vermöge der Vertragsfreiheit könnten die Parteien bestimmen, was zwischen ihnen Schaden sei. Dieser Erwägung bedarf es nicht, soweit die dem einen Teile durch die Vertragswidrigkeit des anderen vertragswidrig erwachsene Vermögensänderung kraft des Grundsatzes der Naturalrestitution rückgängig zu machen und, wie hier, auf den vertragswidrigen Teil zurückzuleiten ist; denn insoweit ergibt § 249 unmittelbar, daß eine vertragswidrige Vermögensänderung ein durch Zustandswiederherstellung zu ersetzender Schaden ist. Erst wenn nach §§ 250, 251 die Entschädigung in Geld geleistet werden muß, greift jene Erwägung ein. In diesem Falle kann der Begriff des Schadens kein anderer sein, als im Falle der Naturalrestitution. Zielte der Vertrag gerade auf Verhütung einer bestimmten Vermögensänderung, so ist die infolge Vertragsbruchs dennoch eingetretene Vermögensänderung unter allen Umständen ein Schaden, für den der vertragsbrüchige Teil aufzukommen hat. Vorliegend sollte der Vertrag die Klägerin allerdings auch davor sichern, das Grundstück selbst erwerben zu müssen. Ihr vertragsmäßig kundgegebenes, vom Beklagten gerade vertragsmäßig zu wahrendes Interesse war darauf gerichtet, die Last dieses Grundstücks nicht auf sich zu nehmen. Deshalb versagt jede Verteidigung des Beklagten dahin, die Klägerin, welche auch sonst Grundstücke in der Zwangsversteigerung zu nutzbringender Verwertung übernehme, habe damit rechnen müssen, auch dieses Grundstück in der Zwangsversteigerung zu erstehen, auch sei für sie weder die Verwaltung noch die Nutzung noch der Verkauf des Grundstücks schwierig. Eebenso ist jede Berufung auf den ihr angeblich durch den Selbsterwerb zugeflossenen Vermögensvorteil auch außerhalb des Gebiets der Naturalrestitution ausgeschlossen, weil und solange sie das Behalten des Grundstücks und damit den angeblich in dessen Werte liegenden Vorteil von sich ablehnt." . . .

RGZ. 91, 226

Kaufangebot über Grundstücke mit Bindung bis zu einem bestimmten Zeitpunkt und mit der Verpflichtung zur Abgabe eines gleichen Angebots von gleicher Dauer an einen von dem anderen *Teile zu bezeichnenden Dritten.*

1. **Bestimmen sich die rechtlichen Folgen, wenn nach Bezeichnung des Dritten das Kaufangebot an diesen bis zu dem maßgebenden Zeitpunkte nicht abgegeben worden ist, nach den Grundsätzen, die für den Fall der Unmöglichkeit der Erfüllung gelten?**
2. **Ist die Uebernahme der Verpflichtung nichtig, wenn nicht der andere Teil ihre Annahme in gerichtlicher oder notarieller Form erklärt hat?**

BGB. §§ 275, 280, 313, 323, 325.

V. Zivilsenat. Urt. v. 24. November 1917.

I. Landgericht III Berlin. II. Kammergericht daselbst.

In der notariellen Verhandlung vom 22. Februar 1913 erklärte zunächst die Beklagte, sie biete von ihrem Grundstück in Sp. zwei näher bezeichnete Parzellen dem Kläger Schw. für den Preis von 18 000 M. zum Kauf an. Die Bestimmungen des Vertrags, den sie anbiete, seien folgende: Der Kaufpreis von 18 000 M. werde dem Käufer gestundet; dieser verpflichte sich, den Preis vom 1. April 1913 ab mit 4 % in vierteljährlichen Raten zu verzinsen und das Kapital ohne Kündigung am 1. April 1923 zu zahlen. Das Kapital sei sofort fällig, wenn die Zinsen nicht pünktlich innerhalb vierzehn Tagen nach Fälligkeit gezahlt würden. Zur Sicherheit verpfände der Käufer die beiden Parzellen und bewillige und beantrage die Eintragung des Kaufpreises mit Zinsen in das Grundbuch. Sodann heißt es in der Urkunde:

„Im Anschluß an vorstehendes Kaufangebot erklärt Fräulein L. (die Beklagte):

Ich halte mich an vorstehendes Kaufangebot bis zum 1. April 1915 einschließlich gebunden und verpflichte mich, bis zu diesem

Tage ein gleiches Kaufangebot desselben Inhalts jeder dritten Person zu machen, welche mir von Herrn Schw. als Käufer benannt wird, vorausgesetzt, daß letzterer die selbstschuldnerische Bürgschaft für die Verpflichtungen des Käufers übernimmt. . . .

Herr Schw. nimmt von Vorstehendem Kenntnis und übernimmt die Kosten der heutigen Verhandlung."

In der notariellen Verhandlung vom 29. März 1915 verlängerte die Beklagte die Bindung an ihr Kaufgebot auf ein weiteres Jahr bis zum 1. April 1916; der Kläger Schw. erklärte, daß er von dieser Verlängerung Kenntnis nehme.

Eine Annahme des Angebots in gerichtlicher oder notarieller Form hat nicht stattgefunden. Durch Schreiben vom 27. März 1916 forderte aber Schw. die Beklagte auf, drei anderen Personen, den ursprünglichen Mitklägern, das Angebot zum Kaufe der Parzellen zu je 1/3 ideellen Anteil gemäß der Urkunde vom 22. Februar 1913 zu machen oder mit ihnen, da sie bereit seien, das Angebot sofort anzunehmen, einen Kaufvertrag zu schließen. Die Beklagte erwiderte durch Schreiben vom 30. März 1916, daß sie den Abschluß des Vertrags unter Stundung des Kaufpreises bis zum 1. April 1923 ablehne, weil die Zinsen nicht pünktlich gezahlt seien, Schw. auch nicht erklärt habe, daß er die selbstschuldnerische Bürgschaft für den Kaufpreis übernehme.

Mit der darauf erhobenen Klage beantragte Schw., die Beklagte zu verurteilen, den drei Mitklägern ein notarielles Angebot des Inhalts zu machen, daß sie ihnen die beiden Parzellen, jedem zu 1/3 ideellem Anteile, zum Preise von 18 000 M. unter den in der notariellen Verhandlung vom 22. Februar 1913 angegebenen Bedingungen verkaufe.

Das Landgericht wies die Mitkläger wegen fehlender Klagberechtigung ab, entsprach aber der Klage Schw.s Hiergegen legte nur die Beklagte Berufung ein mit dem Erfolge, daß auch Schw. abgewiesen wurde. Das Reichsgericht bestätigte aus folgenden

Gründen:

. . . „Den Anspruch des Klägers auf Verurteilung der Beklagten, den früheren Mitklägern ein notarielles Angebot über Verkauf der fraglichen Parzellen ihres Grundstücks unter den in der notariellen Verhandlung vom 22. Februar 1913 angegebenen Bedingungen zu machen, erklärt der Berufungsrichter aus mehreren Gründen für ungerechtfertigt. In erster Linie nimmt er an, nach den Urkunden vom 22. Februar 1913 und 29. März 1915, die einen Antrag der Beklagten an den Kläger zur Schließung eines Kaufvertrags mit Bindung bis zum 1. April 1916 zugleich mit der Verpflichtung enthielten, bis zum gleichen Tage ein Kaufangebot desselben Inhalts jedem vom Kläger benannten Dritten zu machen, habe auch das Angebot an den Dritten und dessen Annahme innerhalb der gestellten Frist erfolgen müssen. Da innerhalb dieser Frist weder eine Annahme des Antrags in der erforderlichen Form des § 313 BGB. durch den Kläger noch ein Angebot der Beklagten an die vom Kläger benannten Dritten stattgefunden habe, sei ein Anspruch auf Abgabe eines Angebots an diese Dritten überhaupt nicht mehr begründet.

Die Revision macht hiergegen geltend, die Beklagte sei dadurch, daß der Kläger sie vor Ablauf der Frist, welche ihre Verpflichtung zum Kaufangebot an die vom Kläger bezeichneten Dritten bis zum 1. April 1916 zeitlich begrenzte, mittels seines Schreibens vom 27. März 1916 zum Kaufangebot an die früheren Mitkläger aufforderte, in Verzug gesetzt worden. Nachdem sie der Aufforderung nicht nachgekommen sei, könne sie sich nicht auf den Fristablauf berufen, da sie diesen durch ihre eigene Handlungsweise verursacht habe und arglistig handle, wenn sie trotzdem den Ablauf der Frist geltend mache.

Die Leistung jedoch, zu der sich die Beklagte verpflichtet hatte, bestand darin, bis zum 1. April 1916 dem ihr vom Kläger benannten Dritten ein Kaufangebot unter den Bedingungen des Angebots zu machen, das sie in der Urkunde vom 22. Februar 1913 zunächst an den Kläger selbst gerichtet hatte, und zu diesen Bedingungen gehörte auch die von ihr gesetzte Bindungsfrist. Hätte sich diese Frist über den 1. April 1916 hinaus erstreckt, so könnte es sich fragen, ob letzterer Zeitpunkt als Endtermin (§ 163 BGB.), mit dessen Eintritt sie von ihrer Verpflichtung frei wurde, zu betrachten oder ob nicht anzunehmen wäre, daß ihre Verpflichtung auch über den Zeitpunkt hinaus fortdauerte oder daß gar erst mit Eintritt des Zeitpunkts der Kläger zum Verlangen der Leistung berechtigt wurde (vgl. § 271 Abs. 2 BGB.). Tatsächlich erreichte nach den Urkunden vom 22. Februar 1913 und 29. März 1915 die Bindungsfrist ebenfalls am 1 April 1916 ihr Ende. Daraus aber ergibt sich, daß die von der Beklagten übernommene Verpflichtung zur Abgabe eines Kaufangebots an den ihr vom Kläger benannten Dritten nur bis zum 1. April 1916 erfüllt werden konnte, oder mit anderen Worten, daß die Leistung, welche die Beklagte bewirken sollte, eine solche war, die nur dann, wenn sie bis zum 1. April 1916 bewirkt wurde, sich als Erfüllung der Verpflichtung darstellte. Denn durch das Kaufangebot, zu dessen Abgabe an den Dritten sich die Beklagte verpflichtet hatte, sollte offenbar dem Dritten, ebenso wie durch das an den Kläger gerichete Angebot ihm selbst ermöglicht werden, durch formgerechte (§ 313 BGB.) Annahme einen Kaufvertrag über die zum Kauf angebotenen Parzellen zum Abschluß zu bringen. Diese Möglichkeit war nicht mehr gegeben, wenn das Kaufangebot erst nach dem 1. April 1916 erfolgte, da dann die Bindungsfrist, die in dieses aus dem an den Kläger gerichteten zu übernehmen war, bereits abgelaufen und somit das Angebot wirkungslos war. Es war also mit dem Ablaufe des 1. April 1916 die Erfüllung der von der Beklagten übernommenen Verpflichtung unmöglich geworden, weil, wenn auch an sich das Kaufangebot an den vom Kläger als Kauflustigen bezeichneten Dritten noch abgegeben werden konnte, doch nur ein innerhalb der genannten fest bestimmten Zeit abgegebenes Kaufangebot als verpflichtungsgemäße Leistung zu gelten hatte (vgl. RG. Jur. Wochenschr. 1902 Beil. S. 229 Nr. 92, 1913 S. 196 Nr. 6).

Daraus ergibt sich freilich noch nicht ohne weiteres, daß die Abweisung der Klage gerechtfertigt ist. Die Folgen der Nichtleistung des Kaufangebots bis zum 1. April 1916 an die vorher der Beklagten vom *Kläger als Kauflustige bezeichneten früheren Mitkläger* bestimmen sich nach den Grundsätzen, die für den Fall einer nach Vertragsschluß eingetretenen Unmöglichkeit der Erfüllung gelten, und zwar, wenn es sich um einen gegenseitigen Vertrag handeln würde, gemäß den §§ 323 bis 325, andernfalls gemäß den §§ 275, 280 BGB. Danach könnte der Kläger, wenn die Beklagte die Unmöglichkeit der Erfüllung zu vertreten hätte, den ihm durch die Nichterfüllung entstandenen Schaden von der Beklagten ersetzt verlangen. Dieser Schadensersatz wäre gemäß § 249 Satz 1 BGB. durch Herstellung des Zustandes zu leisten, der bestehen würde, wenn die Beklagte, nachdem ihr der Kläger durch Schreiben vom 27. März 1916 als Kauflustige die früheren Mitkläger bezeichnet hatte, an diese das Kaufangebot rechtzeitig, also spätestens bis zum 1. April 1916, abgegeben hätte. Würde im Fall eines solchen Angebots, wie als Behauptung des Klägers gelten muß, die Annahme von den früheren Mitklägern bis zum Ablaufe des 1. April 1916 formgerecht erklärt worden, also ein rechtsgültiger Kaufvertrag über die beiden zum Kauf angetragenen Parzellen zum Abschluß gelangt sein, so könnte der Kläger als Schadensersatzleistung beanspruchen, daß die Beklagte mit den früheren Mitklägern gemäß den Bedingungen des Kaufangebots einen Kaufvertrag abschlösse. Gegenüber solchem gerechtfertigten Anspruche würde der hier mit der Klage erhobene Anspruch auf Abgabe eines notariellen Angebots an die früheren Mitkläger des Inhalts, daß sie von ihrem Grundstücke die beiden Parzellen den früheren Mitklägern, jedem von ihnen 1/3 ideellen Anteil, zum Preise von 18000 M. unter den in der notariellen Verhandlung vom 22. Februar 1913 angegebenen Bedingungen verkaufe, nur ein Minderes sein. Als Frist für die Annahme dieses Angebots würde die gesetzliche Frist nach § 147 oder nach § 152 in Verb. mit § 151 Satz 2 BGB. zu gelten haben. Es fragt sich daher, ob es der Beklagten als Verschulden zur Last zu legen ist, daß sie nicht bis zum 1. April 1916 das Kaufangebot an die früheren Mitkläger abgegeben hat. . . . (Dies wird verneint, weil der Kläger die Zinsen nicht pünktlich gezahlt habe. Sodann wird fortgefahren:) Danach hat die Beklagte die Unmöglichkeit der Erfüllung der übernommenen Verpflichtung nicht zu vertreten, weshalb der Klaganspruch unbegründet ist, und zwar sowohl von dem Gesichtspunkt eines Vertragsanspruchs auf Erfüllung wie von dem eines Schadensersatzanspruchs (vgl. RGZ. Bd. 54 S. 32; Jur. Wochenschr. 1911 S. 807 Nr. 10; Gruchot Bd. 48 S. 881).

Die Abweisung der Klage ist aber nach der klaren Sachlage auch noch aus folgendem Grunde gerechtfertigt. Die von der Beklagten in der Urkunde vom 22. Februar 1913 übernommene Verpflichtung, ein gleiches Kaufangebot wie das zunächst an den Kläger abgegebene an die vom Kläger bezeichneten Dritten zu machen, enthielt eine, wenn auch bedingte, Verpflichtung gegenüber dem Kläger zur Uebertragung des Eigentums an Grundstücken, und zwar an Dritte, welche der Kläger etwa bezeichnen würde. Zur Rechtswirksamkeit der Verpflichtungsübernahme war daher die Beobachtung der Form des § 313 BGB. erforderlich (RGZ. Bd. 50 S. 165; Bd. 81 S. 50; Jur. Wochenschrift 1909 S. 11 Nr. 4) Damit aber ein Vertrag zustande kam und der Kläger Rechte aus der von der Beklagten erklärten Verpflichtungsübernahme erlangte, mußte vom Kläger die Annahme der Verpflichtungsübernahme erklärt werden. Da diese Annahmeerklärung sonach einen wesentlichen Bestandteil des Vertrags bildete, mußte sie ebenfalls in der Form des § 313 BGB. abgegeben werden (RGZ. Bd. 81 S. 135; Rep. V. 348/12 vom 14. Dezember 1912; Jur. Wochenschr. 1916 S. 396 Nr. 2). Eine solche Erklärung des Klägers ist in der genannten Urkunde nicht enthalten. Zwar wäre nicht unbedingt notwendig gewesen, daß der Kläger die Erklärung unter Gebrauch des Wortes „annehmen" in der Urkunde abgegeben hätte; es würde zur Erfüllung der Formvorschrift auch eine anders geartete Erklärung genügt haben, wenn sie erkennbar den Willen zum Ausdruck gebracht hätte, die von der Beklagten abgegebene Vertragserklärung anzunehmen (Jur. Wochenschr. 1916 a. a. O.). Die Urkunde enthält aber keine andere Erklärung des Klägers als die am Schlusse: „Herr Schw. nimmt von Vorstehendem Kenntnis und übernimmt die Kosten der heutigen Verhandlung." Das enthält nur eine Erklärung des Klägers, das als Erklärung der Beklagten Beurkundete zur Kenntnis zu nehmen; nicht wird dadurch zum Ausdruck gebracht, daß er ihre Verpflichtungsübernahme als Vertragserklärung annehme. Demnach ist gemäß § 125 BGB. die Verpflichtungserklärung der Beklagten nichtig, so daß der Kläger überhaupt keine Rechte daraus herleiten kann." . . .

RGZ. 91, 260

Ist der Verkäufer zur Ersatzherausgabe verpflichtet, wenn er durch die Obrigkeit gezwungen wurde, die geschuldete Sache anderweit zu verkaufen, und so einen höheren Preis erlangt hat?

BGB. § 281.

II Zivilsenat. Urt. v. 13. November 1917.

I. Landgericht Hamburg, Kammer für Handelssachen.
II. Oberlandesgericht daselbst.

Durch Vertrag vom 12. Januar 1912 verkaufte die Beklagte der Klägerin für die Jahre 1913 bis 1915 die gesamte Tranausbeute ihres Kochereidampfers Hvalen, wie solche aus Süd Shetland kommen würde. Die Lieferung sollte in einem Weserhafen erfolgen. Die Ausbeute der ersten beiden Jahre wurde geliefert, die dritte etwa 3000 Tonnen starke Ladung des Krieges wegen nicht. Der Dampfer Hvalen betrieb den Walfischfang bei Süd Shetland in einem Seegebiet, über das England die Oberhoheit in Anspruch nimmt. Die Walfischfänger werden von England konzessioniert; nach Beendigung des Fanges haben sie nach den Falklandsinseln zu gehen. Dort findet eine Zollabfertigung statt und die Dampfer müssen nach dem Lande ihrer Bestimmung ausklarieren. Am 27. Januar 1915 hat der Gouverneur der Falklandsinseln eine Verordnung erlassen, wonach jeder Walfischfänger sich durch Schein verpflichten muß, den erbeuteten Tran im Vereinigten Königreich abzuliefern. Jede Zuwiderhandlung ist mit Verwirkung der gestellten Sicherheit und Entziehung der Fischereikonzession bedroht. Dem Gouverneur ist die Freiheit gelassen, in Einzelfällen die Ausfuhr von Tran nach andern Ländern zu erlauben. Nachdem die Beklagte mit englischen Behörden vergeblich über die Freigabe des Trans verhandelt hatte, brachte sie die Ladung auf Befehl der englischen Regierung nach Liverpool. Dort veräußerte sie sie an einen englischen Kaufmann zu einem höheren Preise, als zwischen den Parteien vereinbart war. Die Klägerin, die den Mehrerlös auf 231 502,45 M. angibt, fordert mit der Klage Zahlung dieser Summe, indem sie sich sowohl auf den Gesichtspunkt des Schadensersatzes wie auf die Pflicht zur Ersatzherausgabe stützt.

Der erste Richter und ebenso das Oberlandesgericht wiesen die Klage ab. Die Revision der Klägerin hatte Erfolg.

Gründe:

„Die Vorinstanzen haben mit Recht ausgesprochen, daß die Lieferung der streitigen Ladung Tran für die Beklagte infolge von Umständen, die sie nicht zu vertreten hatte, unmöglich geworden und die Klage, soweit sie Schadensersatz fordert, hinfällig ist. Einer besonderen Begründung bedarf das nicht, weil der Anspruch entgegen der Ansicht der Vorinstanzen als Surrogationsanspruch aus § 281 BGB. für gerechtfertigt erachtet werden muß.

Wie vorweg bemerkt werden mag, steht das Urteil des erkennenden Senats RGZ. Bd. 88 S. 287 dem nicht entgegen. Es verneint nur die Anwendbarkeit des § 281 auf Gattungskäufe, während im Streitfalle das Schuldverhältnis auf diejenige Tranladung, die der Dampfer Hvalen eingenommen hatte, also auf eine bestimmte Sache, beschränkt war.

Der § 281 bestimmt: „Erlangt der Schuldner infolge des Umstandes, welcher die Leistung unmöglich macht, für den geschuldeten Gegenstand einen Ersatz . . . , so kann der Gläubiger Herausgabe des als Ersatz Empfangenen . . . verlangen."

Die Lieferung der streitigen Ladung war für die Beklagte durch die Verordnung des Gouverneurs der Falklandsinseln unmöglich geworden. Die Verordnung verpflichtet alle Walfischfänger, ihre Ladungen im Vereinigten Königreich abzuliefern. Hätte die Beklagte trotzdem versucht, die Ladung entweder umittelbar an die Weser zu bringen oder sie auf irgendeinem anderen Wege der Klägerin oder dem von ihr vorgeschlagenen holländischen Hause zuzuführen, so hätte sie sich den in der Verordnung angedrohten Strafen, nämlich dem Verfall ihrer Sicherheit und dem Verlust ihrer Fischereikonzession ausgesetzt. Solche Gefahren im Interesse der Klägerin auf sich zu nehmen, war sie nicht verpflichtet. Daß der Gouverneur laut Nr. 3 der Verordnung Ausnahmen zulassen kann, macht keinen Unterschied, weil nach Lage des Falles eine solche besondere Erlaubnis für die Beklagte nicht erreichbar war. Die somit durch die Verordnung geschaffene Notwendigkeit, die Ware nach Großbritannien zu bringen, enthielt aber zugleich die Notwendigkeit in sich, sie dem dortigen Bedarfe zuzuführen. Die Ware bis zum Ende des Krieges lagern zu lassen, war weder der Beklagten zuzumuten, noch wäre es möglich gewesen, weil die Engländer sie ohne Zweifel für ihren Bedarf in Anspruch genommen haben würden. Der durch die englische Kriegsmaßregel geübte Zwang bestand also darin, daß die Beklagte die Ware nach England bringen und dort veräußern mußte. Beides wurde durch die Verordnung des Gouverneurs und die englische Seemacht, die deren Befolgung sicherte, erzwungen. Die Heranziehung der Ware für den englischen Bedarf war gerade der Endzweck der Maßregel, welche die Verschiffung nicht nur nach feindlichen, sondern auch nach neutralen Ländern abschnitt.

Die Lieferung der streitigen Ladung ist also für die Beklagte durch die erzwungene Verschiffung nach Großbritannien und die dort mit Notwendigkeit erfolgte Veräußerung unmöglich geworden. Beide Vorgänge sind nicht voneinander zu trennen; sie sind ein einheitliches, durch die englische Kriegsmaßregel herbeigeführtes Ereignis. Dieses Ereignis hat ihr die vertragliche Leistung unmöglich gemacht und hat ihr zugleich auch den Kaufpreis als Ersatz des geschuldeten Gegenstandes zugeführt, den sie nicht durch freiwilliges Handeln, sondern nur unter dem Zwange der Umstände aus Händen gegeben hat.

Die Sache ist nicht anders zu beurteilen als der im Inlande gelegentlich vorgekommene Fall, daß eine verkaufte Sache zunächst von der Militärbehörde beschlagnahmt wird und später vom Verkäufer gegen einen gewinnbringenden Preis an die Behörde selbst oder an einen Heereslieferanten, den sie bezeichnet, abgegeben werden muß. In solchem Falle steht dem Käufer der Surrogationsanspruch aus § 281 zu, weil die Beschlagnahme und die ihr folgende notwendige Veräußerung nur zusammenhängende Folgen einer einheitlichen Kriegsmaßregel sind, die dem Verkäufer die Lieferung unmöglich macht und ihm den Ersatz in Gestalt des Kaufpreises zuführt, ohne daß er dabei anders als gezwungen handelt.

Ebenso liegt der Streitfall. Auch hier hat die nämliche Ursache, die die Lieferung für die Beklagte unmöglich machte, in ihrer weiteren Wirkung der Beklagten den Ersatz zugeführt. Dem steht der Umstand, daß die Beklagte den Ersatz als Kaufpreis auf Grund eines von ihr abgeschlossenen Vertrags erlangt hat, nicht entgegen.

Die Sache liegt wesentlich anders als in solchen Fällen, in denen der Schuldner einer Spezies freiwillig in Mißachtung seiner Verbindlichkeit die geschuldete Sache anderweit besonders günstig verwertet hat. Dann ist er offenbar schadensersatzpflichtig. Das schließt freilich an sich den Anspruch aus § 281 nicht aus. Aber es handelt sich dann um einen Vorteil, den sich der Schuldner durch eigenes Handeln — durch Aufsuchen oder Ergreifen der günstigen Gelegenheit — selbst verschafft hat. Diesen Vorteil (nach der Ausdrucksweise des gemeinen Rechtes das commodum ex negotiatione) braucht er nicht herauszugeben; er hat vielmehr dem Gläubiger nur das Erfüllungsinteresse zu ersetzen.

Im vorliegenden Falle dagegen hat die Beklagte unter dem Zwange der englischen Kriegsmaßregeln die Ware nach England bringen und dort veräußern müssen. Die nämlichen Ereignisse, die ihr die Lieferung an die Klägerin unmöglich machten, haben ihr auch den Kaufpreis zugeführt, der nicht durch ihre kaufmännische Tätigkeit erhöht war, sondern den der damaligen Marktlage entsprechenden Gegenwert der Ware darstellt.

Diesen Gegenwert hat sie auf Grund der Vorschrift des § 281 der Klägerin herauszugeben, so daß der Klaganspruch dem Grunde nach berechtigt ist."

RGZ. 91, 312

In welchem Umfang ist der Bewirtschafter eines Gutes, der sich verpflichtet hat, täglich eine gewisse Milchmenge daraus zu liefern, an diese Verpflichtung gebunden?

BGB. §§ 157, 242, 275.

II. Zivilsenat. Urt. v. 7. Dezember 1917.

I. Landgericht I Berlin. II. Kammergericht daselbst.

Der Beklagte, der das Gut Br. bewirtschaftete, verpflichtete sich durch Kaufvertrag vom 29. April 1914, dem Kläger bis zum 30. September 1915 täglich mindestens 800 bis höchstens 1000 l Milch zu liefern. Mit der Behauptung, die Verpflichtung sei nach Kriegsausbruch nicht mehr genügend erfüllt worden, nahm ihn der Kläger für die Zeit vom 31. März bis zum 30. September 1915 auf Schadensersatz in Anspruch. Beide Vorinstanzen wiesen die Klage ab; die Revision hatte keinen Erfolg.

Aus den Gründen:

. . . „Der Beklagte hat eingewendet, daß er wegen unverschuldeter Unmöglichkeit der Erfüllung von der Leistungspflicht, soweit er ihr nicht genügt habe, frei gewesen sei (§ 275 BGB.). Beide Vorderrichter haben auf Grund der Beweisaufnahme, insbesondere des erhobenen Gutachtens, den Einwand als gerechtfertigt anerkannt. Sie führen aus, der Milchertrag des Gutes Br. habe sich um die fragliche Zeit infolge von Erkrankungen des Viehbestandes (Maul- und Klauenseuche, Scheidenkatarrh) erheblich vermindert; der Rückgang habe sich noch gesteigert, als im Frühjahr 1915 die Futtermittel zu Ende gegangen seien. Dazu sei dann noch als widriger Umstand die Dürre gekommen, die im Juni 1915 eingesetzt habe. Das habe zur Folge gehabt, daß der Beklagte nach Abzug des für die eigene Wirtschaft Nötigen, insbesondere auch des für die durchaus erforderliche Aufzucht von Kälbern und Ferkeln Gebrauchten, dem Kläger nicht mehr habe liefern können, als er tatsächlich geliefert habe.

Die hiergegen erhobenen Angriffe sind nicht begründet. . . .

Die Revision wendet sich mit Unrecht gegen die Annahme des Berufungsgerichts, daß der Beklagte die zur Befriedigung des eigenen Bedarfs notwendige Milch habe zurückbehalten dürfen. Der Vertrag der Parteien enthält allerdings keine dahin gehende ausdrückliche Bestimmung. Bei einem Vertragsverhältnisse der vorliegenden Art war dies aber auch nicht erforderlich. Der Beklagte hat nicht überhaupt gewisse Milchmengen verkauft, sondern seine Verpflichtung war beschränkt auf den Ertrag seines Gutes und damit nach der Verkehrssitte auf denjenigen Teil des Erzeugnisses, der bei Einhaltung der Regeln einer ordnungsmäßigen Wirtschaft Gegenstand der Veräußerung ist. Dazu gehört aber bei einem landwirtschaftlichen Betriebe regelmäßig nicht das zur geordneten Fortführung des Betriebes Erforderliche. Die Auffassung des Berufungsgerichts steht deshalb im Einklange mit den Vorschriften sowohl des § 157 als auch des § 242 und verstößt darum auch nicht gegen § 275 BGB. Entgegen der Meinung der Revision ist es auch nicht zu beanstanden, wenn das Berufungsgericht annimmt, dem Beklagten sei nicht zuzumuten gewesen, in unwirtschaftlicher Weise enorme Preise für Kraftfuttermittel zu zahlen, um die Milchgewinnung zu steigern. Der Beklagte hatte nicht Milch schlechthin, sondern Milch aus dem Ertrage seines Gutes zu liefern. Als Ertrag konnte aber nach der maßgebenden Anschauung des Verkehrs nur gelten, was bei verständiger Führung der Wirtschaft zu erzielen war. Eine Anwendung der Grundsätze, die im kaufmänischen Verkehr für die Verteuerung der zu liefernden Ware gelten, hat hier außer Betracht zu bleiben." . . .

RGZ. 92, 87

Ueber des Verhältnis einer Vertragsabrede, wonach die Leistung bei Eintritt bestimmter Hindernisse bis nach ihrer Behebung verschoben werden soll, zu dem Rechtsgrundsatze, daß eine zeitweilige Verhinderung der Leistung deren dauernde Unmöglichkeit nach sich zieht, wenn die notwendige zeitliche Verschiebung so erheblich ist, daß dadurch die wirtschaftliche Bedeutung der Leistung wesentlich geändert wird.

II. Zivilsenat. Urt. v. 22. Januar 1918.

I. Landgericht Hamburg, Kammer für Handelssachen.
II. Oberlandesgericht daselbst.

Der Kläger hat am 25. Juni 1914 von der Beklagten 150 Barrels Vaselinöl gekauft. In Nr. 10 der Bedingungen des Schlußbriefs heißt es:

Im Falle von force majeure, sei es Ausstand, Betriebsstörungen usw., endlich jeder anderen der Kontrolle der Verkäufer entgehenden Ursache, wird die vorliegende Lieferungsverpflichtung während der ganzen Zeit, während welcher diese Hindernisse walten, unterbrochen. Die Vereinbarung tritt in dem Augenblicke wieder in Kraft, sobald diese Hindernisse beseitigt sind, und wird um die Zeit des Aufschubs verlängert.

Die Lieferung der Ware wurde zunächst durch ein Ausfuhrverbot, das nach Ausbruch des Krieges in Deutschland erlassen wurde, verhindert. Am 13. November 1915 sind durch eine Verordnung des Bundesrats über die private Schwefelwirtschaft (RGBl. S. 761) alle Lieferungsverträge über Schwefelsäure außer Kraft gesetzt worden. Für die Herstellung von Vaselinöl ist Schwefelsäure erforderlich, und die Beklagte hatte sich für ihren Bedarf an dieser Ware eingedeckt. Auf Grund der genannten Verordnung hat aber ihre Verkäuferin den Kauf für aufgehoben erklärt.

Nunmehr hat die Beklagte durch Brief vom 10. Februar 1916 auch den Kaufvertrag der Parteien aufgesagt, weil der seiner Zeit beabsichtigten späteren Lieferung der Ware ein Hindernis entgegenstehe, das niemals beseitigt werden könne und die Lieferung unmöglich mache. Der Kläger widerspricht dem. Er macht geltend, daß die Erfüllung des Vertrags zwar zurzeit behindert sei, aber gemäß der angeführten Vertragsbestimmung geschehen müsse, sobald das Hindernis beseitigt sei.

Er hat deswegen mit der Klage beantragt, festzustellen, daß der streitige Vertrag nicht aufgehoben ist, sondern fortbesteht. Beide Vorinstanzen haben dem Klagantrage seinem Inhalte nach stattgegeben. Die Revision der Beklagten ist ohne Erfolg geblieben.

Aus den Gründen:

. . . „In der Sache selbst folgt das Berufungsgericht den vom Reichsgericht in dem Urteile vom 4. Januar 1916 Rep. II. 332/15 ausgesprochenen Grundsätzen und wendet sie ohne Rechtsirrtum an. Vertragsabreden wie die streitige, laut denen bei Eintritt bestimmter Hindernisse die Leistung bis zu ihrer Behebung verschoben werden soll, werden regelmäßig zugunsten des Schuldners getroffen. Sie sollen seine Lage erleichtern, nicht erschweren. Sie schließen regelmäßig nicht die Anwendung des Grundsatzes aus, daß eine zeitweilige Verhinderung der Leistung deren dauernde Unmöglichkeit nach sich zieht, wenn die notwendige zeitliche Verschiebung so erheblich wird, daß dadurch die wirtschaftliche Bedeutung und der Inhalt der Leistung wesentlich geändert werden. Aber die Anwendung dieses Grundsatzes kann durch Abrede der Parteien ausgeschlossen werden. Wenn sie abmachen, daß der Vertrag ausgeführt werden soll, auch wenn durch eine zeitliche Verschiebung die wirtschaftliche Bedeutung der Leistung sich gänzlich ändert, und daß also zwischen ihnen bei Eintritt der vorbehaltenen Hindernisse die Lieferzeit keinesfalls als wesentlich gelten soll, so besteht kein Grund, solcher Abrede die rechtliche Wirksamkeit zu versagen. Dann bewirkt diese Abrede nicht nur eine Erleichterung der Lage des Schuldners, sondern zugleich auch eine sehr viel stärkere Bindung beider Teile, als sonst aus dem Vertrage folgen würde. Solche Abreden sind sicherlich nicht üblich, sie mögen sogar sehr selten vorkommen. Aber unmöglich und undenkbar sind sie nicht; und werden sie getroffen, so sind sie rechtlich wirksam.

Im Streitfalle hat das Berufungsgericht angenommen, daß hier ein solcher seltener Fall vorliege; daß nach dem Inhalte der Abrede nicht nur die Verkäuferin für die Dauer der vorbehaltenen Hindernisse von der Lieferpflicht frei sein, sondern daß nach Behebung der Hindernisse die beiderseitigen Vertragspflichten ohne Rücksicht auf die Dauer der eingetretenen Verzögerung auf alle Fälle erfüllt werden sollten. Das Berufungsgericht stützt diese Auslegung darauf, daß es sich um eine von der Beklagten verfaßte Formularbedingung handelt, die im Falle eines Zweifels so ausgelegt werden muß, wie der Kläger ihren Wortlaut vernünftigerweise verstehen konnte; daß die sachverständigen Handelsrichter sie im Sinne des Klägers verstanden haben, und daß sie in der Tat sehr wohl so verstanden werden kann, weil mit dem größten Nachdruck ausgesprochen ist, daß der Vertrag in dem Augenblicke wieder in Kraft tritt, sobald die Hindernisse beseitigt sind. Diese Erwägungen entsprechen den gesetzlichen Auslegungsregeln. Es handelt sich also um eine von Rechtsirrtum nicht beeinflußte Vertragsauslegung, die vom Revisionsgerichte nicht nachzuprüfen ist."

RGZ. 92, 283

1. Muß sich der Empfänger eines Darlehnsversprechens bei Einklagung des zugesagten Darlehnsbetrags am Verzugszins (§ 288 Satz 1 BGB.) oder am Prozeßzins (§ 291 BGB.) denjenigen Zinsbetrag abziehen lassen, den er hätte zahlen müssen, wenn er das zugesagte Darlehen rechtzeitig ausgezahlt erhalten hätte?

2. Hat ein solcher Abzug in Ansehung des nach § 288 Abs. 2 geltend gemachten „weiteren Schadens" einzutreten?

3. Wird die Anwendung des § 291 BGB. durch Verzug des beklagten Schuldners ausgeschlossen?

VI. Zivilsenat. Urt. v. 4. März 1918.

I. Landgericht Leipzig. II Oberlandesgericht Dresden.

Frage 1 und 3 wurden verneint, Frage 2 bejaht.

Aus den Gründen:

. . . „Die Zinsforderung seit 1. April 1915 ist nach § 288 Satz 1 BGB. wie nach § 291, gemäß § 352 HGB. in Höhe von 5 %, ohne weiteres begründet. Ein Abzug der durch die Vorenthaltung der Darlehnssumme ersparten vertragsmäßigen Darlehnszinsen in Höhe von 4 % wäre weder nach § 288 Satz 1 BGB. noch nach § 291 gerechtfertigt. In dieser Beziehung sei hervorgehoben:

1. Die Vorschrift des § 288 weist in Abs. 1 und in Abs. 2 einen erheblichen Unterschied auf. Der Abs. 2 spricht von Verzögerungsschaden im allgemeinen, der wie jeder andere Schaden zu berechnen

oder zu schätzen und zu beweisen ist. Der Betrag von 19 475,45 M. ist als solcher Schaden nach § 288 Abs. 2 angefordert: er ist — als Mehrkosten der anderweiten Kapitalbeschaffung — entstanden nur insoweit, als nicht auch die Kapitalsgewährung seitens der Beklagten den Klägern Kosten verursacht hätte. Anders der Verzugszins nach § 288 Abs. 1: er trägt im Gegensatze zu dem in Abs. 2 gedachten „weiteren" Schaden die Besonderheit an sich, daß er ein unwiderleglich feststehender Mindestersatz ist, den der Gläubiger nach dem Willen des Gesetzes erhalten soll ohne Rücksicht darauf, ob und in welcher Höhe ihm tatsächlich Schaden entstanden ist. Dieser Zins kann vom Gläubiger gefordert werden, auch wenn die Schuld, mit der der Schuldner in Verzug geraten ist, an sich unverzinslich oder nur niedriger verzinslich ist (vgl. schon RGZ. Bd. 19 S. 434); ein Gegenbeweis, daß der Gläubiger auch bei pünktlicher Leistung keine oder nur geringere Zinsen gezogen hätte, ist dem Schuldner nicht verstattet.

Kommt es aber hiernach für den Anspruch aus § 288 Satz 1 nicht auf den entstandenen Schaden als solchen an, so brauchen sich auch die Kläger die ersparten Darlehnszinsen in der vertragsmäßigen Höhe von 4 % nicht anrechnen zu lassen. Und die Beklagte ihrerseits kann diesen Abzug auf Grund des Vertragsverhältnisses nicht fordern, weil sie für die fragliche Zeit den Klägern das Darlehnskapital nicht gewährt, sondern vorenthalten hatte, mithin die Zinsen — als Gegenleistung der Darlehnsgewährung — nicht verlangen, also auch nicht etwa von sich aus absetzen kann.

Daß die Vorschrift des § 288 Satz 1 endlich auf den Darlehnszusagevertrag als solchen keine Anwendung finde, dafür ergeben weder der Vertragsinhalt im allgemeinen, noch die Fortsetzungen im vorliegenden Falle einen Anhalt.

2. Das Berufungsgericht verkennt aber auch den Inhalt der Vorschrift des § 291 BGB., wenn es annimmt, daß danach Prozeßzins nicht gefordert werden könne, wenn Verzug auf seiten des Schuldners vorliege. Für diese Auslegung gibt schon der Wortlaut des Gesetzes, wonach die Schuld von dem Eintritte der Rechtshängigkeit an zu verzinsen ist, auch wenn der Schuldner nicht in Verzug ist, keinen Anhalt. Die Vorschrift des § 291 ergänzt die des § 288 insbesondere für den Fall, daß die Klagezustellung entgegen der Regel des § 284 keinen Verzug bewirkt, z. B. bei entschuldbarer Unkenntnis vom Bestehen der Schuld. Selbstverständlich soll der Schuldner nicht Prozeß- und Verzugszins nebeneinander erhalten. Es besteht aber kein begründetes Bedenken dagegen, einen Zinsanspruch in der Weise zu begründen, es werde dahingestellt gelassen, ob Verzug des Schuldners vorliege, jedenfalls werde der Prozeßzins gefordert (vgl. schon RGZ. Bd. 2 S. 176). Der Zinsanspruch für die Zeit vom 1. April 1915

bis 6. März 1916 ist also, da die Klage schon am 25. Februar 1913 erhoben ist, jedenfalls auch nach § 291 begründet. Auch insoweit kann ein Abzug der ersparten vertragsmäßigen Darlehnszinsen nicht in Frage kommen, weil auch diese gesetzliche Zinspflicht vom Nachweis eines Schadens völlig unabhängig ist." . . .

RGZ. 92, 369

Zum Begriff des Spezieskaufs bei zukünftigen Sachen. Ist § 281 BGB. anwendbar, wenn der geschuldete Gegenstand zur Zeit der die Unmöglichkeit der Leistung herbeiführenden Beschlagnahme noch nicht existierte?

BGB. §§ 243, 281.

I. Zivilsenat. Urt. v. 9. März 1918.

I. Landgericht Gera. II. Oberlandesgericht Jena.

Die Klägerin hat von der Beklagten am 19. Januar 1915 35 Tonnen Wolframerz, und zwar die nächsten 35 Tonnen, die sie in ihrer Grube in T. erzeugen würde, gekauft. Geliefert sind nur 19 173 kg. Die Lieferung des Restes ist der Beklagten unmöglich, weil bei ihr durch Verfügung des Generalkommandos des XI. Armeekorps in C. vom 15. November 1915 auf Grund der Bundesratsverordnung vom 24. Juni 1915 sämtliche auf dem Wolframvorkommen in T. vorhandenen und hinzutretenden Bestände an Wolfram in Erzen, in Mischerzen und auf Halden sowie in Legierungen und Verkleidungen, ferner Wolfram in Schlacken, in Neben- und Zwischenerzeugnissen und Rückständen beschlagnahmt worden sind. Der Abbau, die Förderug sowie die Aufbereitung im eigenen Betriebe blieb der Beklagten zwar gestattet, sie durfte jedoch die gewonnenen Wolframerze und sonstigen wolframhaltigen Stoffe nur an die Kriegsmetall-Aktiengesellschaft in Berlin verkaufen. Sie hat demnach ihre gesamten nach der Beschlagnahme geförderten Wolframerze an die genannte Aktiengesellschaft abgeführt, wobei unter den Parteien streitig ist, ob sie zugunsten der Gesellschaft enteignet oder ihr freihändig verkauft worden sind.

Mit der Behauptung, daß die Beklagte hierbei an den noch rückständigen 25 827 kg Wolfram einen Mehrgewinn von über 6000 M. erzielt habe, auf den die Klägerin gemäß § 281 BGB. Anspruch erhebt, klagte sie gegen die Beklagte auf Zahlung von 6000 M. nebst 5 % Prozeßzinsen. Beide Vorinstanzen entschieden zu ihren Ungunsten. Auf die Revision der Klägerin ist das Urteil des Oberlandesgerichts aufgehoben und die Sache an das Berufungsgericht zurückverwiesen worden aus folgenden

Gründen:

„Das Berufungsgericht hat den Klaganspruch deshalb zurückgewiesen, weil von den den Gegenstand des Kaufes der Klägerin bildenden nächsten zu fördernden 35 Tonnen Wolfram diejenige Menge, mit deren Lieferung die Beklagte im Rückstande war (25 827 kg), zur Zeit der Beschlagnahme noch nicht in die Erscheinung getreten sei; sie habe sich nämlich als Teil des Grundstücks noch in der Grube befunden und hätte erst gebrochen und zutage befördert, möglicherweise auch noch einer Behandlung im Magnet- und Säureverfahren unterzogen werden müssen, während der von der Kriegsmetallgesellschaft gewährte Kauf- oder Enteignungspreis eine Gegenleistung für die fertige Ware, also einen neuen Gegenstand, gebildet habe und deshalb nicht als Ersatz für den geschuldeten Gegenstand, der sich zur Zeit der Beschlagnahme noch im Zustande der Unfertigkeit befunden habe, angesehen werden könne. Diese Auffassung ist nicht frei von Rechtsirrtum.

Der Verkauf der nächsten auf der Grube in T. zu fördernden 35 Tonnen Wolframerz stellt sich nicht als eine Gattungsschuld, auch nicht als sog. „beschränkte" Gattungsschuld, sondern als Speziesschuld dar. Es handelt sich um den Kauf einer erst zu erzeugenden, also erst künftig zur Entstehung gelangenden, einer zukünftigen Sache. Auch an einer solchen ist ein Spezieskauf sehr wohl denkbar. Er liegt dann vor, wenn die Parteien den Vertragsgegenstand nicht nur nach Merkmalen bezeichnen wollten, sondern sich beim Vertragsabschlusse die den Gegenstand des Vertrags bildenden Sachen als konkrete Sachen vorgestellt haben. Letzteres ist aber hier der Fall. Aus der von den Parteien gewählten Ausdrucksweise ist zu schließen, daß diese bestimmten, zunächst geförderten 35 Tonnen Erz als ganz konkret vorgestellte Sachindividuen den Gegenstand des Vertrags bilden sollten. Sobald sie gefördert waren, traten sie, ohne daß noch wie bei der Gattungsschuld irgendeine besondere Ausscheidung aus der Gattung zur Konkretisierung des Leistungsgegenstandes seitens der Schuldnerin in Frage kommen konnte, als der von vornherein vorgestellte Vertragsgegenstand von selbst in die Erscheinung. Gingen sie nach der Förderung unter, so konnte sich die Beklagte auf Unmöglichkeit der Erfüllung (§ 323 BGB.) berufen, und es griffen nicht etwa die Grundsätze des § 243 Platz.

Der Annahme, daß es sich im vorliegenden Falle um einen Spezieskauf handelt, stehen auch die Zwecke, die von den Parteien mit einer solchen Vereinbarung erstrebt wurden, und namentlich auch der Umstand nicht entgegen, daß es möglicherweise der Klägerin darauf angekommen ist, tunlichst schnell in den Besitz des gekauften Erzes zu gelangen und gegenüber der Konkurrenz einen Vorsprung zu gewinnen. Denn dieses Ziel ließ sich eben am leichtesten und sichersten gerade dadurch erreichen, daß man die Beklagte verhinderte, über ihre künftige Produktion zum Nachteile der Klägerin zu verfügen, indem diese ganz bestimmten, künftig zunächst zur Entstehung gelangenden 35 Tonnen als der Klägerin verkauft zu gelten hatten.

Durch die Beschlagnahme verlor die Beklagte nicht die Möglichkeit, diese 35 Tonnen Wolfram herzustellen, d. h. das Erz zu brechen und bergmännisch aufzubereiten, denn die Bechlagnahmeanordnung des Generalkommandos beließ der Beklagten den weiteren Abbau, die Förderung und die Aufbereitung. Es stand also nichts im Wege, daß die 35 Tonnen in die Erscheinung treten konnten. Nur die Möglichkeit, sie der Klägerin zu liefern, fiel fort; denn in dem Augenblicke, wo sie zur Entstehung gelangten, wurden sie von der Beschlagnahme ergriffen und durften nur noch an die Kriegsmetall-Aktiengesellschaft abgeliefert werden. Der von der letztgenannten Gesellschaft gezahlte Kauf- oder Enteignungspreis ist also gerade für denjenigen Gegenstand bezahlt, welcher zugleich den Gegenstand des zwischen den Parteien abgeschlossenen Vertrags bildete; denn mochten die 35 Tonnen beim Vertragsabschlusse selbst noch im Zustande der Unfertigkeit sein, so war es doch die Absicht der Parteien, daß sie im aufbereiteten Zustande der Klägerin geliefert werden sollten. Es war also von vornherein mit ihrer künftigen Entstehung gerechnet.

Die vom Berufungsgerichte gebilligte Rechtsansicht führt auch zu ganz offenbarer Unbilligkeit. Es ist nicht verständlich, aus welchen Gründen es für die Stellung eines Käufers eines Kalbes, das von einer bestimmten, zurzeit trächtigen Kuh demnächst geworfen wird, in bezug auf § 281 BGB. von Bedeutung sein könnte, ob die Beschlagnahme vor oder nach der Geburt des Kalbes angeordnet wird.

Das vom Berufungsgerichte herangezogene Schrifttum behandelt ganz andere Fälle und steht mit der Auffassung des Revisionsgerichts keineswegs in Widerspruch. Werden dem Schuldner die Rohstoffe, aus denen er erst den geschuldeten Gegenstand herstellen will, beschlagnahmt und enteignet oder durch Zwangskauf entzogen, so kann allerdings der § 281 BGB. keine Anwendung finden, weil es an dem Erfordernis der Identität fehlt. Denn der Rohstoff, für den das Entgelt gewährt wird, ist etwas ganz anderes, als die aus ihm erst herzustellende Sache, und insofern kann man in solchem Falle allerdings sagen, der Leistungsgegenstand sei überhaupt noch nicht in die Erscheinung getreten, d. h. für den Leistungsgegenstand sei das Entgelt nicht bezahlt. Im einzelnen s. L e h m a n n , Kriegsbeschlagnahme S. 44 und Anm. 4 auf S. 110, ferner S t a r k e in Jur. Wochenschr. 1915 S. 564. Der andere vom Berufungsrichter angeführte Fall betrifft die Nichtanwendbarkeit des § 281 BGB., wenn im Falle der Unmöglichkeit der Erfüllung einer Gattungsschuld wegen Beschlagnahme sämtlicher zur Gattung gehörigen Sachen der Schuldner aus den von der Beschlagnahme betroffenen Sachen andere Gegenstände herstellt, für welche das vom Gläubiger auf Grund des § 281 beanspruchte Entgelt erzielt wird; auch hier fehlt es an der nach § 281 BGB. erforderlichen Identität (im einzelnen s. Löwenwarter in Jur. Wochenschr. 1915 S. 111).

Hiernach unterlag das angefochtene Urteil der Aufhebung. In der Sache selbst konnte nicht erkannt werden, da noch eine Reihe von Fragen, die auch zum Teil bereits von den Vorinstanzen angedeutet worden sind, der Erörterung bedürfen."

RGZ. 92, 376

1. . . .

2. Inwieweit wird der Verzug durch Rechtsirrtum ausgeschlossen?

3. Sind von öffentlich-rechtlichen Verbindlichkeiten Verzugszinsen zu zahlen?

4. . . .

ZPO. §§ 256, 258.

III. Zivilsenat. Urt. v. 12. April 1918.

Die Entscheidung ist abgedruckt unter „Verfahrensrecht, Zivilprozeß".

RGZ. 93, 39

Zur Frage der Schadensbegründung aus der Person eines Dritten.

BGB. §§ 249 flg.

I. Zivilsenat. Urt. v. 11. Mai 1918.

I. Landgericht Hamburg, Kammer für Handelssachen.
II. Oberlandesgericht daselbst.

Die Hamburger Firma C. & A. hatte vom Kläger einen Kahn gemietet. Sie ließ ihn mit einer Zuckerladung von einem dem Beklagten gehörigen Schlepper durch den Reiherstieg schleppen. Dabei ist er auf Grund geraten und stark beschädigt worden. Der Kläger als der Eigentümer des Kahnes nimmt den Beklagten als Eigentümer des Schleppers auf Schadensersatz in Anspruch. In der Klage wird darauf hingewiesen, daß der Beklagte sich aus dem Schleppvertrage zu exkulpieren haben werde. In einem Nachtrage zur Klage wird behauptet, daß die Firma C. & A. ihre Ansprüche aus dem Schleppvertrag an den Kläger abgetreten habe; die Klage solle auch auf die Abtretung gestützt werden. Der Beklagte hat erwidert, daß der Firma C. & A. gegen ihn keine Rechte zugestanden hätten, die sie hätte abtreten können, und hat im übrigen jedes Verschulden der Schlepperführung bestritten.

Das Landgericht wies die Klage ab. Das Oberlandesgericht wies die Berufung des Klägers zurück. Auf die Revision des Klägers ist das Berufungsurteil aufgehoben worden aus folgenden

Gründen:

„Das Berufungsgericht hat die Klage abgewiesen, weil der Kläger nicht den Beweis erbracht habe, daß der Führung des Schleppers des Beklagten ein Verschulden an dem Unfalle, durch den der Kahn des Klägers beschädigt ist, zur Last falle. Dem Kläger waren von seiner Mieterin, der Firma C. & A., deren Rechte aus dem Schleppvertrage, den sie mit dem Beklagten geschlossen hatte, abgetreten. Dem aus dieser Abtretung entnommenen weiteren Klagegrunde hat das Berufungsgericht folgende Erwägungen entgegengehalten: C. & A. hafteten dem Kläger für die Rückgabe des Kahnes in unbeschädigtem Zustande. Sie selbst erlitten durch die Beschädigung des Kahnes, da dieser ihnen nicht gehörte, unmittelbar keinen Schaden, sondern nur mittelbar dann, wenn und soweit sie von dem Kläger haftbar gemacht würden; daß dies geschehen sei, werde nicht behauptet. C. & A. hätten somit gegen den Beklagten keine Regreßansprüche gehabt und hätten solche daher auch nicht abtreten können. Deshalb könne Kläger nur als Eigner des Dampfers klagen und sei somit in vollem Umfange beweispflichtig.

Diese Ausführungen werden von der Revision mit Recht angegriffen. Es kann ihnen nicht beigestimmt werden, vielmehr ist anzunehmen, daß C. & A. den Beklagten auf Grund des Schleppvertrags für den dem Kläger entstandenen Schaden in Anspruch nehmen können, ohne daß es darauf ankommt, ob sie ihrerseits von dem Kläger in Anspruch genommen sind. Diese ihnen zustehenden Rechte haben sie dem Kläger abgetreten. Das hat zur Folge, daß der Beklagte sich gegenüber der Klage exkulpieren muß.

In ständiger Rechtsprechung ist anerkannt, daß derjenige, der in eigenem Namen für fremde Rechnung einen Vertrag geschlossen hat, von dem Vertragsgegner, der den Vertrag nicht erfüllt, Ersatz des Schadens verlangen kann, wie dieser nicht nur ihm, sondern auch wie er demjenigen, für dessen Rechnung er gehandelt hat — dem Geschäftsherrn — erwachsen ist (vgl. RGZ. Bd. 90 S. 246). Dieser Grundsatz hat sich namentlich für das Kommissions- und Speditionsgeschäft herausgebildet. Er hat aber auch auf andere ähnlich liegende Fälle Anwendung gefunden. So wird in der Entscheidung RGZ. Bd. 62 S. 331 ausgeführt, daß der Verkäufer, der nach § 447 BGB.

die verkaufte Ware auf Verlangen des Käufers nach einem anderen Orte als dem Erfüllungsorte versendet und zu diesem Behufe mit dem Frachtführer und Spediteur im eigenen Namen abschließt, mit der Vertragsklage zugleich die Interessen des Käufers verfolgen kann. Freilich handelt es sich auch in diesem Falle um einen Abschluß für fremde (des Käufers) Rechnung, und das liegt in dem zur Entscheidung stehenden Falle nicht vor; C. & A. haben für eigene Rechnung abgeschlossen. Aber eine Verknüpfung ihrer Interessen mit denen des Eigentümers, ihres Vermieters, ist doch auch hier gegeben. Darauf ist entscheidendes Gewicht zu legen. Es ist anerkannten Rechtens, daß dem Mieter eine Obhutpflicht mit Bezug auf die Mietsache obliegt. Diese Obhutpflicht hat er im Interesse des vermietenden Eigentümers auszuüben. Die gleiche Obhutpflicht hinsichtlich der Sache übernimmt derjenige, der sich zum Schleppen eines Flußfahrzeuges verpflichtet. Er ist vertraglich verpflichtet, das Fahrzeug unbeschädigt an den Bestimmungsort zu verbringen. Dieser Pflicht hat er zwar zunächst zugunsten seines Gegenkontrahenten, aber, wofern dieser nicht Eigentümer des geschleppten Fahrzeuges ist, gleichzeitig auch im Interesse des dritten Eigentümers zu genügen. Daß eine große Speditionsfirma Transporte nicht nur mit eigenen, sondern auch mit gemieteten Fahrzeugen ausführen läßt, ist allgemein bekannt und damit muß allgemein gerechnet werden. Die Sachlage kennzeichnet sich also dahin, daß C. & A. die vertragliche Obhutpflicht ihrem Gegenkontrahenten sowohl in ihrem eigenen, als auch im Interesse des Eigners des Kahnes, also in Verknüpfung der beiden gleichlaufenden Interessen auferlegt haben, und daß der Schleppunternehmer mit dem möglichen Hineinspielen der Interessen einer dritten, am Vertrage nicht unmittelbar beteiligten Person, des Eigners des Fahrzeugs, rechnen mußte. Dann ist es nur eine entsprechende Anwendung des vorstehend dargelegten Grundsatzes, daß mit der Vertragsklage auch das Interesse des Dritten verfolgt werden kann.

Wollte man diese Folgerung nicht ziehen, so würde eine ungerechtfertigte Begünstigung des Schleppunternehmers, der sich an und für sich aus dem Schleppvertrage zu exkulpieren hat, immer dann eintreten, wenn das geschleppte Fahrzeug ein gemietetes war. Sein Gegenkontrahent könnte das Interesse des geschädigten Eigentümers mit der Vertragsklage, die den Schädiger zur Exkulpation zwingt, nicht wahrnehmen; der Eigentümer müßte, wenn er seinerseits aus eigenem Rechte klagt, die volle Beweislast auf sich nehmen. Ein solches Ergebnis würde keine gesunde rechtliche Regelung derartiger Streitfälle darstellen. Deshalb muß sich der Beklagte gegenüber der Klage aus abgetretenen Rechten von C. & A. exkulpieren.

Nun hat das Berufungsgericht zwar festgestellt, daß dem Kläger der Exkulpationsbeweis nicht gelungen ist. Es hat sich aber nicht darüber ausgesprochen, ob die Sachlage so ist, daß der Exkulpationsbeweis des Beklagten als erbracht anzusehen ist. Das Berufungsurteil mußte also aufgehoben und die Sache in die Berufungsinstanz zurückverwiesen werden, damit in dieser Hinsicht die nötigen Feststellungen getroffen werden."

RGZ. 93, 142

Ist die Vorschrift des § 281 BGB. über die Verpflichtung zur Ersatzherausgabe auch auf beschränkte Gattungsschulden schlechthin unanwendbar?

IV. Zivilsenat. Urt. v. 13. Juni 1918.

I. Landgericht Rudolstadt. II. Oberlandesgericht Jena.

Durch Schlußschein vom 12. Juli 1914 verkaufte die Beklagte an die Klägerin je 8 bis 10 000 Zentner reelle, nicht entzuckerte Melasse aus den Kampagnen 1914/15 und 1915/16 zum Preise von 2,50 M. für den Zentner unter Angabe einer den Zuckergehalt bestimmenden Basis. Die Lieferung der Melasse aus der Kampagne 1915/16 unterblieb, da die Beklagte auf die Bundesratsverordnungen vom 12. Februar und vom 25. September 1915 (RGBl. S. 78, 614) die gesamte Melasse dieser Kampagne an die Bezugsvereinigung der deutschen Landwirte überlassen mußte. Die Beklagte erzielte dabei einen höheren Preis als den, zu dem sie der Klägerin zu liefern gehabt hätte.

Die Klägerin verlangt jetzt von der Beklagten Herauszahlung dieses auf 10 000 M. angegebenen Mehrerlöses. Das Landgericht wies die Klage ab. Die Berufung der Klägerin blieb erfolglos. Auf ihre Revision verwies das Reichsgericht die Sache an das Landgericht zurück.

Gründe:

„Der Klaganspruch stützt sich auf § 281 BGB.: Erlangt der Schuldner infolge des Umstandes, welcher die Leistung unmöglich macht, für den geschuldeten Gegenstand einen Ersatz, so kann der Gläubiger nach dieser Vorschrift Herausgabe des als Ersatz Empfangenen verlangen.

Das Berufungsgericht beurteilt das abgeschlossene Geschäft nach dem in dem Schlußscheine festgelegten Willen der Parteien als eine beschränkte Gattungsschuld und weist die Klage ab, weil, wie bei Gattungsschulden überhaupt (RGZ. Bd. 88 S. 287), auch bei diesen sog. beschränkten Gattungsschulden (Jur. Wochenschr. 1917 S. 463) der § 281 BGB. unanwendbar sei. Dieser Entscheidungsgrund wird von der Revision mit Recht angegriffen.

Allerdings wird bei gewöhnlichen Gattungsschulden die Anwendbarkeit des § 281 BGB. grundsätzlich abzulehnen sein, wenn nicht der geschuldete Gegenstand, für den Ersatz verlangt wird, nach § 243

Abs. 2 BGB. individualisiert in die Erscheinung getreten ist (RGZ. Bd. 88 S. 287). Ob diese grundsätzliche Auffassung auch bei beschränkten Gattungsschulden zu gelten hat, bei denen der Leistungsgegenstand aus einer bestimmten größeren Menge, einem übersehbaren Vorrat entnommen werden soll (vgl. RGZ. Bd. 57 S. 138), kann hier auf sich beruhen bleiben. Wenigstens im gegebenen Falle kann nicht entscheidend sein, ob schon vor Eintritt des Umstandes, der der Beklagten die Melasseerzeugung von 1915/16 entzogen hat, die der Klägerin aus diesem Bestande zu leistenden 8 bis 10000 Ztr. nach § 243 Abs. 2 BGB. individualisiert waren. Denn hier, wo der Beklagten der ganze Bestand dieser Erzeugung gegen Entschädigung entzogen worden ist, hat sie zugleich auch für den geschuldeten Gegenstand Ersatz erlangt, indem sich der für den ganzen Bestand erlangte Ersatz mit begrifflicher Notwendigkeit schon von vornherein auch auf diejenigen 8 bis 10000 Ztr. erstreckt hat, durch deren Leistung sie die nunmehr unmöglich gewordene Verbindlichkeit hätte erfüllen können. Soweit in den Urteilen vom 30. Januar 1917 II. 359/16 (Jur. Wochenschr. S. 463, Warneyer Nr. 73) und vom 23. Juni 1917 I. 88/17 (Jur. Wochenschr. S. 968, Warneyer Nr. 199) eine abweichende Auffassung vertreten worden ist, haben der II. und der I. Senat erklärt, hieran nicht festzuhalten. Somit liegt eine streitige Rechtsfrage im Sinne des § 137 GVG. nicht vor.

Daher ist der § 281 BGB. auf den vorliegenden Fall anwendbar." . . .

RGZ. 93, 300

1. Zum Begriffe der Mahnung.

2. Voraussetzungen des Verzugs bei gegenseitigen Verträgen.

BGB. §§ 284, 326.

III. Zivilsenat. Urt. v. 20. September 1918.

I. Landgericht Stuttgart. II. Oberlandesgericht daselbst.

Die Beklagte, die am 10. Februar 1916 an die Klägerin zwei Wagen dänischer Schweinelungen verkauft hatte, lieferte sofort einen der Wagen und erhielt hierfür von der Klägerin 6500 M. bezahlt; der restliche Rechnungsbetrag von 788,80 M. wurde von der Klägerin nicht entrichtet. Den zweiten Wagen, der gemäß dem Vertrag einige Zeit nach dem ersten zu stellen war, lieferte die Beklagte nicht, auch nicht auf die am 17. März 1916 von der Klägerin gesetzte Nachfrist. Mit der Klage beanspruchte deshalb die Klägerin Schadensersatz wegen Nichtlieferung, und zwar unter Aufrechnung der restlichen Kaufpreisschuld aus dem ersten Wagen in Höhe von 5723,45 M.

Während der erste Richter die Klage abwies, erklärte das Oberlandesgericht den Schadensersatzanspruch dem Grunde nach für gerechtfertigt. Auf die Revision wurde das erste Urteil wiederhergestellt aus folgenden

Gründen:

„Die Entscheidung des Rechtsstreits hängt, wie das Berufungsgericht zutreffend angenommen hat, davon ab, ob die Beklagte am 4. März 1916 — dem Tage der Beendigung der tierärztlichen Untersuchung des ersten Wagens — bereits mit der Lieferung des zweiten Wagens im Verzuge war oder nicht. Wenn die Beklagte am genannten Tage noch nicht im Lieferungsverzuge war, dann war sie befugt, die Lieferung des zweiten Wagens zurückzubehalten, weil die Klägerin die Restkaufpreisschuld für den ersten Wagen in Höhe von 788,80 M. die inhaltlich des Kaufvertrags nach Beendigung der tierärztlichen Untersuchung (also am 4. März 1916) fällig wurde, nicht berichtigt hatte. . . .

War aber die Beklagte am 4. März 1916 bereits in Lieferungsverzug geraten, dann war umgekehrt die Klägerin berechtigt, gegenüber der an diesem Tage fällig gewordenen Restkaufpreisschuld das Zurückbehaltungsrecht wegen der Nichtlieferung des zweiten Wagens geltend zu machen. . . . Der Eintritt der Fälligkeit der Kaufpreisrestschuld am 4. März hätte den Schadensersatzanspruch der Klägerin nicht beseitigt. Dieser setzte allerdings die Fortdauer des Verzugs bis zum Ende der Nachfrist voraus. Eine Heilung des Verzugs der Beklagten ist aber mit der Fälligkeit der Restkaufpreisschuld nicht eingetreten. Nach dem 4. März stand beiden Parteien ein fälliger Anspruch aus dem Kaufvertrage zu: der Klägerin ein Anspruch auf Lieferung des zweiten Wagens, der Beklagten ein solcher auf Zahlung der Restkaufpreisschuld; beide Teile hatten also auch ein Zurückbehaltungsrecht. Allein das bloße Bestehen des Zurückbehaltungsrechts der Beklagten beseitigte ihren Verzug nicht. Die Beklagte war zuerst vertragsuntreu geworden und damit in Verzug geraten. Zu dessen Beseitigung mußte sie Handlungen vornehmen, die die Heilung bewirken konnten. Sie mußte mindestens den geschuldeten Wagen Zug um Zug gegen Bezahlung der Restkaufpreisschuld anbieten. Daß sie dies getan habe, ist nicht festgestellt: sie hat sich, selbst auf die Nachfristsetzung, untätig verhalten. Im Falle des Lieferungsverzugs der Beklagten am 4. März wäre somit die Schadensersatzforderung der Klägerin begründet gewesen.

Die Beklagte war aber am 4. März 1916 noch nicht in Lieferungsverzug; die entgegenstehende Annahme des Berufungsgerichts beruht auf Rechtsirrtum. Gemäß dem Vertrage war der zweite Wagen einige Zeit nach dem — sofort beim Vertragsschlusse vom 10. Februar 1916 übergebenen — ersten Wagen zu liefern. Einwandfrei hat das Berufungsgericht den Vertrag dahin ausgelegt, daß die Lieferung etwa 14 Tage nach Vertragsschluß hätte erfolgen sollen. Die beim Mangel einer kalendermäßigen Zeitbestimmung notwendige Mahnung (§ 284 BGB.) erblickt das Berufungsgericht in den beiden Briefen der Klägerin vom 19. und 25. Februar 1916. Der erstere Brief enthält die Erklärung, daß die Klägerin der Ankunft des Wagens gerne entgegensehe; im zweiten Briefe schreibt die Klägerin, daß sie für eine Mitteilung darüber sehr dankbar wäre, wann sie den Wagen in Berlin erwarten dürfe. Keine dieser Erklärungen enthält eine dem Gesetz entsprechende Mahnung. Wenn dieses auch für die Mahnung eine bestimmte Form nicht vorschreibt, so muß doch die Erklärung dem Schuldner darüber Klarheit verschaffen, daß der Gläubiger zu einem bestimmten Termine die Leistung verlange. Im Interesse eines geordneten Geschäftsverkehrs muß aus der Erklärung eine sichere Handhabe für den ernstlichen Willen des Gläubigers zu entnehmen sein, daß er das Ausbleiben der Leistung an dem angegebenen Termin als eine Pflichtwidrigkeit erachte, an die er die Geltendmachung von Rechten knüpfen könne. Diesen Anforderungen entspricht aber keiner der beiden Briefe. Beide lassen die Beklagte darüber im Ungewissen, von welchem Zeitpunkt ab die Klägerin die Leistung als eine verspätete erachte; keiner von beiden setzt einen irgendwie bestimmten Termin fest. Dies war im vorliegenden Falle um so notwendiger, als die Zeitbestimmung im Vertrag — etwa 14 Tage nach Vertragsschluß — eine dehnbare war und als der erste Brief bereits 9 Tage nach Vertragsschluß abgesandt wurde. Die Gesamtheit des Briefwechsels spricht gegen die Klägerin. Noch am 9. März 1916 fragte sie bei der Beklagten an, wann sie auf den Wagen rechnen dürfe.

Liegt aber keine rechtswirksame Mahnung vor, so war auch die Beklagte am 4. März 1916 noch nicht im Verzuge. Der mit der Klage beanspruchte Schadensersatz ist also gemäß den zuvor gemachten Ausführungen unbegründet."

RGZ. 94, 58

1. Beeinträchtigt der Umstand, daß es dem Schuldner nachträglich unmöglich geworden ist, von der ihm eingeräumten Lösungsbefugnis (facultas alternativa) Gebrauch zu machen, den Anspruch des Gläubigers auf die ihm geschuldete Leistung?

2. Wird, wenn der Gebrauch der Lösungsbefugnis von einer Bedingung (der vormundschaftsgerichtlichen Genehmigung) abhängig ist, der Anspruch auf die geschuldete Leistung ebenfalls zu einem bedingten?

BGB. §§ 262, 265.

V. Zivilsenat. Urt. v. 19. Oktober 1918.

I. Landgericht I Berlin. II. Kammergericht daselbst.

Der Kläger zu 1 und der Rentier Hugo L. hatten auf Grund des Vertrags vom 18. Januar 1912 von der Stadtgemeinde Berlin ein Baugelände erworhen. Nachdem Hugo L. am 26. September 1912 verstorben, hierauf über seinen Nachlaß die Nachlaßverwaltung angeordnet und der Regierungsrat Sch. zum Nachlaßverwalter, am 14. März 1913 hierauf der Justizrat Scha. und der Bankdirektor H. zu weiteren Nachlaßverwaltern bestellt worden waren, verkauften die Nachlaßverwalter und der Kläger zu 1 einen Teil von dem bezeichneten Baugelände durch Vertrag vom 14. April 1913 für den Preis von 1 770 000 M. an die Freie Volksbühne zur Errichtung eines Theaters. In Höhe von 1 091 000 M. bestellte die Käuferin für das Kaufgeld eine Hypothek. Durch Vertrag vom 18. Dezember 1912 beauftragte die Freie Bühne die Beklagte mit der Finanzierung und Herstellung des Theaterbaues. Die Beklagte behauptet, daß das Zustandekommen dieses Bauvertrags, bei dessen Vorverhandlungen sie 100 000 M. mehr verlangt habe, als die Freie Bühne hätte bewilligen wollen, dadurch ermöglicht worden sei, daß der Kläger zu 1 und der Regierungsrat Schl., als damaliger alleiniger Nachlaßverwalter, ihr zuvor die Gewährung eines Zuschusses von 50 000 M. zu der ihr von der Freien Volksbühne zuzusagenden Vergütung verbindlich versprochen hätten. Schl. habe das getan wegen des eigenen großen Interesses der unter seiner Verwaltung stehenden Nachlaßmasse an dem Zustandekommen der geplanten Veranstaltungen. Nur so viel sei Schl. auf seinen Wunsch zugestanden worden, daß der Zuschuß von 50 000 M. statt durch Barzahlung durch Abtretung des gleichnamigen Betrags von der Kaufgelderresthypothek von 1 091 000 M. sollte beglichen werden dürfen. Da die Beklagte durch Schreiben vom 21. Juli 1913 die Kläger zur Zahlung von 50 000 M. oder zur Abtretung des letztstelligen Teiles der genannten Hypothek aufgefordert hat, sind die Kläger mit dem Antrage klagbar geworden: festzustellen, daß der Beklagten ein Anspruch weder auf die Barzahlung noch auf die Abtretung zustehe.

Die Kläger haben jederlei Verpflichtung der Beklagten gegenüber in Abrede gestellt. Namentlich machten sie geltend, daß sie der Beklagten von vornherein überhaupt nur die Abtretung des Hypothekenteilbetrags von 50 000 M., dagegen nicht auch eine Zahlung in bar zugesagt hätten, daß aber auch diese, erst bei den Vorverhandlungen gemachte Zusage durch die späteren endgültigen Verhandlungen wieder beseitigt worden sei. Ueberdies sei die Zusage sogleich nur unter der Bedingung abgegeben worden, daß das Nachlaßgericht die Abtretung genehmigen würde, und diese Bedingung sei durch Versagung der Genehmigung ausgefallen. Das Landgericht erachtete jedweden Anspruch der Beklagten wegen der verweigerten Genehmigung des Nachlaßgerichts für hinfällig und gab deshalb der Klage statt. Das Kammergericht wies nach der Berufung der Beklagten die Klage ab. Die Revision der Kläger wurde zurückgewiesen.

Aus den Gründen:

„Die Entscheidung des Berufungsgerichts beruht zunächst auf der Feststellung, daß am 8. Dezember 1912 eine endgültige und vorbehaltlose Vereinbarung zwischen der Beklagten einerseits und dem Kläger zu 1 sowie dem damaligen alleinigen Nachlaßverwalter Regierungsrat Schl. anderseits zustande gekommen ist, und zwar eine Vereinbarung des Inhalts, daß sich die beiden Letztgenannten zur Gewährung eines Zuschusses von 50 000 M. zu der Vergütung verpflichteten, welche die Freie Volksbühne an die Beklagte für die von ihr zu übernehmende Bauausführung zu entrichten haben sollte, daß ferner den Verpflichteten *nur gestattet sein sollte*, sich von der übernommenen Verpflichtung durch Abtretung des Hypothekenteilbetrags von 50 000 M. zu lösen. Indem das Berufungsgericht sonach davon ausgeht, daß Gegenstand der Verpflichtung der Kläger an sich nur die Leistung der Abfindungssumme von 50 000 M. sein sollte, ist es auch zu dem Ergebnis gelangt, daß die Kläger von ihrer eigentlichen Verpflichtung nicht deswegen frei geworden sind, und anderseits die Beklagte ihres Vertragsanspruchs nicht deshalb verlustig gegangen ist, weil das Nachlaßgericht in der Folge die Abtretung des Hypothekenteilbetrags nicht genehmigt hat und aus diesem Grunde die Verwendbarkeit der Lösungsbefugnis unmöglich geworden ist. Dies Ergebnis des Urteils läßt sich, die Stichhaltigkeit seiner Feststellung vorausgesetzt. nicht beanstanden. Richtig ist zunächst die Annahme, daß die nachträglich eingetretene Unmöglichkeit, von der Lösungsbefugnis Gebrauch zu machen, nicht zugleich die Befreiung der Kläger von ihrer eigentlichen Verpflichtung zur Folge gehabt hat (§ 275 BGB.). Selbst bei der Wahlschuld im Sinne des § 362 BGB., bei der also die mehreren Leistungen in gleicher Weise verschuldet werden, führt die Unmöglichkeit der einen Leistung nicht die Befreiung des Schuldners überhaupt herbei; in solchem Falle beschränkt sich vielmehr das Schuldverhältnis auf die möglich gebliebene Leistung, es sei denn, daß der nicht wahlberechtigte Teil die Unmöglichkeit zu vertreten hätte (§ 265 BGB.). Diese Anschauungsweise muß erst recht Platz greifen, wenn es sich lediglich um ein Schuldverhältnis handelt, bei dem dem Schuldner nur eine Lösungsbefugnis im angegebenen Sinne eingeräumt worden ist (facultas alternativa). Denn hier muß es als selbstverständliche Voraussetzung gelten, daß der Verpflichtete sich seiner im Schuldverhältnis begründeten Verpflichtung durch die Ersatzleistung nur dann zu entledigen vermag, wenn er die Ersatzleistung überhaupt anzubieten imstande ist. Demgemäß trägt er auch nach jeder Richtung hin allein die Gefahr der Verwendbarkeit oder Unverwendbarkeit der ihm zugestandenen Lösungsbefugnis, während dem Gläubiger keine andere Verpflichtung obliegt, als gegebenenfalls die ihm gehörig angebotene Ersatzleistung an Stelle der geschuldeten als Erfüllung anzunehmen. Daß die Beklagte in dem gegenwärtigen Falle die Möglichkeit der Ersatzleistung ihrerseits in irgendeiner Weise vereitelt hätte, kann nicht in Frage kommen, ist von den Klägern auch nicht behauptet worden. Die eingetretene Unmöglichkeit der Ersatzleistung beeinträchtigt also den Vertragsanspruch der Beklagten keineswegs.

Anders läge die Sache, wenn man damit zu rechnen hätte, wie die Kläger und die Revision es wollen, daß der vertragsmäßige Anspruch der Beklagten selbst ebenfalls ein bedingter sei, nämlich dadurch, daß seine Geltendmachung gleichfalls von einer Genehmigung der Abtretung der Teilhypothek abhängig geworden wäre. Dies trifft jedoch in keiner Weise zu. Daß die Bedingung ausdrücklich gestellt worden sei, muß nach den Feststellungen des Berufungsgerichts als ausgeschlossen gelten. Es läßt sich aber auch nicht sagen, daß, weil die Erfüllbarkeit der Lösungsbefugnis ohne weiteres von der Genehmigung des Nachlaßgerichts abhängig war, dadurch mittelbar gleichzeitig auch die eigentliche Schuldverbindlichkeit der Kläger unter die gleiche Bedingung gestellt worden ist. Auch dieser Auffassung steht die Erwägung entgegen, daß die Beklagte die Erfüllbarkeit der Lösungsbefugnis nichts anging und nichts angeht, daß sie vielmehr ihren Vertragsanspruch so lange, als er seinerseits überhaupt erfüllbar ist, unbedingt geltend machen kann, gleichgültig, welchem Schicksale die Lösungsbefugnis anheimgefallen ist.

Endlich versagt auch die Anschauung, als hätte das ganze Abkommen um deswillen der Genehmigung des Nachlaßgerichts bedurft, weil ein Teil davon genehmigungsbedürftig war. Auch ihr steht entgegen, daß dieser letztere Teil nur die Lösungsbefugnis betraf, von deren Verwendbarkeit das Recht zur Geltendmachung des bedungenen Leistungsanspruchs unabhängig ist. Namentlich dürfen sich die Kläger somit auch nicht auf den Grundsatz des § 139 BGB. berufen. Für Anwendung dieser Vorschrift ist im übrigen hier schon deswegen kein Raum, weil es sich selbst bei demjenigen Teile des Vertrags, der die Lösungsbefugnis betrifft, keineswegs um Nichtigkeit der Abrede, sondern nur darum handelt, daß die Abrede wegen Versagung der nachlaßgerichtlichen Genehmigung gegenstandslos geworden ist. Wenn übrigens auch das Berufungsgericht den § 139 herangezogen hat, um auszuführen, daß die Parteien den Vertrag auch dann mit dem gegebenen Inhalt abgeschlossen haben würden, wenn sie das Ausbleiben der nachlaßgerichtlichen Genehmigung in Rechnung gezogen hätten, so ist diese Ausführung nach den obwaltenden Umständen für das Ergebnis ohne Bedeutung und kann daher nebst den gegen sie gerichteten Revisionsangriffen auf sich beruhen bleiben." . . .

RGZ. 94, 140*)

1. Findet § 254 Abs. 1 BGB. Anwendung, wenn ein Verschulden beider Vertragsparteien für das spätere Leistungsunvermögen des einen Teiles ursächlich geworden ist?

2. Ist es dem Verkäufer unter allen Umständen als Verschulden anzurechnen, wenn er während des Annahmeverzugs des Käufers das diesem verkaufte Fuhrunternehmen aufgibt?

3. Ist ein Selbsthilfeverkauf wirksam angedroht, wenn die Androhung dem einen Mitkäufer nur persönlich und nicht auch ausdrücklich in seiner Eigenschaft als Bevollmächtigter des zweiten Mitkäufers zugestellt wird?

3. Richterliche Fragepflicht.

BGB. §§ 324, 325, 254, 300, 384. ZPO. § 139.

III. Zivilsenat. Urt. v. 22. November 1918.

I. Landgericht Beuthen O.-S. II. Oberlandesgericht Breslau.

Der Kläger, welcher seit vielen Jahren für das Sägewerk der G.'schen Erben die erforderlichen Fuhren leistete, behauptet, er habe im Januar/Februar 1914 das Fuhrunternehmen nebst verschiedenen Pferden, Wagen und Geschirren an die beiden ursprünglichen Beklagten für 9000 M. verkauft. Im vorliegenden Rechtsstreite verlangt er das Restkaufgeld von 8700 M., während die Beklagten, welche den Abschluß eines festen Kaufvertrags bestreiten, nicht nur Klagabweisung, sondern im Wege der Widerklage auch Rückgewähr der geleisteten Anzahlung von 300 M. begehren. Das Landgericht machte die Entscheidung von einem richterlichen Eide des Klägers über die von ihm behaupteten Vereinbarungen abhängig, das Oberlandesgericht wies die Klage ab, weil der Kläger seine Erfüllungsunmöglichkeit selbst verschuldet habe, und gab der Widerklage statt. Auf die Revision des Klägers wurde das Berufungsurteil aufgehoben, aus folgenden

Gründen:

„Der Berufungsrichter sieht auf Grund einer umfangreichen Beweisaufnahme für erwiesen an, daß ein Kaufvertrag des von dem Kläger behaupteten Inhalts zustande gekommen und daß der Kläger im März 1914 mit Rücksicht auf die damalige Bereitwilligkeit der G.'schen Verwaltung, den Beklagten die Holzfuhren zu übertragen, in der Lage und Willens gewesen sei, die ihm obliegenden Vertragsleistungen zu bewirken, daß es dazu aber lediglich deshalb nicht gekommen sei, weil die Beklagten sich unbegründeterweise geweigert hätten, die ihnen wiederholt angebotene Vertragserfüllung gegen

*) Vgl. Bd. 97 S. 336 (abgedruckt auf S. 244 dieses Bandes).

Zahlung des Restpreises anzunehmen. Da diese Feststellungen ebensowenig zu beanstanden sind wie die aus ihnen gezogene rechtliche Folgerung, daß die Beklagten in Gläubigerverzug geraten seien (§§ 293, 295 BGB.), so ist für die Annahme der Revision, der Kläger habe den Vertrag in bezug auf dessen Hauptgegenstand, das Fuhrunternehmen, erfüllt, kein Raum.

Die Beklagten haben indessen nicht nur im Gläubigerverzuge verharrt, sondern der im April 1914 erhobenen Klage gegenüber auch auf das Hartnäckigste bestritten, daß sie überhaupt bindende Vereinbarungen mit dem Kläger getroffen hätten. Dieser hat dagegen bis zum 1. Dezember 1915 das Fuhrgeschäft persönlich in der bisherigen Weise fortbetrieben und ist daher mindestens bis dahin, d. h. 20 Monate lang trotz des vertragswidrigen Verhaltens der Beklagten — denn für das Gegenteil ist dem festgestellten Sachverhalte nichts zu entnehmen — erfüllungsbereit und erfüllungsfähig gewesen. Alles das hat aber bei der weiteren Beurteilung der Rechtslage keine Berücksichtigung gefunden, obgleich es, wie die Revision zutreffend hervorhebt, zu einer Prüfung der Frage genötigt hatte, ob neben dem vom Oberlandesgericht angenommenen Verschulden des Klägers nicht auch ein solches der Beklagten für seine spätere Leistungsunfähigkeit mitursächlich geworden und ob diese, wenn man zu einer Bejahung gelangt, nur von einem Teile oder anteilsmäßig von beiden Parteien zu vertreten sei. Daß in einem solchen Falle die vollständige oder teilweise Anwendung des § 324 oder des § 325 BGB. sich nach den Grundsätzen des § 254 a. a. O. richte und bestimme, ist bereits vom II. Zivilsenat im Urteile vom 21. Mai 1909 (RGZ. Bd. 71 S. 188 flg.) ausgesprochen. Daran ist festzuhalten. Denn nur auf diesem Wege läßt sich eine einwandfreie, ebenso dem Inhalt und Zwecke der §§ 324, 325 BGB. wie der Billigkeit entsprechende Grundlage für die Entscheidung finden. Der Gesetzgeber hat den Fall der schuldhaften Mitwirkung beider Vertragsparteien an dem späteren Erfüllungsunvermögen des einen Teiles nicht ausdrücklich behandelt. Er brauchte es aber auch nicht, weil der in dem § 254 BGB. verkörperte allgemeine Rechtsgedanke die Möglichkeit bot, den Einfluß, welchen das Verhalten des einen und das des anderen Teiles auf das Unmöglichwerden der gerade in Betracht kommenden Leistung ausgeübt hat, in gerechter Weise abzuwägen und die Vertretungspflicht nach den Gesamtumständen des Falles und den Forderungen und Bedürfnissen des Verkehrs zu regeln.

Ist danach der Vorwurf einer Verletzung der §§ 324, 325, 254 BGB. gerechtfertigt, so ist auch den weiteren, gegen die Feststellung eines klägerischen Verschuldens gerichteten Revisionsangriffen der Erfolg nicht zu versagen. Der Kläger hatte während des Verzugs der Beklagten nur für Vorsatz und grobe Fahrlässigkeit einzustehen

(§ 300 BGB.). Ob der Berufungsrichter dieser dem § 276 BGB. gegenüber abgeschwächten Haftung des Schuldners sich voll bewußt gewesen ist, erhellt mangels einer Erörterung über die Art und den Grad des klägerischen Verschuldens aus den Urteilsgründen nicht. Es ist davon auszugehen, daß der Kläger, wie der Mitbeklagte D. in seinem an die Forstverwaltung der G.'schen Erben gerichteten Schreiben vom 28. Februar 1914 anerkannt hat, das Fuhrgeschäft krankheitshalber auf die Beklagten übertragen wollte. Er hat aber weiter behauptet, daß er bereits hochbetagt und in den Jahren 1914 und 1915 wiederholt erkrankt sei. Deshalb sowie wegen der durch den Krieg hervorgerufenen Futter- und Leutenot habe er persönlich den Fuhrbetrieb für die G.'schen Erben schließlich nicht mehr ausüben können und im Dezember 1915 in bezug auf ihn den M. zu seinem Vertreter und zum Platzhalter für die Beklagten bis zur Erledigung des vorliegenden Rechtsstreits bestellt. Das letztere hat M. in dem Schriftstücke vom 6. August 1917 mit dem Zusatze bestätigt, er habe mit einer so langen Dauer des Prozesses nicht gerechnet und deshalb den Fuhrbetrieb, den er nur dem Kläger zu Liebe übernommen habe, Ende März 1917 wieder aufgegeben. Das Oberlandesgericht unterstellt die Richtigkeit der M.'schen Angaben, hält sie aber nicht für geeignet, den Kläger zu entlasten, weil er einerseits für die Schwere seines Leidens und für die dadurch bedingte Unmöglichkeit der Fortführung des Fuhrgeschäfts keinen Beweis angetreten habe und weil anderseits in ländlichen Bezirken genügende Futtermengen und eine hinreichende Anzahl zum Lenken von Fuhren geeigneter Personen vorhanden gewesen seien. Die letztere Erwägung steht nicht nur mit dem, was hinsichtlich der Ernährung der Zugtiere und des Mangels an Arbeitskräften auf dem Lande in den Jahren 1916 und 1917 allgemein bekannt geworden ist, in Widerspruch, sondern läßt vor allem auch jeden tatsächlichen Anhalt dafür vermissen, daß die günstige Auffassung des Berufungsrichters gerade für die Verhältnisse in Z., dem damaligen Wohnorte des Klägers, zutraf.

Mit Recht bekämpft die Revision endlich auch die Erwägungen, mit welchen das Oberlandesgericht die Unwirksamkeit des Selbsthilfeverkaufs (§ 383 BGB.) begründet. Unstreitig ist er durch das Schreiben vom 23. November 1915 dem Mitbeklagten G. angedroht worden. War dieser aber, wie der Kläger behauptet, von D. beim Eintritt in den Heeresdienst mit der Wahrnehmung seiner Interessen und seiner Vertretung Dritten gegenüber betraut worden, so hatte der Tod des Machtgebers nicht ohne weiteres das Erlöschen der Vollmacht zur Folge. Ob und wann sie endete, bestimmte sich vielmehr nach dem ihrer Erteilung zugrunde liegenden Rechtsverhältnis nach dem Anlaß und Zwecke der Vollmacht. Eine Prüfung nach dieser Richtung hat das Oberlandesgericht unterlassen und dadurch gegen § 168 BGB. verstoßen. Daß für die Beurteilung der Rechtslage und des Willens der Beteiligten deren persönliche und wirtschaftliche Beziehungen zueinander von erheblicher Bedeutung sein können, bedarf kaum der Erwähnung.

Für den Fall der Fortdauer der Vollmacht über den 22. November 1915 hinaus war es aber für die Wirksamkeit der Verkaufsandrohung (§ 384 BGB.) ohne Belang, daß sie dem G. nicht ausdrücklich auch in seiner Eigenschaft als Vertreter des D. zugestellt wurde. Nach ihrem Inhalt und den sonstigen Umständen des Falles konnte G. nicht in Zweifel sein, daß sie sich wie gegen ihn so auch gegen seinen Machtgeber als den Mitkäufer des zu versteigernden Inventars richtete. Damit war der Zweck der Androhung, die beiden Gläubiger in die Lage zu versetzen, die Versteigerung zu verhindern und die Pferde sich zu erhalten, erfüllt. Die entgegengesetzte Ansicht des Berufungsgerichts legt der äußeren Form des Benachrichtigungsschreibens ein zu großes Gewicht bei und stellt an dieses Anforderungen, die über das hinausgehen, was unter Berücksichtigung der Interessen des Schuldners und des Gläubigers nach dem Sinne und Zwecke des Gesetzes für notwendig, aber auch für genügend zu erachten ist. Diese Erwägungen treffen selbstverständlich erst recht für die beiden Briefe zu, welche der Kläger nach der Einziehung des D. noch zu dessen Lebzeiten durch K. und P. an G. gerichtet und in denen er ihn unter Androhung der Versteigerung zur Abnahme des Inventars aufgefordert haben will. Das war unter allen Umständen erheblich, und die dafür angetretenen Beweise hat das Oberlandesgericht unter Verstoß gegen § 286 ZPO. unbeachtet gelassen. Erheblich war auch die Eideszuschiebung über wiederholte mündliche Verkaufsandrohungen, welche der Kläger seiner Behauptung nach im Laufe des Jahres 1914 nicht nur dem G., sondern auch dem D. gegenüber ausgesprochen hat. Hielt der Berufungsrichter nach den Umständen des Falles genauere Angaben über den Zeitpunkt und den Ort der angeblichen Verkaufsankündigungen für geboten, dann war es gemäß § 139 ZPO. seine Pflicht, auf deren Nachholung hinzuwirken." . . .

RGZ. 94, 147

1. Wird ein formloser Grundstücksveräußerungsvertrag durch die Auflassung und Eigentumseintragung gültig, wenn die Auflassung durch jemand vorgenommen wurde, der zu ihr von den Vertragsparteien in dem formlosen Kaufvertrage bevollmächtigt worden war?

2. Tritt die Heilung in der Folge ein, wenn die Vertragsparteien nachträglich die Auflassung genehmigen?

3. Wird von der Nichtigkeit eines formlosen Grundstücksveräußerungsvertrags die in ihm einem anderen erteilte Auflassungsvollmacht mit ergriffen?

4. Bedarf der Vergleich, durch den die Vertragsparteien einen formlosen Grundstücksveräußerungsvertrag gemäß § 141 BGB. bestätigen, der Form des § 313 BGB.?

BGB. §§ 313, 139, 141.

V. Zivilsenat. Urt. v. 13. November 1918.

I. Landgericht Wiesbaden. II. Oberlandesgericht Frankfurt a. M.

Die Beklagte hatte durch notariellen Vertrag vom 2. September 1912 ihr Grundstück an die Klägerin zu 2 verkauft, worauf auch die Auflassung und die Eigentumseintragung erfolgten. Die Auflassung war durch den Kläger zu 1, den Ehemann der Klägerin zu 2, auf Grund der ihm im Kaufvertrage von beiden Vertragsparteien erteilten Vollmacht vorgenommen. Die Kläger machten demnächst die Nichtigkeit des Kaufvertrags geltend und begehrten mit ihrer Klage die Anerkennung der Nichtigkeit sowie die Rückgewährung der auf Grund des Vertrags gemachten Leistungen. Sie behaupteten namentlich, daß in der Vertragsurkunde der Kaufpreis unrichtig angegeben sei. Die Beklagte verteidigte sich insbesondere damit, daß die Parteien später (nach der Auflassung und der Eigentumseintragung) einen notariell beurkundeten Vergleich abgeschlossen hätten, durch den der (notarielle) Kaufvertrag bestätigt worden sei. Das Landgericht wies die Klage ab, auch die Berufung der Kläger blieb erfolglos. Der Revision der Kläger wurde stattgegeben aus folgenden

Gründen:

. . . „Das Berufungsgericht ist zu dem Ergebnis gelangt, daß die sämtlichen gegen die Rechtswirksamkeit der Rechtsgeschäfte vom 2. September 1912 gerichteten Angriffe gescheitert seien und daß sonach den Klagansprüchen der Boden schon deshalb entzogen sei, ohne daß es noch auf den Vergleich vom 30. April 1913 ankomme. Die Revision vertritt demgegenüber den Standpunkt, daß sowohl der Vergleich wie auch die zuvor bezeichneten Rechtsgeschäfte nichtig seien.

1. Daß der notarielle Kaufvertrag vom 2. September 1912 nichtig ist, weil in ihm als Kaufpreis die Summe von 160000 M. angegeben worden ist, während der Preis in Wahrheit auf den Betrag von 180000 M. vereinbart war, wie das Urteil ausdrücklich feststellt, nimmt auch das Berufungsgericht an. Es geht alsdann jedoch davon

*) Vgl. dazu Bd. 103 S. 295—301 (abgedruckt unter „Schuldrecht, Begründung und Inhalt des Vertrages"); 104 S. 236 (abgedruckt ebenda).

aus, daß die Vertragsparteien, abgesehen von dem beurkundeten Vertrag, an demselben Tage auch einen bloß mündlichen Vertrag mit dem Inhalte des genannten Vertrags abgeschlossen haben, unter der alleinigen Abweichung, daß hier der wahre Kaufpreis zugrunde gelegt wurde, und es meint, daß dieser nebenher gehende mündliche Vertrag durch die nachfolgende Auflassung nebst der ebenfalls erfolgten Eigentumsberichtigung gemäß § 313 Satz 2 BGB. seine volle Rechtsgültigkeit erlangt habe. Eben diese Auffassung beruht jedoch auf Rechtsirrtum. . . .

Ein Zweifel besteht daran nicht, daß die beiden Vertragsparteien (die Beklagte einerseits und die mitklagende Ehefrau anderseits) die Auflassung nicht in Person vorgenommen haben, daß diese vielmehr durch den mitklagenden Ehemann in Vertretung beider Vertragsparteien und auf Grund der ihm von diesen erteilten Vollmacht bewirkt worden ist. Zunächst verbietet sich nun die Annahme des Berufungsgerichts, daß die im notariellen Vertrag erteilte Vollmacht trotz seiner sonstigen Nichtigkeit für sich rechtsgültig bestehen geblieben sei. Das Berufungsgericht führt selbst aus, daß die Erteilung der Vollmacht zur „Ausführung des Kaufvertrags" hat dienen sollen. War das aber der Fall, und daran kann ein begründeter Zweifel nicht bestehen, dann erscheint damit die beanstandete Annahme des Berufungsgerichts als unvereinbar. Hatte die Erteilung der Vollmacht auch mit dem Kaufe selbst nichts zu tun, so ist sie doch nur um der Erledigung dieses Geschäfts willen erfolgt, und sie bildete daher, wenn auch nicht einen Bestandteil des Kaufgeschäfts, so doch unfraglich einen Bestandteil des gesamten Vertrags, wie schon grundsätzlich davon auszugehen ist, daß im Zweifel alle Bestimmungen eines Vertrags nach der Parteiabsicht als ein zusammengehöriges einheitliches Ganze zu betrachten sind (RGZ. Bd. 72 S. 218). Es läßt sich auch nicht denken, daß die Vertragsparteien die Vollmacht selbst dann erteilt haben würden, wenn sie das Kaufgeschäft als nichtig angesehen hätten. Bei dieser Sachlage ist die Anwendbarkeit des Grundsatzes des § 139 BGB., daß, wenn auch nur ein Teil des Rechtsgeschäfts nichtig ist, das ganze Rechtsgeschäft von dieser Nichtigkeit ergriffen wird, unbedenklich gegeben. Keineswegs steht dem Berufungsgerichte das Urteil Bd. 81 S. 51 der Entscheidungen, auf das es sich beruft, zur Seite. Auch dort ist vielmehr die Auflassungsvollmacht aus dem Grunde, weil sie als ein „integrierender, unausscheidbarer Teil des kausalen Geschäfts" aufgefaßt wurde, unter Anwendung des § 139 für nichtig erklärt worden. Allerdings handelte es sich damals um eine unwiderrufliche Vollmacht. Aber der Umstand der Unwiderruflichkeit wurde nur mit zum Beweise dessen verwertet, daß die Vollmacht, die in einer besonderen Urkunde erteilt worden war, trotzdem als Bestandteil des in einer anderen Urkunde abgeschlossenen Hauptgeschäfts zu gelten hatte, und im gegenwärtigen Falle ergab sich die in der Vertragsurkunde selbst enthaltene Erklärung über die Bevollmächtigung des mitklagenden Ehemanns als Teil des Hauptgeschäfts ohnehin schon aus anderen Gründen; dies aber um so zweifelloser, als beide Vertragsparteien die nämliche Person bevollmächtigt hatten und hieraus zu folgern ist, daß sich die Einigung der Vertragsparteien zugleich auf die Art erstreckt hatte, wie der Vertrag zur Ausführung gebracht werden sollte.

Hat sich sonach der Gesichtspunkt des Berufungsurteils, daß die im notariellen Vertrag erteilte Vollmacht von seiner Nichtigkeit nicht betroffen sei, als unhaltbar erwiesen, so fällt damit sofort auch die Anschauung, als hätte der mitklagende Ehemann noch kraft jener Vollmacht die Auflassung auf Grund des nebenher gegangenen mündlichen Vertrags wirksam vornehmen können und als wäre die Auflassung aus diesem Grunde ein wirksames Rechtsgeschäft gewesen.

Des weiteren könnte freilich noch folgendes erwogen werden. Den Feststellungen des Berufungsgerichts gemäß wäre anzunehmen, daß die Vertragsparteien auch in dem nebenhergehenden mündlichen Vertrage die gleichen Erklärungen betreffs der Vollmachterteilung abgegeben haben, wie sie der notarielle Vertrag enthalten hat, und es könnte sich sonach die Frage erheben, ob nicht der Bevollmächtigte kraft dieser mündlich erteilten Vollmacht, die der Form nach ausgereicht hätte (§ 167 Abs. 2 BGB.), das Auflassungsgeschäft wirksam vollziehen konnte, oder ob nicht im Verneinungsfalle wenigstens die Annahme zulässig wäre, daß die Auflassung späterhin durch das Hinzutreten der Eigentumseintragung nach § 313 Satz 2 wirksam geworden ist. Beide Fragen haben jedoch ebenfalls verneint werden müssen. Die erstere deswegen, weil jetzt wiederum die Anschauung Platz greifen müßte, daß die Vollmachterteilung auch hier einen Bestandteil des gesamten Vertrags gebildet hätte und daß sie von der Nichtigkeit des Kaufvertrags, die sich nunmehr aus § 313 Satz 1 BGB. ergeben hätte, gemäß § 139 BGB. gleichfalls ergriffen wurde. Die Annahme sodann, daß die nachfolgende Eigentumsübertragung noch heilend hätte wirken können, erscheint um deswillen als unstatthaft, weil die Anwendbarkeit des § 313 Satz 2 voraussetzt nicht nur die Eigentumseintragung, sondern auch die Auflassung und unter dieser nur eine wirksame Auflassung verstanden sein kann. Die vom mitklagenden Ehemanne vorgenommene war aber wegen mangelnder Vollmacht unwirksam. Auch die Auffassung muß sonach als ausgeschlossen gelten, daß, weil die Heilung im Sinne des § 313 Satz 2 zurückwirke und sonach den Vertrag seinem ganzen Inhalte nach als von Anfang an rechtsgültig erscheinen lasse, im gegebenen Falle diese Heilung auch der Vollmachtserteilung zustatten gekommen sei. Denn immer fehlte es daran, daß die Heilung überhaupt hat eintreten können. Eine rechtlich fehlerhafte Auflassung kann nicht zur Beseitigung des ihr anhaftenden Mangels selbst mit beitragen. Erfordernis für die Anwendung des § 313 Satz 2 ist mithin, falls nichts weiteres hinzukommt, daß die Auflassung zur Zeit ihrer Vornahme eine rechtlich anstandslose war.

Im gegenwärtigen Falle kommt hinzu, daß der mitklagende Ehemann als Vertreter beider Parteien handeln sollte und gehandelt hat. Mit Wirksamkeit für und gegen die beiden Vertragsparteien konnte er jedoch gemäß § 181 BGB. nur dann handeln, wenn entweder die ihm dazu erteilte Ermächtigung, wie sie im Vertrag ausgesprochen war, von rechtlichem Bestande gewesen wäre oder wenn es sich um eine bloße Erfüllung bestehender Verpflichtungen gehandelt hätte. Beide Voraussetzungen liegen hier aber nicht vor: die erteilte Ermächtigung war hinfällig geworden, und wegen der Nichtigkeit des Kaufvertrags bestanden erfüllbare Verpflichtungen überhaupt nicht. Zu bemerken ist schließlich im allgemeinen, daß das Formerfordernis des § 313 dazu dienen soll, die Beteiligten vor etwaigen schädlichen Uebereilungen zu schützen, und daß die Vorschrift des Satzes 2 a. a. O. über die Heilbarkeit des Formmangels auf dem Gedanken beruht, daß die Beteiligten, die späterhin die Auflassung vornehmen, sich die Sache nochmals überlegt hatten. Anders ist es daher, wenn die Vertragsparteien das Auflassungsgeschäft selbst vornehmen, als wenn es durch Bevollmächtigte geschieht, die die Vollmacht schon im Kaufvertrag erhalten haben und unter Umständen von der Vollmacht auch dann Gebrauch machen können, wenn die Beteiligten inzwischen ihre Absichten bereits geändert haben. Daß jemand, der nur eine unwirksame Vollmacht besitzt, den Mangel sich selbst beseitigt, ist ausgeschlossen.

. . . Anders wäre es nur, wenn man, davon ausgehend, daß der mitklagende Ehemann als auftragloser Geschäftsführer gehandelt hat und daß somit das von ihm vorgenommene Rechtsgeschäft durch spätere Genehmigung wirksam hätte werden können (§ 177 BGB.), annehmen dürfte, daß auf solche Weise die Auflassung nachträglich wirksam geworden ist; oder wenn die Behauptung der Beklagten zutreffend wäre, daß alle etwaigen Mängel des Kaufvertrags durch den späteren Vergleich vom 30. April 1913, im Sinne einer Bestätigung gemäß § 141 BGB., als beseitigt gelten müßten. Weder die eine noch die andere Voraussetzung ist jedoch erfüllt. Daß die Vertragsparteien die auftraglose Geschäftsführung nachträglich genehmigt hätten, ist nicht einmal behauptet worden, und eine solche Genehmigung läßt sich auch aus nichts entnehmen. In Betracht könnte auch hier höchstens der genannte Vergleich kommen. Aber, abgesehen davon, daß der Vergleich sich nur über den notariellen Kaufvertrag verhält und auch selbst, wie nachfolgend erörtert werden soll, nichtig ist, widerspräche es offenbar dem Willen der Parteien selbst, wenn man annehmen wollte, daß sie die Auflassung auch für den Fall hätten genehmigen wollen, daß trotz des Vergleichs ein gültiger Kaufvertrag nicht gegeben wäre. Dieser Fall liegt nun aber in der Tat vor, da der Vergleich überhaupt nicht imstande war, die Nichtigkeit des förmlichen oder des nebenher gehenden mündlichen Vertrags zu beseitigen, noch auch geeignet ist, eine Verpflichtung zur Leistung gemäß § 141 Abs. 2 BGB. von neuem zu begründen.

2. Die Nichtigkeit des Vergleichs erhellt aus folgender Betrachtung. Die in der Vergleichsurkunde enthaltenen Erklärungen, die die Bestätigung des Kaufvertrags vom 2. September 1912 ergeben sollen, beziehen sich, wie der ganze Inhalt der Urkunde außer Zweifel setzt, ausschließlich auf den notariell beurkundeten Vertrag. Dieser Vertrag war aber für die Vertragsparteien, wie festgestellt ist, überhaupt nicht maßgebend; für sie hatte vielmehr die verbindliche Geltung nur der mündliche Kaufvertrag. Auch die Auflassung ist nach der Annahme des Berufungsgerichts lediglich auf Grund des letzteren Vertrags erfolgt. Demgemäß können die Vertragsparteien (mit Einschluß des mitklagenden Ehemanns) auch nur die Bestätigung des mündlichen Vertrags in Absicht gehabt haben. Einen Vertrag zu bestätigen, der überhaupt nicht als der maßgebliche angesehen wurde, hätte keinen Sinn gehabt. Daraus folgt aber, daß die Kläger der Bestätigung halber Erklärungen haben beurkunden lassen, die sich mit ihrem wirklichen Willen nicht decken, und daß anderseits das, was in Wahrheit beabsichtigt war, nämlich die Bestätigung des mündlichen Vertrags, in den urkundlichen Erklärungen keinen Ausdruck gefunden hat, wie in der Vergleichsurkunde davon, daß in der Vertragsurkunde ein falscher Preis angegeben war und daß nunmehr auch auf Geltendmachung dieses Anstandes verzichtet werden solle, aus begreiflichen Gründen überhaupt nichts verlautet. Endlich läßt sich auch nicht bezweifeln, daß die Kläger bei Abgabe ihrer in gewissem Sinne nur zum Schein abgegebenen Erklärungen im Einverständnis mit der Beklagten gehandelt haben, die wußte, daß in Wirklichkeit nur die Aufrechterhaltung des mündlichen Vertrags beabsichtigt sein sollte und sein konnte. Sonach sind die Voraussetzungen des § 117 BGB. erfüllt.

Im übrigen ist auch zu erwägen, daß einer Bestätigung des beurkundeten Vertrags vom 2. September 1912 sachlich überhaupt keine Bedeutung beigelegt werden könnte, da dieser Vertrag an sich für die Vertragsparteien selbst bedeutungslos war. Daß sie infolge des Vergleichsabschlusses fortan nicht mehr den Preis von 180 000 M., sondern nur einen solchen von 160 000 M. hätten als maßgebend gelten lassen wollen, ist nicht einmal behauptet worden. Und wollte man schließlich erwägen, ob nicht auch neben dem beurkundeten Vergleiche mit einer noch nebenher gehenden mündlichen Bestätigung des mündlichen Kaufvertrags zu rechnen sei, so wäre der Beklagten auch damit nichts geholfen, da gemäß § 141 BGB. nur eine Bestätigung von Wirksamkeit sein würde, bei der die Form des § 313 BGB. beobachtet worden wäre; denn nur in diesem Falle könnte die Bestätigung als ,erneute Vornahme" des zu bestätigenden Grundstücksveräußerungsvertrags gelten, während eine Heilung des Formmangels im Sinne des § 313 Satz 2 durch die am Tage des Vergleichs bereits erfolgte Auflassung und Eintragung nicht in Frage kommen kann. Es ist vom Reichsgerichte zwar wiederholt ausgesprochen worden, daß Vergleiche auch in bezug auf die durch einen Grundstückveräußerungsvertrag begründeten Rechtsverhältnisse der Form des § 313 nicht bedürftig sind (vgl. Jur. Wochenschr. 1902 Beil. 233 Nr. 105; Warneyer 1910 Nr. 200; Gruchot Bd. 54 S. 910). Indes in seinem Urteile vom 29. Mai 1911 Rep. V. 540/10 hat der erkennende Senat bereits die Einschränkung gemacht, daß der angeführte Grundsatz dann nicht anwendbar sei, wenn die Verpflichtung des Verkäufers zur Grundstücksübertragung von neuem übernommen werde, und sollte es sich in dem hier gegebenen Falle bei der Bestätigung des nichtigen Kaufvertrags vom 2. September 1912 um dessen erneute Vornahme handeln, dann war das nicht anders denkbar, als daß auch die Beklagte von neuem die Verpflichtung übernahm, ihrer Veräußerungspflicht nachzukommen, ungeachtet dessen, daß die Auflassung bereits erfolgt war. Denn die Bestätigung hätte nicht zur Folge gehabt, daß der Vertrag rechtsbeständig „von Anfang an" geworden wäre, sondern nur, daß die Parteien selbst verpflichtet wurden, einander zu gewähren, was bei Gültigkeit des Vertrags „von Anfang an" schon damals zu gewähren gewesen wäre (§ 141 Abs. 2). Daß es sich bei dem beurkundeten Vertrage vom 30. April 1913 um einen Vergleich im Sinne des § 779 BGB. gehandelt hat, kann als zutreffend erachtet werden, da die Kläger ihrerseits den aufgeführten Einwendungen gegen die Rechtsgültigkeit des Vertrags entsagten und die Beklagte anderseits Stundung ihrer fällig gewordenen und vollstreckbaren Forderungen gewährte, von ihren Ansprüchen aus dem Vertrag also ebenfalls etwas aufgab.

Aus den erörterten Gründen mußte das Berufungsurteil der Aufhebung unterliegen. Welche Ansprüche aus der Klage zuzubilligen sein werden, bedarf, da hierüber eine sachliche Erörterung noch fehlt, einer weiteren Prüfung." . . .

RGZ. 94, 191

1. Kann derjenige, der sich einen Geldbetrag durch Ueberweisung zahlen läßt, obwohl er weiß oder den Umständen nach annehmen muß, daß der Zahlende sich das Geld durch Betrug verschafft hat, wider die guten Sitten verstoßen, wenn er einen rechtlich begründeten Anspruch auf die Zahlung hat?

2. Hat hier der Betrogene, wenn der Betrüger in Konkurs verfallen ist, einen Schadensersatzanspruch gegen den bösgläubigen

Empfänger, weil ihm ohne dessen Dazwischentreten ein Aussonderungsrecht gegen die Konkursmasse entstanden sein würde?

3. Ist der Betrogene durch den Empfänger um deswillen nicht geschädigt, weil sein Schaden bereits durch den Betrug entstanden ist?

VI. Zivilsenat. Urt. v. 2. Dezember 1918.

I. Landgericht I Berlin. II. Kammergericht daselbst.

Der Kläger hat zur Begründung seines Anspruchs auf Zahlung von 200 000 M., den er auf §§ 812, 823 Abs. 2, 830, 826 BGB. stützt, folgende Behauptungen aufgestellt. Er sei am 2. Januar 1917 von der Frau Marta K., die ihm betrüglich ein erdichtetes Speckgeschäft vorgespiegelt habe, an dem er sich mit sicherem Gewinne beteiligen sollte, bestimmt worden, ihr 200 000 M. bar vorzustrecken. Das Geld habe er auf ihre Anweisung bei der Dr. Bank auf das Konto des Beklagten eingezahlt. Die Martha K. habe seit Jahren Kreditschwindeleien in größtem Umfange getrieben, sei Mitte Januar 1917 verhaftet worden und Ende Januar in Konkurs geraten, bei dem eine Dividende kaum zu erwarten sei. Der Beklagte habe lange mit der K. in Geschäftsverbindung gestanden, sich an ihren Unternehmungen mit hochverzinslichen Darlehen beteiligt und sehr hohe Gewinne gezogen, die sich von April bis Oktober 1916 auf fast eine Million beliefen und auf ehrliche Weise nicht hätten gemacht werden können. Ende 1916 habe er gemerkt, daß sie sich in schwerer Zahlungsbedrängnis befinde. Sie habe eine Gesellschaft m. b. H. zur Verwertung eines neuen Stahlhärtungsverfahrens gegründet, aber weder ihren Geschäftsanteil von 900 000 M. noch trotz schärfster Mahnungen die Stempelkosten von 60 000 M. aufbringen können. Um Weihnachten 1916 habe er erfahren, daß sie zum Zwecke der Täuschung von einer gefälschten Schuldurkunde über 3 800 000 M. Gebrauch gemacht habe. Er und andere Personen, denen sie mehrere hunderttausend Mark schuldete, seien sich darüber einig gewesen, daß sie durch betrügliche Machenschaften Geldmittel zu beschaffen suchte. Von Weihnachten 1916 bis zu ihrer Verhaftung habe sie durch Schwindeleien zwei Millionen errafft, wovon dem Beklagten 675 000 M., damit sie vor der Beschlagnahme durch die Behörden gesichert würden, als Gewinnanteil zugeflossen seien.

Die beiden Vordergerichte wiesen die Klage ab. Auf die Revision des Klägers ist das Berufungsurteil aufgehoben und die Sache zurückverwiesen worden.

Gründe:

(Das Reichsgericht tritt dem Berufungsgerichte darin bei, daß mangels einer unmittelbaren Vermögensverschiebung zwischen den Parteien keine ungerechtfertigte Bereicherung des Beklagten vorliege, da das Geld, das die K. von dem Kläger erhalten habe, an die Dr. Bank gezahlt und auf die Weisung der K. von der Bank dem Beklagten gutgeschrieben worden sei; weiter auch darin, daß sich den von dem Kläger angeführten Tatsachen keine Handlungen des Beklagten entnehmen ließen, die eine Teilnahme an dem Betruge der K. gegen den Kläger im Sinne des § 830 BGB. darstellten. Sodann wird fortgefahren:)

. . . „Wohl aber könnten jene Tatsachen dafür verwertet werden, daß der Beklagte, als er hohe Summen von der K. bezog, gewußt hat oder den Umständen nach annehmen mußte, daß sie durch Betrügereien erlangt seien. In dieser Hinsicht fragt sich, ob der Beklagte die Schutzgesetze der §§ 257, 259 StGB. (Begünstigung und Hehlerei) übertreten habe. Begünstigung erfordert die Absicht des Täters, durch seine Beistandsleistung dem Begünstigten die Vorteile seiner Straftat zu sichern, vornehmlich also die zivilrechtliche Ausgleichung dieser Tat zu vereiteln oder zu erschweren. Ob der Beklagte bei der Annahme des Geldes diese Absicht gehabt hat, läßt sich erst beurteilen, wenn ersichtlich ist, aus welchem Grunde die Zahlung an ihn erfolgt ist, und welchem Zwecke sie dienen sollte. Hehlerei liegt nicht vor, weil der Beklagte keine körperlichen Sachen, die unmittelbar durch den Betrug erlangt waren, an sich gebracht, sondern durch die Ueberweisung seitens der K. lediglich eine Forderung an die Dr. Bank erworben hat (vgl. Olshausen, Komm. z. StGB. § 259 Anm. 2, 5).

Dagegen kann, wovon auch das Berufungsgericht ausgeht, in der bezeichneten Handlung des Beklagten ein Verstoß gegen die guten Sitten gefunden werden. Der Beklagte und der Nebenintervenient leugnen dies. Sie meinen, der Beklagte habe das Geld als Geschäftsanteil der K. für die Gesellschaft m. b. H. erhalten und es, falls er einen rechtlich begründeten Anspruch darauf gehabt, annehmen dürfen, auch wenn er gewußt habe, daß die K. es sich auf unredlichem Wege verschafft hatte; ein solches Verhalten sei nicht als sittenwidrig anzusehen, möge es auch der Empfindung eines vornehm denkenden Mannes widerstreben.

Der Auffassung des Beklagten ist in dieser Allgemeinheit nicht beizupflichten. Der Gläubiger hat an sich nur das Recht, aus dem Vermögen des Schuldners befriedigt zu werden. Zu diesem Vermögen gehören zwar äußerlich und unter Umständen nach formalem Rechte, nicht aber nach dem wahren Rechte Gelder, die der Schuldner einem Dritten durch Betrug abgelockt hat. Weiß der Gläubiger oder muß er annehmen, daß die Leistung des Schuldners aus dermaßen gewonnenen Mitteln bewirkt wird, so kann in der Annahme des unrechtmäßig erlangten Geldes nach der Gestaltung des Falles eine das Anstandsgefühl jedes rechtlich denkenden Menschen verletzende und damit wider die guten Sitten verstoßende Handlungsweise erblickt werden. Auf eine solche Betrachtung weist schon die Verwandtschaft mit der Begünstigung und Hehlerei hin. Vielfach wird es auf die Art des Anspruchs des Gläubigers und der Beziehungen zwischen ihm und dem Schuldner ankommen. Hier ist über den Anspruch des Beklagten auf die 200 000 M. bis jetzt nichts festgestellt. Wäre richtig, daß der Betrag ganz oder teilweise als Gewinnanteil aus den von ihm als schwindelhaft erkannten Unternehmungen der überschuldeten K. an den Beklagten fallen sollte, so würde die Annahme eines Sittenverstoßes des Beklagten kaum einem Bedenken begegnen. Aber auch wenn die Zahlung, wie der Beklagte behauptet, auf die von der K. übernommene Einlage für die Ferrosilicium-Gesellschaft m. b. H. geschehen wäre, so wäre die Sittenwidrigkeit der Empfangnahme des Geldes nicht ohne weiteres ausgeschlossen, sondern es wäre zu untersuchen, ob es sich nicht auch bei der Gründung dieser Gesellschaft und der Einziehung der Geschäftsanteile um unlautere, auf unredlichen Gewinn abzielende Machenschaften gehandelt hat.

Das Berufungsgericht, das, wie bemerkt, eine sittlich anstößige Handlung des Beklagten unterstellt, kommt aus folgenden Gründen zur Abweisung der Klage. Der Beklagte könne, da er mit der K. nicht zu einem gemeinschaftlichen Zwecke zusammengewirkt habe, lediglich für den Schaden haftbar gemacht werden, der durch seine eigene Handlung entstanden sei. Der Kläger sei aber hierdurch nicht geschädigt worden. Denn sein Schaden sei dadurch entstanden, daß er auf Grund der betrüglichen Vorspiegelungen der K. ihr das Geld aushändigte. Ohne das Dazwischentreten des Beklagten würde der Erfolg der gewesen sein, daß das Geld in der Konkursmasse verblieben wäre. Zur Geltendmachung des durch das Dazwischentreten des Beklagten entstandenen Schadens wäre nur der Konkursverwalter berechtigt, der sich mit dem Beklagten dahin geeinigt habe, daß dieser einen entsprechenden Betrag zur Konkursmasse zurückgewährt habe.

Dagegen sind die Erwägungen des Berufungsgerichts aus anderen Gründen zu beanstanden. Zunächst ist bis jetzt nicht ersichtlich, wie das Rechtsverhältnis zwischen dem Konkursverwalter und dem Beklagten für den Anspruch des Klägers, wenn es der Beklagte nicht bekommen hätte, in der Konkursmasse verblieben wäre. Aus welchem Rechtsgrunde der Konkursverwalter von dem Beklagten Erstattung verlangt, hat, die durch den Vergleich zwischen ihnen bereinigt wurde, erhellt nicht. Daß nur der Konkursverwalter, wie das Berufungsgericht sagt, berechtigt sei, den durch das Dazwischentreten des Beklagten entstandenen Schaden geltend zu machen, trifft für den Schaden zu, den der Beklagte der K. oder der Konkursmasse, nicht aber für den Schaden, den er dem Kläger zugefügt hat.

Zu Unrecht verneint sodann das Berufungsgericht, daß der Kläger durch eine etwaige sittenwidrige Handlung des Beklagten geschädigt wurde, weil sein Schaden bereits durch die Aushändigung der 200 000 M. an die K. entstanden sei. Wohl hat er sein Geld dadurch eingebüßt, daß er es an die K. bezahlt hat. Allein er konnte das Geschäft mit ihr anfechten und Herausgabe der ungerechtfertigten Bereicherung oder er konnte Schadensersatz von ihr fordern (§§ 123, 142, 812, 823 Abs. 2, 249 BGB.). Daß er diesen Anspruch nicht verwirklichen und von der K. Rückerstattung des Geldes nicht zu erlangen vermochte, kann dadurch herbeigeführt worden sein, daß es sofort an den Beklagten mit dessen Einverständnis verschoben und für den Kläger nicht mehr erreichbar wurde. Der Kläger ist durch die Verschiebung gehindert worden, seine Ansprüche gegen die K. durchzusetzen, weil ihr der Beklagte die Mittel zur Befriedigung dieser Ansprüche entwunden hat. Insofern kann daher der Kläger allerdings geschädigt worden sein. Welchen Lauf die Dinge genommen hätten, wenn dem Beklagten das Geld *nicht überwiesen worden* wäre, ob der Kläger den Betrug alsbald entdeckt, die möglichen und geeigneten Schritte zur Wiedererlangung seines Geldes unternommen hätte und mit welchem Ergebnis, steht zunächst dahin und wird gegebenenfalls der Aufklärung und Feststellung bedürfen. Der Ansicht des Berufungsgerichts mußte indes entgegengetreten werden, weil sie dahin führt, daß derjenige, an den der Erlös von Sachen, die durch eine strafbare Handlung erlangt wurden, oder entwendetes, veruntreutes oder erschwindeltes Geld nicht als körperliche Sache, sondern etwa im Wege der Ueberweisung oder auf ähnliche Art verschoben wurde, gegen den also die Eigentumsklage (§§ 985 bis 992 BGB.) in keinem Falle durchdringen wird, seine Beute in Sicherheit bringen und unangefochten genießen dürfte. Denn er könnte, wenn das Berufungsgericht recht hätte, dem Verletzten entgegenhalten, sein Schaden sei bereits durch die Vortat entstanden, an der er — der Belangte — nicht teilgenommen habe." . . .

RGZ. 95, 16

Zum Begriffe der Fahrlässigkeit. Ist auf die Anschauungen Rücksicht zu nehmen, die in dem Personenkreise herrschen, dem der Täter angehört?

BGB. § 276.

I. Zivilsenat. Urt. v. 15. Februar 1919.

I. Landgericht I München. II. Oberlandesgericht daselbst.

Der Kläger hatte sich gegenüber Gr. zur Gewährung eines Darlehens gegen hypothekarische Sicherstellung verpflichtet. Zur Verrechnung auf den Betrag des Darlehens sollten zehn Paketfahrtaktien und drei Hansaaktien gegeben werden. Der Kläger händigte dem Gr. die Mäntel der dreizehn Aktien aus, damit er sie zu dem mit Besorgung der Hypothekenangelegenheit beauftragten Notar bringen sollte, während die Dividendenbogen und Talons vom Kläger zurückbehalten wurden. Gr. übergab aber die Mäntel entgegen dem ihm erteilten Auftrage dem Beklagten als Teil der Anzahlung aus einem Grundstückskaufe, zu der er sich in Höhe von 30 000 M. verpflichtet hatte. Der Kauf des Grundstücks wurde später rückgängig gemacht, auch die Darlehnshypothek für den Kläger ist nicht bestellt worden. Der Kläger verlangte mit der Klage vom Beklagten Herausgabe der Mäntel der dreizehn Aktien unter der Behauptung, daß der Beklagte nicht gutgläubig das Eigentum erworben, jedenfalls aber grob fahrlässig gehandelt habe. Der Beklagte verweigerte die Herausgabe auf Grund von Ansprüchen, die er aus dem streitigen Geschäfte gegen Gr. zu haben behauptete.

Beide Vorinstanzen wiesen die Klage ab. Die Revision des Klägers hatte keinen Erfolg.

Gründe:

„Die Revision rügt, daß das Berufungsgericht bei Annahme der Gutgläubigkeit des Beklagten der Begriff der Fahrlässigkeit verkannt habe. Im Berufungsurteil ist ausgeführt, der Kläger müsse beweisen, daß dem Beklagten nur infolge grober Fahrlässigkeit entgangen sei, daß Gr. nicht Eigentümer der Aktien gewesen sei. Grobe Fahrlässigkeit liege in einer besonders schweren, für jedermann auf den ersten Blick einleuchtenden Verletzung der im Verkehr erforderlichen Sorgfalt; der grobfahrlässig Handelnde müsse sich über Verdachtsgründe leichtfertig hinweggesetzt haben. Dabei komme im Sinne eines objektiven Maßstabes insbesondere auch die Personengruppe in Betracht, der der Erwerber angehöre. Der Beklagte sei ein einfacher Bierbrauer auf dem platten Lande, der keine Geschäftserfahrung im Verkehr mit Wertpapieren habe. Besondere Umstände seien nicht gegeben, die auch diesen an sich einfachen Mann zur Anwendung gesteigerter Sorgfalt hätten anhalten müssen.

Die Revision rügt, daß mit Unrecht an den Begriff der groben Fahrlässigkeit ein relativer Maßstab — an Stelle eines objektiven — angelegt sei. Ein Mindestmaß an Vorsicht sei von jeder geschäftsfähigen Person im Interesse des Verkehrs zu verlangen. Dabei komme es nicht darauf an, ob der Erwerber ein Kaufmann sei oder nicht. Die Rücksicht auf die Sicherheit des Verkehrs und nicht die individuellen Fähigkeiten der einzelnen Persönlichkeit seien zugrunde zu legen. Danach liege in dem Erwerbe der Mäntel ohne die dazu gehörenden Zinsscheine ein grobfahrlässiges Verhalten.

Diese Rüge erscheint nicht begründet.

Ueber die Begriffsbestimmung der Fahrlässigkeit herrscht in einem wesentlichen Punkte Streit. Nach § 276 BGB. handelt fahrlässig, wer die im Verkehr erforderliche Sorgfalt außer acht läßt. Es ist anerkannt, daß der Grad der danach anzuwendenden Sorgfalt nach objektivem Maßstabe zu bestimmen ist (Planck-Siber, § 276 Erl. 2 b β aa), nämlich nach demjenigen, was der normale und gesunde Verkehr erfordert. Dabei kommt freilich insofern ein relatives Moment zur Geltung, als der normale Verkehr je nach den begleitenden Umständen größere oder geringere Anforderungen stellen muß, um Verkehrssicherheit zu gewährleisten und die Verletzung der Interessen Dritter nach Möglichkeit auszuschließen. Das wird auch von denjenigen anerkannt, die im übrigen die Anlegung eines objektiven Maßstabes für durchaus geboten erachten (vgl. Staudinger, Vorbem. zu §§ 275 flg. 2 a). Maßgebend sind nämlich die Erfordernisse desjenigen Verkehrs, der bei dem Typus des einzelnen konkreten Rechtsverhältnisses in Betracht kommt. Streit herrscht aber darüber, ob es auf die individuellen Verhältnisse des Täters für die Entscheidung der Frage ankommt, ob ihm die Außerachtlassung der objektiv erforderlichen Sorgfalt zum Verschulden anzurechnen ist. Die herrschende Meinung will auf die individuellen Verhältnisse keine Rücksicht nehmen; sie erachtet vielmehr, daß der Täter dafür einstehen müsse, wenn er nach seiner Persönlichkeit dazu neige, ein geringeres Maß von Sorgfalt anzuwenden. Beachtenswerte Schriftsteller stehen freilich auf dem entgegengesetzten Standpunkte (vgl. Planck-Siber a. a. O. β bb, S. 221). Aber auch die herrschende Meinung gibt zu, daß auf typische Verhältnisse der Beteiligten, auf die Anschauungen der Gruppen oder Kreise von Menschen, zu denen jene gehören, Rücksicht genommen werden muß (vgl. Staudinger, § 276 I 2 b; RGZ. Bd. 68 S. 423; Jur. Wochenschr. 1912 S. 856 Nr. 9). Ohne daß auf die Streitfrage weiter einzugehen ist, ergibt sich demnach für die Entscheidung des vorliegenden Streitfalles das Folgende. Es muß diejenige Sorgfalt ermittelt werden, die im Verkehr mit Wertpapieren erforderlich ist, um Sicherheit zu gewährleisten und die Verletzung der berechtigten Interessen Dritter nach Möglichkeit zu vermeiden. Dabei ist in objektiver Richtung zu berücksichtigen, daß es sich nicht um den handelsmäßigen Verkehr zwischen Kaufleuten oder Bankiers handelt, der an die Aufmerksamkeit der Beteiligten höhere Anforderungen stellt, sondern um den Verkehr zwischen Privatpersonen, die in einem Einzelfalle zur Deckung oder Sicherstellung einer Kaufpreisforderung Wertpapiere übereignen. Weiter ist zu berücksichtigen, daß der Beklagte dem Kreise kleinerer oder mittlerer Besitzer und Gewerbetreibender auf dem platten Lande angehört. Nach diesen Grundsätzen ist das Maß von Aufmerksamkeit festzustellen, das der Beklagte aufwenden mußte. Hat er dieses Maß in besonders schwerer Weise verletzt, dann liegt grobe Fahrlässigkeit vor.

Nun muß anerkannt werden, daß das Berufungsgericht sich von den vorstehend entwickelten Grundsätzen hat leiten lassen. Es hat nicht auf die idividuellen Fähigkeiten und Gewohnheiten des Beklagten Bezug genommen, sondern nur auf die Anschauungen, die in dem Kreise von Gewerbetreibenden herrschend sind, denen der Beklagte angehört. Wenn danach das Berufungsgericht zu dem Ergebnis gelangt ist, daß dem Beklagten eine besonders schwere Verletzung der gebotenen Sorgfalt nicht zur Last gelegt werden kann, so ist das vom Rechtsstandpunkt aus, der hier allein in Betracht kommt, nicht zu beanstanden. Allerdings ist der Revision zuzugeben, daß der Beklagte, solange er seine Bierbrauerei betrieb, formell Kaufmann war. Aber diese formelle Eigenschaft kann, da es sich bei ihm um einen Gewerbetreibenden auf dem Lande handelte, der nicht im eigentlich kaufmännischen Handelsverkehr stand, nicht erheblich ins Gewicht fallen.

Wenn die Revision betont hat, das Berufungsgericht stelle Gutgläubigkeit des Beklagten fest, das sei aber unzureichend, da es sich darum handle, ob die Gutgläubigkeit nicht auf grober Fahrlässigkeit beruhe, so ist dem entgegenzuhalten, daß das Berufungsgericht den Ausdruck Gutgläubigkeit offensichtlich in dem Sinne angewendet hat, in dem er in § 932 Abs. 2 BGB. verstanden ist; nach dieser Bestimmung ist guter Glaube nicht anzunehmen, wenn ihm eine grobe Fahrlässigkeit zugrunde liegt." . . .

RGZ. 95, 160

Inwiefern kann auf Erfüllung der von einem Hypothekengläubiger dem Eigentümer gegenüber übernommenen Verpflichtung, einer erst zu bestellenden Baugeldhypothek den Vorrang einzuräumen, auch derjenige in Anspruch genommen werden, auf welchen der verpflichtete Hypothekengläubiger seine Hypothek durch Scheingeschäft verschoben hat? BGB. §§ 117, 249.

V. Zivilsenat. Urt. v. 8. März 1919

I. Landgericht II Berlin. II. Kammergericht daselbst.

Die Klägerin bestellte auf ihrem Grundstücke dem Ehemanne der Beklagten eine Hypothek von 23 500 M., wobei sich dieser verpflichtete, einer von der Klägerin erst zu beschaffenden Baugeldhypothek vor seiner Hypothek den Vorrang einzuräumen. Um sich der Verpflichtung zu entziehen, schob er jedoch die Hypothek alsbald durch ein Scheingeschäft auf seine Frau ab. Die Klägerin hat darauf gegen die Frau Klage erhoben mit dem Anspruche, daß sie der inzwischen eingetragenen Baugeldhypothek den Vorrang vor der Hypothek von 23 500 M. einräume.

Das Landgericht wies die Klage ab, weil eine persönliche Verpflichtung der Beklagten nicht bestehe. Das Kammergericht gab der Klage statt. Die Revision blieb erfolglos.

Aus den Gründen:

„Im Vordergrunde steht die Frage, ob die Beklagte auf Bewilligung des Vorrangs zugunsten der nachmals eingetragenen Baugeldhypothek für ihre Person überhaupt in Anspruch genommen werden konnte. Die Klage ist rein schuldrechtlicher Art, und die Verpflichtung zur Bewilligung des begehrten Vorranges hat in dem Vertrage vom 18. Januar 1915 nur der Ehemann der Beklagten übernommen. Auch fehlt es an jeder Behauptung dafür, daß die Beklagte die Verpflichtung ihres Ehemannes in Gemäßheit der §§ 414, 415 BGB. nachträglich auf sich genommen hätte. Das Berufungsgericht hat gleichwohl die vorliegende Frage bejaht. Hiergegen wendet sich die Revision in erster Linie. Das Berufungsgericht hat nämlich festgestellt, daß die für den Ehemann der Beklagten auf Grund des Vertrags vom 18. Januar 1913 eingetragene Hypothek von noch 23 000 M., die jetzt im Range zurücktreten soll, im Einverständnis zwischen der Beklagten und ihrem Ehemann auf jene nur zum Schein übertragen worden ist; die Revision meint, daß gerade dieser Umstand die Beklagbarkeit der Beklagten schlechthin ausschließe. Das Berufungsgericht hat seinerseits allerdings gerade den Umstand als entscheidend angesehen, daß es sich bei der Uebertragung des Hypothekenrechts um ein Scheingeschäft gehandelt hat. Zwar erwog es auch, daß die Möglichkeit, die Beklagte in Anspruch zu nehmen, auch für den Fall der Ernstlichkeit des Uebertragungsgeschäfts anzunehmen sein würde. Aber dieser Gesichtspunkt (den es übrigens lediglich auf den hier überhaupt nicht anwendbaren § 1157 BGB. gestützt hat, vgl. RGZ. Bd. 81 S. 85, und auch ohne aus ihm irgendwelche Folgerung auf den Fall des Scheingeschäfts zu ziehen) muß hier völlig ausscheiden, da jetzt mit der unbedingt getroffenen Feststellung, an der auch die Revision nicht gerüttelt haben will, zu rechnen ist, daß nur ein Scheingeschäft vorliegt.

Aus welchem Grunde das Berufungsgericht die persönliche Verpflichtung der Beklagten gerade um deswillen als gegeben erachtet hat, weil die Hypothek von noch 23 000 M. auf die Beklagte lediglich des Scheines halber übertragen worden ist, lassen seine Ausführungen nicht erkennen. Freilich hat das Berufungsgericht in diesem Abschnitte seines Urteils auch auf den § 19 GrBO. Bezug genommen. Aber damit sollte offenbar nur gesagt sein, daß die Beklagte als die zurzeit eingetragene Hypothekengläubigerin auch befugt und daher auch imstande sei, dem Klagebegehren zu genügen. Eine Verpflichtung hierzu könnte aus der angeführten Vorschrift, worin der Revision recht zu geben, keinesfalls hergeleitet werden.

Für die Richtigkeit der Auffasung des Berufungsgerichts, daß sich die Passivlegitimation der Beklagten gerade aus dem Vorhandensein des Scheingeschäfts ergebe, könnten an und für sich freilich unter den besonderen Umständen des Falles bedeutsame Gesichtspunkte sprechen. Die Beklagte und ihr Ehemann haben geflissentlich die Rechtslage geschaffen, daß nach dem Inhalte des Grundbuchs nicht mehr der Ehemann der Beklagten, sondern nur noch diese selbst zur Verfügung über die Hypothek (von 23000 M.) als befugt erscheinen kann (§ 891 BGB.). Diese Rechtslage beeinflußt die Lage der Klägerin insofern nachteilig, als sie jetzt nicht mehr den ihr vertragsmäßig verpflichteten Ehemann der Beklagten wirksam und ohne weiteres wegen Begründung eines Rangvorrechts für die Baugeldhypothek in Anspruch nehmen kann, vielmehr hierzu erst einen weiten und nicht einmal gewissen Umweg einschlagen müßte, indem sie den allenfallsigen Berichtigungsanspruch des Ehemanns an die Beklagte pfänden und sich überweisen ließe und demnach die Wiedereintragung des Genannten als Hypothekengläubiger erwirkte. Wollte man es unter diesen Umständen der Klägerin gestatten, von jenem Umweg absehend, nunmehr die Beklagte auf Erfüllung der Verpflichtung ihres Ehemannes in Anspruch zu nehmen, so bedeutet das einerseits eine Maßnahme, die zugunsten der Klägerin nur zur Abwendung der ihr nachteiligen Folgen des Scheingeschäfts diente, und anderseits eine Maßnahme, die sich die Beklagte und ihr Ehemann gerade deswegen gefallen lassen müßten, weil sie durch das Scheingeschäft geflissentlich die Lage herbeigeführt haben, daß jetzt grundbuchlich nur die Beklagte dem an sich begründeten Begehren der Klägerin (letzteres einweilen vorausgesetzt) zu genügen imstande ist. Da insbesondere die Beklagte trotz ihrer als erwiesen angenommenen Absicht, daß ihr Ehemann der Berechtigte sein solle, die Hypothek auf sich selbst umschreiben ließ, dürfte sie sich dem nicht entziehen, daß sie nunmehr auch die Verpflichtung ihres Ehemanns an dessen Statt erfüllte. Die Beklagte sowohl wie ihr Ehemann hätten somit nur die Folgen ihrer Handlungsweise zu tragen (RGZ. Bd. 90 S. 277). Daß bei Befolgung solcher Grundsätze dem Rechtsverkehr und der Rechtssicherheit gegenüber dem üblen Scheingeschäft und dessen nachteiligen Einwirkungen auf die Rechtslage Dritter nur gedient sein würde, ist augenscheinlich. Es kann nicht angehen, Dritte unter einem Scheingeschäfte leiden zu lassen. . . . Zwar wird dem Dritten oftmals ein Anspruch auf Schadensersatz zur Seite stehen (Gruchot Bd. 49 S. 345). Aber es brauchen die Voraussetzungen eines derartigen Anspruchs nicht immer erfüllt zu sein, da es nicht zum Begriff eines Scheingeschäfts gehört, daß es zur Täuschung Dritter vorgenommen wird (RGZ. Bd. 90 S. 277; Warneyer 1914 Nr. 245), und es somit auch Fälle geben kann, in denen ein solches nicht in betrügerischer Absicht (§ 823 Abs. 2) und auch nicht mit dem Vorsatze der

Schädigung eines anderen (§ 826) vorgenommen ist, die Rechtslage eines Dritten aber denkbar gleichwohl durch das Scheingeschäft nachteilig beeinflußt wird.

Indessen auf die vorstehenden Erwägungen die Entscheidung im gegebenen Falle wirklich abzustellen, liegt kein zwingender Grund vor. Denn hier ergibt sich aus den tatsächlichen Feststellungen des Berufungsurteils, daß die Klägerin unbedenklich schon mit der Schadensersatzklage zum Ziele gelangen kann; daß sie nämlich ihr Klagebegehren, wie es vorliegt, schon aus jenem Gesichtspunkte durchzusetzen vermag, und zwar auch der Beklagten gegenüber, so daß auch deren Einwand mangelnder Beklagbarkeit schon hieran scheitert.

Gegenüber dem Ehemanne der Beklagten ist ausdrücklich festgestellt worden, daß er bei Vornahme des Scheingeschäfts in der unredlichen Absicht gehandelt hat, die Hypothek zu verschieben, um auf diese Weise seiner Verpflichtung aus dem Vertrage vom 18. Januar 1915 (betreffs der Vorrangseinräumung) zu entgehen. Gegenüber der Beklagten selbst ist festgestellt, daß sie bei der Abtretung um die Absicht ihres Ehemanns, der Berechtigte bleiben zu wollen, gewußt und seine Verpflichtung zur Bewilligung des Rangvorrechts für die Baugeldhypothek gekannt hat. Unter diesen Umständen kann kein Zweifel darüber bestehen, daß die Beklagte zum mindesten mit der Möglichkeit gerechnet hat, daß die Verschiebung der Hypothek zum Schaden der Klägerin erfolge, um ihr nämlich die Geltendmachung des Anspruchs auf die Vorrechtseinräumung möglichst zu vereiteln oder wenigstens zu erschweren. Eine andere Aufklärung hat die Beklagte selbst zwar mit dem Einwande zu gehen versucht, sie habe ihrem Ehemann erhebliche Beträge in die Ehe eingebracht. Aber es steht ihr die Feststellung des Berufungsgerichts entgegen, daß die Uebertragung der Hypothek auf sie in ihrem Einverständnis nur zum Scheine vorgenommen worden ist. Daß nun dieses Scheingeschäft unter den obwaltenden Umständen ein wider die guten Sitten verstoßendes Geschäft bedeutet hat (§ 826), kann ebenfalls keinem Bedenken unterliegen, und zur Erfüllung des subjektiven Tatbestandes jener Vorschrift der Beklagten gegenüber reicht es aus, daß sie, wie dargelegt worden, jedenfalls mit der Möglichkeit gerechnet hat, daß das Geschäft die Klägerin benachteiligen werde, während eine darauf gerichtete Absicht nicht erforderlich war (RGZ. Bd. 56 S. 73, Bd. 76 S. 313, Bd. 79 S. 55). Hat sich mithin die Beklagte ebenfalls gemäß § 826 ersatzpflichtig gemacht, so ist sie nach § 249 gehalten, den Zustand herzustellen, der bestände, wenn die unerlaubte Handlung unterblieben wäre. Der Nachteil endlich, den die Klägerin durch jene Handlung erlitten hat, spricht sich darin aus, daß die Klägerin, wie bereits erwogen worden, ihren Anspruch auf Bewilligung des Vorrangs für die Baugeldhypothek auf Grund des Vertrags nicht mehr sogleich gegen den eingetragenen Hypothekengläubiger richten kann, daß sie dazu vielmehr erst den zweifelhaften und an sich weiten Umweg mittels Pfändung des Berichtigungsanspruchs einschlagen müßte, um zuvörderst die Wiedereintragung des wirklich Verpflichteten zu erlangen. Wenn nun die Beklagte und ihr Ehemann es sich gefallen lassen müssen, daß die Klägerin jetzt die Beklagte als die zurzeit eingetragene Hypothekengläubigerin in Anspruch nimmt und daß durch die Genannte dieser Anspruch erfüllt wird, dann bedeutet das in diesem Sinne nichts anderes, als daß die Klägerin damit in diejenige Lage versetzt wird, in der sie sich, wie angegeben, dann befände, wenn die unerlaubte Handlung der Beklagten und ihres Ehemanns unterblieben und sie sonach imstande geblieben wäre, sich ohne weiteres an den eingetragenen Hypothekengläubiger zu halten. Daß genau der nämliche Zustand hergestellt wird, der zuvor bestanden hatte, verlangt das Gesetz nicht. Unter Umständen kann vielmehr der Geschädigte auch etwas fordern, was nicht die Wiederherstellung des ehemaligen Zustandes darstellen würde, da es genügt, daß der Geschädigte wirtschaftlich so gestellt wird, wie er ohne die unerlaubte Handlung gestellt gewesen wäre (RGZ. Bd. 76 S. 147, Bd. 77 S. 101, Bd. 89 S. 99, Bd. 91 S. 213).

In Frage könnte nur noch kommen, ob die Beklagte überhaupt in der Lage ist, dem Klagebegehren zu genügen, da sie, wovon auszugehen, nicht die wirkliche Hypothekengläubigerin ist. Aber auch diese Frage ist unbedenklich zu bejahen. Die Beklagte ist als die eingetragene Hypothekengläubigerin grundbuchlich zur Verfügung über die Hypothek gerade die Befugte; die Vermutung des § 891 besteht auch gegen sie, und wird sie zur Bewilligung des Rangvorrechts rechtskräftig verurteilt, dann besteht für den Grundbuchrichter um so weniger ein Anlaß, die Verfügungsbefugnis der Beklagten zu beanstanden. Es kommt dazu, daß der Ehemann der Beklagten als der wirklich Berechtigte die Verfügung der Beklagten seinesteils auch als wirksam gelten lassen muß, weil durch sie nur seine eigene vertragsmäßige Verpflichtung erfüllt wird." . . .

RGZ. 95, 249

Inwiefern kann für die Feststellung des ursächlichen Zusammenhanges einer Handlung oder Unterlassung mit einem Schaden die hohe Wahrscheinlichkeit die Gewißheit ersetzen?

VI. Zivilsenat. Urt. v. 10. April 1919.

I. Landgericht Königsberg. II. Oberlandesgericht daselbst.

Aus den Gründen:

. . . „Allerdings kann die Feststellung einer Wahrscheinlichkeit, auch einer hohen Wahrscheinlichkeit, für einen ursächlichen Zusammenhang zwischen einer Handlung oder Unterlassung und einem eingetretenen schädlichen Erfolge nicht die richterliche Feststellung dieses Ursachenzusammenhanges selbst darstellen oder ersetzen; sie kann nur die Grundlage für diese, d. i. für die Gewinnung der richterlichen Ueberzeugung, daß ein bestimmter Erfolg auf ein bestimmtes Handeln oder Unterlassen zurückzuführen sei, abgeben. Diese Ueberzeugung selbst muß in dem Urteile des Richters zum Ausdruck gelangen. Soll eine Person für einen durch ihre Handlung einer anderen zugefügten Schaden verantwortlich gemacht werden, so ist die Feststellung unerläßlich, daß der Schaden auch wirklich durch diese Handlung verursacht worden sei; die bloße Wahrscheinlichkeit einer Schadenszufügung ist kein zum Schadensersatz verpflichtender Tatbestand. Ein sicheres Erkennen ist aber in vielen menschlichen Verhältnissen *nicht zu erzielen, weil die menschlichen Erkenntnismittel versagen.* Ein hoher Grad von Wahrscheinlichkeit muß dann bei Abwesenheit anderer gleich starker Möglichkeiten dem Richter genügen, seine Ueberzeugung zu bilden, daß die Handlung des Beklagten, da sie den schädlichen Erfolg herbeizuführen geeignet gewesen sei, den Schaden auch wirklich verursacht habe. Der Kläger hat seiner Beweispflicht genügt, wenn er eine solche Wahrscheinlichkeit dargetan hat, die die Entstehung des Schadens zu erklären geeignet ist; Sache des Gegners ist es dann, eine andere Ursache als tatsächlich wirksam geworden nachzuweisen (vgl. Warneyer 1908 Nr. 303, 1910 Nr. 5, 1911 Nr. 219, 1915 Nr. 50; Jur. Wochenschr. 1908 S. 196 Nr. 10). Niemals kann aber materiellrechtlich eine bloß wahrscheinliche Schadenszufügung eine Schadensersatzverpflichtung begründen; die Wahrscheinlichkeit kann nur das prozeßrechtliche Hilfsmittel sein, die tatsächliche Schadenszufügung als erwiesen anzunehmen und festzustellen. In diesem Sinne sind aber auch die Ausführungen des Berufungsgerichts zu verstehen, das ausdrücklich sagt, ein zwingender Beweis für die Ursächlichkeit der zu geringen Entfernung der Lokomobile vom Scheunendach für die Entstehung des Brandes könne bei der Beschränktheit der menschlichen Erkenntnis nicht verlangt werden, ein hoher Grad von Wahrscheinlichkeit genüge „für die Feststellung dieser Verursachung". Damit ist die Feststellung selbst getroffen und die Ueberzeugung des Gerichts ausgesprochen, daß dieser Umstand, der zur Erklärung der Entstehung des Feuers nach dem natürlichen Laufe der Dinge geeignet sei, auch wirklich ursächlich geworden sei." . . .

RGZ. 96, 20

Kann derjenige, der gemäß § 283 BGB. Anspruch auf Schadensersatz wegen Nichterfüllung hat, weil der Gegner einem auf Wandlung lautenden Urteile nicht entsprochen hat, seinen Schaden in der

Art geltend machen, daß er die Annahme der nach dem Urteil ihm obliegenden Leistung, erforderlichenfalls neben Zahlung eines zum Ausgleich dienenden Geldbetrags, vom Gegner verlangt?

BGB. §§ 249, 283.

V. Zivilsenat. Urt. v. 14. Mai 1919.

I. Landgericht Fürth. II. Oberlandesgericht Nürnberg.

Die Beklagten, die 1913 ihr Grundstück in F. zum Wertanschlag von 18 357,14 M. gegen das Anwesen der Kläger in D. zum Wertanschlag von 32 000 M. vertauscht, darauf 11 500 M. gezahlt haben und zwei auf dem D.'er Anwesen lastende Hypotheken von zusammen 9000 M. übernahmen, wurden rechtskräftig verurteilt, den Tauschvertrag rückgängig zu machen. Die Kläger, die 11 500 M. zur Zurückzahlung an die Beklagten bei dem Notariat I in F. hinterlegt hatten, forderten die Beklagten auf, sich am 1. Mai 1917 dort zur urteilsmäßigen Bereinigung der Sache einzufinden. Die Beklagten erklärten aber in diesem Termine durch ihren Anwalt, die Vollziehung der Wandlung sei ihnen unmöglich, da sie das D.'er Anwesen schon vor Kenntnis des Wandlungsanspruchs der Kläger zertrümmert hätten. Auch bestritten sie, daß sie diese Unmöglichkeit zu vertreten hätten. Die Kläger klagten daher auf Schadensersatz in Höhe von 11 500 M. und Zinsen unter Bereiterklärung, das F.'er Grundstück den Beklagten zur Verfügung zu stellen und ihnen zu übertragen, mit der Begründung, daß bei einem Wertanschlag ihres D.'er Anwesens mit 32 000M., nachdem sie 11 500 M. von den Beklagten erhalten und letztere die darauf lastenden 9000 M. Hypotheken zur Löschung gebracht hätten, ihnen ein Schaden von 11 500 M. verbleibe. Die Beklagten verlangten die Abweisung der Klage, weil sie mangels einer von ihnen zu vertretenden Unmöglichkeit keinerlei Ersatzpflicht treffe.

Das Landgericht erkannte nach dem Klagantrage. Die Beklagten legten Berufung ein und beantragten die Abweisung der Klage, im Falle der Zurückweisung der Berufung aber beantragten sie, sie nur Zug um Zug gegen Rückgabe des F.'er Grundstücks zu verurteilen. Dementsprechend verurteilte sie das Oberlandesgericht zur Zahlung Zug um Zug gegen Rückgabe dieses Grundstücks. Die Revision der Beklagten, mit der sie die Abweisung der Klage begehrten, wurde in Höhe von 8000 M. und Zinsen zurückgewiesen; im übrigen wurde das Urteil aufgehoben.

Aus den Gründen:

„Das Landgericht wie auch das Berufungsgericht gehen zutreffend und ohne Beanstandung durch die Revision davon aus, daß durch das rechtskräftige Urteil die Wandlung vollzogen worden ist.

Ebenso zutreffend wenden beide Gerichte auch den § 283 BGB. auf den Klaganspruch an. Zu Unrecht wird dies von der Revision deshalb bestritten, weil die Kläger eine Frist mit der Erklärung, daß sie die Annahme der Leistung, d. h. die Rückübertragung des D.'er Anwesens an sie, nach Ablauf der Frist ablehnen, nicht bestimmt haben. Wenn beide Gerichte mit Rücksicht auf die bestimmte und endgültige, sich aus der bereits vorgenommenen Zertrümmerung des Anwesens erklärende Weigerung der Beklagten diese Fristsetzung und Erklärung für nicht erforderlich bezeichnet haben, so befinden sie sich im Einklange mit dem Urteile des erkennenden Senats vom 12. Juni 1912 (Warneyer Nr. 375). Mit Recht haben daher beide Gerichte die Schadensersatzpflicht der Beklagten wegen Nichterfüllung angenommen, da der sie davon befreiende Fall, daß die *Leistung infolge eines von ihnen nicht zu vertretenden Umstandes* unmöglich geworden sei, nicht vorliege. Auch dies ist nicht zu beanstanden. Daß die Unmöglichkeit erst nach Schluß der mündlichen Verhandlung, auf die das frühere Urteil ergangen ist, eingetreten sei, haben die Beklagten nicht nur nicht behauptet, sondern im Gegenteil sich darauf berufen, daß sie das Anwesen bereits zertrümmert hätten, ehe sie vom Wandlungsanspruch der Kläger Kenntnis gehabt hätten. Die Berufung auf eine vor jenem Urteil eingetretene Unmöglichkeit wird aber von beiden Gerichten unter Anziehung des § 767 ZPO. zutreffend abgelehnt (Jur. Wochenschr. 1913, S. 831 Nr. 4). Selbst wenn daher, was keineswegs feststeht, die Rückübertragung infolge der Zertrümmerung unmöglich geworden wäre, würde, entgegen der Annahme der Revision, dem Berufungsgerichte beizupflichten sein, daß die Beklagten diese Unmöglichkeit zu vertreten hätten.

Es bedarf somit nur eines Eingehens auf die Art der Schadensberechnung. Die Beklagten vertreten den Standpunkt, daß, selbst wenn sie an sich eine Ersatzpflicht träfe, die Kläger doch nichts zu beanspruchen hätten, weil sie auch bei Annahme eines Wertes von 32 000 M. für das D.'er Anwesen voll befriedigt seien. Denn sie hätten erhalten 11 500 M. bare Anzahlung, 9000 M. durch Ablösung von Hypotheken auf diesem Anwesen und 11 500 M. schuldenfreien Wert des ihnen verbleibenden F.'er Grundstücks. Dieser Auffassung, gegen die schon spricht, daß die Beklagten damit den vollen im Vertrag angenommenen Tauschwert (18 357,14 M., abzüglich 6857,14 M. Hypotheken) in Rechnung stellen, während ja die Kläger mit der Wandlungsklage wegen Mangelhaftigkeit des F.'er Grundstücks durchgedrungen sind, haben sich beide Gerichte nicht angeschlossen, sondern sie sind der der Kläger beigetreten. Diese berechnen ihren Schaden in der Weise, daß sie den vertragsmäßigen Wert ihres an die Beklagten vertauschten D.'er Anwesens mit 32 000 M. zugrunde legen. Da die Beklagten 11 500 M. angezahlt und 9000 M. durch Ablösung von Hypotheken gezahlt haben, so fehle an dem Tauschpreise noch ein Betrag von 11 500 M., den sie als Schadensersatz verlangen unter der Bereiterklärung, das F.'er Grundstück zurückzugeben. Beide Gerichte haben diese Berechnung gebilligt unter ausdrücklicher Berufung auf Planck BGB. § 325 Anm. 1 (das Landgericht auch auf Staudinger BGB. § 325 Anm. 1 o γ), indem sie sich der nach der Planck'schen Ansicht eine Anwendung der Differenztheorie bildenden sog. vermittelnden Meinung zwischen Ausgleichs- und Differenztheorie anschließen, die dem Schadensersatzberechtigten die Wahl gibt zwischen dem Anspruch auf eine bloße Geldentschädigung und dem auf vollen Ersatz wegen Nichterfüllung seiner Forderung gegen freiwillige Bewirkung der Gegenleistung. Die allgemeinen Grundsätze über Schadensersatzleistung ergeben, wie das Berufungsurteil sagt, keineswegs, daß die Ausgleichung nur durch eine Leistung des Ersatzpflichtigen geschehen könne und nicht auch durch Austausch einer vom Ersatzpflichtigen geschuldeten Leistung gegen eine von dem Berechtigten freiwillig anzubietende, aber nicht geschuldete Gegenleistung. Gegenüber der von dem Beklagten angezogenen Entscheidung des II. Zivilsenats (RGZ. Bd. 66 S. 61) weist das Berufungsurteil darauf hin, daß dort der Fall anders gelegen habe und mit dieser Entscheidung nicht gesagt sei, daß der Schadensersatzberechtigte nicht einmal mehr freiwillig erfüllen dürfe, weil der Gegner nicht erfüllen könne, noch dazu in einem Falle wie dem gegenwärtigen, wo gerade in der Entäußerung des F.'er Anwesens das Recht und Interesse der Kläger bestanden habe und bestehe, das auch allein zur Klage und Verurteilung der Beklagten geführt habe, und wo die möglich gebliebene Rücknahme dieses Anwesens durch die Beklagten der einfachste Weg sei, den ursprünglichen Vermögenszustand, soweit noch möglich, wiederherzustellen. Müßten die Kläger das ihnen durch die Schuld der Beklagten lästige, mit Schwamm behaftete Anwesen den Beklagten gegenüber behalten, so würde dies, wie das Berufungsgericht erklärt, einer Schadensersatzleistung nach Treu und Glauben Hohn sprechen.

Dieser Auffassung muß beigepflichtet werden. In dem Meinungsstreite zwischen Austausch- und Differenztheorie hat sich das Reichsgericht in zahlreichen Entscheidungen auf den Standpunkt der letzteren gestellt. Aus ihnen kann aber zugunsten der Beklagten nichts gefolgert werden.

Insbesondere gilt dies von dem ebenerwähnten Urteile des II. Zivilsenats, auf das sich die Beklagten mit besonderer Entschiedenheit stützen. Dort ist ausgeführt (vgl. S. 68, 69), daß durch das Wandlungsurteil ein einem gegenseitigen Vertrage gleich zu behandelndes Verhältnis hergestellt werde, und daß, obwohl die gegenseitigen Verhältnisse nicht aus einem Vertrage, sondern aus dem Wandlungsurteil entspringen, diese Verschiedenheit des Entstehungsgrundes keine verschiedene rechtliche Beurteilung hinsichtlich des § 283 BGB. begründen könne. Der Gläubiger könne, wenn die Voraussetzungen des § 283 vorlägen, von dem rechtskräftig verurteilten Schuldner, dessen Leistung als aus von ihm zu vertretenden Umständen unmöglich geworden unterstellt wird, Erfüllung nicht mehr verlangen, sein Anspruch habe sich vielmehr in einen solchen auf Schadensersatz wegen Nichterfüllung umgewandelt, und zwar nicht auf Schadensersatz wegen Nichterfüllung an Stelle der geschuldeten Leistung, sondern an Stelle von Leistung und Gegenleistung. Denn das Wesen des Schadensersatzes wegen Nichterfüllung bestehe in einer Umwandlung des beiderseitigen Vertragsverhältnisses und nicht nur des Bestandteils, der vom Schuldnerverzug betroffen werde, was mit der gegenseitigen Bedingtheit der Ansprüche beider Teile begründet wird. Deshalb habe der Ausschluß des Anspruchs des Nichtsäumigen auf Erfüllung zur Folge, daß auch der Anspruch des Säumigen auf Erfüllung ausgeschlossen werde. Daher brauche der Nichtsäumige seinerseits nicht zu erfüllen, er könne die Leistung, die er infolge des Vertrags oder des rechtskräftigen Wandlungsurteils an sich zu machen hätte, behalten und sie komme nur als Rechnungsbestandteil bei der Schadensbemesssung in Betracht. Zutreffend beruft sich das Urteil des II. Zivilsenats für diese Grundsätze auf zwei frühere Urteile desselben Senats, auf die grundlegende Entscheidung vom 11. April 1902 (RGZ. Bd. 50 S. 263) und auf die vom 13. Oktober 1905 (Bd. 61 S. 352). Auch in dem Urteile vom 23. Februar 1904 (Bd. 57 S. 106) desselben Senats wird die gleiche Ansicht vertreten, und der VII. Zivilsenat hat in seinem Urteile vom 27. Mai 1904 (Bd. 58 S. 177) unter Bezugnahme auf das Urteil Bd. 50 S. 263 ausgesprochen, daß die beiderseitigen Leistungen unmittelbar berührt würden, der Berechtigte dafür Ersatz zu verlangen habe, daß er die ihm geschuldete Leistung nicht in ihrer vollen vertragsmäßigen Beschaffenheit gegen die ihm obliegende Gegenleistung erhalten hat. Der Vertrag werde nicht rechtlich aufgehoben, aber der Ersatzpflichtige könne aus ihm nichts fordern; was er an sich bei Vertragserfüllung zu fordern gehabt hätte, komme nur als Rechnungsbestandteil für die Höhe der dem Gegner zustehenden Ersatzforderung in Betracht. Soweit in diesen Urteilen die Frage der Leistung des Ersatzberechtigten erörtert ist, ist dies grundsätzlich nur aus dem Gesichtspunkte einer Verpflichtung dazu geschehen und diese wegen Fortfalls beiderseitiger Vertragserfüllung verneint. Hier aber erscheint die Frage, soweit ersichtlich, als vom Reichsgerichte noch nicht entschiedene, von dem Gesichtspunkt aus, ob der Berechtigte die Annahme seiner Leistung vom Ersatzverpflichteten verlangen darf. Wie diese Frage im allgemeinen zu beantworten wäre, braucht hier ebensowenig erörtert zu werden wie des näheren darauf einzugehen ist, wie weit die Gleichstellung des gegenseitigen Vertrags mit dem durch das Wandlungsurteil geschaffenen Rechtsverhältnis reicht. Für den vorliegenden Tatbestand ist die Frage, ob der Ersatzberechtigte die Annahme der ihm nach dem Urteil obliegenden Leistung vom Ersatzverpflichteten verlangen kann, mit dem Berufungsgerichte zu bejahen, und zwar schon deshalb, weil es sich hier nicht, wie bei reinen gegenseitigen Verträgen, um irgendwelche beiderseitig zu machende Leistungen, sondern um Rückgabe bereits gemachter Leistungen handelt. Jeder soll vom anderen nicht etwas erhalten, was er noch nicht hatte, sondern er soll das von ihm Geleistete zurückerhalten. Auf diese Eigenart des durch ein Wandlungsurteil begründeten Rechtsverhältnisses ist schon in dem Urteile des II. Zivilsenats vom 28. Mai 1918 (RGZ. Bd. 93 S. 47) hingewiesen worden. Würde man hier das Rückgaberecht der vertragstreuen Partei ausschließen, so würde man sie zugunsten der vertragsuntreuen, wie noch näher ausgeführt werden wird, zu Unrecht bei der Geltendmachung ihres Schadensersatzanspruchs beschränken.

Da die Kläger Schadensersatz fordern, ist für dessen Bemessung § 249 BGB. grundlegend, der grundsätzlich die Herstellung des Zustandes verlangt, der bestehen würde, wenn der zum Ersatze verpflichtende Umstand nicht eingetreten wäre. Das Gesetz sieht also in erster Linie die Naturalherstellung vor, an deren Stelle nur, soweit sie nicht möglich oder zur Entschädigung nicht genügend ist, gemäß § 251 Abs. 1 BGB. Ersatz in Geld tritt (Warneyer 1911 Nr. 81). Wenn das erwähnte Urteil vom 13. Oktober 1905 (RGZ. Bd. 61 S. 353) die Anwendbarkeit des § 249 deshalb ablehnt, weil sonst der ausgeschlossene ursprüngliche Erfüllungsanspruch wieder hergestellt würde, so trifft dieses Bedenken hier nicht zu. Denn die Kläger verlangen von den Beklagten nicht die Erfüllung der diesen nach dem Wandlungsurteil obliegenden, in der Rückgabe des D.'er Anwesens bestehenden Leistung. Nach dem Wandlungsurteile sollen beide Teile die ausgetauschten Grundstücke zurückgeben. Für die Beklagten ist die Rückgabe als unmöglich anzusehen, nicht aber auch für die Kläger. Wenn diese sich zur Zurückgabe bereit erklären, soweit also den Zustand herstellen wollen, der ohne die Weigerung der Beklagten dem Urteile zu entsprechen bestehen würde, und nur Ersatz in Geld so weit fordern, als die Herstellung (durch Rückgabe des D.'er Anwesens) unmöglich geworden ist, so stellen sie sich daher auf den in erster Linie vom Gesetze (§§ 249, 251 BGB.) vertretenen Standpunkt. Das Begehren der Kläger erscheint aber auch als das der Billigkeit am meisten entsprechende.

Es würde in der Tat, wie das Berufungsurteil bemerkt, Treu und Glauben verletzen, wenn die Kläger, die nach dem Wandlungsurteile verlangen konnten, daß ihnen das mit Mängeln behaftete F.'er Grundstück infolge eines von den Beklagten zu vertretenden Umstandes von diesen wieder abgenommen werde, dieses Grundstück, obwohl die Rücknahme durch die Beklagten durchaus möglich ist, behalten müßten, weil deren Verhalten sie genötigt hat, statt Vertragserfüllung, die sie von dem mangelhaften Grundstücke befreit hätte, Schadensersatz zu fordern. Auch der Komm. v. RGR. (§ 283 Anm. 3) spricht aus, daß der Anspruch auf Schadensersatz nicht stets nur auf Entschädigung in Geld gehe, vielmehr unter Umständen auch hier der Grundsatz des § 249 Platz greifen und der Schuldner daher gehalten sein könne, den Gläubiger in eine Lage zu versetzen, die *wirtschaftlich der entspricht, in der sich* der Gläubiger im Falle der Vertragserfüllung befinden würde. Den gleichen Gedanken bringt das Urtei des III. Zivilsenats vom 23. November 1917 (RGZ. Bd. 91 S. 213) zum Ausdruck, indem es das Verlangen des Klägers, der mit dem Beklagten einen diesen zur Ausbietung einer Hypothek verpflichtenden Vertrag geschlossen und, da dieser dem Vertrage zuwider bei der Zwangsversteigerung nicht geboten hatte, selbst das Grundstück erstanden hatte, für berechtigt erklärte, daß der Beklagte von ihm die Auflassung des Grundstücks entgegennehme. Es billigt das verurteilende Berufungsurteil, durch das die „Naturalrestitution . . . recht eigentlich erreicht" werde, und fügt hinzu: „Die Klägerin und der Beklagte werden so gestellt, wie wenn dieser seiner Vertragspflicht nachgekommen wäre, nicht kraft eines eben infolge der Nichterfüllung des Beklagten nicht mehr möglichen Erfüllungsanspruchs, sondern kraft des richtig verwirklichten Schadensersatzanspruchs der Klägerin" (S. 215). Der Gedanke ist also der gleiche wie der im vorliegenden Berufungsurteile vertretene, nur daß dort der Ersatzanspruch sich in dieser Naturalherstellung erschöpfte, während hier diese nur einen Teil des Ersatzanspruchs bildet, zu dem zur völligen Entschädigung der Kläger noch ein Ersatz in Geld hinzukommen muß. Dieser Weg ist aber auch der einfachere. Denn müßten die Kläger das mangelhafte F.'er Grundstück behalten, so daß es nur als Wertbestandteil in Frage käme, so bedürfte es erst einer ebenso umständlichen wie unsicheren Ermittlung seines infolge der Mangelhaftigkeit geminderten Wertes. Grundsätzlich ist daher die Entscheidung des Berufungsgerichts nicht zu beanstanden. . . .

Indessen muß das Urteil teilweise aufgehoben und die Sache insoweit an das Berufungsgericht zurückverwiesen werden, weil, wie die Revision zutreffend rügt, die Behauptung der Beklagten nicht berücksichtigt worden ist, daß die Kläger „nun schon 4½ Jahre lang" aus den Nutzungen des F.'er Grundstücks einen Reinertrag von jährlich mindestens 400 M. gezogen hätten, während das D.'er Anwesen keinerlei Nutzungen gebracht habe. Diese Behauptung durfte nicht unberücksichtigt bleiben." . . . (Das wird weiter ausgeführt. Da nach der Darstellung der Beklagten der etwa abzurechnende Betrag in keinem Falle 3500 M. übersteigt, so erfolgte die Aufhebung des Urteils und die Zurückverweisung an das Berufungsgericht auch nur in Höhe dieses Betrags nebst Zinsen.)

RGZ. 96, 119

Welchen Einfluß hat die Beschlagnahme von Teilen der Kaufsache auf die Zahlungs- und Abnahmepflicht des Käufers?

BGB. §§ 242, 243, 324.

I. Zivilsenat. Urt. v. 4. Juni 1919.

I. Landgericht Hirschberg i. Schl. II. Oberlandesgericht Breslau.

Der Kläger verkaufte am 26. Januar 1915 an den Erblasser der Beklagten einen neuen Kraftwagen zum Preise von 5500 M.

Durch Bekanntmachung des Reichskanzlers vom 25. Februar 1915 (RGBl. S. 113) wurde die Zulassung von Kraftfahrzeugen zum Verkehr auf öffentlichen Straßen und Plätzen aufgehoben. Trotz Kenntnis dieser Verfügung bestand der Käufer zunächst auf Lieferung des Wagens, nahm ihn aber später an dem auf den 1. April 1915 vereinbarten Ablieferungstage nicht ab. Am 16. Mai 1915 wurden durch übereinstimmende Anordnung sämtlicher kommandierenden Generale alle Vorräte an Gummireifen, Schläuchen und Decken für Kraftfahrzeuge beschlagnahmt. Demgemäß entfernte die Heeresverwaltung auch an dem in Rede stehenden Wagen die Reifen, Schläuche und Decken und zahlte dem Kläger hierfür 485,97 M. Nunmehr verlangte der Kläger im Wege der Klage von dem Beklagten die Entrichtung des Kaufpreises für den Wagen, abzüglich des von der Heeresverwaltung gezahlten Betrags, und zwar gegen Empfangnahme des Wagens ohne Reifen, Schläuche und Decken.

Beide Vorinstanzen wiesen die Klage ab. Die Revision des Klägers hatte Erfolg.

Gründe:

. . . „Das Oberlandesgericht hat erwogen: Verfehlt sei zwar der Einwand der Beklagten, der Kläger könne schon wegen des Fahrverbots vom 25. Februar 1915 einen Wagen, den sie zum Fahren benützen könnten, nicht mehr liefern. Denn der Kaufabschluß sei hiervon nicht abhängig gemacht worden; der Nachteil des Verbots treffe die Käufer ebenso, wie er sie getroffen hätte, wenn das Verbot nach Abnahme des

Kraftwagens ergangen wäre. Aber durch die Beschlagnahme der Decken, Schläuche und Reifen sei eine dauernde oder mindestens zeitliche Unmöglichkeit der Lieferung eingetreten. Denn der Wagen sei vom Käufer zum alsbaldigen Gebrauch für seine persönlichen und geschäftlichen Zwecke erstanden worden, und ohne die dazu gehörigen Decken, Schläuche und Reifen könne er überhaupt nicht benutzt werden. Er bilde mit ihnen zusammen einen einheitlichen Vertragsgegenstand und eine wirtschaftliche Einheit, bei der es nach dem Inhalte des Schuldverhältnisses nicht zulässig sei, die Leistung der zusammengehörigen Teile zu verschiedenen Zeiten zu bewirken. Die Beklagten brauchten sich deshalb nicht auf die an sich mögliche Lieferung des Wagens ohne Reifen usw. und wegen dieser fehlenden Teile auf den Beschlagnahmeerlös verweisen zu lassen. Da aber hier der Verkäufer die Unmöglichkeit nicht zu vertreten habe, der Käufer jedoch bei ihrem Eintritt unstreitig im Verzuge gewesen sei, so komme § 324 Abs. 2 BGB. zur Anwendung. Der Verkäufer behalte mithin den Anspruch auf den Kaufpreis, müsse sich jedoch dasjenige anrechnen lassen, was er infolge der Befreiung von der Leistung erspare. Da nach der Beweisaufnahme der Wert des Kraftwagens ohne Decken, Schläuche und Reifen mit den noch verbliebenen Zubehörteilen sich mindestens ebenso hoch stelle wie die Kaufsumme, so könnte der Kläger diese von den Beklagten nicht mehr fordern.

Diese gegensätzliche Würdigung des Fahrverbots und der Reifenbeschlagnahme führt zu einem Ergebnis, das mit den Grundsätzen des § 242 BGB. über die Bewirkung der Leistung nach Treu und Glauben mit Rücksicht auf die Verkehrssitte nicht in Einklang gebracht werden kann. Es kann dahingestellt bleiben, ob und unter welchen anderen Umständen beim Verkauf eines Kraftwagens die vom Oberlandesgericht angenommene wirtschaftliche Einheit des Vertragsgegenstandes zwischen Wagen und Gummibereifung besteht. Im vorliegenden Falle konnte sie nicht bejaht werden und mußte der sich hierauf stützende Einwand der Beklagten Zurückweisung finden. Da die Unbenutzbarkeit des Wagens durch einen Umstand, wie das Fahrverbot, schon völlig eingetreten war, als der Käufer in Verzug kam, und er überdies trotz dieses Fahrverbots Lieferung begehrt hatte, verstieß es gegen § 242, wenn die Beklagten sich später auf die Unbenutzbarkeit des Wagens wegen Mangels der Gummibereifung beriefen und die Abnahme des Wagens ablehnten. Denn gerade wirtschaftlich liefen nach dem ganzen Gange der Dinge das Fahrverbot und der Reifenmangel auf das gleiche hinaus. Nach den besonderen Umständen des Falles lag daher nur teilweise Unmöglichkeit oder richtiger Unmöglichkeit einer teilweisen Leistung — nämlich der Lieferung der Decken, Schläuche und Reifen — vor. Diese war eine dauernde, da die Leistung bezüglich dieser Gegenstände sich bereits konkretisiert hatte (§ 243 Abs. 2 BGB.). Es kommt daher auch nicht ein Zurückhaltungsrecht nach § 322 in Frage. Die Rechtslage ist mithin so, daß nur wegen der Decken, Reifen und Schläuche § 324 Abs. 2 Anwendung findet. Gegen Lieferung des Kraftwagens ohne diese Gegenstände hat der Kläger Anspruch auf den Kaufpreis, der für den Wagen und Zubehör vereinbart war, abzüglich des Betrags, der ihm von der Militärbehörde für die Decken, Reifen und Schläuche bezahlt wurde." . . .

RGZ. 96, 126

1. Ist eine Fabrik stets auf die Lieferung eigener Erzeugnisse beschränkt?

2. Darf der Käufer, dem fortlaufend zu liefern ist, dem aber bis kurz vor dem Ende der Lieferfrist nichts geliefert wurde, vom ganzen Vertrage zurücktreten?

3. Ist der Verkäufer, der fortlaufend zu liefern hat, berechtigt, kurz vor Ablauf der Lieferfrist einen unverhältnismäßig großen Teil der verkauften Warenmenge nachzuliefern?

BGB. §§ 242, 284, 326.

II. Zivilsenat. Urt. v. 17. Juni 1919.

I. Landgericht Essen. II. Oberlandesgericht Hamm.

Nach vorgängigen Verhandlungen zwischen der Beklagten und der Feldzeugmeisterei in Berlin erteilte diese der Beklagten am 25. Dezember 1914 einen Auftrag auf Lieferung von Schraubstollen. Der hierauf bezügliche Vertrag ist zwischen der Beklagten und dem Traindepot des VIII. Armeekorps in Ehrenbreitstein am 30./31. Dezember 1914 abgeschlossen worden und hat den folgenden, hier in Betracht kommenden Inhalt. Gemäß § 1 verpflichtete sich die Beklagte, dem Depot unter Benutzung der ihr überwiesenen Frachtbriefe in Teillieferungen Schraubstollen bis zum 15. April 1915 zu liefern. § 3 bestimmte, daß die Beklagte, falls sie die Lieferung nicht nach den in § 1 festgesetzten Mengen, Preisen und in der angegebenen Zeit ausführen würde, zur Zahlung einer Vertragsstrafe von $1/2$ % des Wertes des verspätet gelieferten Teiles der Stollen für jede vollendete Woche nach dem 15. April 1915 gehalten sein sollte. Doch sollte das Traindepot auch berechtigt sein, wenn die Lieferung nicht bis zu den festgesetzten Terminen ausgeführt würde, ohne Verbindlichkeit der Beklagten gegenüber die Annahme zu verweigern.

Die Beklagte sandte die erste Teillieferung in Höhe von 161 700 Stollen am 27. März 1915 ab. Ehe dieselbe am Bestimmungsort eintraf, drahtete das Depot der Beklagten am 29. März, daß es auf Grund des § 3 des Vertrags die Annahme sämtlicher Stollen verweigere, da die Beklagte die Bestellerin 3 Monate lang auf Lieferung habe warten lassen und Stollen nur im Winter gebraucht würden. Die Beklagte wandte sich darauf an die Feldzeugmeisterei in Berlin und versuchte, diese umzustimmen. Sie hatte Erfolg, und auf entsprechendes schriftliches Gesuch erklärte das Traindepot, daß es die ihm zu sendenden Stollen bis zum 15. April annehmen würde. Die Beklagte lieferte dann in der Zeit vom 10. bis 15. April über 5 Millionen Schraubstollen, welche tatsächlich abgenommen und bezahlt wurden.

Durch Schreiben vom 3. Juni 1915 focht aber die Feldzeugmeisterei die Zurücknahme der Rücktrittserklärung wegen arglistiger Täuschung an und stellte die sämtlichen Lieferungen zur Verfügung. In einem ferneren Schreiben vom 12. Juni 1915 stützte sie ihre Anfechtung zugleich auf die ihr erst nachträglich bekannt gewordene Tatsache, daß von den gelieferten Stollen der bei weitem größte Teil nicht von der Beklagten selbst hergestellt, sondern von dieser an verschiedenen Plätzen zu einem viel niedrigeren Preise, als im Vertrage vereinbart, zusammengekauft worden sei. Im Klagewege verlangte sodann der Reichsmilitärfiskus Rückzahlung des der Beklagten bezahlten Kaufpreises. Er ließ ausführen, daß nach dem Vertrage fortlaufend bis zum 15. April 1915 zu liefern gewesen sei. Die Beklagte sei nicht berechtigt gewesen, im April derart große Mengen zu liefern, nachdem sie drei Monate hindurch überhaupt nicht geliefert habe. Die Heeresverwaltung habe der Stollen nur für den Winterfeldzug bedurft. Wenn sie schließlich die Kündigung des Vertrags auf Bitten der Beklagten zurückgenommen habe, so sei das nur deshalb geschehen, weil diese in ihr den Irrtum erregt habe, als handle es sich nur um Rückstände. Der Standpunkt des Klägers werde aber auch dadurch gerechtfertigt, daß die Beklagte vertragswidrig den größten Teil der Stollen anderweit zusammengekauft habe, anstatt sie in der eigenen Fabrik herzustellen. Auch in dieser Hinsicht sei der Kläger arglistig getäuscht worden.

Die Beklagte beantragte Abweisung der Klage. Niemals habe die Behörde vor Ende März eine Mahnung ausgesprochen oder eine Nachfrist gemäß § 326 BGB. bestimmt. Es sei, da der Vertrag als Lieferungstermin nur den 15. April angebe, nicht zulässig gewesen, am 29. März zurückzutreten. Bis Mitte April habe die Behörde sicherlich Verwendung für die Ware gehabt. Der Vorwurf arglistiger Täuschung sei unbegründet. Die Behörde habe aber auch keinen Anspruch darauf gehabt, daß ihr nur die eigenen Erzeugnisse der Beklagten geliefert würden. Das Gegenteil sei bei den Kaufverhandlungen besprochen worden.

Das Landgericht wies die Klage ab; die Berufung des Klägers wurde zurückgewiesen. Auf seine Revision ist das Berufungsurteil aufgehoben worden aus folgenden

Gründen:

. . . „Das Berufungsgericht hat ohne Rechtsirrtum den Vertrag der Parteien dahin ausgelegt, daß die Beklagte nicht auf die Lieferung eigener Erzeugnisse beschränkt war. Daß in erster Linie an die Herstellung der Schraubstollen in der Fabrik der Beklagten gedacht war, ist richtig, aber im vorliegenden Falle nicht entscheidend. Die Behörde hatte tatsächlich kein Interesse an der Lieferung der Erzeugnisse der Beklagten. Weder auf den Ursprung noch auf eine Beschaffenheit der Ware kam es ihr an. Schraubstollen wurden überall in gleicher Ausführung hergestellt. Von der Leistungsfähigkeit gerade der Beklagten war der Behörde nichts bekannt, denn in ihrer Auftragserteilung vom 25. Dezember 1915 forderte sie dieselbe auf, ein Zeugnis der zuständigen Handeskammer beizubringen, daß sie der betreffenden Warenbranche angehöre, leistungsfähig und vertrauenswürdig sei. Die Behörde lief auch keine Gefahr, bei Zulassung fremder Erzeugnisse übermäßige Mengen der gekauften Ware beziehen zu müssen. Der Umfang der Lieferung war bei den Vertragsverhandlungen festgelegt worden. Er entsprach der vollen Herstellungsfähigkeit der Beklagten, wie diese selbst sie in ihrem Schreiben vom 23. Dezember 1915 dargelegt hatte. Endlich konnte es auch dem Kläger gleichgültig sein, ob die Beklagte die Stollen besonders billig einkaufte. Die Behörde hatte einen festen Preis bewilligt und war an diesen unter allen Umständen gebunden. Wie hoch sich die eigenen Kosten der Beklagten stellten, spielte keine Rolle, da die vertragliche Preisberedung nicht auf Grundlage der Selbstkosten der Beklagten getroffen war.

Ebenso unbegründet ist aber auch der Angriff, welchen die Revision um deswillen gegen das Urteil des Berufungsgerichts richtet, weil es den Rücktritt des Klägers vom Vertrage für unzulässig erklärt hat. Der Kläger hatte es während dreier Monate unbeanstandet gelassen, daß die Beklagte nicht lieferte. Es konnte ihm bei dieser Sachlage nicht gestattet sein, ohne weiteres den ganzen Vertrag für erledigt zu erklären. Bis zum Ende der vertraglichen Lieferzeit liefen noch reichlich zwei Wochen. Wenn es richtig sein sollte, daß der Kläger schon Ende März seinen ganzen Bedarf an Schraubstollen gedeckt hatte und dieser Ware daher überhaupt nicht mehr bedurfte, so kann doch keinesfalls die Rede davon sein, daß die Erfüllung des ganzen Vertrags infolge des Verzugs der Beklagten für den Kläger kein Interesse hatte (BGB. § 32b Abs. 2). Das Interesse des Klägers war vielmehr deshalb weggefallen, weil er seinen Bedarf bereits anderweit gedeckt oder für weniger Schraubstollen Verwendung hatte, als er erwartet hatte.

Dagegen ist der Revision zuzugeben, daß das Berufungsgericht zu Unrecht die Beklagte für befugt erachtet hat, in den letzten 14 Tagen etwa 5½ Millionen Schraubstollen zu liefern. Die Beklagte war vertraglich gehalten, die Stollen ihrer gesamten Herstellungsfähigkeit entsprechend in Teillieferungen zu beschaffen. Unstreitig handelte es sich dabei um Gegenstände, deren das Heer fortlaufend und ausschließlich für den Winterfeldzug bedurfte. Es lag daher in der Natur der Sache und war durch die Rücksicht auf Treu und Glauben im Geschäftsverkehr geboten, daß die Beklagte den Kläger während der Lieferzeit fortlaufend belieferte und ihm nicht kurz vor Ablauf der Lieferfrist und Schluß der Frostperiode eine unverhältnismäßig große Menge der Ware zusandte. Eine derartige Nachholung des Versäumten kann nach verständiger Auslegung der Absicht beider Parteien nicht mehr als ordnungsmäßige Vertragserfüllung angesehen werden. Da nach den Vertragsverhandlungen mit einer Lieferung von etwa 100 000 bis 150 000 Stück täglich gerechnet wurde, so durfte dem Kläger höchstens noch die Abnahme und Bezahlung von etwa 1½ Millionen Stollen zugemutet werden." . . .

RGZ. 96, 158

Welcher Zeitpunkt ist beim gegenseitigen Vertrage für die Schadensberechnung maßgebend, wenn während des Leistungsverzugs des Gegners die ihm obliegende Leistung unmöglich geworden ist?

BGB. §§ 249, 287, 325.

II. Zivilsenat. Urt. v. 24. Juni 1919.

I. Landgericht Hamburg, Kammer für Handelssachen.

II. Oberlandesgericht daselbst.

Am 1. Juli 1916 kaufte die Klägerin von dem Beklagten 3 Ladungen von je 10 000 kg Rohfichtenharz, bekannte Thüringer Qualität, zum Preise von 106 M. per 100 kg ab thüringische Station, zur Lieferung in etwa 8—14 Tagen, force majeure etc. vorbehalten. Trotz wiederholter Mahnungen, z. B. vom 17. und 20. Juli, lieferte der Beklagte nur eine Ladung. Am 8. September 1916 trat die Bundesratsverordnung vom 7. j. Mts. über den Verkehr mit Harz in Kraft (RGBl. S. 1002), wonach Rohharz jeder Art, das sich zur Herstellung von Kolophonium eignet, insbesondere Fichten-, Kiefern-, Lärchen- und Tannenharz, dem Kriegsausschusse für pflanzliche und tierische Oele und Fette, Gesellschaft m. b. H. in Berlin, anzubieten und auf Verlangen abzuliefern war. Unstreitig hat der Kriegsausschuß damals alle Angebote angenommen. Die Klägerin erhob darauf Klage auf Schadensersatz in Höhe von 17 100 M. nebst Zinsen, indem sie berechnete, daß sie aus den nicht gelieferten 20 000 kg Rohharz etwa 10 000 kg Fichtenharz und 4000 kg Harzschlacke gewonnen und hieran nach Abzug der Unkosten die geforderte Summe verdient haben würde.

Der Beklagte bestritt den Anspruch nach Grund und Betrag. U. a. machte er geltend, die rechtzeitige Leistung sei infolge von Umständen unterblieben, die ihm nicht zur Last fielen. Im Juli und Anfang August 1916 habe das Harz wegen schlechten Wetters nicht gescharrt werden können; später sei Arbeitermangel hinzugetreten, da die Regierung angeordnet habe, daß die zum Scharren bestimmten Leute nur noch zu Erntearbeiten verwendet werden dürften. Anderes Harz als solches von Thüringer Herkunft habe er nicht liefern dürfen.

Der erste Richter wies aus diesem Grunde die Klage ab. Das Oberlandesgericht bestätigte die Entscheidung, indem es ihre Begründung dahingestellt ließ, aber annahm, daß das eigene Vorbringen der Klägerin den gestellten Antrag nicht rechtfertige.

Auf die Revision wurde die Sache in die Berufungsinstanz zurückverwiesen.

Gründe:

„Das Berufungsgericht hat ausgeführt, ob die Lieferung der beiden rückständigen Ladungen am 8. September 1916 mit dem Inkrafttreten der Bundesratsverordnung unmöglich wurde, könne zweifelhaft sein. Treffe dies aber auch zu, so dürfe die Klägerin doch nur den durch die Nichtlieferung der Ware nach dem 8. September 1916 etwa entstandenen Schaden ersetzt verlangen. Statt dessen fordere sie Ersatz des nach Art und Umfang völlig verschiedenen Schadens, den sie dadurch erlitten haben wolle, daß der in Verzug befindliche Beklagte vor jenem Zeitpunkte nicht geliefert habe. Ein solcher Anspruch finde in § 325 BGB. keine Grundlage.

Diesen Ausführungen läßt sich nicht beitreten.

Zunächst bezweifelt das Berufungsgericht mit Unrecht, daß durch die Bundesratsverordnung vom 7. September 1916 die Lieferung des Harzes an die Klägerin unmöglich geworden ist. Wenn alles Harz dem Kriegsausschuß in Berlin angeboten werden mußte und dieser jedes Angebot annahm, so liegt es nicht anders, als wenn die Verordnung direkt die Ablieferung an den Kriegsausschuß geboten hätte (vgl. RGZ. Bd. 95 S. 20). Sodann ist unrichtig, was das Berufungsgericht über den für die Schadensberechnung maßgebenden Zeitpunkt bemerkt. Der Schadensersatzanspruch der Klägerin stützt sich auf § 325 BGB. verb. mit der Bestimmung des § 287 Satz 2, wonach der Schuldner während des Verzugs auch für die durch Zufall eintretende Unmöglichkeit der Leistung verantwortlich ist, es sei denn, daß der Schaden auch bei rechtzeitiger Leistung eingetreten sein würde. In einem solchen Falle wird zwar Ersatz des Unmöglichkeitsschadens, d. h. Schadensersatz wegen endgültiger Nichterfüllung geschuldet; der eigentliche Verpflichtungsgrund für den Schuldner liegt aber in seinem Verzuge. Das tritt in der Fassung der §§ 286, 287 klar zutage, und auch im Sinne der allgemeinen Vorschrift des

§ 249 stellt sich der Verzug als der „zum Ersatze verpflichtende Umstand" dar. Daher kann dem Gläubiger nicht das Recht bestritten werden, seinen Schaden nach der Zeit des Eintritts des Verzugs zu berechnen. Gewiß ist er nicht gehindert, auch den späteren Zeitpunkt, in dem die Leistung unmöglich wurde, zugrunde zu legen; die Befugnis hierzu ergibt sich aus der Erwägung, daß er bis dahin den Anspruch auf die Leistung behielt. Ebenso zulässig aber, ja geradezu das Nächstliegende bleibt die Bemessung des Schadens nach dem Beginne des Verzugs. Es verhält sich ebenso wie in dem Falle des § 326, wo der Gläubiger zwischen der Heranziehung dieses Zeitpunktes und desjenigen des Ablaufs der Nachfrist die Wahl hat (vgl. RGZ. Bd. 90 S. 423). Vorliegend würde der Verzug des Beklagten schon mit Empfang des Mahnschreibens vom 17. Juli 1916 eingetreten sein. Hätte die Klägerin damals die beiden rückständigen Ladungen Rohharz zur Verfügung gehabt, so wäre sie in der Lage gewesen, den eingeklagten Fabrikationsgewinn vor dem 8. September 1916 zu realisieren. Ihre Behauptung, daß sie derzeit täglich 6—7000 kg Harz verarbeitet habe, ist vom Beklagten nicht bestritten worden.

Das angefochtene Urteil ist daher aufzuheben. Die Sache ist zurückzuweisen, damit das Berufungsgericht den Einwand des Beklagten aus § 285 prüft, er sei nicht in Verzug geraten, denn das Unterbleiben der Lieferung in der Zeit vom 1. Juli bis 8. September 1916 beruhe auf Umständen, die er nicht zu vertreten habe."

RGZ. 97, 325*)

1. Ueber den Umfang der Offenbarungspflicht und Verschulden beim Vertragsschluß.

2. Stillschweigende Garantieübernahme bei Lieferungsverträgen hinsichtlich des Inhalts der erforderlichen Deckungsgeschäfte zur Ermöglichung der Lieferung. Bedeutung der Klausel „Lieferungsmöglichkeit vorbehalten".

BGB. § 276.

II. Zivilsenat. Urt. v. 2. Januar 1920.

I. Landgericht Düsseldorf, Kammer für Handelssachen.

II. Oberlandesgericht daselbst.

Die Beklagte macht gegen die unbestrittene Klagforderung von 9355,50 M. einen gleichhohen Schadensanspruch geltend, weil die Klägerin ohne berechtigten Grund von einem mit ihr am 7. September 1916 abgeschlossenen, von der Klägerin mit Schreiben vom 8. September 1916 bestätigten Lieferungsvertrag über 150 Tonnen Flach-

*) Vgl. auch Bd. 103 S. 47, 51 (abgedr. S. 286 dieses Bandes).

eisen zurückgetreten sei. Die Klägerin hat bestritten, daß dieser Rücktritt verschuldet sei, und sich namentlich auf die vereinbarte Klausel „Lieferungsmöglichkeit vorbehalten" berufen. Die Unmöglichkeit der Lieferung sei aber eingetreten, weil die W.-Werke in H., von denen einverstandenermaßen das Eisen herzustellen gewesen wäre, infolge direkter Heereslieferungen zur Lieferung an die Klägerin außerstande gewesen seien. Demgegenüber wendet die Beklagte ein, daß sich die Klägerin nicht auf diese Klausel berufen könne, denn es treffe sie schon bei Eingehung des Vertrags insofern ein Verschulden, als sie der Klägerin verschwiegen habe, die W.-Werke würden die direkten Heeresaufträge stets vor den indirekten, d. h. den Aufträgen der Kundschaft, bevorzugen. Bei Kenntnis dieses Umstandes würde die Beklagte niemals den Vertrag mit der Klägerin abgeschlossen haben.

In erster Instanz wurde die Beklagte dem Klagantrage gemäß verurteilt. Das Landgericht nahm an, daß ein gültiger Vertrag über die Lieferung der 150 Tonnen Flacheisen überhaupt nicht zustande gekommen sei. Dagegen wies das Oberlandesgericht die Klage in Höhe von 4200 M. durch Teilurteil ab. Die Revision der Klägerin blieb erfolglos.

Gründe:

„In Streit steht lediglich die Gegenforderung der Beklagten auf Schadensersatz wegen Nichtlieferung des Flacheisens. Daß der hierüber geschlossene Lieferungsvertrag zustande gekommen ist, wird vom Oberlandesgericht entgegen dem Landgerichte mit Recht angenommen und von der Revision auch nicht in Zweifel gezogen.

Ebenso ist es zutreffend, daß es sich vorliegend um eine beschränkte Gattungsschuld handelt, da nur das von den W.-Werken in H. hergestellte Eisen verkauft worden war, und daß es, wenn eben dieses Werk die Lieferung an die Klägerin versagte, für sie unmöglich geworden war, ihrer Lieferpflicht der Beklagten gegenüber nachzukommen. Das Oberlandesgericht ist aber der Meinung, daß, trotzdem die Klägerin nur unter der Klausel „Lieferungsmöglichkeit bleibt vorbehalten" den Vertrag abgeschlossen hatte, eine Berufung auf diesen Vorbehalt nicht zuzulassen sei, weil die Klägerin bereits bei Abschluß des Vertrags ein von ihr zu vertretendes Verschulden treffe. Hierzu erwägt es folgendes:

Die W.-Werke hätten unter Schutzverwaltung gestanden, durch G. & Co. und Qu. sei der Klägerin mitgeteilt worden, daß diese bereit seien, vorzugsweise die für den Heeresbedarf bestimmten Aufträge der Kundschaft der Klägerin auszuführen, jedoch unter der Einschränkung, daß immer die Kundenaufträge für dringende Heereslieferungen hinter den unmittelbaren Aufträgen der Heeresverwaltung selbst zurückgesetzt würden, und daß für solche unmittelbare Aufträge eine Möglichkeit und sogar eine Wahrscheinlichkeit vorliege. Gerade die Kenntnis dieser Einschränkung sei jedoch für die Beklagte von ausschlaggebender Bedeutung gewesen. Es sei ausgeschlossen, daß sie sich auf den Abschluß eingelassen hätte, wenn sie von dieser Art der Lieferungsvorbehalte der W.-Werke H. Kenntnis gehabt hätte, während sie selbst dringende Heereslieferungen gehabt habe. Die Klägerin, die die Lage der Beklagten sowohl als die Vorbehalte der W.-Werke gekannt habe, sei daher nach Treu und Glauben verpflichtet gewesen, auch diese der Beklagten bekannt zu geben. Daß sie es nicht getan habe, gereiche ihr nach § 276 BGB. zum Verschulden bei der Eingehung des Vertrags. Die Klausel „Erfüllungsmöglichkeit vorbehalten" decke nur die unerwartet eintretenden, nicht auch solche Ereignisse, deren sicherer oder möglicher Eintritt dem durch die Klausel begünstigten Vertragsteile bei Vertragsschluß bekannt, dem anderen Teile aber unbekannt und verschwiegen war. Diese Vorbehalte hätte sie nicht unter dem von der Klägerin für sich gemachten Vorbehalte der „Lieferungsmöglichkeit'" verstehen können.

Die Revision bekämpft diese Auffassung des Vorderrichters über den Umfang der Offenbarungspflicht der Klägerin beim Vertragsschluß als rechtsirrig und betont, daß die Klägerin ohne Verschulden damit habe rechnen können, daß die W.-Werke die aufgegebenen Kriegslieferungen ausführen würden. Die bestehende Unsicherheit der Lieferungen werde durch den vereinbarten Vorbehalt völlig gedeckt. Darüber, daß die Klägerin zuversichtlich geglaubt habe und habe glauben können, die W.-Werke würden dringliche Heereslieferungen auch als Kundenaufträge ausführen, habe sich die Klägerin auf das Zeugnis ihres Bevollmächtigten Sch. berufen, dessen Nichtvernehmung gerügt werde. In der Annahme, daß die W.-Werke liefern würden, sei die Klägerin mit Grund noch dadurch bestärkt worden, daß jene Werke nach den eigenen Feststellungen des angefochtenen Urteils zwei andere vor dem strittigen Schluß aufgegebene Aufträge angenommen und auszuführen bereits unternommen gehabt hätten. Sie habe daher darauf vertrauen dürfen, daß das gleiche auch mit den Lieferungen für die Beklagte geschehen werde.

Das Urteil läßt keinen Rechtsirrtum erkennen. Daß eine Rechtspflicht für den einen Vertragsteil besteht, dem andern die für ihn beim Vertragsschluß bedeutsamen Tatsachen kundzugeben, und daß fahrlässiges Unterlassen dieser Kundgabe nach § 276 BGB. haftbar macht, hat das Reichsgericht bereits in mehreren Entscheidungen anerkannt (Jur. Wochenschr. 1912 S. 743 Nr. 5; RGZ. Bd. 95 S. 58; Recht 1919 Nr. 401 und 1938). Es wird dies auch von der Revision nicht bekämpft. Ob die Gestaltung des Falles eine solche Kundgabe erfordert und ihr Unterbleiben zur Schuld angerechnet werden muß, richtet sich nach den Anforderungen von Treu und Glauben im redlichen Verkehr und ist im wesentlichen Tatfrage. Daß das Berufungsgericht diese Anforderungen überspannt und sich bei seiner Beurteilung rechtlich geirrt habe, ist nicht ersichtlich. Von Bedeutung ist namentlich auch, daß die Beklagte vor Abschluß des Vertrags wegen des von der Klägerin gemachten Vorbehalts „mit Rücksicht auf die gegenwärtigen außergewöhnlichen Verhältnisse bleibt Lieferungsmöglichkeit vorbehalten" ausdrücklich vorstellig geworden war und zu erkennen gegeben hatte, daß sie einen solchen Vorbehalt mit Rücksicht auf die Bestimmung der Lieferung für die Fronttruppen hier nicht in Frage kommend ansah. Wenn darauf die Klägerin erklärte, daß der Vorbehalt der Lieferungsmöglichkeit seit nahezu zwei Jahren üblich sei und auch bei diesem Geschäfte sie davon nicht abstehen könne, so mußte dies bei der Gegenseite die Vorstellung erwecken, als sollten nur die allgemeinen, bei allen Geschäften im Kriege möglicherweise zukünftig einmal vorkommenden Lieferungshindernisse vorbehalten werden und als kämen für dieses Geschäft besondere Umstände, die die Lieferung hindern könnten, und namentlich bereits bestehende Gefahren für die Lieferung daneben nicht in Frage. Gerade das aber war der Fall. Denn hier bestand für die W.-Werke, von deren Lieferung die Klägerin abhing, die Verpflichtung, unmittelbare Aufträge der Heeresverwaltung vor anderen Kundenaufträgen zu erfüllen, für letztere also bereits unter allen Umständen eine große Unsicherheit hinsichtlich ihrer Erfüllungsmöglichkeit, und zwar auch für solche, die, wie die der Beklagten, ihrerseits wieder Heereslieferungen dienten. Ja die Klägerin wußte sogar, daß die Wahrscheinlichkeit solcher Hindernisse bestand. Es handelte sich nicht um ganz allgemeine, unbestimmte, erst in Zukunft als möglich zu erwartende Hindernisse für die Lieferungen, sondern um schon vorliegende Umstände, nämlich das Gebundensein der W.-Werke für Fälle, deren Eintritt sogar wahrscheinlich war. Es lag also eine bereits vorhandene Gefahr für die Lieferungsmöglichkeit vor. Wenn das Berufungsgericht verlangt, daß hiervon nach den Umständen des Falles der Beklagten Mitteilung zu machen gewesen wäre, so muß das nur für zutreffend angesehen werden, und jedenfalls ist hierin eine Ueberspannung der Offenbarungspflicht nicht zu erblicken. Denn daß es für die Beklagte von Bedeutung war, zu wissen, wie unsicher für sie die Erfüllungsmöglichkeit durch die Klägerin war, die ganz von der Lieferungsbereitschaft der W.-Werke H. abhing, liegt auf der Hand. Die Klägerin kann sich demgegenüber auch nicht darauf berufen, daß vorher diese H.-Werke zwei andere Aufträge ausgeführt hätten; denn dieser Umstand verminderte nicht im geringsten die Wahrscheinlichkeit, daß die Heeresverwaltung jederzeit mit unmittelbarer Inanspruchnahme die Lieferungen an andere Kunden lahmlegte, beseitigte also das objektive Vorhandensein einer Gefährdung der Lieferungsmöglichkeit nicht und damit auch nicht die Pflicht der Klägerin, die Beklagte von dem Bestehen einer solchen Gefahr zu unterrichten.

Die Entscheidung ist weiter auch aus folgendem Gesichtspunkt zu rechtfertigen. Wer eine Lieferungsverpflichtung übernimmt und dabei erkennbar macht, daß deren Aushaltung von der Durchführbarkeit eines vorgängigen Deckungskaufs abhängt, übernimmt damit stillschweigend seinem Vertragsgegner gegenüber die Garantie, daß die Lieferungsverpflichtungen seines Vormannes ihm gegenüber mindestens die gleichen seien, wie die seinen dem Vertragsgegner gegenüber, und daß er sich durch das Deckungsgeschäft die gleiche Sicherheit und Wahrscheinlichkeit geschaffen hat, die weiterverkaufte Ware zu erhalten, wie sie der Vertragsgegner sich durch den Vertragsabschluß zu verschaffen hofft. Gegen diese stillschweigende Garantieübernahme verstieß aber die Klägerin, da der von ihr mit der Gewerkschaft Qu. abgeschlossene Vertrag ihr bei weitem nicht die Sicherheit gab, die Ware zu erhalten, wie sie die Beklagte trotz der Klausel „Lieferungsmöglichkeit vorbehalten" nach Lage des besonderen Falles und mit Rücksicht auf die oben hervorgehobenen Umstände von ihr selbst erwarten durfte. Denn die W.-Werke durften die Lieferung nicht erst bei wirklicher Unmöglichkeit, sondern schon beim Vorhandensein anderer vorzugsweise zu befriedigender Verpflichtungen verweigern, die Klägerin hatte sich aber nur für den Fall tatsächlicher Unmöglichkeit frei bedungen. Im Abschluß eines solchen in seinen Bedingungen vom Deckungskaufe abweichenden Vertrags liegt dann nicht nur ein Verschulden bei Eingehung des Vertrags, sondern auch eine zu vertretende Verletzung der übernommenen Gewährleistung für die Sicherheit der Erfüllung, wofür die Klägerin gleichfalls nach § 276 BGB. zu haften hat."

RGZ. 97, 332 †

Unter welchen Umständen bedarf die Vollmacht zur Abgabe eines Verkaufsangebots über ein Grundstück der Form des § 313 BGB.?*)

BGB. §§ 167 Abs. 2, 313.

V. Zivilsenat. Urt. v. 3. Januar 1920.

I. Landgericht Halle a. S., II. Oberlandesgericht Naumburg a. S.

In einer privatschriftlichen Urkunde vom 3. Mai 1914 trug der Beklagte der Klägerin den Abschluß des seinem Wortlaute nach in die Urkunde aufgenommenen Kaufvertrags über eine Anzahl ihm gehöriger Grundstücke an. Am Schlusse der Urkunde war gesagt:

„Ich, der Landwirt P. zu St., bevollmächtige hiermit zugleich Herrn Prokurist Schr. zu H., den vorstehenden Kaufvertrag für mich zu notariellem Protokolle zu erklären und den A. R. Montanwerken

*) Vgl. auch Bd. 110 S. 319 (abgedr. unter „Schuldrecht, Begründung und Inhalt des Vertrages").

mitzuteilen. Zur Annahme dieses Antrags stelle ich hiermit eine Frist bis zum 1. August dieses Jahres."

Diese Urkunde händigte der Beklagte dem darin bevollmächtigten Prokuristen der Klägerin Schr. aus und dieser erklärte am 4. Mai 1914 den darin beurkundeten Verkaufantrag zu notariellem Protokoll. Am 7. Juni 1914 erklärte der Beklagte in einer weiteren privatschriftlichen Urkunde unter Bezugnahme auf seinen Verkaufsantrag vom 3./4. Mai, daß er diesen Antrag wiederhole, aber den Kaufpreis auf 1350 M. für den Morgen ermäßige. Auch diese Urkunde enthielt die oben im Wortlaute wiedergegebene Vollmachtserklärung. — Am 8. Juni 1914 erklärte Schr. diesen Verkaufsantrag zu notariellem Protokoll, und am gleichen Tage nahmen ihn die gesetzlichen Vertreter der Klägerin zu notariellem Protokoll an. Der Beklagte hat später die Grundstücke anderweit verkauft und aufgelassen. Die Klägerin hat darauf Klage auf Auflassung der Grundstücke an sie gegen Zahlung oder Eintragung des Kaufgeldes erhoben. Das Landgericht hat die Klage abgewiesen. Die Berufung und die Revision der Klägerin blieben erfolglos.

Aus den Gründen:

„Die Rechtsunwirksamkeit des Kaufvertrags, der durch den zu notariellem Protokoll vom 8. Juni 1914 von dem Prokuristen der Klägerin Schr. erklärten Verkaufsantrag und die in der gleichen Verhandlung von den gesetzlichen Vertretern der Klägerin erklärte Annahme dieses Antrags zustande gekommen sein soll, hat der Beklagte in erster Linie unter Berufung auf das Urteil des erkennenden Senats vom 30. Juni 1913 V 93/13 (Gruchot Bd. 58 S. 176) daraus hergeleitet, daß der Vertrag der in § 313 BGB. vorgeschriebenen notariellen Beurkundung entbehre, weil der dabei als Bevollmächigter des Beklagten aufgetretene Prokurist Schr. nicht Stellvertreter im Willen gewesen sei, sondern nur in der Erklärung (Bote), indem er lediglich den seinem ganzen Inhalte nach privatschriftlich festgelegten Verkaufsantrag zu notariellem Protokolle zu erklären ermächtigt gewesen sei. Dies lehnt der Berufungsrichter ab. . . .

Die Entscheidung wird getragen durch die vom Berufungsrichter gegebene Begründung. Der Berufungsrichter führt unter Bezugnahme auf RGZ. Bd. 76 S. 182 aus, es sei denkbar, daß im Einzelfalle nur der äußeren Form nach eine (abstrakte) Vollmacht vorliege, während in Wirklichkeit schon die Bevollmächtigung denselben Zwecken dienen sollte und auch tatsächlich diene wie der Abschluß des Hauptgeschäfts. Das sei der Fall, wenn der Verkäufer des Grundstücks den Erwerber bevollmächtigte, in seinem — des Verkäufers — Namen als sein Vertreter sich selbst den Verkaufantrag zu stellen, und ebenso in dem als gleichliegend zu erachtenden Falle, wenn die Vollmacht zwar nicht dem Erwerber, sondern einem Dritten erteilt sei, dieser aber mit Wissen und Willen der Parteien, wenn auch nach außen scheinbar unabhängig, tatsächlich ohne eignen Willen nach den Weisungen des Erwerbers handeln solle. Beide Fälle unterwerfe das Reichsgericht dem Formzwange des § 313, weil die Formfreiheit der Vollmacht nicht dazu führen könne, daß der sonst formpflichtige Kaufvertrag im Wege formfreier Bevollmächtigung rechtswirksam zustande komme. Einen solchen Fall erachtet der Berufungsrichter hier für gegeben. Er legt auf Grund der unbestrittenen Erklärungen, die die Klägerin in der Berufungsinstanz über die Vorverhandlungen abgegeben habe, und der Tatsache, daß Schr. Prokurist der Klägerin sei, dar, daß Schr., nachdem der Beklagte durch sein Schreiben vom 15. März 1914 die Angelegenheit angeregt hatte, im Auftrage der Klägerin mit dem Beklagten in Verhandlungen getreten sei, deren Niederschlag der Inhalt der Privaturkunden vom 3. Mai und 7. Juni gewesen sei, und daß der Beklagte mit der Abgabe dieser Erklärungen offenbar alles getan haben wollte, was ihm als Verkäufer bei dem Vertragsabschlusse oblag. Hierbei sei es gleichgültig, ob er die Urkunden für rechtlich verpflichtend hielt oder nicht. Anderseits sei die Stellung der Klägerin zu Schr. dadurch bedingt gewesen, daß er ihr Angestellter war und beide von dem Gedanken ausgingen, daß er bei den Verhandlungen mit dem Beklagten ihr Interesse wahrzunehmen habe und wahrnehmen werde. Die Klägerin habe Schr. so bestimmte Weisungen gegeben, insbesondere über den zu bewilligenden Höchspreis von 1350 M., daß von einer Entschließungsfreiheit Schr.s keine Rede mehr habe sein können, es vielmehr gleichgültig geblieben sei, ob die Vollmacht von dem Beklagten auf Schr. oder unmittelbar auf die Klägerin ausgestellt wurde, und ersteres lediglich der bequemeren Verhandlung wegen geschehen sei. Sonach sei Schr. nach Absicht beider Parteien lediglich aus Zweckmäßigkeitsgründen als eine Mittelsperson eingeschoben worden, die von beiden Seiten durch bestimmte Weisungen so eingeschränkt war, daß sie ohne die Möglichkeit selbständiger Entschließungen handelt mußte. Deshalb sei der Fall der oben erwähnten Reichsgerichtsentscheidung hier gegeben. Der Berufungsrichter erklärt deshalb, indem er sich der dort vertretenen Rechtsauffassung anschließt, daß die Bevollmächtigung des Schr. gemäß § 313 BGB. formplichtig gewesen sei.

Die Revision bezeichnet das Urteil des Reichsgerichts, auf das sich der Berufungsrichter stützt, als bedenklich und regt dadurch eine Nachprüfung der dort entschiedenen Rechtsfrage durch den jetzt erkennenden Senat an. Diese Nachprüfung gibt indessen keinen Anlaß, von den dort entwickelten Rechtsgrundsätzen abzuweichen. Dabei kann dahingestellt bleiben, ob eine in dem dort vorausgesetzten Verhältnis zu dem Erwerber stehende Person als „willenloses Werkzeug" des Erwerbers bezeichnet werden kann; wesentlich ist die Feststellung, daß sie zur selbständigen Wahrnehmung der Rechte und

Interessen ihres angeblichen Vollmachtgebers, des Verkäufers, gegenüber dem Erwerber nicht in der Lage und nicht berufen ist, vielmehr lediglich auf Grund der bereits formlos abgegebenen Vertragserklärung des Veräußerers nach den Anweisungen des Erwerbers die formelle Beurkundung des Kaufvertrags zustande bringen sollte. Zwar ist der Veräußerer rechtlich noch befugt, dem Bevollmächtigten die Vollmacht zu entziehen; aber tatsächlich hat er sich durch die Vollmachtserteilung bereits in die Hände des Erwerbs oder seines Angegestellten gegeben, da dieser jederzeit von der Vollmacht wirksam Gebrauch machen kann, ehe der Veräußerer in der Lage ist, die Vollmacht in der nach §§ 171, 172 BGB. erforderlichen Weise zu widerrufen. Die Erteilung der Vollmacht würde deshalb, falls der auf ihrer Grundlage abgeschlossene Vertrag wirksam zustande käme, bereits eine vom Gesetze nicht gewollte Bindung des Veräußerers an den von ihm formlos erklärten Verpflichtungswillen zur Veräußerung eines Grundstücks bewirken.

Der 2. Zivilsenat hat nun in seinem angeführten Urteil ausgesprochen, daß das damalige Berufungsgericht zwar von einem an sich richtigen rechtlichen Gesichtspunkt ausgegangen sei, indem es Wert darauf gelegt habe, daß die Personen, denen die Vollmacht des Veräußerers erteilt worden, Angestellte des Erwerbers waren, daß aber dieser Umstand allein nicht genüge, um eine den vorstehend entwickelten Rechtsgrundsätzen entsprechende Sachlage als gegeben anzusehen, vielmehr festgestellt werden müsse, daß der beiderseitige Parteiwille darauf gerichtet war, daß sie nur in solcher Weise, d. h. lediglich nach den Weisungen des Erwerbers (als „willenlose Werkzeuge" des Erwerbers) handeln sollten. Auch in dieser Richtung hat aber der Berufungsrichter rechtlich bedenkenfreie Feststellungen getroffen. Die dagegen von der Revision erhobenen Angriffe sind nicht durchgreifend. Sie vermißt mit Unrecht eine Feststellung, daß die Parteien bereits in Beziehungen zueinander getreten wären, ehe die notariellen Verkaufsangebote der Klägerin zugingen. Der Berufungsrichter stellt vielmehr eingehend die unter den Parteien geführten Vorverhandlungen dar, bei denen Schr. in seiner Eigenschaft als Prokurist und im besonderen Auftrage der Klägerin mit dem Beklagten verhandelt hat und als deren Ergebnis die Privaturkunden vom 3. Mai und 7. Juni zustande gekommen sind. Ob dabei Schr. von der Klägerin bevollmächtigt war, für sie bereits bindende Verpflichtungen einzugehen, kann dahingestellt bleiben, da es sich zunächst nur um das einseitig bindende Vertragsangebot des Beklagten handelte. Daß aber Schr. von der Klägerin beauftragt war, ein solches Vertragsangebot des Beklagten herbeizuführen, kann nach den Feststellungen des Berufungsrichters nicht in Zweifel gezogen werden; ebensowenig, daß die Klägerin mit der ihr günstigen Fassung der Privaturkunden und der Erteilung der Vollmacht an Schr. durch den Beklagten einverstanden war und sie, wenn sie sie nicht vorher gekannt haben sollte, genehmigt hat. Deshalb ist es unerheblich, daß Schr., wie unterstellt werden muß, nur Kollektivprokura hatte und somit nicht befugt war, allein rechtsverbindliche Verpflichtungen für die Klägerin einzugehen. Inwiefern darin, daß der Beklagte den notariell beurkundeten Vertragsantrag im Besitze der Klägerin gelassen haben soll, eine Genehmigung gefunden werden könnte, ist nicht einzusehen, zumal da es nicht in der Macht des Beklagten lag, ihr den Besitz ohne weiteres zu entziehen, der Beklagte auch keine Schritte getan hat, um den Kaufvertrag zu erfüllen, vielmehr durch Schreiben vom 25. Juli 1914 der Klägerin mitgeteilt hat, daß er sich an die Privatverhandlung vom 3. Mai nicht gebunden halte." . . .

RGZ. 97, 336*)

Zur Haftung für Verschulden bei nicht rechtzeitigem Zugehen rechtsgeschäftlicher Erklärungen. Kann der Schaden nach § 254 BGB. geteilt werden, wenn beiden Teilen ein Verschulden bei den Vertragsverhandlungen zur Last fällt?

BGB. §§ 130, 254.

I. Zivilsenat. Urt. v. 3. Januar 1920.

I. Landgericht Köln, Kammer für Handelssachen.

II. Oberlandesgericht daselbst.

Der Beklagte, ein Angestellter eines Stahlwerks B. in W. bei Crefeld, bot dem in Düsseldorf wohnhaften Kläger am 29. Oktober 1917 durch Fernsprecher 11 Kuxe zu je 4000 M. gültig auf Bescheid bis abends 6 Uhr an. Die Prokuristin des Klägers rief um 5 Uhr 14 Minuten die Fernsprechzentrale des Stahlwerks an und verlangte den Beklagten zu sprechen. Der Beklagte war nicht zur Stelle. Die Prokuristin beauftragte darauf die Fernsprechbeamtin des Stahlwerks, dem Beklagten sofort zu bestellen, daß die Kuxe verkauft seien. Die Beamtin richtete die Bestellung an den Beklagten erst kurz vor 7 Uhr aus. Der Beklagte hielt sich an sein Angebot nicht mehr gebunden, weil die Annahme verspätet erfolgt sei, und hat die Kuxe nicht geliefert. Der Kläger, der sich anderweit zu höherem Preise eingedeckt hat, verlangt Schadensersatz.

Das Landgericht gab der Klage statt. die Berufung des Beklagten wurde zurückgewiesen.

Die Revision des Beklagten hatte teilweisen Erfolg.

---

*) Vgl. auch Bd. 103 S. 47, 51 (abgedr. S. 286 dieses Bandes).

Gründe:

„Das angefochtene Urteil stellt fest, der Kläger habe sich im Hinblick auf die Kürze der ihm gesetzten Annahmefrist nur des Fernsprechers bedienen können, wenn er auf rechtzeitige Uebermittlung der Annahmeerklärung rechnen wollte. Der Beklagte habe also mit ziemlich großer Wahrscheinlichkeit erwarten müssen, daß ihm vom Kläger eine Fernsprechmitteilung zugehen werde; deshalb sei es seine Sache gewesen, sich zu entschließen, ob er mit dem Kläger oder dessen Vertreter persönlich sprechen oder aber sich damit begnügen wolle, daß eine Fernsprechbeamtin als Mittelsperson tätig werde. Seine Pflicht sei es gewesen — da es sich um eine seltene und besonders wichtige Angelegenheit gehandelt habe —, die Durchführung seines Entschlusses sicherzustellen. Dazu habe es nicht genügt, daß er jener Beamtin bei einem vorübergehenden Gange ins Lager hinterlassen habe, wo er zu finden sei. Vielmehr hätte er sie veranlassen müssen, ihn gegebenenfalls an den Fernsprecher zu rufen. Dieser Verpflichtung sei er nicht nachgekommen. Anderseits habe die Prokuristin des Klägers annehmen dürfen, daß die Entgegennahme ihrer Fernsprechmitteilung durch jene Beamtin im Einverständnis mit dem Beklagten geschehe; danach habe sie keinen Anlaß gehabt, den Beklagten persönlich an den Fernsprecher kommen zu lassen, noch auch, eine Voranmeldung des Ferngesprächs zu veranlassen. Deshalb falle nach Treu und Glauben eine Verspätung in der Weitergabe der Fernsprechmitteilung dem Beklagten zur Last und nicht dem Kläger.

Die Revision rügt in erster Linie, daß das Berufungsgericht ein Verschulden des Beklagten für erwiesen angesehen habe; er habe nicht notwendig damit zu rechnen brauchen, daß die Annahme seines Verkaufsangebots durch Fernsprecher und noch dazu ohne Voranmeldung des Gesprächs erfolgen werde; es sei außer acht gelassen, daß der Kläger bei früheren Gesprächen der Parteien jedesmal den Beklagten an den Fernsprecher habe holen lassen und daß das auch diesmal ohne Schwierigkeit hätte geschehen können.

Diese Rüge erscheint nicht begründet. Es ist ein Umstand zu berücksichtigen, der dem vorliegenden Falle sein besonderes Gepräge gibt. Der Beklagte war Angestellter des Stahlwerks. Die in Rede stehende Angelegenheit war reine Privatsache des Beklagten. Es sollte also eine Privatsache eines Angestellten durch den Fernsprecher seines Prinzipals erledigt werden. Das konnte unschwer zu Störungen und Weiterungen führen, da selbstverständlich die Fernsprechangelegenheiten des Prinzipals den Vorrang in der Erledigung zu beanspruchen haben. Hierauf mußte der Beklagte Rücksicht nehmen; er mußte besondere Vorsicht walten lassen und durfte sich nicht dabei beruhigen, daß sich bei früheren derartigen Fernsprechmitteilungen keine Schwierigkeiten ergeben hatten. Insoweit erscheint die angefochtene Entscheidung nicht rechtsirrtümlich.

Der angeführte Umstand mußte aber auch — und insoweit ist einer weiteren Rüge der Revision Recht zu geben — vom Kläger oder seiner Prokuristin berücksichtigt werden. Das Berufungsgericht meint, die Prokuristin habe mit dem Einverständnis des Beklagten rechnen dürfen, daß die Mitteilung an die Fernsprechbeamtin des Werks erfolge. Für diese Annahme fehlt es an genügendem Anhalt. Vielmehr kam in Betracht, daß es sich um ein recht erhebliches Objekt (über 40 000 M.) handelte, daß das Verkaufsangebot des Beklagten zeitlich begrenzt war, daß zur Zeit des Gesprächs nur noch drei Viertelstunden bis zum Endtermin zur Verfügung standen und daß die Fernsprechbeamtin ihre dienstlichen Geschäfte vor den Privatangelegenheiten eines Angestellten zu erledigen hatte. Bei dieser Sachlage entsprach es nicht der gebotenen und üblichen Vorsicht, wenn die Vertreterin des Klägers sich ohne weiteres dabei beruhigte, daß die Fernsprechbestellung dem Beklagten rechtzeitig weitergegeben werde. Sie hätte ihn vielmehr an den Fernsprecher rufen lassen müssen.

Beiden Teilen fällt also eine Außerachtlassung der gebotenen Sorgfalt zur Last. Es fragt sich, welche rechtlichen Folgen daraus zu ziehen sind. Vorauszuschicken ist, daß nicht etwa an sich schon und ohne Rücksicht auf Verschulden die Annahme des Verkaufsangebots als dem Beklagten im Augenblicke des Ferngesprächs zugegangen unterstellt werden kann, denn die Fernsprechbeamtin war weder Hausgenossin des Beklagten, noch dessen Angestellte oder dgl. Nur wenn die Mitteilung in der Wohnung oder im eigenen Geschäftslokale des Empfängers an eine zur Uebermittlung geeignete Persönlichkeit erfolgt, kann die Mitteilung als zugegangen gelten (RGZ. Bd. 56 S. 262 flg.).

Die Annahme ist also dem Beklagten nicht rechtzeitig zugegangen, und zwar infolge mangelnder Sorgfalt beider Parteien. Die rechtlichen Folgen einer solchen Sachlage sind bisher in der Rechtsprechung und, soweit ersichtlich, auch im Schrifttum nicht näher erörtert worden.

Das Reichsgericht hat RGZ. Bd. 58 S. 409 entschieden, daß, wenn dem Empfänger Arglist oder auch nur ein Verschulden zur Last fällt, die verspätete Mitteilung als rechtzeitig zugegangen gilt. Diese Entscheidung, die im Schrifttum Billigung, wenn auch zum Teil mit abweichender Begründung, gefunden hat (Planck, BGB. §. 130 Anm. 5a; Regelsberger im Bankarchiv Bd. 9 S. 273), trifft den vorliegenden Fall nicht, da sie von dem Vorliegen eines Verschuldens nur auf einer Seite, der des Empfängers, ausgeht. Sie läßt sich auch nicht entsprechend anwenden, denn offenbar entspricht es nicht einer gerechten Würdigung des Sachverhalts, die Schadensfolgen dem Empfänger allein aufzubürden, wenn der Absender diese Folgen auch seinerseits durch die gebotene Vorsicht hätte vermeiden können.

Andrerseits können die Folgen auch nicht dem Absender allein auferlegt werden, etwa mit der Begründung, daß es seine Sache sei, für das Zugehen der Mitteilung zu sorgen, und daß er deshalb keinerlei Ansprüche erheben könne, wenn das unterbliebene oder verspätete Zugehen auf sein — sei es auch nur mitwirkendes — Verschulden zurückzuführen ist. Eine solche Beurteilung würde allein auf formalen Gesichtspunkten fußen und dem Wesen der Sache nicht gerecht werden.

Angemessen erscheint es vielmehr, den Schaden, den beide Parteien verschuldet haben, zwischen ihnen nach den Grundsätzen des § 254 BGB. zu teilen. Der Anwendung des § 254 BGB. auf einen derartigen Fall, wo es sich nicht um schuldhafte Verletzung bereits bestehender Vertragspflichten, sondern um ein Verschulden bei den Vertragsverhandlungen handelt, das das Zustandekommen des Vertrags hindert, stehen keine Bedenken entgegen. Das wird im Schrifttum mit Recht angenommen (vgl. Staudinger BGB. § 254 Anm. 2a; Oertmann, Schuldverhältnisse § 254 Nr. 3). Der Schaden besteht in solchem Falle darin, daß, weil der Vertrag nicht zustande gekommen ist, der Absender der Mitteilung keinen vertraglichen Erfüllungsanspruch gegen den Empfänger und mithin, wenn letzterer nicht erfüllt, keinen Ersatzanspruch hat. Nach den Grundsätzen über die Schadenswiederherstellung ist also der Absender so zu stellen, als ob er einen vertraglichen Ersatzanspruch hätte; mit anderen Worten: der Schaden ist gleich dem positiven Erfüllungsinteresse des Absenders. Gegen die in der Klage vorgenommene Bezifferung dieses Interesses sind Einwendungen nicht erhoben. Nun ist das Verschulden beider Teile im vorliegenden Falle für gleich groß zu erachten. Daraus ergibt sich, daß der Schaden zwischen ihnen nach Hälften zu teilen und mithin der Klage zur Hälfte stattzugeben ist." . . .

RGZ. 99, 1

1. Gilt § 279 BGB. unbeschränkt auch in den Fällen, wo das Unvermögen zur Leistung auf Gründen beruht, welche mit der Eigenart der Gattungsschuld nichts zu tun haben?

2. Kann sich der Gattungsschuldner, auch wenn die Leistung aus der Gattung möglich ist, trotz § 279 BGB. gemäß § 242 darauf berufen, daß ihm die Leistung nach Treu und Glauben nicht zugemutet werden kann?

II. Zivilsenat. Urt. v. 12. März 1920.

I. Landgericht I Berlin, Kammer für Handelssachen.

II. Kammergericht daselbst.

Mitte Oktober 1914 haben die Parteien in Berlin vereinbart, daß der Beklagte dem Kläger in der Zeit vom 4. bis 12. November

1914 115 Kisten Kalkeier franko Berlin für 5,20 M. per Schock liefern sollte. Die Lieferung ist nicht erfolgt. Kläger beansprucht Schadensersatz. Beklagter beruft sich darauf, daß ihm die Lieferung nicht möglich gewesen sei. Als er am 4. November 1914 von Berlin abgereist und am 5. November in seiner Heimat Bochnia in Galizien eingetroffen sei, sei wegen drohenden Einfalls der Russen der Zivilfrachtverkehr schon gänzlich eingestellt gewesen. Am 8. November habe er mit seiner Familie nach Krakau flüchten müssen.

In der Berufungsinstanz ist der Anspruch des Klägers dem Grunde nach für gerechtfertigt erklärt worden. Der Revision des Beklagten ist stattgegeben worden.

Aus den Gründen:

. . . „Der Beklagte hatte sich darauf berufen, daß es, als er am 5. November in seine Heimat zurückgekehrt sei, bereits seit dem 1. November wegen der Kriegsunruhen unmöglich gewesen sei, von dort aus Eier nach Berlin zum Versand zu bringen, daß er wegen des drohenden Einmarsches der Russen am 8. November sich genötigt gesehen habe, mit seiner Familie und der notdürftigsten Habe auf einem Bauernwagen nach Krakau zu flüchten. Auf letzteres ist der Vorderrichter gar nicht eingegangen. Er unterstellt, daß die Lieferung von Eiern aus dem engeren Bezirke der Heimat des Beklagten tatsächlich nicht möglich gewesen sei, weist aber die Verteidigung des Beklagten zurück, indem er annimmt, daß Gegenstand des Kaufes nicht Eier der bezeichneten Herkunft, sondern schlechthin galizische Eier gewesen seien. Im Anschluß hieran führt er aus, solche Eier seien Großhandelsware; da die Russen nur einen Teil Galiziens besetzt hätten, der westliche Teil mit Krakau freigeblieben sei, so sei nach Lage der Umstände zu jener Zeit, insbesondere der damaligen Lebensmittelvorräte, ohne weiteres klar, daß der Beklagte in dem unbesetzten Teile Galiziens das erforderliche Quantum Eier für den Kläger hätte beschaffen und ihm auch zusenden können; der Beklagte hätte seinen Aufenthalt in Krakau dazu benutzen müssen, hier die ihm in Bochnia vielleicht entgangenen Eier für den Kläger zu beschaffen; dazu wäre er verpflichtet gewesen; nichts ergebe daher, daß ihm infolge seiner Flucht eine geschäftliche Tätigkeit unmöglich gewesen wäre.

Das erscheint verfehlt. Wenn § 279 BGB. bestimmt, daß bei Gattungsschulden der Schuldner, solange die Leistung aus der Gattung möglich ist, sein Unvermögen zur Leistung auch dann zu vertreten habe, wenn ihm ein Verschulden nicht zur Last fällt, so schließt er die Berücksichtigung des unvorhergesehenen Eintritts höherer Gewalt oder ähnlicher Umstände nicht aus, welche nach dem Grundsatze des § 242 BGB. das Verlangen der Leistung als unbillig und ungerechtfertigt erscheinen lassen. Dies kann insbesondere bei dem Gattungsverkäufer dann zutreffen, wenn er bei normalem Verlaufe durchaus erfüllungsbereit und erfüllungsfähig gewesen wäre und nur durch einen unerwarteten Zufall an der beabsichtigten Erfüllung persönlich gehindert wird.

Angesichts der Umstände, unter welchen der Beklagte nach Krakau gekommen war und dort lebte, drängt sich nichts so sehr auf, wie die Zweifel, ob es ihm damals möglich gewesen ist, seine geschäftliche Tätigkeit fortzusetzen, ja überhaupt eine geschäftliche Tätigkeit aufzunehmen, geschweige denn, sich die Erfüllung seiner laufenden Verbindlichkeiten — gleichviel ob Gattungsschulden oder nicht — angelegen sein zu lassen. Dem näher nachzugehen, wäre Sache des Instanzrichters gewesen."

RGZ. 99, 96

Zur Haftung einer Stadtgemeinde für Gesundheitsschädigung durch bleihaltiges Wasser der von ihr betriebenen Wasserleitung.

BGB. §§ 31, 89, 276, 278, 823.

VI. Zivilsenat. Urt. v. 6. Mai 1920.

I. Landgericht Leipzig. II. Oberlandesgericht Dresden.

Ein Teil der Stadtgemeinde N. wurde früher durch das einem gewissen S. gehörige Wasserwerk mit Wasser versorgt, das in einer mit dem Werke verbundenen Anlage eisenfrei gemacht wurde. 1893 schloß die Stadtgemeinde N. mit der Stadt L., die in der Nähe von N. mehrere Wasserwerke zu ihrer eigenen Wasserversorgung betreibt, einen Vertrag, durch den die Stadt L. die Lieferung des Wassers für andere Teile von N. übernahm, und zwar „in der Beschaffenheit, wie es in den Röhren fließt". 1907 erwarb die Stadt L. auch das Wasserwerk von S., übernahm die gesamte Wasserversorgung für N. und vom 1 Mai 1912 ab auch die Enteisenung des für N. zu liefernden Leitungswassers durch Ausbau der ehemaligen Enteisenungsanlage von S., die sie bald nach der Uebernahme im Jahre 1907 als für die Gesamtversorgung von N. zu klein hatte eingehen lassen. Die Stadt L. bezog das Wasser für ihren eigenen Bedarf aus ihren anderen Wasserwerken bei N. und ließ dieses auch in einer besonderen Anlage in P. enteisenen. Der Stadt L. gehört außer dem Wasserwerk der größte Teil der Hauptrohre in N.; diese bestehen aus Gußeisen und sind innen und außen asphaltiert. Dagegen ist die Legung der Anschlußleitungen in die einzelnen Häuser und der Hausanschlüsse Sache der Stadtgemeinde N.; dazu verwendet sie gemäß der Vereinbarung mit der Stadt L. innen geschwefelte Bleirohre. Das eisenfreie Wasser, mit dem das Gebiet von N. seit 1. Mai 1912 versorgt wurde, bewirkte an den Bleirohren ein allmähliches Verschwinden des inneren Eisenüberzugs, der sich vorher durch das eisenhaltige Wasser abgesetzt und eine unmittelbare Einwirkung des Wassers auf die Bleirohre verhindert hatte. Nunmehr konnte das weiche, stark kohlensäure- und sauerstoffreiche N'er Wasser seine bleilösende Wirkung entfalten und nahm infolgedessen von den Bleirohren Blei in sich auf. Durch den Genuß dieses bleihaltigen Leitungswassers erkrankten 1913 die drei Kläger an Bleivergiftung. Wegen dieser Gesundheitsschädigung erhoben sie gegen die Stadtgemeinde N. Klage auf Schadensersatz. Das Landgericht hat die Klagansprüche dem Grunde nach für gerechtfertigt erklärt. Die Berufung der Beklagten ist zurückgewiesen worden, desgleichen ihre Revision aus folgenden

Gründen:

„Die Zulässigkeit des Rechtswegs unterliegt keinem Bedenken. Die Ansprüche gründen sich einmal auf Verletzung der aus dem Wasserentnahmevertrage hergeleiteten Verpflichtung der Beklagten, ihren Einwohnern gutes und einwandfreies Trinkwasser zu liefern. Für die Frage der Zulässigkeit des Rechtswegs bedarf es keiner Erörterung, ob es sich hierbei um rein privatrechtliche oder um öffentlichrechtliche Beziehungen und Verhältnisse handelt; denn auch der Anspruch auf Ersatz des Schadens, der durch Verletzung einer öffentlichrechtlichen Pflicht entsteht, ist regelmäßig im geordneten Rechtswege zu verfolgen und nach den Vorschriften des bürgerlichen Rechtes zu beurteilen (RGZ. Bd. 65 S. 117, Bd. 78 S. 328). Soweit ferner die Ansprüche auf unerlaubte Handlung, nämlich darauf gestützt sind, daß die Beklagte durch Verletzung ihrer Pflicht, den Betrieb ihrer Wasserleitung so einzurichten, daß die im § 823 BGB. geschützten Rechtsgüter nicht geschädigt werden, den Klägern Schaden zugefügt habe, sind die Ansprüche lediglich nach bürgerlichem Rechte zu beurteilen; die Beklagte steht insoweit, mag sie nun die Wasserleitung als eine private oder als eine im öffentlichrechtlichen Interesse errichtete öffentliche Anstalt betreiben, den Klägern nicht anders gegenüber als eine Privatperson (RGZ. Bd. 84 S. 86)). Es liegt mithin eine bürgerliche Rechtsstreitigkeit vor, für welche nach § 13 GVG. die ordentlichen Gerichte zuständig sind; die Zuständigkeit eines Verwaltungsgerichts ist nach der Auslegung, die das Berufungsgericht der irrevisiblen Rechtsnorm des sächs. Gesetzes über Kompetenzverhältnisse zwischen Justiz- und Verwaltungsbehörden vom 28. Januar 1835 gegeben hat, nicht begründet.

Das Berufungsgericht läßt die Beklagte aus dem Wasserentnahmevertrag ohne Rücksicht auf ein Verschulden ihrer gesetzlichen Vertreter haften aus dem Gesichtspunkte der Garantie, die sie dafür übernommen habe, daß ihre Gemeindemitglieder durch den Genuß des Wassers keinen Schaden erleiden. Für eine derartige Garantie findet sich in der Ordnung über die Wasserleitung der Beklagten keine

Unterlage; danach hat die Stadtgemeinde N. lediglich die Verpflichtung, allen im Bereiche des Rohrnetzes liegenden Gebäuden gegen Zahlung eines Wasserzinses Trink- und Gebrauchswasser zuzuführen. Die Fälle der Schädenhaftung ohne Verschulden, auf die das Berufungsgericht verweist, rechtfertigen nicht ihre Ausdehnung auf den vorliegenden Fall. Jede Schadensersatzpflicht setzt nach dem das Bürgerliche Gesetzbuch beherrschenden Grundsatze, von den im Gesetze vorgeschriebenen Ausnahmen abgesehen, ein Verschulden des Ersatzpflichtigen voraus. Das im II. Entwurf im § 752 Abs. 1 vorgesehene Veranlassungs- oder Verursachungsprinzip ist gestrichen, um den Standpunkt des Gesetzgebers nicht zu verdunkeln (Jur. Wochenschr. 1905 S. 494 Nr. 20). Nur in besonderen Fällen läßt das Gesetz eine Haftung für den Schaden aus schuldlosen Rechtsverletzungen entstehen; außer den betreffenden Vorschriften kommen, abgesehen von dem Haftpflichtgesetz und dem Gesetz über den Verkehr mit Kraftfahrzeugen, nur die zugleich mit dem Bürgerlichen Gesetzbuch in Kraft getretenen Bestimmungen der §§ 89, 302, 717, 945 ZPO. in Betracht. Ein Schadensersatzanspruch ohne Nachweis eines Verschuldens ist nur nach der Rechtsprechung des Reichsgerichts in allen Fällen gegeben, in denen ein Eigentümer, wenn ihm nicht vom Staate Beschränkungen auferlegt wären, die Beseitigung von Beeinträchtigungen ohne Verschuldensnachweis verlangen könnte; als Ersatz für die ihm entzogene Klage auf Beseitigung schädlicher Eingriffe in sein Eigentum gegenüber staatlich genehmigten Anlagen und Betrieben ist ihm in solchen Fällen ein unbedingter Schadensersatzanspruch zugestanden (RGZ. Bd. 58 S. 130). Es handelt sich dabei um einen Ausgleich von Interessen; man verkennt nicht, daß der Betrieb erhebliche Gefahren mit sich bringt und leicht zur Schädigung berechtigter Interessen führen kann, aber man gestattet ihn wegen des Interesses der Allgemeinheit; daß unter diesen Umständen Ersatz geleistet werden muß, ist ohne weiteres verständlich (R ü m e l i n, Schadensersatz ohne Verschulden S. 9, 26, 27). Zur Uebertragung dieses Grundsatzes auf Schädigungen durch eine städtische Wasserleitung liegt kein Anlaß vor. Der Betrieb einer Wasserleitung als einer gemeinnützigen und segensreichen Einrichtung gehört nicht zu den mit einer besonderen Gefährdung Dritter verbundenen, den Grundsatz der Gefährdungshaftung ohne Verschulden rechtfertigenden Betrieben, er enthält auch keinen Eingriff in fremdes Eigentum, der unter dem Gesichtspunkte des Interessenausgleichs eine unbedingte Ersatzpflicht des Unternehmers geboten erscheinen läßt. . . .

Das Landgericht hatte ausgeführt, es handle sich bei gemeindlichen Wasserleitungen überall um öffentlichrechtliche Verhältnisse; durch die Anträge der Einwohner auf Anschlußleitungen werde ein Vertragsverhältnis nicht begründet; es liege aber ein vertragsähnliches Verhältnis vor, wie es in öffentlichrechtlichen Verhältnissen häufig der Fall sei, und für das der § 276 BGB. ebenso wie für ein Vertragsverhältnis gelte. Das Berufungsgericht hat die Bezeichnung des Rechtsverhältnisses als eines vertragsähnlichen nicht für unzutreffend erachtet. Dem muß für den vorliegenden Fall im Ergebnis beigestimmt werden. Es gibt Gemeindeanstalten, die, wie z. B. Wasserwerke, Gasanstalten, Elektrizitätswerke, Badeanstalten, die Gemeinde wie jeder Privatmann als gewerbliche Unternehmungen betreiben kann; tut sie das auf privatrechtlicher Grundlage, so ist ihre Rechtsstellung dieselbe wie die des privaten Unternehmers. Sie hat aber als Person des öffentlichen Rechts unter gewissen Voraussetzungen auch die einem Privatmanne versagte Möglichkeit, die Veranstaltung öffentlichrechtlich zu betreiben, und ihre Leistungen nicht als gewerbliche Leistungen, sondern in der Form der sogenannten „Nutzung einer öffentlichen Anstalt" zu gewähren (vgl. Kormann, PrVerwBl. Bd. 34 S. 395). Es kommt darauf an, ob die Gemeinde durch eine örtliche Rechtsnorm eine Gemeindeanstalt errichtet hat, auf deren Benutzung die Gemeindeangehörigen ein subjektives öffentliches Recht gegenüber der Gemeinde haben, und für deren Benutzung sie, wie z. B. bei öffentlichen Schlachthäusern, öffentlichrechtliche Gebühren nicht als vertragsmäßige Gegenleistung, sondern als Beitrag zu den Kosten der Errichtung und Unterhaltung der Anstalt erhebt, oder ob sie eine Unternehmung in Betrieb gesetzt hat, deren Benutzung mittels privatrechtlicher Verträge sie ihren Angehörigen anbietet und für deren Benutzung sie eine vertragsmäßige Vergütung erhält (Genzmer, PrVerwBl. Bd. 37 S. 334). Die gewerbliche Unternehmung kann zugleich öffentlichen Interessen dienen, und anderseits ist die Erzielung eines Gewinns mit dem Begriffe der öffentlichen Anstalt nicht unvereinbar. Die Unterscheidung ist mithin nicht in der Verschiedenheit des Zwecks, nämlich der Gewinnerzielung einerseits oder der Befriedigung öffentlicher Interessen anderseits, zu erblicken. Es kommt vielmehr darauf an, ob das Rechtsverhältnis zwischen der Gemeinde und den Leistungsempfängern privatrechtlich oder in einer dem privaten Unternehmer nicht zur Verfügung stehenden Rechtsform öffentlichrechtlich gestaltet ist; für die Beurteilung kann es dabei im einzelnen Falle entscheidend sein, ob die Anstalt auf einer gesetzlichen Vorschrift beruht, und ob die Gemeinde ihren Beschluß über die Einrichtung der Anstalt auf eine solche Vorschrift gegründet hat, ferner, durch welchen Rechtsakt das Vertragsverhältnis zu den Leistungsempfängern begründet wird, ob es auf freier Vereinbarung beruht oder ob ein Zwang zur Benutzung des Unternehmens besteht, endlich, wie die Gegenleistung des Empfängers in ihren Voraussetzungen und nach ihrer Höhe rechtlich gestaltet ist (Kormann, a. a. O. S. 396), insbesondere, ob sie als „Abgabe" einseitig kraft der den Gemeinden zustehenden öffentlich-rechtlichen Machtbefugnis festgesetzt wird. Die Ordnung für die Wasserleitung der Beklagten bestimmt nun im § 1, daß die Wasserleitung der Gemeindeverwaltung für öffentliche Zwecke, besonders zum Schutze der Gebäude gegen Feuersgefahr, dient; als weitere Zwecke sind die Beschaffung von Trinkwasser und Gebrauchswasser zu hauswirtschaftlichen, gewerblichen und landwirtschaftlichen Zwecken und ausnahmsweise zum Luxusgebrauch aufgeführt. Eine gesetzliche Bestimmung für die Errichtung der Wasserleitung ist nicht in bezug genommen, besteht auch nicht, die Gemeinden haben vielmehr selbst darüber zu befinden, ob sie eine Wasserleitung schaffen wollen; insbesondere gehört die Versorgung der Hausbewohner mit gutem Trink- und Wirtschaftswasser an sich nicht zu den Pflichten einer Gemeindeverwaltung, sie ist vielmehr Sache des Grundstückseigentümers. Die Gemeinde erfüllt mit der Wasserversorgung nicht eine ihr obliegende Pflicht, sondern sie übernimmt im Interesse der bürgerlichen Wohlfahrt aus freier Entschließung eine den Grundstücksbesitzern obliegende Pflicht ihrerseits bis auf weiteres, nämlich die Pflicht, Vorkehrungen dafür zu treffen, daß den Hausbewohnern gutes Wasser zu Wirtschafts- und Trinkzwecken zur Verfügung steht (Immich, PrVerwBl. Bd. 28 S. 213, 215). Die Wasserleitungsordnung sieht ferner einen Zwang der Ortsbewohner zum Anschluß an die Leitung nicht vor; der Anschluß setzt vielmehr einen Antrag des Grundstückseigentümers auf Abgabe von Wasser voraus; es hängt somit von seinem Belieben ab, ob er das Wasser aus der städtischen Wasserleitung entnehmen will; auch kann der angeschlossene Grundstücksbesitzer nach Kündigung den Wasserbezug freiwillig aufgeben. Die Zahlung des Wasserzinses endlich erfolgt nach der Menge des durch Wassermenge festgestellten Verbrauchs. Alle diese Bestimmungen sprechen für die Annahme eines privatrechtlichen, auf vertraglicher Grundlage beruhenden Verhältnisses. Anderseits ist für jedes an die Wasserleitung angeschlossene Grundstück ein gewisser Mindestwasserzins ohne Rücksicht auf die Wasserentnahme zu entrichten, es haben ferner die Eigentümer bebauter Grundstücke, die nicht an die Wasserleitung angeschlossen sind, einen gewissen Betrag an die Feuerlöschkasse zu entrichten; es ist endlich für die Stadtverwaltung ein Aufsichtsrecht über die Hausleitungen vorgesehen. Diese Bestimmungen deuten auf ein gewisses öffentlich-rechtliches Verhältnis hin. Immerhin ist das Verhältnis überwiegend privatrechtlich gestaltet, so daß die Annahme, wenn auch nicht eines rein privatrechtlichen Vertragsverhältnisses, so doch eines vertragsähnlichen Verhältnisses und demnach die Anwendung der Vertragsgrundsätze des bürgerlichen Rechtes gerechtfertigt erscheinen. Daraus ergibt sich auch die Anwendbarkeit des § 276 BGB. Im übrigen erzeugen auch öffentlich-rechtliche Verhältnisse Rechte und Verbindlichkeiten, die, soweit sich aus den Gesetzen nicht ein anderes ergibt, unter entsprechender Anwendung der Vorschriften des bürgerlichen

Rechtes zu beurteilen sind und deren Verletzung zum Schadensersatze nach eben diesen Vorschriften verpflichtet; nach den Vorschriften des bürgerlichen Rechtes ist daher auch das Maß der Sorgfalt zu beurteilen, das die Parteien in ihren Beziehungen zueinander zu betätigen haben; daraus ergibt sich die Anwendbarkeit der §§ 276, 31, 89, 278 BGB. (RGZ. Bd. 65 S. 113, 117).

Hiernach hat die Beklagte gemäß § 276 BGB. ihre Verpflichtungen mit der im Verkehr erforderlichen Sorgfalt zu erfüllen, und es ist ihre Sache, den Beweis dafür zu erbringen, daß sie, indem sie den Klägern bleihaltiges und darum gesundheitsschädliches Wasser lieferte, gleichwohl ihrer vertraglichen Sorgfaltspflicht genügt hat (RGZ. Bd. 97 S. 117). Das Berufungsgericht hat aber das Vorbringen zu ihrer Entlastung als unzulänglich abgelehnt und ein Verschulden der Beklagten darin erblickt, daß sie das Wasser nicht hat untersuchen lassen. Die von der Revision dagegen erhobenen Angriffe sind unbegründet. Durch den Betrieb einer städtischen Wasserleitung übernimmt die Stadtgemeinde die Verpflichtung, ihren Gemeindeangehörigen nur der Gesundheit zuträgliches Wasser zu liefern. Die im Verkehr erforderliche Sorgfalt ist für den Betrieb einer solchen Wasserleitung diejenige, welche es möglichst gewährleistet, daß die Gemeindeangehörigen durch den Genuß des Wassers, auf das sie angewiesen sind, keinen Schaden an ihrer Gesundheit erleiden. Die Wichtigkeit des Betriebs einer Wasserleitung für die Allgemeinheit und die großen Gefahren, die durch ein gesundheitsschädliches Wasser hervorgerufen werden, bedingen für die Vertreter der Stadtgemeinde die Verpflichtung, das Wasser in ihrer Leitung regelmäßig in angemessenen Zwischenräumen untersuchen zu lassen. Dazu bedarf es keiner besonderen fachwissenschaftlichen oder fachtechnischen Kenntnisse der Vertreter; denn sie sollen die Untersuchung nicht selbst vornehmen, sondern nur Sorge tragen, daß diese durch Einsendung von Proben an geeigneter Stelle geschehen kann. Die Beklagte mußte wegen der Gefährlichkeit der zu den Anschlüssen und Hausleitungen verwendeten Bleirohre, aus denen sich in Verbindung mit etwaigem weichen und kohlensäurereichen und darum das Metall leicht angreifenden Leitungswasser die Gefahr eines Bleigehalts des Wassers ergab, worauf die Fachliteratur schon lange vor 1912 hingewiesen hatte, der Beschaffenheit ihres Leitungswassers ihre besondere Aufmerksamkeit widmen. Sie hatte besonders nach der Durchführung der Enteisenung des Wassers im Hinblick auf etwaige dadurch herbeigeführte Veränderungen des Wassers und seiner bleilösenden Eigenschaften die Verpflichtung, Untersuchungen des Wassers vornehmen zu lassen, und zwar des Wassers, wie es aus den Entnahmestellen in den Häusern herauslief und den Bewohnern zuging. Die Beklagte hat aber überhaupt keine Untersuchung ihres Leitungswassers ausführen lassen und damit die Sorgfalt, die auch von den Vertretern kleiner Stadtgemeinden erfordert werden muß, außer acht gelassen, also fahrlässig gehandelt. Der Pflicht zur Untersuchung wurde sie nicht durch die sächsische MinisterialVO. vom 12. Dezember 1900 überhoben, welche in Ausführung des § 35 des Reichsgesetzes vom 30. Juni 1900, betreffend die Bekämpfung gemeingefährlicher Krankheiten, die fortdauernde Ueberwachung der dem allgemeinen Gebrauche dienenden Einrichtungen für Versorgung mit Trinkwasser gewissen medizinischen Amtsstellen überträgt. Denn dabei handelt es sich nur um die Pflichten, die dem Staate als Aufsichtsbehörde obliegen; die Pflichten der Gemeinde gegenüber ihren Gemeindeangehörigen werden dadurch nicht berührt oder gar beseitigt. Die Kläger machen zutreffend geltend, daß durch die Ueberwachungstätigkeit der Staatsorgane die Garantie für Lieferung eines nicht gesundheitsschädlichen Wassers nur noch verstärkt werden sollte. Die Beklagte kann sich auch nicht durch die Berufung auf die Untersuchungen des Wassers durch die Stadt L. entlasten. Denn die Stadt L. hatte es abgelehnt, das Wasser auch für die Beklagte mit untersuchen zu lassen, und ihre Verpflichtung ging nur dahin, der Beklagten das Wasser so zu liefern, wie es in den Röhren fließt. Die Anlage der Anschlußleitungen und Hausanschlüsse in N. war überhaupt nicht Sache der Stadt L., sondern der Beklagten. Demgemäß haben sich die Untersuchungen der Stadt L. in betreff des N.'er Wassers auch nur auf Wasser erstreckt, das aus dem Wasserwerke selbst entnommen, mit den Bleirohren also noch nicht in Berührung gekommen war. Die Beklagte kann sich endlich auch nicht darauf berufen, daß das an die Bewohner von L. gelieferte Wasser unter ganz gleichen Verhältnissen wie in N. geliefert werde, und daß die von der Stadt L. vorgenommenen Untersuchungen stets einwandfreies Wasser, auch bei den Proben aus den Hausleitungen, ergeben hätten, daß L. sein Wasser aus demselben Grundwasserstrome wie N. erhalte, das Wasser gleichfalls enteisent und durch Bleirohrhausleitungen von derselben Beschaffenheit wie in N. den Bewohnern zugeleitet werde. Diese Ausführungen, die für das Maß der von den Vertretern der Beklagten anzuwendenden Sorgfalt und für die Frage der Vorhersehbarkeit eines Schadens von Bedeutung sein sollen, können die Beklagte nicht genügend entlasten. Die Beklagte hatte eine eigene Untersuchungspflicht, und sie durfte sich auf die Ergebnisse der in L. unter vermeintlich gleichen Verhältnissen vorgenommenen Untersuchungen nicht verlassen. Da sich in L. Krankheitsfälle infolge von Bleivergiftung nicht herausgestellt haben, während solche in N. nicht nur bei den Klägern vorgekommen sind, so können übrigens die Verhältnisse doch nicht gleich gelegen haben." (Wird näher ausgeführt.)

„Ebensowenig kann sich die Beklagte damit entschuldigen, daß bereits in früherer Zeit enteisentes Wasser aus dem S.'schen Wasserwerk ohne bekannt gewordene Nachteile für die Gesundheit der Benutzer geliefert war. Aber auch bei ganz gleichliegenden Enteisenungsverhältnissen blieb die unbedingte Verpflichtung der Beklagten bestehen, das Wasser, und zwar das Wasser aus den Zapfstellen in den Hausleitungen, regelmäßig in angemessenen Zwischenräumen zu untersuchen. Hätte sie dieser Verpflichtung genügt, so hätte sie, wie nach der Sachlage keinem Bedenken unterliegen kann, rechtzeitig die Bleihaltigkeit des Wassers nach der Enteisenung feststellen und durch geeignete Maßnahmen, wie sie nach Entdeckung der Erkrankungen getroffen sind, die Erkrankung der Kläger verhindern können. Damit ist auch der ursächliche Zusammenhang zwischen dem Verschulden der Beklagten und dem eingetretenen Schaden dargetan. Die Beklagte hat mithin gemäß § 276 BGB. den Schaden zu vertreten.

Der festgestellte Sachverhalt begründet zugleich die Ersatzpflicht der Beklagten aus dem Gesichtspunkte der unerlaubten Handlung gemäß § 823 BGB., da sie unter Verletzung ihrer auch außerhalb von vertraglichen Beziehungen bestehenden Pflicht, den Betrieb ihrer Wasserleitung so einzurichten, daß die im § 823 Abs. 1 BGB geschützten Rechtsgüter nicht geschädigt werden, den Klägern Schaden an ihrer Gesundheit zugefügt hat." . . .

RGZ. 100, 42

1. Setzt ein Anspruch auf Schadensersatz wegen schuldhafter Verzögerung der Erfüllung eines Vertrags stets Verzug voraus?

2. Kann ein mitwirkendes Verschulden des Mieters, der Schadensersatz wegen Nichtabstellung eines Mangels der Mietsache begehrt, darin gefunden werden, daß er von seinem Rechte zur Beseitigung des Mangels keinen Gebrauch gemacht hat, als der Vermieter trotz Zusage den Mangel nicht alsbald abstellte?

III. Zivilsenat. Urt. v. 17. September 1920.

I. Landgericht Köln. II. Oberlandesgericht daselbst.

Durch schriftlichen Vertrag vom 24. Mai 1909 vermietete die Beklagte an „Herrn Bonifaz D., Maßgeschäft in Köln", ein ihr gehöriges Haus in Köln zu einem Mietzinse von monatlich 166,67 M. für die Zeit vom 1. Juli 1909 bis 30. Juni 1912 mit der Abrede, daß das Mietverhältnis als bis zum 30. Juni 1915 verlängert gelte, wenn es nicht drei Monate vor Ablauf der Vertragszeit gekündigt würde. Durch Brief vom 30. März 1917 kündigte Bonifaz D. den bis dahin stillschweigend fortgesetzten Mietvertrag zum 30. Juni 1917. Am 18. April 1917 erklärte die Klägerin, eine inzwischen gegründete offene Handelsgesellschaft, die aus Bonifaz D. und dessen Sohn besteht, sich brieflich der Beklagten gegenüber mit deren Vorschlag einverstanden, ihr „das seither gemietete Lokal" für den monatlichen Mietpreis von 125 M. zu überlassen.

Nachdem schon in der Nacht vom 30. November zum 1. Dezember 1917 der Klägerin Wein aus den Mieträumen gestohlen war, wurde in der Nacht vom 27. zum 28. Februar 1918 erneut bei ihr eingebrochen. Die Klägerin fordert Ersatz des Wertes der bei dem zweiten Diebstahl entwendeten Sachen, indem sie behauptet, die Beklagte habe den Einbruch dadurch verschuldet, daß sie trotz ihrer nach dem ersten Diebstahle gegebenen Zusage es unterlassen habe, für einen genügenden Verschluß der Kelleröffnung, durch die die Diebe eingestiegen seien, zu sorgen. Dieser Anspruch ist von dem Berufungsgerichte zur Hälfte dem Grunde nach für gerechtfertigt erklärt. Die dagegen von beiden Teilen eingelegten Revisionen hatten keinen Erfolg.

Gründe:

Die Befugnis der Klägerin zur Geltendmachung der eingeklagten Forderung wird von der Beklagten mit der Behauptung bestritten, daß nicht die klagende offene Handelsgesellschaft, sondern nur der eine Gesellschafter, Bonifaz D., der unstreitig den ursprünglichen Mietvertrag vom 24. Mai 1909 abgeschlossen und später seinen Sohn als Teilhaber in sein Geschäft aufgenommen hat, der Mieter sei. Die Bejahung der Klagebefugnis der Klägerin durch das Berufungsgericht ist jedoch trotz der von der Beklagten dagegen gerichteten Revisionsangriffe rechtlich nicht zu beanstanden.

Dasselbe gilt von der Annahme des Berufungsrichters, daß die Beschaffenheit der Kelleröffnung die Ursache des Einbruchsdiebstahls und des durch ihn entstandenen Schadens gewesen sei.

Die Verpflichtung der Beklagten zur Abstellung des mangelhaften Zustandes der Kelleröffnung gründet der Vorderrichter auf die Zusage, die die Angestellte B. der Beklagten am 1. Februar 1918 der Klägerin gegeben habe. . . . Wenn die Beklagte ausführt, daß in der Zusage der B., die Kelleröffnung werde gemacht, nicht die Uebernahme einer Verpflichtung und jedenfalls nicht die einer Pflicht zu einer besonders beschleunigten Abstellung liege, so kann dem nicht beigepflichtet werden. Da bereits einmal ein Diebstahl unter Ausnutzung des mangelhaften Verschlusses der Kelleröffnung verübt und, wie das Berufungsgericht feststellt, bei den unsicheren Zeitverhältnissen eine Wiederholung zu befürchten war, durch die der Klägerin möglicherweise ein sehr erheblicher Schaden erwuchs, konnte die Zusage nach Treu und Glauben von beiden Teilen nur dahin verstanden werden, daß der Verschluß sofort gemacht werden würde.

Bei dieser Lage des Falles ist auch mit dem Berufungsrichter eine Haftung der Beklagten für die schuldhafte Verzögerung der Erfüllung der Zusage anzunehmen, obwohl die Klägerin die Beklagte nicht an deren Erfüllung gemahnt hat. Der Ansicht des Berufungsgerichts, daß die Uebernahme einer Pflicht zur Abwendung einer unmittelbar drohenden, erheblichen Gefahr die Haftung für den durch die schuldhafte Verzögerung ihrer Erfüllung entstandenen Schaden ohne weitere Mahnung begründet, ist für den vorliegenden Fall, in dem die sofortige Erfüllung nach Lage der Umstände als von beiden Seiten gewollt anzunehmen ist, beizutreten. Ein Verschulden der Beklagten in der Verzögerung der Abstellung des Mangels wird von dem Vorderrichter mit zutreffender Begründung bejaht. . . .

Der letzte Revisionsangriff der Beklagten und die Revision der Klägerin betreffen die Frage des mitwirkenden Verschuldens der Klägerin. Der Berufungsrichter findet ein solches darin, daß die Klägerin nicht gemäß § 538 Abs. 2 BGB den Verschluß selbst habe anbringen lassen, und legt ihr deshalb die Hälfte des Schadens auf; er läßt dahingestellt, ob auch in dem Unterlassen einer Bewachung der Mieträume ein Verschulden zu erblicken sei, da auch im Falle einer Bejahung dieser Frage bei der Geringfügigkeit des Verschuldens der Klägerin nicht mehr als die Hälfte des Schadens zur Last zu legen sein würde. Auch diese Ausführungen sind rechtlich einwandfrei. Daß, wie die Klägerin hervorhebt, der § 538 Abs. 2 den Mieter zur Selbstbeseitigung des Mangels berechtigt und nicht verpflichtet, schließt nicht aus, daß in der Nichtausübung dieses Rechtes ein mitwirkendes Verschulden des Mieters im Sinne des § 254 gefunden wird. Denn dieses Verschulden setzt, wie das Reichsgericht vielfach ausgesprochen hat (z. B. RGZ. Bd. 52 S. 351; JW. 1914 S. 827; Warneyer 1915 S. 303), nicht die Verletzung einer besonderen Rechtspflicht voraus, sondern ist schon dann gegeben, wenn der Beschädigte Maßnahmen unterläßt, die ihm zur Abwendung des Schadens zu Gebote stehen und deren Ergreifung ihm nach Lage der Sache und nach den geltenden Verkehrsanschauungen billigerweise zuzumuten war, wenn er diejenige Sorgfalt außer acht läßt, die nach der Auffassung des Verkehrs ein ordentlicher und verständiger Mensch anwendet, um sich tunlichst vor Schaden zu bewahren. Hiermit steht es völlig im Einklange, wenn der Berufungsrichter ausführt, da die Klägerin in den Mieträumen nach ihrer eigenen Behauptung wertvolle Stoffe liegen gehabt habe und die Arbeit an der Kelleröffnung verhältnismäßig gering und nicht übermäßig kostspielig gewesen sei, hätte es die im Verkehr erforderliche Sorgfalt verlangt, daß die Klägerin sich, als die Beklagte ihre Zusage nicht erfüllte, zunächst einmal selbst schützte und selbst den Verschluß anbringen ließ; dadurch, daß sie dies nicht getan habe, habe sie schuldhaft den Schaden mit verursacht, denn es sei selbstverständlich, daß ihr auch bei nur geringer Ueberlegung die Notwendigkeit und Zweckmäßigkeit eines solchen Verhaltens habe einleuchten müssen. Die Gegenausführungen der

Klägerin sind nicht geeignet, einen Rechtsverstoß darzulegen. Gerade darin, daß diese, als die Ausführung der Zusage der Beklagten unterblieb, ihrerseits nichts zur Abwendung der drohenden erheblichen Gefahr tat, sondern ungefähr einen Monat „von Tag zu Tag" wartete, liegt das mitwirkende Verschulden, und in dem von der Klägerin hervorgehobenen Verbote des Liquidators der Beklagten an den Wächter V., daß er nicht eigenmächtig den Schlossermeister zur Abstellung des Mangels bestellen dürfe, ist ein Verbot der Selbsthilfe der Klägerin nicht zu finden. Uebrigens ist dem Vorderrichter auch darin beizupflichten, daß die Klägerin bei der Wichtigkeit der Sache auch einen etwaigen Rechtsstreit mit der Beklagten, gegen deren Zahlungsfähigkeit sie keine Bedenken geltend gemacht habe, auf Erstattung der durch die eigene Abstellung des Mangels erwachsenden Kosten nicht hätten scheuen dürfen. Endlich ist auch in der Bewertung des wirtwirkenden Verschuldens kein Rechtsirrtum zu finden.

RGZ. 100, 112

1. Ist gegenüber dem Käufer, der Schadensersatz wegen Nichterfüllung des Vertrags fordert und den Schaden abstrakt berechnen will, der Einwand zulässig, daß er unter den besonderen Umständen des Falles tatsächlich keinen Schaden erlitten habe?

2. Kann der Käufer in die Schadensrechnung einen Gewinn als entgangen einstellen, den er nur durch eine gegen die guten Sitten verstoßende Handlung hätte machen können?

II. Zivilsenat. Urt. v. 12. Oktober 1920.

I. Landgericht Köln, Kammer für Handelssachen.
II. Oberlandesgericht daselbst.

Die Klägerin hatte 5000 Paar Militärstiefel für 17 M. das Paar verkauft und kaufte, um sich einzudecken, von der Beklagten die gleiche Anzahl für 18,75 M. das Paar. Die Beklagte hat nicht geliefert, auch nicht, nachdem ihr unter Androhung des Rücktritts Nachfrist gesetzt war. Die Klägerin fordert Ersatz des Schadens, den sie abstrakt berechnet mit der Behauptung, daß der gängige Preis 22 M. das Paar gewesen sei.

Während das Landgericht die Klage abwies, erklärte das Oberlandesgericht den Anspruch dem Grunde nach für berechtigt. Auf die Revision hat das Reichsgericht das Urteil erster Instanz wiederhergestellt.

Aus den Gründen:

. . . Es steht fest, daß die Klägerin, als sie das gegenwärtige Geschäft abschloß, an die Gesellschaft für Heeresbedarf 5000 Paar

Stiefel für 17 M. das Paar verkauft hatte, und daß sie, um sich hierfür einzudecken, mit der Beklagten abschloß. Sie hat, da die Beklagte nicht lieferte, auch ihrerseits ihrer Abnehmerin nicht geliefert, ist von dieser auf Schadensersatz belangt und zur Zahlung von 7500 M. (1,50 M. das Paar Stiefel) verurteilt worden. Mit der Mehrforderung ist die damalige Klägerin abgewiesen worden. Die Entscheidung ist vor Erhebung der gegenwärtigen Klage ergangen und ist rechtskräftig geworden.

Den Standpunkt der Beklagten, daß danach die Klägerin aus der Nichterfüllung nicht nur keinen Schaden erlitten, sondern Vorteil gehabt habe, lehnt der Vorderrichter ab. Die Voraussetzungen abstrakter Schadensberechnung — so führt er aus — lägen vor; der Besteller sei nicht darauf beschränkt, den Schaden ersetzt zu verlangen, den er durch *Nichtlieferung in seinem Geschäfte* gehabt habe, er könne allgemein und als Mindestmaß die Anwendung der abstrakten Berechnung verlangen, es sei denn, daß besondere Umstände vorgelegen hätten, die einen Verkauf der Ware zum Marktpreise unmöglich gemacht hätten, was hier nicht dargetan sei.

Das greift die Revision mit Recht an. Richtig ist, daß an und für sich der Käufer freie Hand hat, ob er den Schaden konkret oder abstrakt berechnen will. Der Gegner hat keinen Anspruch auf die eine oder die andere Berechnungsart. Aber das ist ein allgemeiner Grundsatz, der Ausnahmen zuläßt und fordert. Denn immer bleibt es dabei, daß nur der wirkliche nachweisbare Schaden zu ersetzen ist und daß die Vertragsverletzung nicht zur Folge haben darf, daß ein ungerechtfertigter Gewinn gemacht wird. Die Zulassung abstrakter Berechnung beruht auf dem Gedanken einer Erleichterung des mit absoluter Sicherheit überhaupt nicht zu erbringenden und auf Unterstellungen größerer oder geringerer Wahrscheinlichkeiten angewiesenen Nachweises des Schadens (vgl. RGZ. Bd. 90 S. 425). Ein solcher Beweis muß zurücktreten, wenn auf Grund feststehender Tatsachen ein positives Ergebnis sich mit Sicherheit erzielen läßt. Hier steht fest, daß die Klägerin die Stiefel für 18,75 M. das Paar gekauft hat, um sie auf Grund eines voraufgegangenen Abschlusses ihrem Abnehmer für 17 M. zu liefern, und es steht ferner fest, daß sie durch die Nichterfüllung dieses letzteren Vertrags einen Schaden von nur 1,50 M. das Paar erlitten hat, während bei Erfüllung der Verträge ihr Schaden 1,75 M. das Paar betragen haben würde. Allerdings war anscheinend inzwischen die Konjunktur gestiegen, und vielleicht hätte Klägerin, wenn die Beklagte geliefert hätte, die Stiefel unter Verletzung ihrer Vertragspflicht gegenüber ihrer Abnehmerin anderweit mit Vorteil verkaufen können. Aber ein solches Verfahren wäre ein gröblicher Verstoß gegen die guten Sitten gewesen, und wenn auch selbstverständlich die Beklagte keinen Anspruch darauf hatte, daß die Klägerin mit den gekauften Stiefeln in einer bestimmten Art und

Weise verfuhr, so fällt es hier doch entscheidend in das Gewicht, weil von Rechts wegen niemand die Einbuße eines Gewinns geltend machen kann, den er nur durch ein sittenwidriges Verhalten hätte erzielen können.

RGZ. 100, 129*)

Kann unter besonderen Umständen beim Fortbestand eines gegenseitigen Vertrags der eine Teil die Erhöhung der Gegenleistung fordern, wenn seine eigene Leistung unter der Veränderung der Verhältnisse wirtschaftlich zu einer völlig anderen geworden ist? Ausgleich der beiderseitigen Interessen in solchem Falle.

III. Zivilsenat. Urt. v. 21. September 1920.

I. Landgericht I Berlin. II. Kammergericht daselbst.

Die Klägerin hatte der Beklagten im Jahre 1912 Geschäftsräumlichkeiten in einem ihr gehörigen Berliner Grundstück bis zum 1. April 1915 vermietet. Der Vertrag war jedoch, da die Beklagte von dem ihr auf weitere 5 Jahre eingeräumten Vormietungsrechte Gebrauch gemacht hatte, bis Ende März 1920 weitergelaufen. Nach § 20 des Vertrags hatte die Beklagte Anspruch auf Abgabe von Wasserdampf für gewerbliche Zwecke. Die Klägerin erachtet sich wegen der seit dem Vertragsabschluß wesentlich veränderten Verhältnisse auf dem Kohlen- und Arbeitsmarkt für berechtigt, für den in der Zeit vom 1. September 1917 bis Ende Juli 1919 gelieferten Dampf von der Beklagten eine Nachzahlung auf die gemäß den vertraglichen Festsetzungen des § 20 gezahlte Vergütung zu fordern. Hilfsweise forderte sie die Feststellung, daß der Dampflieferungsvertrag nichtig sei oder daß sie doch in Zukunft Dampf nur noch zu angemessenen Preisen abzugeben habe. Ihre Klage wurde vom Landgericht wie vom Berufungsgericht abgewiesen, ihrer Revision aber stattgegeben aus folgenden

Gründen:

Zwar kann dem Berufungsgerichte nicht entgegengetreten werden, wenn es die Auffassung der Klägerin ablehnt, wonach bei richtiger Auslegung aus den Worten in § 20 Nr. 6 des Vertrags: „die Preise für gewerblichen Dampf stellen sich wie folgt" sowie aus dem weiteren Inhalte dieser Bestimmung sich eine vertragliche Abmachung des Inhalts ergeben soll, daß bei wesentlicher Veränderung der Verhält-

*) Vgl. auch Bd. 108 S. 105 (abgedr. unter „Schuldrecht, Ungerechtfertigte Bereicherung"); Bd. 141 S. 110 (126) (abgedr. unter „Warenzeichenrecht"); Bd. 146 S. 376 (abgedr. unter „Allgemeiner Teil"); Bd. 160 S. 257 (265, 267) (abgedr. unter „Handelsgesellschaften, GmbHG.").

nisse auch eine Aenderung des Dampfpreises einzutreten habe. Die hierauf bezüglichen Ausführungen des Berufungsgerichts bewegen sich im wesentlichen auf tatsächlichem Gebiet und lassen einen Rechtsirrtum nach keiner Richtung erkennen. Ebensowenig sind Einwendungen zu erheben gegen die Darlegungen des Berufungsgerichts, in denen es den Versuch der Klägerin abweist, ihren Anspruch in der Weise zu begründen, daß sie in dem hartnäckigen Festhalten der Beklagten an dem Vertragspreis einen Verstoß gegen die guten Sitten im Sinne des § 138 BGB. erblickt wissen will, woraus dann nach ihrer weiteren Meinung die jetzige Nichtigkeit der Vertragsbestmmung über den Dampfpreis folgen und damit der Weg zur Festsetzung eines angemesenen Dampfpreises nach Maßgabe der §§ 632 oder 812 BGB. eröffnet sein soll.

Dagegen erscheint das Begehren der Klägerin vom Standpunkte der sog. clausula rebus sic stantibus aus gerechtfertigt.

Das BGB. kennt diesen Grundsatz nur in Anwendung auf einige wenige Sonderfälle und auch das Reichsgericht hat, wie der erkennende Senat erst noch jüngst in einem Urteile vom 8. Juli 1920 ausgesprochen hat (RGZ. Bd. 99 S. 259), ihn nicht als einen allgemein durchgreifenden anerkannt.

Dagegen hat das Reichsgericht in den letzten Jahren in einer Reihe von Entscheidungen sowohl des erkennenden Senats als auch anderer Senate dem durch den ungeahnten Verlauf und Ausgang des Krieges herbeigeführten Umsturz und Umschwung aller wirtschaftlichen Verhältnisse eingeräumt, daß es das Begehren einer Vertragspartei auf Lösung des Vertragsverhältnisses dann als berechtigt erachtet hat, wenn ihr das Aushalten des Vertrags unter den neuen, völlig veränderten Zuständen wirtschaftlich nicht mehr zugemutet werden konnte. Die Anknüpfung an das positive Gesetzesrecht boten und bieten die §§ 242 (157) und 325 BGB. Beherrschen nach den ersteren Vorschriften Treu und Glauben die Erfüllungspflicht des Schuldners wie dementsprechend gegenseits auch das Erfüllungsrecht des Gläubigers — sein Recht auf die Erfüllung —, so kann unter diesem Gesichtspunkte die Erfüllung eines Vertrags nicht mehr geschuldet und gefordert werden, wenn infolge der völligen Veränderung der Zustände die Vertragsleistung jetzt wirtschaftlich von beiden Parteien gedacht und gewollt war. Und ist im § 325 BGB. unter Unmöglichkeit nicht nur die tatsächliche, sondern auch die wirtschaftliche Unmöglichkeit zu verstehen, so tritt damit im Gesetz die clausula rebus sic stantibus insoweit unverhüllt zutage.

Nun lagen in den bisher entschiedenen Fällen die Dinge so, daß eine Vertragspartei auf Grund der völlig veränderten Verhältnisse Lösung des ganzen Vertragsbandes verlangte. Jetzt aber handelt es sich darum, daß beide Parteien mit ihrem Willen den Vertrag fortsetzen oder fortgesetzt haben und nunmehr eine von ihnen, hier die Klägerin, bei Fortbestand des Vertrags Erhöhung der Gegenleistung auf Grund der Behauptung beansprucht, daß ihre eigene Leistung infolge der völligen Veränderung aller maßgebenden Verhältnisse wirtschaftlich zu einer so ganz anderen geworden sei als wie sie bei Abschluß des Vertrags beschaffen war, daß der Inhalt der Gegenleistung, wenn er unverändert bliebe, zu ihrer eigenen Leistung wirtschaftlich in einem schlechthin unerträglichen Mißverhältnis stehen würde, so daß Treu und Glauben die Aenderung der Gegenleistung erheischten. Der Senat hat, die Richtigkeit der Behauptungen der Klägerin vorausgesetzt, der Berechtigung ihres Begehrens die Anerkennung nicht versagen können. Bereits in der oben erwähnten Entscheidung vom 8. Juli d. J. hat der Senat die Auffassung vertreten, daß in einem derartigen Falle von der Billigkeit eine entsprechende Aenderung der Vertragsleistung des anderen Teiles gefordert werde (Bd. 99 S. 260), und an diesem Standpunkte hält er auch jetzt und für den gegenwärtigen Fall fest. Allerdings hat der Senat in einer Entscheidung vom 4. Mai 1915 (Bd. 86 S. 398), wiederholt in einer späteren vom 3. Juli 1917 (Bd. 90 S. 375), ausgesprochen, daß der Richter nicht zwecks Milderung der Härten des Krieges einen Ausgleich zwischen den Vertragsparteien schaffen könne. Allein die erste und vornehmste Aufgabe des Richters geht dahin, in seiner Rechtsprechung den unabweislichen Bedürfnissen des Lebens gerecht zu werden und sich in dieser Beziehung von den Erfahrungen des Lebens leiten zu lassen. Jener Ausspruch des Senats kann in seiner strengen Allgemeinheit nach der jetzigen Ueberzeugung des Senats nicht mehr aufrecht erhalten werden; er ist durch die Erfahrungen überholt, die der Senat im weiteren Verlaufe des Krieges und insbesondere durch dessen ungeahnten Ausgang und die daran sich anschließende, ebenfalls ungeahnte Umwälzung aller wirtschaftlichen Verhältnisse gemacht hat. Diese Verhältnisse erfordern unbedingt ein Eingreifen des Richters in bestehende Vertragsverhältnisse dann, wenn anders nicht ein Treu und Glauben und jedem Gebote von Gerechtigkeit und Billigkeit hohnsprechender, einfach nicht zu ertragender Zustand geschaffen werden soll. Der als wünschenswert oder nötig erachtete Anhalt im positiven Rechte ist in den oben erwähnten Bestimmungen des BGB. gegeben. Rechtfertigt sich nach diesen auf Verlangen einer Partei sogar die Lösung des ganzen Vertragsverhältnisses, so erscheint es um so mehr zulässig, in einem nach dem übereinstimmenden Willen beider Parteien fortbestehenden Vertragsverhältnisse eine einzelne Vertragsbeziehung zu ändern, wenn Treu und Glauben, Billigkeit und Gerechtigkeit solches zum Gebot machen. Uebrigens läßt sich wohl auch der Gedanke verwerten, daß, wenn eine Vertragsleistung durch die Aenderung der Verhältnisse wirtschaftlich unmöglich geworden ist, dadurch eine Vertragslücke entsteht, die der Richter nunmehr, wie auch sonst Vertragslücken, durch seine Bestimmung auszufüllen hat.

Um aber von vornherein jedem Mißbrauche des obigen Grundsatzes vorzubeugen, ist dreierlei für seine Anwendung zu erfordern:

Erstens müssen, wie schon mehrfach hervorgehoben, beide Parteien das Vertragsverhältnis mit ihrem Willen fortsetzen. Die Fälle der zwangsweisen Fortsetzung können hier nicht in Betracht gezogen werden. Zweitens kann nur einer ganz besonderen und ganz ausnahmsweisen Neugestaltung und Aenderung der Verhältnisse, wie sie jetzt durch den Krieg eingetreten ist, die bezeichnete Wirkung eingeräumt werden. Lediglich der Umstand, daß eine spätere Veränderung der Verhältnisse nicht vorauszusehen ist und nicht vorausgesehen werden konnte, genügt nicht. Drittens aber muß in einem Falle der vorliegenden Art ein Ausgleich der beiderseitigen Interessen stattfinden. Es kann nicht allein zugunsten desjenigen, der durch die neuen Verhältnisse bei Fortdauer des Vertrags leidet und gelitten hat, eine Aenderung erfolgen, sondern es müssen ebenso auch die Interessen des anderen Teiles berücksichtigt werden, der künftig mehr oder anderes leisten soll. Es darf ihm nicht der ganze Nachteil aufgebürdet werden, so daß nunmehr der Zustand für ihn ein nicht erträglicher sein und der Billigkeit und Gerechtigkeit widersprechen würde; es muß vielmehr der erwachsene Schaden angemessen zwischen beiden geteilt werden. Diesen Ausgleich richtig zu finden, ist Sache der Erfahrung des Richters und seiner verständnisinnigen Beurteilung der beiderseitigen Verhältnisse.

Ueberschaut man von dieser Warte aus die Lage des vorliegenden Falles, so genügt weniges zur Begründung der gefällten Entscheidung. Die Klägerin hat vorgebracht, daß sie bei dem von der Beklagten an sie bezahlten Vertragspreise für den gelieferten Dampf in der Zeit vom 1. September 1917 bis Ende Juli 1919 infolge der ungeheuren Erhöhung der Kohlen- usw. Preise den Betrag von 89 000 M. „zugesetzt" habe, d. h. also offenbar einen baren Verlust in dieser Höhe gehabt habe. Dabei ist zu beachten, daß der Mietpreis für die der Beklagten vermieteten Räume jährlich nur 9362 M. betrug. Am grellsten beleuchtet wird aber der in Frage stehende Zustand dadurch, daß das Mieteinigungsamt in Berlin am 21. Februar 1920 den Preis für den von der Klägerin der Beklagten zu liefernden Dampf auf die Zeit vom 31. März 1920, dem Ende der Vertragszeit, bis zum 31. März 1921, bis zu welchem Zeitpunkte das Mieteinigungsamt den von der Klägerin gekündigten Mietvertrag verlängert hat, auf mehr als das Zehnfache des Vertragspreises erhöht hat. Angesichts dieser Tatsache und der anderen offen zutage liegenden Verhältnisse wird die Ausführung des Berufungsrichters, sie habe sich bei Abschluß des Vertrags einfach insofern „verkalkuliert", als sie die Folgen eines

Krieges nicht mit in Betracht gezogen habe, in keiner Weise der Wirklichkeit gerecht. Falsche Berechnungen bei einem Vertragsabschluß können selbstverständlich keine Grundlage für eine Aenderung vereinbarter Preise abgeben. Allein selbst wenn man insoweit dem Gedanken des Berufungsrichters noch folgen wollte, daß die Klägerin vielleicht die Wirkungen eines möglichen Krieges mit hätte in Berücksichtigung ziehen können, so kann doch davon gar keine Rede sein, daß die Klägerin bei dem Abschluß des Vertrags im Jahre 1912 bei dem damaligen Stande des Deutschen Reichs an einen derartigen Krieg mit dem Umfange, dem Ausgang und den Wirkungen auch nur im entferntesten hätte denken und solchen Krieg in ihre Berechnungen mit hätte hineinziehen können. Kein Mensch in Deutschland ahnte derartiges und konnte es ahnen; es liegen hier außer jeder menschlichen Berechnung stehende Ereignisse vor. Der Berufungsrichter tut daher der Klägerin klares Unrecht, wenn er ihr wegen Nichtberücksichtigung der Folgen eines möglichen Krieges die Folgen des jetzigen Krieges im Verhältnis zur Beklagten allein aufbürdet. Daß die Unterlassung der Aufnahme einer Kriegsklausel in den Vertrag der Klägerin nicht zum Nachteile gereichen kann, bedarf keiner weiteren Darlegung. . . .

Zum Schluß ist noch folgendes zu bemerken: In einer Entscheidung des I. Zivilsenats vom 9. März 1918 I 216/17 finden sich folgende Sätze: „Klägerin will nicht von dem Vertrage loskommen, sondern sie will, daß der Vertrag bestehen bleibe, aber mit verändertem Inhalte, sei es daß der Preis erhöht werde, sei es daß sie bis zum Friedensschluß nicht zu liefern brauche. Dieses Ergebnis läßt sich auf Grund des angegebenen Gesichtspunktes nicht erreichen." Dieser Ausspruch ist klar nur auf das damalige Vertragsverhältnis und auf die damaligen Verhältnisse (1918) gemünzt. Ein Anlaß zur Anwendung des § 137 GVG. ist daher hierdurch nicht gegeben. Das ist auch um so weniger der Fall, als der I. Zivilsenat in einem Urteile vom 18. Februar 1920 I 204/19 Anschauungen zum Ausdruck gebracht hat, die ihrem Geiste nach mit der im vorstehenden Urteile vertretenen Auffassung wesentlich übereinstimmen.

RGZ. 101, 157*)

1. Ist, wenn der Unternehmer einen Teil der von ihm herzustellenden Ware von einem Dritten beziehen muß, dieser Dritte als sein Erfüllungsgehilfe anzusehen?

2. Zur Frage der Gewährleistung des Unternehmers für die Erfüllung des Vertrags.

---

*) Vgl. auch Bd. 108 S. 221 (abgedr. S. 330 dieses Bandes).

II. Zivilsenat. Urt. v. 4. Januar 1921.

I. Landgericht Aachen, Kammer für Handelssachen.

II. Oberlandesgericht Köln.

Mit Schreiben vom 11. Februar 1916 bot der Beklagte der Klägerin die Lieferung eines Kraftwagen-Omnibus von genau beschriebener Ausführung mit Fafnir-Spezial-Chassis zum Preise von 14 500 M. an. Die Klägerin nahm am 1. April das Angebot an und zahlte 4500 M. an. Die Lieferung unterblieb jedoch im Zusammenhang mit den Kriegsverhältnissen. Am 19. November 1918 teilte der Beklagte der Klägerin mit, daß demnächst mit der Freigabe der für die Anfertigung des Chassis erforderlichen Rohstoffe zu rechnen sei, und daß er dann den Auftrag vom Jahre 1916 wieder in Arbeit nehmen könne. Nur werde den Fafnir-Werken ein Preisaufschlag zu bewilligen sein. Am 5. März 1919 fragte der Beklagte bei der Klägerin an, ob sie mit einem Preiszuschlag von 9000 M. einverstanden sei, was diese am 7. März bejahte. Trotzdem erfolgte auch in der Folgezeit keine Lieferung des Omnibus. Am 10. Dezember 1919 verlangte der Beklagte für den Wagen einen weiteren Preiszuschlag von mindestens 12 000 M. Hierauf ging die Klägerin nicht ein, erhob vielmehr Klage und beantragte Verurteilung des Beklagten zur Lieferung des Wagens gegen Zahlung restlicher 19 000 M.

Der Beklagte wandte ein, die Fafnir-Werke hätten das Chassis erst Mitte Oktober 1919 abgeliefert. Zur demnächstigen Fertigstellung des Wagens sei er nicht imstande gewesen, da die Besatzungstruppen seine gesamten Räume und Arbeitskräfte für eigene Ausbesserungsarbeiten in Anspruch genommen und jede Arbeit für Private verboten hätten. Danach sei dann eine solche Preissteigerung für Arbeitslöhne eingetreten, daß ihm die Herstellung des Wagens nicht mehr zu dem vorher vereinbarten Preise habe zugemutet werden können.

Das Landgericht gab der Klage statt; die Berufung des Beklagten wurde zurückgewiesen. Auch seine Revision blieb erfolglos.

Gründe:

Der Revision ist darin beizutreten, daß die Fafnir-Werke zu Unrecht vom Berufungsgericht als Erfüllungsgehilfen des Beklagten angesehen worden sind. Die Fafnir-Werke waren dem Beklagten vertragsmäßig zu liefern verpflichtet. Durch ihre Leistung erfüllten sie nicht die dem Beklagten gegenüber der Klägerin obliegende Verpflichtung, sondern nur ihre eigene Verpflichtung dem Beklagten gegenüber (vgl. Urt. des RG. vom 21. April 1914 VII 24/14 und vom 30. Januar 1917 VII 269/16).

Trotzdem war der Revision der Erfolg zu versagen. Nach dem festgestellten Sachverhalt war die Ausführung des Vertrags der Parteien zunächst infolge der Kriegsverhältnisse unterblieben. Eine Beschaffung des Chassis für den Kraftwagen konnte wegen der Beschlagnahme der zur Herstellung erforderlichen Rohstoffe nicht erfolgen. Als dann aber der Krieg beendet war, hat sich der Beklagte unter Hinweis auf die demnächstige Ausführbarkeit des Vertrags erneut zur Lieferung erboten und nur die Bedingung gestellt, daß den Fafnir-Werken ein den veränderten Verhältnissen entsprechender Preisaufschlag bewilligt werde. Im März 1919 hat er darauf den Vertragspreis um 9000 M. erhöht und die Fertigstellung des Omnibus gegen Zahlung von 23 500 M. zugesagt. Die Klägerin hat sich mit der Preiserhöhung einverstanden erklärt. Bei dieser Sachlage muß in der erneuten Lieferungszusage des Beklagten die Uebernahme einer Gewähr für die Erfüllung erblickt werden. Die Wiederaufnahme der Verhandlungen im November 1918 und deren Abschluß im Frühjahr 1919 zeigen, daß die Parteien die bisherigen Lieferungshindernisse als behoben ansahen, und daß sich der Beklagte gegen eine Mehrforderung der Fafnir-Werke infolge der veränderten Zeitumstände durch entsprechende Ausbedingung eines höheren Preises seinerseits gesichert hat. Damit aber hat er eine Gewähr dafür übernommen, daß Lieferungshindernisse seitens der Fafnir-Werke der Vertragserfüllung nicht mehr im Wege stehen würden. Er kann sich daher auch nicht darauf berufen, daß durch schuldhafte Verzögerung der Lieferung des Chassis der eigenen Fertigstellung des Wagens neue Schwierigkeiten bereitet worden seien.

Das angefochtene Urteil ist aber noch aus einem anderen Grunde aufrechtzuerhalten. Zwar mag es zutreffen, daß dem Schreiben des Beklagten vom 10. Dezember 1919 nicht das Zugeständnis zu entnehmen ist, daß er in der Zwischenzeit, d. h. also seit Oktober 1919, zur Fertigstellung des Wagens imstande gewesen sei. Allein er kann dieses kurzfristige Hindernis nicht als Befreiungsgrund verwerten. Unstreitig waren die vom Beklagten zu bewerkstelligenden Arbeiten in der Hauptsache längst fertiggestellt. Es handelte sich wesentlich nur noch um die Montierung und Zusammensetzung der einzelnen Teile. Mit der Möglichkeit, daß diese Schlußarbeit durch irgendwelche Ereignisse zeitweise gehindert werden würde, mußte der Beklagte mit Rücksicht auf die im Frühjahr 1919 herrschenden wirtschaftlichen Verhältnisse rechnen. Insbesondere hatte er für den Fall, daß die Fertigstellung des Wagens durch solche Hindernisse hinausgeschoben wurde, auf weitere Preissteigerungen gefaßt zu sein. Gab er trotzdem die Lieferzusage vorbehaltlos ab, so muß er die Folgen seiner sorglosen Handlungsweise tragen. Daß durch die später eingetretene Preissteigerung eine Gefährdung des geschäftlichen Bestehens des Beklagten herbeigeführt worden sei, ist von ihm nicht behauptet worden. Es würde auch eine solche Behauptung mit Rücksicht auf die verhältnismäßige Geringfügigkeit der noch ausstehenden Arbeiten schwerlich aufgestellt werden können.

RGZ. 101, 217*)

Wird beim Schadensersatzanspruche wegen Nichterfüllung die abstrakte Berechnung unbedingt dadurch ausgeschlossen, daß der Käufer beim Vertragsschlusse nicht die Absicht der Weiterveräußerung gehabt hat?

I. Zivilsenat. Urt. v. 15. Januar 1921.

I. Landgericht Halle a. S. II. Oberlandesgericht Naumburg a. S.

Im August 1914 kaufte die Armeekonservenfabrik in Mainz von der Beklagten 200 t grüne und 400 t Viktoriaerbsen. Die Beklagte blieb mit der Lieferung von 2,581 t grüner und 46,258 t Viktoriaerbsen im Rückstande, weshalb der Kläger, der Reichsmilitärfiskus, der Beklagten am 7. Juni 1915 gemäß § 326 BGB. eine Nachfrist bis zum 16. Juni setzte. Unter Zugrundelegung eines Marktpreises von 115 M. für 100 kg Viktoriaerbsen und von 102 M. für grüne Erbsen bezifferte der Kläger seinen Schaden in abstrakter Berechnung auf 33 045,86 M., und verlangte, indem er zwei Gegenforderungen der Beklagten in Abzug brachte, mit der gegenwärtigen Klage Verurteilung der Beklagten zur Zahlung von 19 879,73 M. nebst 4 % Zinsen seit dem 16. Juni 1915.

Beide Vorinstanzen erkannten zugunsten des Klägers. Die Revision der Beklagten wurde zurückgewiesen aus folgenden

Gründen:

Zunächst rügt die Beklagte, daß der Berufungsrichter die Berechnung des abstrakten Schadens zugelassen habe, obwohl der Reichsmilitärfiskus die Erbsen nicht zum Weiterverkaufe, sondern zur Verarbeitung in der Armeekonservenfabrik und zum späteren Verbrauche durch das Heer gekauft und der Fiskus nicht als Kaufmann angesehen werden könne.

Der Berufungsrichter gibt für seine Auffassung folgende Begründung: Wenngleich der Fiskus, da er nicht um der Gewinnerzielung willen gehandelt habe, nicht Kaufmann gewesen sei, so habe doch ein Handelskauf (mit Rücksicht auf die Person der Verkäuferin) vorgelegen. Dann aber ändere es an der allgemein anerkannten Be-

*) Vgl. auch Bd. 105 S. 285, 293 (beide abgedr. S. 306 bzw. S. 309 dieses Bandes).

fugnis, abstrakten Schaden zu fordern, nichts, daß der Käufer nicht gekauft habe, um weiterzuverkaufen, sondern um die Ware selbst zu verarbeiten. Eine verschiedene Behandlung der Kaufverträge nach diesem Gesichtspunkte sei überhaupt untunlich; es werde eine Reihe von Geschäften geben, bei denen die Absicht des Käufers nicht unzweifelhaft sei und wo sie sich im Laufe der Zeit ändern könne. Auch im vorliegenden Falle sei es dem Käufer natürlich nicht versagt gewesen, die Erbsen schließlich zu veräußern. Auch für Fälle der vorliegenden Art nähmen Rechtsprechung und Lehre (anders freilich Düringer-Hachenburg, auch Leipz. Zeitschr. 1916 Sp. 141, 1917 Sp. 113 und 361) überwiegend die Zulässigkeit der abstrakten Berechnung an (vgl. Urt. des Kammergerichts in JW. 1919 S. 738).

Der erkennende Senat sieht keinen Anlaß, der Auffassung des Berufungsrichters entgegenzutreten. Daß dem Kläger infolge der Nichtlieferung seitens der Beklagten ein Schaden erwachsen ist, läßt sich nicht wohl in Abrede nehmen. Denn um die Ernährung des Heeres sicher zu stellen, war er gezwungen, alles, was an Erbsen auf den Markt kam, aufzukaufen. Hierauf war nach dem Gutachten des Sachverständigen B. die Knappheit der Erbsen auf dem Markt und das erhebliche Anziehen der Preise zurückzuführen, wie denn der Sachverständige sich auch dahin äußert, daß man im Juni 1915 die in Ansatz gebrachten Preise beim Kauf von Erbsen gern angelegt haben würde. Der Fiskus hätte also, um die Ernährung des Heeres zu sichern, entweder die in Ansatz gebrachten Preise für die Beschaffung der nötigen Erbsen aufwenden oder aber für anderweitige Lebensmittel erhebliche Aufwendungen machen müssen. Es kann sich also im vorliegenden Falle nur fragen, ob der Fiskus die abstrakte Berechnungsart, welche im allgemeinen die einfachste und bequemste ist, dafür aber auch häufig sich in bescheidener Höhe hält, wählen darf, ob er seinen Schaden konkret, z. B. unter Zugrundelegung der von ihm tatsächlich abgeschlossenen anderweitigen Deckungskäufe, berechnen muß.

Die abstrakte Schadensersatzberechnung bildet einen Anwendungsfall des § 252 BGB. Danach umfaßt der zu ersetzende Schaden den entgangenen Gewinn, und als entgangen gilt der Gewinn, welcher nach dem gewöhnlichen Laufe der Dinge oder nach den besonderen Umständen, insbesondere nach den getroffenen Anstalten und Vorkehrungen, mit Wahrscheinlichkeit erwartet werden konnte. Wenn man im kaufmännischen Verkehr die abstrakte Schadensersatzberechnung allgemein anerkannt hat, so beruht dies auf dem Gedanken, daß der Käufer bei rechtzeitiger Lieferung des Verkäufers jederzeit in der Lage gewesen wäre, die Ware zu dem ihrem Werte zur Zeit der Lieferung entsprechenden Preise weiter zu veräußern und damit einen Gewinn in Gestalt des Unterschieds zwischen dem jetzigen Markt- oder Verkäuflichkeitspreise und dem ursprünglichen Kaufpreise zu erzielen. Diese Vermutung, daß der Käufer diesen Gewinn hätte erzielen können, wird allerdings entkräftet, wenn besondere Umstände dafür vorliegen, daß der Käufer den durch den alsbaldigen Weiterverkauf möglichen Gewinn nicht erzielen konnte; denn solche besonderen Umstände vereiteln eben die sonst nach dem gewöhnlichen Laufe der Dinge wahrscheinliche Gewinnaussicht, und damit wird der auf § 252 BGB. gegründeten abstrakten Berechnung der Boden entzogen, so daß der Käufer nunmehr seinen Schaden konkret, d. h. auf Grund der besonderen Verhältnisse des Falles, berechnen muß. So wird der Fall z. B. liegen, wenn sich der Käufer dem Verkäufer gegenüber verpflichtet hat, die gekaufte Ware nicht weiter *zu veräußern, sondern in seinem* Betriebe zu verarbeiten oder zu verbrauchen, oder wenn die besonderen Umstände es mit sich bringen, daß ein Weiterverkauf durch den Käufer überhaupt nicht in Frage kommen kann. So mit Recht RGZ. Bd. 99 S. 47, wo ausdrücklich hervorgehoben wird, daß in dem dort entschiedenen Falle die Gewinn erbringende alsbaldige Weiterveräußerung ausgeschlossen gewesen sei, da die verkaufte Ware nur zur Versorgung der Truppen bestimmt war und eine andere Verwertung nicht in Frage kam.

Nun meint allerdings die Beklagte, daß ein ähnlicher Fall hier vorgelegen habe, und beruft sich insbesondere auf die Ausführungen bei Düringer-Hachenburg, HGB. Bd. 2 S. 253: „Ebensowenig ist der abstrakte Ersatzanspruch des Käufers zuzulassen, der die Ware ausschließlich zum eigenen Gebrauche kauft. Es kann z. B. ein Bierbrauer, der Kohlen für seine Brauerei bestellt, nur dann einen Schaden geltend machen, wenn er sich anderweit teureres Feuerungsmaterial verschafft. Der Weiterverkauf der Kohlen mit Nutzen dagegen gehört hier nicht zu dem gewöhnlichen Laufe der Dinge."

Der erkennende Senat ist der Auffassung, daß in dieser Ausdehnung das Recht des Käufers zur abstrakten Schadensersatzberechnung nicht beschränkt werden darf. Es steht nichts im Wege, daß in dem von Düringer-Hachenburg behandelten Falle der Brauer nachträglich seine Meinung ändert und eine z. B. infolge eines Kohlenarbeiterstreiks hervorgerufene augenblickliche Kohlenknappheit und dadurch veranlaßte Steigerung der Kohlenpreise zu Verkäufen eines Teiles seiner Kohlen benutzt, in der Hoffnung, sich später wieder billiger eindecken zu können. Bei der Wahrscheinlichkeit der Gewinnerzielung dürfen deshalb die nach dem Kaufabschlusse eingetretenen Ereignisse nicht unberücksichtigt bleiben, vielmehr spielen sie im gewöhnlichen Laufe der Dinge häufig eine ausschlaggebende Rolle.

Man darf auch nicht außer acht lasssen, daß der Gewinn nicht einfach die unmittelbare Folge des früher zu billigerem Preise abgeschlossenen Kaufvertrags ist, daß vielmehr immer noch ein besonderer Entschluß des Käufers zum Weiterverkauf im unmittelbaren Anschluß an die erfolgte Lieferung hinzutreten muß. Geht nun im kaufmännischen Verkehr die Vermutung dahin, daß der Käufer, wofern er nur in der Lage war, weiter zu veräußern, diesen Entschluß auch wirklich gefaßt hätte, so schließt im vorliegenden Falle der Umstand, daß der Fiskus zu dem Zwecke gekauft hatte, die Erbsen verarbeiten zu lassen und das Produkt sodann zur Versorgung des Heeres zu verwenden, keineswegs aus, daß er sich ebenfalls nachträglich entgegen seiner ursprünglichen Absicht zum Weiterverkauf entschloß. Jedenfalls blieb er, wie der Berufungsrichter zutreffend ausführt, immerhin in der Lage, einen solchen Entschluß zu fassen. Als solche Umstände zur Aenderung des Entschlusses kamen z. B. in Betracht, daß gegenwärtig der Verkäuflichkeitswert der Erbsen ein ganz besonders hoher war und daß der Fiskus hoffen konnte, mit Rücksicht auf die vor der Tür stehende neue Ernte zu niedrigeren Preisen noch rechtzeitig einkaufen zu können. Solche Erwägungen würden für den Fiskus sogar sehr nahe gelegen haben, wenn die Behauptung der Beklagten zugetroffen haben sollte, er habe schon soviel Erbsen gehabt, daß er sie gar nicht habe verarbeiten können und daß er, wenn die Erbsen rechtzeitig geliefert worden wären, den bereits unterbrochenen Betrieb in der Konservenfabrik in Mainz mit einem wirklichen Erfolge nicht wieder hätte eröffnen können.

Es kann dies aber auf sich beruhen, da jedenfalls der Umstand, daß der Fiskus die Erbsen in der Absicht gekauft hat, sie in der Konservenfabrik verarbeitet zur Ernährung des Heeres zu verwenden, für sich allein nicht ein solcher ist, daß dadurch die Weiterveräußerung als ausgeschlossen erscheint. . . .

RGZ. 101, 240

Zulässigkeit der abstrakten Schadensberechnung. Kann die Berechnung in der Weise erfolgen, daß der Käufer lebenden Viehs den ihm durch das Unterbleiben der Lieferung entstandenen Schaden nach dem Werte der Schlachtausbeute bemißt?

II. Zivilsenat. Urt. v. 25. Januar 1921.

I. Landgericht I Berlin. II. Kammergericht daselbst.

Der Beklagte hat gegen den Klaganspruch eine Schadensersatzforderung aufgerechnet, die er daraus herleitete, daß der Kläger ihm von 65 verkauften Kühen und Bullen, deren Preis nach dem Gewichte der lebenden Tiere bestimmt war, nur 38 geliefert hat. Beide Vorinstanzen erachteten die Gegenforderung für ungerechtfertigt. Auf die Revision des Beklagten wurde die Sache, soweit es sich um den von der Aufrechnung betroffenen Teil der Klageforderung handelt, an das Berufungsgericht urückverwiesen.

Aus den Gründen:

Der Beklagte hat in der zweiten Instanz erklärt, daß er seinen Schaden abstrakt berechne. Er tat dies in der Weise, daß er den Kaufpreis, den er dem Kläger für die nicht gelieferten Tiere zu zahlen gehabt hätte, verglich mit dem Werte des Schlachtgewichts der Tiere, wie dieser sich nach seiner Behauptung bei Zugrundelegung der Fleischpreise gestellt hätte, die im Juni 1915 auf dem Berliner Viehmarkte galten. Dabei kam er zu dem Ergebnisse, daß der Wert des Schlachtgewichts den Kaufpreis um 7129 M. übersteige. Als Schadensersatz forderte er diesen Betrag und außerdem den Wert der in dem Schlachtgewichte nicht enthaltenen Abfälle (Decken, Hörner, Knochen usw.), den er auf 3000 M. angab.

Das Berufungsgericht ist im Gegensatz zum ersten Richter der Ansicht, daß die Voraussetzungen des Anspruchs auf Schadenseratz wegen Nichterfüllung an sich gegeben seien, weil der Kläger durch den anderweitigen Verkauf der Tiere schuldhaft die Unmöglichkeit der Leistung herbeigeführt habe und weil auch eine ernstliche Erfüllungsverweigerung vorliege, die den Beklagten auch ohne Nachfristbestimmung zur Geltendmachung der Befugnisse des § 326 BGB. berechtige. Trotzdem versagt es dem Anspruche die Anerkennung, indem es erwägt: Der gehörte Sachverständige habe zwar angenommen, daß bei dem Vieh ein Schlachtgewicht von 55 bis 58 % zu erzielen gewesen sei, daß aber von dem Lebendgewichte noch etwa 7½ % infolge Verlustes durch den Transport abgehen würden. Er habe jedoch ferner als Voraussetzung für sein Gutachten bezeichnet, daß der Beklagte das Vieh selbst schlachtete und verwertete oder geschlachtet verkaufte. Wenn der Beklagte demgegenüber darauf hingewiesen habe, daß er alles, auch die Abfälle, in dem von ihm bewirtschafteten Gefangenenlager hätte verwerten können, so sei dieser Hinweis bei der aufgemachten abstrakten Schadensberechnung verfehlt. Diese habe nur so erfolgen können, daß der Unterschied zwischen dem Vertragspreise der verkauften Ware und dem Marktpreise dieser Ware zur Zeit und am Orte der geschuldeten Lieferung verlangt wurde. Den Gegenstand des Kaufes habe aber nicht die Schlachtausbeute, sondern lebendes Vieh gebildet; nur der Unterschied des Kauf- und Marktpreises für das lebende Vieh habe also als abstrakter Schaden berechnet werden können. Dennoch sei der Beklagte auf Befragen ausdrücklich bei der abstrakten Berechnung stehen geblieben. Uebrigens hätte es für die Substantiierung konkreten Schadens der Darlegung bedurft, welche Mengen Fleisch der Beklagte gebraucht habe, wann und inwiefern er durch das Unterbleiben der Lieferung genötigt gewesen sei, anderweit einzukaufen, wieviel er eingekauft habe und inwiefern er imstande gewesen wäre, die gesamte noch vom Kläger zu liefernde Ware geschlachtet zu verwerten, obwohl er erst am 4. Juni 115,25 Ztr. erhalten und das am 12. Mai gekaufte Vieh, wie ein Zeuge bekunde, sogar auf dem Zentralviehhofe verkauft habe.

Diese Beurteilung wird mit Grund von der Revision beanstandet.

Das Berufungsgericht geht fehl, indem es dem Beklagten nur die Wahl läßt, seinen Schaden entweder nach dem Unterschiede des Vertragspreises und des Marktpreises des lebenden Viehs oder so, wie in dem Urteile dargelegt, konkret zu berechnen. Die Zulassung der abstrakten Schadensberechnung beruht in einem Falle der vorliegenden Art auf der allgemeinen Vermutung, daß der Käufer, wenn der Verkäufer geliefert hätte, in der Lage gewesen wäre, die Ware zu dem den Vertragspreis übersteigenden Marktpreise zu veräußern und so einen Gewinn zu erzielen (vgl. RGZ. Bd. 90 S. 425, Bd. 99 S. 46). Mit diesem Grundgedanken ist es im gegebenen Falle durchaus vereinbar, daß die Berechnung nicht auf das lebende Vieh, sondern auf die Schlachtausbeute abgestellt wird. Ebensowenig steht mit ihm im Widerspruch, daß außerdem die Möglichkeit der Verwertung der Abfälle, die sich bei der Schlachtung ergeben hätten, so berücksichtigt wird, wie sie bei dem Geschäftsbetriebe des Beklagten bestanden hat. Erforderlich bleibt dabei freilich immer, daß in der Person des Beklagten die Voraussetzungen vorlagen, von denen die Zulässigkeit der abstrakten Schadensberechnung überhaupt abhängt. In dieser Beziehung scheint indessen das Berufungsgericht selbst keine Bedenken zu haben und ein Anlaß zu solchen ist auch nach dem in der Revisionsinstanz zu unterstellenden Sachverhalte nicht ersichtlich. Im kaufmännischen Verkehr ist diese Berechnungsart grundsätzlich als ohne weiteres zulässig anzusehen (vgl. das angeführte Urteil Bd. 99 S. 46). Aber auch bei dem Beklagten, der ein Gefangenenlager bewirtschaftet hat, steht nach der Art seines Geschäftsbetriebs nichts entgegen, dasselbe anzunehmen, mag er auch im allgemeinen nicht gekauft haben, um mit dem Angeschafften Handel zu treiben. Geht man hiervon aus, so wäre dem Beklagten das Recht zur abstrakten Berechnung nur etwa dann zu versagen, wenn besondere Umstände vorliegen würden, die geeignet wären, die erwähnte Vermutung, auf der die Zulassung dieser Berechnung beruht, zu entkräften. Solche Umstände könnten nach der Lage des Falles etwa dadurch gegeben sein, daß der Beklagte das gekaufte Vieh für das Gefangenenlager notwendig brauchte, so daß die Weiterveräußerung vernünftigerweise nicht in Betracht gekommen wäre. Dies trifft aber nach dem, was das Berufungsgericht in seinen Bemerkungen über die konkrete Berechnung ausführt, nicht zu und der Kläger hat auch selbst vorgetragen, daß der Beklagte das Vieh für das Lager nicht gebraucht habe.

RGZ. 101, 248

Haftet der Rechtsanwalt, wenn sein Bureauvorsteher durch betrügerische Mitteilung von dem Erfordernis einer Hinterlegung die Partei zur Hergabe von Wertpapieren veranlaßt und diese unterschlägt?

III. Zivilsenat. Urt. v. 28. Januar 1921.

I. Landgericht I Berlin. II. Kammergericht daselbst.

Der beklagte Rechtsanwalt war Prozeßbevollmächtigter der Klägerin in verschiedenen Prozessen, insbesondere in einem Rechtsstreite R. gegen die Klägerin, in dem diese durch Urteil vom 4. Juli 1918 zur Zahlung von 6500 M. nebst Zinsen und in die Kosten verurteilt und das Urteil gegen Sicherheitsleistung in Höhe von 6700 M. für vorläufig vollstreckbar erklärt wurde. Der Beklagte war damals verreist. Sein Bureauvorsteher M. teilte am 24. Juli 1918 der Klägerin durch Fernsprecher wahrheitswidrig mit, daß in der Sache R. zur Abwendung der Zwangsvollstreckung 6000 M. in bar oder ein Drittel mehr in Wertpapieren hinterlegt werden müßten. Die Klägerin sandte darauf am folgenden Tage 5%ige Deutsche Reichsanleihe (Kriegsanleihe) im Nennwerte von 10 000 M. mit Zinsscheinen und Erneuerungsschein an den Beklagten und erhielt darüber eine von M. für den Beklagten („p. pa.") unterschriebene Quittung. Auf das Verlangen der Klägerin nach Uebersendung der gerichtlichen Hinterlegungsbescheinigung erklärte M., mit dem Gegner sei Hinterlegung bei einer Bank vereinbart. Das Wertpapier ist im August 1918 von M. unterschlagen worden. Die Klägerin begehrt Verurteilung des Beklagten zur Lieferung von 5%iger Deutscher Reichsanleihe im Nennwerte von 10 000 M. nebst Zins- und Erneuerungsscheinen. Hierzu hat, abweichend von dem Landgerichte, das die Klage abgewiesen hatte, das Kammergericht den Beklagten verurteilt. Seine Revision wurde zurückgewiesen.

Gründe:

Der Berufungsrichter stellt fest, daß der Beklagte in ungewöhnlich weitgehendem Maße den Verkehr mit seinen Auftraggebern seinem Bureauvorsteher überlassen und daß letzterer insbesondere während der Abwesenheit des Beklagten allein für diesen der Klägerin gegenüber gehandelt habe, und folgert daraus, daß der Bureauvorsteher im Verkehre mit der Klägerin als Stellvertreter des Beklagten mit dessen Willen aufgetreten sei und der Beklagte deshalb für dessen schuldhafte Handlungen nach § 278 BGB. hafte. Diese Ausführungen liegen vorwiegend auf dem der Revision unzugänglichen Gebiete der Tatsachenwürdigung und sind rechtlich einwandfrei. Die von der Revision hervorgehobene Behauptung des Beklagten, er habe für die Zeit seiner Abwesenheit den Rechtsanwalt Dr. B. zu seinem Vertreter für seine Berufsgeschäfte vor Gericht und im Bureau bestellt, ist von dem Vorderrichter bei seiner Feststellung nicht übersehen worden, mit ihr auch durchaus vereinbar und nicht geeignet, die Haftung des Beklagten für seinen Bureauvorsteher, der neben jenem Vertreter des Beklagten mit dessen Willen handelte, auszuschließen.

Zu den Pflichten eines zum Prozeßbevollmächtigten bestellten Rechtanwalts seinem Auftraggeber gegenüber gehört die Benachrichtigung von dem Inhalte der ergangenen Urteile und die Belehrung über die zur Abwendung einer drohenden Zwangsvollstreckung erforderlichen Maßnahmen. Dies verkennt auch die Revision nicht. Auch nach ihr würde der Beklagte haften, wenn der Bureauvorsteher fahrlässigerweise das gegen die Klägerin ergangene Urteil dahin verstanden hätte, daß diese die Zwangsvollstreckung durch Hinterlegung abwenden müsse. Ist das aber richtig, so kann für den hier gegebenen Fall der vorsätzlichen, betrügerischen Mitteilung von dem Erfordernisse der Hinterlegung nichts anderes gelten; sonst würde gerade für die Fälle des schwersten Verschuldens eines Vertreters des Schuldners dem Gläubiger der Schutz des § 278 BGB. fehlen, während er doch vor allem in diesen Fällen geschützt werden muß. Wenn die Revision ausführt, die Voraussetzung für die Haftung aus § 278 sei das wirkliche Bestehen einer Verpflichtung, hier habe aber eine Pflicht des Beklagten zu einer Mitteilung über eine Hinterlegung nicht bestanden sondern sei nur von dem Bureauvorsteher betrügerisch vorgetäuscht worden, so kann dem nicht beigetreten werden. Der Beklagte war auf Grund seines Vertragsverhältnisses mit der Klägerin verpflichtet, dieser wahrheitsgemäße Mitteilungen über den Inhalt des Urteils und die Abwendung der Zwangsvollstreckung zu machen und sich jeder falschen Nachricht zu enthalten. Diese Pflicht hat sein Vertreter vorsätzlich verletzt.

Ein mitwirkendes Verschulden der Klägerin wird vom Berufungsrichter verneint. Das hierauf bezügliche Vorbringen des Beklagten ist erschöpfend und ohne Rechtsverstoß gewürdigt worden, so daß die Rüge der Nichterhebung der angebotenen Beweise fehl geht. Auch wenn der Klägerin die Abwesenheit des Beklagten bekannt war, konnte sie auf die Richtigkeit der Mitteilung des Bureauvorstehers, dem der Beklagte, wie erwähnt, in außergewöhnlich weitgehendem Maße den Verkehr mit ihr überlassen hatte, vertrauen und verletzte sie nicht die Pflicht zu der im Verkehr erforderlichen Sorgfalt, wenn sie weder die Vorlage der Urkunden, aus denen sich die Notwendigkeit der Hinterlegung zur Abwendung der Zwangsvollstreckung ergab, noch die der Quittung der Bank über die erfolgte Hinterlegung forderte. Auch daraus, daß sie selbst ein ihr gehöriges Wertpapier hinterlegte und den Bureauvorsteher nicht an ihre Versicherungsgesellschaft, die Nebenintervenientin im Vorprozesse, verwies, kann ihr ein Vorwurf nicht gemacht werden. Wollte man aber etwa in einer dieser Handlungen oder Unterlassungen der Klägerin eine Fahrlässigkeit finden, so würde sie im Vergleich mit dem vom Beklagten zu vertretenden betrügerischen Verhalten des Bureauvorstehers so gering sein, daß trotzdem der ganze Schaden dem Beklagten zur Last zu legen wäre.

RGZ. 101, 389

1. Wird der arglistig getäuschte Käufer durch die Anfechtung des Kaufvertrags gehindert, die Kaufsache weiterzuveräußern?

2. Kann der Verkäufer, wenn die vom Käufer erklärte Anfechtung begründet, die Kaufsache aber weiterveräußert ist, seinen Schaden oder nur den Wert der Sache ersetzt verlangen?

V. Zivilsenat. Urt. v. 16. Februar 1921.

I. Landgericht Prenzlau. II. Kammergericht Berlin.

Der Kläger hat von dem Beklagten durch notariellen Vertrag vom 1. September 1915 dessen in S. belegenes, auf Milchwirtschaft eingestelltes Gut gekauft. Er behauptet, hinsichtlich des Milchertrags der vorhandenen Kühe sowie der Ernteerträge von dem Beklagten arglistig getäuscht zu sein, und hat den Kaufvertrag angefochten. Mit der Klage verlangte er von dem Beklagten zunächst die Zurücknahme des Guts und Zug um Zug gegen Auflassung die Zurückgewährung der gemachten Leistungen in Höhe von 200 000 M. Nachdem er aber im Laufe des Rechtsstreits das gekaufte Gut weiterveräußert hatte, hat er unter Verzicht auf dessen Rücknahme beantragt, den Beklagten zur Zahlung von 10 000 M. zu verurteilen. Er hat seinen Anspruch auf ungerechtfertigte Bereicherung und unerlaubte Handlung gestützt, außerdem aber auch als vertragliche Schadensersatz- und Minderungsklage begründet. Der Beklagte hat die ihm vorgeworfene Arglist bestritten, außerdem dem Klaganspruche aber auch entgegengehalten, daß er durch die unbefugte Weiterveräußerung des Grundstücks um mindestens 100 000 M. geschädigt worden ist und deshalb der Kläger von ihm nichts fordern könne.

In den Vorinstanzen wurde die Klage abgewiesen. Auf die Revision wurde das Berufungsurteil aufgehoben.

Aus den Gründen:

. . . Das Berufungsgericht erachtet den Klaganspruch auch im Falle einer arglistigen Täuschung des Klägers für hinfällig, weil dem Beklagten zufolge der angeblich unbefugten Veräußerung des Guts Gegenansprüche erwachsen seien, durch die der Klaganspruch entkräftet werde. Aber auch in diesem Punkte sind die Ausführungen des Berufungsgerichts zu beanstanden.

Es mag sein, daß auch für den im Falle der Vertragsanfechtung zulässigen Schadensersatzanspruch aus unerlaubter Handlung (RGZ. Bd. 74 S. 1, JW. 1912 S. 137) die Pflicht zur Rückgabe der Kaufsache in Betracht zu ziehen ist und der Beklagte deshalb auch insoweit wegen der Veräußerung des Guts gegen den Kläger Ansprüche erheben könnte. Es mag auch sein, daß, wie bei der Bereicherung, so auch beim Schadensersatz die gegenseitigen Ansprüche, ohne daß eine Aufrechnung erforderlich wäre, im Zusammenhange zu würdigen sind, weil sowohl die Bereicherung wie der Schadensersatz nur unter Ausgleichung aller beiderseitigen, aus derselben Wurzel entsprungenen Vermögensab- und -zugänge festgesetzt werden kann (RGZ. Bd. 54 S. 140). Aber ob das auch zu gelten hat, wenn die Gegenpartei wegen der Unmöglichkeit der ihr zurückzugewährenden Leistungen einen Schadensersatzanspruch erhebt, kann fraglich sein. Zwar würde in der vom Beklagten erfolgten Geltendmachung des Schadensersatzanspruchs schlimmstenfalls auch eine Aufrechnung gesehen werden können. Aber eine solche Aufrechnung würde gegenüber dem Anspruche aus unerlaubter Handlung nicht zulässig sein (§ 393 BGB.). Doch kann auch dieses Bedenken auf sich beruhen, weil in Wirklichkeit dem Beklagten wegen der Veräußerung des Guts ein Schadensersatzanspruch überhaupt nicht zusteht.

Auf die §§ 346, 347 BGB. läßt sich ein solcher Anspruch nicht gründen, weil die Vorschriften über den vertragsmäßigen Rücktritt auf den Fall der Anfechtung nicht Anwendung finden, mag es vielleicht auch nahe liegen, beide Fälle gleich zu behandeln (RGZ. Bd. 59 S. 93, RGR. Komm. 3. Aufl. Anm. 1 zu § 142 S. 211). Auch aus § 818 Abs. 4, § 819 BGB. in Verb. mit § 292 das. kann die Schadensersatzpflicht des Klägers nicht hergeleitet werden, weil der Anspruch des Beklagten auf Rückgabe des Guts nicht rechtshängig geworden ist und weil, solange die Anfechtung nicht als begründet festgestellt ist, von dem Kläger auch nicht gesagt werden kann, daß er den Mangel des rechtlichen Grundes beim Empfange des Grundstücks gekannt oder später erfahren habe. Es kann deshalb nur in Frage kommen, ob der Kläger dem Beklagten nach § 280 BGB. schadensersatzpflichtig ist, weil ihm die Herausgabe des Guts infolge eines von ihm zu vertretenden Umstandes unmöglich geworden ist. Indes auch das ist zu verneinen. Es kann schon nicht ohne weiteres angenommen werden, daß die Veräußerung des Guts eine Umöglichkeit der Rückgabe herbeigeführt hat, weil der Kläger das verkaufte Gut möglicherweise zurückzuerwerben vermag (RGZ. Bd. 52 S. 95, Bd. 54 S. 224). Jedenfalls aber liegt keine vertretbare Unmöglichkeit der Leistung vor. Wenn weder die Anfechtung noch der Schadensersatzanspruch aus unerlaubter Handlung durch die Unmöglichkeit der Rückgabe des Kaufobjekts ausgeschlossen ist (RGZ. Bd. 59 S. 93, JW. 1910 S. 799, 1919 S. 378), so kann die erklärte Anfechtung auch die Veräußerung nicht hindern. Zum mindesten enthält deren Vornahme selbst noch kein Verschulden, das zum Schadensersatz verpflichten würde. Denn solange sich der Gegner der Anfechtung selber nicht fügt und zur Rückgabe des Empfangenen oder Leistung des Schadensersatzes gegen Rücknahme der Kaufsache nicht bereit ist, braucht auch der Anfechtende der Pflicht zur Rückgabe des Kaufobjekts nicht derart Rechnung zu tragen, daß er sie weiter verwaltet und die Unkosten dieser Verwaltung auf sich nimmt. Es ist unrichtig, wenn das Berufungsgericht meint, daß infolge der Anfechtung das verkaufte Grundstück wieder dem Beklagten gehöre. Er hatte nach Maßgabe der Bereicherungsgrundsätze nur einen schuldrechtlichen Anspruch auf Rückgewähr seiner eigenen Leistung. Lehnte der Beklagte die Rücknahme des Guts trotz der begründeten Anfechtung und trotz des begründeten Schadensersatzanspruchs ab, so war er im Annahmeverzuge, der zwar geheilt wurde, als der Kläger auf die Rücknahme des Grundstücks verzichtete, aber gerade wegen dieses Verzichts den Kläger in der Verfügung über die Grundstücke freistellte, solange der Beklagte nicht erklärt hatte, daß er selber auf dem durch die unwiderrufliche Anfechtung geschaffenen Rechtszustand bestehe. Es ist deshalb durch die Veräußerung dem Beklagten nur ein Wertersatzanspruch aus § 818 Abs. 2 BGB. erwachsen. Dieser Wertersatz aber bemißt sich nicht nach der Zeit der Urteilsfällung, sondern nach dem Zeitpunkte, in welchem der Kläger das Gut, dessen Wert er zu ersetzen hat, erlangt hat. Auf Herausgabe desjenigen, was der Kläger durch die Weiterveräußerung über den Wert zur Zeit des Erwerbes hinaus erworben hat, geht der Anspruch des Beklagten nicht. Denn wenn sich die Herausgabepflicht gemäß § 818 Abs. 1 BGB. auch auf dasjenige erstreckt, was der Empfänger auf Grund eines erlangten Rechts oder als Ersatz für die Entziehung des erlangten Gegenstands erwirbt, so fällt darunter doch nicht der durch ein besonderes Rechtsgeschäft, die Weiterveräußerung, erlangte Kaufpreis (RGZ. Bd. 86 S. 346 flg.; RGR. Komm. Anm. 4 zu § 818).

Hiernach wird, wenn die Anfechtung durchgreift, zu prüfen sein, ob und inwieweit unter Berücksichtigung der Wertersatzpflicht des Klägers sein Bereicherungs- oder Schadensersatzanspruch aus unerlaubter Handlung als begründet erscheint. . . .

RGZ. 102, 235

Zur Auslegung des § 260 Abs. 1 BGB.

II. Zivilsenat. Urt. v. 3. Juni 1921.

I. Landgericht Koblenz. II. Oberlandesgericht Köln.

Im Oktober 1919 hat der Beklagte an den Kläger Bestandteile von deutschen Militärwagen, die als deutsches Heeresgut von der amerikanischen Militärbehörde beschlagnahmt und von dieser in unabgebautem Zustand an den Beklagten veräußert worden waren, und außerdem in N. und K. lagernden, von Protzkästen herrührenden Eisenschrot verkauft. Im einzelnen handelt es sich bei den Bestandteilen von Militärwagen um den aus dem Abbau der Wagen sich ergenbenden gesamten Vorrat an Rotguß und Messing, ferner um verschiedene Arten von Rädern, die gleichfalls aus dem Abbau der Wagen gewonnen werden sollten, teils mit teils ohne Achsen. Mit der Behauptung, der Beklagte habe die Lieferung und die Erteilung von Auskunft über die abgebauten Teile verweigert, verlangt der Kläger Auskunfterteilung über die verschiedenen, aus dem Abbau der Wagen gewonnenen und ihm zu liefernden Bestandteile sowie über den in N. und K. lagernden Eisenschrott und Lieferung der hiernach sich ergebenden Mengen der einzelnen Teile. Der Beklagte hat jede Lieferungspflicht bestritten, weil der Kläger seiner wertraglichen Verpflichtung zur Zahlung des Kaufpreises „bei Verladung" in bezug auf zwei vom Beklagten verladene Eisenbahnwagen nicht nachgekommen sei und der Beklagte für diesen Fall sich das Recht ausbedungen habe, jede weitere Lieferung abzulehnen.

Der erste Richter hat der Klage zugesprochen, das Oberlandesgericht dagegen hat sie abgewiesen, weil kein gesetzlich vorgesehener Fall der Verpflichtung zur Auskunfterteilung vorliege. Auf die Revision des Klägers wurde das Berufungsurteil aufgehoben.

Gründe:

Eine allgemeine Verpflichtung des Schuldners zur Auskunfterteilung besteht nach dem Bürgerlichen Gesetzbuch allerdings nicht. Dem Berufungsgericht ist auch darin beizutreten, daß von den dort besonders vorgesehenen Fällen der Auskunftspflicht hier keiner zutrifft. Nach dem unbestrittenen Inhalt des Vertrags vom 1. Oktober 1919 war der Abbau der Wagen, durch den die dem Kläger zu liefernden Rotguß- und Messingmengen und verschiedenen Arten von Rädern mit und ohne Achsen gewonnen werden sollten, nach Zeit und Umfang in das Ermessen des Beklagten gestellt; er allein konnte daher, soweit der Abbau jeweils bewirkt war, wissen, welche Mengen von den einzelnen Gegenständen Kläger zu bekommen hatte. Dieser anderseits hatte schon wegen der Notwendigkeit der Bereitstellung des Entgelts ein begreifliches Interesse, über den Umfang der für ihn in Aussicht stehenden Lieferungen baldmöglichst Gewißheit zu erlangen. Ob unter diesen Umständen die Pflicht des Beklagten zur Erteilung der vom Kläger gewünschten Auskunft sich nach Treu und Glauben nicht aus dem Vertragsverhältnis der Parteien als solchem ergibt, kann auf sich beruhen. Denn diese Verpflichtung, soweit es sich um Auskunfterteilung durch Vorlegung eines Bestandsverzeichnisses handelt, folgt im vorliegenden Falle unmittelbar aus der Vorschrift des § 260 Abs. 1 BGB., wonach der zur Herausgabe eines Inbegriffs von Gegenständen Verpflichtete dem Berechtigten ein Verzeichnis des Bestandes vorzulegen hat. Daß Beklagter dem Kläger gegenüber zur Lieferung eines Inbegriffs von Gegenständen verpflichtet ist, kann bezüglich der aus dem Abbau der Wagen zu gewinnenden Metallmengen und Räder nicht zweifelhaft sein; dem Kläger fehlt jede Möglichkeit, die einzelnen Stücke, aus denen sich jene Mehrheit zusammensetzt, zu bezeichnen. Dasselbe gilt aber auch von dem vom Kläger weiter angekauften, in N. und K. lagernden Eisenschrot, mit der Maßgabe natürlich, daß es sich bei dem hier in Frage kommenden Bestandsverzeichnis vernünftigerweise nicht um die Anführung aller einzelnen die Gesamtheit darstellenden Teile handeln kann. Ohne Grund hat der Revisionsbeklagte in Abrede gezogen, daß die Vorschrift des § 260 BGB. auch innerhalb eines durch eingehende gesetzliche Bestimmungen geregelten besonderen Rechtsverhältnisses, wie es der Kauf darstellt, Anwendung finde. Für eine derartige Einschränkung des Geltungsgebiets des § 260 ergibt sich weder aus allgemeinen Grundsätzen noch aus den Vorschriften des Gesetzes selbst ein Anhalt. Die Motive zu § 777 des I. Entwurfs, wo eine dem jetzigen § 260 Abs.1 inhaltlich gleiche Bestimmung vorgesehen war, lassen denn auch erkennen, daß § 777 allgemein dann anwendbar sein sollte, wenn jemand zufolge einer dem materiellen Rechte angehörenden Norm einen Inbegriff von Sachen oder Rechten herauszugeben hat. Auch die mit § 260 Abs. 1 sich befassende Entscheidung des I. Zivilsenats in RGZ. Bd. 90 S. 139 gibt der Annahme einer nur beschränkten Anwendbarkeit der Vorschrift keinen Raum. Mit dem Bestandsverzeichnis im Sinne des § 260 Abs. 1 erhält aber Kläger gerade die Auskunft, die er begehrt. Die Auskunftspflicht des Beklagten ist also vom Berufungsrichter rechtsirrtümlich verneint. Unrichtig wäre übrigens auch von dem diese Verpflichtung verneinenden Standpunkt des Vorderrichters aus die Abweisung der Klage, soweit sie auf Lieferung gerichtet ist. Das Berufungsgericht mußte, wie die Revision mit Recht bemerkt, gemäß § 139 ZPO. auf eine dem Wegfall der Auskunftspflicht entsprechende Aenderung des Klagantrags hinwirken; keinesfalls durfte, ohne daß dies versucht wurde, auch der Anspruch auf Lieferung schlechtweg abgewiesen werden.

RGZ. 102, 383

Welcher Zeitpunkt ist für die Bemessung des Schadensersatzes bei der Beschädigung einer Sache maßgebend?

VI. Zivilsenat. Urt. v. 13. Juni 1921.

I. Landgericht Kiel. II. Oberlandesgericht daselbst.

Im Juni 1918 geriet ein Pferd des Klägers auf ein von dem Beklagten gepachtetes Kohlfeld und richtete dort Schaden an. Der Beklagte und sein Knecht suchten es zu vertreiben und warfen nach ihm mit Stöcken und Latten. Ein Wurf traf das Auge, das verloren ging. Der Kläger forderte deshalb Schadensersatz, zunächst in Höhe von 3000 M. Das Landgericht erklärte den Anspruch dem Grunde nach für gerechtfertigt, die Berufung des Beklagten wurde zurückgewiesen. In dem Verfahren über den Betrag des Anspruchs erhöhte der Kläger seine Forderung auf 6600 M. und drang mit diesem Verlangen in beiden Vorinstanzen durch. Die Revision des Beklagten blieb erfolglos.

Gründe:

In den Vorinstanzen ist dem Kläger ein Schadensersatz von 6600 M. deswegen zugesprochen worden, weil es sich um ein sehr wertvolles junges Tier gehandelt habe, das nach dem Gutachten des Sachverständigen zur Zeit der Urteilsfällung einen Wert von 22 000 bis 25 000 M. im unverletzten Zustande gehabt hätte, durch die Verletzung aber um 30—40 v. H. entwertet sei. Diese Bewertung hält die Revision für rechtsirrig und führt aus, daß sie gegen §§ 249 flg., 286 BGB. verstoße. Nicht der Zeitpunkt der Urteilsfällung, sondern der der Entstehung des Schadens sei maßgebend, Kläger möge Verzugsschaden verlangen können, dahin sei aber der durch das Sinken des Geldwertes entstehende Schaden nicht zu rechnen.

Mit diesem Angriff kann die Revision nicht durchdringen. Gemäß § 249 BGB. hat der Schadensersatzpflichtige den Zustand herzustellen, der bestehen würde, wenn der zum Ersatz verpflichtende Umstand nicht eingetreten wäre. Ist aber, wie im vorliegenden Falle, die Herstellung nicht möglich, so muß der Gläubiger nach § 251 BGB. in Geld entschädigt werden. Diese Entschädigung ist, wie schon der erste Zivilsenat, RGZ. Bd. 101 S. 419, im Falle des Verlustes von Sachen angenommen hat, so zu bemessen, daß der Geschädigte den vollen Geldersatz für allen Schaden erhält, der sich, einschließlich etwa entgangenen Gewinns, als unmittelbare oder mittelbare Folge des schädigenden Ereignisses darstellt. Der Kläger muß hiernach so gestellt werden, wie er stehen würde, wenn er sich noch im Besitze des unverletzten Pferdes befände. Das geschieht nicht, wenn ihm nur 30 v. H. des Wertes zugesprochen werden, den das Pferd zur Zeit des Unfalls hatte, die seitdem eingetretene große Preissteigerung aber, die nicht als bald vorübergehend angesehen werden kann, außer Betracht gelassen wird. Daß für die Bemessung der Höhe eines Schadens stets nur die zur Zeit seines Eintritts bestehenden Verhältnisse maßgebend seien, ist nicht zutreffend (RGZ. Bd. 98 S. 56, vgl. auch Bd. 102, S. 143), vielmehr ist die gesamte Sachlage zu beachten, wie sie sich zur Zeit des Urteils darstellt, und dem Kläger im Rahmen der gestellten Anträge Ersatz für alle Schäden zu gewähren, die sich in diesem Zeitpunkt als Folgen der Verletzung des Pferdes ergeben. Der ursächliche Zusammenhang wird auch nicht dadurch ausgeschlossen, daß die Preisgestaltung wesentlich durch den Krieg und seine Folgen bestimmt worden ist, denn ohne die Verletzung des Pferdes würde dessen Mehrwert dem Kläger zugute gekommen sein. Ob und inwieweit der Gebrauchswert des Pferdes für den Kläger durch die Verletzung vermindert worden ist, kann auf sich beruhen, weil der Kläger Anspruch auf den Ersatz seines vollen Schadens hat, der sich nicht auf den Gebrauchswert beschränkt. . . .

RGZ. 103, 33

Zur Auslegung des § 284 Abs. 2 BGB.

VII. Zivilsenat. Urt. v. 11. Oktober 1921.

I. Landgericht Bielefeld. II. Oberlandesgericht Hamm.

Durch Vertrag vom 9. Oktober 1908 verkaufte die Beklagte dem Kläger 10 000 Türdichter. Abruf-Aufträge bis zu 1000 Stück sollten innerhalb 14 Tagen ausgeführt werden. Nach Ablauf von 14 Arbeitstagen war auf Tag und Stück für verspätete Ablieferung eine Verzugsstrafe von 10 Pf. zu zahlen. Die letzten 6860 Stück rief der Kläger mit Schreiben vom 28. Dezember 1908 und 2. Januar 1909 ab, erst 2000 und dann 4860 Stück. Mit der Lieferung von 5954 Stück ist die Beklagte rückständig geblieben. Mit seiner Klage forderte der Kläger für diese 5954 Stück die vertragliche Verzugsstrafe. Er klagte einen Teilbetrag von 20 000 M. nebst Zinsen ein. Das Landgericht wies die Klage ab wegen Verjährung und auch, weil die Beklagte mit ihrer Leistung hätte zurückhalten dürfen. Der Kläger legte Berufung ein. Als die Frage des Verzuges streitig wurde, überreichte er die Abschrift eines Schreibens, das sein Anwalt am 31. März 1909 an die Beklagte gerichtet habe. Die Zahl der damals rückständigen Türdichter wird darin auf 8095 Stück berechnet. Es heißt dann weiter: „Namens des Herrn M. fordere ich Sie auf, binnen drei Tagen jene 8095 Stück Türdichter zu liefern. Erfolgt in dieser Frist die Lieferung nicht, so . . . ." Die Beklagte bestritt den Empfang dieses Schreibens. Das Oberlandesgericht hat die Vertragsstrafe dem Kläger bis auf einen Betrag von 150 M. unbedingt abgesprochen. Die Entscheidung über diese 150 M. und Zinsen ist von einem Eide abhängig gemacht, welchen die Geschäftsführer der Beklagten über den Eingang des Briefes vom 31. März 1909 leisten sollen. Die Revision blieb erfolglos.

Aus den Gründen:

. . . Den Anfangszeitpunkt, von welchem ab die Vertragsstrafen fällig geworden sind, sieht das Berufungsgericht in dem Empfang des Schreibens vom 31. März 1909 durch die Beklagte. Auch das bemängelt die Revision. Sie meint, daß die Leistungstermine nach dem Kalender „bestimmt" waren, daß der Verzug der Beklagten also mit der Fälligkeit der einzelnen Leistungen ohne besondere Mahnung begann. Einen Beweis für die Richtigkeit ihrer Meinung findet die Revision darin, daß der Berufungsrichter die Fälligkeitstage überhaupt hat „berechnen" können. Die Revision unterscheidet hier nicht scharf genug zwischen den Begriffen „nach dem Kalender bestimmt" und „nach dem Kalender zu berechnen". Von ersterem handelt § 284 Abs. 2 Satz 1 BGB., von letzterem Satz 2 daselbst. Nach dem Kalender bestimmt ist der Fälligkeitstag, wenn ein Kalendertag unmittelbar oder wenigstens mittelbar bezeichnet ist, also etwa gesagt ist, „am 20. Oktober 1921" oder „am neunten Tage von heute ab". Nach dem Kalender zu berechnen im Sinne von Satz 2 a. a. O. ist der Fälligkeitstag, wenn er auf ein ungewisses noch in der Zukunft liegendes Ereignis abgestellt wird und auf eine gewisse, von diesem Ereignis ab laufende Frist. Bei so bezeichnetem Fälligkeitstag soll der Verzug in der Regel nicht ohne Mahnung eintreten. Eine Ausnahme wird nur für den Fall der Kündigung gemacht, wenn sich die Zeit der Leistung von der Kündigung ab nach dem Kalender — und nur nach dem Kalender — berechnen läßt. Eine Ausdehnung dieser Ausnahmevorschrift hat das Reichsgericht stets abgelehnt, namentlich hat es Verzug nicht als ohne Mahnung eingetreten angesehen, wenn der Zahltag in bestimmter Weise von der künftigen Lieferung der Ware abhängig gemacht war, vgl. RGZ. Bd. 60 S. 84 (Zahlung am Ende jeder Empfangswoche), Bd. 68 S. 22 (am 20. des der Lieferung folgenden Monats), Warneyer 1909 Nr. 555 (Mitte des auf die Lieferung folgenden Monats). Ein Abruf steht einer Kündigung gewiß besonders nahe, aber auch hier hat das Reichsgericht an seinem ablehnenden Standpunkt festgehalten. In dem Seuff. Arch. Bd. 61 Nr. 76 entschiedenen Falle war bei einer Warenbestellung vereinbart worden, daß alle Nachbestellungen innerhalb 30 Tagen vom Tage der Bestellung auszuführen waren. Als der Besteller bei der neunten Nachbestellung 1000 Stück abrief, wurde nicht rechtzeitig geliefert. Das Reichsgericht verneinte die Anwendbarkeit von § 284 Abs. 2 BGB., weil der Tag, von dem die Lieferungsfrist zu berechnen war, nicht festgestanden habe und die für die Kündigung gegebene Ausnahmevorschrift nicht ausdehnend ausgelegt werden dürfe.

Im gegenwärtigen Falle ist aber noch weiter zu erwägen, daß die Kenntnis der Abruftage allein nicht genügte, um die Fälligkeit der jeweils abgerufenen Leistungen nach dem Kalender zu berechnen. Der Berufungsrichter hat ohne erkennbaren Rechtsirrtum und, ohne daß die Revision ihm entgegengetreten wäre, den Vertrag der Parteien dahin ausgelegt, daß nur jedesmal nach Ablauf von 14 Arbeitstagen 1000 Stück Türdichter zu liefern waren. Um die Fälligkeit der abgerufenen Leistungen zu berechnen, mußte also erst noch festgestellt werden, wann die letzten der früher abgerufenen Tausende von Türdichtern fällig geworden waren. Bei der ganzen Rechnung mußten auch etwaige besondere Feiertage am Sitz der Beklagten berücksichtigt werden.

Mit Recht hat hiernach der Berufungsrichter den Beginn des Verzuges auf die Ankunft des Briefes vom 31. März 1909 bei der Beklagten abgestellt. . . .

RGZ. 103, 40

Wie ist der Schadensersatzanspruch des Verkäufers wegen Nichtrückgabe der Kaufsache nach vertraglicher Aufhebung des Kaufvertrags zu begründen?

III. Zivilsenat. Urt. v. 18. Oktober 1921.

I. Landgericht Altenburg. II. Oberlandesgericht Jena.

Der Beklagte kaufte im Mai 1918 vom Kläger 50 Kisten rheinisches Fensterglas und erhielt diese Ware im August 1918. Er beanstandete die Höhe des ihm berechneten Preises von 10 711,35 M. und schrieb am 9. September 1918 dem Kläger, daß er die Rechnung nur in Höhe von 10 278,50 M. anerkennen könne und fügte hinzu: „Andernfalls wollen Sie sofort anderweitig verfügen". Dieser Brief kreuzte sich mit einem Schreiben des Klägers von demselben Tage, in dem dieser an der Richtigkeit seiner Preisberechnung festhielt und den Beklagten aufforderte, die Ware an seinen Leipziger Spediteur zu senden. Nach weiterem Schriftwechsel zwischen den Parteien, der in der Hauptsache die Frachtkosten betraf, schrieb der Beklagte dem Kläger am 16. September, er solle, wenn er das Glas zurückhaben wolle, jemand mit der Abholung beauftragen. Der Kläger bezeichnete darauf im Schreiben vom 18. September den Spediteur W. als zur Abholung der Ware von ihm beauftragt. Am 24. September aber erklärte der Beklagte, daß er das Glas behalten wolle. Er gab die Ware trotz wiederholter Aufforderung seitens des Klägers nicht heraus und veräußerte sie anderweit.

Der Kläger fordert deshalb Schadensersatz. Sein Anspruch wurde vom Landgericht dem Grunde nach für gerechtfertigt erklärt, vom Berufungsgericht aber abgewiesen. Das Reichsgericht hat das erstinstanzliche Urteil wiederhergestellt.

Gründe:

Das Berufungsgericht nimmt an, daß die Parteien den zwischen ihnen geschlossenen Kaufvertrag dadurch aufgehoben hätten, daß der Beklagte im Briefe vom 16. September 1918 in die vom Kläger verlangte Rückgängigmachung des Kaufs gewilligt habe. Diese Annahme unterliegt keinem rechtlichen Bedenken.... Das Berufungsgericht erachtet hiernach den Beklagten, der widerrechtlich über das Glas verfügt habe, für verpflichtet, dem Kläger den entstandenen Schaden zu ersetzen. Es geht davon aus, daß der Kläger für eine bereits am 21. September 1917 von ihm bestellte, aber erst am 11. Oktober 1919 von der Glashütte ausgeführte Lieferung gleichen Glases einen um 135 v. H. höheren Preis habe zahlen müssen und daß er bei dem Weiterverkaufe dieses Glases mindestens ebensoviel wieder erlöst haben würde, als er dafür gezahlt hat. Es meint aber, daß der Kläger diesen Preisunterschied nur dann als Schadensersatz fordern könne, wenn er tatsächlich, wie er behauptet, nach Wiederaufhebung des Kaufvertrags mit dem Beklagten das von diesem zurückzugebende Glas anderweit verkauft und, da er das Geld vom Beklagten nicht zurückerhielt, zur Befriedigung dieses neuen Käufers die im September 1917 bestellte Lieferung verwendet hätte. Da der Kläger sich nun zwar bereit erklärt habe, zu beeiden, daß er das Glas, das der Beklagte hätte zurückgeben sollen, gleich an einen andern verkauft habe, er sich aber weigere, den Käufer zu nennen und sich sonst näher über diesen Verkauf auszusprechen, sei der zur Begründung seiner Schadensersatzforderung, wie er sie in konkreter Form erhoben, erforderliche Beweis nicht erbracht. Deshalb und weil der Kläger trotz Vertagung der Verhandlung es unterlassen habe, den Schaden anderweit zu berechnen, weist das Berufungsgericht den Schadensersatzanspruch des Klägers ab.

Mit Recht führt die Revision aus, daß der Nachweis des anderweiten Verkaufs zur Begründung des erhobenen Anspruchs auf Ersatz des dem Kläger erwachsenen konkreten Schadens gar nicht erforderlich ist. Nach dem den §§ 249 flg. BGB. zugrunde liegenden Gedanken war der Beklagte, nachdem er sich außer Stand gesetzt hatte, das erhaltene Glas dem Kläger zurückzugeben, verpflichtet, ihn in die gleiche wirtschaftliche Lage zu versetzen, in der dieser sich befunden hätte, wenn er das Glas zurückerhalten hätte. Dies konnte, da eine Lieferung gleichartiger Ware seitens des Beklagten nicht in Frage kam, nur durch Zahlung des Betrags geschehen, für den der Kläger sich selbst solche Ware beschaffen konnte (vgl. RGZ. Bd. 101 S. 420). Nach dem Gesamtinhalt des angefochtenen Urteils muß nun angenommen werden, daß der Kläger nicht in der Lage war, sich die Ware billiger zu beschaffen, als er es seiner Angabe nach getan hat, nämlich durch Eindeckung mit anderer, ihm mit einem Preisaufschlag von 135 v. H. gelieferter Ware. Dies genügt vollkommen, um den Anspruch des Klägers auf Vergütung dieses Preisunterschieds neben dem vom Beklagten ihm gezahlten Preise zu begründen. Was der Kläger mit der neubeschafften Ware machte, ob er sie insbesondere brauchte, um sie anstatt der Ware, die ihm vom Beklagten hätte zurückgeliefert werden sollen, einem neuen Käufer zu liefern, ging den Beklagten gar nichts an. Seine Schadensersatzpflicht wird hierdurch in keiner Weise berührt. Es ist daher auch unerheblich, ob der Kläger überhaupt die Ware, die er vom Beklagten zurückerhalten sollte, einem andern verkauft hat. Die konkrete Schadensersatzforderung des Klägers erforderte nur den Nachweis der anderweiten Beschaffung und des dabei aufgewendeten Preises — und dieser Nachweis ist als erbracht anzusehen —, nicht den Nachweis eines anderweiten Verkaufs. Es gelten im vorliegenden Falle keine anderen Rechtsgrundsätze als für den Deckungskauf des Käufers, der Schadensersatz wegen Nichterfüllung des Kaufvertrags zu fordern hat (vgl. hierzu RGZ. Bd. 54 S. 154, Bd. 90 S. 161, Bd. 93 S. 134, Bd. 102 S. 349). Zur Begründung des Schadensersatzanspruchs überhaupt — wenn auch nicht auf konkreter Berechnung — würde schon die Tatsache genügen, daß der Kläger den angegebenen Betrag jedenfalls hätte aufwenden müssen, wenn er sich gleichartige Ware wieder anschaffen wollte; es wäre also nicht einmal der Nachweis der anderweiten Anschaffung erforderlich

Der Schadensersatzanspruch ist demnach, wie das Landgericht angenommen hat, dem Grunde nach gerechtfertigt. Die Berufung des Beklagten gegen das Urteil des Landgerichts war daher zurückzuweisen.

RGZ. 103, 47

1. Zur Haftung für Verschulden eines Vertreters beim Vertragsschluß.

2. Ueber den Umfang der Haftung wegen Verschuldens beim Vertragsschluß.

V. Zivilsenat. Urt. v. 19. Oktober 1921.

I. Landgericht III Berlin. II. Kammergericht daselbst.

Der Beklagte hat am 10. Mai 1918 der Klägerin zwei im Grundbuch von Charlottenburg Bd. 157 Bl. 5536 eingetragene Hypotheken von 260 000 M. und 40 000 M. nebst den rückständigen Zinsen sowie den Anspruch auf Erstattung der ihm durch die Zwangsvollstreckung in das Grundstück entstandenen und noch entstehenden Kosten abgetreten. Der Beklagte hatte nämlich wegen eines Teilbetrages dieser Hypothekenforderungen die Zwangsvollstreckung des Grundstücks einleiten lassen. Das Grundstück gelangte zur Zwangsversteigerung, in der es der Klägerin am 30. Mai 1919 für ein Bargebot von 58 000 M. zugeschlagen wurde, während die Hypothek von 260 000 M. zu übernehmen war. In dem Kaufgeldbelegungstermin vom 16. Juni 1919 fiel die der Klägerin abgetretene Hypothek von 40 000 M. in Höhe von 23 180,85 M. aus. Die Klägerin behauptet, sie habe bei den Verhandlungen mit dem Bevollmächtigten des Beklagten Dr. B. wiederholt betont, daß sie die Hypotheken nur erwerbe, um das Grundstück in der Zwangsversteigerung zu erstehen, und daß sie auf keinen Fall mehr zahle als den Nennbetrag der Hypotheken zuzüglich der Zinsen und Kosten. Dr. B. habe erklärt, die rückständigen Zinsen beliefen sich auf etwa 18 000 M., der für die Zwangsverwaltung geleistete Vorschuß betrüge 2500 M., dazu könnten noch kleinere Beträge treten, die er nicht kenne, sowie die Gerichts- und Anwaltskosten der Zwangsvollstreckung. Dabei habe er aber wissentlich und arglistig verschwiegen, daß die Zentralheizungsanlage des Grundstücks gänzlich unbrauchbar gewesen sei und daß der Zwangsverwalter bereits die Einforderung eines Auslagenvorschusses für ihre Erneuerung beim Vollstreckungsgericht angeregt hatte. Infolgedessen habe sie, die Klägerin, die Kosten zur Herstellung der neuen Zentralheizung vorschießen müssen. Zum Ersatz dieses Betrages sei der Beklagte verpflichtet; er habe sich Ende Mai 1918 hierzu auch ausdrücklich bereit erklärt. Die Klägerin hat deshalb auf Zahlung der 13 500 M. nebst Zinsen geklagt.

Das Landgericht wies die Klage ab. Dagegen erklärte das Kammergericht den Anspruch auf Schadensersatz wegen Verschweigens der Erneuerungsbedürftigkeit der Zentralheizungsanlage dem Grunde nach für gerechtfertigt. Der Revision des Beklagten wurde stattgegeben aus folgenden

Gründen:

Das Berufungsgericht gründet die Haftbarkeit des Beklagten auf ein Verschulden seines Vertreters beim Vertragsabschluß. Nach Treu und Glauben, so führt es aus, könne ein Vertragsteil von dem andern die Bekanntgabe der für ihn beim Vertragsschluß bedeutsamen Umstände erwarten und darauf vertrauen, daß ihm keine Tatsachen vorenthalten würden, die erkennbar auf seinen Willensentschluß, den Vertrag einzugehen, von wesentlichem Einfluß sein könnten. Vorsätzliches oder fahrlässiges Unterlassen begründe eine Ersatzpflicht nach § 276 BGB. Gemäß §§ 164, 166, 278 BGB. hafte die Partei hierbei für ein Verschulden ihres Vertreters. Das Berufungsgericht legt sodann dar, daß nach den Umständen des Falles hier für Dr. B. eine Rechtspflicht bestand, die Klägerin über den Zustand der Heizungsanlage aufzuklären. Durch die Abtretung der Hypotheken habe die Klägerin zugleich in die Stelle des Beklagten als betreibenden Gläubigers im Zwangsverwaltungsverfahren einrücken sollen. Bereits am 27. Februar 1918 habe aber der Verwalter V. dem Vollstreckungsgericht wegen der Notwendigkeit, die Heizungsanlage des Grundstücks zu erneuern, berichtet. Abschrift dieses Berichts habe das Gericht dem Beklagten zur Aeußerung mitgeteilt, der am 7. März 1918 dem Gericht wahrheitswidrig mitgeteilt habe, die neue Heizungsanlage sei schon bestellt und werde so bald als möglich eingebaut werden. Der Beklagte habe hierdurch beabsichtigt, das Gericht hinzuhalten, da er die Aufwendungen hierfür nicht selbst tragen, sondern die Hypotheken lieber abstoßen wollte. Alles dies habe Dr. B. gewußt. Ihm sei auch klar gewesen, daß der Erwerber der Hypotheken an dieser Ausgabe ebenso Anstand nehmen werde wie der Beklagte. Die Unterlassung der erforderlichen Kundgabe sei dem Dr. B. zum Verschulden anzurechnen, da er nicht hätte erwarten können, daß die Auslagen aus den Einkünften gedeckt würden. Auf den Ausschluß der Gewährleistung könne sich der Beklagte nicht berufen, da Gewährleistungsansprüche nicht erhoben wurden. Ein mitwirkendes Verschulden der Klägerin komme nicht in Frage.

Durch das Verhalten des Dr. B sei der Klägerin ein Schaden entstanden. Sie könne nicht nur das negative Vertragsinteresse fordern, sondern das volle Erfüllungsinteresse beanspruchen, da das Verschulden beim Vertragsschluß eine Vertragsverletzung enthalte, also kein außervertraglicher Schadensersatzanspruch in Frage komme. Eine Vorteilsausgleichung greife nicht Platz.

Die Revision rügt Verletzung der §§ 278, 826, 123, 249, 254 BGB. und des § 286 ZPO. Sie wendet sich zunächst dagegen, daß der Klägerin das Erfüllungsinteresse zugesprochen sei. Es sei nicht festgestellt, daß der Beklagte den Betrag auch zu dem um die Reparaturkosten der Heizungsanlage ermäßigten Preise geschlossen haben würde. Die Klägerin behaupte selbst, sie hätte den Vertrag überhaupt nicht geschlossen, wenn sie die Vorgänge bezüglich der Heizungsanlage gekannt hätte. § 278 BGB. sei nicht anwendbar, wenn es sich um Verschulden des Vertreters beim Vertragsschluß handele. Die Revision stellt aber ferner auch ein schuldhaftes Verhalten des Dr. B. in Abrede. Bei den Verhandlungen wäre nur von den bereits geleisteten Vorschüssen die Rede gewesen. Der Mitinhaber W. habe das Haus vorher besichtigt. Mit dem Vermittler Sch. habe Dr. B. über die Heizungsanlage offen gesprochen. Er habe dem Justizrat B. Vollmacht zur Einsicht der Zwangsverwaltungsakten gegeben, aus denen die Verhandlungen über die Heizungsanlage hervorgingen. Seien die Akten von letzerem nicht eingesehen worden, so sei § 254 BGB. zur Anwendung zu bringen. . . .

Der Revision war stattzugeben. Eine arglistige Täuschung, auf welche die Klage gestützt war, ist nicht festgestellt. Auch bei Annahme einer solchen hätte übrigens die Klägerin, wenn sie beim Vertrage stehen bleiben wollte und Ersatz dessen verlangte, was sie infolge der Täuschung zu viel gewährt hätte, beweisen müssen, daß der Beklagte ihr die Hypotheken auch für eine um 13 500 M. geringere Gegenleistung abgetreten haben würde (vgl. RGZ. Bd. 83 S. 246, Leipz. Zeitschr. 1921 S. 373). Hierfür fehlte es aber in dem Vorbringen der Klägerin an jedem Anhalt. Ebensowenig kann die Klägerin, wie das Berufungsgericht bereits zutreffend dargelegt hat, das Erfüllungsinteresse als vertraglichen Anspruch auf Grund des § 463 BGB. geltend machen, weil es sich im vorliegenden Fall um die Abtretung von Hypotheken, also von Rechten handelt, arglistiges Verschweigen von Fehlern einer Sache demnach nicht in Frage kommt. Das Berufungsgericht glaubt aber der Klägerin den Anspruch auf das Erfüllungsinteresse auf dem Wege zubilligen zu können, daß es ein Verschulden beim Vertragsschluß auf seiten des Beklagten feststellt. Auch diese Rechtfertigung des erhobenen Schadensersatzanspruchs begegnet indessen rechtlichen Bedenken.

Es ist allerdings richtig, daß in der Rechtsprechung des Reichsgerichts auch eine vertragliche Haftung für Verschulden beim Vertragsschluß als gegeben erachtet worden ist, wenn ein Vertrag gültig geschlossen wurde und eine Partei Umstände, von denen sie wußte oder sich sagen mußte, daß sie für den Willensentscheid des andern Teiles von wesentlicher Bedeutung seien, fahrlässigerweise verschwiegen oder darüber unrichtige Angaben gemacht hat (vgl. JW. 1912 S. 743 Nr. 5, RGZ. Bd. 95 S. 58, Bd. 97 S. 325 und 336, Warneyer 1920 Nr. 149). Auch der von der Revision hervorgehobene Umstand, daß die Vertragsverhandlungen hier nicht von dem Beklagten persönlich, sondern von dessen Bevollmächtigtem, Dr. B., geführt worden sind, steht der Annahme einer solchen Haftung nicht entgegen. Mit Unrecht beruft sich die Revision für die von ihr vertretene Ansicht auf die Rechtsprechung des Reichsgerichts. In der Entscheidung Bd. 61 S. 213 hat das Reichsgericht zwar eine allgmeine Haftung des Vertretenen für Verschulden seines Stellvertreters bei Eingehung von Rechtsgeschäften verneint; allein in späteren Entscheidungen hat das Reichsgericht ausgeführt, daß, wenn schon bei den Vorverhandlungen für die Parteien gewisse Verpflichtungen bestehen, deren fahrlässige Nichterfüllung die Partei haftbar macht, es dem Sinn und Zweck des § 278 BGB. entspricht, daß die Partei nicht nur für eigene Fahrlässigkeit zu haften, sondern auch das Verschulden einer andern Person zu vertreten hat, durch welche sie die Verhandlungen führt (JW. 1915 S. 240 Nr. 3 und S. 577 Nr. 10). Nach dieser Richtung werden die Ausführungen des angefochtenen Urteils von der Revision also ohne Grund beanstandet. Ebensowenig dringen die Angriffe der

Revision durch, die sich gegen die Annahme eines schuldhaften Handelns des Dr. B. wenden. Ob ein Verschulden beim Vertragsschluß vorliegt, ist im wesentlichen Tatfrage und nach den Anforderungen von Treu und Glauben im redlichen Verkehr zu beurteilen. Daß das Berufungsgericht diese Anforderungen überspannt und sich bei seiner Beurteilung der Sachlage rechtlich geirrt habe, ist nicht ersichtlich. . . .

Dagegen mußte der Revision darin beigepflichtet werden, daß der Anspruch der Klägerin auf Ersatz des Erfüllungsinteresses wegen Verschweigens der Erneuerungsbedürftigkeit der Zentralheizungsanlage zu Unrecht dem Grunde nach für gerechtfertigt erklärt sei. War der Beklagte grundsätzlich für das Verschulden seines Vertreters bei den Vertragsverhandlungen haftbar, so richtete sich die Art und der Umfang seiner Haftbarkeit nach dem allgemeinen Grundsatze des § 249 BGB. (Komm. von RGR. § 276 Anm. 1 und § 166 Anm. 3 b β). Der Beklagte war also verpflichtet, den Zustand herzustellen, der bestehen würde, wenn der Klägerin die Notwendigkeit der Erneuerung der Heizungsanlage und das Bevorstehen der Einforderung eines Kostenvorschusses für diesen Zweck nicht verschwiegen worden wäre. Das Verschulden beim Vertragsschluß, insbesondere die Verletzung der Offenbarungspflicht hinsichtlich bestimmter. für die Entschließung des Vertragsgegners bedeutsamer Tatumstände, wird daher bei der Regelung der Schadensersatzfrage regelmäßig dazu führen, daß der Zustand wieder hergestellt wird, als wenn der Vertrag nicht geschlossen wäre, d. h. daß dem Ersatzberechtigten das sogenannte negative Vertragsinteresse zugebilligt wird. Nur unter ganz besonderen Umständen, wenn der Geschädigte nachweist, daß es ihm bei Mitteilung der wirklichen Sachlage gelungen wäre, den Vertrag unter entsprechend günstigeren Bedingungen zu schließen, mag auch das positive Erfüllungsinteresse beansprucht werden können. Der Berufungsrichter stützt sich bei seiner Entscheidung auf mehrere Urteile des Reichsgerichts, in denen in der Tat wegen fahrlässiger Verletzung der Offenbarungspflicht bei den Vertragsvorverhandlungen dem Geschädigten das Erfüllungsinteresse zuerkannt worden ist. Allein bei näherer Betrachtung ergeben alle diese Entscheidungen, wie in ihnen auch besonders hervorgehoben ist, daß sie nur mit Rücksicht auf die Gestaltung der besonderen Sachlage im gegebenen Falle dem Geschädigten das positive Erfüllungsinteresse zubilligen. So ist in dem Urteil JW. 1912 S. 743 Nr. 5 betont, daß die rechtliche Pflicht zur Kundgebung der fraglichen Tatsachen in gleicher Weise vor und nach dem Vertragsschluß bestanden habe, daß die zum Vertrage führenden Verhandlungen und der Abschluß des Vertragses ein einheitliches Ganzes gebildet hätten. Deshalb erklärt es das Reichsgericht dort für gerechtfertigt, die für die Verhandlungen maßgebenden Pflichten zu den Vertragspflichten zu rechnen; es bestehe kein zureichender innerer Grund, beide hinsichtlich ihrer Wirkungen verschieden zu gestalten. In der Entscheidung Bd. 95 S. 59 ist das Reichsgericht aber offenbar davon ausgegangen, daß, wenn der Irrtum des Unternehmers durch die fahrlässig unrichtige Angabe der Straßenhöhe seitens der Stadtgemeinde nicht hervorgerufen worden wäre, jener auch die höheren Einheitspreise, die er alsdann veranschlagt hätte, von der Stadt bewilligt erhalten haben würde, der Vertrag also auch in diesem Falle zu ihm günstigeren Bedingungen zustande gekommen wäre (vgl. Oertmann in JW. 1919 S. 35). In dem Urteil RGZ.-Bd. 97 S. 325 handelt es sich um die Auslegung einer Befreiungsklausel; das Reichsgericht weist hier schon selbst darauf hin, daß in der Uebernahme der Verpflichtung zur Lieferung stillschweigend auch eine gewisse Garantie für die Erfüllung geleistet sei. Endlich wird in der Entscheidung Bd. 97 S. 336, in welcher sogar trotz Nichtzustandekommens des Vertrags das positive Erfüllungsinteresse zugesprochen ist, die Sache so angesehen als ob der Vertrag zustande gekommen wäre, weil der Verkäufer es durch sein Verschulden vereitelt habe, daß ihm die Annahmeerklärung des Käufers rechtzeitig zuging. Von diesem Gesichtspunkt aus war es in jenem Falle folgerichtig, das Erfüllungsinteresse zuzubilligen. Alle diese Fälle lagen also so, daß dem Berechtigten ohne das schuldhafte Verhalten des andern ein Anspruch auf Erfüllung zugestanden hätte. In dem gegenwärtigen Rechtsstreit ist die Rechtslage aber ein andere. Hier ist die Abtretung der Hypotheken ohne Gewährleistung gegen die vereinbarte Gegenleistung erfolgt; das Geschäft ist durchgeführt; seine Zwecke sind im wesentlichen erreicht. Den Beklagten trifft höchstens der Vorwurf, daß er einen Umstand, der für die Sicherheit der Hypotheken von Bedeutung sein konnte, der Klägerin fahrlässig oder wissentlich verschwiegen habe. Die Klägerin selbst hat aber in dem der Klage abschriftlich beigefügten Brief vom 27. Mai 1918 dem Beklagten sofort nach erlangter Kenntnis von den Mängeln der Heizungsanlage geschrieben, daß sie das Geschäft unter keiner Bedingung abgeschlossen haben würde, wenn ihr dieser Umstand bei den Verhandlungen mitgeteilt worden wäre. In dem Urteil ist ferner festgestellt, daß der Beklagte den Vorschuß von 13 500 M. für die Erneuerung der Heizungsanlage nicht bezahlen wollte und daß dies der Grund war, weshalb er die Hypotheken abtrat. Es erscheint hiernach ausgeschlossen, daß er diesen Verlust, den er durch die Abtretung gerade vermeiden wollte, doch auf sich genommen und die Hypotheken um diesen Betrag billiger abgegeben hätte. Bei der hier gegebenen Sachlage hat daher das Berufungsgericht der Klägerin das Erfüllungsinteresse zu Unrecht grundsätzlich zuerkannt. . . . (Es wird des weiteren ausgeführt, daß die Zurückweisung der Sache deswegen geboten war, weil die Klägerin möglicherweise ein negatives Interesse darlegen und ersetzt verlangen könnte.)

RGZ. 103, 84

Unter welchen Umständen binden veröffentlichte allgemeine Geschäftsbedingungen eines Unternehmers den Vertragsgegner, auch wenn er sie nicht kennt?

I. Zivilsenat. Urt. v. 26. Oktober 1921.

I. Landgericht Leipzig. II. Oberlandesgericht Dresden.

Die Beklagte betreibt ein Speditionsgeschäft in Leipzig. Der dort wohnhafte Kläger beauftragte sie am 18. Dezember 1918, sein Gepäck von seiner Wohnung nach dem Hauptbahnhof zu befördern. Unterwegs ist es in Verlust geraten. Der Kläger fordert Ersatz des ihm entstandenen Schadens. Die Beklagte erwidert, der Vertrag sei mit der allgemeinen Bedingung geschlossen worden, daß für jeden durch Schuld des Unternehmers auf dem Transport in Verlust geratenen Gegenstand bei Stücken nach Tarif A nur bis zur Höhe von 50 M., nach Tarif B nur bis zur Höhe von 200 M. Ersatz geleistet werde. Diese Bedingung sei in ihrer Geschäftsstelle, in der der Kläger den Auftrag erteilt habe, auf einem gelben Plakat für jedermann sichtbar angeschlagen.

Das Landgericht erkannte auf einen Eid des Klägers, daß er das Plakat mit der Haftungsbeschränkung nicht gelesen habe. Auf die Berufung der Beklagten wies das Oberlandesgericht die Klage bis auf einen kleinen Betrag ab. Die Revision des Klägers hatte Erfolg.

Gründe:

Das Berufungsgericht hat ausgeführt, die Gepflogenheit der dem öffentlichen Verkehr dienenden Anstalten, für die mit ihnen abzuschließenden Geschäfte besondere Bedingungen aufzustellen, sei allgemein bekannt; jeder, der mit einer solchen Anstalt abschließe, unterwerfe sich ihren Bedingungen stillschweigend, vorausgesetzt nur, daß sie gehörig veröffentlicht worden seien. Eine solche gehörige Veröffentlichung liege in dem Aushange eines die Bedingungen enthaltenden Plakats in dem Geschäftsraum der Beklagten an einer ins Auge fallenden Stelle. Die Haftungsbeschränkung sei deshalb Teil des Vertrags geworden. Ein Verstoß gegen die guten Sitten könne in der Beschränkung nicht erblickt werden.

Die Revision erhebt folgende Rügen: Ob die Haftungsbeschränkung an sich zulässig sei, möge nachgeprüft werden. Der Standpunkt des Berufungsgerichts hinsichtlich der stillschweigenden Unterwerfung unter die Bedingungen sei nicht zu billigen. Es komme allein darauf an, ob der Kläger die Bedingungen gelesen habe. Der Spediteur müsse derartige Einschränkungen dem Auftraggeber beim Abschluß bekanntgeben.

Der Revision ist der Erfolg nicht zu versagen. Zwar unterliegt die Annahme des Berufungsgerichts, daß die Haftungsbeschänkung, welche die Beklagte für sich in Anspruch nimmt, an sich zulässig ist und nicht gegen die guten Sitten verstößt, keinem Bedenken. Aber es ist dem Berufungsgerichte nicht darin zuzustimmen, daß jene Haftungsbeschränkung ohne weiteres Teil des zwischen den Parteien geschlossenen Vertrags geworden ist. Allgemein bekannt ist, daß die Eisenbahnen und ähnliche größere Verkehrsanstalten, ebenso wie Banken usw., Bedingungen herauszugeben pflegen und diese ihren Abschlüssen zugrunde legen. Die Rechtsprechung hat anerkannt, daß solche allgemeinen Bedingungen in der Tat für die einzelnen Abschlüsse, selbst wenn sie dem Kunden der Anstalt nicht bekannt sind, maßgebend werden können, vorausgesetzt, daß sie ordnungsmäßig veröffentlicht worden sind, und wohl auch, daß sie nicht solche Bestimmungen enthalten, die eine freiwillige Unterwerfung der Kunden unter sie von vornherein ausgeschlossen erscheinen lassen und deshalb nicht üblich sind. Es fragt sich zunächst, auf welche Anstalten und Geschäftsbetriebe jener in der Praxis entwickelte Grundsatz Anwendung finden kann. Offenbar geht es nicht an, daß unterschiedslos jeder einzelne Geschäftsmann ohne Rücksicht auf Art und Umfang seines Betriebs sich auf Bedingungen beruft, die er in geeigneter Weise veröffentlicht hat. Das würde eine Verwirrung des Geschäftslebens bedeuten. Die Art und der Umfang des Betriebs muß also so sein, daß das Publikum nach dem, was zur Zeit üblich ist, mit dem Bestehen solcher Geschäftsbedingungen zu rechnen hat. Das ist zweifellos der Fall bei Privateisenbahnen, bei größeren Banken, bei Verbänden von Betrieben, die dem Verkehr dienen, u. dgl. Wie weit darüber hinaus der Kreis zu erweitern ist, ist nach der Verkehrsübung zu bemessen, wobei auch örtliche Gewohnheiten in Frage kommen können. Die Grundlage hierfür zu schaffen, ist Sache der tatsächlichen Feststellung. Nicht ohne weiteres kann angenommen werden, daß ein einzelner Spediteur rechtlich in der Lage ist so zu verfahren. Das würde jedenfalls eine genaue Erörterung der Verhältnisse des Betriebs, insbesondere seiner Stellung im Verkehrsleben, erfordern.

Außerdem kann im vorliegenden Falle nach den Feststellungen des Berufungsgerichts nicht angenommen werden, daß die Veröffentlichung ordnungsmäßig erfolgt ist. Wenn solche Bedingungen ohne weiteres jedem aus dem Publikum gegenüber, der mit der Anstalt einen Vertrag schließt, maßgebend sein sollen, so ist zu verlangen, daß sie der Allgemeinheit zur Kenntnis gebracht werden. Das hat durch Anzeigen in Zeitungen, die von dem in Betracht kommenden Kreise des Publikums gelesen werden, unter Umständen durch öffentlichen Anschlag an geeigneten Stellen o. dgl., zu geschehen. Die Allgemeinheit des Publikums oder des in Betracht kommenden

Kundenkreises muß in der Lage sein, von den Bedingungen Kenntnis zu nehmen. Deshalb muß die Veröffentlichung je nach Lage des Falles wiederholt werden, so daß die Kenntnis der Bedingungen Allgemeingut werden kann. Diesen Erfordernissen genügt ein Anschlag im Geschäftsraum der Anstalt, wie er hier vorliegt, der Regel nach nicht, jedenfalls dann nicht, wenn es sich um einen wechselnden Kundenkreis handelt.

Ein solcher Anschlag im Geschäftsraum kann vielmehr nur in der Richtung in Betracht kommen, ob dem einzelnen Kunden beim Abschluß dadurch Kenntnis von den Bedingungen gegeben ist. Das wird dann anzunehmen sein, wenn der Kunde die Kenntnis erlangen mußte, wofern er sich ihr nicht entziehen wollte. So aber war die Sachlage hier nicht. Das Plakat hing im Kontorraum an der Wand unter einem anderen Plakat und in der Nähe von Landkarten. Es enthält einen längeren Text; der Satz über die Haftungsbeschränkung ist nicht besonders groß gedruckt. Mit Recht hat deshalb das Landgericht angenommen, daß keineswegs ein Besteller mit Notwendigkeit auf diesen Satz aufmerksam werden mußte.

RGZ. 103, 292

Welcher Zeitpunkt ist für die Schadensberechnung maßgeblich, wenn der Käufer von der Erfüllungsklage ohne Bestimmung einer Nachfrist zur Schadensersatzklage übergeht?

II. Zivilsenat. Urt. v. 16. Dezember 1921.

I. Landgericht Berlin. II. Kammergericht daselbst.

Laut Bestätigungsschreiben vom 25. September 1919 verkaufte die Beklagte dem in Dänemark ansässigen Kläger einen Kraftwagen zum Preise von 16 000 M. Der Kläger zahlte 10 000 M. an, die Herausgabe des Wagens wurde ihm jedoch verweigert. Nachdem er den Restkaufpreis in Höhe von 6000 M. hinterlegt hatte, erhob er Klage auf Verurteilung der Beklagten zur Lieferung des Wagens und erwirkte am 27. Mai 1920 beim Landgericht eine seinem Antrage entsprechende Entscheidung. Die von ihm versuchte Zwangsvollstreckung blieb erfolglos, da die Beklagte erklärte, über den Wagen anderweit verfügt zu haben. In der Berufungsinstanz änderte der Kläger seinen Antrag dahin, daß er nunmehr Verurteilung zur Zahlung von 5352 dänischen Kronen nebst 4 % Zinsen seit dem 1. November 1919 als Schadensersatz wegen Nichterfüllung erbat. Als ihm dann die Beklagte am 7. Februar 1921 die angezahlten 10 000 M. zurückvergütete, ermäßigte er seinen Anspruch nach einem Umrechnungskurse von 100 Kronen für 1191,30 M. um 839,42 Kronen. Das Kammergericht gab dem so veränderten Antrage statt. Die Revision hatte, soweit es sich um die Schadensberechnung handelte, Erfolg.

Aus den Gründen:

... An und für sich hat der Kläger nur den Unterschied zwischen dem Kaufpreise und dem Verkaufswerte des zu liefernden, aber ihm vorenthaltenen Wagens zu fordern. Als Zeitpunkt für die Berechnung dieses Verkaufswerts kommt dabei nach seiner Wahl entweder der Eintritt des Lieferungsverzugs der Beklagten — also Ende Oktober 1919 — oder der Tag der Erhebung der Schadensersatzklage — der 5. Januar 1921 — in Betracht. Wie der nichtsäumige Käufer berechtigt ist, nach seiner Wahl entweder den Zeitpunkt des Lieferungsverzugs seines Verkäufers oder das Ende der diesem bestimmten Nachfrist der Schadensberechnung zugrunde zu legen, so muß, wenn — wie im vorliegenden Falle — der Käufer ohne Bestimmung einer Nachfrist wegen Lieferungsweigerung des Verkäufers von der Erfüllungs- zur Ersatzklage übergeht, an Stelle des letzten Tages der Nachfrist der Tag der Erhebung des Ersatzanspruchs treten. Denn in beiden Fällen — und darauf allein kommt es an — ist mit diesem Tage entschieden, daß es zu einer Erfüllung des Vertrags nicht mehr kommen wird. ...

RGZ. 103, 406

1. Genügt es bei Schadensersatzansprüchen zur Vorteilsausgleichung, daß Schaden und Vorteil nach dem gewöhnlichen Verlauf der Dinge aus demselben Tatsachenkomplex hervorgehen?

2. Kann ein Urteil über den Grund eines Schadensersatzanspruchs ergehen, wenn unwiderlegt behauptet wird, daß der Schaden durch einen Vorteil voll ausgeglichen sei?

I. Zivilsenat. Urt. v. 21. Januar 1922.

I. Landgericht I Berlin. II. Kammergericht daselbst.

Bei einer Depositenkasse der beklagten Bank wurden ein Konto der klagenden Gesellschaft U. W. & Co. und ein Konto des Gesellschafters U. W. geführt. Das Konto der Klägerin wies Mitte Juni 1914 einen Kreditsaldo von etwa 55 000 M. auf, das Konto des U. W. dagegen einen Debetsaldo, der nach der bestrittenen Behauptung der Beklagten etwa 130 000 M. betrug. Für diese Schuld hafteten hinterlegte Wertpapiere, die jedoch nach Behauptung der Beklagten die Schuld nicht deckten. Die Klägerin forderte am 16. Juni 1914 Auszahlung ihres Guthabens; die Beklagte weigerte Zahlung, solange nicht das Konto U. W. abgedeckt sei. In diesem Stande verblieb die Sache bis Anfang 1918. Dann wurden die Wertpapiere verkauft. Die Beklagte behauptete, daß durch den Erlös die Schuld des U. W. auf 3824,50 M. herabgemindert worden sei, und zahlte die Forderung der Klägerin abzüglich dieses Betrags aus. Die Klägerin fordert mit der Klage Zahlung des abgezogenen Betrags und Schadensersatz wegen Vorenthaltung ihres Guthabens von Juni 1914 bis März 1918.

Das Landgericht wies die Klage ab. Auf die Berufung der Klägerin sprach das Kammergericht ihr den abgezogenen Betrag zu und erklärte im übrigen den Klaganspruch dem Grunde nach für berechtigt.

Die Revision der Beklagten hatte Erfolg.

Gründe:

Das Berufungisgericht hat angenommen, daß die beiden Konten, einerseits der klagenden offenen Handelsgesellschaft U. W. & Co., anderseits des Gesellschafters U. W., nicht als einheitlich in dem Sinne anzusehen *seien, daß der Debetsaldo auf dem einen den* Kreditsaldo auf dem anderen mindere oder aufhebe. Insoweit hat die Revision keine Einwendungen erhoben.

Weiter will das Berufungsgericht die Beklagte auch nicht mit der Einrede hören, daß, wenn der Kreditsaldo der Klägerin seinerzeit zur Auszahlung gekommen sein würde, dies doch wieder dadurch wettgemacht wäre, daß die Beklagte dann gegen den Gesellschafter U. W. vorgegangen wäre und wegen des durch den Verkauf der gestellten Sicherheiten nicht gedeckten Teils seiner Schuld die Vollstreckung in seinen Geschäftsanteil bei der Klägerin vorgenommen hätte. In dieser Beziehung ist der Standpunkt des Berufungsgerichts nicht klar. Zunächst wird gesagt, daß diese Frage den Grund des Anspruchs betreffe, und es wird ausgeführt, daß es zweifelhaft sei, ob die Beklagte in der Tat gegen U. W. und sodann gegen die Klägerin vorgegangen sein würde, und welchen Erfolg dies Vorgehen gehabt hätte. Im weiteren Verlaufe wird aber angenommen, daß es in das Verfahren über die Höhe des Anspruchs gehöre, ob die Verwirklichung einer solchen Möglichkeit eingetreten wäre.

Auch abgesehen von dieser Unklarheit muß der Revision zugegeben werden, daß das Berufungsurteil hinsichtlich des Schadensersatzanspruchs nicht aufrecht erhalten werden kann.

Daß ein Fall der sogenannten Vorteilsausgleichung vorliegt, ist vom Berufungsgericht mit Recht angenommen worden. Die Klägerin wendet ein, es gehöre zum Begriffe der Vorteilsausgleichung, daß Schaden und Vorteil unmittelbar aus derselben Ursache hervorgegangen seien. So liege die Sache hier nicht. Der behauptete Vorteil solle darin erblickt werden, daß die Beklagte nicht gegen U. W. wegen dessen Schuld vorgegangen sei und dann nicht in seinen Geschäftsanteil vollstreckt habe; das sei nicht die unmittelbare Folge der Zurückbehaltung des der Klägerin geschuldeten Geldes, beruhe vielmehr auf einem hinzutretenden, neuen und selbständigen

Entschlusse der Beklagten. Dieser Einwendung kann nicht zugestimmt werden; denn damit würde der Kreis der Vorteilsausgleichung ungebührlich eingeschränkt. Der erkennende Senat hat mit der herrschenden Lehrmeinung stets angenommen, daß Schaden und Vorteil nicht selbsttätig aus demselben Ereignis hervorzugehen brauchen; vielmehr genügt es, wenn beide in demselben Tatsachenkomplex „ihre Wurzel haben", wenn also derjenige Tatbestand, der den Schaden verursacht hat, nach dem regelmäßigen Verlauf der Dinge auch zu einem Vorteile für den Geschädigten führt. So liegt die Sache nach den Behauptungen der Beklagten hier.

Bedenken ergeben sich aber in der Richtung, ob ein Urteil über den Grund des Schadensersatzanspruchs zulässig war. Das Reichsgericht ist in der Entscheidung Bd. 65 S. 59 davon ausgegangen, daß es unzulässig ist, die Entscheidung über eine Vorteilsausgleichung dann in die Verhandlung über die Höhe des Anspruchs zu verweisen, wenn behauptet wird, daß der Schaden durch den Vorteil voll wettgemacht sei, und wenn diese Behauptung nicht etwa schon widerlegt ist. Der Grund ist, daß in solchem Falle mit der Möglichkeit gerechnet werden muß, daß überhaupt kein Schaden entstanden ist. Dieser Grund ist überzeugend; denn die Einrede der Vorteilsausgleichung ist gemäß der herrschenden und richtigen Meinung hinsichtlich ihrer materiellen Wirkung nicht nach der Art einer wahren Einrede zu behandeln, die den Schadensanspruch an sich bestehen läßt, sondern sie stellt „einen Faktor bei der Interessenberechnung" dar, hindert oder mindert also selbsttätig die Entstehung jenes Anspruchs. Daraus folgt logisch, daß der Schadensanspruch dem Grunde nach nicht festgestellt werden kann, solange die Möglichkeit besteht, daß der Vorteil dem Schaden der Höhe nach gleichkommt. Im vorliegenden Falle könnte man den ersten Teil der Begründung des angefochtenen Urteils zu diesem Punkt, wie bereits erwähnt, dahin auffassen, daß die Beklagte den ihr obliegenden Beweis nicht geführt habe, weil zweifelhaft bleiben müsse, ob sie damals gegen U. W. und die Klägerin in der Tat vorgegangen wäre und ob ihr Vorgehen Erfolg gehabt hätte. Daraus würde die endgültige Zurückweisung der Einwendung folgen. Sie liegt aber nicht im Sinne des Berufungsgerichts, da dieses das Vorbringen der Beklagten im Verfahren über die Höhe des Anspruchs wiederum zulassen will. Es kann somit nicht angenommen werden, daß die Einwendung endgültig dem Grunde nach abgetan werden sollte, und daraus ergibt sich dann nach vorstehendem, daß im Verfahren über den Grund erörtert werden muß, ob der Schaden, wie die Beklagte behauptet, voll ausgeglichen ist. Im vorliegenden Fall erhebt sich nun freilich die Schwierigkeit, daß der Klaganspruch der Höhe nach noch nicht feststeht. Das mag eine Entscheidung über den Grund des Anspruchs zurzeit überhaupt unmöglich machen. Hieraus ist aber ein Bedenken gegen die vorstehenden Ausführungen nicht zu entnehmen, denn das gleiche findet auch in anderen ähnlichen Fällen statt (JW. 1908 S. 245 Nr. 18). . . .

Sollte sich später herausstellen, daß der Schaden auf jeden Fall größer ist als der entgegengehaltene Vorteil, so steht dem Erlaß eines Urteils über den Grund des Anspruchs nichts im Wege; denn wenn feststeht, daß irgendein Anspruch jedenfalls besteht, dann stellt sich die Ausgleichung nur als ein Faktor zur Berechnung der Höhe dar

RGZ. 105, 80

1. Kann sich ein Schaubühnenunternehmer, der die Abgabe der Garderobe gegen Marken vorschreibt, von der Rückgabepflicht dadurch befreien, daß er die Rückgabe an den Inhaber einer falschen, aber täuschend ähnlichen Marke nachweist?

2. Wie müssen die Garderobenmarken beschaffen sein, um der im Verkehr erforderlichen Sorgfalt zu genügen?

VII. Zivilsenat. Urt. v. 27. Juni 1922.

I. Landgericht I Berlin. II. Kammergericht daselbst.

Am 11. November 1919 besuchten der Kläger und sein Schwager T. die Vorstellungen in der „Schaubühne", einem dem Beklagten gehörigen Unternehmen, und legten gemäß den am Eingang angebrachten Anschlägen, die die Abgabe der Kleidungsstücke, der Stöcke und Schirme in der Garderobe vorschrieben, ihre Sachen dort gegen Entrichtung einer Gebühr von je 50 Pf. und gegen Empfang einer Marke (Nr. 63 und 64 in grauer Farbe) nieder. Die Marken enthielten ohne weitere Kennzeichen den Aufdruck:

> Garderobe
> 63 (64)
> Nur gegen Rückgabe des Scheines wird die Garderobe verabfolgt.
> S .. u. St.. ..., B.

Die aufgedruckte Firma bezeichnete die Druckerei, die solche Marken, auch für andere Unternehmer, herstellte.

Der Kläger gab auf seine Marke (Nr. 63) unter anderem seinen Pelzmantel (mit Sealkragen und Murmeltier-Bauchdeckenfutter) im angeblichen Werte von 20 000 M. ab, T. auf seine Marke (Nr. 64) unter anderem eine schwarze Aktenmappe.

Als der Kläger und T. dann kurz vor dem Schlusse der Vorstellungen (die etwa $1^1/_4$ Stunden dauerten), einen der bedienenden Kellner unter Aushändigung der Marken um die Abholung ihrer Sachen ersuchten, kam dieser alsbald mit der Mitteilung zurück, die Sachen seien bereits vor etwa einer Stunde, kurz nach Beginn der Vorstellungen, zwei Herren gegen Rückgabe von Marken 63 und 64 ausgehändigt worden. Diese beiden Marken und die im Besitz des Klägers befindliche Nr. 63 sind vorgelegt. Größe, Farbe und Aufdruck sind gleich, nur ist der Firmenaufdruck auf den vom Beklagten vorgelegten undeutlicher. Nach dem Zeugnis der Garderobenfrau hatte unmittelbar nach dem Kläger und T. eine Frauensperson ihre Kappe auf Nr. 65 abgegeben und die Kappe dann etwa eine Viertelstunde nach den beiden Herren, die zu Beginn der Vorstellungen die Sachen sich aushändigen ließen und dabei noch besonders nach der ihnen nicht gleich ausgehändigten Aktentasche fragten, abgeholt und unter dem Vorwande, es gefalle ihr nicht, das Haus verlassen.

Der Kläger hat auf Ersatz des Wertes der ihm abhanden gekommenen Sachen geklagt und zur Begründung geltend gemacht, daß der Beklagte bei der von ihm vorgeschriebenen Verwahrung nicht die erforderliche Sorgfalt beobachtet, insbesondere fahrlässigerweise Marken ausgegeben habe, die nicht durch besondere Kennzeichen, wie Tagesstempel, Farbenwechsel oder sonstige Merkmale gegen Mißbrauch und Fälschung geschützt gewesen seien, vielmehr durch die Angabe der herstellenden Druckerei den Mißbrauch sogar erleichtert hätten.

Der Beklagte gab nur zu, daß der Pelz des Klägers zur Aufbewahrung übergeben worden, bestritt aber den Empfang der anderen Sachen und die angegebenen Werte, namentlich des Pelzes, der schon alt und ausgebessert gewesen sei. Er bestritt auch, daß die Marke, worauf der Pelz herausgegeben worden, nicht die richtige gewesen sei, da die Möglichkeit, daß die Betrüger sich heimlich, insbesondere durch den mit der Abholung beauftragten Kellner in den Besitz der richtigen Marken gesetzt hätten, nicht von der Hand zu weisen sei. Jedenfalls treffe den Beklagten kein zum Ersatz verpflichtendes Verschulden, da die Garderobenmarken, wie sie hier ausgegeben worden, allgemein üblich seien. Fahrlässig habe dagegen der Kläger gehandelt, da er einen Pelz von angeblich so hohem Werte in der Garderobe abgegeben, ohne auf den Wert aufmerksam zu machen. Er hätte den Pelz bei sich behalten sollen, und wenn er darum nachgesucht hätte, trotz des allgemeinen Verbots die Erlaubnis dazu erhalten.

Der Kläger bestritt dies. Er behauptete, unter Hinweis auf die in letzter Zeit vorgekommenen Diebstähle die Garderobenfrau wegen des Pelzes befragt zu haben, will aber den Bescheid erhalten haben: „Hier kommt nichts weg; Sie können den Pelz ruhig abgeben."

Das Landgericht erließ ein Teilurteil in betreff des Pelzes und erklärte den Klaganspruch insoweit dem Grunde nach für berechtigt. Die Berufung und die Revision des Beklagten sind zurückgewiesen worden.

Aus den Gründen:

. . . Der Berufungsrichter ist davon ausgegangen, daß durch die Abgabe des Pelzes in der Garderobe des Beklagten ein entgeltlicher Verwahrungsvertrag zustande gekommen ist, der den Beklagten nach § 276 BGB. zur Beobachtung der im Verkehr „erforderlichen" Sorgfalt verpflichtete. Er habe die zur Aufbewahrung empfangenen Sachen nur an die durch den Besitz der richtigen Garderobenmarke legitimierte Person herausgeben dürfen; erwiesen sei aber, daß der Pelz einer Person herausgegeben worden sei, die nicht die richtige, in Besitz des Klägers verbliebene Marke, sondern eine unrichtige (falsche) Marke vorgewiesen und abgegeben habe. Er sei infolgedessen von seiner vertraglichen Rückgabepflicht dem Kläger gegenüber nicht befreit und könne sich auch auf die Unmöglichkeit der Rückgabe, die durch die Aushändigung des Pelzes an eine unbekannte Person nachträglich eingetreten, nach § 275 BGB. nicht berufen, weil die Unmöglichkeit die Folge von Umständen sei, die er zu vertreten habe. Er bestreite zwar seine Vertretungspflicht, habe jedoch nach § 282 BGB. zu beweisen, daß ihm ein vertretbares Verschulden nicht zur Last falle, und diesen Beweis habe er nicht führen können, weil er bei der Markenausgabe die im Verkehr „erforderliche" Sorgfalt nicht beobachtet habe. Die Marken hätten weder den Tagesstempel, noch den Namen und die Bezeichnung des Unternehmens enthalten, dafür aber den Namen der Druckerei, von der jedermann solche Marken in den üblichen Farben hätte beziehen können. Der Umstand, daß solche Marken auch bei anderen ähnlichen Unternehmen „üblich" seien, könne ihn nicht entschuldigen, weil das Gesetz nicht die „übliche", sondern die im Verkehr „erforderliche" Sorgfalt vorschreibe. Dem Kläger sei auch kein Mitverschulden vorzuwerfen, weil nach dem Ergebnis der Beweisaufnahme Garderobenzwang geherrscht habe, in dem Zuschauerraum auch keine von den Gästen kontrollierbare Vorrichtungen zur Ablegung von Ueberkleidern vorhanden, das Belegen von Tischen und Stühlen mit Kleidungsstücken verboten gewesen sei. Auf den Wert des Pelzes hinzuweisen, sei der Kläger nicht verpflichtet gewesen, weil er augenfällig gewesen. Auch sei nicht dargetan, daß der Kläger mit der Garderobenmarke unvorsichtig umgegangen sei, die Aushändigung an den Kellner komme nicht in Betracht, weil damals der Betrug bereits begangen gewesen sei.

In diesen Ausführungen ist ein Rechtsirrtum nicht enthalten, insbesondere ist die angeblich „in der ganzen Welt" vorhandene Ueblichkeit eines Verfahrens wie es hier mit der Ausgabe der Garderobenmarken geübt worden ist, ohne Bedeutung. Der Gesetzgeber hat in bewußter Abweichung von der in § 233 des II. Entwurfs eines BGB. erforderten verkehrsüblichen Sorgfalt die „im Verkehr erforderliche" Sorgfalt vorgeschrieben, um einem „im Verkehr eingerissenen Schlendrian" entgegenzutreten (Prot. Bd. 2 S. 604, RG. bei Gruchot Bd. 48 S. 789, Bd. 50 S. 978). Maßgebend ist danach nur der gesunde und normale Verkehr, und dieser verlangt nach den zutreffenden Feststellungen des Berufungsrichters eine nähere Kennzeichnung der Marken, jedenfalls die Weglassung von Angaben, die die unbefugte Beschaffung und Unterschiebung falscher Marken erleichtern. Die von der Revision vermißte Angabe, wie die Marken hätten beschaffen sein müssen, ist in dem Berufungsurteil enthalten. Die Würdigung des klägerischen Verhaltens ist ebenfalls unbedenklich, insbesondere ist das Verlangen der Revision, der Kläger hätte die Garderobenfrau noch besonders auf den Wert des Pelzes hinweisen und auffordern müssen, sie solle sich sein Gesicht merken, als berechtigt nicht anzuerkennen. . . .

RGZ. **105, 264**

Zum Begriff des ursächlichen Zusammenhangs.

III. Zivilsenat. Urt. v. 13. Oktober 1922.

I. Landgericht I Berlin. II. Kammergericht daselbst.

Der Ehemann der Klägerin wurde am 2. Januar 1920 gegen 1/27 Uhr morgens beim Absteigen von der Straßenbahn durch einen Schuß, den ein Polizeibeamter auf einen flüchtigen Verbrecher abfeuerte, am Oberarm getroffen. Er wurde in ein Krankenhaus aufgenommen, erkrankte hier an der Grippe, die damals im Krankenhause herrschte, und starb am 18. März 1920 an einer im Anschluß an die Grippe sich entwickelnden Brusthöhlenvereiterung. Die Klägerin fordert auf Grund des Gesetzes vom 1. August 1909 vom Preußischen Staate Ersatz des ihr durch den Tod ihres Ehemanns, der durch den Polizeibeamten schuldhaft verursacht worden sei, entstandenen Schadens. Das Landgericht gab ihrer Klage zum Teil statt; das Berufungsgericht wies die Klage gänzlich ab. Die Revision der Klägerin hatte Erfolg.

Aus den Gründen:

Das Berufungsgericht erachtet in Uebereinstimmung mit dem Landgericht für erwiesen, daß der Polizeibeamte, der dem Ehemann der Klägerin die Schußverletzung beigebracht hat, sich einer fahrlässigen Verletzung seiner Amtspflicht schuldig gemacht habe. Es verneint jedoch im Gegensatz zum Landgericht den ursächlichen Zusammenhang zwischen dieser Schußverletzung und dem Tode des Ehemanns der Klägerin. Es sieht die Grippe, an der dieser starb, nur als eine „zufällig hinzutretende Erkrankung" an und führt aus: Bei der weiten Verbreitung, welche die Grippe jener Zeit, wie gerichtsbekannt, in ganz Deutschland genommen habe, könne daraus, daß damals in dem Krankenhause und besonders auch auf der Station, auf welcher der Ehemann der Klägerin untergebracht worden war, die Grippe ganz beträchtlich herrschte, kein ursächlicher Zusammenhang hergeleitet werden. Die Gefahr der Ansteckung an der Grippe habe im Krankenhause in gleichem Maße wie außerhalb desselben bestanden. Im allgemeinen sei sogar anzunehmen, daß im Krankenhause wegen der besseren hygienischen Einrichtungen und der sofort vorhandenen ärztlichen Hilfe die Ansteckungsgefahr geringer sei als außerhalb. Auch sei kein Anhalt dafür gegeben, daß der Verstorbene etwa infolge einer durch die vorausgegangene Schußverletzung verursachten Schwächung seines Allgemeinbefindens der Ansteckungsgefahr oder, nach erfolgter Ansteckung, der Krankheit selbst keine genügende Widerstandsfähigkeit entgegensetzen konnte.

Die Revision rügt mit Recht, daß das Berufungsgericht hiermit zu strenge Anforderungen für die Annahme eines ursächlichen Zusammenhangs stelle. Außer Zweifel steht, daß zwischen der Schußverletzung und dem Tode des Ehemanns der Klägerin ein ursächlicher Zusammenhang im natürlichen, mechanischen Sinne dieses Begriffs besteht: Der Ehemann der Klägerin ist in das Krankenhaus überführt worden, weil er die Schußverletzung erhalten hatte. In dem Krankenhause ist er von der dort ausgebrochenen Grippe ergriffen worden und an dieser Krankheit ist er gestorben. Dieser ursächliche Zusammenhang wird durch die bloße Möglichkeit, daß er auch anderweit, also auch ohne die Schußverletzung, von der Grippe hätte erfaßt werden können, nicht ausgeschlossen.

Aber auch im Sinne der Rechtsprechung ist der ursächliche Zusammenhang, der sog. adäquate Zusammenhang, hier als vorhanden anzusehen. Unbedenklich war die Aufnahme des Verletzten in das Krankenhaus eine, wenn nicht unbedingt notwendige, so doch zweckmäßige und normale Folge der Verletzung. Im Krankenhause aber war der Verletzte, entgegen der Meinung des Berufungsgerichts, der Gefahr der Ansteckung durch eine etwa dort auftretende Krankheit in besonderem Grade ausgesetzt, weil er nicht, wie sonst, in der Lage war, sich dem Zusammensein mit den Erkrankten zu entziehen. Er mußte Tag und Nacht in der Station verbleiben, in der die Grippe herrschte. Diese Tatsache des unvermeidlichen fortdauernden Verweilens in den Räumen, in denen die Krankheit herrscht, bedeutet eine Erhöhung der Ansteckungsgefahr, welche nach der Erfahrung des Lebens durch keine hygienischen Einrichtungen der Krankenhäuser und auch nicht durch die Sorgfalt der Aerzte und Krankenpfleger ausgeglichen werden kann. Es muß aber weiter auch angenommen werden, daß eine Verletzung, wie sie hier vorliegt, auch wenn sich ihre Heilung an sich günstig anließ, im allgemeinen doch nicht ohne Einwirkung auf die Widerstandsfähigkeit des Verletzten gegen anderweite schädliche Einflüsse verbleibt, und daß also auch insofern die Gefahr einer Ansteckung und ihrer Folgen für den Verletzten größer ist, als sie ohne die Verletzung gewesen wäre. Hiernach ist mit dem Landgericht der Tod des Ehemanns der Klägerin als durch die Schußverletzung im Rechtssinne mitverursacht anzusehen.

RGZ. 105, 280

Kann der Käufer, der sich wegen Verzugs des Verkäufers eindeckt, neben dem Anspruch auf Schadensersatz wegen Nichterfüllung und unabhängig davon, ob ein solcher geltend gemacht werden kann, Ersatz eines Verspätungsschadens fordern?

II. Zivilsenat. Urt. v. 20. Oktober 1922.

I. Landgericht Hamburg, Kammer für Handelssachen.

II. Oberlandesgericht daselbst.

Am 13. August 1919 kaufte die Klägerin von der Beklagten zu 1 auf sukzessive Lieferung 30 Ladungen Teerheizöl. Die Beklagte hat im September 1919 zwei Ladungen geliefert, weitere Lieferungen sind nicht erfolgt. In den vereinbarten Lieferungsbedingungen der Beklagten ist u. a. gesagt: „Lieferzeiten geben wir derart an, wie wir sie glauben einhalten zu können, doch kann aus einer Verzögerung der Lieferung kein Recht auf Schadensersatz wegen Nichterfüllung oder Aufhebung des Auftrags hergeleitet werden." Nachdem die Klägerin wiederholt gemahnt hatte, erging am 7. Juni 1920 die Verordnung über Bewirtschaftung der Teerprodukte, nach deren § 18 alle bestehenden Verträge über Treiböl, Heizöl und Pech als aufgehoben gelten, soweit Lieferung noch nicht erfolgt ist. Die Klägerin behauptet, sie habe sich das für ihren Betrieb unentbehrliche Oel anderweit zu höheren Preisen verschaffen müssen, und fordert Ersatz des Mehraufwandes. Beide Instanzen haben die Klage abgewiesen. Die Revision der Klägerin blieb erfolglos.

Gründe:

Der Vertrag der Parteien ist im August 1919 geschlossen worden und konnte, wenn die Lieferungen regelmäßig erfolgten, erledigt sein, als am 7. Juni 1920 das Reich eingriff und nicht nur weitere Lieferungen unmöglich machte, sondern auch alle laufenden Abschlüsse für fortan aufgehoben erklärte. Unter den Parteien ist streitig, ob die Klägerin nicht schon seit Ablauf der im Schreiben vom 15. Januar 1920 gesetzten Nachfrist mit dem Anspruch auf die Leistung ausgeschlossen war. Und ferner ist streitig, ob die Beklagte zu 1 überhaupt in vertretbaren Verzug geraten ist und sich nicht vielmehr auf die Befreiungsklausel des Vertrags berufen kann. Der Vorderrichter ist auf diese Fragen nicht eingegangen. Die Klägerin hat den in der Klageschrift angekündigten Anspruch auf die Leistung schon in der ersten Instanz nicht weiter verfolgt, sich vielmehr auf den Anspruch auf Schadensersatz beschränkt. Sie will, um ihren Betrieb aufrecht zu erhalten, genötigt gewesen sein, das Oel anderweit zu höheren Preisen zu kaufen, und verlangt den Ersatz des Mehraufwandes. Der Vorderrichter hat in Erwägung, daß nach dem Vertrage die Klägerin unbestrittenermaßen aus einer Verzögerung der Lieferung kein Recht auf Schadensersatz wegen Nichterfüllung herleiten kann, die Klage abgewiesen, weil der Anspruch so, wie die Klägerin ihn begründet habe, nichts anderes sei als Anspruch auf Schadensersatz wegen Nichterfüllung. Das muß gebilligt werden. . . .

Die Verordnung vom 7. Juni 1920 hat für den gegenwärtigen Anspruch keine Bedeutung. Nach § 18 Abs. 2 daselbst gelten bestehende Verträge über Heizöl usw. als aufgehoben, insoweit Lieferung noch nicht erfolgt ist. Das Reichsgericht (RGZ. Bd. 101 S. 421) hat das auf solche Verträge beschränkt, aus denen zur Zeit des Inkrafttretens der Verordnung Lieferung der Ware noch verlangt werden konnte. Letzteres trifft hier nicht zu. Wie die Klägerin vorträgt, hat sie sich, schon ehe die Verordnung in Kraft trat, durch Deckungskäufe geholfen, so daß Lieferung der Ware nicht mehr in Frage stand. Die Verordnung stünde mithin dem Klaganspruch nicht entgegen.

Die Klägerin hat ihren Anspruch als einen solchen auf Ersatz des Schadens aus Verspätung der Erfüllung bezeichnet und die Revision besteht darauf, daß dem so sei; die Klägerin habe nur die Wahl gehabt, entweder Oel sich anderweit zu verschaffen oder ihren Betrieb einzustellen. Letzteres hätte nur zu einem noch viel größeren Schaden geführt. So sei der Schaden dadurch herbeigeführt, daß nicht rechtzeitig geliefert worden sei. Das mag richtig sein, ändert aber nichts an der Natur des erhobenen Anspruchs. Wenn ein Käufer sich beim Ausbleiben der gekauften Ware diese anderweit verschafft und den Anspruch auf Ersatz des Mehraufwandes erhebt, kann er nicht zugleich den Anspruch aufrecht erhalten, daß ihm der Verkäufer zum Vertragspreis andere Ware liefert, und ebensowenig ist er anderseits, wofern sein Vorgehen nur berechtigt war, verpflichtet, auf Verlangen des Verkäufers diesem Ware gegen Zahlung des

Preises abzunehmen. Es ist nicht anders; nimmt der Käufer einen Deckungskauf vor, so beschränkt sich das Schuldverhältnis auf den Anspruch auf Schadensersatz, und kommt der Verkäufer diesem Anspruch nach, so ist das Rechtsgeschäft erledigt; der Verkäufer hat nicht nur nicht rechtzeitig erfüllt, er hat überhaupt nicht erfüllt. Der Vorderrichter hat völlig recht. Wie man es auch nennen mag, der Sache nach ist, was gefordert wird, Schadensersatz wegen Nichterfüllung. Er hat auch darin nicht Unrecht, daß er den Anspruch auf Ersatz des Verspätungsschadens als einen akzessorischen Anspruch bezeichnet. Es kann immer nur geltend gemacht werden, wenn entweder die Leistung schon beschafft worden ist oder noch aussteht. Ist sie nicht beschafft worden und kommt sie auch nicht mehr in Frage, so wird denknotwendig der Schadensersatzanspruch zum Anspruch wegen Nichterfüllung. Die Höhe des Schadens wird darum noch keine andere. Das zeitliche Moment muß nicht deshalb aus der Berechnung verschwinden. Hat der Gläubiger nur überhaupt Anspruch auf Schadensersatz, so muß er immer so gestellt werden, wie wenn der Schuldner bei Fälligkeit oder im Augenblick, als der Verzug eintrat, geleistet hätte. Das aber nicht darum, weil nicht rechtzeitig, sondern weil überhaupt nicht geleistet worden ist. Es ist nicht verspätet, es ist überhaupt nicht geleistet worden. Das ist kein leeres Spiel mit Worten, sondern sachlich bedeutsam. Hätte der Käufer, gleichviel unter welcher Begründung, die Möglichkeit, den Mehraufwand eines Deckungskaufs als reinen Verspätungsschaden, d. h. unbeschadet seines Anspruchs auf Erfüllung, geltend zu machen, so würde sich das Spiel nicht, wie der Vorderrichter sagt, einmal, sondern fortgesetzt wiederholen lassen, so lange als der Verkäufer nicht liefern will oder nicht liefern kann. Es springt in die Augen, wie verfehlt der Standpunkt der Klägerin ist. Die Revision vermag diese Folgen nicht zu bestreiten, sucht sie aber zu rechtfertigen und den darin liegenden Nachteil der Beklagten auf das von der Staatsgewalt ausgegangene Handelsverbot zurückzuführen. Ohne dieses, meint sie, hätte der Nachteil einen Ausgleich für die Beklagte darin gefunden, daß bei den späteren Lieferungen die Klägerin sich den Ueberschuß des jeweiligen Marktpreises über den Vertragspreis hätte anrechnen müssen. Aber ganz abgesehen davon, daß das Anziehen der Preise ein Zufall gewesen ist, der auch hätte ausbleiben können, wäre Voraussetzung, daß der Anspruch auf Erfüllung noch bestand, was schon, bevor die Verordnung am 7. Juni 1920 erging, nicht mehr der Fall war. Vor allem aber fehlt es an der Voraussetzung der Vorteilsausgleichung, an der Einheitlichkeit der Ursachen, aus denen das eine wie das andere, Nachteil und Vorteil, entstanden ist. Der Schaden der Klägerin beruht auf dem bis zum Deckungskauf andauernden Verzug der Beklagten, auf der eingetretenen Preiserhöhung; dieser Schaden ist Gegenstand der Klage, soll der Klägerin ersetzt werden und kann dann unmöglich wiederum als anzurechnender Vorteil in Gegenrechnung gestellt werden. Als Grundlage eines anzurechnenden Vorteils könnte also, wenn überhaupt, nur der nachdem Deckungskauf fortdauernde Verzug in Frage kommen.

Richtig mag sein, daß, wenn die Deckungskäufe nicht möglich gewesen wären und die Klägerin deshalb ihren Betrieb hätte einstellen müssen, der so verursachte Schaden als reiner Verspätungsschaden neben dem Anspruch auf Erfüllung und unabhängig von dessen Fortbestand hätte geltend gemacht werden können. Aber dieser Fall ist nicht eingetreten, und da die Klägerin das Oel bekommen konnte, durfte er auch nicht eintreten. Der Gläubiger ist bei Gefahr des Verlustes seines Ersatzanspruchs gehalten, zu tun, was an ihm liegt, um den drohenden Schaden abzuwenden oder zu mindern. Das gilt hier auch für die Klägerin. Davon durfte sie sich auch nicht dadurch abhalten lassen, daß sie sich damit des Anspruchs auf Schadensersatz begab. Sie hatte sich auf die Klausel der Beklagten eingelassen, wonach sie aus Verzögerung der Lieferung keine Ersatzansprüche wegen Nichterfüllung sollte herleiten können. Sie durfte sich den Folgen hiervon nicht dadurch entziehen, daß sie, auf die Ersatzpflicht des Verkäufers rechnend, Schäden über sich ergehen ließ, die kein verständiger Geschäftsmann unterlassen hätte, mit den sich bietenden Mitteln abzuwenden.

RGZ. 105, 285*)

Inwiefern kann der Käufer, der die Ware zum eigenen Verbrauch kauft, den Schaden aus Nichterfüllung des Vertrags abstrakt berechnen?

II. Zivilsenat. Urt. v. 24. Oktober 1922.

I. Landgericht Hamburg. II. Oberlandesgericht daselbst.

Die Beklagte hat 1915 an die Intendantur des 9. Armeekorps gekochten Saftschinken in Dosen verkauft und ist mit einem Teil der Lieferung im Rückstand geblieben. Der Reichsmilitärfiskus fordert Schadensersatz. Er behauptet, daß der Marktpreis am 1. März 1916 3 M. betragen habe. Der Beklagten sei nach Ablauf der Lieferfrist Nachfrist gesetzt und auf ihr Ersuchen bis 1. März 1916 verlängert worden, ohne daß Lieferung erfolgt sei. Er fordert unter Vorbehalt weiteren Anspruches den Teilbetrag von 5000 M. Die Beklagte hat eingewendet, daß die Lieferfrist in Abänderung der Verträge auf den 1. März 1916 hinausgeschoben, daß ihr durch Maßregeln der Regierung im Februar 1916 die Leistung unmöglich gemacht worden und

*) Vgl. auch Bd. 105 S. 293 (abgedr. S. 309 dieses Bandes).

daß dem Kläger kein Schaden entstanden sei; die Intendantur habe sich fortlaufend eingedeckt, und zwar zu erheblich billigeren Preisen.

Beide Vorinstanzen verurteilten die Beklagte nach dem Klagantrag, ihre Revision wurde zurückgewiesen.

Gründe:

Gegen die Entscheidung, daß die Beklagte verpflichtet ist, dem Kläger, wenn ihm aus dem Unterbleiben der Lieferungen ein Schaden entstanden ist, diesen zu ersetzen, sind Revisionsangriffe nicht erhoben, und sie erweist sich auch als einwandfrei.

Der Kläger hat zunächst seinen Schaden abstrakt berechnet, ist dann aber auch zur konkreten Begründung übergegangen. Der Vorderrichter versagt der Unterscheidung zwischen abstrakter und konkreter Schadensberechnung für gegenwärtigen Rechtsstreit die entscheidende Bedeutung. Es handle sich nur um die allgemeine Frage, ob ein Schaden entstanden sei und wie hoch er sich belaufe; darüber habe das Gericht nach § 287 ZPO. unter Würdigung aller Umstände nach freiem Ermessen zu entscheiden; auch bei „abstrakter" Berechnung komme lediglich die Ueberzeugung des Gerichts zum Ausdruck, daß in Höhe des Unterschieds zwischen Vertrags- und Marktpreis Schaden entstanden sei, sei es nun, daß bis zum Beweise des Gegenteils angenommen wurde, daß der Käufer bei Lieferung die Ware zum Marktpreis verwertet haben würde, sei es, daß ohne Rücksicht auf die Möglichkeit oder Wahrscheinlichkeit eines Weiterverkaufs in der Tatsache des Ankaufs zum Vertragspreis allein ein Vermögenszuwachs in Höhe des Unterschiedes gegen den Marktpreis auf seiten des Käufers zu finden sei, der ihm durch die Nichtlieferung entgangen sei.

Das ist nicht, wie die Revision meint, höchst unklar, aber es ist allerdings nicht richtig. Was man unter abstrakter Schadensberechnung versteht, ist doch ein ganz bestimmter Begriff, der auf dem Gedanken beruht, daß der Kaufmann jederzeit in der Lage ist, Ware, die er hereinbekommt, zum Marktpreis wieder abzusetzen. Daß das nicht immer geschieht, oft auch nicht möglich ist, ist bekannt genug. Aber es ist ein allgemeiner Rechtssatz, daß, wenn der Käufer vom Verkäufer Schadensersatz wegen Nichterfüllung zu beanspruchen hat, diese Möglichkeit ohne weiteres als Gewißheit unterstellt werden darf. Das trifft auf den Käufer nicht zu, der die Waare anschafft, um sie zu verbrauchen. Dann bietet der Deckungskauf eine sichere, aber keineswegs die einzige Grundlage der Schadensberechnung. Auch hier ist unter Umständen die Möglichkeit nicht ausgeschlossen, daß der Käufer seine Absicht ändert und zum Verkauf schreitet. Damit wird die Sache konkret oder jedenfalls konkreter. Alles hängt von den Umständen ab. Die Möglichkeit kann zur Wahrscheinlichkeit werden, und das bis zu dem Grade, daß sie nach § 287 ZPO. für

Gewißheit gilt. Die Rechtsprechung ist noch weiter gegangen und hat die Preisdifferenz als Entschädigung für die ausgebliebene Lieferung auch da zuerkannt, wo nach Lage der Sache die Möglichkeit eines Verkaufs nicht ausgeschlossen erscheint (RGZ. Bd. 101 S. 219).

Nach dieser Richtung hat der Vorderrichter keine Feststellungen getroffen. Er will vielmehr den begrifflichen Unterschied zwischen abstrakter und konkreter Schadensberechnung überhaupt nicht gelten lassen oder ihn doch als unwesentlich beiseite schieben. Und das ist rechtsirrtümlich.

Aber die Entscheidung beruht nicht auf diesem Irrtum. Der Kläger hat eine Aufstellung eingereicht, wonach er am 3. März, 27. April, 10. Mai und 5. Juni 1916 größere Mengen gleichartiger Ware zu höheren Preisen angeschafft hat, während die Beklagte seit Ende März 1915 mit der Lieferung im Rückstand war und die letzte Nachfrist bis 1. März 1916 lief. Der Zeuge S. hat bekundet, daß man auf der Intendantur fortlaufend eingekauft habe, um den vorgeschriebenen Bestand auf dem Laufenden zu erhalten; so sei denn auch für nicht gelieferte Ware andere eingekauft, aber ohne daß jedesmal eine Eindeckung für bestimmte Posten beabsichtigt gewesen sei; vielfach sei auch zu einem bereits geschehenen Einkauf nachträglich der Zusatz gemacht worden: Eindeckung für den und den Vertrag. Der Einkauf vom 3. März sei Eindeckung für ein anderes Geschäft gewesen, die übrigen drei Ankäufe seien nicht als spezielle Eindeckungen für die gegenwärtigen Abschlüsse vorgenommen worden, sondern um im allgemeinen das Bedürfnis der Intendantur zur Versorgung des Heeres zu decken.

Wenn demgegenüber der Vorderrichter zu dem Ergebnis gelangt ist, der Beweis sei nicht erbracht, daß der Kläger sich für den Ausfall der Lieferungen der Beklagten mit bestimmten anderen Einkäufen eingedeckt hätte, so ist das Beweiswürdigung und frei von Rechtsirrtum. Aber daran hängt nicht der Ersatzanspruch des Klägers. Während des Krieges hat es bei dem obwaltenden Warenmangel nicht selten so gelegen, daß die Heeresverwaltung an bestimmten Waren alles aufkaufte, was am Markt zu haben war. Derartiges ist hier nicht behauptet. Offenbar ist vielmehr die Intendantur besorgt gewesen, die Vorräte — wenn vielleicht auch innerhalb ziemlich weit gesteckter Grenzen — auf ein bestimmtes Maß zu bringen und auf ihm zu erhalten, und nichts liegt näher als der Gedanke, daß die drei letzterwähnten Ankäufe nicht geschehen wären, wenn die Beklagte innerhalb der gesetzten Nachfrist bis 1. März 1916 geliefert hätte, was sie schuldete. Diese tatsächliche Schlußfolgerung hat der Instanzrichter gezogen. Er hat sich für überzeugt erklärt, daß der Kläger infolge des Lieferungsverzuges der Beklagten einen wirklichen Vermögensschaden von mindestens der geforderten Summe gehabt hat, und zwar dadurch, daß ihm der Vorteil entgangen ist, die

36 000 kg Schinken zum Verkaufspreis zu erhalten und so an teurerer Ware zu sparen. Das ist eine nach der Sachlage völlig gerechtfertigte, rechtlich jedenfalls nicht zu beanstandende Annahme, die die Entscheidung trägt.

RGZ. 105, 293

1. Kann der Fiskus als Käufer den ihm durch Nichtlieferung der gekauften Ware erlittenen Schaden abstrakt berechnen?

2. Darf durch die abstrakte Schadensberechnung ein übermäßiger Gewinn erzielt werden?

II. Zivilsenat. Urt. v. 24. Oktober 1922.

I. Landgericht I Berlin. II. Kammergericht daselbst.

Laut Bestätigungsschreiben der Beklagten vom 29. Oktober 1919 hat diese dem Kläger zur Lieferung an die Beschaffungsstelle für künstliche Glieder etwa 50 Zentner eichengegerbtes Zahmsohlleder, in Teillieferungen innerhalb 14 Tagen lieferbar, zum Preise von 55 M. für das Kilogramm verkauft. Es sind im ganzen 1468,5 kg geliefert und bezahlt worden. Restliche 1031,5 kg zu liefern, lehnte die Beklagte ab. Durch Schreiben vom 6. Januar 1920 bestimmte ihr der Kläger gemäß § 326 BGB. eine Nachfrist bis zum 15. Januar. In ihrer Antwort vom 7. Januar hielt die Beklagte ihren ablehnenden Standpunkt aufrecht.

Nunmehr erhob der Kläger Klage auf Schadensersatz wegen Nichterfüllung und forderte Zahlung von 34 039 M. nebst Zinsen. Er begründete seinen Anspruch in erster Linie so, daß er den Unterschied zwischen dem Vertragspreise — 55 M. für das Kilogramm — und dem Marktpreise am Ende der Nachfrist (17. Januar 1920) — 88 M. für das Kilogramm — forderte, erklärte aber später hilfsweise, daß er sich in der Zeit wom 15. bis 31. Januar zum gleichen Marktpreis eingedeckt habe.

Die Vorinstanzen erkannten gemäß der Klage. Die Revision der Beklagten hatte Erfolg.

Aus den Gründen:

. . . Auch der weitere Revisionsangriff, daß der Kläger nach der Rechtsprechung des Reichsgerichts nicht berechtigt gewesen sei, den Unterschied zwischen Vertrags- und Verkaufspreis zu verlangen, da er das Leder nicht zum Zwecke der Weiterveräußerung gekauft habe, ist unbegründet. Die Vermutung, daß der Kaufmann, wenn der Verkäufer geliefert hätte, jederzeit in der Lage gewesen wäre, die Ware zu dem ihrem Mehrwerte entsprechenden Preise weiter zu veräußern und damit einen Gewinn in Höhe des Mehrwerts zu erzielen, muß grundsätzlich auch dann zutreffen, wenn der Fiskus als Käufer auftritt. Zwar betreibt der Staat (oder die Gemeinde) regelmäßig keine Geschäfte zum Zwecke der Gewinnerzielung. Allein auch sein dem öffentlichen Wohl dienender Geschäftsbetrieb kann es im Einzelfalle mit sich bringen, daß er zur Weiterveräußerung eingekaufter Waren genötigt wird, und nichts hindert ihn in solchem Falle, die inzwischen eingetretene Werterhöhung auszunützen und dadurch einen Gewinn zu erzielen. Dementsprechend muß er auch berechtigt sein, den ihm infolge vertragswidriger Nichtlieferung seines Verkäufers entgehenden Gewinn als Schadensersatz geltend zu machen. Das Reichsgericht hat diese Rechtsgestaltung niemals mißbilligt. Es hat in seiner RGZ. Bd. 99 S. 46 abgedruckten Entscheidung nur ausgesprochen, daß jene für den kaufmännischen Verkehr aufgestellte Vermutung dann entkräftet werde, wenn *ausnahmsweise* Umstände vorliegen, welche ergeben, daß die den Gewinn erbringende alsbaldige Weiterveräußerung ausgeschlossen gewesen wäre. In den RGZ. Bd. 101 S. 217 und S. 421 abgedruckten Entscheidungen*) hat sodann das Reichsgericht ausgeführt, die bloße Tatsache, daß die Behörde Waren eingekauft habe, um sie staatlichen Zwecken dienstbar zu machen, reiche nicht aus, um die Möglichkeit einer Weiterveräußerung als ausgeschlossen zu erachten, vielmehr könne es der Behörde im Einzelfalle geboten erscheinen, diese Waren ganz oder teilweise wieder abzustoßen. Es wird danach jedesmal besonders festzustellen sein, ob eine solche Möglichkeit bestand oder nicht, und zwar wird in dieser Hinsicht den ersatzpflichtigen Verkäufer die Beweislast treffen, weil er sich dem gewöhnlichen Sachverlaufe gegenüber auf die Ausnahme beruft. Im vorliegenden Fall hat nun aber die Beklagte nicht nur nichts angeführt, was auf den Ausschluß einer Weiterveräußerung des verkauften Leders durch den Kläger schließen läßt, sondern sie hat im Gegenteil behauptet, daß der Kläger für das Leder keine Verwendung mehr gehabt habe, weil er sich überkauft gehabt habe. Unter diesen Umständen war das Berufungsgericht zu der Annahme berechtigt, daß der Kläger das Leder mit einem Gewinne hätte veräußern können, welcher dem Unterschiede zwischen Vertrags- und Verkaufspreis gleichkam. . . .

Rechtsirrtümlich sind dagegen die Ausführungen des Berufungsgerichts über die grundsätzliche Zulässigkeit der Berechnung des Unterschiedes zwischen Vertrags- und Marktpreis am 16. Januar 1920. Führt diese Berechnung zu einem nach der Preistreiberei-Verordnung vom 8. Mai 1918 verbotenen übermäßigen Gewinn, so durfte ihn auch der Kläger nicht geltend machen, ohne gegen diese Verordnung zu verstoßen (vgl. RGZ. Bd. 90 S. 305). Was hiergegen vom Berufungsgericht vorgebracht wird, geht fehl. Der Fall einer Ein-

*) Vgl. auch Bd. 105 S. 285.

deckung zum Marktpreise liegt völlig anders. Bedarf der Käufer der von ihm gekauften, aber ihm vom Verkäufer vorenthaltenen Ware, so darf und muß er sich diese Ware am Markte zum Tagespreis anschaffen. Durch solches Verfahren erzielt er keinen übermäßigen Gewinn (RGZ. Bd. 93 S. 133). Das Gegenteil trifft aber dann zu, wenn er dem Verkäufer einen Betrag als Schadensersatz in Rechnung stellt, welcher das Maß eines erlaubten Gewinns überschreitet. Ob dieser Fall vorliegend gegeben ist, wird das Berufungsgericht bei erneuter Verhandlung festzustellen haben.

RGZ. 106, 16

Finden, wenn die Ware während ihrer Uebersendung an den Käufer beschlagnahmt wird, die Regeln von der Gefahrtragung oder die Bestimmungen über die Unmöglichkeit der Erfüllung Anwendung?

I. Zivilsenat. Urt. v. 23. November 1922.

I. Landgericht Hannover, Kammer für Handelssachen.

II. Oberlandesgericht Celle.

Die Klägerin hatte der Beklagten 200 Zentner Hafer, lieferbar prompt nach Wagenstellung, waggonfrei ab Braunschweiger Station zum Preise von 200 M. für den Zentner verkauft. Sie brachte, nachdem ihr die Beklagte am 7. April 1920 Versandauftrag erteilt hatte, den Hafer am 13. April 1920 durch ihre Lieferantin, die Firma R. in Br., zur Versendung. Der Hafer wurde jedoch von der Reichsgetreidestelle beschlagnahmt, weil ihm angeblich Brotgetreide beigemischt war. Auf Betreiben der Klägerin wurde die Beschlagnahme am 1. Mai 1920 aufgehoben; der Hafer ging der Beklagten Anfang Mai zu. Die Beklagte ist jedoch am 1. Mai 1920 unter Widerspruch der Klägerin vom Vertrage zurückgetreten, da sie am 12. April der Klägerin unter Androhung des Rücktritts Frist zur Verladung bis zum 17. April gestellt hatte und bis zum 1. Mai nicht in den Besitz des Hafers gelangt war. Die Klägerin fordert Zahlung des Vertragspreises. Beide Vorinstanzen erkannten zugunsten der Klägerin. Die Revision der Beklagten wurde zurückgewiesen.

Aus den Gründen:

Die Beklagte stützt ihr Recht, die Zahlung des Vertragspreises und die Abnahme der Ware zu verweigern, auf § 326 BGB. Der Berufungsrichter nimmt an, die für den Verzug der Klägerin beweispflichtige Beklagte habe den Beweis nicht geführt, daß das Mahnschreiben der Beklagten vom 12. April 1920 vor der am 13. April 1920 erfolgten Absendung des Hafers in den Besitz der Klägerin gelangt sei. Trifft dies zu, so hatte die Klägerin am 13. April 1920, also noch ehe ihr das Schreiben vom 12. April 1920 zugegangen war, alles getan, was von ihr geschehen konnte, so daß sie von der Beklagten überhaupt nicht in Verzug gesetzt worden ist. Hieran ändert auch der Umstand nichts, daß der Hafer vorübergehend beschlagnahmt gewesen ist, wobei es ganz auf sich beruhen kann, ob die Beschlagnahme zu Recht erfolgt war oder nicht. Allerdings ist dem Berufungsrichter darin nicht beizupflichten, daß sich die Beschlagnahme als Transportgefahr darstelle, die beim Uebersendungskauf (§ 447 BGB.) zu Lasten des Käufers gehe (Staub, Anhang zu § 382 Anm. 50). Denn wenn auch die Beschlagnahme tatsächlich während der Beförderung eingetreten ist, so hat sie doch an sich mit der Beförderung und ihren Gefahren nichts zu tun. Die Haftung für Gefahr betrifft auch nur die Haftung für den zufälligen Untergang und die zufällige Verschlechterung der Ware (Planck, BGB. § 446 Anm. 2a). Beides kommt bei der Beschlagnahme nicht in Frage. Durch sie werden nur die an der Kaufsache bestehenden Rechte betroffen, ohne daß dadurch zugleich eine körperliche Veränderung der Sache selbst eintritt. Man kann deshalb auf die Beschlagnahme überhaupt nicht die Regeln von der Gefahrtragung anwenden, vielmehr greifen die Grundsätze von der Unmöglichkeit der Leistung Platz. Ist die Beschlagnahme zu Unrecht erfolgt — und bis zum Nachweise des Gegenteils wird dies angenommen werden müssen, weil sonst schwerlich die Aufhebung der Beschlagnahme von der Reichsgetreidestelle veranlaßt worden wäre —, so hatte sich bereits durch die Ausscheidung des Hafers und seine Uebergabe an die Eisenbahn zur Beförderung die Leistungspflicht der Klägerin gemäß § 243 Abs. 2 BGB. auf den nachher beschlagnahmten Hafer konkretisiert; durch die zu Unrecht erfolgte Beschlagnahme wurde der Klägerin nachträglich ohne ihr Verschulden die Leistung unmöglich. Wäre diese Unmöglichkeit eine dauernde gewesen, so hätte sich die Beklagte auf § 323 BGB. berufen können. Im vorliegenden Falle war aber die Unmöglichkeit eine nur vorübergehende, die nur während ihrer Dauer den Anspruch der Verkäuferin auf die Gegenleistung aufschob (Planck, § 323 Nr. 3) und bereits am 1. Mai 1920 beseitigt war. . . .

RGZ. 107, 15

1. Kann noch auf Leistung erkannt werden, wenn ihre Unmöglichkeit zur Zeit der Urteilsfällung feststeht?

2. Kann sich der Schuldner gegenüber der Klage aus § 283 BGB. auf eine vor Erlaß des Leistungsurteils eingetretene, von ihm nicht zu vertretende Unmöglichkeit berufen, oder ist er gemäß § 767 ZPO. mit diesem Einwand ausgeschlossen?

I. Zivilsenat. Urt. v. 16. Mai 1923.

I. Landgericht Hamburg. II. Oberlandesgericht daselbst.

Der Kaufmann W. in H. hatte gegen Lagerschein bei der Beklagten 2 Ballen Tabak eingelagert und trat im Frühjahr 1920 seine Rechte aus dem Schein an den Kläger ab; die Beklagte, hiervon benachrichtigt, stellte einen Lagerschein auf den Kläger aus und vermerkte ihn an Stelle des W. in ihren Büchern als Einlagerer. Als der Kläger später die Aushändigung der Ballen verlangte, erklärte die Beklagte, ihr Lagermeister Sch. habe die Ballen zwei Personen aushändigen lassen, welche die Ballen im Namen des Klägers abgefordert hätten. Dieser erhob gegen die Beklagte Klage auf Herausgabe der Ballen. Die Beklagte berief sich auf Unmöglichkeit der Erfüllung.

Das Landgericht wies die Klage ab. Das Oberlandesgericht gab ihr statt. Die Revision des Beklagten hatte Erfolg.

Gründe:

Der Berufungsrichter führt aus, zur Begründung der Herausgabepflicht auf Grund des zwischen den Parteien bestehenden Lagervertrags genüge der Beweis der Uebergabe der Ballen an die Beklagte, dagegen bedürfe es nicht auch der Behauptung, daß sie sich noch im Besitz der Ballen befinde. Auf die Schadensersatzklage wegen Nichterfüllung sei der Kläger schon deshalb nicht beschränkt, weil er niemals zugegeben habe, sich davon überzeugt zu haben, daß die Beklagte die 2 Ballen nicht mehr hinter sich habe. Ob dem Anspruch auf Erfüllung der Boden entzogen sein würde, wenn die Unmöglichkeit der Erfüllung für den Kläger bereits feststünde, brauche nicht entschieden zu werden. Im § 283 BGB. habe das bürgerliche Recht für den Fall, daß sich die Zwangsvollstreckung aus dem Urteil durch ein Vorgehen gemäß § 883 ZPO. als nicht durchführbar herausstellen sollte, ein Verfahren vorgesehen, das dem Kläger die Vorteile des ihm günstigen Urteils auf Herausgabe dadurch bewahre, daß er sofort Schadensersatz wegen Nichterfüllung verlangen könne, gleichgültig, ob die Unmöglichkeit der Erfüllung schon bei der Klagerhebung vorhanden gewesen oder erst nachträglich eingetreten sei. Deshalb könne der Beklagten im gegenwärtigen Verfahren der Beweis der Unmöglichkeit der Leistung überhaupt nicht nachgelassen werden, und es habe der Klage auf Erfüllung stattgegeben werden müssen, obwohl durch die vom Landgericht zugelassene Beweiserhebung im Laufe des Rechtsstreits festgestellt sein möge, daß die Beklagte durch das von ihr zu vertretende Vorgehen ihres Lagermeisters zur Auslieferung der Ballen außerstande sei.

Diese Ausführungen des Berufungsrichters sind nicht frei von Rechtsirrtum und stehen mit der Rechtsprechung des Reichsgerichts (vgl. RGZ. Bd. 54 S. 28, Bd. 88 S. 78; Warneyer 1911 Nr. 412; JW. 1919 S. 98 Nr. 3) in Widerspruch.

Den Hauptzweck eines Leistungsurteils außer den Fällen des § 888 Abs 2 ZPO. bildet die Vollstreckung; darum ist die Verurteilung zu einer festgestelltermaßen objektiv unmöglichen Leistung widersinnig. Deshalb läßt das Reichsgericht, wie in Bd. 54 S. 28 und Bd. 88 S. 78 klar ausgesprochen ist, eine Verurteilung zu einer Leistung nicht zu, falls die Erfüllungsunmöglichkeit feststeht. Der für das Feststehen der Unmöglichkeit maßgebende Zeitpunkt ist nicht der der Klagerhebung, sondern der des Urteils; denn die Entscheidung darf zu der Zeit, wo sie erlassen wird, nicht widersinnig sein. Eine Härte gegen den Gläubiger ist hierin nicht zu erblicken. Denn wenn sich erst während des Rechtsstreits die Unmöglichkeit ergibt, kann er, *ohne der Einrede der Klagänderung ausgesetzt zu sein*, seinen Antrag auf Erfüllung in einen Schadensersatzanspruch umwandeln. Weder im § 275 noch im § 280 BGB. wird zwischen objektiver Unmöglichkeit und subjektivem Unvermögen ein Unterschied gemacht. Allerdings ist es im letzteren Falle begrifflich nicht undenkbar, daß der Dritte, dem die Leistung möglich ist, solche für den Schuldner macht. Allein solange mit dieser Möglichkeit nicht gerechnet werden kann, muß der Schuldner einer Verurteilung zu einer ihm unmöglichen Leistung, falls die Unmöglichkeit feststeht, entgehen können.

Im übrigen hat der Berufungsrichter bisher zu der Frage, ob objektive Unmöglichkeit oder subjektives Unvermögen der Beklagten anzunehmen ist, noch keine Stellung genommen. Das Landgericht hatte objektive Unmöglichkeit angenommen. Allein wenn die Beklagte, wie das Landgericht auf Grund der Aussage des Lagermeisters Sch. als erwiesen annimmt, die fraglichen Ballen einem Dritten ausgeantwortet hat und deshalb wegen nicht mehr vorhandenen Besitzes ihrer Herausgabepflicht nicht genügen kann, so liegt nur subjektive Unmöglichkeit auf seiten der Beklagten vor. Aber da die Tabakballen anscheinend zur Verarbeitung in eine Zigarrenfabrik gekommen sind und die Beklagte bereits im Jahre 1920 den Besitz der Ballen eingebüßt hat, scheinen die Ballen als solche, d. h. im unverarbeiteten Zustande, überhaupt nicht mehr vorhanden zu sein, und dann würde wohl mit dem ersten Richter die objektive Unmöglichkeit bejaht werden müssen.

Der Herausgabeanspruch läßt sich auch nicht auf § 280 BGB. in Verbindung mit § 249 BGB. stützen. Denn wenn bei nachfolgender Unmöglichkeit der Schuldner dem Gläubiger den durch die Nichterfüllung entstehenden Schaden zu ersetzen hat und dieser Ersatz in erster Linie in der Herstellung des Zustandes zu suchen ist, der bestehen würde, wenn der zum Ersatz verpflichtende Umstand nicht eingetreten wäre, so geht doch aus der Tatsache, daß sich die Beklagte eben auf die Unmöglickeit der Erfüllung des Leistungsanspruchs beruft und diese Unmöglichkeit vom Gericht festgestellt wird, hervor, daß eine Naturalherstellung nicht mehr in Frage kommt und daß deshalb nicht der § 249, sondern § 251 BGB. zur Anwendung gelangt.

Rechtsirrig ist die Auffassung des Berufungsrichters, wonach die Ueberzeugung des Gläubigers oder eine diese Ueberzeugung enthaltende Erklärung, daß er die Leistung für unmöglich halte, maßgebend sein soll; vielmehr entscheidet für die Frage der Unmöglichkeit der vom Gericht festzustellende objektive Sachverhalt. Denn es ist ausgeschlossen, daß eine Partei das Gericht zu einer Entscheidung zwingen könnte, die vom Gericht selbst für unzulässig erachtet wird. Steht durch das Beweisergebnis die Unmöglichkeit fest, so darf das Gericht dem Eigensinn des Gläubigers, durch den Gerichtsvollzieher die Vollstreckung zu versuchen und das Offenbarungseidsverfahren durchzusetzen, nicht Vorschub leisten. Es kann daher, da der objektive Sachverhalt entscheidet, ganz auf sich beruhen, ob nicht der Kläger, worauf die Revision mit Recht hinweist, anfänglich selbst von der Auffassung ausgegangen ist, der Beklagten sei die Herausgabe der Ballen in der Tat dadurch unmöglich geworden, daß sie ihrem Lagermeister von dritter unbekannter Seite abgeschwindelt worden seien.

Der Berufungsrichter geht aber auch, wie seine Ausführungen erkennen lassen, von einer unrichtigen Auffassung über das Verhältnis des § 275 zu § 283 BGB. aus. Die Beklagte hat sich darauf berufen, daß ihr die Leistung durch einen von ihr nicht zu vertretenden Umstand nachträglich unmöglich geworden sei; an sich hat sie beides, Unmöglichkeit und Nichtvertretbarkeit, zu beweisen (§ 282 BGB.). Es ist durchaus folgerichtig, daß das Reichsgericht in Bd. 54 S. 28 den Beweis der Unmöglichkeit dann nicht mehr für erforderlich erachtet, wenn bereits jetzt feststeht, daß eine etwaige Unmöglichkeit vom Schuldner zu vertreten sein würde, weil in einem solchen Falle eben nicht § 275, sondern höchstens § 280 BGB. zur Anwendung kommt, also jedenfalls eine Schadensersatzpflicht des Schuldners bestehen bleibt. Im vorliegenden Falle beruft sich die Beklagte jedoch darauf, daß sie die Unmöglichkeit nicht zu vertreten habe und daß nach den Vertragsbedingungen der Kläger die Beweislast habe. Der Berufungsrichter erwähnt zwar, daß die Beklagte das Vorgehen ihres Lagermeisters zu vertreten habe; darüber aber, ob den Lagermeister ein Verschulden trifft, erhellt aus seinen Erörterungen nichts. So lange diese Frage aber nicht geklärt ist und nicht feststeht, ob nicht im Falle der Unmöglichkeit der § 275 BGB. angewendet werden muß, ist die getroffene Entscheidung jedenfalls ungerechtfertigt. Der Berufungsrichter verkennt die Bedeutung der

Vorschrift des § 283 BGB., wenn er annimmt, daß die Beklagte auch der Schadensersatzklage aus § 283 BGB. den Einwand entgegenstellen könne, daß bereits vor Erhebung der Leistungsklage Unmöglichkeit der Erfüllung eingetreten sei. Dieser Annahme steht die Vorschrift des § 767 ZPO. entgegen. Der Einwand des Schuldners, gemäß § 275 BGB. von der Verpflichtung zur Leistung frei geworden zu sein, ist nach § 767 Abs. 2 ZPO. nur insoweit zulässig, als die Gründe für diesen Einwand nach dem Schlusse derjenigen mündlichen Verhandlung entstanden sind, in welcher Einwendungen in Gemäßheit der Bestimmungen der Zivilprozeßordnung spätestens hätten geltend gemacht werden müssen. Nach Rechtskraft des ergangenen Leistungsurteils kann also der Einwand, daß der Beklagten bereits vor Erlaß des Urteils eine von ihr nicht zu vertretende Unmöglichkeit zur Seite gestanden habe, nicht mehr geltend gemacht werden. Deshalb hebt auch der § 283 Abs. 1 Satz 3 die Verpflichtung zum Schadensersatz nur für den Fall auf, daß die Leistung infolge eines Umstandes unmöglich wird (d. h. nach Erlaß des Leistungsurteils unmöglich wird), den der Schuldner nicht zu vertreten hat.

Schließlich steht es aber auch mit der Rechtsprechung des Reichsgerichts in Widerspruch und erscheint als rechtsirrig, wenn der Berufungsrichter den — wie er anzunehmen scheint — erbrachten Beweis der Unmöglichkeit unberücksichtigt lassen zu dürfen glaubt, um zu einer Verurteilung zu kommen, deren Vollstreckungsunmögkeit bereits jetzt feststeht. Aus der Tatsache, daß in gewissen Fällen sich eine Beweisaufnahme über die Unmöglichkeit der Leistung erübrigt, folgt noch keineswegs, daß beim Feststehen der Unmöglichkeit die daraus sich ergebenden Folgerungen unberücksichtigt bleiben dürften.

Hiernach unterlag das angefochtene Urteil der Aufhebung. In der Sache selbst kann noch nicht erkannt werden. Denn wenn auch bei Bejahung der Unmöglichkeit der Rückgabe der Tabakballen die erfolgte Verurteilung der Beklagten nicht aufrechterhalten werden kann, so hat der Kläger doch in der Berufungsinstanz einen Hilfsantrag auf Schadensersatz gestellt, über den der Berufungsrichter noch zu erkennen haben wird.

RGZ. 107, 23

Handelt der als Eigentümer im Grundbuch eingetragene Grundstückskäufer arglistig, wenn er die behördliche Genehmigung des Kaufvertrags betreibt, obschon er weiß, daß der vom Verkäufer wegen des Mangels dieser Genehmigung erhobene Anspruch auf Rückauflassung des Grundstücks zu Recht besteht?

BGB. § 242.

V. Zivilsenat. Urt. v. 13. April 1927.

I. Landgericht I Berlin. II. Kammergericht daselbst.

Durch notariellen Kaufvertrag vom 1. Februar 1923 hat der Beklagte vom Kläger ein Hausgrundstück in Berlin-Lichtenberg gekauft. Die Auflassung ist erfolgt; der Beklagte ist auch am 4. Februar 1924 als Eigentümer im Grundbuch eingetragen worden. In der Kaufurkunde ist als Kaufpreis der Betrag von 1 500 000 M. angegeben, während seine wirkliche Höhe 2 750 000 M. betrug. Für den Vertrag liegt eine Bescheinigung des Bezirksamts Berlin-Lichtenberg vom 23. April 1923 vor, wonach gemäß § 6 Abs. 2 des Gesetzes über den Grundstücksverkehr der Genehmigungsantrag beim Grunderwerbssteueramt eingegangen ist und die Frist des § 7 vom 23. April 1923 abläuft; ferner eine bezirksamtliche Bescheinigung vom 29. April 1925, wonach Auflassung und Eintragung zugunsten des Beklagten mit dem auf 2 750 000 M. mitgeteilten Kaufpreis ohne Einschränkung genehmigt worden sind.

Der Kläger verlangt mit der Klage die Rückauflassung des Grundstücks, hilfsweise die Einwilligung des Beklagten in die Berichtigung des Grundbuchs dahin, daß der Beklagte als Eigentümer gelöscht und er, der Kläger, als Eigentümer eingetragen werde. Er hält die erste Genehmigung für unwirksam, weil damit ein nichtiger Kaufvertrag genehmigt worden sei, die zweite für unzulässig, weil die gesetzlich vorgeschriebenen Unterlagen eines erneuten Antrags nicht mehr vorgelegen hätten und eine Einigung der Parteien nicht mehr vorhanden gewesen sei.

Das Landgericht wies die Klage ab, weil es die Mängel des Kaufvertrags durch die Heilung gemäß § 313 Satz 2 BGB. im Verein mit der nachträglichen behördlichen Genehmigung als behoben ansah. Das Berufungsgericht dagegen verurteilte den Beklagten zur Auflassung des Grundstücks an den Kläger Zug um Zug gegen Zahlung von 481,53 M. Die Revision des Beklagten führte zur Wiederherstellung des landgerichtlichen Urteils.

Gründe:

Das Berufungsgericht hält den zwischen den Parteien geschlossenen Kaufvertrag für formwidrig und genehmigungspflichtig, erachtet indessen den Mangel der Genehmigung durch die zweite der erwähnten bezirksamtlichen Bescheinigungen trotz der vom Kläger gegen ihre Gültigkeit erhobenen Einwendungen für behoben und infolge dieser Genehmigung den Mangel der Form nach § 313 Satz 2 BGB. für geheilt. Gegen die hieraus vom Berufungsgericht gefolgerte Unzulässigkeit der hilfsweise erhobenen Klage auf Berichtigung des Grundbuchs macht die Revision keine Bedenken geltend. Solche liegen auch nicht vor und sind namentlich auch nicht aus der Art herzuleiten, in welcher die nachträgliche Genehmigung der Auflassung und Eintragung zustande gekommen ist (Urt. vom 22. Januar 1927 V 268/26).

Trotzdem hat das Berufungsgericht dem Klagebegehren insoweit stattgegeben, als es dem Kläger die an erster Stelle begehrte Rückauflassung deswegen bewilligte, weil er sich mit Recht auf die Kondizierung der im nichtigen Kaufvertrag beurkundeten Auflassung berufe. An sich hindere freilich die Behauptung eines derartigen Anspruchs nach der reichsgerichtlichen Rechtsprechung den Käufer nicht, seine Eintragung ins Grundbuch zu betreiben. Die Berechtigung dazu ende aber, sobald dem Käufer das Zurechtbestehen des Kondiktionsanspruchs bekannt geworden sei. Denn er handle arglistig, wenn er bewußt den Kondiktionsanspruch des Vertragsgegners zu vereiteln suche, indem er seine Eintragung betreibe. Dasselbe müsse im vorliegenden Falle gelten. Die Klage im gegenwärtigen Rechtsstreit sei bereits zugestellt gewesen, als der Beklagte die Erteilung der behördlichen Genehmigung betrieben habe. In der Klage sei behauptet, daß der beurkundete Kaufpreis nicht dem vereinbarten entspreche, daß deshalb der Vertrag nichtig und die Eintragung des Beklagten rechtsunwirksam sei, weil die Genehmigung zunächst nicht für den wahren Kaufvertrag, sondern für den nichtigen erteilt worden sei. Die behaupteten Tatsachen seien dem Beklagten als richtig bekannt gewesen. Daß die daraus gezogenen rechtlichen Schlußfolgerungen richtig seien, habe er aus dem ihm am 13. Juli 1925 zugestellten landgerichtlichen Beschluß ersehen, durch den die Eintragung eines Widerspruchs gegen seine Eintragung als Eigentümer angeordnet worden sei. Er habe daraus weiter ersehen, daß der Kläger die wegen Formmangels nichtige Einigung über den Verkauf des Grundstücks nicht mehr gelten lassen wolle und daß deshalb die in derselben Urkunde erklärte Auflassung ohne Rechtsgrund erfolgt sei. Wenn er trotzdem mit seinem vom 15. Juli 1925 datierten Gesuch an das Bezirksamt die nachträgliche Genehmigung der bereits kondizierten Auflassung betrieben habe, so habe er damit arglistig gehandelt, um den wohlbegründeten Anspruch des Klägers zu vereiteln. Diese Arglist werde nicht dadurch beseitigt, daß das Bezirksamt trotz Kenntnis dieser Umstände die Genehmigung erteilt habe. Auf sein eigenes arglistiges Verhalten dürfe sich der Beklagte nicht berufen; deshalb sei der Anspruch des Klägers auf Rückauflassung begründet.

Die Revision macht hiergegen geltend: Der Beklagte habe seine Eintragung zu einer Zeit erwirkt, als von einem Widerspruch des Klägers gegen die Eintragung nichts bekannt gewesen sei. Als er die Genehmigung des Schwarzvertrags betrieben habe, sei kein Vorgang mehr in Frage gekommen, der auf seinem einseitigen Antrag beruht habe, sondern ein behördliches Verfahren. Die Entscheidung der Behörde sei nicht als gesetzliche unmittelbare Folge des Antrags, sondern als Ergebnis der Anhörung beider Parteien anzusehen. Die Verfolgung der Ansprüche des Beklagten in einem derartigen Verfahren könne nicht als arglistiges Verhalten angesehen werden. Es sei nicht festgestellt, daß er sich nicht als dazu berechtigt angesehen habe. Um ihn als arglistig bezeichnen zu können, müßte man auch seine Behauptung widerlegen, daß der Kläger selbst den Schwarzverkauf arglistig herbeigeführt habe. Dies aber habe das Berufungsgericht nur für nicht bewiesen erklärt.

Der Revision ist darin beizutreten, daß das Betreiben der Genehmigung durch den Beklagten kein arglistiges Vereiteln eines wohlbegründeten Anspruchs des Klägers darstellt. In dem vom Berufungsgericht für das Gegenteil herangezogenen Erkenntnis des Senats vom 30. September 1925 V 561/24 (teilweise abgedruckt in LZ. 1926 Sp. 113 Nr. 4) ist u. a. die Frage erörtert, ob der Erwerber eines Grundstücks sich dem Veräußerer gegenüber dann auf die Heilung des formwidrigen Grundgeschäfts berufen könne, wenn er seine Eintragung als Eigentümer in Kenntnis des bestehenden Kondiktionsanspruchs betrieben hat. Wegen dieser Möglichkeit eines arglistigen Verhaltens ist damals das Interesse des Käufers an der Feststellung angezweifelt worden, daß die ihm erteilte Auflassung rechtswirksam sei. Es kann dahinstehen, ob an dieser Beurteilung der Arglistfrage bei erneuter Prüfung festzuhalten wäre. Denn gegenüber der damals erörterten Sach- und Rechtslage besteht ein grundlegender Unterschied, wenn der Erwerber wie hier seine Eintragung als Eigentümer ins Grundbuch bereits erlangt hat, ohne daß vorher vom anderen Vertragsteil Zweifel an seiner Berechtigung dazu geltend gemacht worden wären. Bei solcher Sachlage wird nicht, wie in dem angeführten Falle erörtert, die zur Heilwirkung des § 313 Satz 2 BGB. erforderliche Eintragung unter Mißachtung entgegenstehender Rechte des Vertragsgegners herbeigeführt. Vielmehr steht der endgültigen Berechtigung des Grundstückserwerbers kein bürgerlichrechtliches Hindernis mehr im Wege, sondern nur noch das öffentlichrechtliche Hindernis der noch nicht erteilten behördlichen Genehmigung, die von der Verwaltungsbehörde ohne Rücksicht auf Parteiinteressen nach gemeinwirtschaftlichen Rücksichten beurteilt wird. Allerdings ist es selbst in dieser Zeitspanne, in welcher der Eintritt der Heilwirkung nur noch von der Erteilung der Genehmigung abhängt, keineswegs ausgeschlossen, daß eine Kondiktion des Klägers noch zum Ziele führt. Er sieht sich aber jetzt der günstigeren Rechtslage gegenübergestellt, die der Beklagte dadurch erlangt hat, daß er als Eigentümer im Grundbuch eingetragen ist. Zum vollwirksamen Rechtserwerb fehlt dem Beklagten nunmehr allein noch die Genehmigung, die in einem Verfahren herbeigeführt wird, in welchem ausreichend Gelegenheit gegeben ist, auf die gerade hier in Betracht kommende Uebereinstimmung des Vertragsinhalts mit den tatsächlich getroffenen Abreden unter Zuziehung beider Vertragsteile einzugehen (vgl. § 6 Abs. 1 Nr. 2 GVerkG.). Irgendein Recht auf Nichtgenehmigung des Vertrags durch die Verwaltungsbehörde hat der Kläger gegenüber dem Beklagten nicht. Dieser handelt deshalb mit dem bloßen Betreiben des Genehmigungsverfahrens noch keineswegs arglistig. Vielmehr verfolgt er nur sein eigenes Interesse (dem zwar ein Interesse des Gegners, aber kein Anspruch auf Unterlassung entgegensteht), wenn er versucht, die durch den Mangel der Genehmigung schwebend bedingte Wirksamkeit des *ursprünglich formwidrigen, inzwischen* aber der Heilwirkung des § 313 Satz 2 BGB. teilhaftig gewordenen Grundstückskaufs zur endgültigen Wirksamkeit zu gestalten. Daß sich der Beklagte beim Betreiben der Genehmigung durch unrichtige Angaben oder dergl. (RGZ. Bd. 110 S. 364) eines arglistigen Verhaltens gegen den Kläger schuldig gemacht hätte, ist nicht behauptet worden. Die Berufung des Beklagten darauf, daß jetzt eine wirksame Genehmigung erteilt sei, widerspricht ohne Hinzutreten besonderer, hier nicht geltend gemachter Umstände ebensowenig Treu und Glauben, wie dies bei einer Berufung des Klägers auf eine etwaige Versagung der Fall wäre (RGZ. Bd. 111 S. 102).

RGZ. 107, 110

Wann ist im Sinne von § 244 Abs. 1 BGB. Zahlung in ausländischer Währung „ausdrücklich bedungen"?

III. Zivilsenat. Urt. v. 6. Juli 1923.

I. Landgericht Mainz. II. Oberlandesgericht Darmstadt.

Aus den Gründen:

Mit dem Vorderrichter ist anzunehmen, daß die Beklagte sich gemäß § 244 Abs. 1 BGB. von der den Gegenstand des Rechtsstreits bildenden Restschuld durch Zahlung in deutschem Gelde befreien kann. Die Revision bekämpft diese Ansicht, weil nach ihrer Meinung eine ausdrückliche Vereinbarung von den Beteiligten getroffen ist, daß in Franken zu zahlen sei. Dieser Auffassung ist nicht beizupflichten. Daraus, daß das Vertragsanerbieten der Klägerin, der Abschluß und die unwidersprochen gebliebene Rechnung auf Franken lauten, ist eine ausdrückliche Abrede im Sinne des § 244 nicht zu entnehmen. Indem das Gesetz dem Schuldner das Recht einräumt, eine in ausländischer Währung „ausgedrückte" Geldschuld in deutschem

Gelde zu tilgen, gibt es deutlich zu erkennen, daß in der vertraglichen Festsetzung der Schuld in der bezeichneten Währung allein noch kein zur Beseitigung dieser Befugnis ausreichendes Uebereinkommen erblickt werden soll. Nun darf allerdings das Wort „ausdrücklich" nicht in dem Sinne verstanden werden, daß der Wille der Parteien einen Ausdruck gefunden haben müsse, der die Verpflichtung des Schuldners zur Leistung in ausländischer Währung unmittelbar wiedergibt. Wo sich das Bürgerliche Gesetzbuch jenes Wortes in bezug auf Willenskundgebungen bedient, entscheidet über dessen Bedeutung nicht die Ansicht über das Wesen der ausdrücklichen im Gegensatz zur stillschweigenden Willenserklärung, sondern es ist für die begriffliche Abgrenzung der Sinn und Zweck der einzelnen Vorschrift maßgebend (RGZ. Bd. 63 S. 30, JW. 1911 S. 594 Nr. 46). Der § 244 Abs. 1 will mit dem Erfordernis der Ausdrücklichkeit die bei der bloßen Bestimmung der Schuld in ausländischer Valuta noch möglichen Zweifel über das Bestehen des Vertragswillens ausschließen, daß in ausländischer Währung gezahlt werden solle. Erfordert wird also vom Gesetz eine in besonderem Maße unzweideutige Offenbarung dieser Willensabsicht, die ebenso durch Worte wie durch Tatsachen von sich aufdrängender Schlüssigkeit erfolgen kann. An einer derartigen Kundgebung fehlt es im vorliegenden Falle. . . .

RGZ. 107, 156 †

1. Wann liegt Unmöglichkeit der Leistung vor?

2. . . .*)

VI. Zivilsenat. Urt. v. 12. November 1923.

I. Landgericht Dresden, Kammer für Handelssachen.

II. Oberlandesgericht daselbst.

Die Klägerin verlangt von der Beklagten auf Grund eines Anfang Dezember 1919 abgeschlossenen Vertrags Lieferung von vier verschiedenen Posten Holzschrauben zu bestimmten Preisen. Die Beklagte verweigert die Leistung und macht u. a. geltend, die Lieferung sei ihr wegen Warenmangels unmöglich gewesen; außerdem seien unter dem Drucke der allgemeinen Veränderung der wirtschaftlichen Verhältnisse und der Geldentwertung die Schraubenpreise derart gestiegen, daß die vereinbarten Geldbeträge entfernt nicht mehr als das vertragsmäßige Entgelt angesehen werden könnten; es verstoße gegen Treu und Glauben, wenn die Klägerin, um einen völlig ungerechtfertigten und ganz übermäßigen Gewinn zu machen,

*) Ueberholt.

auf der Leistung bestehe. Das Berufungsgericht hat diese beiden Einwendungen zurückgewiesen. Die Revision hatte Erfolg.

Aus den Gründen:

1. Die Beklagte hat unter Benennung von Zeugen und Hinweis auf Sachverständigengutachten geltend gemacht, daß infolge Mangels an Eisen und Eisendraht die in Frage stehenden Schrauben — zu ergänzen ist anscheinend: zur Zeit des Abschlusses und der Fälligkeit der Lieferung — von den sie herstellenden Fabriken nicht hätten geliefert werden können; ebenso wie bei dem Verband deutscher Holzschrauben-Fabriken habe die Beklagte bei mehreren von ihr angegangenen Großhandlungen abschlägigen Bescheid erhalten, auch in anderen Schrauben ihre Kundschaft rationieren müssen, weil sie nicht genug geliefert bekommen habe.

Demgegenüber hat das Berufungsgericht darauf hingewiesen, daß damals die Holzwarenindustrie keineswegs stillgelegen habe, Holzschrauben deshalb bei ihr vorhanden gewesen sein müßten, und zwar in viel größeren Mengen, als sie hier in Betracht kämen. Dem würde es — sagt das Berufungsgericht — auch nicht entgegenstehen, wenn die von der Beklagten beantragten Beweiserhebungen das erwartete Ergebnis haben würden. Diese Beweisanträge beträfen gar nicht die Frage, ob Werke, die Holzschrauben in ihrem Betriebe verbrauchten, noch Vorräte in ihnen hatten und deshalb auch in der Lage waren, an die Klägerin Holzschrauben abzugeben, sondern nur die Frage, ob die Beklagte die Möglichkeit hatte, sich solche zu verschaffen. Soweit aber die Beklagte behaupten wolle, es sei nur für sie unmöglich gewesen, die Ware zu liefern, stehe diese Behauptung dem Erfüllungsanspruch des Klägers nicht entgegen. Da es sich um ein von Anfang an vorhandenes Unvermögen handeln würde, erscheine die Klage auf Lieferung ohne weiteres zulässig, um so mehr als die Beklagte dafür einstehen müsse, daß die von ihr verkaufte Ware lieferbar gewesen sei, und das Unvermögen überdies auch noch nicht feststehe.

Das Berufungsgericht hält also den Einwand der Unmöglichkeit der Leistung für unbegründet, weil die Beklagte sich Schrauben der benötigten Art bei Verbrauchern (Käufern) solcher, in den Kreisen der damit versehenen Holzwarenindustrie, hätte verschaffen können. Hierin tritt, wie auch die Revision zutreffend gerügt hat, eine rechtliche Verkennung der an den Nachweis der Unmöglichkeit der Leistung zu stellenden Anforderungen zutage. Es steht die Möglichkeit einer Gattungsschuld (§ 279 BGB.), vielleicht einer auf den Lagerbestand der Beklagten beschränkten Gattungsschuld (RGZ. Bd. 84 S. 125, JW. 1918 S. 130, 180; RGU. v. 10. Mai 1918 III 7/18) in Frage. Diese Unmöglichkeit ist grundsätzlich in wirtschaftlichem Sinne zu denken; Unmöglichkeit wird schon dann angenommen, wenn die Möglichkeit der Abwicklung des Kaufgeschäfts erst in einem Zeitpunkt eintreten kann, wo wirtschaftlich für beide Teile die ursprünglichen Vertragspflichten, wenn sie dann noch erfüllt werden müßten, in wesentlicher Weise verändert sein würden (RGZ. Bd. 42 S. 114, JW. 1916 S. 487 Nr. 6, 1917 S. 595 Nr. 4 und S. 899 Nr. 2, RGU. v. 28. Nov. 1917 I 100/17). Auch im Sinne des § 279 BGB. kommt es grundsätzlich (vgl. RGZ. Bd. 88 S. 174, JW. 1919 S. 499 Nr. 3) entscheidend darauf an, ob die Ware durch Mittel beschafft werden kann, mit deren Anwendung nach Treu und Glauben zu rechnen ist. Regelmäßig wird es geschehen und vorausgesetzt sein, daß der Verkäufer die verkaufte Ware, wenn er sie nicht schon beim Vertragsschluß besitzt, am Markte ankauft. Dabei ist immer vorausgesetzt, daß die Ware am Markte vorhanden ist, gehandelt wird, ihren Marktpreis hat. Eine Ware, die sich bereits in den Händen der Verbraucher befindet — hier der Holzwarenfabrikanten, die die Schrauben zu verwenden haben —, ist nicht mehr am Markte. Daß die Beklagte die Schrauben etwa ohne alle Rücksicht auf den Preis aus dem Ausland hätte beziehen können und müssen, hat die Klägerin selbst nicht aufgestellt (vgl. RGZ. Bd. 57 S. 116, RGU. v. 12. April 1919 I 9/19). Das hier in Rede stehende Vorbringen der Beklagten würde daher, wenn bewiesen, ausreichen, den Tatbestand einer allgemeinen, objektiven Unmöglichkeit der Lieferung, nicht nur den eines subjektiven Unvermögens zu begründen.

Diese Unmöglichkeit, wenn bewiesen, kommt aber der Beklagten nur dann zustatten, wenn sie sie nicht etwa unter einem besonderen Gesichtspunkt zu vertreten hat (§§ 279, 275, 307 BGB.). Der Inhaber der beklagten Firma ist nicht Fabrikant (vgl. über solche Fälle bes. RGZ. Bd. 95 S. 264 und Warn. 1920 Nr. 66), sondern Händler. Aber auch als solcher muß er regelmäßig Kenntnis von der Marktlage haben, also auch wissen, ob für Ware, die er verkauft, Aussicht besteht, daß er sie erlange. Uebernimmt er die Lieferung, so übernimmt er möglicherweise auch das Risiko der Lieferbarkeit (vgl. Warn. 1918 Nr. 220, RGU. v. 17. Sept. 1918 III 105/18). Ob dies im Einzelfall anzunehmen ist, ist nach dessen Umständen zu beurteilen (RGZ. Bd. 93 S. 17, JW. 1919 S. 570 Nr. 3, vgl. auch RGZ. Bd. 95 S. 267 oben), wofür hier die Umstände, wie sie Anfang Dezember 1919 lagen, ins Auge zu fassen wären. Dieser Gesichtspunkt ist bislang nicht erwogen worden; nach dem — hier rechtlich mißbilligten — Standpunkt des Berufungsgerichts war dies allerdings auch nicht geboten. . . .

2. Der Fabrikatmangel, wie hier geltend gemacht, ist in der Regel nur eine zeitweilige Erscheinung, wie auch für den vorliegenden Fall unterstellt werden darf. Es kann sich daher in rechtlicher Beziehung die Frage erheben, ob eine solche zeitweilige Unmöglichkeit

überhaupt ohne weiteres einer dauernden gleichgestellt und ihr die Beachtung nicht etwa schon deshalb versagt werden kann, weil in der Folge das Fabrikat wieder zu haben gewesen wäre. Vorgetragen ist darüber nichts, auf den Einwand der Unmöglichkeit gerade in dieser Richtung nicht geantwortet worden; dies darf dahin gedeutet werden, daß hinsichtlich dieses Punktes unter den Parteien Einverständnis bestanden hat. Es kann daher genügen, hier grundsätzlich beizufügen: Der Handel, namentlich auch der Warenhandel, ist nicht auf zeitlich unbegrenzte Lieferpflichten eingestellt. Der Käufer bestellt in der Regel nur, wenn er die Ware nötig hat, und er deckt sich anderweit ein, wenn er sie nicht sogleich erhalten kann. Der Verkäufer kann sich nicht in seinen Dispositionen für unbestimmte Zeit binden lassen, sondern muß von solcher Bindung überhaupt absehen, *wenn er ihr nicht im Zeitpunkt des Kaufantrags gewachsen ist.* Deshalb darf eine solche Unmöglichkeit, wie sie hier in Frage steht, auch wenn ihr eine zeitliche Beschränkung innewohnt, als eine dauernde und endgültige bewertet werden, solange die Parteien nicht aus der Willensrichtung des gegebenen Vertragsverhältnisses heraus Abweichendes geltend machen. Vgl. im allgem. RGZ. Bd. 89 S. 206 (Miete), Bd. 105 S. 388 (Dienstvertrag). Auch in der Rechtsprechung über die Folgen militärischer und behördlicher Eingriffe ist stets daran festgehalten worden, daß solche zeitweilige Unmöglichkeit der dauernden gleichzustellen ist, wenn die Fortsetzung des Vertrags dem Gegner nicht zugemutet werden kann. Soweit der bisher festgestellte Sachverhalt erkennen läßt, scheint dies auch der Lage des hier gegebenen Falles zu entsprechen. . . . (Es folgen Ausführungen über Aufwertung bei eigenem Leistungsverzug.)

RGZ. 107, 233

Sind gegenüber dem Schadensersatzanspruch wegen Nichterfüllung aus § 283 BGB. Einwendungen zulässig, die den urteilsmäßig festgestellten Anspruch selbst betreffen und sich auf einen erst nach der Verurteilung des Schuldners im Vorprozeß eingetretenen Tatbestand oder darauf gründen, daß der die Rechtsbeziehungen der Parteien regelnde Vertrag die Geltendmachung eines Schadensersatzanspruchs irgendwelcher Art für den Fall des Unterbleibens der schuldnerischen Leistung ausschließe?

II. Zivilsenat. Urt. v. 8. Juni 1923.

I. Landgericht I Berlin. II. Kammergericht daselbst.

Am 9. September 1919 verkaufte die Beklagte an den Kläger ein gebrauchtes, von der Verkäuferin fahrfertig herzustellendes Fafnir-Automobil um 23 400 M. Der Kläger leistete sofort die vereinbarte

Anzahlung von 2500 M., erhielt aber in der Folge das Automobil nicht geliefert, obwohl er Anfang November 1919 auch den Kaufpreisrest von 20 900 M. bezahlt hatte. Er erhob daher im Mai 1920 Klage auf Lieferung und erwirkte ein seinem Antrage stattgebendes, rechtskräftig gewordenes Urteil des Landgerichts vom 7. Oktober 1920. Am 20. Januar 1921 teilte die Beklagte dem Kläger mit, daß seit dem 5. Januar 1921 in Berlin ein allgemeiner Streik sämtlicher in der Automobilbranche beschäftigten Karosseriearbeiter herrsche, dessen Beendigung sich nicht absehen lasse; sie könne infolgedessen nicht übersehen, wann die Arbeiten an dem verkauften Wagen sich vollends erledigen ließen, und trete daher gemäß den dem Abschlusse zugrunde gelegten Bedingungen des „Verbandes Deutscher Motorfahrzeug-Industrieller" von dem Kaufvertrage zurück. Daraufhin setzte der Anwalt des Klägers der Beklagten mit Schreiben vom 26. Januar 1921 zur Bewirkung der nach dem rechtskräftigen Urteil vom 7. Oktober 1920 ihr obliegenden Leistungen eine Frist von einer Woche mit dem Anfügen, daß nach deren fruchtlosem Ablauf die Annahme der Leistung abgelehnt und Schadensersatz wegen Nichterfüllung verlangt werde. Diesen Schadensersatzanspruch verfolgt der Kläger mit der gegenwärtigen Klage, und zwar verlangt er den Betrag von 4085 holländ. Gulden oder den gleichen Betrag in deutscher Währung nach dem Kurse zur Zeit der Klagzustellung oder, nach seiner Wahl, zur Zeit der Zahlung. Die 4085 holländ. Gulden setzen sich aus 1500 Gulden Gewinnentgang und 2585 Gulden valutamäßigem Gegenwert der von der Beklagten zurückzuerstattenden Kaufpreissumme von 23 400 M. zusammen.

Das Landgericht erklärte den Klaganspruch dem Grunde nach für gerechtfertigt. Die Berufung der Beklagten war erfolglos. Ihre Revision wurde zurückgewiesen.

Aus den G r ü n d e n :

Dem Einwande der Beklagten, sie sei nach den Vertragsbedingungen wegen des Anfang Januar 1921 ausgebrochenen Streiks der Berliner Karosseriearbeiter zum Rücktritt von dem Kaufgeschäfte befugt gewesen, versagt das Berufungsgericht die Berechtigung, weil die Beklagte durch ihr am 20. Januar 1921, also noch vor der Fristsetzung des Klägers vom 26. desselben Monats, erklärtes Abgehen vom Vertrage das Vorprozeßurteil vom 7. Oktober 1920 mit seinen Wirkungen nicht habe beseitigen können, namentlich also auch nicht das Recht des Klägers, den urteilsmäßigen Leistungsanspruch nach Rechtskraft des Urteils gemäß § 283 BGB. in einen Schadensersatzanspruch umzuwandeln. Die Revision meint, das Zurückgreifen auf einen nach Erlassung des Vorprozeßurteils eingetretenen vertragsmäßigen Rücktrittsgrund hätte der Beklagten nicht verwehrt werden dürfen; der Einwand habe im Vorprozeß nicht vorgebracht werden können und sei nach § 767 Abs. 2 ZPO. zulässig, denn das Urteil vom 7. Oktober 1920 bedeute nur, daß der Erfüllungsanspruch zur Zeit der Urteilsverkündung bestanden habe, entscheide aber nicht die Frage, ob dieser Anspruch zufolge späterer Umstände weggefallen sei oder nicht.

Die Rüge geht fehl. Es kann ganz davon abgesehen werden, daß eine Einwendung gegen den durch das Urteil vom 7. Oktober 1920 festgestellten Anspruch nach § 767 ZPO., auf welche Vorschrift sich die Beklagte selbst beruft, im Wege der Klage bei dem Prozeßgericht erster Instanz geltend zu machen gewesen wäre. Denn der Standpunkt des Vorderrichters zu diesem Punkte ist durchaus zutreffend. Der Umstand, daß die Beklagte nach ihrer unangefochten gebliebenen Verurteilung im Vorprozeß, vermutlich sogar erst nach Eintritt der Rechtskraft jenes Urteils, durch einen Ausstand der Karosseriearbeiter zeitweilig verhindert gewesen sein sollte, den verkauften Kraftwagen vollends in Stand zu setzen und dem Kläger zu liefern, vermag eine Einwendung gegen den Rechtsbestand des urteilsmäßig festgestellten Lieferungsanspruchs nicht zu begründen, um so weniger als die Beklagte nach der einwandfreien Feststellung des Vorprozeßrichters seit dem 5. November 1919 im Lieferungsverzuge und daher von da an auch für eine durch Zufall eintretende Unmöglichkeit der Leistung verantwortlich war. Nach den Vertragsbedingungen soll allerdings die Beklagte, wie sie vorträgt, im Falle eines Ausstandes und anderer ähnlicher Störungen des regelmäßigen Geschäftsbetriebs die Wahl gehabt haben, entweder (gegen Rückerstattung der etwa schon erhaltenen Zahlung) von der Lieferung ganz abzusehen oder sie bis zum Wiedereintritt normaler Zustände hinauszuschieben. Auf diese Vertragsbedingungen kann aber die Beklagte im jetzigen Rechtsstreit nicht mehr zurückkommen, denn der Kläger macht nicht Rechte aus dem ursprünglichen Vertragsverhältnis der Parteien geltend, sondern den an die rechtskräftige Verurteilung des Schuldners zur Leistung anknüpfenden gesetzlichen Schadensersatzanspruch des § 283 BGB. Den Eintritt nachträglicher Unmöglichkeit im Sinne des § 283 Abs. 1 Satz 3 hat die Beklagte selbst nicht behauptet; mehr als eine vorübergehende Arbeits- und Lieferungsbehinderung (auf die Dauer des erwähnten Ausstandes) lag nach ihrer eigenen Darstellung nicht vor.

Aus dem gleichen Grunde muß auch die weitere Rüge ohne Erfolg bleiben: das Berufungsgericht habe das Vorbringen der Beklagten übergangen, daß nach den Vertragsbedingungen der Kläger bei Nichtlieferung nur Rückzahlung des Kaufpreises, nicht aber Schadensersatz beanspruchen könne. Die Revision hat hierbei die an die oben mitgeteilte Vertragsbedingung sich unmittelbar anschließende Klausel im Auge, daß die Beklagte in allen Fällen, wo sie aus irgendwelchen Gründen zur Lieferung nicht in der Lage sei, nur zur einfachen Rückzahlung der Anzahlung ohne Zinsen verpflichtet sei „unter Ausschluß eines jeglichen sonstigen Anspruchs". Es mag sein, daß die Beklagte auf Grund dieser Vereinbarung einem unmittelbar aus dem Vertragsverhältnis heraus erhobenen Schadensersatzanspruch des Klägers wirksam hätte entgegentreten können. Dem § 283 gegenüber, der in Ergänzung des § 893 ZPO. zur Erleichterung für den Gläubiger die Umgestaltung des Erfüllungsanspruchs in einen Schadensersatzanspruch ermöglicht, muß die Berufung auf den vertragsmäßigen Ausschluß der Geltendmachung eines Schadensersatzanspruchs versagen, wofern nicht eine zweifelsfreie Parteiabrede dahin vorliegt, daß der Ausschluß über die Verurteilung des Schuldners zur Leistung hinaus auch für die im § 283 BGB. zugelassene Schadensersatzforderung Wirkung haben soll. Für eine Ausschaltung des Schadensersatzanspruchs des § 283 durch Vereinbarung der Parteien liegt aber im gegenwärtigen Falle nichts vor. Die Beklagte selbst hat nicht behauptet, daß der Ausschluß des Schadensersatzanspruchs aus § 283 vereinbart worden sei. Die Meinung der Revision geht nur dahin, daß der für das Vertragsverhältnis als solches bedungene Ausschluß ohne weiteres auch den Rechtsbehelf aus § 283 ergreife; diese Auffassung ist aber nicht haltbar. . . .

RGZ. 107, 240*)

1. Zur Anwendung des § 278 BGB. auf die Vorverhandlungen eines Vertrags.

2. Vertragsabschluß durch Quittung über den Empfang einer Anzahlung auf den festgesetzten Vertragspreis.

3. Berufung auf die allgemeine clausula rebus sic stantibus.

VI. Zivilsenat. Urt. v. 12. Juli 1923.

I. Landgericht II Berlin. II. Kammergericht daselbst.

Der Kläger bestellte am 14. Mai 1919 bei der Beklagten einen Lastkraftwagen zum Preise von 31 000 M. Er zahlte 10 000 M. auf den Kaufpreis an; die restlichen 21 000 M. sind von ihm Ende Dezember 1919 gezahlt worden. Der Wagen ist nicht geliefert worden, vielmehr verlangte die Beklagte mit Schreiben vom 12. Februar 1920 einen erhöhten Preis von 98 000 M. mit Rücksicht auf die erhebliche Steigerung der Gestehungskosten; für die Berechtigung der Nachforderung stützt sie sich auf einen auf dem Auftragsvordruck in Maschinenschrift enthaltenen Vermerk, der ihr die Berechnung von Teuerungszuschlägen nach Maßgabe der Festsetzungen der Last-

*) Vgl. auch die oben bei RGZ. 100, 129 zitierten E.

wagenkonvention gestatte. Der Kläger bestreitet, daß zur Zeit des Vertragsabschlusses der Vermerk auf dem Vordruck gestanden habe. Der Kläger hat auf Lieferung des Kraftwagens geklagt.

Das Landgericht gab der Klage statt, das Oberlandesgericht wies die Berufung des Beklagten zurück. Die Revision hatte keinen Erfolg.

Aus den Gründen:

Nach den Feststellungen des Berufungsgerichts gab der Kläger am 14. Mai 1919 in der Filiale der Beklagten zu Berlin bei dem Vertreter der Filiale die Bestellung auf einen Lastkraftwagen auf, für den ein Preis von 31 000 M. festgesetzt wurde. Der Vertreter der Filiale war nach dem Vortrage der Beklagten zu Geschäftsabschlüssen nicht ermächtigt; er hatte nur mit den Bestellern die Einzelheiten der Lieferung zu bereden und darauf die Aufträge entgegenzunehmen, die nach bestimmtem Formular in schriftlicher Fassung erteilt wurden. Auch der Kläger unterzeichnete ein solches Formular, nachdem die Einzelheiten der Bestellung darin festgelegt waren. In dem von der Beklagten im Prozeß vorgelegten Auftragstexte befindet sich unter der Rubrik „besondere Vorschriften" eine Klausel in Maschinenschrift, wonach zu den im Kostenanschlag angegebenen Preisen die Teuerungszuschläge treten, welche die Lastwagenkonvention in der Zeit zwischen Abgabe des Angebots und Ablieferung des Fahrzeugs festsetzt. Diese Klausel befand sich auf dem vom Kläger unterschriebenen Auftragsformular zur Zeit der Abgabe der Unterschrift nicht; sie ist auch nicht bei der Verhandlung mit dem Vertreter der Beklagten besprochen und inhaltlich dem Kläger mitgeteilt worden. Der Zentralverwaltung der Beklagten in O., an die der Vertreter den Vertragsantrag einzureichen hatte, ist der unterschriebene Auftrag des Klägers jedoch mit jener Klausel zugegangen, die ohne Wissen und Willen des Klägers in der Berliner Filiale der Beklagten nachträglich in den Auftrag eingefügt wurde.

Nach den auf der Rückseite des Auftragsvordrucks wiedergegebenen allgemeinen Lieferungsbedingungen sollte die Verpflichtung der Beklagten zur Lieferung erst mit der schriftlichen Bestätigung des Auftrags durch die Zentralverwaltung in O. beginnen. Diese Auftragsbestätigung behauptet die Beklagte mittels Schreibens vom 19. Mai 1919 dem Kläger unter Beifügung einer mit der vorgedachten Preiserhöhungsklausel versehenen Abschrift des Auftrags, wieder durch Vermittlung ihrer Berliner Filiale, zugesandt zu haben. Es ist aber festgestellt, daß der Kläger sie nicht erhalten hat; sie ist von der Filiale aus an den Kläger nicht weiter gesandt worden. Dieser hat vielmehr nur mit Schreiben der Beklagten vom 26. Mai 1919 eine Quittung über die auf den Preis angezahlten 10 000 M. erhalten, „welche wir als Anzahlung auf den uns von Ihnen bestellten Lastwagen Ihrem werten Konto gutbrachten".

Das Berufungsgericht nimmt an, daß hierdurch und durch die vorbehaltlose Annahme der Restzahlung im Dezember 1919, durch die weiteren Schreiben der Beklagten über die Fertigstellung und die Ankündigung der Uebersendung des Wagens der Vertrag über die Lieferung zwischen den Parteien, und zwar ohne die Preiserhöhungsklausel, auch ohne das eigentliche Bestätigungsschreiben zustande gekommen sei. Die Revision greift diese Annahme an, da die beiderseitigen Vertragswillen, eben in bezug auf die Preiserhöhungsklausel, von der die Beklagte nachher in ihrem Schreiben vom 11. Februar 1920 Gebrauch machte, auseinander gegangen seien.

Dem Berufungsgericht war jedoch im Ergebnis zuzustimmen.

Der Kläger mußte der Meinung sein und durfte darauf vertrauen, daß sein Auftrag, so wie er abgegeben und unterschrieben war, ohne eigenmächtige Aenderung durch Dritte der Zentralverwaltung der Beklagten vorgelegt werden würde. Die Beklagte wiederum muß es sich gefallen lassen, daß ihre Erklärungen so verstanden werden, wie sie der andere Vertragsteil nach Treu und Glauben auffassen mußte. Ihre Sache war es, dafür zu sorgen, daß ihr die bei ihrem zur Entgegennahme von Lieferungsaufträgen bestellten Vertreter abgegebenen Anträge richtig und unverfälscht zugingen, sowie ferner, daß auch ihre Bestätigungsschreiben, die den Vertrag zum Abschluß bringen sollten, richtig dem anderen Vertragsteil übermittelt wurden. Auch die Vorverhandlungen eines Vertrags stehen unter dem Grundsatze von Treu und Glauben im Verkehr (§§ 157, 242 BGB.). Der Antrag bindet den Antragenden (§ 146 BGB.) und löst deshalb auch bei dem Antragsempfänger gewisse Sorgfaltspflichten für die Behandlung des Antrags und ein gegenseitiges vertragsähnliches Vertrauensverhältnis wenigstens dann aus, wenn der Antragsempfänger, wie im gegebenen Falle die Beklagte, besondere Vorkehrungen für die Entgegennahme und Weiterbeförderung der Vertragsanträge in der Einrichtung einer besonderen Zweigstelle dafür und in der Bestellung von Hilfspersonen für die Annahme der Aufträge und die Vorverhandlungen mit den Antragstellern getroffen hat. Wenn im gegebenen Falle die Beklagte selbst über den Inhalt der vom Kläger aufgegebenen Bestellung und ihre Bedingungen durch die rechtswidrige Handlungsweise eines ihrer Angestellten getäuscht und dann wiederum dem Kläger durch Verschulden eines Angestellten die von der Beklagten gewollte Vertragserklärung nicht übermittelt worden ist, so hat sie dem Kläger gegenüber für diese Handlungen ihrer Gehilfen einzustehen, die hinsichtlich der Sorgfaltspflichten bei den Vorverhandlungen als ihre Erfüllungsgehilfen anzusehen sind (RGZ. Bd. 78 S. 239, JW. 1915 S. 240 Nr. 3) und deren Handlungen und Unterlassungen sie zu vertreten hat, als wenn es ihre eigenen wären. Die Erklärungen der Beklagten, die dem Kläger zugegangen sind, mußten diesen in den Glauben versetzen, daß von der Beklagten sein Auftrag, so wie er abgegeben worden war, also ohne die Preiserhöhungsklausel, angenommen worden sei. Ist auch eine eigentliche Auftragsbestätigung genau nach Maßgabe der allgemeinen Vertragsbedingungen nicht erfolgt, so enthält doch das Quittungsschreiben über den Empfang der Anzahlung alle wesentlichen Merkmale einer solchen, indem die Beklagte darin die Zahlung als Leistung des Klägers auf den Preis des von ihm bestellten Lastwagens angenommen zu haben erklärte. Der Kläger konnte und mußte diese Erklärung als Annahme seines Antrags auffassen. Damit ist aber der Vertrag zustande gekommen, und zwar so, wie der Auftrag abgegeben wurde, also ohne die Preiserhöhungsklausel, von der der Kläger nichts wußte (vgl. RGZ. Bd. 58 S. 234, Bd. 106 S. 125). Die Einigung erstreckt sich auch auf den Preis, der in dem Antrag auf die bestimmte Summe von 31 000 M. bestimmt worden war. Die Beklagte muß deshalb als vertraglich gebunden angesehen werden zu den Bedingungen, die der Kläger in dem Vertragsantrage vom 14. Mai 1919 unterschrieben hatte.

Auch die übrigen Angriffe der Revision können dieser nicht zum Erfolge verhelfen. Die Anführung, daß die Preiserhöhungsklausel mit Rücksicht auf die wirtschaftlichen Umwälzungen der Zeit als vertraglich bedungen angesehen werden müsse, auch wenn ein besonderer Vorbehalt nicht ausdrücklich erklärt sei, läuft auf die Geltendmachung der allgemeinen Veränderung der wirtschaftlichen Verhältnisse (clausula rebus sic stantibus) hinaus, über die noch zu handeln ist. Die Behauptung, daß Lastkraftwagen zu festem Preis damals überhaupt nicht erhältlich gewesen seien und dies auch dem Kläger bekannt gewesen sei, kann gegenüber dem Umstande, daß tatsächlich bei der Verhandlung zwischen dem Vertreter der Beklagten und dem Kläger ein fester Preis ausgemacht wurde, nicht ins Gewicht fallen. Die Berufung der Beklagten aber auf die allgemeine Klausel der veränderten wirtschaftlichen Verhältnisse, die den Schuldner von der Verpflichtung zur Leistung nach Treu und Glauben dann entbinde, wenn ihm die Durchhaltung des Vertrags nicht mehr zugemutet werden könne, muß im gegebenen Falle versagen, nachdem der Preis vollständig bezahlt und der Wagen bereits fertiggestellt war, ehe noch eine Preiserhöhung nach den Anführungen der Beklagten selbst von der Lastwagenkonvention festgesetzt wurde, die die Interessen der Erzeuger gegenüber den wirtschaftlichen Veränderungen der Zeit vertrat. . . .

RGZ. 108, 221

1. Wann ist der Lieferant des Verkäufers dessen Erfüllungsgehilfe gegenüber dem Käufer?

2. Haftet der Verkäufer auf Schadensersatz wegen Lieferung einer von ihm schuldhafterweise mangelhaft hergestellten Sache? Haftet er auch dann, wenn die fehlerhafte Herstellung durch seinen Erfüllungsgehilfen erfolgt ist?

III. Zivilsenat. Urt. v. 21. September 1923.

I. Landgericht Frankfurt a. M., Kammer für Handelssachen.

II. Oberlandesgericht daselbst.

Im Oktober 1916 verpflichtete sich die Beklagte, der Klägerin ihren Gesamtbedarf an verdichtetem Sauerstoff und Wasserstoff für das Jahr 1917 zu liefern. Die Lieferung des Sauerstoffs erfolgte durch das Werk der Beklagten in Küppersteg, die des Wasserstoffs unter Zustimmung der Klägerin durch die Nebenintervenientin aus ihrer Fabrik in Leverkusen. Am 31. Januar 1917 explodierte im Betriebe der Klägerin die ihr von der Nebenintervenientin übersandte Wasserstoffflasche Nr. 12 527. Ein Arbeiter der Klägerin wurde getötet, mehrere wurden verletzt, auch erheblicher Sachschaden angerichtet.

Die Klägerin führte den Unglücksfall auf ein Verschulden sowohl der Beklagten selbst wie der Nebenintervenientin, für die die Beklagte einzustehen habe, zurück. Sie hat daher gegen die Beklagte Klage erhoben auf Zahlung von 90 605,31 M. und auf Feststellung der Verpflichtung der Beklagten zum Ersatze des weiteren Schadens.

Das Landgericht hat den Leistungsanspruch dem Grunde nach für gerechtfertigt erklärt und der Feststellungsklage stattgegeben. Die Berufung der Beklagten und der Nebenintervenientin wurde zurückgewiesen. Die Revision der Beklagten ist gleichfalls zurückgewiesen worden.

Aus den Gründen:

Die Revision bekämpft als rechtsirrig die Annahme des Vorderrichters, daß der Beklagten selbst ein Verschulden zur Last falle und daß sie für ein etwaiges Verschulden der Nebenintervenientin einzustehen habe. Indessen ist dem Berufungsrichter in beiden Richtungen beizupflichten.

Der Klägerin war verdichteter Wasserstoff zu liefern. Die ihr gelieferte Flasche Nr. 12 527 enthielt aber Wasserstoff mit einer starken Beimischung von Sauerstoff. Dieses sogenannte Knallgas hat sich bei Oeffnung der Flasche entzündet und so die Explosion hervorgerufen. Die Flasche ist in der Fabrik der Nebenintervenientin zugleich mit drei weiteren Flaschen mit Wasserstoff gefüllt worden. Eine von diesen, Nr. 19 321, enthielt, als die Füllung begann, noch 120 Atm. Gas. Dieses Gas — Sauerstoff oder ein Gemisch von Sauerstoff und Wasserstoff — ist beim Füllen in die an den Füllstand mit angeschlossenen anderen Flaschen gedrungen. So ist die explosible Mischung in der Flasche Nr. 12 527 entstanden. Nicht aufgeklärt ist, wie der Sauerstoff in die Flasche Nr. 19 321 gelangt ist. Nach den Feststellungen des Berufungsrichters kommen dafür aber nur zwei Möglichkeiten in Betracht. Für beide bejaht er ein die Beklagte haftbar machendes Verschulden.

Die Flasche Nr. 19 321 war, mit Wasserstoff gefüllt, von der Beklagten an die Maschinenfabrik H. in Köln-Kalk gesandt und von dieser an das Werk der Beklagten in Küppersteg zurückgeliefert worden. Von Küppersteg ist sie an die Nebenintervenientin nach Leverkusen gegangen und von ihr nach erneuter Füllung der Klägerin übersandt worden. War die Flasche bei ihrer Rücklieferung nach Küppersteg leer oder enthielt sie damals reinen Wasserstoff, so muß der Sauerstoff auf dem Küppersteger Werke der Beklagten in sie gelangt sein. Leverkusen scheidet hierfür aus. Daß dann aber die Füllung der Wasserstoffflasche Nr. 19 321 mit Sauerstoff nur auf ein Verschulden der Angestellten der Beklagten zurückgeführt werden kann, dessen Folgen sie zu tragen hat, ist vom Oberlandesgericht zutreffend dargelegt worden.

Die andere Möglichkeit, die der Berufungsrichter als die wahrscheinlichste bezeichnet und auf die sich die Beklagte stets berufen hat, ist die, daß der Sauerstoff bereits auf der Fabrik H. in die Flasche Nr. 19 321 eingedrungen ist, daß sie ihn also schon enthielt, als sie bei dem Werke der Beklagten in Küppersteg anlangte. Sie ist dann ungeprüft nach Leverkusen an die Nebenintervenientin gesandt worden. Dort hat man zwar bemerkt, daß sich in ihr noch Gas befand. Trotzdem hat man ihren Inhalt weder untersucht noch sie ausgeblasen, vielmehr ist sie ohne weiteres an den Füllstand angeschlossen worden. So konnte der Sauerstoff aus ihr in die Flasche Nr. 12 527 gelangen und im weiteren Verlauf der Dinge die Explosion in der Fabrik der Klägerin hervorrufen. Die Vorinstanz sieht in dem Füllen der noch Gas enthaltenden Flasche Nr. 19 321, ohne daß zuvor die Natur des Gases festgestellt oder die Flasche entleert wurde, mit Recht ein für den entstandenen Schaden ursächliches Verschulden der Nebenintervenientin.

Der Berufungsrichter hat angenommen, daß die Beklagte für dieses Verschulden der Nebenintervenientin einzustehen habe, da sie sich ihrer als Erfüllungsgehilfin (§ 278 BGB.) bedient habe. Hiergegen wendet sich die Revision, jedoch zu Unrecht. Die Hauptverpflichtung der Beklagten aus dem von ihr mit der Klägerin geschlossenen Kaufvertrage ging dahin, der Klägerin den Wasserstoff zu übergeben und ihr das Eigentum daran zu verschaffen (§ 433 BGB.). Diese Verpflichtung hat sie nicht erfüllt, sondern durch die Nebenintervenientin erfüllen lassen. Sie hat sich also der Nebenintervenientin zur Erfüllung der ihr selbst der Klägerin gegenüber obliegenden Verbindlichkeit bedient. Nicht zu billigen ist die Auffassung des — auf einem anderen Wege freilich gleichfalls zur Anwendung des § 278 BGB. gelangenden — Oberlandesgerichts, daß grundsätzlich der Lieferant des Verkäufers nicht als dessen Erfüllungsgehilfe anzusehen sei, da der Lieferant im allgemeinen nur seine Vertragspflichten gegenüber dem Verkäufer erfülle, nicht aber Vertragspflichten, die dem Verkäufer dem Käufer gegenüber obliegen. Die Frage, ob jemand Erfüllungsgehilfe eines Dritten ist, kann überhaupt nicht allgemein, sondern nur nach der Gestaltung des Einzelfalls entschieden werden. Es kommt dabei auch nicht auf die Rechtsbeziehungen des Gehilfen zu dem Verpflichteten an. Ausschlaggebend ist vielmehr, wie er dem Berechtigten gegenübertritt. Erforderlich und genügend ist, daß er bei der Vertragserfüllung als Hilfsperson des Schuldners mitwirkt. Und das hat die Nebenintervenientin getan, mag sie damit auch zugleich eigene Verpflichtungen gegenüber der Beklagten erfüllt haben. Die Entscheidungen des Reichsgerichts (z. B. RGZ. Bd. 101 S. 152 [153/54], S. 157 [158]), die dem Lieferanten des Verkäufers die Eigenschaft eines Erfüllungsgehilfen absprechen, haben nur solche Fälle im Auge, in denen die Ware zunächst dem Verkäufer geliefert wird, der sie dann seinerseits an den Käufer weiterliefert. In dem ungedruckten Urteil des II. Zivilsenats vom 12. Mai 1908 II 548/07 ist diese Einschränkung besonders hervorgehoben. Tritt dagegen der Lieferant mit dem Vertragsgegner seines Käufers, wie hier, in unmittelbare Verbindung, so sind die Voraussetzungen des § 278 BGB. gegeben (ebenso Planck-Siber, BGB. § 278 Anm. 2 S. 229; Düringer-Hachenburg, HGB. Bd. III § 377 Anm. 80 S. 314). Durch die Zustimmung der Klägerin zur Mitwirkung der Nebenintervenientin bei der Vertragserfüllung wird an der Rechtslage nichts geändert.

Die Revision meint freilich, daß das unvorsichtige Füllen der Flasche überhaupt keinen Schadensersatzanspruch der Klägerin habe begründen können, da es — einerlei, ob es die Beklagte oder die Nebenintervenientin vorgenommen habe — gar nicht in Erfüllung des mit der Klägerin geschlossenen Vertrags erfolgt sei. Es ist richtig, daß, da die Beklagte eine nur der Gattung nach bestimmte Sache schuldete, die späterhin explodierte Flasche zunächst noch nicht Gegenstand der Verpflichtung der Beklagten gegenüber der Klägerin war. Ihr Füllen mit Wasserstoff ist der eigentlichen Vertragserfüllung vorangegangen. Diese Tätigkeit und das dabei vorgenommene Versehen hatte daher zunächst keine Bedeutung für die vertraglichen Beziehungen der Parteien. Sie gewann solche aber dadurch, daß die Flasche gerade an die Klägerin geliefert wurde. Diese konnte verlangen, daß die Flasche, die sie erhielt, mit reinem Wasserstoff, nicht mit einem Gemisch von Wasserstoff und Sauerstoff gefüllt war. Unzweifelhaft würde die Beklagte ihr schadensersatzpflichtig geworden sein, wenn sie die Vertragswidrigkeit des Inhalts der Flasche bei der Lieferung hätte erkennen müssen. Um so mehr ist solche Haftung geboten, wenn die fehlerhafte Beschaffenheit von der Beklagten selbst durch Verletzung der im Verkehr erforderlichen Sorgfalt verursacht worden ist. Die Lieferung einer Sache, deren Mangelhaftigkeit auf eigenes Verschulden des Lieferanten zurückgeht, enthält eine Vertragsverletzung auch dann, wenn ihre Herstellung zu seinen unmittelbaren Vertragspflichten nicht gehört.

Hier liegt nun das Verschulden zwar nicht bei der Beklagten, der Verkäuferin, persönlich, sondern bei der Nebenintervenientin, ihrer Erfüllungsgehilfin. Deren Verschulden hat die Beklagte aber nach § 278 BGB. in gleichem Maße zu vertreten wie eigenes. Und zwar gilt dies auch dann, wenn die fahrlässige Handlung des Erfüllungsgehilfen nicht in den Rahmen der Vertragsleistung im engeren Sinne fällt. Die Tragweite des § 278 BGB. beschränkt sich nicht auf sie. Zur „Erfüllung der Verbindlichkeit" im Sinne der genannten Vorschrift gehört vielmehr alles, was aus dem Vertrage vom Vertragsschuldner verlangt werden kann. Ueberall wo der Schädiger selbst dem Verletzten nach Maßgabe des Vertrags gerecht werden muß, hat er auch für seinen Gehilfen einzustehen (Warn 1908 Nr. 293). Ebenso, wie die Beklagte der Klägerin ersatzpflichtig geworden wäre, wenn die Mangelhaftigkeit der gelieferten Ware von ihr verschuldet worden wäre, haftet sie ihr für das der Nebenintervenientin bei Füllung der fraglichen Flasche unterlaufene Versehen, da sie durch diese den mit der Klägerin geschlossenen Vertrag hat erfüllen lassen.

Ergibt sich die Berechtigung der Klagansprüche somit schon daraus, daß die Beklagte für die Nebenintervenientin einzustehen hat, so ist dem Vorderrichter doch auch in seiner Annahme eines eigenen Verschuldens der Beklagten beizupflichten (wird näher ausgeführt).

RGZ. 108, 419

1. Besteht ein vertretbares Unvermögen zur Leistung, wenn dem Verkäufer, der auf Uebergabe der verkauften Sache selber nur einen schuldrechtlichen Anspruch gegen einen Dritten hat, von diesem die verkaufte Sache vorenthalten wird, und er seinem Käufer beim Vertragsschlusse nicht mitgeteilt hat, daß er noch nicht die Verfügung über die verkaufte Sache hat?

2. Welchen Einfluß hat es auf die Wirkungen der Nachfristsetzung, wenn die Erfüllung dem Schuldner vor dem Ablauf der Nachfrist vertretbar unmöglich wird?

VI. Zivilsenat. Urt. v. 19. September 1924.

I. Landgericht Schneidemühl. II. Oberlandesgericht Marienwerder.

Die Beklagte hatte im Oktober 1919 von der Oberpostdirektion in B. eine größere Anzahl Masten, die in Schulitz lagerten, gekauft. Durch Vertrag vom 4./6. Dezember 1919 verkaufte sie etwa 4700 dieser Masten an die Klägerin weiter. Als im Auftrage der Klägerin deren Vertreter zur Abnahme der Stangen in Schulitz erschien und bereits 580 Stück der gekauften Masten zur Verladung gebracht hatte, entstanden wegen der weiteren Abnahme Differenzen, weil der Kaufmann L. auf die von der Klägerin gekauften Stangen Anspruch erhob und außerdem auch die Oberpostdirektion der Wegnahme weiterer Masten mit der Behauptung widersprach, daß sie der Beklagten die Masten nur zur eigenen Verwendung verkauft habe. Dies führte zu Verhandlungen zwischen den Parteien, die nach der Behauptung der Beklagten zur Aufhebung des mit der Klägerin geschlossenen Kaufvertrags geführt haben. Unter Berufung auf die Vertragsaufhebung hat die Beklagte die Weiterlieferung an die Klägerin verweigert, sich aber auch deshalb für erfüllungsfrei gehalten, weil ihr die Lieferung zufolge Eingreifens der Oberpostdirektion und der späteren Besetzung von Schulitz durch die Polen unmöglich geworden sei. Die Klägerin hielt die Ablehnung der Erfüllung für unbegründet und setzte der Beklagten durch Schreiben vom 17. Januar 1920 eine Frist zur Erfüllung mit der Androhung, daß sie nach fruchtlosem Ablauf der Frist die Annahme verweigern und Schadensersatz wegen Nichterfüllung fordern werde. Diesen Schadensersatz macht sie im gegenwärtigen Prozesse geltend. Unstreitig hat die Beklagte in einem vor dem Landgericht I in Berlin gegen ihren Verkäufer geführten Prozesse den Widerspruch der Oberpostdirektion gegen die Wegnahme und Verladung der Masten bekämpft und auch rechtskräftig ein obsiegendes Urteil erzielt.

Das Landgericht erklärte den Klaganspruch dem Grunde nach für gerechtfertigt. Das Oberlandesgericht wies die Klage ab, weil die Beklagte wegen des Einspruchs der Oberpostdirektion nicht in der Lage gewesen sei, zu erfüllen. Auf die Revision der Klägerin wurde das landgerichtliche Urteil wiederhergestellt.

Gründe:

Ohne Rechtsirrtum hat das Berufungsgericht angenommen, daß es sich bei der von der Beklagten geschuldeten Leistung aus dem zwischen ihr und der Klägerin geschlossenen Kaufvertrage um keine reine Gattungsschuld gehandelt hat. Die Revision versucht vergeblich, aus dem Briefwechsel der Parteien das Gegenteil zu entnehmen. Denn, wenn in dem Schreiben der Beklagten vom 4. Dezember 1919 auch nur allgemein nach Reichspostvorschrift fertig bearbeitete, ungetränkte Holzmasten ab Lagerplatz der Rütgerswerke in Schulitz angeboten worden sind und so das Angebot von der Klägerin auch angenommen ist, so sind die Parteien doch offenbar darüber einig gewesen, daß die Beklagte mit dem Hinweis auf den Lagerplatz in Schulitz nicht bloß den Lieferungsort hat bezeichnen wollen, sondern das Schuldverhältnis auf Masten aus diesem Lagerplatz beschränkte. Lag nur eine beschränkte Gattungsschuld vor, so ist der Einwand des Unvermögens zur Leistung mit Recht nach den Vorschriften über die Einzelschuld beurteilt worden.

Aber rechtsirrtümlich hat hierbei das Berufungsgericht nur die Vertretungspflicht der Beklagten zur Erörterung gezogen, während es sich zunächst darum handelte, ob überhaupt ein Unvermögen zur Leistung vorlag. Aus dem festgestellten Sachverhältnis läßt sich ein solches nicht entnehmen. Es mag sein, daß der Einspruch der Oberpostdirektion gegen die Wegnahme der Masten aus dem Schulitzer Lager ein Unvermögen der Beklagten zur Leistung an die Klägerin hätte zur Folge haben können, wenn die Oberpostdirektion mit Recht die Wegnahme der Masten gehindert hätte. Aber letzteres hat die Beklagte selbst nicht behauptet. Sie hat vielmehr gegen ihren Verkäufer einen Prozeß geführt, in dem sie den Einspruch der Oberpostdirektion als rechtswidrig bekämpfte und gegen ihren Verkäufer Schadensersatzansprüche und das Recht auf Befreiung von den Schadensersatzansprüchen der Klägerin erstritt. Dieses Urteil macht zwar im Verhältnis zu den jetzigen Parteien keine Rechtskraft, aber soviel legt es fest, daß für die Beklagte nicht ohne Aussicht auf Erfolg die Möglichkeit bestand, den Widerspruch der Oberpostdirektion gegen die Abfuhr der Masten zu beseitigen. Daß sie es nicht sofort oder alsbald konnte, begründete ein Unvermögen zur Leistung nicht. Denn zu diesem gehörte, daß die Beklagte zu der Zeit, als sie erfüllen sollte, dauernd oder der Dauer gleichkommend nicht in der Lage war, den Vertrag mit der Klägerin zu erfüllen. In Wirklichkeit lag aber nur ein, wie sie selbst behauptet, vertragswidriges Verhalten ihres eigenen Verkäufers vor, das ihre Leistung hinderte. Dieses verzögerte zwar ihre Erfüllung, schuf aber keine Lage, die die Beklagte außerstand setzte, überhaupt oder innerhalb einer dem Vertragszweck entsprechenden Zeit zu erfüllen, und sie deshalb von ihren Vertragspflichten frei machte. Daß später infolge der Polenbesetzung die Masten nicht mehr geliefert werden konnten, war lediglich eine Folge dieser Besetzung, berechtigt aber nicht zu dem Schluß, daß von vornherin schon der Widerspruch der Oberpostdirektion gegen die Abfuhr der Masten ein Umstand war, der die Beklagte zur Leistung unvermögend machte.

Bestand ungeachtet des Widerspruchs der Oberpostdirektion die Lieferpflicht der Beklagten weiter, so hat sie auch durch die spätere

Besetzung von Schulitz durch die Polen und die damit verbundene Beschlagnahme der Masten keine Befreiung von ihrer Verpflichtung erlangt. Denn als diese erfolgten, war sie im Verzuge und deshalb auch für die durch Zufall eintretende Unmöglichkeit der Leistung verantwortlich (§ 287 BGB.). Auch ihren Verzug hat der Einspruch der Oberpostdirektion nicht aufgehalten. Die Beklagte war zur Zeit der Abnahme der Masten durch die Klägerin selber noch gar nicht verfügungsberechtigte Eigentümerin derselben, sondern hatte lediglich einen schuldrechtlichen Anspruch gegen ihren Verkäufer auf Uebergabe. Aus dem Angebot der Beklagten aber mußte nach der Feststellung des Berufungsgerichts entnommen werden, daß sie bereits das unbeschränkte Verfügungsrecht über die Masten habe. Deshalb mußte sie auch dafür einstehen, daß ihr diese Verfügung zustehe. Zum mindesten wollte sie sich so behandeln lassen, als wenn ihr die Masten bereits gehörten. Ihre Streitigkeiten mit der Postverwaltung gingen darum zu ihren Lasten. Daß sie nach der Feststellung des Berufungsgerichts der begründeten Annahme sein konnte, sie könne über die Masten frei und ohne jede Einschränkung verfügen, ist nicht entscheidend. Wollte sie der Klägerin gegenüber gedeckt sein, so hätte sie mindestens zum Ausdruck bringen müssen, daß sie selber vorläufig nur einen schuldrechtlichen Anspruch auf Uebergabe besitze und die Masten noch in der Verfügungsgewalt ihres Verkäufers seien. Mit Erfüllungshindernissen, die infolge ihrer unrichtigen oder unvollständigen Angaben die Klägerin nicht hat in Rechnung stellen können, kann sie sich nicht entschuldigen. Aus diesen Gründen, die übrigens das Berufungsgericht auch zur Bejahung der Vertretungspflicht für das vermeintliche Unvermögen zur Leistung hätten führen müssen, ist sie trotz des Widerspruchs der Oberpostdirektion mit ihrer Leistung in Verzug gekommen und darum auch der Klägerin gegenüber schadensersatzpflichtig. Daß die am 17. Januar 1920 bis zum 26. Januar 1920 der Beklagten gestellte Nachfrist möglicherweise erst nach der Besetzung von Schulitz durch die Polen abgelaufen ist und die Beklagte deshalb vor Ablauf der Frist zu der von ihr begehrten Erfüllung unvermögend geworden ist, fällt nicht ins Gewicht, weil sie im Verzuge war und darum das Unvermögen zu vertreten hatte.

RGZ. 109, 234

Zur Auslegung des § 283 Abs. 1 BGB.: Verhältnis zwischen dem rechtskräftig zuerkannten Anspruch auf Herausgabe und dem wegen Unmöglichkeit der Herausgabe geltend gemachten Anspruch auf Schadensersatz wegen Nichterfüllung. Folgen für die Verjährung des letzteren. Muß eine vertragliche Verjährungspflicht bei der Be-

stimmung der nach § 283 Abs. 1 BGB. zu setzenden Frist beachtet werden?

I. Zivilsenat. Urt. v. 22. November 1924.

I. Landgericht Frankfurt a. M. II. Oberlandesgericht daselbst.

Die Klägerin lagerte im Sommer 1911, da sie ihren Haushalt auflöste und ins Ausland ging, ihr Hausgerät und sonstige Habe, die sie nicht mitnahm, bei dem Speditionshause J. in Frankfurt a. M. ein. Der Beklagte übernahm im Jahre 1913 diese Firma, trat in den Lagervertrag ein und brachte die bei J. eingelagerten Sachen in ihr Lagerhaus. Im Juli 1920 kehrte die Klägerin zurück und verlangte Herausgabe der Sachen. Sie wurden ihr mit Ausnahme von vier Holzkisten ausgeliefert. Im August 1920 erhob die Klägerin Klage auf Herausgabe der vier Kisten nebst Inhalt und die Beklagte wurde am 22. April 1921 dazu verurteilt. Das Urteil ist rechtskräftig; die Vollstreckung ist erfolglos geblieben.

Im vorliegenden Rechtsstreite verlangte die Klägerin mit der am 10. Juni 1922 erhobenen Klage Schadensersatz, und zwar vorläufig einen Teilbetrag von 30000 M. Das Landgericht erklärte diesen Anspruch dem Grunde nach für gerechtfertigt. Die Beklagte legte Berufung ein und beantragte widerklagend festzustellen, daß der Klägerin gegen sie auch außer dem im Prozesse geltend gemachten Anspruche weitere Forderungen aus dem Lagervertrage nicht zustünden, insbesondere auch keine Geldentwertungsansprüche. Die Klägerin schloß sich der Berufung an und stellte den Antrag, daß festgestellt werde, die Beklagte müsse ihr den Schaden ersetzen, der durch nicht rechtzeitige Zahlung entstanden sei und noch entstehe. Die Beklagte machte in erster Reihe geltend, daß nach § 20 ihrer Lagerbedingungen für sämtliche aus dem Vertrage gegen den Lagerhalter erwachsenden Ansprüche binnen drei Monaten vom Tage der Ablieferung des Lagerguts an Verjährung eintrete. In zweiter Reihe führte sie aus, daß der Klaganspruch nach den Lagerbedingungen auch aus anderen Gründen erloschen sein würde. Sollte sie gleichwohl haften, so wäre der Umfang der Haftung durch die Lagerbedingungen eingeschränkt.

Das Oberlandesgericht wies die Klage ab und gab dem Widerklagantrage statt. Es erachtete den Verjährungseinwand für durchgreifend. Die Revision der Klägerin hatte Erfolg.

Gründe:

Das Berufungsgericht geht davon aus, daß nach ständiger Rechtsprechung ein rechtskräftig zuerkannter Anspruch, wenn er (wie hier der auf Herausgabe der vier Kisten nebst Inhalt) die Voraussetzungen eines anderen (nämlich des Anspruchs auf Schadensersatz) bilde, auch für diesen rechtskräftig festgestellt sei (RGZ. Bd. 49 S. 33, Bd. 50 S. 416, Bd. 80 S. 323). Die daran geknüpften weiteren Ausführungen aber mit dem Ergebnis, daß die Einrede der Verjährung durchgreife, können nicht gebilligt werden.

Der Klaganspruch ist auf einen Lagervertrag (§§ 416 flg. HGB., §§ 688 flg. BGB.) gegründet und auf Ersatz des Schadens gerichtet, welcher der Klägerin dadurch entstanden sei und noch entstehe, daß es der Beklagten unmöglich sei, ihr die vier streitigen Kisten samt Inhalt herauszugeben. Die Unmöglichkeit der Herausgabe ist durch erfolglose Vollstreckung dargetan. Daß sie, wenn vorhanden, auf einem von der Beklagten zu vertretenden Umstande beruhe, hat schon das Urteil des Vorprozesses ausgesprochen. Gleichwohl hat es zulässigerweise zur Herausgabe verurteilt und die Feststellung der Unmöglichkeit dem Vollstreckungsverfahren überlassen (RGZ. Bd. 50 S. 28). Die Klägerin konnte, nachdem sie rechtskräftige Verurteilung zur Herausgabe erwirkt hatte, der Beklagten eine angemessene Frist setzen mit der Erklärung, daß sie nach deren Ablaufe die Leistung nicht mehr annehmen werde (§ 283 Abs. 1 Satz 1 BGB.). Sie hätte die Frist auch schon im Urteile bestimmen lassen können (Warn. 1920 Nr. 7). Wenn jedoch wie hier der Schuldner erklärt hat, nicht leisten, also dem Urteil auf Herausgabe nicht genügen zu können, so bedarf es der Fristsetzung nicht (RGZ. Bd. 69 S. 357, Bd. 96 S. 21). Sie ist durch den fruchtlosen Versuch, aus dem Urteile zu vollstrecken, vollends gegenstandslos geworden. Nunmehr kann daher die Klägerin, ohne einer weiteren Darlegung in dieser Hinsicht zu bedürfen, als Schadensersatz den Geldbetrag fordern, der dem Werte der ausgebliebenen Leistung, also dem Werte der herauszugebenden Sachen, entspricht (§ 283 Abs. 1 Satz 2 BGB.; RGZ. Bd. 54 S. 33).

Der Einwand der Verjährung greift nicht durch. Bedungen ist die dreimonatige Verjährungsfrist nach § 20 der Lagerbedingungen der Beklagten für „sämtliche aus dem Vertrage gegen den Lagerhalter erwachsenden Ansprüche". Gegen die Rechtswirksamkeit des § 20 liegt kein Bedenken vor. Denn er enthält keine den Regeln von Treu und Glauben oder gar den guten Sitten zuwiderlaufende Bestimmung. Auch erscheint die Frist von drei Monaten für Ansprüche aus dem Lagervertrage nicht unangemessen kurz, besonders da das Gesetz für manche Rechtsverhältnisse ebenso kurze oder noch kürzere Fristen vorsieht (§§ 78, 79 WO., § 490 BGB.). Zu den Ansprüchen aus dem Lagervertrage gehörte der von der Klägerin im Vorprozesse geltend gemachte auf Herausgabe; daß sie ihn damals zugleich auf Eigentum an den herausverlangten Sachen gründete, ist ohne rechtliche Bedeutung. Dieser Herausgabeanspruch gewann damit, daß die Klägerin das ihm stattgebende rechtskräftige Urteil erwirkte, eine neue Rechtsgrundlage: für ihn begann, obwohl er kraft Vertrags nach § 20 der Lagerbedingungen einer dreimonatigen Verjährung unterlegen hatte, nunmehr eine dreißigjährige (§ 218 Abs. 1 BGB.).

Die vertragliche Dreimonatsfrist war von der Klägerin dadurch gewahrt worden, daß sie unstreitig innerhalb dieser Zeit auf Herausgabe klagte. Mit der damaligen Wahrung der Frist wurde dem ersichtlichen Zwecke genügt, den der § 20 für die Beklagte verfolgt: die Frage nach Ansprüchen aus dem Lagervertrage baldigst zu klären, rechtzeitige Ermittlungen und Sicherung der dazu dienlichen Beweise zu ermöglichen. Indem die Klägerin jetzt Schadensersatz wegen Nichterfüllung des Herausgabeanspruchs begehrt, verfolgt sie nur diesen Anspruch weiter, jedoch in der veränderten Gestalt, die er kraft Gesetzes (§ 283 BGB.) durch die *vollstreckungsweise* festgestellte Unmöglichkeit der Leistung erhalten hat. Die vertragliche kurze Verjährung kann gegen ihn nicht mehr eingewendet werden.

Die im Urteile des Oberlandesgerichts ausgeführten Bedenken gegen diese schon vom Landgerichte vertretene Auffassung sind nicht stichhaltig. Daß auf solche Weise durch Erhebung eines auf Eigentum gestützten Herausgabeanspruchs der § 20 der Lagerbedingungen umgangen und vereitelt werden könne, erscheint nicht überzeugend. Für die vorwiegend wichtigen und der Zahl nach vorherrschenden Ansprüche wegen Beschädigung von Lagergut wäre dem Einlagerer mit einem nur auf Eigentum gestützten Herausgabeverlangen nicht gedient; er wird, um seinen wirtschaftlichen Zweck zu erreichen, in der Regel von vornherein Schadensersatz begehren und dabei die dreimonatige Frist wahren müssen. Anderseits ist zu bedenken, daß der auf Herausgabe (namentlich abhanden gekommener Sachen) Klagende im Urteil eine Frist zur Leistung bestimmen lassen kann. Es geht nicht an, den Richter bei der Bemessung dieser Frist an den § 20 der Lagerbedingungen zu binden. Eine solche Bindung wäre auch, und zwar für beide Teile, mißlich, wenn sie für den Einlagerer gelten sollte, der nach rechtskräftigem Urteilsspruch eine Frist für die Herausgabe setzte. Gerade in Fällen, wo der Einlagerer dem Lagerhalter unter billiger Berücksichtigung besonderer Umstände eine geräumige Frist lassen und zur Nachsuche nach den abhanden gekommenen Sachen Zeit gönnen möchte, wäre er durch die Gefahr drohender Verjährung darin behindert. Es kommt hinzu, daß eine Auslegung, wie die Beklagte sie den von ihr selbst verfaßten Lagerbedingungen gibt, aus dem klaren Wortlaut hervorgehen müßte. Tut sie das nicht, so ist sie, weil weder für beide Teile zweckmäßig noch allgemeiner Billigkeit entsprechend, abzulehnen (RGZ. Bd. 86 S. 163, Bd. 63 S. 13; Warn. 1919 Nr. 158). Die Klägerin war also mangels einer dahin gehenden klaren Vertragsbestimmung nicht genötigt, bereits gleichzeitig mit ihrem Herausgabeanspruche den Anspruch auf Schadensersatz für den Fall der Nichterfüllung — sei es durch Feststellungsantrag oder auf andere Weise (RGZ. Bd. 83 S. 354) — geltend zu machen. Ebensowenig brauchte sie den gegenwärtigen Schadensersatzanspruch binnen drei Monaten nach der Rechtskraft des auf Herausgabe lautenden Spruches anhängig zu machen. . . .

RGZ. 112, 290

1. Rechtsnatur und Umfang der Verpflichtungen einer Stadtgemeinde unbemittelten Kranken gegenüber, welche in ihren Krankenhäusern unentgeltliche ärztliche Behandlung, sei es allein, sei es neben freier Wohnung und Kost erhalten.

2. Haftet eine Stadtgemeinde für den solchen Kranken durch Verschulden ihrer Aerzte oder Wärter bei der Behandlung oder Pflege zugefügten Körper- oder Gesundheitsschaden?

3. Finden die im § 847 und die im § 844 BGB. für das Privatrecht ausgesprochenen Grundsätze auch auf öffentlichrechtliche Verhältnisse Anwendung?

BGB. §§ 253, 278, 823, 844, 847.

III. Zivilsenat. Urt. v. 8. Januar 1926.

I. Landgericht Breslau. II. Oberlandesgericht daselbst.

Die Klägerin Ch. H., der Sohn der Klägerin Sch., Joh. Sch. und der Erblasser der Mitkläger Ha., der Kutscher Ha., sind mit zahlreichen anderen Personen teils am 8., teils am 9. und teils am 10. Januar 1919 in dem der Stadt B. gehörigen und von ihr verwalteten Allerheiligen-Hospital an Krätze behandelt und mit einer Salbe eingerieben worden, die an Stelle des Krätze-Heilmittels Schwefel stark giftiges Chrom enthielt. Infolge der Einreibung sind Joh. Sch. und Ha. gestorben, Ch. H. hat erhebliche Gesundheitsstörungen erlitten. Die Salbe hat die Stadt B. aus einer fremden, ihr nicht gehörigen Apotheke bezogen.

Im vorliegenden Rechtsstreit haben die Kläger Schadensersatzansprüche gegen die Stadt B. erhoben. Ch. H. verlangt Ersatz für Kurkosten, Erwerbsverlust und beschädigte Wäsche sowie Schmerzensgeld und die Feststellung der Verpflichtung der Beklagten zum Ersatze des ihr durch die Chromvergiftung in Zukunft noch entstehenden Schadens. Frau Sch. fordert Erstattung der Kosten für die Beerdigung ihres Sohnes und Gewährung des Unterhalts, den ihr dieser bei längerem Leben zu gewähren verpflichtet gewesen sei. Die Witwe und die Kinder des verstorbenen Ha. begehren gleichfalls die Zahlung einer Unterhaltsrente.

Das Landgericht erkannte sämtliche Ansprüche dem Grunde nach für berechtigt an. Das Oberlandesgericht wies die Klagen der Ch. H. und der Ha.'schen Erben ab, im übrigen aber die Berufung der Stadt, soweit sie die Ansprüche der Frau Sch. bekämpfte, zurück. Auf die Revisionen der Ch. H., der Ha.'schen Erben sowie der Stadt B. wurde das angefochtene Urteil aufgehoben und die Sache zur anderweiten Verhandlung an das Berufungsgericht zurückverwiesen.

Gründe:

Das Allerheiligen-Hospital dient in erster Linie gemeinnützigen Zwecken. Seine Eigentümerin, die Stadtgemeinde B., benutzt es zur Erfüllung ihrer öffentlich-rechtlichen Aufgaben auf dem Gebiete der Armenfürsorge. Sie gewährt in ihm mittellosen Kranken unentgeltlich ärztliche Behandlung und in geeigneten Fällen auch unentgeltliche Unterkunft und Pflege. Diese Kranken treten zu ihr lediglich in ein — privatrechtliche Beziehungen ausschließendes — öffentlich-rechtliches Verhältnis. Es finden aber auch vermögende Kranke auf Grund eines Dienst- oder eines anderen bürgerlich-rechtlichen Vertrags gegen Zahlung einer nach Klassen verschieden geregelten Vergütung in dem Hospital Aufnahme und ärztliche Hilfe (vgl. RGZ. Bd. 64 S. 231, Bd. 83 S. 71, Bd. 91 S. 134 und 263). Danach bestimmen sich der Inhalt der städtischen Leistungspflicht und die Folgen ihrer Verletzung — soweit diese nicht nach den Grundsätzen über unerlaubte Handlungen zu beurteilen sind — in dem einen Falle nach öffentlichem Recht, in dem anderen nach dem Vertragsrechte des Bürgerlichen Gesetzbuchs.

Ch. H., Joh. Sch. und der Kutscher Ha. sind nun in dem Allerheiligen-Hospital dadurch zu Schaden gekommen, daß sie als Krätzekranke statt mit der üblichen Schwefelsalbe mit einem giftigen Chromgemisch eingerieben wurden. Sch. und Ha. starben, während Ch. H. nach längerem Krankenlager ihre Gesundheit wiedererlangte. Die Giftsalbe ist am 8. Januar 1919 zum ersten Male benutzt worden. Daß es geschah und geschehen konnte, rechnet der Berufungsrichter der Stadt nicht als Verschulden an. Er legt im Anschluß an das Gutachten des Professors J. dar, daß die von der gelben Farbe einer normalen Schwefelsalbe abweichende grünlichgelbe Färbung der Giftsalbe den Krankenwärtern, welche die Einreibungen vornehmen, zunächst nicht aufzufallen brauchte, weil das in der Kriegszeit und der ersten Nachkriegszeit verwendete Vaselin keine einheitliche Farbe gehabt und deshalb auch das Aussehen der aus ihm hergestellten Salben gleichen Inhalts häufig gewechselt habe. Die Salbe selbst war aus einer der Stadt nicht gehörigen Apotheke bezogen. Daß unter diesen Umständen die Hospitalärzte sie vor ihrer Ingebrauchnahme nicht zu untersuchen brauchten, liegt auf der Hand. Es würde die einem Arzte zur Verfügung stehende Kraft und Zeit weit übersteigen, wenn man ihm zumuten wollte, jedes von ihm verschriebene Medikament auf seine Zusammensetzung zu prüfen. Für diese ist lediglich der Apotheker verantwortlich.

Dagegen sieht das Oberlandesgericht für erwiesen an, daß schon bei den ersten Einreibungen am 8. Januar ein großer Teil der Kranken laut geschrieen, ein anderer sich erbrochen habe. Die Häufung dieser bei Schwefeleinreibungen nur selten und vereinzelt auftretenden Symptome — meint der Berufungsrichter — hätte die Wärter und Wärterinnen zu einer sofortigen Meldung bei Dr. U. oder anderen Krankenhausärzten und diese zu einer unverzüglichen Untersuchung der Salbe veranlassen müssen, deren sonderbare Färbung nunmehr geeignet gewesen sei, den Verdacht einer ordnungswidrigen Zusammensetzung zu unterstützen. Wäre das geschehen, so würden nach der Feststellung des Oberlandesgerichts noch am 8. Januar die Gesundheitsschädlichkeit der Salbe erkannt und die Vergiftungsfälle vom 9. und 10. Januar vermieden worden sein. Entweder hätten also die Wärter und Wärterinnen ihre Mitteilungspflicht oder die Aerzte ihre Untersuchungspflicht schuldhaft verletzt.

Soweit sind die Ausführungen des Oberlandesgerichts schlüssig und bedenkenfrei. Im übrigen aber hat es dem Sachverhalt weder in tatsächlicher noch in rechtlicher Hinsicht eine erschöpfende Würdigung angedeihen lassen.

1. Durch die Annahme der Ch. H. zur unentgeltlichen poliklinischen Behandlung wurde zwischen ihr und der Stadt ein öffentlich-rechtliches Verhältnis begründet, das für diese die öffentlich-rechtliche Verpflichtung zu einer sachgemäßen, Leib und Leben der H. nicht gefährdenden Behandlung und für die H. einen öffentlich-rechtlichen Anspruch darauf erzeugte. Ueber ihre allgemeine Fürsorgepflicht hinaus erwuchs der Stadt also gerade der Ch. H. gegenüber eine besondere Verpflichtung bestimmten Inhalts, für deren schuldhafte Verletzung durch die von ihr berufenen Hilfspersonen sie aufzukommen hat. Denn der Rechtsgedanke, der im § 278 BGB. für das private Vertragsrecht seinen Niederschlag gefunden hat, gilt, wie der Senat bereits in dem Urteil vom 11. März 1921 (RGZ. Bd. 102 S. 6; vgl. auch RGZ. Bd. 98 S. 343) ausgesprochen hat, auch für öffentlich-rechtliche Verhältnisse, es sei denn, daß die Eigenart des einen oder des anderen seine Anwendung ausschließe. Das trifft im gegebenen Falle jedoch nicht zu; man würde vielmehr den Begriff der Fürsorge in sein Gegenteil verkehren, wenn man die öffentlich-rechtlichen Beziehungen zwischen den in Gemeindekrankenhäusern unentgeltlich behandelten Personen und den Gemeinden nicht in den Herrschaftsbereich des im § 278 BGB. enthaltenen Rechtsgrundsatzes fallen ließe.

Ch. H. ist am 8. Januar, und zwar, da sie sich um 7 Uhr früh in die Poliklinik begeben haben und schon gegen 9 oder ½10 Uhr vormittags wieder zu Hause gewesen sein will, in den ersten Vormittagsstunden mit der Giftsalbe eingerieben worden. Darin ist, wie gezeigt, eine Fahrlässigkeit der Pfleger und Aerzte nicht zu finden. Wäre aber bei Anwendung der verkehrsgebotenen Sorgfalt am 8. Januar zu einer Untersuchung der Salbe geschritten worden, so würde nach der Feststellung des Oberlandesgerichts auch noch an demselben Tage der dem Apotheker unterlaufene verhängnisvolle Irrtum entdeckt worden sein. Dann aber wäre es nicht nur ein Gebot der Menschlichkeit, sondern vor allem auch ein selbstverständlicher Ausfluß der von der Stadt der Ch. H. gegenüber eingegangenen öffentlich-rechtlichen Verpflichtung gewesen, sie, deren Namen *und Wohnung aus den poliklinischen Listen festzustellen* waren, unverzüglich unter gleichzeitiger Angabe geeigneter Gegenmaßnahmen von dem Versehen zu benachrichtigen. Von diesem Gesichtspunkte aus wird der Berufungsrichter — erforderlichenfalls unter Zuziehung eines Sachverständigen — zu untersuchen haben, ob eine solche Mitteilung die Gesundheitsstörungen der Ch. H. vermieden oder wenigstens verringert hätte, d. h., ob und inwieweit ihre Unterlassung für den Schaden der Klägerin ursächlich geworden ist. Freilich wird auch eine der H. günstige Feststellung niemals ihren Anspruch auf Schmerzensgeld zu rechtfertigen vermögen. Denn nach § 253 BGB. kann wegen eines Schadens, der nicht Vermögensschaden ist, Entschädigung in Geld nur in den durch das Gesetz bestimmten Fällen gefordert werden. Damit hat der Gesetzgeber den Rechtsgedanken zum Ausdruck gebracht, daß die Zufügung eines sogenannten immateriellen Schadens eine privatrechtliche Verpflichtung zu dessen Ausgleich in Geld in der Regel nicht erzeugt. Eine Ausnahme von diesem Grundsatz enthält § 847 BGB., der dem Schädiger eine solche Ersatzpflicht zwar bei Körper- und Gesundheitsverletzungen auferlegt, aber nur dann, wenn sie die Folgen unerlaubter Handlungen im Sinne des Bürgerlichen Gesetzbuchs sind.

Aus § 847 BGB. kann daher kein Anspruch gegen diejenigen hergeleitet werden, deren Haftung nur auf schuldhaften Zuwiderhandlungen gegen vertragliche Verbindlichkeiten beruht (vgl. RGZ. Bd. 65 S. 17; JW. 1910 S. 112 Nr. 13). Er trägt den Charakter einer Ausnahmebestimmung, der deshalb seine sinngemäße Anwendung wie auf Vertragsverhältnisse, so auch auf schuldhafte Verstöße gegen öffentlich-rechtliche Verpflichtungen verbietet.

Die Schmerzensgeldforderung der Ch. H. wäre also nur begründet, wenn der Stadt neben einem solchen Verstoße zugleich eine unerlaubte Handlung zur Last fiele. Auch nach dieser Richtung weisen die Ausführungen des Berufungsgerichts Lücken auf. Zwar läßt sich seine Annahme, daß die Stadt bei der Auswahl und Anstellung der Aerzte und Wärter, sowie bei der Beschaffung der Salbe die verkehrsgebotene Sorgfalt beobachtet hat, nicht beanstanden. Einer Leitung des Einreibeaktes und seiner Ueberwachung bedurfte es nicht, da es sich bei ihm um eine rein mechanische Verrichtung handelte, die geschulten Krankenwärtern ohne weiteres überlassen werden durfte. Eine Haftung der Stadt aus § 831 BGB. ist daher nicht zu begründen. Damit ist die Stadt aber noch nicht völlig entlastet. Von der Leitung oder Ueberwachung der einzelnen Verrichtung durch den Geschäftsherrn ist nämlich seine allgemeine Ueberwachungs-, Kontroll- und Unterweisungspflicht zu unterscheiden, für deren schuldhafte Verletzung er nach § 823 BGB., und eine Gemeinde, soweit die Verletzung ihren verfassungsmäßigen Vertretern zur Last fällt, nach den §§ 31, 89 a. a. O. einzustehen hat. Welche Anforderungen an die allgemeine Ueberwachungspflicht eines Geschäftsherrn zu stellen sind, wird sich stets nach der Lage des Einzelfalls, insbesondere danach richten, ob er mit Vornahme einer Verrichtung und ihrer Beaufsichtigung sachkundige Personen und solche betraut hat, deren Zuverlässigkeit von ihm bereits erprobt worden ist. Ganz wird sich der Geschäftsherr seiner Kontrollpflicht aber nur in seltenen Fällen entziehen dürfen (vgl. RGZ. Bd. 53 S. 53 und 276, Bd. 82 S. 206, Bd. 95 S. 181, Bd. 96 S. 81; JW. 1906 S. 547 Nr. 13 und S. 745 Nr. 16, 1909 S. 659 Nr. 10).

Im gegebenen Falle wird aus der Eigenschaft der Stadt als Fürsorgepflichtigen, der die unbemittelten Kranken ihre höchsten Güter, Gesundheit und Leben, anvertrauen, zu folgern sein, daß sie durch ihre verfassungsmäßigen Vertreter Vorschriften erlassen mußte, welche einerseits die Verpflichtung der Wärter, jede auffällige, von den regelmäßigen Beobachtungen abweichende Wirkung eines Heilmittels, jede bei seiner Anwendung zutage tretende außergewöhnliche Erscheinung den Aerzten zu melden, und anderseits die Verpflichtung dieser, bei solchen Meldungen unverzüglich geeignete Vorsichtsmaßregeln zu treffen, regelten. Aber damit ist der Aufgabenkreis der Stadt noch nicht erschöpft. Sie durfte sich nicht damit begnügen, derartige Anordnungen zu treffen, sondern sie mußte sich auch von Zeit zu Zeit in sachgemäßer Weise von ihrer Befolgung überzeugen. Die Gründe des angefochtenen Urteils lassen aber nicht erkennen, ob die Stadt ihrer allgemeinen Anweisungs- und Ueberwachungspflicht genügt hat. Verstöße gegen sie, sowie ihre Ursächlichkeit für den eingeklagten Schaden muß allerdings die Klägerin dartun, soweit ihr nicht etwa die Regeln des prima-facie-Beweises zur Seite stehen. Also auch von dem Gesichtspunkt der unerlaubten Handlung aus bedarf der Fall H. noch weiterer Aufklärung.

2. Bezüglich des jungen Sch. geht das Oberlandesgericht davon aus, daß durch die Uebernahme seiner Behandlung seitens des Hospitals trotz der Nichtzahlung eines Entgelts zwischen ihm und der Stadt ein privatrechtlicher Vertrag zustande gekommen sei. Würde das zutreffen, so wären die Klageforderungen der Mutter des Sch. unbegründet. Denn mit einer Vertragsklage könnte sie nur einen Schadensersatzanspruch geltend machen, der in der Person ihres Erblassers infolge vertragswidrigen Verhaltens seiner Vertragsgegnerin bereits entstanden war. Sie verlangt aber Ersatz für einen Schaden, den nicht ihr Sohn, sondern sie selbst erlitten hat, nämlich Ersatz für den Verlust ihres gesetzlichen Unterhaltsanspruchs, der ihr zu Lebzeiten des Joh. Sch. gegen ihn zugestanden hätte. Eine solche Forderung könnte sie aber in Abweichung von dem Grundsatze, daß lediglich der unmittelbar Verletzte ein Recht auf Schadensersatz hat, nur nach § 844 Abs. 2 BGB., d. h. nur dann erheben, wenn der Tod ihres Sohnes auf eine der Stadt anzurechnende unerlaubte Handlung ihrer verfassungsmäßigen Organe zurückzuführen wäre. Auf dem Gebiete des Vertragsrechts findet § 844 Abs. 2 a. a. O. keine Anwendung. Dasselbe gilt von dem Abs. 1 daselbst (vgl. JW. 1907 S. 710 Nr. 18, 1908 S. 9 Nr. 9). Nun hat aber das Oberlandesgericht für seine Annahme, daß ein privatrechtlicher Vertrag vorliege, eine Begründung nicht gegeben. Fast hat es den Anschein, als ob sie sich nur darauf gründe, daß Sch. nicht wie Ch. H. nach der Einreibung wieder nach Hause zurückgekehrt ist, sondern zur Heilung seiner Krätze in dem Krankenhause selbst Unterkunft erhalten hat. Eine solche Aufnahme enthält aber, wenn sie unentgeltlich erfolgt, ebenso wie eine ambulante poliklinische Behandlung, einen Akt öffentlich-rechtlicher Wohlfahrtsbetätigung, der zwischen dem Aufgenommenen und der Stadt nur öffentlichrechtliche Beziehungen entstehen läßt. Gerade vom Standpunkte des öffentlichen Rechts ist aber die Entscheidung, zu welcher der Berufungsrichter von dem des bürgerlichen Rechts aus nicht gelangen durfte, zu billigen.

Da die giftige Einreibung dem Sch. am 9. Januar zuteil geworden ist, so ist an einem für seinen Tod ursächlichen Verschulden der Wärter oder der Aerzte nicht zu zweifeln. Ebenso aber wie der Satz, daß ein Schuldner das Verschulden seiner Erfüllungsgehilfen wie sein eigenes zu vertreten habe, eine Norm nicht nur des Privatrechts, sondern auch des öffentlichen Rechts darstellt, gehören auch die im § 844 BGB. zum Ausdruck gelangten Rechtsgedanken gleichfalls dem bürgerlichen und dem öffentlichen Rechte an. Ohne sie würde das öffentliche Recht eine Lücke aufweisen, die zu unerträglichen Ergebnissen führen müßte und die jeder inneren Berechtigung entbehren würde. Gleichwohl kann die Entscheidung des Oberlandesgerichts zurzeit nicht aufrechterhalten werden, da die Möglichkeit nicht ausgeschlossen ist, daß Sch., wenn er auch den für bemittelte Kranke geltenden Aufnahmebedingungen entgegen einen Vorschuß oder eine sonstige Vergütung an das Hospital nicht gezahlt hat, ihm gegenüber doch eine Zahlungsverpflichtung eingegangen ist und auf diese Weise einen privatrechtlichen Vertrag mit der Stadt geschlossen hat. Auch im Falle Sch. ist daher noch eine genauere Klärung des Sachverhalts erforderlich, die sich auch auf die Frage eines etwaigen Verschuldens der Stadt bei Ausübung ihrer allgemeinen Ueberwachungspflicht (vgl. §§ 823, 31, 89 BGB.) zu erstrecken haben wird. . . . (Es folgen Ausführungen über die Ansprüche der Ha.'schen Erben.)

RGZ. 114, 289*)

Haftet, wer einem anderen eine Bescheinigung ausstellt und aushändigt in dem Bewußtsein, dieser werde sie einem Dritten gegenüber zur Beweisgrundlage für einen Vertragsabschluß benutzen, dem Dritten, der sich auf das Bescheinigte verläßt, vertraglich bei Unrichtigkeit des Bescheinigungsinhalts?

BGB. §§ 276, 305.

I. Zivilsenat. Urt. v. 12. Juli 1926.

I. Landgericht Elberfeld. II. Oberlandesgericht Düsseldorf.

Die Klägerin verhandelte im Frühjahr 1920 durch ihren Gesellschafter S. mit dem Holzhändler K. über den Ankauf von Waldbeständen in der Elberfelder Gegend. Am 24. März legte ihr K. ein Schriftstück vor, das die vom Beklagten R. unterzeichnete „Bestätigung" enthielt, daß er zwei Waldbestände von zusammen 42 Morgen an K. fest verkauft habe. Die Klägerin ließ sich, wie sie vorträgt, daraufhin von K. dessen Rechte aus dem Vertrag mit dem Beklagten R. übertragen und bezahlte ihm dafür 42 000 M. Später stellte sich jedoch heraus, daß die Größe der Waldflächen nicht 42, sondern nur etwa 6 Morgen betrug.

Die Klägerin hat im vorliegenden Rechtsstreit den K. und den Beklagten R. auf Schadensersatz in Anspruch genommen. Zur Begründung bringt sie vor, daß R. mit K. in dauernder Geschäftsverbindung stehe, mithin gemeinschaftliche Täuschung wahrscheinlich sei. K. wurde im ersten Rechtszug durch rechtskräftiges Versäumnisurteil nach dem Klagantrag verurteilt. Der fortan noch allein als Beklagter beteiligte R. bestritt jedes Wissen um betrügerische Machenschaften des K.

---

*) Vgl. auch Bd. 126 S. 374 (abgedr. S. 400 dieses Bandes).

Das Landgericht verurteilte den R. antragsgemäß als Gesamtschuldner mit K. Das Berufungsgericht machte die Entscheidung von folgendem Eide des Beklagten R. abhängig: „Ich habe bei der Unterzeichnung der Urkunde vom 24. März 1920 diese, weil mir meine Brille fehlte, nicht selbst gelesen; vielmehr hat sie mir K. vorgelesen, dabei aber entweder die Größe der Waldbestände überhaupt nicht angegeben oder eine andere Zahl als 42 Morgen genannt, und zwar eine Zahl, die mir nicht den Verdacht aufkommen ließ, daß sie zu hoch sei". Die Revision der Klägerin hatte Erfolg.

Aus den Gründen:

. . . Nach gewissen vom Tatrichter bisher außer Betracht gelassenen Richtungen bedarf es einer Prüfung der Frage, ob nicht zwischen dem Beklagten R. und der Klägerin vertragliche Beziehungen entstanden sind, aus denen ein Schadensersatzanspruch erwächst. . . . (Folgt wörtliche Mitteilung des vom Beklagten R. unterzeichneten Schriftstücks.) Dem Inhalt des Schriftstücks und den bisher ersichtlichen Umständen nach, unter denen es ausgestellt und übergeben wurde, sollte die Klägerin Gewißheit darüber erhalten, daß der Beklagte die näher bezeichneten Holzbestände an K. veräußert habe und K. das Holz jederzeit schlagen und abbefördern dürfe und somit auch in der Lage sei, seine Ansprüche aus diesem Rechtsgeschäft abzutreten. Zugleich wurde darin die annähernde Flächengröße mitgeteilt und zu genauerer Bezeichnung beigefügt, daß es sich um die von einem Gesellschafter der Klägerin zusammen mit K. besichtigten Bestände handle. Die Bescheinigung wäre hiernach dazu bestimmt gewesen, von K. der Klägerin vorgelegt oder zugeschickt zu werden; sie sollte anscheinend in gewisser Hinsicht — inwieweit, ist bisher nicht festgestellt — für den Geschäftsabschluß des K. mit der Klägerin Anhalt und Grundlage bieten. Wußte aber der Beklagte bei der Aushändigung des von ihm unterzeichneten Schriftstücks, daß K. es verwenden wollte, um dadurch bestimmte Tatsachen, namentlich sein Verfügungsrecht über die Holzbestände der Klägerin nachzuweisen, so trat er dadurch zur Klägerin in ein Vertragsverhältnis, vermöge dessen er für die Richtigkeit der bescheinigten Angaben nach allgemeinen Rechtsgrundsätzen haftet. Diese Haftung, und zwar für Vorsatz und Fahrlässigkeit (§ 276 BGB.), entspricht den Anforderungen der Verkehrssicherheit (RGZ. Bd. 82 S. 337, Bd. 90 S. 277, Bd. 101 S. 301). Es wird also zu prüfen sein, ob der Beklagte nach den Umständen des Falls — sei es im Sinne vertraglicher Gewähr oder kraft vertraglicher Auskunftserteilung — für den Inhalt der Bescheinigung vom 24. März 1920, und zwar auch für die in ihr enthaltenen Flächenangaben, einstehen muß. Die Bescheinigung selbst sagt, daß der Gesellschafter S. der Klägerin die (der Lage nach genau angegebenen) Waldbestände in K.'s Begleitung besichtigt habe. In seiner Zeugenaussage spricht K. sogar von zweimaliger Besichtigung und bekundet, beim zweiten Male habe sich S. die ihm passenden Bestände ausgesucht. Bisher ist nicht festgestellt, ob S. über die Größe der Flächen trotz Besichtigung im Ungewissen geblieben ist und ob er darüber trotz der Besichtigung derart hat irren können, daß er sich auf die Angaben der Bescheinigung verließ und verlassen durfte. Der Beklagte hat hierüber nähere Behauptungen aufgestellt; dabei bezeichnet er auch genau die einzelnen Verkäufe an K. und behauptet, dieser habe eine gewisse Parzelle nicht an die Klägerin weiterverkauft. Unbeschadet der allgemeinen Bejahung eines ursächlichen Zusammenhangs wird, da dies bislang nicht erörtert worden ist, hierauf noch einzugehen sein. Denn nach den bisherigen Feststellungen bleibt z. B. der Zweifel ungelöst, ob etwa K. dem S. fälschlich gewisse Flächenstücke als dem Beklagten gehörig bezeichnet hat. Bei der Ergänzung der Feststellungen wird auch der Inhalt der Strafakten K. zu berücksichtigen sein. Sollte das Berufungsgericht auf Grund nochmaliger Prüfung und ergänzter Feststellungen dazu gelangen, eine vertragliche Haftung des Beklagten für die unrichtigen Flächenangaben der Bescheinigung vom 24. März 1920 anzunehmen, so wäre ferner zu untersuchen, ob und in welchem Umfang ein Verschulden der Klägerin bei der Entstehung des Schadens mitgewirkt hat (§ 254 BGB.).

Nur wenn ein Vertragsverhältnis zwischen dem Beklagten und der Klägerin und damit eine Haftung des Beklagten wegen Außerachtlassung der im Verkehr erforderlichen Sorgfalt zu verneinen wäre, käme Schadensersatzpflicht aus unerlaubter Handlung (§ 823 Abs. 2 BGB. verb. mit § 263 StGB., § 826 BGB.) in Betracht. (Dieser Gesichtspunkt, von dem aus das Berufungsgericht bisher allein den Klaganspruch geprüft hat, wird näher erörtert.)

RGZ. 114, 375

1. Zur Nachrichtspflicht des Spediteurs bei Abweichung von Weisungen des Versenders.

2. Welchen Einfluß auf den Pflichtenkreis der Vertragsteile hat eine die gesamte Bevölkerung treffende schwierige Geschäftslage wie die zur Zeit des Ruhrkampfes?

HGB. § 407 Abs. 2, § 384 Abs. 2, § 347. BGB. §§ 66, 276, 254.

I. Zivilsenat. Urt. v. 9. Oktober 1926.

Die Entscheidung ist abgedruckt unter „Handelsrecht".

RGZ. 115, 31

1. Steht dem Eigentümer einer gestohlenen Sache, die vom gutgläubigen Erwerber weiterveräußert worden und nicht mehr zu erlangen ist, der Anspruch auf Ersatzherausgabe des Erlöses nach § 281 BGB. zu?

2. Kann er gegen den Erwerber den Bereicherungsanspruch aus § 816 Abs. 1 BGB. geltend machen, weil durch seine Klage auf den Erlös dessen Verfügung genehmigt und wirksam geworden sei?

IV. Zivilsenat. Urt. v. 28. Oktober 1926.

I. Landgericht Bremen, Kammer für Handelssachen

II. Oberlandesgericht Hamburg.

In der Zeit von Oktober 1921 bis Mai 1922 hat der Angestellte G. der Klägerin Metallschrott, das der Klägerin gehörte, waggonweise verschoben und u. a. 7 Wagenladungen mit insgesamt 121 300 kg an die Beklagte verkauft, die das Schrott an auswärtige Käufer weiter veräußerte. G. ist wegen Diebstahls und Betrugs rechtskräftig zu Strafe verurteilt worden. Die Klägerin verlangt von der Beklagten Ersatz und hat in einem Vorprozeß den damals eingeklagten Teilbetrag von 2000 GM. zugesprochen erhalten. Im gegenwärtigen Rechtsstreit nimmt sie die Beklagte aus demselben Sachverhalt auf Zahlung weiterer 4450,73 GM. nebst Zinsen in Anspruch. Das Landgericht hat, unter Abweisung der Klage im übrigen, die Beklagte zur Zahlung von 1027 RM. verurteilt. Das Oberlandesgericht hat die Berufung der Klägerin gegen dieses Urteil zurückgewiesen. Es hält den Klaganspruch für unbegründet, sieht sich aber nicht in der Lage, das landgerichtliche Urteil abzuändern, weil die Beklagte Anschlußberufung nur für den Fall eingelegt hatte, daß der gegnerischen Berufung stattgegeben werden sollte.

Auf die Revision der Klägerin ist das Berufungsurteil aufgehoben und die Sache an das Berufungsgericht zurückverwiesen worden.

Aus den Gründen:

Das Berufungsgericht hält es in Uebereinstimmung mit seiner bisherigen Rechtsprechung (vgl. die Urteile des Oberlandesgerichts Hamburg LZ. 1925 Sp. 609 und 1926 Sp. 594) nicht für zulässig, die Vorschrift des § 281 BGB. auf den dem Sachenrecht angehörenden Herausgabeanspruch des Eigentümers gegen den gutgläubigen Besitzer anzuwenden. Es läßt § 281 nur bei vertraglichen Ansprüchen gelten und tritt damit in bewußten Gegensatz zu dem Urteil des früheren VI. Zivilsenats des Reichsgerichts vom 26. Juni 1922 (RGZ. Bd. 105 S. 84). Zur Begründung seiner Ansicht führt es aus: Der

Besitz sei die tatsächliche Voraussetzung des Anspruchs aus § 985 BGB. Es erscheine nicht angängig, in dem Vorgang der freiwilligen Veräußerung, der durch Wegfall dieser tatsächlichen Voraussetzung das Erlöschen des Anspruchs herbeiführte, einen Umstand zu erblicken, der im Sinne des § 281 BGB. die Leistung unmöglich mache. Bei vertraglichen Beziehungen entspreche es dem Willen verständiger Vertragsparteien, daß der Gläubiger an Stelle einer nachträglich unmöglich gewordenen Leistung auf einen dem Schuldner zufallenden Ersatz Anspruch erheben könne; er bleibe dann zu einer ausbedungenen Gegenleistung, soweit sie noch ausstehe, verpflichtet. Bestehe dagegen, wie bei dem Anspruch aus § 985 BGB., keine vertragliche Beziehung, so sei aus dem vermutlichen Willen der Parteien keine Entscheidung zu entnehmen. Im Vertragsrecht fülle die Vorschrift des § 281 für den Fall unvertretbarer Unmöglichkeit eine durch §§ 275, 280 nicht geregelte Lücke. Wolle man sie auf den Erlös bei der Weiterveräußerung einer Ware durch den gutgläubigen Besitzer anwenden, so übertrage man eine Ergänzungsvorschrift auf ein Gebiet, in dem sie einen Normalfall regeln würde. Denn die freiwillige Veräußerung einer gutgläubig erworbenen Ware entspreche dem normalen wirtschaftlichen Verlauf. Eine Regelung des Anspruchs des Eigentümers für diesen Normalfall gehöre aber nach der Systematik des Bürgerlichen Gesetzbuchs in den IV. Titel des III. Abschnitts des Sachenrechts, nicht in den I. Titel des Abschnitts: Inhalt der Schuldverhältnisse. Es fehle hiernach an einer Gleichartigkeit und an zwingenden gesetzgeberischen Zweckmäßigkeitsgründen für eine auch nur analoge Anwendung des § 281 BGB.

Diesen Ausführungen ist in ihrem wesentlichen Inhalt und jedenfalls im Ergebnis beizupflichten. § 281 BGB. beruht auf dem Gedanken, daß das Schuldverhältnis trotz der nachträglich eingetretenen Unmöglichkeit der Leistung nicht vernichtet wird, sondern seine Wirkung in einer anderen Richtung, und zwar in der Verpflichtung zur Ersatzherausgabe, äußert. Auch diese Verpflichtung hat also in dem bestehenden Schuldverhältnis ihren Rechtsgrund. Dieses muß aber so beschaffen sein, daß es seiner Natur nach eine Aenderung der Leistungspflicht überhaupt zuläßt, es muß m. a. W. die Möglichkeit des Weiterbestehens der Verpflichtung in sich selbst tragen. Das ist ohne weiteres der Fall bei schuldrechtlichen, z. B. vertraglichen Verhältnissen, wo die nicht zu vertretende Unmöglichkeit den Schuldner zwar von der ursprünglichen Leistungspflicht befreit, das ganze Schuldverhältnis aber noch nicht zum Erlöschen bringt, weil regelmäßig anzunehmen ist, daß hierauf der Verpflichtungswille nicht gerichtet war. Für Fälle dieser Art ist die Vorschrift des § 281 BGB. gegeben. Anders liegt die Sache bei dem dinglichen Herausgabeanspruch des Eigentümers gegen den — redlichen — Besitzer. Hier führt der bloße Besitzverlust zum Erlöschen des dinglichen Anspruchs, gleichviel, ob dem Besitzer die Wiederbeschaffung der weggegebenen Sache und ihre Herausgabe an den Eigentümer möglich ist oder nicht. Es handelt sich nicht darum, daß eine bestehende Unmöglichkeit der Herausgabe den Besitzer von seiner ursprünglichen Verpflichtung befreit, vielmehr ist die Rechtslage die, daß mit der Tatsache des Besitzverlusts dem dinglichen Verpflichtungsverhältnis, also demjenigen, daß den Herausgabeanspruch, nicht aber die schuldrechtlichen Erstattungsansprüche aus §§ 987 flg. BGB. zum Gegenstand hat, der Boden entzogen wird und daß es wegen Wegfalls des Besitzes als einer für den dinglichen Anspruch wesentlichen Voraussetzung kraft Gesetzes überhaupt und im ganzen erlischt. Dann kann aber § 281 BGB. keine Anwendung finden, da in seinem Fall die Möglichkeit eines Fortbestehens der Verpflichtung vorhanden sein muß. Wenn der vormalige VI. Senat in dem erwähnten Urteil ohne nähere Begründung ausspricht, es sei kein zwingender Grund dafür erkennbar, daß die Regelung des § 281 sich nur auf schuldrechtliche (vertragliche) Herausgabe- oder Leistungsansprüche, nicht aber auf den Vindikationsanspruch des Eigentümers beziehe, so übersieht er, daß gerade die besondere Natur des dinglichen Anspruchs bei ihm die Anwendung des § 281 nicht zuläßt. Der jetzt erkennende Senat vermag sich daher ebensowenig wie der Berufungsrichter der gedachten Auffassung anzuschließen. Einer Anrufung der vereinigten Zivilsenate bedurfte es im Hinblick auf RGZ. Bd. 108 S. 58 nicht. Die gleiche Ansicht über Nichtanwendbarkeit des § 281 BGB. wird vertreten im Kommentar der Reichgerichtsräte Anm. 5 zu § 985 BGB. . . . .

Die Klägerin hat ihren Anspruch auch auf Bereicherung gestützt und hierüber hat sich, wie die Revision mit Recht geltend macht, das Berufungsurteil überhaupt nicht ausgesprochen. Als Bereicherungsanspruch aber erscheint der Klaganspruch seinem Grunde nach gerechtfertigt. Der Anwendung der §§ 812, 818 Abs. 2 BGB. würde allerdings entgegenstehen, daß die Beklagte bloß den Besitz, nicht das Eigentum erlangt hat (§ 935 BGB.) und daß die Klägerin nach Verlust des Besitzes nur Ersatz der in der Zwischenzeit von der Beklagten gewonnenen Gebrauchsvorteile fordern könnte (§ 818 BGB.), was nicht Gegenstand der Klage ist. Dagegen sind hier die Voraussetzungen des § 816 Abs. 1 Satz 1 BGB. gegeben. Die Verfügung der Beklagten über die gestohlene Sache durch Weiterveräußerung an einen Dritten ist zwar der Klägerin als der Eigentümerin gegenüber nach § 935 BGB unwirksam gewesen; sie konnte aber gemäß § 185 Abs. 2, § 184 Abs. 1 BGB. durch Genehmigung wirksam werden, und eine solche Genehmigung ist darin zu finden, daß die Klägerin den Erlös aus dem Weiterverkauf nunmehr mit der Klage für sich in Anspruch nimmt. In dieser Beziehung ist auf die Ausführungen im Urteil des erkennenden Senats vom 12. März 1923 (RGZ. Bd. 106 S. 44) zu verweisen, an denen festgehalten wird. Kein Bedenken läßt sich daraus herleiten, daß, wenn der Eigentümer aus der Kette mehrerer Erwerber einen späteren herausgreift, diesem keine Möglichkeit geboten wäre, seinen Vordermann nach § 440 Abs. 2 BGB. in Anspruch zu nehmen. Denn wie in dem angezogenen Urteil ausgesprochen wird, muß die Herausgabe des Erlöses den dort angeführten, den Haftungsanspruch des Vordermannes begründenden Tatbeständen gleichgestellt werden. Abzulehnen ist auch die Annahme, daß infolge der Rückwirkung der Genehmigung der Verfügende, hier die Beklagte, nicht mehr ein Nichtberechtigter im Sinne des § 816 Abs. 1 Satz 1 BGB. gewesen sei und deshalb die Anwendbarkeit dieser Vorschrift entfalle. Denn der Begriff der Nichtberechtigung in § 816 ist derselbe wie in § 185 und bedeutet nichts anderes, als daß der Verfügende im Zeitpunkt der Verfügung tatsächlich zu ihr nicht berechtigt war; die Verfügung soll im Falle der Genehmigung wirksam sein, obwohl sie von einem Nichtberechtigten vorgenommen ist, und es soll nur so angesehen werden, als ob sie von einem Berechtigten getroffen wäre.

RGZ. 115, 122*)

Zur Frage der Haftung einer gewerbsmäßigen Auskunftei für die Richtigkeit ihrer Auskünfte.

BGB. §§ 138, 276, 278, 638.

VI. Zivilsenat. Urt. v. 14. Dezember 1926.

I. Landgericht I Berlin. II. Kammergericht daselbst.

Die Klägerin hatte vom 13. April 1920 ab auf ein Jahr ein Bezugsrecht auf 10 Kreditauskünfte von der Beklagten erworben. Mit Schreiben vom 3. Juli 1924 erbat sie von der Beklagten eine Einzelauskunft über „Herrn A. C., Berlin W, ... straße 22" und brachte zum Ausdruck, daß ihr daran liege, über den Herrn möglichst umgehend etwas zu erfahren, weshalb sie die Beklagte bitte, dem Ueberbringer des Briefes die entsprechenden Mitteilungen im geschlossenen Umschlag mitzugeben und die Kosten von ihm einzuziehen. Die Beklagte, für die bei der Erledigung des Geschäfts ihre Angestellten Major a. D. W. und Abteilungsleiter S. tätig wurden, verfuhr dem Ersuchen entsprechend. In ihrer Auskunft, die am 4. Juli 1924 erteilt wurde, gab sie zunächst bekannt, daß die Firma A. C. im Dezember 1917 als Kommanditgesellschaft ins Handelsregister eingetragen worden sei, daß ihr alleiniger persönlich haftender Gesellschafter der Kaufmann F. W. K. in Berlin-Charlottenburg

*) Vgl. auch Bd. 115 S. 416 (abgedr. unter „Schuldrecht, Unerlaubte Handlungen"); Bd. 169 S. 324 (abgedr. unter „Oeffentliches Recht").

sei und daß noch zwei Kommanditisten vorhanden seien. Sodann verbreitete sich die Auskunft über die Entwicklung des seit 1905 bestehenden Geschäfts und fuhr fort:

„F. W. K. hat während des Krieges durch Beschaffung von Kapital für Kriegsbetriebe große Umsätze erzielt und sich dadurch ein großes Vermögen erworben. Er wird als umsichtiger, energischer und gewandter Geschäftsmann bezeichnet. Der C.'sche Konzern arbeitet, wie wir hörten, erfolgreich. Die Unternehmungen gelten für gut fundiert. Es sind selbst für ganz große Transaktionen entsprechende Kapitalien vorhanden, die Umsätze sind ganz bedeutend. Die Verhältnisse finden da, wo wir nachfragten, vertrauensvolle Beurteilung."

Während bis dahin die Auskunft als unter dem 19. Dezember 1923 aufgestellt bezeichnet war, wurde anschließend als Ergänzung vom 3. April 1924 noch mitgeteilt:

„Bei neuer Anfrage hörten wir, daß die Firma ein lebhaftes Geschäft erzielt und daß diejenigen, die sich der Geschäftsverbindung bedienten, zufrieden waren. Befragte Stellen äußerten sich dahin, daß das Unternehmen weiterhin gute Beziehungen zu Finanzkreisen unterhält und dadurch in der Lage ist, auch geschäftliche Transaktionen in größerem Stil durchzuführen."

Die Auskunft besagte nichts über eine Bestrafung des F. W. K. Tatsächlich war dieser aber, wie der Beklagten bekannt war, durch Urteil der Strafkammer des Landgerichts I in Berlin vom 8. April 1910 wegen Betruges und schwerer Urkundenfälschung in fünf Fällen, begangen in den Jahren 1906 bis 1908 zum Nachteil der Firma A. Ko. in Berlin, bei der K. damals angestellt war, zu 5 Jahren Gefängnis und 5 Jahren Ehrverlust rechtskräftig verurteilt worden.

Die Klägerin behauptet, sie sei auf Grund der günstigen Auskunft der Beklagten, die auch noch weitere Unrichtigkeiten enthalten habe, mit der Firma A. C. Kommanditgesellschaft am 5. und 6. Juli 1924 derart in Geschäftsverbindung getreten, daß sie von ihr 50 000 RM. auf die Dauer von 6 Monaten entlieh gegen 20 v. H. Jahreszinsen und pfandweise Hingabe von Wertpapieren im damaligen Kurswerte von über 80 000 RM. Am 26. Juli 1924 habe sie der Firma C. 10 000 RM. zurückbezahlt und von ihr einen entsprechenden Teil der Wertpapiere zurückerhalten. Die übrigen habe aber die Firma C. veräußert und sei deshalb am 5. Januar 1925, als die Rückzahlung der restlichen 40 000 RM. erfolgen sollte, zur Rückgabe der Wertpapiere außerstande gewesen. Im März 1925 sei das Konkursverfahren über das Vermögen der Kommanditgesellschaft eröffnet worden. Die Klägerin habe hierdurch eine Vermögensschädigung von über 100 000 RM. erlitten, wozu noch entgangener Gewinn hinzutrete. Mit der Behauptung, die Beklagte sei ihr wegen der schuldhaft erteilten mangelhaften und falschen Auskunft ersatzpflichtig, hat die Klägerin Zahlung eines Teilbetrags von 3000 RM. gefordert. Das Landgericht hat die Klage abgewiesen. Die Klägerin legte Berufung ein und erhöhte ihren Anspruch auf 4100 RM. Das Kammergericht erkannte auf einen den Inhabern der klagenden Handelsgesellschaft zugeschobenen Eid folgenden Inhalts: „Bei Abschluß des Darlehensvertrags mit der Firma A. C. in Berlin am 5./6. Juli 1924 habe ich nicht gewußt, daß der persönlich haftende Gesellschafter dieser Firma, der Kaufmann F. W. K., wegen Betruges und Urkundenfälschung mit einer längeren Freiheitsstrafe vorbestraft gewesen ist." Im Falle der Leistung des Eides durch sämtliche Inhaber der Klägerin soll der Klaganspruch dem Grunde nach für gerechtfertigt erklärt, andernfalls die Klage abgewiesen werden.

Die Revision der Beklagten führte zur Aufhebung des Berufungsurteils und zur Zurückverweisung der Sache.

Gründe:

Frei von rechtlichen Bedenken ist die Annahme des Kammergerichts, daß der zwischen den Parteien am 4. Juli 1924 über die entgeltliche Erteilung der Auskunft geschlossene Vertrag für einen Werkvertrag nach §§ 631 flg. BGB. zu halten ist.

Die auf § 638 BGB. gestützte Verjährungseinrede der Beklagten ist vom Berufungsgericht zurückgewiesen worden. Die dagegen gerichtete Revisionsrüge ist unbegründet. Die Annahme, daß die Anwendbarkeit des § 638 zu verneinen ist, wenn der Schaden, dessen Ersatz verlangt wird, nicht unmittelbar und allein durch einen Mangel des Werkes, sondern nur durch das Hinzutreten eines besonderen selbständigen Ereignisses herbeigeführt ist, steht im Einklang mit der reichsgerichtlichen Rechtsprechung (RGZ. Bd. 64 S. 43, Bd. 71 S. 175, Bd. 95 S. 3, WarnRspr. 1920 Nr. 33). Im vorliegenden Falle muß die Veräußerung der verpfändeten Wertpapiere durch die Firma A. C., welche die Schädigung der Klägerin unmittelbar verursachte, als ein derartiges selbständiges Ereignis gelten.

Die Revision macht dem angefochtenen Urteil ferner den Vorwurf, daß ungeprüft geblieben sei, ob gerade durch ein Verschulden des F. W. K., das mit den ihm anhaftenden, von der Beklagten verschwiegenen betrügerischen Eigenschaften zusammenhing, der Schaden bei der Klägerin entstanden sei. Auch diese Rüge ist abzulehnen. Der Berufungsrichter hat tatsächlich festgestellt, daß sich die Klägerin bei Kenntnis der Vorstrafe des K. in Geschäftsbeziehungen mit der Firma A. C. nicht oder nur mit entsprechenden Sicherungsmaßnahmen eingelassen hätte und daß dies auch für die Beklagte ersichtlich war. Das durch die Verschweigung der Bestrafung verursachte und nach der Meinung des Berufungsgerichts von der Beklagten zu vertretende schadenstiftende Ereignis war also der Abschluß des Vertrags vom 5./6. Juli 1924 zwischen der Klägerin und der Firma C., dessen Abwicklung dann später wirtschaftliche Schädigungen der Klägerin mit sich brachte. Unter welchen besonderen Umständen diese Schädigungen eintraten und welche Schuld K. persönlich daran trug, brauchte das Berufungsgericht nicht zu erörtern. Im Verfahren über den Grund des Schadensersatzanspruchs genügte jedenfalls die Feststellung, daß der Vertragsschluß mit der Firma C. und damit die gleichzeitig erfolgte Aushändigung der in Frage stehenden Wertpapiere an sie auf das Verhalten der Beklagten ursächlich zurückzuführen war, womit zugleich klargestellt wurde, daß die Klägerin den von ihr behaupteten Schaden, dessen Wahrscheinlichkeit der Berufungsrichter für dargetan erachtet, nicht erlitten haben würde, wenn ihr die Beklagte die Vorbestrafung des K. offenbart hätte.

Sodann wendet sich die Revision gegen die Auslegung, die das Kammergericht den Vertragsbedingungen über den Haftungsausschluß gegeben hat. Jene Bedingungen, von denen rechtsirrtumsfrei festgestellt ist, daß sie auch für die Klägerin bindend geworden sind, befinden sich auf den von der Beklagten ausgegebenen Anfragevordrucken, auf deren Grundlage sie ihre Auskünfte zu erteilen pflegt. Sie sind sonach dazu bestimmt, soweit nicht etwa im Einzelfalle Abweichendes besonders vereinbart wird, gegenüber einem jeden, der bei einer Geschäftsstelle der weitverzweigten Organisation der Beklagten um Auskunft nachsucht, Vertragsinhalt zu werden und also alle Vertragsverhältnisse übereinstimmend zu regeln, welche die Beklagte eingeht, sei es in der Form entgeltlicher Einzelauskünfte, sei es mittels Vorbezahlung für Erteilung einer bestimmten Anzahl von Auskünften innerhalb einer festgesetzten Frist. Deshalb ist anzunehmen, daß jene Vertragsbedingungen der freien Auslegung durch den Revisionsrichter unterliegen, denn die Erwägungen, die der erkennende — früher als der VII. bezeichnete — Zivilsenat in seinem Urteil vom 13. Dezember 1912 (RGZ. Bd. 81 S. 117) über allgemeine Versicherungsbedingungen angestellt hat, treffen auch hier zu (vgl. auch RGZ. Bd. 103 S. 415). Um so mehr muß dies gelten, da sich unter den Vertragsbedingungen der Beklagten die Bestimmung findet, daß beiderseitiger Erfüllungsort — und damit Gerichtsstand nach § 29 ZPO. — der Sitz des den Auftrag entgegennehmenden Büros der Beklagten sein soll. Rechtsstreitigkeiten über Verträge, welche die Beklagte unter ihren allgemeinen Bedingungen eingegangen ist, können somit vor vielen deutschen Gerichten, auch in verschiedenen Oberlandesgerichtsbezirken, anhängig werden; deshalb ist ihre freie Auslegung durch das Revisionsgericht zur Wahrung der Rechtseinheit geboten.

Das Kammergericht faßt die Vorschriften über den Haftungsausschluß in dem Sinn auf, daß der Beklagten die Haftung für Vorsatz ihrer Angestellten nur insoweit erlassen sei, als schuldhaftes Handeln von Vertrauensleuten oder sonstigen Hilfspersonen bei der Vornahme der Ermittlungen, welche die Grundlage für die zu erteilenden Auskünfte bilden, in Frage komme, nicht aber für ihre im Innendienst verwendeten Angestellten, deren Verschulden im vorliegenden Falle in Rede stehe. Dieser engen Auslegung kann jedoch nicht beigestimmt werden. Der in Nr. 2 der maßgebenden Bedingungen für Einzelauskünfte an die Spitze gestellte Satz: „Die Auskunftei W. Sch. ist für die Folgen keiner wie immer gearteten Entschließung haftbar, die auf Grund dieser Auskunft getroffen wird" läßt sich nur in dem Sinn auffassen, daß sich die Beklagte völlig freizeichnen wollte. Zwar konnte ihr die Haftung für Vorsatz ihrer Inhaber gemäß § 276 Abs. 2 BGB. nicht im voraus erlassen werden, aber dieser Fall liegt so fern, daß man ihn offenbar besonderer Erwähnung nicht für wert hielt. Die Vorschrift im § 278 BGB. sollte aber jedenfalls in vollem Umfang ausgeschaltet werden. Der Berufungsrichter stützt sich auf den zweiten Satz in Nr. 2 und auf Nr. 1 der Bedingungen; es ist aber nicht erkennbar, daß dadurch die Tragweite des oben mitgeteilten ersten Satzes in Nr. 2 hätte eingeschränkt werden sollen. Aus der allgemeinen Vorschrift in Nr. 1 darüber, was die Beklagte vertragsmäßig zu leisten hat, läßt sich für die Frage, in welchem Umfang sie für die Richtigkeit ihrer Auskünfte einstehen will, nichts entnehmen. Der unter Nr. 2 noch beigefügte Satz: „Das Risiko, das mit der Verwendung von Vertrauensmännern und Angestellten verknüpft ist, trägt ausschließlich der Anfragende; er entsagt jedem Anspruch auf Ersatz für Nachteile, die sich auf Versehen oder Verschulden von Hilfspersonen zurückführen lassen, und verzichtet auf jeden Nachweis darüber, bei wem und durch wen die Auskunft eingeholt worden ist" soll offenbar nur der Erläuterung des vorangestellten Grundsatzes gegenüber den Kunden der Beklagten dienen. Eine Absicht, den vorher ganz allgemein ausgesprochenen Haftungsausschluß einzuschränken, tritt dabei nicht hervor; namentlich ist das Wort „Angestellte" in der Art gebraucht, daß es auf die sämtlichen Angestellten der Beklagten, also auch die in ihrem Innendienst tätigen, bezogen werden muß.

Der Einwand der Revisionsbeantwortung, der Haftungsausschluß verstoße gegen die guten Sitten und sei daher nach § 138 Abs. 1 BGB. nichtig, ist abzulehnen. Sie meint, die Erwägungen, welche das Reichsgericht zur Frage der Rechtsverbindlichkeit der Haftungsbeschränkungen der Spediteure angestellt hat (RGZ. Bd. 99 S. 107, Bd. 103 S. 82, Bd. 106 S. 386), träfen auch hier zu. Indes ist weder dargetan, daß sich alle gewerbsmäßigen Auskunfteien zusammengeschlossen und gleichartige Bedingungen ihrem Kundenkreise auferlegt hätten, noch kann zugegeben werden, daß ihr Gewerbebetrieb für den Verkehr ebenso unentbehrlich wäre, wie dies beim Speditionsgewerbe angenommen worden ist. Ohne Inanspruchnahme der Spediteure kann der Handel nicht leben; niemand ist aber in gleicher Weise gezwungen, mit Auskunfteien in vertragliche Beziehungen zu treten.

Der bedungene Haftungsausschluß besteht sonach gemäß § 276 Abs. 2 und § 278 Satz 2 BGB. zu Recht und muß, da im vorliegenden Falle nur ein Verschulden von Angestellten der Beklagten in Betracht kommt, zur Verneinung eines Schadensersatzanspruchs gegen die Beklagte führen, soweit er aus dem Werkvertrag hergeleitet wird. Da im Gegensatz hierzu das angefochtene Urteil das Bestehen eines solchen Anspruchs für den Fall der Eidesleistung feststellt, ist seine Aufhebung geboten, ohne daß auf das sonstige Vorbringen der Revision noch einzugehen wäre. Die Sache ist an das Berufungsgericht zurückzuverweisen, das noch den aus den §§ 826, 831 BGB. entnommenen Klagegrund zu prüfen haben wird.

RGZ. 115, 135*)

1. Voraussetzungen für den Gegeneinwand der gegenwärtigen Arglist gegen die Einrede der Verjährung.

2. Innerhalb welcher Frist muß nach Aufhören der den Gegeneinwand der Arglist begründenden Verhältnisse der Anspruch gerichtlich geltend gemacht werden?

3. Genügt hierzu eine bei einem unzuständigen Gericht erhobene Klage?

BGB. §§ 242, 205, 211 Abs. 2, 212.

VI. Zivilsenat. Urt. v. 17. Dezember 1926

I. Landgericht Hildesheim. II. Oberlandesgericht Celle.

Die Klägerin kaufte von der Beklagten am 19. Dezember 1923 15 000 kg = etwa 19 000 Stück neue Weißzuckersäcke von bestimmter Größe und Schwere mit Websaum und doppelt eingelegter Maschinennaht. Die Lieferung, die nach dem Vertrag zu März/April 1924 erfolgen sollte, fand auf Grund späterer Abrede erst am 9. August 1924 statt, indem die Beklagte die Säcke bis dahin auf Wunsch der Klägerin im Magazin ihrer Weberei einlagerte. Die Zahlung wurde dagegen entsprechend der ursprünglichen Vereinbarung am 20. Mai 1924 bewirkt. Bei der alsbald nach der Lieferung vorge-

*) Vgl. auch Bd. 144 S. 378 (abgedr. unter „Allgemeiner Teil"); Bd. 154 S. 212 (abgedr. unter „Handelsrecht, VVG."); Bd. 157 S. 15 (abgedr. unter „Schuldrecht, Unerlaubte Handlungen").

nommenen Prüfung der Säcke, wobei eine Füllung nicht stattfand, zeigten sich keine Mängel. Die Säcke wurden, da sie erst im Laufe der von Anfang Oktober bis Ende Februar dauernden Betriebszeit der Zuckerfabrik der Klägerin benötigt wurden, bei dieser auf Lager genommen und, da vorher andere Säcke zur Verwendung kamen, erst Anfang Januar 1925 hervorgeholt und benutzt. Hierbei stellte sich heraus, daß sie nicht hielten, vielmehr teils schon beim Einfüllen des Zuckers teils bei der Aufstapelung in oder neben der Naht rissen, weil diese nach der Mitte des Sackes zu kurz, zum Teil auch gar nicht gefaßt war. Die Klägerin teilte dies der Beklagten am 7. Januar unter Angabe des Grundes der Verspätung der Untersuchung mit, erklärte, daß sie Schadensersatz oder neues Nähen der Säcke verlangen müsse, und bat um Besuch eines Vertreters der Beklagten behufs Regelung der Sache an Ort und Stelle. Die Beklagte antwortete am 8. Januar unter Ausdruck ihres Bedauerns, daß sie die Beschwerde an die liefernde Weberei weitergegeben habe und ihr Vertreter B. in der zweiten Januarhälfte kommen und mit Klägerin Rücksprache nehmen werde. B. erschien am 28. Februar; er erkannte den Fehler an und stellte fest, daß er erst bei Auftrennen der Naht wahrzunehmen war. Nachdem die Klägerin dann auf Ersuchen der Beklagten dieser einige Säcke zur Nachprüfung geschickt und Anfang Mai 1925 einen neuen Besuch von B. erhalten hatte, wurde sie am 4. Mai von der Beklagten ersucht, zunächst 500 Säcke an eine Br.er Firma zu schicken, bei der versucht werden sollte, den Mangel durch Neunähen zu beseitigen. Der Versuch wurde auch unternommen, es erwies sich aber, daß die Säcke auch nach dem Nachnähen ausrissen. Die Klägerin teilte dies der Beklagten im Schreiben vom 8. Juni 1925 mit, stellte zugleich die ganze Sendung zur Verfügung und ersuchte um einwandfreie Ersatzlieferung. Die Beklagte lehnte dies ab, weil die Klägerin den Mangel zu spät gerügt habe und ihre Lieferantin, bei der sie sich trotzdem um einen Ausgleich bemüht habe, jedes Entgegenkommen ablehne.

Die Klägerin beansprucht mit der am 4. August 1925 zugestellten Klage die Zurücknahme der gelieferten Säcke, die Lieferung neuer einwandfreier Ware und die Zahlung von 14 % Zinsen aus dem mit 14 223,80 RM. entrichteten Preise seit dem 7. Januar 1925. Sie wurde in den beiden Vorinstanzen abgewiesen. Ihre Revision hatte Erfolg.

Gründe:

Das Berufungsgericht läßt ebenso wie das Landgericht dahingestellt, ob die am 7. Januar 1925 vorgenommene Bemängelung der am 9. August 1924 gelieferten Säcke etwa deshalb als rechtzeitig anzusehen ist, weil der ordnungsmäßige Geschäftsgang der Zuckerfabrik eine Füllung der Säcke erst nach Beginn der Anfang Oktober einsetzenden Betriebszeit gestattet und auch nicht sofort nach deren Beginn, vor Heranziehung der ganzen Partie zum Einfüllen von Zucker, eine besondere Probefüllung erfordert habe. Es gelangt zur Abweisung der Klage mit der Begründung, daß die Ansprüche der Klägerin wegen der Mängel — obgleich die Verjährungsfrist erst vom 9. August 1924 laufe, nicht etwa von der Einlagerung der Säcke bei der Lieferantin der Beklagten ab — verjährt seien, weil ein die Verjährung unterbrechendes Anerkenntnis der Beklagten nicht vorliege, und daß auch der von der Klägerin erhobene Gegeneinwand der Arglist in den Tatsachen keine Grundlage finde. Der Revision ist zuzugeben, daß diese Erwägungen, soweit sie sich auf den Einwand der Arglist beziehen, auf Rechtsirrtum beruhen.

Das Berufungsgericht führt in dieser Hinsicht zunächst aus, es liege nichts für die Annahme vor, daß die Beklagte die Klägerin absichtlich durch Verhandlungen über den Ablauf der Frist hinaus hingehalten und hierdurch in ihr den Glauben erweckt hätte, der Einwand der Verjährung werde nicht erhoben werden; es erwägt weiter, daß die Klägerin durch ihre Verhandlungen mit der Beklagten nicht „gehindert" worden sei, eine gerichtliche Beweissicherung zu beantragen. Es geht also von der Ansicht aus, der Einwand der Arglist sei nur begründet, wenn der Schuldner den Gläubiger absichtlich über den Ablauf der Frist hinaus hingehalten und ihm durch sein Verhalten die fristgerechte Erhebung der Klage unmöglich gemacht habe, oder es hält doch wenigstens ein absichtliches Hinhalten oder ein Unmöglichmachen der Klageerhebung bis nach Ablauf der Frist für notwendige Voraussetzung des Einwands. Diese Ansicht kann aber, in Uebereinstimmung mit der beim Reichsgericht seit geraumer Zeit zur Herrschaft gelangten Auffassung über den Einwand der gegenwärtigen Arglist, nicht als zutreffend erachtet werden. Allerdings hat sich in jenem Sinne der II. Zivilsenat in der Entscheidung RGZ. Bd. 64 S. 223 ausgesprochen. Er ist aber von dieser Meinung in der Entscheidung RGZ. Bd. 78 S. 134 zurückgekommen. Der ehemalige VI., der VII., der V. und der I. Zivilsenat haben in den Entscheidungen RGZ. Bd. 57 S. 376, Bd. 87 S. 281, Bd. 109 S. 309; JW. 1919 S. 102 Nr. 2 und S. 304 Nr. 4 aus dem Grundsatze von Treu und Glauben mit Recht gefolgert, daß die Verjährungseinrede schon dann mit dem Gegeneinwand der Arglist zurückgewiesen werden kann, wenn der Schuldner den Gläubiger durch sein Verhalten, sei es auch unabsichtlich, von der rechtzeitigen Erhebung der Klage abgehalten hat, weil mit einem solchen Verhalten die Erhebung der Verjährungseinrede unvereinbar ist. Hierbei kann es entsprechend jener Begründung des Gegeneinwands nicht darauf ankommen, ob das Verhalten des Schuldners dem Gläubiger die Wahrung der Verjährungsfrist unmöglich gemacht hat, vielmehr muß zur Rechtfertigung des Gegeneinwands ein Verhalten des Schuldners genügen, das dem Gläubiger nach verständigem Ermessen ausreichenden Anlaß bot, die Klagerhebung aufzuschieben.

Nun stellt das Berufungsgericht im weiteren Verlauf seiner Ausführungen freilich auch fest, daß die Beklagte der Klägerin im Schriftwechsel keinen begründeten Anlaß zu der Annahme gegeben habe, sie werde in einem etwaigen Rechtsstreit von einem ihr zustehenden Rechtsbehelf, insbesondere der Verjährungseinrede, keinen Gebrauch machen. Aber das Verhalten des Schuldners kann den Gläubiger auch in anderer Weise zum Aufschub der Klagerhebung bewegen, namentlich indem es ihn zu der Annahme veranlaßt, daß ein Rechtsstreit nicht notwendig, vielmehr auch ohne solchen vollständige Befriedigung des Anspruchs oder doch eine Einigung mit erträglichem Ergebnis zu erzielen sein werde. Eine Prüfung, ob nicht das Verhalten der Beklagten im vorliegenden Falle die Klägerin nach dieser Richtung hin bestimmen konnte, hat das Berufungsgericht nicht vorgenommen. In der Tat war aber das von der Beklagten auf den Brief der Klägerin vom 7. Januar 1925 beobachtete Verhalten geeignet, nach dieser Richtung zu wirken. Mangels anderer ersichtlicher Umstände, auf welche die Versäumung der Frist zurückgeführt werden könnte, muß daher angenommen werden, daß es für den Aufschub der Klagerhebung bestimmend gewesen ist. Die Beklagte hat in ihrer Antwort vom 8. Januar ihr Bedauern ausgesprochen, daß die Klägerin „über die Naht der Säcke Klage zu führen habe", die Begründung dieser Klage aber mit keinem Worte in Zweifel gezogen und für die zweite Hälfte des Monats, die noch innerhalb der am 9. Februar ablaufenden Verjährungsfrist lag, den Besuch ihres Vertreters zu einer Rücksprache in Aussicht gestellt, ohne sich zu den von der Klägerin erhobenen Ersatzansprüchen oder zu den für die späte Rüge angegebenen Erklärungsgründen zu äußern. Aus der Bemerkung, da sie die Reklamation an ihre Lieferantin weitergeben werde, war ein Vorbehalt, daß sie die Befriedigung der Ansprüche von der Haltung der Lieferantin abhängig mache, nicht zu entnehmen. Die Klägerin konnte daher auf Grund dieses Schreibens bei dem langjährigen glatten Geschäftsverkehr und den freundlichen Beziehungen der Parteien annehmen, daß die Beklagte ihre Ansprüche anerkennen und entweder in voller Höhe oder doch in annehmbarem Betrage befriedigen werde, ohne daß es einer Klagerhebung oder Beweissicherung bedürfe. Wenn der für die zweite Januarhälfte angekündigte Besuch des Vertreters der Beklagten sich dann bis Ende Februar verspätete, so brauchte die Klägerin angesichts der oben bezeichneten Art der Beziehungen der Parteien hieraus keinen Grund zu Zweifeln an der gütlichen Erledigung ihrer Ansprüche zu entnehmen. Das Verhalten der Beklagten mußte die Klägerin also bewegen, von gerichtlichen Schritten bis zu dem in Aussicht gestellten Besuch abzusehen, obgleich inzwischen die Verjährungsfrist ablief. Danach ist es aber mit Treu und Glauben und den Gewohnheiten und Anforderungen des anständigen Geschäftsverkehrs nicht vereinbar, wenn jetzt die Beklagte der Klägerin die Versäumung der Verjährungsfrist entgegenhält.

Wenn die Beklagte ausführt, daß die Verjährung durch ihr entgegenkommendes Verhalten äußerstenfalls nur bis zu dem Zeitpunkt als gehemmt angesehen werden dürfe, an dem sich die Ergebnislosigkeit der Verhandlungen herausgestellt habe, daß am 8. Januar 1925 nur noch ein Monat von der Verjährungsfrist übrig gewesen, die Klage aber erst weit mehr als einen Monat nach jenem Zeitpunkt und zudem zunächst bei dem örtlich unzuständigen Landgericht in Schweidnitz erhoben worden sei, so beruht dies in mehrfacher Hinsicht auf Rechtsirrtum. Eine Hemmung der Verjährung mit der im § 205 BGB. bestimmten Wirkung, daß die Hemmungsdauer nicht in die Verjährungsfrist eingerechnet wird, findet nur in den im Gesetz bestimmten Fällen statt, und zu diesen gehört die Einrede der Arglist oder ein sie begründendes Verhalten des die Verjährung vorschützenden Schuldners nicht. Aus entsprechenden Gründen kann allerdings auch nicht etwa angenommen werden, daß nach Aufhören der die Einrede der Arglist begründenden Umstände die Verjährungsfrist, wie nach einer Unterbrechung der Verjährung, von neuem beginne. Vielmehr ist nach den Grundsätzen von Treu und Glauben, auf denen der Einwand der Arglist gegen die Verjährungseinrede, beruht, die Frist, innerhalb deren nach Aufhören der den Arglisteinwand rechtfertigenden Verhältnisse der Anspruch durch Klage oder in anderer zur Unterbrechung der Verjährung geeigneter Weise geltend zu machen ist, nach den Anforderungen des anständigen Geschäftsverkehrs und den Umständen des Falles zu bestimmen. Danach ist aber die am 4. August 1925 bewirkte Klagerhebung als rechtzeitig zu erachten, nachdem erst mit Brief der Beklagten vom 6. Juli 1925 das nach dem Scheitern des letzten Vermittlungsvorschlags gestellte Ersuchen der Klägerin um Ersatzlieferung endgültig abgelehnt worden war.

Daß die Klage zunächst bei einem örtlich unzuständigen Gericht erhoben worden ist, steht ihrer Berücksichtigung nicht entgegen. Aus § 212 BGB. ergibt sich, daß die beim unzuständigen Gericht erhobene Klage bis zu ihrer Abweisung durch ein die Unzuständigkeit rechtskräftig aussprechendes Urteil für die Unterbrechung der Verjährung die gleiche Wirkung hat, wie wenn sie beim zuständigen Gericht erhoben wäre. Die Verweisung an das zuständige Gericht nach § 276 ZPO. hebt die Wirkung der Unterbrechung nicht auf, wie die Abweisung wegen Unzuständigkeit, vielmehr kann nur, wenn die Parteien den Rechtsstreit bei dem Gericht nicht betreiben, an das er verwiesen wurde, eine Endigung der Unterbrechung durch

Stillstand des Verfahrens nach § 211 Abs. 2 BGB. in Frage kommen. Entsprechendes muß für die hier zur Entscheidung stehende Frage gelten, ob die Klage nach Aufhören der den Arglisteinwand rechtfertigenden Umstände durch Einreichung beim unzuständigen Gerichte rechtzeitig erhoben werden kann und inwiefern ihre Wirkung durch den Ausspruch der Unzuständigkeit und die Verweisung des Rechtsstreits an das zuständige Gericht beeinträchtigt wird. Im vorliegenden Falle hat aber die Verweisung des Rechtsstreits an das Landgericht in Hildesheim am 14. Oktober 1925 stattgefunden und darauf hat bei diesem Gericht die Beklagte am 22., die Klägerin am 24. dess. Mts. eine Ladung behufs weiterer Verhandlung des Rechtsstreits eingereicht. Von einem Stillstand des Rechtsstreits nach der Unzuständigkeitserklärung kann hiernach keine Rede sein.

Der Gegeneinwand der Arglist gegen die Verjährungseinrede der Beklagten ist mithin durch ihr Verhalten gerechtfertigt und der Klägerin auch nicht etwa durch ungehörige Säumnis nach Aufhören der ihn begründenden Umstände verloren gegangen. Deswegen muß das angefochtene Urteil aufgehoben werden, ohne daß es auf die von der Revision weiter angeregte Frage ankommt, ob eine Unterbrechung der Verjährung durch Anerkennung des Anspruchs stattgefunden hatte. Da die Entscheidung über den Klaganspruch noch von der bisher nicht geklärten Frage der Rechtzeitigkeit der Mängelrüge abhängt, ist die Sache zur anderweiten Verhandlung und Entscheidung an das Berufungsgericht zurückzuverweisen.

RGZ. 115, 162

Unter welchen Umständen kann beim Versendungskauf der Spediteur als Erfüllungsgehilfe des Verkäufers angesehen werden?

BGB. §§ 278, 447.

III. Zivilsenat. Urt. v. 21. Oktober 1926.

I. Landgericht München I, Kammer für Handelssachen.
II. Oberlandesgericht daselbst.

Am 3. März 1924 hatte die Klägerin einen Waggon Tuchnäher, ein nässeempfindliches Gut, an die Beklagte verkauft, lieferbar franko Waggon Karlsruhe nach Station E. (Pfalz). Zur Vertragserfüllung ließ die Klägerin die Ware von Luzern an die Speditionsfirma N. in Karlsruhe abgehen. Dabei war der Waggon mit den Decken der schweizerischen Bundesbahnen bedeckt. Der Firma N. erteilte die Klägerin den Auftrag, den Wagen mit neuem Frachtbrief, im übrigen aber durchgehend an die Beklagte weiterzuleiten, zuvor jedoch die schweizer Bahndecken zu entfernen und durch Reichsbahndecken zu ersetzen. Die Firma N. gab den in Karlsruhe einlaufenden Wagen unverändert nach der Regiebahn-Grenzstation Maxau auf, entfernte dort die schweizer Decken, unterließ aber die anderweite Bedeckung, da sie Reichsbahndecken nicht bekommen konnte, und ließ den Wagen mit neuem Frachtbrief unbedeckt an die Beklagte weiterlaufen. Der Wagen kam in den Regen, die Ware verdarb und die Beklagte verweigerte die Annahme. Vorsorglich ließ die Beklagte den Wagen entladen und nahm die Ware in vorläufige Verwahrung. Im beiderseitigen Einverständnis wurde die Ware später veräußert.

Mit der Klage verlangt die Klägerin den Kaufpreis für die Ware. Das Landgericht hat die Klage abgewiesen, das Oberlandesgericht die Berufung der Klägerin zurückgewiesen. Dieses hat erwogen, daß den Spediteur ein Verschulden treffe und daß nach den Umständen des Falles die Klägerin im Verhältnis zur Beklagten für dieses Versehen des Spediteurs einzustehen habe, weil der Spediteur das Versehen bei Erfüllung einer ihm von der Klägerin erteilten Weisung begangen habe und daher die allgemeine Regel des § 447 BGB. im vorliegenden Fall unanwendbar sei. Die Revision der Klägerin blieb ohne Erfolg.

Gründe:

Die Weisung der klagenden Verkäuferin an den Spediteur, nach Eintreffen der Sendung in Karlsruhe die schweizer Decken zu entfernen und durch reichsbahneigene Decken zu ersetzen, war nach den Feststellungen des Berufungsrichters der Besorgnis der Klägerin entsprungen, die französische Verwaltung der Regiebahn, der die Weiterbeförderung der Ware in die Pfalz oblag, werde die Decken nicht zurückgeben und die Klägerin werde Ersatzansprüche wegen Nichtrückgabe der Decken zu gewärtigen haben. Die Weisung war also von der Klägerin im eigenen Interesse getroffen. Indessen enthielt sie nach der Annahme des Berufungsrichters darum noch nicht ein Verschulden der Klägerin selbst, das diese im Verhältnis zu der Beklagten zu vertreten hätte. Diese Annahme beschwert die Klägerin nicht, läßt aber auch — entgegen der Ansicht der Beklagten — keinerlei Rechtsirrtum erkennen.

Nach dem unstreitigen Sachverhalt hat der Spediteur die Weisung der Klägerin nur teilweise befolgt; er hat wohl die schweizer Decken entfernt, jedoch unterlassen, sie durch andere Decken zu ersetzen. Infolgedessen war die Ware bei der Weiterbeförderung der Nässe ausgesetzt und ist verdorben. Das Verhalten des Spediteurs enthielt — auch darüber sind die Parteien einig — eine Außerachtlassung der im Verkehr erforderlichen Sorgfalt (§ 276 BGB., § 408 HGB.). Im Streit ist nur, ob die Klägerin im Verhältnis zur Beklagten das Verschulden des Spediteurs zu vertreten hat. Dies wäre dann der Fall, wenn der Spediteur als Erfüllungshilfe der Klägerin anzusehen wäre, so daß diese gemäß § 278 BGB. für sein Versehen haftete.

Für ihren die Haftung ablehnenden Standpunkt bezieht sich die Klägerin auf § 447 BGB. In der Tat hat die Klägerin, den Vertragsbedingungen entsprechend, die Ware franko Karlsruhe geliefert und mit der Weiterbeförderung von dort aus den Spediteur beauftragt. Spätestens von da ab haftete nach der bezeichneten Vorschrift die Klägerin nicht mehr für die zufällige Verschlechterung der Ware und nicht mehr für ein Versehen des Spediteurs; sie hatte mit der Uebergabe an diesen ihre Verpflichtung aus dem Kaufvertrag erfüllt (§§ 446, 447 BGB., RGZ. Bd. 62 S. 331, Bd. 99 S 56). Für ein Versehen des Spediteurs, das dieser rein im eigenen Geschäftskreis begangen hätte und das nicht durch eine Weisung der Klägerin veranläßt wäre, würde die Klägerin danach allerdings nicht zu haften haben.

Diese Rechtslage hat auch der Berufungsrichter nicht verkannt; vielmehr ist er selbst von den hier dargelegten Erwägungen ausgegangen. Aber mit Recht findet er die für die Beurteilung des Falles ausschlaggebende Besonderheit darin, daß die Speditionsfirma das für den Schaden ursächliche Versehen unmittelbar in Ausführung einer Weisung der Klägerin begangen hat, einer Weisung, mit der die Klägerin nicht etwa die Interessen der Beklagten wahrgenommen, sondern lediglich ihre eigenen Interessen, wennschon in durchaus erlaubter Weise, verfolgt hatte. Damit ist die Anwendung des vom Berufungsrichter hier als entscheidend herangezogenen § 278 BGB. gerechtfertigt. Die Klägerin war auf Grund des Kaufvertrags der Beklagten gegenüber verpflichtet, die Ware in vertragsmäßiger Beschaffenheit zu übergeben. Zu dem Ende mußte sie die Ware ordnungsmäßig verwahrt, also bedeckt, zur Beförderung bringen. Dieser Pflicht ist die Klägerin bis zur Uebergabe an den Spediteur nachgekommen. Mit dieser Uebergabe endete an sich jene Pflicht. Aber gerade im Zeitpunkt der Uebergabe hat die Klägerin noch mit der in Rede stehenden Weisung zwar in erlaubter und nicht schuldhafter Weise, aber immerhin in Wahrnehmung ihrer eigenen Belange, in den Beförderungsverlauf eingegriffen, indem sie die bisherige Bedeckung der Ware entfernen ließ. Tat sie das, so war sie auch verpflichtet, für die Wiederbedeckung zu sorgen. Jene Weisung war, wie die Klägerin selbst hervorgehoben hat, einheitlich und untrennbar; hat der Spediteur versehentlich nur den ersten Teil der Weisung erfüllt und den zweiten unerfüllt gelassen, so hat er in Erfüllung einer der Klägerin der Beklagten gegenüber obliegenden Vertragspflicht und insofern als Erfüllungsgehilfe der Klägerin gehandelt. Diese Annahme steht im Einklang mit der Entscheidung RGZ. Bd. 101 S. 152; dort ist ausgesprochen, daß der Spediteur zwar nicht allgemein (§ 447 BGB.), aber doch unter besonderen Umständen als Erfüllungsgehilfe des Verkäufers anzusehen ist. Solche besondere

Umstände hat der Berufungsrichter ohne Rechtsirrtum auch im vorliegenden Fall als gegeben angenommen, so daß die weitere Annahme der Haftung der Klägerin für das Versehen der Speditionsfirma auf Grund des § 278 BGB. keinem Bedenken begegnet.

RGZ. 115, 185

1. Umfang der Sorgfaltspflicht eines für den zweiten Rechtszug bestellten Prozeßbevollmächtigten.

2. Ist der Prozeßbevollmächtigte des ersten Rechtszugs, der nach dessen Beendigung und nach Abgabe seiner Handakten an den Prozeßbevollmächtigten des zweiten Rechtszugs den Verkehr zwischen diesem und der Partei nicht vermittelt, im Verhältnis der beiden zueinander als eine Person anzusehen, deren sich die Partei zur Erfüllung ihrer aus § 254 Abs. 2 BGB. sich ergebenden Pflicht zur Schadensabwendung bedient?

III. Zivilsenat. Urt. v. 2. November 1926.

Die Entscheidung ist abgedruckt unter „Zivilprozeß".

RGZ. 116, 266

Worin besteht der dem Verpfänder einer fremden Sache zu leistende Schadensersatz, wenn ihm das Pfand nicht mehr zurückgegeben werden kann?

BGB. §§ 249, 1223.

I. Zivilsenat. Urt. v. 5. März 1927.

I. Landgericht Hamburg, Kammer für Handelssachen.

II. Oberlandesgericht daselbst.

Die Klägerin fordert von der Beklagten Herausgabe von Wertpapieren und Begleichung zweier Geldforderungen. Die Beklagte macht ein Zurückbehaltungsrecht wegen einer Gegenforderung geltend. Mit dieser hat es folgende Bewandtnis. Die Beklagte hatte von der Klägerin ein Darlehen erhalten. Das Darlehensgeschäft war für die Beklagte von L. abgeschlossen worden, der damals noch Teilhaber der beklagten Firma war, später aber ausgeschieden ist. Für die Darlehensforderung hatte L. der Klägerin ihm selbst gehörige Wertpapiere in Pfand gegeben. Wer als Verpfänder dieser Papiere anzusehen ist, ob L. oder die Beklagte, ist streitig. Die Darlehensforderung ist später beglichen worden, und die Klägerin hat die dafür in Pfand erhaltenen Wertpapiere unmittelbar an L. zurückgegeben. Im gegenwärtigen Rechtsstreit macht die Beklagte mit der Behauptung, daß sie die Verpfänderin der Wertpapiere gewesen sei, geltend, sie habe noch Forderungen an L., wegen deren sie ein Interesse daran habe, an den L.'schen Wertpapieren ein Zurückbehaltungsrecht ausüben zu können; im übrigen sei sie auch mit der Lieferung gleichartiger Effekten einverstanden.

Die Vorinstanzen haben die Beklagte zur Leistung nach dem Klagantrag verurteilt, jedoch Zug um Zug gegen Herausgabe „der der Klägerin in Depot gegebenen Wertpapiere". Dagegen legte die Klägerin Revision ein; sie begehrte Verurteilung der Beklagten ohne Gegenleistung. Das Rechtsmittel führte zur Aufhebung und Zurückverweisung.

Aus den Gründen:

(Zunächst wird ausgeführt, damit, daß Darlehensschuldnerin die Beklagte gewesen sei, stehe noch nicht ohne weiteres fest, daß sie auch Verpfänderin gewesen sei. Für den Fall, daß letzteres künftig festgestellt werden sollte, wird fortgefahren:)

Bei Erörterung der Rückgabepflicht der Klägerin geht das angefochtene Urteil davon aus, daß eine Rücklieferung derselben Stücke nicht mehr möglich sei und daher nicht mehr die dahin gehende vertragliche Verpflichtung, sondern Ersatz des Wertes der Papiere in Frage komme, der (nach der Einigung der Parteien über diesen Punkt) durch Lieferung gleichartiger Stücke zu geschehen habe. Das Urteil gelangt so zu einer Verurteilung der Beklagten zur Leistung entsprechend dem Klagantrag Zug um Zug gegen Lieferung der von der Beklagten beanspruchten Effekten.

Diese Erwägungen des Berufungsrichters sind von Rechtsirrtum beeinflußt. Die Ersatzpflicht der Klägerin geht auf keinen Fall weiter, als es zur Ausgleichung des Schadens der Beklagten notwendig ist. Es ist nun unstreitig, daß die Beklagte an den Wertpapieren nicht ein Eigentümer-, sondern höchstens ein Besitzerinteresse hat. Dieses bestand darin, daß die Auslieferung der Papiere die Beklagte befähigt hätte, gegenüber dem Auskehrungsanspruch des L. wegen der von ihr behaupteten Forderungen gegen ihn mit der Herausgabe der Papiere zurückzuhalten. Die Revision meint, für ein solches Zurückbehaltungsrecht der Beklagten fehle die rechtliche Grundlage. Der rechtliche Zusammenhang zwischen beiden Ansprüchen ist jedoch ohne weiteres durch das frühere Gesellschaftsverhältnis des L. zur Beklagten gegeben. Die Klägerin hat indessen jede Forderung der Beklagten gegen L. und damit jedes geldwerte Interesse der Beklagten am Besitz der Papiere bestritten. Das angefochtene Urteil hat die Erörterung dieses Punktes mit der Begründung abgelehnt, daß die Klägerin damit einen unzulässigen Einwand aus dem Recht eines Dritten erhebe. Diese Begründung ist nicht zutreffend. Es handelt sich vielmehr, wie aus den vorstehenden Darlegungen hervorgeht, lediglich um eine Einwendung der Klägerin gegen die

Schadensersatzforderung, wegen deren die Beklagte mit der Klageleistung zurückhält. Die Geltendmachung dieser Einwendung kann der Klägerin nicht abgeschnitten werden

Das angefochtene Urteil bewegt sich also in einem Irrtum, wenn es die Lieferung gleichartiger Stücke durch die Klägerin als eine Wiedergutmachung des der Beklagten entstandenen Schadens im Wege der Naturalrestitution ansieht. Der Ersatzanspruch der Beklagten geht eben nicht auf Leistung des tatsächlichen Wertes der Effekten, deren Rücklieferung sie verlangen konnte, sondern nur auf Leistung des Wertes, den ihr Besitz unter den gegebenen Verhältnissen für sie hatte. Zu einer weitergehenden Leistung hat sich die Klägerin auch nicht bereit gefunden, wenn sie sich nach einer Bemerkung in den Gründen des angefochtenen Urteils einverstanden erklärt hat mit der Lieferung *gleichartiger* Stücke, wie sie sich im Depot befunden hatten. Es kann nach der Stellungnahme der Klägerin nicht zweifelhaft sein, daß sie eine solche Verpflichtung nur im Rahmen ihrer tatsächlich bestehenden Schadensersatzpflicht hat übernehmen wollen.

Das angefochtene Urteil hätte daher den der Beklagten tatsächlich erwachsenen Schaden unter Berücksichtigung der vorstehend erörterten Gesichtspunkte prüfen müssen. Nach dem Umfang dieses Schadens wäre der Umfang des ihr nach Treu und Glauben einzuräumenden Zurückbehaltungsrechts zu bemessen gewesen. Soweit danach Geldforderungen einander gegenübertraten, kam eine Tilgung der Klagforderung durch Aufrechnung in Frage (RGZ. Bd. **83** S. 140).

RGZ. 117, 66†

1. Können zur Begründung des Schadensersatzanspruchs wegen Nichterfüllung aus § 283 BGB. auch Tatsachen angeführt werden, die zeitlich vor der rechtskräftigen Verurteilung liegen?

2. Sind diesem Anspruch gegenüber Einwendungen zulässig, die in dem rechtskräftig abgeschlossenen Rechtsstreit entweder schon behandelt worden sind oder doch hätten geltend gemacht werden können?

BGB. §§ 283, 325 Abs. 2.

I. Zivilsenat. Urt. v. 4. Mai 1927.

I. Landgericht Düsseldorf, Kammer für Handelssachen.
II. Oberlandesgericht daselbst.

Durch Urteil des Landgerichts vom 16. November 1920 ist der Beklagte verurteilt worden, der Rechtsvorgängerin der Klägerin auf Grund eines am 11. September 1919 bestätigten Kaufvertrags sechs Kesselwagen gegen Zahlung des Kaufpreises von 24 800 M. zu liefern. Das Urteil ist am 8. Oktober 1923 rechtskräftig geworden. Nach erfolglosem Versuch der Vollstreckung des Urteils und nach vergeblicher Setzung einer Frist gemäß § 283 BGB. verlangt die Klägerin mit der gegenwärtigen Klage vom Beklagten Schadensersatz wegen Nichterfüllung (Ersatz des entgangenen Gewinns und ihres weiteren Schadens). Der Beklagte beruft sich darauf, daß ein Ersatzabkommen, das er im Januar 1921 mit der Rechtsvorgängerin der Klägerin getroffen habe, den Erfüllungsanspruch sowohl wie jeglichen Schadensersatzanspruch ausschließe; im früheren Rechtsstreit sei dies nur durch ein Mißverständnis seines Prozeßbevollmächtigten nicht geltend gemacht worden; die Benutzung des rechtskräftigen Urteils verstoße daher gegen Treu und Glauben und gegen die guten Sitten. Das Landgericht hat diese Einwendungen zurückgewiesen und die geforderten Beträge teils zugesprochen, teils aberkannt. Auf die Berufung des Beklagten hat das Oberlandesgericht die Klage völlig abgewiesen. Die Revision der Klägerin führte zur Aufhebung und Zurückverweisung.

Gründe:

Der Berufungsrichter kommt zur Abweisung der Klage, weil er der Ansicht ist, daß zur Rechtfertigung des Klaganspruchs aus § 283 BGB. nur Umstände dienen können, die nach dem Erlaß des rechtskräftigen Urteils eingetreten sind. Tatsachen, die in der früheren Zeit liegen, könne die Klägerin, die bis dahin die Erfüllung des Vertrags verlangt habe, zur Begründung von Schadensersatzansprüchen wegen Nichterfüllung nicht verwerten.

Mit Recht macht die Revision geltend, daß für eine derartige Beschränkung der § 283 BGB. — und dasselbe gilt auch für § 325 Abs. 2 das. — keinen Anhalt bietet, Schadensersatz vielmehr in gleichem Maße verlangt werden kann, wie wenn schon durch Fristsetzung nach der Fälligkeit gemäß § 326 BGB. der Erfüllungsanspruch verlorengegangen und der Schadensersatzanspruch entstanden ist. Die gegenteilige Auffassung des Berufungsgerichts kommt darauf hinaus, den vertragstreuen Teil, wie dies die Rechtsprechung vor dem Bürgerlichen Gesetzbuch tat, nach rechtskräftiger Verurteilung des säumigen Gegners am Erfüllungsanspruch festzuhalten und ihm nur einen Anspruch auf das Interesse wegen des nicht befolgten Urteils zu gewähren (vgl. RGZ. Bd. 66 S. 66). Das Reichsgericht hat in der hier angeführten Entscheidung des näheren dargelegt, daß das Bürgerliche Gesetzbuch absichtlich von der seitherigen Rechtsprechung abgewichen ist. Den Erfüllungsanspruch kann der

Gläubiger geltend machen, solange er will, und zu beliebiger Zeit kann er nach vergeblicher Fristsetzung zum Schadensersatzanspruch übergehen, ohne daß hieran durch das rechtskräftige Urteil, das ihm seinen Erfüllungsanspruch zuspricht, etwas geändert wird. . . .

Hiernach unterliegt das Berufungsurteil der Aufhebung. Nach erneuter Verhandlung wird der Berufungsrichter, wie es das Landgericht zutreffend getan hat, dem Grund und der Höhe nach zu den einzelnen von der Klägerin verlangten Schadensbeträgen Stellung nehmen müssen, für die, soweit sie bestehen, der ursächliche Zusammenhang mit der Nichterfüllung des Kaufvertrags außer Zweifel steht.

Dabei wird zu beachten sein, daß der Schadensersatzanspruch lediglich an die Stelle des bereits rechtskräftig feststehenden Erfüllungsanspruchs getreten ist und daß infolgedessen Einwendungen des Beklagten nicht mehr berücksichtigt werden können, die in dem rechtskräftig abgeschlossenen Rechtsstreit entweder schon behandelt worden sind (JW. 1916 S. 831 Nr. 4) oder doch nach § 767 Abs. 2 ZPO. hätten geltend gemacht werden können (RGZ Bd. 96 S. 21, Bd. 107 S. 15). Das ist, ganz abgesehen von der Vorschrift des § 767 Abs. 2 ZPO., schon deshalb nicht möglich, weil der Beklagte gegenüber der Klage aus § 283 (§ 325 Abs. 2) BGB. auf Vertragsbedingungen, die ihn von der Lieferung befreien könnten, nicht mehr zurückkommen kann; denn der Kläger stellt gar nicht mehr den Vertragsanspruch zur Entscheidung, stützt sich vielmehr darauf, daß über diesen schon rechtskräftig entschieden worden ist (RGZ. Bd. 107 S. 233). Danach kann sich der Beklagte im gegenwärtigen Rechtsstreit auf das angebliche Ersatzabkommen vom Januar 1921, soweit es sich um den Grund des Anspruchs handelt, überhaupt nicht mehr berufen. Denkbar wäre es höchstens insofern, als er etwa geltend machen wollte, daß damit schon von vornherein eine Schadensersatzforderung auch auf Grund des § 283 BGB. für die Zukunft habe ausgeschlossen werden sollen (RGZ. Bd. 107 S. 235). Dafür bietet aber das Vorbringen des Beklagten bisher keinen Anhalt. Daß nach dem festgestellten Sachverhalt auch kein Verstoß der Klägerin gegen Treu und Glauben oder gegen die guten Sitten in der Benutzung des rechtskräftigen Urteils zu erblicken ist, hat das Landgericht in seinem Zwischenurteil bereits zutreffend ausgeführt.

Ob die Höhe des Schadens durch das angebliche Abkommen vom Januar 1921 sowie etwa dadurch beeinflußt wird, daß die Rechtsvorgängerin der Klägerin im Lieferungsfalle verpflichtet gewesen sein sollte, die Kaufpreisforderung aufzuwerten, bleibt der Prüfung des Berufungsgerichts vorbehalten.

RGZ. 117, 121

Unter welchen Umständen kann gegenüber dem Einwande der Formnichtigkeit eines formbedürftigen Vertrags der Gegeneinwand der allgemeinen (gegenwärtigen) Arglist erhoben werden?

BGB. §§ 313, 242.

V. Zivilsenat. Urt. v. 21. Mai 1927.

I. Landgericht Düsseldorf. II. Oberlandesgericht daselbst.

Die Entscheidung über die Auflassung des Hauses K.straße 6 in O. gerichtete Klage hat das Berufungsgericht von der Leistung eines richterlichen Eides für den Kläger abhängig gemacht. Auf die Revision der Beklagten ist die Klage abgewiesen worden. Der Sachverhalt ergibt sich aus den

Gründen:

Im Februar 1920 wurde der Kläger von der beklagten Gesellschaft, deren Generaldirektor der Beklagte v. Z. ist, als Betriebsleiter angestellt; im Juni 1922 kam es zu Streitigkeiten, in deren Verlauf der Kläger aus den Diensten der Gesellschaft ausgetreten ist.

In einem am 13. August 1920 abgeschlossenen dreijährigen Dienstvertrag wurde dem Kläger als freie (Dienst-)Wohnung das oben bezeichnete Haus zugewiesen, daß die Gesellschaft um diese Zeit für 120 000 M. käuflich erworben hatte. Als am 20. Februar 1922 ein neuer Dienstvertrag für die Zeit bis zum 30. September 1924 abgeschlossen wurde, stellte der Beklagte v. Z. namens der Gesellschaft dem Kläger ein Schriftstück des Inhalts aus, daß der Kläger auf das Haus ein Vorkaufsrecht zum Preise von 120 000 M. habe. Der Kläger verlangt in erster Reihe von den Beklagten als Gesamtschuldnern die Auflassung des genannten Hausgrundstücks, hilfsweise einen Feststellungsausspruch dahin, daß die Beklagten als Gesamtschuldner verpflichtet seien, ihm allen Schaden zu ersetzen, der ihm aus der Nichtübereignung des Grundstücks erwachse. Jedenfalls seien die Beklagten als Gesamtschuldner zu verurteilen, ihm im Falle der Nichtübereignung den Wert des Grundstücks mit dem Gebäude zu bezahlen. Die Beklagten haben sich darauf berufen, daß keine nach § 313 BGB. formgerechten Zusagen erteilt worden seien, und weiter bestritten, daß der Beklagte v. Z. die vom Kläger behaupteten Zusagen überhaupt erteilt habe. In dieser Hinsicht geht die Klagedarstellung, wie sie unter den richterlichen Eid des Klägers gestellt ist, dahin, der Beklagte v. Z. habe dem Kläger gegenüber im Jahre 1920 kurz nach Zuweisung des Hauses als Wohnung bei einer Fahrt nach dem Landsitz des Beklagten v. Z. die vorzüglichen Leistungen des Klägers für die Gesellschaft gerühmt und erklärt, das Haus solle auf ihn für zwei nicht bar auszuzahlende Weihnachts-Gratifikationen von je 60 000 M.

zu Weihnachten 1920 und 1921 übergehen. Bei einer weiteren Fahrt habe der Beklagte v. Z. im November 1920 seine Zusage wegen der Ueberlassung des Hauses wiederholt und auf eine Aeußerung des Klägers über den Ernst seiner Absicht, ihm das Haus zu übereignen, ungefähr geantwortet: der Kläger könne hierüber vollkommen beruhigt sein, bei ihm, dem Beklagten v. Z., herrschten keine jüdischen Gepflogenheiten, er sei von Adel. Im Dezember 1920, als der Kläger gebeten habe, Schritte wegen der Klarstellung seines Rechts auf das Haus zu unternehmen, habe ihm der Beklagte v. Z. erwidert, das eile nicht; das Haus sei ihm sicher, da er (Kläger) ja sein (des Beklagten v. Z.) festes Versprechen habe, er habe nie sein Wort gebrochen. Am 18. Februar 1922 habe der Kläger den Beklagten v. Z. um Uebertragung und Auflassung des Hauses ersucht, und dieser habe ihm ungefähr erklärt, der notarielle Akt könne jeden Augenblick gemacht werden, das sei aber „zwischen uns" nicht nötig, es sei nur eine Formsache, sein Edelmannswort sei dem Kläger so gut wie ein Vertrag; den Wert des Hauses könne der Kläger angeben, wie er wolle, auf 120 000, auf 30 000 oder auf 0 M.

In der rechtlichen Beurteilung geht das Berufungsgericht mit dem ersten Richter davon aus, daß eine arglistige Absicht der beklagten Seite, insbesondere des Beklagten v. Z. dahin, den formungültigen Vertrag nicht zu erfüllen, sondern sich auf die Formnichtigkeit zu berufen, nicht als von vornherein bestehend festgestellt werden könne. Vielmehr wird angenommen, daß die Beklagten bei den Verhandlungen die ernstliche Absicht gehabt hätten, den formungültigen Vertrag zu erfüllen, und daß sie erst später den Entschluß gefaßt hätten, es nicht zu tun. Das Berufungsgericht hält aber dafür, daß der Beklagte v. Z., wenn er die angeführten Zusicherungen erteilt habe, hierdurch die Nichtbeurkundung der vom Kläger behaupteten Vereinbarungen verschuldet habe, und daß es gegen Treu und Glauben wie gegen das Anstandsgefühl aller billig und gerecht Denkenden verstoße, wenn der Beklagte v. Z. nunmehr als Willensorgan der Gesellschaft die Uebereignung des Grundstücks verweigere. Auch die beklagte Gesellschaft müsse das Sachverhältnis so gegen sich gelten lassen, wie es sich gestaltet hätte, wenn ihr Willensorgan, der Beklagte v. Z., bei Abschluß des Vertrags dem Verlangen des Klägers nach Erfüllung der Form nachgekommen wäre; diese Wirkung der erhobenen Einrede ergebe sich aus §§ 826, 249 BGB. Neben der durch die Verfehlung des Beklagten v. Z. verpflichteten Gesellschaft hafte dieser selbst und persönlich gemäß §§ 830, 840 Abs. 1 BGB.

Die Revision wendet unter Berufung namentlich auf die Urteile V 200/24 und 387/25 (JW. 1926 S. 1810 Nr. 2) ein, daß der Kläger durch die behaupteten Zusicherungen nicht in einen Irrtum über die Notwendigkeit der Beurkundung versetzt worden sei, daß vielmehr beide Teile von dieser Notwendigkeit ausgegangen seien, und hält danach den Einwand der Arglist für unbegründet.

Das Urteil war aufzuheben.

Die Vorinstanzen nehmen, wie bereits erwähnt, an, daß die Beklagten bei den Verhandlungen die ernstliche Absicht gehabt hätten, den formnichtigen Vertrag zu erfüllen, und daß sie erst später den gegenteiligen Entschluß gefaßt hätten. Die rechtliche Beurteilung der Vorinstanzen beruht auf dem Gedanken, es verstoße gegen Treu und Glauben und gegen das Anstandsgefühl aller billig und und gerecht Denkenden„ daß die Beklagten im Gegensatz zu den früher „in einer so feierlichen Weise" gemachten Versprechungen jetzt — nach den ausgebrochenen Zwistigkeiten — die Auflassung verweigerten.

Im Hinblick auf das gesetzliche Formerfordernis des § 313 Satz 1 BGB. kann weder der Einwand eines gegenwärtigen Verstoßes gegen Treu und Glauben (der gegenwärtigen Arglist, RGZ. Bd. 107 S. 357) als begründet, noch sonst ein Verstoß gegen die guten Sitten als dargetan anerkannt werden.

Für den erstgedachten Einwand ist nach den in der Rechtsprechung des Reichsgerichts, insbesondere in RGZ. Bd. 107 S. 357 ausgeführten und in der Folge festgehaltenen Grundsätzen (vgl. bes. Urt. vom 19. April 1926 V 387!25, abgedruckt JW. 1926 S. 1810, WarnRspr. 1926 Nr. 113, LZ. 1926 Sp. 696; Urt. v. 24. Oktober 1925 V 617/24, abgedruckt JRsch. 1926 Nr. 368; auch Urt. v. 20. Oktober 1924 V 200/24; Urt. v. 24. November 1926 V 194/26; Urt. v. 19. März 1927 V 339/26; Urt. v. 23. April 1927 V 491/26) zu erfordern, daß auf der Seite desjenigen, der der Geltendmachung der Formnichtigkeit entgegentritt, ein Irrtum über die rechtliche Notwendigkeit der Form vorgelegen hat und daß dieser Irrtum vom Geschäftsgegner schuldhaft, mindestens fahrlässig (§ 276 BGB.) verursacht ist. Keine der beiden Voraussetzungen ist dem festgestellten Sachverhalt zu entnehmen. Aus dem Klagvortrag selbst erhellt vielmehr, daß beide Teile die Notwendigkeit der Form gekannt haben; eine Irreführung hierüber oder auch nur ein Versuch dazu hat nicht stattgefunden. Von einem Verschulden der Beklagten im Zeitpunkt der umstrittenen Zusagen kann gleichfalls keine Rede sein, da das Berufungsgericht feststellt, daß die Beklagten zu jener Zeit die ernstliche Absicht gehabt haben, die Zusagen zu erfüllen, und in solcher Absicht die Zusagen erteilt haben. Wenn aber beide Teile die Notwendigkeit der Formwahrung kannten, so beruht es auf dem Einverständnis auch des Klägers, daß mit der Beurkundung der getroffenen Abreden zugewartet worden ist, und er muß die Folgen dieses Zuwartens tragen, ohne sie auf den Gegner abwälzen zu können. Der für diesen Einwand erforderliche Irrtum über die rechtliche Notwendigkeit der Form kann nicht durch einen tatsächlichen Irrtum darüber ersetzt werden, ob im gegebenen Falle die Zusage, auch wenn nur formlos erteilt, werde erfüllt werden. Der hier in Rede stehende Einwand, wie er in der Rechtsprechung des Reichsgerichts ausgestaltet und in den weiteren Zusammenhang des Verschuldens bei Vertragsschluß (culpa in contrahendo) gestellt ist, ergibt daher für die Klage keine Stütze.

Eine Abweichung von den im Vorstehenden angeführten Grundsätzen ergeben auch nicht die weiteren — älteren — Entscheidungen des Reichsgerichts, auf die sich die Vorinstanzen stützen wollen, nämlich WarnRspr. 1908 Nr. 38 und RGZ. Bd. 96 S. 315 nebst der dort angeführten Entscheidung WarnRspr. 1917 Nr. 174. Daß die beiden letztangeführten Urteile gegenüber RGZ. Bd. 107 S. 357 nichts Gegenteiliges enthalten, hat der in jenen erkennende III. Zivilsenat bereits in seinem Urteil WarnRspr. 1926 Nr. 136 ausgesprochen, das sich im übrigen ganz in der Richtung der oben dargelegten Grundsätze bewegt (vgl. auch Recht 1924 Nr. 1443). Das Urteil WarnRspr. 1917 Nr. 174 stellt darauf ab, der Mieter habe die Unterzeichnung der Vertragsurkunde lediglich hinausgeschoben, der Vermieter habe sich dabei beruhigt und so sei es zum Formmangel gekommen; das ergebe nicht den Tatbestand des — hier wie sonst zumeist sogenannten — Einwands der Arglist. Als solcher ist in der Entscheidung RGZ. Bd. 96 S. 315 angeführt, „wenn eine Partei beim Vertragsschluß die Form für unnötig erklärt und sich später trotzdem auf den Formmangel beruft". Hierbei ist allerdings weder gesagt, ob Fahrlässigkeit vorausgesetzt ist, noch ist von Irrtumserregung bezüglich der Notwendigkeit der Form die Rede. Aber es ist unmittelbar darauf als Merkmal für die Unterscheidung des gegebenen Falles von dem bei den vorangegangenen Rechtsausführungen vorausgestzten Falle ausdrücklich beigefügt, hier „fehle die Einwirkung auf den Irrtum des Gegners über die Notwendigkeit der Form". Im Urteil WarnRspr. 1908 Nr. 38 endlich hatte der Kläger, der sich auf die Formungültigkeit des Vertrags berief, selbst das Abkommen für formlos gültig gehalten und durch seinen Einwand, die Beurkundung sei nicht nötig, selbst die Formnichtigkeit veranlaßt. Worin eine Fahrlässigkeit des Klägers in dieser Hinsicht gefunden werde, ist nicht näher ausgeführt; aber es wird dem Kläger entgegengehalten, daß sein eigenes „damaliges Verschulden" die alleinige Ursache sei, weshalb die Form nicht gewahrt sei. Danach scheint auch diesem Urteil die Annahme einer fahrlässigen Irreführung des Gegners über die rechtliche Notwendigkeit der Form zugrunde zu liegen.

Auch ein Verstoß gegen die guten Sitten, der im Sinne des § 826 BGB. die Beklagten unter dem Gesichtspunkt des § 249 BGB. zur Auflassung verpflichten könnte (RGZ. Bd. 107 S. 365 oben; WarnRspr. 1926 Nr. 136 auf S. 199 unten, aus jüngster Zeit Urt. v. 13. April 1927 V 158/26, vgl. auch schon RGZ. Bd. 58 S. 356), liegt nicht vor. Waren die „unter Edelmannswort" gemachten Zusagen, als sie gemacht wurden, von der ernstlichen Absicht getragen, sie zu erfüllen, so kann in ihrer „feierlichen" Erklärung für sich allein noch kein Verstoß gegen die guten Sitten gefunden werden; ein solcher liegt erst darin vor, wenn im Rechtsstreit jene Zusagen verleugnet wurden, ihre Erfüllung abgelehnt worden ist. Da es sich aber beim Einwand der Formnichtigkeit nach § 313 Satz 1 BGB. um die an sich zulässige Geltendmachung eines bestehenden Rechtsbehelfs handelt, kann darin ein zum Schadensersatz verpflichtender Verstoß gegen die guten Sitten nur unter besonderen Umständen, nach der hier gegebenen Sachlage nur dann gefunden werden, wenn jenem früheren Verhalten die Kraft einer rechtlichen Verpflichtung beigemessen werden kann. Das ist für den vorliegenden Fall nach den angeführten grundlegenden Feststellungen des Berufungsgerichts zu verneinen. Es liegt im Wesen einer gesetzlichen Formvorschrift begründet, daß, wenn die Form nicht gewahrt ist, die Erklärung des rechtsgeschäftlichen Willens nicht verpflichtet. Und dies auch dann nicht, wenn der Wille in besonders nachdrücklichen Worten verlautbart, in feierlicher Form bekräftigt wird. Das Erfordernis der gesetzlichen Form kann nicht durch eine von den Beteiligten gewählte sonstige Feierlichkeit des Ausdrucks ersetzt werden. Die vom Gesetz vorgeschriebene Form kann nicht auf diesem Wege überflüssig gemacht und es kann nicht unter dem Gesichtspunkt des Schadensersatzes der formlosen Erklärung eine Rechtsfolge beigemessen werden, die sie nach dem Willen des Gesetzes nicht erzeugen soll.

Hiernach ist der Anspruch auf die mit der Klage verlangte Leistung, für den der Gesichtspunkt des Verschuldens beim Vertragsschluß (culpa in contrahendo) versagt, auch nicht unter dem Gesichtspunkt eines Verstoßes gegen die guten Sitten zu begründen. Die Klage ist daher abzuweisen.

Die Revisionsbeantwortung hat — an sich zutreffend — darauf hingewiesen, daß der Kläger unstreitig die beiden Weihnachts-Gratifikationen für die Jahre 1920 und 1921 mit je 60 000 M. (in bar) nicht gezahlt erhalten und noch zu fordern habe, wenn er das streitige Grundstück nicht erhalte. Dieser auf den Dienstvertrag zu stützende Geldzahlungsanspruch war indessen in den Vorinstanzen nicht geltend gemacht. Er kann daher in der Revisionsinstanz nicht neu eingeführt und es kann auch unter diesem Gesichtspunkt im gegenwärtigen Rechtsstreit kein dem Kläger günstigeres Ergebnis erzielt werden. . . .

RGZ. 118, 126

1. Unter welchen Voraussetzungen haftet ein Rechtsanwalt der von ihm als Armenanwalt vertretenen, in erster Instanz unterlegenen Partei, mit der er über die Einlegung der Berufung verhandelt hat, für die Versäumung der Rechtsmittelfrist?

2. Wann entschuldigt ein Irrtum des Schuldners über das Bestehen einer gegen ihn erhobenen Forderung seine Leistungsweigerung?

BGB. §§ 276, 285.

III. Zivilsenat. Urt. v. 27. September 1927.

I. Landgericht Hamburg. II. Oberlandesgericht daselbst.

Die Ehe der Klägerin, die mit ihrem Ehemann Gustav von P. in allgemeiner Gütergemeinschaft gelebt hat, wurde im April 1917 rechtskräftig geschieden. Noch während des Schwebens der Gesamtguts-Auseinandersetzung erwirkte Herbert von P., ein Bruder des Gustav von P., gegen diesen einen Zahlungsbefehl in Höhe von 150 089,53 M. nebst Zinsen, der, da Gustav von P. keinen Widerspruch erhob, am 2. November 1918 mit dem Vollstreckungsbefehl versehen wurde. Nach der Behauptung des Herbert von P. war seine Forderung in Höhe von 145 089,53 M. nebst Zinsen eine Gesamtgutsschuld. Er klagte deshalb gegen die jetzige Klägerin mit dem Antrag, daß sie wegen dieses Betrags die Zwangsvollstreckung in das Gesamtgut zu dulden habe. Die damalige Beklagte, die der Ansicht war, daß die beiden Brüder sich zusammengetan hätten, um sie um ihren Anteil am Gesamtgut zu bringen, bestritt die Berechtigung der Forderung. Das Landgericht legte dem Herbert von P. vier Eide auf und verurteilte nach deren Leistung — unter Abweisung der Klage im übrigen — die damalige Beklagte zur Duldung der Zwangsvollstreckung in Höhe von 144 089,53 M. Infolge der langen Dauer jenes Rechtsstreits (das Läuterungsurteil erging am 16. Dezember 1920) gelang es dem Herbert von P. erst etwa am 18. Januar 1921, Befriedigung aus dem Gesamtgut zu erhalten. Er vertrat die Auffassung, daß Frau von P., die jetzige Klägerin, schon nach Erlaß des Vollstreckungsbefehls ihre Einwilligung zur Zwangsvollstreckung hätte geben müssen und daß ihm durch die Verzögerung infolge des Verfalls der deutschen Währung ein Schaden entstanden sei, den er auf 134 995,30 GM. bezifferte und den er in einem zweiten Rechtsstreit — zunächst zur Hälfte — von Frau von P. erstattet verlangte. Frau von P. wurde durch Teilurteil des Landgerichts Hamburg vom 24. Februar 1925, das rechtskräftig geworden ist, zur Zahlung von 46 724,16 RM. nebst Zinsen verurteilt. Die damalige Beklagte war in jenem Schadensersatzprozeß durch den ihr als Armenanwalt beigeordneten Rechtsanwalt K., den jetzigen Beklagten, vertreten. Ihm wirft sie vor, er habe schuldhafterweise unterlassen, gegen das nach ihrer Ansicht unrichtige Teilurteil Berufung einzulegen. Infolgededessen nimmt sie im vorliegenden Rechtsstreit den Beklagten auf Schadensersatz in Anspruch. Im ersten Rechtszug ist sie mit ihrer Klage abgewiesen worden. Das Oberlandesgericht hat dagegen — unter Zurückweisung der Berufung der Klägerin im übrigen — den Beklagten verurteilt, sie von jeder Inanspruchnahme des Herbert von P. oder seiner Rechtsnachfolger aus dem Urteil vom 24. Februar 1925 zu 1/4 freizuhalten und 1/4 der Kosten des Rechtsstreites zu tragen. Auf die Revision des Beklagten wurde dieses Urteil, soweit es zu seinen Ungunsten ergangen war, aufgehoben und die Sache in diesem Umfang an das Berufungsgericht zurückverwiesen.

Gründe:

Die beiden Fragen, von deren Beantwortung das Schicksal des Rechtsstreits im wesentlichen abhängt, ob nämlich der Beklagte die Versäumung der Berufungsfrist verschuldet oder wenigstens mitverschuldet und dadurch die Klägerin geschädigt habe, sind vom Oberlandesgericht geprüft und bejaht worden. Nach beiden Richtungen bezeichnet die Revision die Entscheidung als rechtsirrig. In der Beurteilung der Schuldfrage fällt jedoch dem Vorderrichter kein Rechtsfehler zur Last.

Der Beklagte war der Klägerin in dem von ihrem Schwager wider sie angestellten Schadensersatzprozeß für den ersten Rechtszug als Armenanwalt beigeordnet worden. Die Beiordnung verpflichtete ihn nicht zur Rechtsmitteleinlegung (§ 119 Abs. 1 ZPO.). Am 12. März 1925, noch vor dem Beginn der Berufungsfrist, übersandte er der Klägerin eine vollständige Abschrift des landgerichtlichen Urteils. Dieses wurde ihm am folgenden Tage zugestellt. Davon machte er der Klägerin am 16. März Mitteilung mit dem Hinweis, daß die Rechtskraft des Urteils am 13. April eintrete, falls nicht vorher Berufung eingelegt werde. Dazu sei erforderlich, daß sie beim Oberlandesgericht die Bewilligung des Armenrechts und die Beiordnung eines Anwalts beantrage. Dem Briefe lagen die Handakten des Beklagten bei. Es fehlten aber einige für die Klägerin anscheinend wichtige Papiere. Denn die Klägerin ersuchte am 19. März um deren Nachsendung und bat den Beklagten zugleich, Berufung einzulegen. „Sie stellen mich" — so fuhr sie fort — „vor die Alternative, beim Oberlandesgericht das Armenrecht usw. anzufordern. Wie soll ich das machen?" Hierauf antwortete der Beklagte unter Beifügung der gewünschten Papiere am 23. März: „Wenn Sie wünschen, daß ich . . . . Berufung einlege, so müssen Sie mir dazu das abgekürzte Urteil mit der Zustellungsurkunde und die Ausfertigung mit Tatbestand und Gründen hergeben, und zwar möglichst umgehend, damit ich zunächst den Antrag auf Gewährung des Armenrechts für Sie stellen kann." Des weiteren teilte er der Klägerin mit, daß er vom 29. bis 31. März in Berlin weilen werde und bereit sei, dort mit ihr persönlich Rücksprache zu nehmen. Die Klägerin ließ aber nicht nur die Anwesenheit des Beklagten in Berlin ungenutzt vorübergehen, sondern zunächst überhaupt nichts von sich hören. Am 6. April erinnerte der Beklagte die Klägerin daran, daß die Berufungsfrist am 13. April ablaufe und daß sie beim Oberlandesgericht um Gewährung des Armenrechts und Beiordnung eines Armenanwalts nachsuchen müsse. Zur Begründung des Armenrechtsgesuchs müsse sie angeben, was ihrer Meinung nach zur Rechtfertigung der Berufung diene. „Ich lehne es ab" — so schloß er — „ohne Rückgabe der Akten und ohne Ihre rechtfertigende Erklärung das Rechtsmittel einzulegen." Nun übersandte die Klägerin dem Beklagten am 9. April die einschlägigen Akten. In einem besonderen Einschreibebrief vom gleichen Tag bat sie ihn: da er die Akten am Sonnabend den 11. ds. Mts. in Händen habe, noch an diesem Tage Berufung einzulegen. „Wenn ich" — so heißt es in dem Schreiben weiter — „dem Oberlandesgericht schreiben soll, so bitte ich, mir den Wortlaut zu diktieren, damit die Form richtig und nicht für ungültig oder gar als nicht eingereicht erklärt wird. . . . Sie können unmöglich jetzt die Berufung ablehnen, wo ich Sie am 19. v. Mts. darum bat und ich Ihr Schreiben vom 6. am 8. April in Händen habe, jetzt die Feiertage kommen und ich, da leider nicht juristisch ausgebildet, unmöglich weiß, welche rechtfertigende Erklärung abzugeben ist. Sie waren es doch, der darauf hinwies, Berufung einzulegen. Ich sehe einer umgehenden beruhigenden Antwort entgegen." Dieser Brief ist dem Beklagten persönlich am Sonnabend vor Ostern, d. h. am 11. April, vormittags zugegangen; das Aktenpaket wurde an demselben Tag einem seiner Bürogehilfen zugestellt, dem Beklagten soll es, wie er behauptet, erst am 14. April nachmittags vorgelegt worden sein. An diesem Tage lief die Berufungsfrist ab, da der 13. April der zweite Osterfeiertag war. Am 16. April benachrichtigte der Beklagte, der bis dahin nichts weiter veranlaßt hatte, die Klägerin von dem Eintritt der Rechtskraft des Urteils.

Zweifellos ist dem Beklagten bis zum Eintreffen des Einschreibebriefs der Klägerin vom 9. April auch nicht der geringste Vorwurf zu machen. Er hat die Klägerin wiederholt und in nicht mißzuverstehender Weise darüber belehrt, was zu geschehen habe, wenn sie die Rechtskraft des Urteils verhindern wolle und wünsche, daß er für sie weiter tätig werde. Die Klägerin hat aber bis zum 9. April alle Ratschläge des Beklagten, ja sogar sein Anerbieten, in Berlin persönlich mit ihr zu verhandeln, außer acht gelassen. Es ist geradezu unverständlich, weshalb die Klägerin, die weder zur Abfassung eines Armenrechtsgesuchs noch zur Angabe auch nur eines Grundes zur Rechtfertigung der Berufung imstande gewesen sein will, die Handakten und das anzufechtende Urteil trotz des dringenden Rückgabeverlangens des Beklagten bis zum 9. April behalten hat. Ihre Säumnis, die sich als unentschuldbare Außerachtlassung der verkehrsgebotenen Sorgfalt darstellt, ist für die Unterlassung der Einlegung des Rechtsmittels in erheblichem Maße mitursächlich geworden. Das verkennt auch der Berufungsrichter nicht. Er ist aber der Ansicht, die Klägerin habe die Schreiben des Beklagten, insbesondere seinen

Brief vom 6. April, dahin aufgefaßt und auch auffassen dürfen, daß er Berufung einlegen werde, wenn er die Akten noch rechtzeitig erhalte. Diese Würdigung des Briefwechsels liegt auf tatsächlichem Gebiet und läßt keinen Rechtsirrtum erkennen. Von ihr aus gelangt der Berufungsrichter zu dem Ergebnis, daß der Beklagte zwar die Erfüllung der Bitte der Klägerin vom 9. April hätte verweigern dürfen, daß er dann aber verpflichtet gewesen sei, der Klägerin von der Ablehnung umgehend Nachricht zu geben, um ihr die Möglichkeit offen zu lassen, bis zum 14. April einen anderen Rechtsanwalt mit der Einlegung der Berufung zu beauftragen. Diese Möglichkeit durfte der Beklagte der Klägerin in der Tat nicht abschneiden, um so weniger, als er wußte, um wie hohe Vermögenswerte es sich in dem Rechtsstreit handelte und von welcher schwerwiegenden Bedeutung dessen Verlust für sie sein mußte. Die Annahme, daß der Beklagte eine solche Mitteilung hätte machen müssen, ist daher rechtlich bedenkenfrei und enthält keine Ueberspannung der an die Sorgfalt eines Anwalts zu stellenden Anforderungen. Das angefochtene Urteil läßt aber eine Feststellung dahin vermissen, daß die damals in Berlin wohnhafte Klägerin in der angegebenen Frist auch wirklich einen Hamburger Rechtsanwalt gefunden haben würde, der die Berufungsschrift rechtzeitig eingereicht hätte. Diese Frage hätte der Berufungsrichter erörtern müssen. Denn würde er sie verneint haben, so hätte er mangels des ursächlichen Zusammenhangs zwischen der Versäumung der Rechtsmittelfrist und der Fahrlässigkeit des Beklagten diesen für den Schaden der Klägerin nicht verantwortlich machen können. Nur bei Bejahung der Frage wäre seine Entscheidung nicht zu beanstanden. Denn seine Annahme, daß die Berufung der Klägerin, wenn sie rechtzeitig erhoben worden wäre, auch Erfolg gehabt hätte, ist rechtlich bedenkenfrei.

In dem Vorprozeß, der die Grundlage des vorliegenden Rechtsstreits bildet, verlangte Herbert von P. Ersatz von Verzugsschaden. Das Landgericht ging im Teilurteil vom 24. Februar 1925 davon aus, daß die damalige Beklagte mit ihrer Verpflichtung wegen der Forderung des Herbert von P. gegen seinen Bruder die Zwangsvollstreckung in das Gesamtgut zu dulden, zum mindesten seit Erhebung der auf die Duldung gerichteten Klage in Verzug geraten sei und deshalb für die Folgen des während ihres Verzugs eingetretenen Verfalls der deutschen Währung aufzukommen habe.

Nach dem Vollstreckungsbefehl vom 2. November 1918 schuldete Gustav von P. seinem Bruder Herbert etwa 150 000 M. Diese Schuld war nach der Behauptung des Gläubigers in Höhe von etwa 145 000 M. eine Gesamtgutschuld. Traf das zu, so war die jetzige Klägerin, sofern sie nicht freiwillig zur Befriedigung des Herbert von P. beitrug, diesem gegenüber nach Maßgabe des § 1472 Abs. 1 BGB. und des § 743 ZPO. schuldrechtlich verpflichtet, die Zwangsvollstreckung in das Gesamtgut zu dulden (Urt. des IV. Zivilsenats vom 7. April 1909 in Seuff. Arch. Bd. 65 Nr. 16). Mit der Erfüllung dieser Verpflichtung konnte somit die Klägerin, frühere Beklagte, an sich in Verzug geraten. Grundsätzlich kann auch ein Irrtum des Schuldners über die Rechtslage nicht zur Entschuldigung seiner Säumnis dienen. Denn er wird regelmäßig mit der Möglichkeit rechnen müssen, daß nicht seine Rechtsauffassung, sondern die des Gegners die richtige ist (RGZ. Bd. 92 S. 377). Das schließt jedoch nicht aus, daß unter besonderen Umständen eine Erfüllungsweigerung des Schuldners bis zur Beseitigung der gegen seine Leistungspflicht bestehenden Bedenken ihm ausnahmsweise nicht als Verschulden anzurechnen ist (RGZ. Bd. 96 S. 316). Mit Recht hat das Berufungsgericht solche besonderen Umstände im gegebenen Falle als vorliegend angenommen.

Wie schon erwähnt, erwirkte Herbert von P. nach rechtskräftiger Scheidung der Ehe des Gustav von P. und während des Schwebens der Auseinandersetzung über das Gesamtgut gegen seinen Bruder einen Zahlungs- und Vollstreckungsbefehl in Höhe von etwa 150 000 M. Die Entstehung dieser beträchtlichen Schuld, von deren Dasein die Klägerin bis dahin nichts gewußt hatte, wurde aus Vorgängen abgeleitet, die viele Jahre zurücklagen. Gustav von P. hatte den Zahlungsbefehl, ohne Einwendungen zu erheben, vollstreckbar werden lassen. Das alles legte den Verdacht nahe, daß die beiden Brüder in arglistigem Zusammenwirken die Schmälerung des Gesamtguts zuungunsten der Klägerin erstrebten. Nimmt man noch hinzu, daß während der mehrjährigen Dauer des Rechtsstreits auch eine umfangreiche Beweisaufnahme dem Gericht nicht die volle Ueberzeugung vom Bestehen der Klagforderung zu verschaffen vermochte, sondern daß die letzten Zweifel erst durch die Leistung der dem Herbert v. P. auferlegten vier Eide behoben wurden, so kann es der jetzigen Klägerin nicht zum Vorwurf gereichen, daß sie von Herbert von P. den Nachweis seines Gläubigerrechts verlangte und bis zur Führung dieses Nachweises, d. h. bis zum Erlaß des Läuterungsurteils, ihre Zustimmung zur Zwangsvollstreckung verweigerte. Die Anwendung des § 285 BGB. hätte daher im zweiten Rechtszug zur Abweisung der Herbert v. P.'schen Schadensersatzklage führen müssen und geführt. Eben das wollte das Oberlandesgericht mit dem Satze zum Ausdruck bringen, daß „das Urteil vom 24. Februar 1925 der Aufhebung in der Berufungsinstanz unterlegen wäre." . . .

Nicht zu beanstanden ist es auch, daß der Berufungsrichter in Abwägung des Verschuldens beider Parteien und in Anwendung des § 254 BGB. dem Beklagten nur die Pflicht auferlegt, die Klägerin von der Inanspruchnahme aus dem Urteil vom 24. Februar 1925 zu 1/4 freizustellen, während die Klägerin infolge ihrer Fahrlässigkeit den Rest des Schadens selbst zu tragen hat. Mit dieser Schadensverteilung be wegt sich der Berufungsrichter im wesentlichen auf dem Gebiete der Tatsachenwürdigung. Ein Rechtsirrtum ist dabei nicht zu erblicken.

Es bleibt also nur noch die Frage offen, ob es der Klägerin bei pflichtgemäßem Verhalten des Beklagten, d. h. bei Absendung einer Ablehnungs-Depesche unmittelbar nach Empfang des Briefes vom 9. April, gelungen wäre, mit Hilfe eines Hamburger Rechtsanwalts die Berufungsfrist zu wahren. Zur Prüfung dieser Frage muß die Sache an das Berufungsgericht zurückverwiesen werden. . . . .

RGZ. 118, 288

1. Wesen des Vertrags, durch welchen der Hersteller eines Bildstreifens diesen an einen „Verleiher" veräußert.

2. Kann der Erwerber des Films, bevor er dessen Kopie abnimmt, die Besichtigung, und zwar in Gestalt projektionsmäßiger Vorführung, verlangen? Ist solche Vorführung, wenn sie beansprucht werden kann, eine vertragliche Hauptleistung? Welche Befugnisse hat der Erwerber, wenn sie verweigert wird?

BGB. §§ 157, 242, 325, 326.

I. Zivilsenat. Urt. v. 29. Oktober 1927.

I. Landgericht I Berlin, Kammer für Handelssachen.
II. Kammergericht daselbst.

Die Beklagte überließ der Klägerin durch Vertrag vom 24. August 1925 das Erst- und Alleinausnutzungsrecht an vier Reinhold-Schünzel-Filmen für Oesterreich und einige andere Länder auf fünf Jahre gegen Zahlung von zusammen 27 000 amerikanischen Dollars in gewissen bedungenen Teilbeträgen. Der erste Film sollte am 15. Oktober, der zweite Ende November 1925 geliefert werden, die beiden anderen Ende Januar und Ende Februar 1926. Die Klägerin zahlte 1500 Dollar an.

Als erster Film wurde „Der Hahn im Korbe" fertiggestellt. Die Klägerin erklärte unterm 23. November 1925, daß sie vom Vertrag zurücktrete, weil sich die Beklagte beharrlich geweigert habe, sie diesen besichtigen zu lassen, und weil mit der Herstellung des zweiten Films noch nicht einmal begonnen worden sei. Mit dieser Begründung erhob die Klägerin die vorliegende Klage auf Rückgewährung der angezahlten 1500 Dollar nebst Zinsen. Später stützte sie den Anspruch noch darauf, daß die Beklagte, wie unstreitig ist, die Filme unterdessen anderweit vergeben hat; ferner daß die Beklagte in Verzug gekommen sei und ihre Vertragspflichten gröblich verletzt habe; auch machte sie geltend, daß die Filme zum Teil keine Reinhold Schünzel-Filme seien.

Die Beklagte erwiderte: Sie sei nicht verpflichtet gewesen, den Film besichtigen zu lassen, zumal da er zu jener Zeit schon anderwärts vorgeführt gewesen und in Zeitungen günstig beurteilt worden sei. Mit der Verwendung der Filme habe sie nicht warten können, weil sie sonst veraltet wären. Nicht sie, sondern die Klägerin sei in Verzug gekommen. Die Verwertung, die sie nachträglich ermöglicht habe, sei ungünstiger als jene nach dem Vertrag vom 24. August 1925. Mit dem so erwachsenen Schaden rechnet die Beklagte nötigenfalls auf.

Das Landgericht wies die Klage ab. Auf Berufung der Klägerin verurteilte das Kammergericht die Beklagte nach dem Klagantrag. Die Revision hatte keinen Erfolg.

Gründe:

Dem Klaganspruch liegt der zwischen der Beklagten als Herstellerin und der Klägerin als „Verleiherin" von Filmen geschlossene Vertrag vom 24. August 1925 zugrunde. Das Bestätigungsschreiben, worin sein Inhalt niedergelegt ist, spricht von „Verkauf" der vier Filme.

Im gegenwärtigen Rechtsstreit fragt sich, ob die Klägerin, bevor sie von einem der vier Bildstreifen jeweils die erste Kopie übernahm (wobei sie vertraglich 2000 Dollar zu zahlen hatte), von der Beklagten verlangen konnte, daß sie ihr den Film vorführe oder wenigstens die Vorführung ermögliche.

Landgericht und Kammergericht gehen (insoweit übereinstimmend) davon aus, daß zu dieser Frage die Vorschriften über den Kauf mindestens entsprechend anzuwenden seien. Das Landgericht nahm an, daß bloße äußere Besichtigung nicht genügt hätte, vollständige Vorführung aber mit den Grundsätzen des Filmgeschäfts unvereinbar sei. Das Berufungsgericht lehnt diese Auffassung ab und erwägt: Allerdings sei in den Vorschriften über den Kauf nicht ausdrücklich bestimmt, daß auch bei Leistung Zug um Zug dem Käufer ermöglicht werden müsse, vor der Abnahme und Bezahlung die Kaufsache so zu besichtigen, wie er dessen bedürfe, um sich über ihre Beschaffenheit genügend zu vergewissern. Doch entspreche ein solches Recht des Käufers dem natürlichen Gefühl und den Anforderungen von Treu und Glauben (§ 157 BGB.). Denn ein größerer Film könne nur unter der üblichen projektionsmäßigen Vorführung auf technische und sonstige Mängel hin gründlich und sicher geprüft werden. Dergleichen Prüfung müsse man dem Käufer ermöglichen, zumal bei kostspieligen Großfilmen. Dem Verkäufer liege insofern eine der Vorleistungspflicht gleichartige Verbindlichkeit ob, die der neueren Entwicklung des Filmwesens entspreche. Auch werde der Verkäufer dadurch nicht unbillig belastet. In dem Vorführungsraum, den jede Filmgesellschaft zu haben pflege, könne selbst ein „vielaktiger" Film binnen ein bis zwei Stunden vorgeführt werden; innerhalb einer Zeit also, die gegenüber dem Wert des Vertragsgegenstandes sehr gering erscheine. Daß sich etwa ein entgegenstehender Handelsgebrauch gebildet habe, sei von vornherein unwahrscheinlich, überdies durch das im ersten Rechtszug eingeholte Gutachten der Berliner Industrie- und Handelskammer geradezu widerlegt.

Hierbei verkennt das angefochtene Urteil nicht, daß ein Vertrag wie der vorliegende nicht schlechthin nach den Regeln des Kaufes beurteilt werden kann, weil er von eigener Art und tatsächlich wie rechtlich gemischtem, auch in einzelnen Fällen mannigfach verschiedenem Inhalt ist. Verträge über den Vertrieb von Filmen sind nach ihrem Zweck und Wesen in der Regel den Lizenzverträgen verwandt, durch welche gegen Entgelt die Nutzungserlaubnis an patentrechtlich geschützten Gegenständen erteilt wird. Der vorliegende Vertrag vom 24. August 1925 macht davon keine Ausnahme, wenngleich in ihm von „Verkauf" der Filme gesprochen wird. Sein Inhalt verbindet mit der Uebertragung urheberrechtlicher Befugnisse, zumal des Vorfürungsrechts, worin der Schwerpunkt solcher Verträge zu liegen pflegt, die Veräußerung der Filmkopie als körperlicher Sache. Das Berufungsgericht hebt zwar diese Verbindung eines unkörperlichen und eines körperlichen Veräußerungsgegenstands nicht eigens hervor. Doch macht es kenntlich, daß es Vereinigung und Unterschiede dieser beiden zusammengehörigen Vertragsgegenstände wohl beachtet hat. Es würdigt den Einwand der Beklagten, daß der Film in anderen Gegenden schon öffentlich vorgeführt worden sei und in der Presse günstige Beurteilung gefunden habe. Damit ist angedeutet: wenigstens für diesen ersten Film sei die Frage nach den Eigenschaften des Vorführungsgegenstands, den urheberrechtlichen Befugnissen, überhaupt nach dem unkörperlichen Rechtsgute, von minderem Gewicht, als es ohne jene vorausgegangene öffentliche Vorführung und Preßbesprechung der Fall wäre. Gleichwohl, hebt das Urteil hervor, ändere sich dadurch am Ergebnis nichts. Denn der körperliche Vertragsgegenstand, die Filmkopie, hätte doch wesentliche Mängel, insbesondere technischer Art, haben können. Deshalb habe die Beklagte von der Klägerin nicht verlangen dürfen, daß sie die Kopie gegen sofortige Zahlung der 2000 Dollar übernehme, ohne sie vorher, und zwar durch projektionsmäßige Vorführung, besichtigt zu haben. — Diese Beurteilung ist nicht zu beanstanden. Namentlich darf dem Erwerber eines Films nicht verdacht werden, wenn er auf Berichte in Zeitungen, schon im Hinblick auf die Art, wie sie entstehen, zu wenig Wert legt, als daß er glauben müßte, durch sie des eignen Augenscheins überhoben zu sein, der ihm allein die wirklichen Eigenschaften offenbaren kann.

Das Berufungsgericht folgert: habe die Klägerin Besichtigung der ersten Filmkopie, und zwar projektionsmäßige Vorführung, verlangen dürfen, so sei die Beklagte durch beharrliche Weigerung, eine zweckentsprechende Prüfung des Films zu ermöglichen, in Verzug gekommen, also nicht berechtigt gewesen, vom Vertrag abzugehen.

In dieser Darlegung des Berufungsgerichts ist kein Rechtsirrtum zu erkennen. Größtenteils beruht sie auf tatsächlicher Würdigung der Verhältnisse des Filmwesens und gewissen daraus gezogenen erfahrungsmäßigen Folgerungen (§ 286 ZPO.). Der Gegenausführung der Revision kann nicht beigetreten werden.

Ueber die vertragliche Berechtigung der Klägerin entscheidet nicht (wie die Revision will), ob sie nach Entrichtung der 2000 Dollar bei besichtigungsloser Uebernahme der Kopie wirtschaftlich noch ausreichend gesichert gewesen wäre, sofern sich nachträglich ein Mangel, sei es des körperlichen oder des unkörperlichen Vertragsgegenstands, herausgestellt hätte. Bei solcher Auslegung würde der im Vertrag niedergelegte, vom Berufungsgericht unter Hinweis auf die Entwicklung des Lichtspielwesens ermittelte Parteiwille nicht genügend beachtet.

Auch ist der Revision nicht zuzugeben, daß es an den rechtlichen Erfordernissen eines Verzugs der Beklagten fehle. Allerdings ist Verschulden eine gesetzliche Voraussetzung des Verzugs (§ 285 BGB.; RGZ. Bd. 75 S. 336). Darum kann unter Umständen entschuldbarer Irrtum über Tatsachen und Rechtsfragen den Schuldner so entlasten, daß Verzug verneint werden muß (RGZ. Bd. 96 S. 316; WarnRspr. 1917 Nr. 48). Nach den Feststellungen des Berufungsgerichts über die Entwicklung im Filmwesen und die hier billigerweise zu stellenden Anforderungen konnte aber unbedenklich angenommen werden: der Beklagten waren diese tatsächlichen Umstände bekannt und geläufig; daher hätte sie der Klägerin nach Treu und Glauben mit Rücksicht auf die Verkehrssitte die Vorbesichtigung des Films in Gestalt einer Vorführung nicht verweigern dürfen (§§ 157, 242 BGB.). Denn bei der Abwicklung eines Vertragsverhältnisses muß jeder Teil die ihm bekannten Zwecke und Umstände des anderen berücksichtigen und sein Verhalten so einrichten, daß eine Schädigung des Gegners möglichst verhütet wird (WarnRspr. 1910 Nr. 247). Solcher Verhütung hätte es gedient, wenn die Beklagte dem Verlangen der Klägerin nach Besichtigung des ersten Bildstreifens entsprach. Sie lehnte dies jedoch unterm 17. November (unter Erbittung der Abnahme bis zum 20.) in zwei schriftlichen Erklärungen und dann nochmals (unter Bestimmung einer Nachfrist von einigen Stunden) am 20. November 1925 bestimmt ab. Daß die Berechtigung ihres Verhaltens mindestens zweifelhaft war, blieb ihr vermöge der genauen Kenntnis der Umstände, zumal bei ihrer besonderen eigenen Sachkunde im Filmwesen, nicht verborgen. Also handelte sie nach anerkannten Rechtsgrundsätzen auf eigene Gefahr, wenn sie bei der Ansicht beharrte, die Filmvorführung verweigern zu dürfen, und kam in Verzug; denn sie mußte damit rechnen, daß die entgegengesetzte Rechtsauffassung zutreffe und durchdringe (RGZ. Bd. 92 S. 380; WarnRspr. 1908 Nr. 295).

Der Revision kann auch darin nicht beigestimmt werden, daß die Verpflichtung, die Kopie besichtigen zu lassen, sofern man sie überhaupt als gegeben ansehe, keine Haupt-, sondern eine bloße Nebenverpflichtung gewesen sei, von Verzug mithin schon aus diesem Grunde keine Rede sein könne. Allerdings berechtigt nicht jeder Verzug des Schuldners — etwa mit einer geringfügigen Teilleistung oder mit irgendwelcher Nebenleistung — den Gläubiger zum Rücktritt vom Vertrage (RGZ. Bd. 76 S. 152/3). Was aber als Hauptleistung anzusehen ist, hängt von der Beschaffenheit des einzelnen Falles ab; sie kann durch den Parteiwillen oder die Umstände bestimmt werden (RGZ. Bd. 101 S. 431). Nach den Feststellungen des Berufungsgerichts war es für die Klägerin von entscheidender Bedeutung, daß ihr die erste Kopie des Films „Der Hahn im Korbe" auf der Lichtwand vorgeführt werde. Davon hing ihr Einblick in die wesentlichen Eigenschaften — nicht bloß der Kopie als körperlicher Sache, sondern auch des unkörperlichen Vertragsgegenstands — ab. Darin, daß die Beklagte der Klägerin die Kopie auf die angegebene Weise zur Besichtigung zugänglich machte (vorführte), lag somit keine bloß nebensächliche, sondern eine Hauptleistung.

Das Berufungsgericht beurteilt das Verhalten der Beklagten — und zwar nach alledem ohne Verletzung von Rechtsgrundsätzen — als hartnäckige (noch heute aufrechterhaltene) Verweigerung der Vertragserfüllung, die der Klägerin Grund zu dem unterm 23. November 1925 erklärten Rücktritt gegeben habe (§ 326 BGB.).

Ferner stellt es fest, daß die Beklagte durch anderweitige Vergebung des Aufführungsrechts — und zwar beim ersten Film schon im November oder Dezember 1925 — die Erfüllung des Vertrags unmöglich gemacht habe. Die Auffassung, daß die Beklagte im Verhalten der Klägerin keinen genügenden Grund zu ihrer Maßnahme hatte, ist, wie bereits dargelegt, ohne Verstoß gegen Rechtsregeln gewonnen. Die Folgerung, daß hiernach die Klägerin auch nach § 325 BGB. berechtigt gewesen sei, vom Vertrag zurückzutreten oder Schadensersatz zu fordern, läßt sich also nicht beanstanden.

Ist der Rücktritt der Klägerin berechtigt, so verlangt sie begründeterweise die von ihr angezahlten 1500 Dollar zurück.

RGZ. 122, 351 †

Welche rechtlichen Folgen treten ein, wenn der Bürgermeister einer Stadtgemeinde, der zugleich Vorsitzender des Vorstands der dortigen städtischen Sparkasse ist, es duldet, daß Sparkassenbeamte, die nach der Satzung nicht zur Abgabe wechselmäßiger Verpflichtungserklärungen ermächtigt sind, im Rahmen einer zwischen der Sparkasse und einer Bank bestehenden dauernden Geschäftsverbindung Wechsel an diese Bank indossieren?

WO. Art. 81. BGB. §§ 276, 278.

II. Zivilsenat. Urt. v. 23. November 1928.

I. Landgericht Kassel. II. Oberlandesgericht daselbst.

Aus den Gründen:

. . . Bisher war bloß die Frage zu entscheiden, ob ein dem Sparkassenvorstand zur Last fallendes Dulden der satzungswidrigen Abgabe von Wechselerklärungen durch Kassenbeamte Rechtsfolgen gegen die Sparkasse oder die Stadtgemeinde nach sich zieht, und zwar nur unter dem Gesichtspunkt der stillschweigenden Vollmacht. Die Möglichkeit einer stillschweigenden Vollmachtserteilung wurde anerkannt in Fällen, wo die Satzung eine Bevollmächtigung allgemein und demgemäß auch den Kassenbeamten gegenüber zuließ (JW. 1927 S. 1251 Nr. 8); sie wurde dagegen verneint, soweit eine (ausdrückliche) Bevollmächtigung der Kassenbeamten satzungsgemäß unzulässig war. Im Gegensatz hierzu handelt es sich im vorliegenden Falle um die Frage, ob nicht dann, wenn eine wechselmäßige Haftung wegen mangelnder Vertretungsbefugnis und wegen Unzulässigkeit stillschweigender Bevollmächtigung nicht in Betracht kommt, unter besonderen Umständen gleichwohl eine Schadensersatzpflicht der Stadtgemeinde begründet sein kann. Solche besonderen Umstände liegen vor, wenn — wie hier — der gesetzliche Vertreter einer Stadtgemeinde bei dauernder Geschäftsverbindung und ständigem Wechselverkehr, in dem die Sparkasse mit einer Bank steht, trotz Kenntnis von der unbefugten Vollziehung von Indossamenten durch Kassenbeamte der Sparkasse nicht einschreitet und die Bank nicht aufklärt, obwohl er weiß, daß eine von ihm an die Bank gerichtete Mitteilung im Sinne einer Bevollmächtigung der Kassenbeamten gedeutet wird. Ein solches pflichtwidriges Verhalten des gesetzlichen Vertreters einer Stadtgemeinde begründet zwar keine wechselmäßige Haftung der Stadt, muß aber wegen des darin liegenden gröblichen Verstoßes wider Treu und Glauben im Verkehr eine Schadensersatzpflicht nach sich ziehen. . . .

RGZ. 125, 236

Unter welchen Umständen entfällt die Abnahmepflicht einer Raffinerie bei gänzlicher Zerstörung ihrer Fabrik? Welchen Einfluß hat das auf die Lieferpflicht der Rohzuckerfabrik?

BGB. §§ 157, 242, 433.

II. Zivilsenat. Urt. v. 10. Juli 1929.

I. Landgericht Breslau. II. Oberlandesgericht daselbst.

Laut Schlußschein vom 22. Januar 1927 verkaufte die Klägerin, die eine Rohzuckerfabrik betreibt, an die Beklagte, Inhaberin einer Zuckerraffinerie, 3000 Zentner Rohzucker, Ersterzeugnis ihres Fabrikats aus der Betriebszeit 1927/28, Lieferung November 1928, zu den „Bedingungen für den Handel mit Rohzucker, gültig vom 15. September 1921 ab", die zwischen dem Verein der Deutschen Zuckerindustrie, dem Deutschen Zucker-Export-Verein zu Magdeburg und dem Verein der am Zuckerhandel beteiligten Firmen in Hamburg vereinbart worden sind. Am 1. Oktober 1927 wurde die Raffinerie der Beklagten durch Feuer zerstört. Die Beklagte teilte hierauf der Klägerin telegraphisch und schriftlich mit, daß sie wegen der Zerstörung ihrer Raffinerie den gekauften Zucker nicht abnehmen könne. Sie berief sich für ihre Stellungnahme auf die Bestimmungen der „Bedingungen" über höhere Gewalt. Mit der Klage beantragte die Klägerin festzustellen, daß die Beklagte verpflichtet sei, die gekaufte Zuckermenge abzunehmen. Die Beklagte beantragte widerklagend, festzustellen, daß sie so lange nicht zur Abnahme des Zuckers verpflichtet sei, als die durch den Brand ihrer Raffinerie verursachte Hinderung an eigener Verarbeitung der gekauften Rohzuckermenge bestehe; hilfsweise beantragte sie festzustellen, daß für beide Parteien keine Rechte und Pflichten aus dem Abschluß vom 22. Januar 1927 mehr bestünden. Das Landgericht erkannte nach dem Klagantrag und wies die Widerklage ab. Die Berufung der Beklagten wurde zurückgewiesen. Auf ihre Revision wurde die Klage abgewiesen und nach dem Hauptantrag der Widerklage erkannt.

Gründe:

Der Berufungsrichter führt aus: Wenn auch im allgemeinen Raffinerien Rohzucker zur Verarbeitung in der eigenen Fabrik kauften, so folge daraus noch nicht, daß bei solchen Geschäften der Zweck des Kaufes Vertragsinhalt werde. Dazu bedürfe es einer besonderen Abrede, die freilich auch stillschweigend getroffen werden könne. Eine derartige Abrede bestehe hier aber nicht. Sie könne auch nicht auf Grund eines Handelsbrauchs angenommen werden, da ein solcher Handelsbrauch nicht nachgewiesen sei. Auch auf Grund der Bedingungen über den Handel mit Rohzucker sei die Beklagte nicht berechtigt, die Erfüllung des Vertrags einstweilen oder endgültig zu verweigern. Insbesondere folge dies nicht aus Absatz 5 des Abschnitts über höhere Gewalt, wo es heißt: „Verkäufer ist zur Lieferung, Käufer zur Abnahme des Rohzuckers solange nicht verpflichtet, wie er durch höhere Gewalt, Streik oder Aussperrung an der Lieferung bzw. Abnahme verhindert ist." Unter Berücksichtigung der vorhergehenden Bestimmungen, die von der Behinderung der Rohzuckerfabrikation durch höhere Gewalt handeln, und der Entstehungsgeschichte des genannten Abschnitts der Bedingungen legt der Berufungsrichter diesen dahin aus, daß die durch einen Brand der Raffinerie eingetretene Hinderung des Käufers nur so lange daure, bis der Käufer in der Lage sei, die gekaufte Zuckermenge anderweitig unterzubringen, etwa indem er sie verkaufe, auf Lager gebe oder in einer andern Fabrik veredeln lasse. Die bei der Beklagten durch den Brand etwa eingetretene Abnahmehinderung sei bereits Ende Oktober oder im November 1927 beendet gewesen, da die Beklagte bis dahin für die Unterbringung des Zuckers hätte sorgen können.

Die Revision richtet sich gegen diese Auslegung des Vertrags und insbesondere des Abschnitts der Verkaufsbedingungen über „höhere Gewalt". Da es sich um eine typische Klausel handelt, ist das Revisionsgericht bei deren Auslegung nicht an die Auffassung des Berufungsgerichts gebunden. Die Rüge ist auch begründet. Einer besonderen Abrede über den Verwendungszweck des von der Beklagten gekauften Rohzuckers bedurfte es auch dann nicht, wenn kein Handelsbrauch des erwähnten Inhalts bestand. Der Verwendungszweck kann sich auch aus den Umständen des Falles und aus der Person der Vertragschließenden ergeben. Im vorliegenden Fall sprechen diese Umstände und die Erfahrung des Lebens dafür, daß der Verwendungszweck, nämlich die Verarbeitung des Rohzuckers in der eigenen Raffinerie der Beklagten, Vertragsinhalt sein sollte. Die Fabrikbetriebe der Parteien ergänzen sich, da der eine der Bearbeitung des Rohstoffs, der andere der Weiterverarbeitung dient. Sie sind gegenseitig aufeinander angewiesen.

Es handelt sich um typische Verträge, wie sie nur unter derart voneinander abhängigen Fabriken üblich sind. Sie werden lange vor Fertigstellung der Ware (des Rohzuckers), sogar schon vor dem Anbau der Rüben abgeschlossen. Die Klägerin sicherte sich auf lange Sicht den Absatz, die Beklagte den Rohstoff für ihre Raffinerie. Derartige Verträge werden nicht von Händlern abgeschlossen. Sie werden von Vermittlern eingeleitet, die gerade im Verkehr zwischen Rohzucker-Fabrikanten und Raffinerien tätig sind. Dabei werden Bedingungen zugrunde gelegt, die von den Berufsverbänden auf längere Dauer festgelegt sind. Erfolgt der einzelne Abschluß zwischen Rohstofferzeuger und Weiterbearbeiter in den üblichen Formen, so muß wenn nicht besondere Tatsachen eine andere Beurteilung rechtfertigen, angenommen werden, daß der Kauf zu dem beiden Teilen erkennbaren Zweck der Weiterverarbeitung im eignen Betrieb geschah. Unter Berücksichtigung des üblichen Vertragszwecks müssen auch die allgemeinen Bedingungen der beteiligten Fabrikantenkreise betrachtet werden. Geht man davon aus, daß der Inhaber einer Raffinerie den Rohzucker nur kauft, um durch die Weiterverarbeitung in der eignen Fabrik zu verdienen, so muß es als höhere Gewalt im Sinne der erwähnten Bedingungen angesehen werden, wenn und soweit er durch gänzliche Zerstörung der Fabrik an der eignen Verarbeitung verhindert ist. Wenn auch dem Wortlaut nach von der Behinderung der „Abnahme" die Rede ist, so kann darunter doch nicht nur die einfache Herübernahme aus dem Gewahrsam des Verkäufers in den des Käufers verstanden werden. Dazu hätte es keiner Aenderung der ursprünglichen „Bedingungen" bedurft. Denn im Falle vollständiger Verhinderung der körperlichen Abnahme durch höhere Gewalt wäre keine besondere „Bedingung" nötig gewesen, um den Lieferungsverzug des Käufers auszuschließen. Da aber unbestritten der Absatz 5 des Abschnitts „höhere Gewalt" auf Betreiben der Raffinerie-Inhaber in die allgemeinen Bedingungen aufgenommen worden ist, um ihren besonderen Belangen Rechnung zu tragen, kann die Bestimmung nur dahin verstanden werden, daß die Abnahmeverpflichtung solange aufgeschoben sein soll, als der Käufer durch höhere Gewalt an der eignen Verarbeitung gehindert ist.

Wenn die Klägerin dieser Auslegung entgegenhält, die Vertragsbestimmung über „höhere Gewalt" sei als Freizeichnungsklausel eng und im Zweifel gegen denjenigen auszulegen, der sich auf sie beruft, so ist darauf hinzuweisen, daß eine derartige Auslegungsregel in der behaupteten Allgemeinheit nicht besteht. Jedenfalls bildet sie kein Hindernis für eine andere Auslegung, wenn sich aus den Umständen des Falles, insbesondere aus der Entstehungsgeschichte einer typischen Klausel ergibt, daß die behauptete enge Begrenzung der Befreiungsklausel nach dem zum Ausdruck gekommenen Parteiwillen nicht Vertragsinhalt sein sollte, wenn also eine Unklarheit im Vertrag in Wirklichkeit gar nicht besteht.

Unbegründet ist auch die Auffassung der Klägerin, durch die Auslegung der Klausel im Sinne der Beklagten werde die Verschiedenheit der Verhältnisse in den Betrieben der Rohzuckerfabriken und der Raffinerien nicht berücksichtigt. Sie meint: wenn die Rohzuckerfabrik zerstört werde, könne sie überhaupt nicht erzeugen und nicht liefern; der Inhaber der Raffinerie aber könne auch bei Zerstörung seiner Fabrik die Ware abnehmen und verwerten, indem er sie entweder unverarbeitet weiterveräußere oder in einer andern Fabrik weiterverarbeiten lasse. Aber auch der Rohzuckerfabrikant wäre an sich in der Lage, zum Zwecke der Vertragserfüllung Rohzucker bei Dritten, auch an der Börse, zu kaufen oder das Rohmaterial in einer fremden Fabrik zu Rohzucker verarbeiten zu lassen. Beide Vertragsteile haben das Gemeinsame, daß sie Fabriken betreiben und daß der Zweck des Vertragsschlusses der ist, sie gegen eine Haftung über die Grenzen des Fabrikbetriebs hinaus zu sichern. Ihr gemeinsames Interesse geht dahin, zur Vertragserfüllung nicht verpflichtet zu sein, wenn sie durch höhere Gewalt an der Verarbeitung des Materials verhindert sind. Durch die Einfügung des Absatzes 5 in die Bestimmungen über höhere Gewalt wurde gerade die gleichmäßige Berücksichtigung dieser Interessen erstrebt.

Der Auslegung der Beklagten steht auch nicht, wie die Klägerin glaubt, die Erwägung entgegen, daß durch das der Beklagten eingeräumte Recht, die Erfüllung bis zur Wiederherstellung der Fabrik zu verweigern, ein dauernder Schwebezustand geschaffen und die Verkäuferin gezwungen werden könne, vielleicht noch nach Jahren zu liefern, auch wenn sie dadurch, etwa infolge erheblicher Preisänderung, Verluste erleiden würde. Denn das Recht der Käuferin auf zeitweilige Leistungsverweigerung schließt das Recht der Verkäuferin nicht aus, ihrerseits die Erfüllung zu verweigern, wenn ihr diese wegen veränderter Umstände nach den Grundsätzen von Treu und Glauben nicht mehr zugemutet werden kann. . . .

RGZ. 125, 256

1. Ueber die Voraussetzungen der Pflicht zur Leistung des Offenbarungseides nach § 259 Abs. 2 BGB. Trifft die Eidespflicht auch die Vorstandsmitglieder größerer Unternehmungen für solche Angaben, die auf Schätzungen beruhen?

2. Kann schon das über die Eidespflicht entscheidende Gericht den Eid abweichend von der in § 259 Abs. 2 BGB. bestimmten Form fassen oder ist dies erst bei der Abnahme des Eides fällig?

BGB §§ 259, 261.

I. Zivilsenat. Urt. v. 22. Juni 1929.

I. Landgericht Stuttgart. II. Oberlandesgericht daselbst.

Gegenüber der Klage auf Feststellung, daß die Klägerin mit den von ihr hergestellten Glühlampen die dem Beklagten erteilten Patente Nr. 189 636 und 208 441 nicht verletze, hat der Beklagte widerklagend ihre Verurteilung zu Rechnungslegung und Schadensersatz begehrt, weil sie durch Herstellung und Vertrieb ihrer Glühlampen (nach ihrem Gebrauchsmuster Nr. 322 281) seine Patente verletze. Dem Antrag auf Verurteilung zur Rechnungslegung ist — mit zeitlicher Beschränkung — rechtskräftig entsprochen worden. Auf eine Aufforderung des Beklagten hat die Klägerin darauf in einer von einem Bücherrevisor Sch. angefertigten Ausarbeitung (die weiterhin noch vier Ergänzungen erhielt) und in einer an einen gerichtlichen Sachverständigen gerichteten Erklärung Rechnung gelegt. Der Beklagte bemängelt diese Rechnungslegung als unrichtig und unvollständig und hat beantragt, die vertretungsberechtigten Vorstandsmitglieder der Klägerin zur Ableistung des Offenbarungseids gemäß § 259 Abs. 2 BGB. zu verurteilen. Landgericht und Oberlandesgericht haben diesem Antrag entsprochen. Das Berufungsgericht hat den Eid, wie folgt, gefaßt:

„Ich schwöre usw., 1. daß von mir nach meiner Ueberzeugung von allen andern Vorstandsmitgliedern alles, was für die gegenüber dem Beklagten zu legende Rechnung irgendwie an Angaben und Belegen in Frage kommen kann, nach unserem besten Wissen dem Sachverständigen Sch. zu seiner Rechnungslegung vorgelegt wurde; 2. daß die in der Rechnungslegung vom 20. August 1927 erwähnten Schätzungen und Angaben betr. Umfang und Dauer der Fabrikation von Lampen nach Gebrauchsmuster 322 281 nach meiner Ueberzeugung jedenfalls nicht zuungunsten des Beklagten unrichtig sind; 3. daß weder von mir noch nach meiner Ueberzeugung von einem anderen, jetzigen oder früheren Vorstandsmitglied der Klägerin an deren Angestellte ausdrückliche oder versteckte Weisung gegeben wurde zur Beseitigung oder Unterdrückung oder Nichtvorlage von materiell erheblichem Belegmaterial; 4. daß nach meiner Ueberzeugung die sämtlichen in der Rechnungslegung vom 20. August 1927 sowie in den Nachträgen vom 30. September 1927, vom 11. Oktober 1927, vom 10. November 1927 und vom 30. Mai 1928 und endlich in unserer an den Sachverständigen K. gerichteten Erklärung vom 30. März 1928 enthaltenen Angaben, soweit sie die Bruttoeinnahmen aus Fabrikation und Absatz von Lampen nach Gebrauchsmuster 322 281 betreffen, richtig und vollständig sind."

Die Revision der Klägerin wurde mit der Einschränkung zurückgewiesen, daß Untersatz 1 und 3 aus der Eidesformel gestrichen wurden.

Gründe:

Die Klägerin hat die ihr auferlegte Verpflichtung zur Rechnungslegung, wie das Berufungsgericht feststellt, formell erfüllt, d. h. sie hat eine verständliche und übersichtliche Darlegung der in Betracht kommenden Geschäfte mit einer Zusammenstellung der Einnahmen und Ausgaben gegeben. Das Berufungsgericht erachtet aber als vom Beklagten dargetan, es bestehe begründeter Verdacht, daß die in der Rechnung enthaltenen Angaben über die Einnahmen nicht mit der erforderlichen Sorgfalt gemacht seien. Die Anhaltspunkte hierfür gewinnt es sowohl aus der Art der Rechnungslegung, wie aus dem vorausgegangenen Verhalten der Rechnungspflichtigen. Es geht davon aus, daß für eine sachgemäße Rechnungslegung letzten Endes die gesetzlichen Vertreter der Klägerin verantwortlich seien, und gelangt zu dem Ergebnis, daß aus den angeführten Gründen weder in objektiver noch subjektiver Beziehung dieser Rechnungslegung volles Vertrauen entgegengebracht werden könne.

Die Revision bemängelt zunächst, daß das Berufungsgericht die Art des Zustandekommens der vorgelegten Rechnung nicht ausreichend berücksichtigt habe. Da die Klägerin von ihr unabhängige Dritte mit der Rechnungslegung betraut habe, denen die Dienststellen der Klägerin weisungsgemäß alle gewünschten Unterlagen zur Verfügung zu stellen gehabt hätten, so habe sie alles getan, was man von ihr im Interesse einer unparteiischen und sorgsamen Rechnungslegung billigerweise habe verlangen können. Der wesentliche Punkt der Rechnungslegung, die Aussonderung der nach dem Gebrauchsmuster hergestellten Lampen und des aus ihnen erzielten Gewinnes aus dem gesamten Betriebsergebnis, könne, wie das Berufungsgericht richtig erkannt habe, beim Fehlen von Unterlagen nur durch Schätzung gewonnen werden. Zur Befestigung der danach notwendigen schätzungsmäßigen Angaben von Angestellten sei aber der Offenbarungseid nach § 259 Abs. 2 BGB. nicht bestimmt.

Es kann keinem Zweifel unterliegen, daß die Aussonderung des Ergebnisses der Herstellung und des Absatzes von Lampen nach dem Gebrauchsmuster und die Feststellung der auf diese entfallenden Einnahmen und Ausgaben den Angelpunkt der gesamten Abrechnung bildet. Sind zu solcher Feststellung mangels besonderer buchmäßiger oder anderer Unterlagen Schätzungen notwendig, so bilden auch diese einen Punkt der Rechnungslegung. Dabei kann die für die Feststellung des Schadensbetrags notwendige Grundlage nur von Personen gegeben werden, die mit dem Betriebe der Verletzerin vertraut sind. Es ist daher, falls die sonstigen Voraussetzungen gegeben sind, kein Grund ersichtlich, nicht auch insoweit die Angaben der Rechnungspflichtigen mangels ausreichender Vertrauenswürdigkeit durch die Ableistung des in § 259 Abs. 2 BGB. vorgesehenen Eides erhärten zu lassen. Auf die Richtigkeit dieser Schätzungsangaben hatten die mit der rechnerischen Darlegung betrauten Büchersachverständigen keinen nennenswerten Einfluß, sondern sie waren auf die ihnen zufließenden Mitteilungen angewiesen. Insoweit ist somit für die Zuverlässigkeit der Rechnungslegung nicht die Persönlichkeit der mit ihr betrauten unabhängigen Dritten maßgebend. Die Klägerin kann sich daher nicht auf sie berufen. Entscheidend ist vielmehr, ob die hierzu gemachten Angaben der Angestellten zuverlässig sind und ob, falls dies (wie das Berufungsgericht ausführt) nicht ohne weiteres angenommen werden kann, die verantwortlichen Organe der Klägerin zum mindesten die gebotene Aufmerksamkeit und die pflichtmäßige Einflußnahme aufgewendet haben, damit diese Angaben nach Möglichkeit den tatsächlichen Verhältnissen gerecht würden. Die hier verlangte Rechnungslegung berührt Umstände. die von den gesetzlichen Vertretern einer größeren Gesellschaft nicht in allen Einzelheiten übersehen werden können. Die Vertrauenswürdigkeit der Rechnung hängt also von der Sorgfalt ab, welche die Organe der Rechnungspflichtigen ihr gewidmet haben, und steht insoweit voll unter deren Verantwortlichkeit. Auch wenn der Rechnungslegung im einzelnen keine Unrichtigkeiten nachgewiesen werden können, so kann doch schon der begründete Verdacht, daß in der erwähnten Hinsicht nicht genügende Sorgfalt aufgewandt sei, die Auferlegung des Offenbarungseides rechtfertigen (LZ. 1922 Sp. 406 Nr. 3).

Den Verdacht, daß die Organe der Klägerin in dieser Richtung die gebotene Mühewaltung und Sorgfalt nicht aufgewendet hätten, sieht das Berufungsgericht als gegeben an. Damit war eine ausreichende Grundlage für die Auferlegung des Offenbarungseids gegeben. Die Erwägungen, mit denen der Berufungsrichter zu dieser Annahme gelangt ist, sind im wesentlichen tatsächlicher Natur und in der Revisionsinstanz daher nicht nachprüfbar (WarnRspr. 1919 Nr. 117).

Allerdings würde es einen rechtlichen Verstoß enthalten, wenn der Vorderrichter die Auferlegung des Offenbarungseides allgemein auch zur Bekräftigung der Angaben Dritter angeordnet hätte, die zur Rechnungslegung herangezogen worden sind, sich aber als unzuverlässig erwiesen haben. Allein die Ausführungen des Urteils zur Frage der Eidespflicht lassen erkennen, daß die entscheidende Erwägung auch in diesem Punkt der Verdacht bildete, die Organe der Klägerin seien es, die es an der ihnen obliegenden Sorgfalt und der Ueberwachung der als Unterlage der Rechnungslegung gemachten tatsächlichen Angaben hätten fehlen lassen. Die Angriffe der Revision gegen die Auferlegung des Offenbarungseids an sich gehen daher fehl.

Gegen die vom Berufungsgericht gewählte Fassung der Eidesnorm sind allerdings in mehrfacher Hinsicht Bedenken zu erheben. Der Offenbarungseid des § 259 Abs. 2 BGB. soll lediglich zur Bekräftigung der in der Rechnungslegung über die Einnahmen gemachten Angaben dienen, nicht aber zu Erforschungszwecken zugunsten einer Beweisführung des Berechtigten für eine Unrichtigkeit der Rechnungslegung. Daher können in ihm nur solche Erklärungen des Rechnungspflichtigen Aufnahme finden, die geeignet sind, eine zahlenmäßige Grundlage für die Einnahmen zu schaffen, nicht aber Angaben, welche innere Vorgänge beim Rechnungspflichtigen aus Anlaß der Rechnungslegung betreffen oder welche nur die Erforschung der Richtigkeit der Abrechnung in dem eben erörterten Sinn zum Ziel haben. Ebensowenig hat sich die Eidesleistung nach der gesetzlichen Vorschrift auf die Vollständigkeit der vorgelegten Belege zu erstrecken.

Bei Anwendung dieser Grundsätze sind aus der Eidesnorm die Untersätze 1 und 3 auszuscheiden, die sich auf innere Vorgänge bei der Klägerin und auf die Vorlegung von Belegen beziehen und zum Teil nur Erkundungszwecken, nicht der Bestätigung gemachter Angaben dienlich sein können. Der verbleibende Eidesinhalt wird den Belangen des Rechnungsberechtigten ausreichend gerecht. Die Eidesnorm enthält danach im Rahmen ihrer gesetzlichen Grenzen lediglich eine Anpassung an die Umstände des Einzelfalles, die den Umfang der von der Eidespflicht umfaßten Erklärungen deutlich herauszustellen bestimmt ist (RGUrt. IV 243/13 vom 20. September 1913). Ihre Fassung weicht von der gesetzlichen ab, hält sich aber im Rahmen der dem Gericht in § 261 Abs. 2 BGB. gegebenen Ermächtigung zu einer den Umständen entsprechenden Aenderung der gesetzlich vorgesehenen Norm. Diese Befugnis besteht nicht nur, wenn bereits über die Verpflichtung zur Eidesleistung entschieden ist, auf Grund später zutage getretener, eine Aenderung der gesetzlichen Norm erfordernder Umstände, sondern schon bei der Fassung der Eidesnorm in jener Entscheidung. Aus der Einfügung der diese Befugnis hervorhebenden Vorschrift in § 261 Abs.2 BGB. (im Anschluß an die Vorschriften über die Eidesabnahme) kann gegen diese Auffassung nichts hergeleitet werden. Es ist kein Grund ersichtlich, dem über die Eidesleistung erkennenden und zur Fassung der Eidesnorm in erster Linie berufenen Gericht eine Befugnis zu versagen, welche dem den Eid abnehmenden Gericht zusteht. Verständige Würdigung des mit dieser Vorschrift offensichtlich verfolgten Zweckes, die Anpassung der Eidesnorm an die nicht zu übersehende Mannigfaltigkeit der Erscheinungen des Rechtslebens zu ermöglichen, führt notwendig dazu, die Befugnis schon dem über die Eidesleistung erkennenden Gericht zu gewähren. Für die Zweckmäßigkeit solcher Regelung bietet gerade der vorliegende Fall ein Beispiel. Soweit aus einer früheren Entscheidung des erkennenden Senates (Urt. vom 31. Mai 1919 I 32/19) eine eingeschränktere Auffassung sollte entnommen werden können, kann dies nicht aufrechterhalten werden.

RGZ. 126, 123

Zur Frage der Auskunftspflicht.

BGB. §§ 242, 510.

VII. Zivilsenat. Urt. v. 5. November 1929.

I. Landgericht Leipzig. II. Oberlandesgericht Dresden.

Die verklagte Verlagsfirma übertrug vertragsmäßig der klagenden Anzeigen-Gesellschaft vom 1. September 1925 bis zum 31. August 1928 das alleinige Recht zur Anzeigen-Annahme für vier von ihr verlegte Zeitschriften. Von dem im Vertrag vorgesehenen Kündigungsrecht machte die Beklagte Ende Januar 1928 für den 31. August 1928 Gebrauch. In § 7 des Vertrags war bestimmt: „Bei Ablauf des Vertrags darf der Verlag das Recht der alleinigen Inseratenannahme erst dann an eine andere Firma vergeben, wenn die A. die Uebernahme der Inseratenannahme unter den von den anderen Bewerbern angebotenen Bedingungen ablehnt oder sich innerhalb 8 Tagen nach ihr zugegangener Mitteilung dieser Bedingungen zur Uebernahme nicht bereit erklärt hat. Das Recht des Verlags, nach Beendigung des Vertrags die Inseratenannahme in eigener Regie weiter zu führen, wird hierdurch nicht beschränkt." Auf Anfrage teilte die Beklagte der Klägerin am 20. Februar 1928 mit, daß ihr, der Beklagten, nach Ablauf des Vertrags die Inserate durch die Dev. GmbH. zugewiesen werden würden. Unter Hinweis auf diesen § 7 bat die Klägerin um Mitteilung der Bedingungen, unter denen dies geschehen werde. Die Beklagte erklärte nunmehr, sie werde die Anzeigen-Verwaltung in eigene Regie übernehmn, und blieb bei dieser Erklärung auch in weiteren Schreiben stehen. Im Laufe des Rechtsstreits gab sie dann an, sie und die Dev. hätten nach einem Konzern-Abkommen ihren selbständigen Charakter eingebüßt und seien nur noch unselbständige Glieder der Uv. GmbH. Weiter erklärte sie, die Dev. sei von Anfang an als eine unselbständige Tochtergesellschaft der V. & Co. GmbH. gegründet worden und habe als solche die Anzeigen-Verwaltung dieser Firma gehabt; bei Erweiterung des Konzerns auch auf sie, die Beklagte, habe die Dev. ihre alten Aufgaben beibehalten, die sich nunmehr sinngemäß auch auf sie miterstreckt hätten.

Die Klägerin verlangt auf Grund dessen von der Beklagten Vorlegung der schriftlichen Abmachungen über die Inseraten-Annahme mit der Dev. und Auskunfterteilung über etwaige mündliche Abmachungen mit ihr darüber; hilfsweise begehrt sie das gleiche bezüglich der Firmen Uv. und V. & Co. Beide Vorinstanzen wiesen die Klage ab. Die Revision der Klägerin führte zur Aufhebung und Zurückverweisung.

Gründe:

Das Oberlandesgericht hat offen gelassen, in welchem Verhältnis die Firmen Dev., Uv. und V. & Co. zur Beklagten stehen. Es hat also mit der Möglichkeit gerechnet, und dies ist auch für die Nachprüfung in der Revisionsinstanz zu unterstellen, daß die Beklagte nach der an sich ordnungsmäßig für den 31. August 1928 erfolgten Aufkündigung des Vertrags die Anzeigen-Annahme für die vier Zeitschriften für die Folgezeit nicht in eigene Regie übernommen, sondern das Recht der alleinigen Anzeigen-Annahme an eine andere, fremde Firma vergeben hat. Hätte sie die Anzeigen-Annahme in eigene Regie übernommen, so ständen der Klägerin gemäß § 7 des Vertrags irgendwelche Ansprüche, besonders auch auf Vorlegung von Schriftstücken und auf Auskunfterteilung, sicher nicht zu. Dagegen hätte im anderen Falle die Beklagte im Widerspruch zu den Bestimmungen des § 7 gehandelt, und für diesen, eben als möglich unterstellten Fall bedarf das Berufungsurteil näherer Nachprüfung. Wie nebenbei bemerkt sein mag, ist entscheidend für die Frage, welcher der beiden Fälle vorliegt, nicht eine rechtliche Gleichheit oder Verschiedenheit zwischen der Beklagten und der anderen Firma, sondern ob sie wirtschaftlich als ein und dasselbe Unternehmen anzusehen sind. Dabei ist allerdings bei einer rechtlichen Verschiedenheit zunächst auch eine Verschiedenheit in wirtschaftlicher Beziehung anzunehmen, so daß die Beklagte dafür beweispflichtig erscheint, daß sie und die Dev. doch wirtschaftlich zusammenfallen.

Bei Zugrundelegung der Sachgestaltung, daß die Beklagte die Anzeigen-Annahme an eine fremde Firma vergeben hat, sind aber die Ausführungen des Berufungsurteils nicht frei von Rechtsirrtum. Zwar läßt sich eine Verpflichtung zur Vorlegung von schriftlichen Abmachungen unter keinem rechtlichen Gesichtspunkt irgendwelcher Art feststellen, und dagegen hat auch die Revisionsklägerin nichts ausgeführt. Sie hat sich vielmehr dessen beschieden und sich dahin geäußert, daß ihr auch eine Auskunfterteilung über die schriftlichen und die etwaigen mündlichen Abmachungen in Sachen der Anzeigen-Annahme genügen würde. Ersteres würde auch von dem Begehren auf Vorlegung der schriftlichen Abmachungen als das mindere mitumfaßt sein. Eine solche Verpflichtung der Beklagten zur Auskunfterteilung wegen der Abmachungen über die Anzeigen-Annahme ist aber entgegen den Ausführungen des Berufungsgerichts als im Gesetz begründet anzusehen, und zwar ist sie aus § 242 BGB. in Verbindung mit den in § 7 des Vertrags getroffenen Vereinbarungen herzuleiten. Das Landgericht hat allerdings in Auslegung des § 7 Abs. 2 ausgeführt — und diese Ausführungen hat sich das Berufungsgericht gegen Ende seines Urteils ersichtlich zu eigen gemacht —: § 7 Abs. 2 bestimme nicht, daß es eine Vertragspflicht der Beklagten sei, die ihr von anderen Bewerbern angebotenen Bedingungen der Klägerin mitzuteilen; er besage vielmehr nur, daß die Beklagte das Recht der alleinigen Anzeigen-Annahme für ihre Zeitschriften nicht an eine andere Firma vergeben dürfe, wenn sie die ihr von anderen Bewerbern angebotenen Bedingungen der Klägerin nicht mitgeteilt habe, oder wenn sie sie zwar mitgeteilt, die Klägerin sich aber innerhalb gewisser Frist zum Eintritt in diese Bedingungen bereit erklärt habe. Es komme also jetzt höchstens in Frage, ob die Klägerin Schadensersatz oder sogar Fortsetzung des Vertragsverhältnisses fordern könne, während sie nicht verlangen könne, daß ihr jene Mitteilungen gemacht würden. Diese Auslegung ist aber unmöglich; sie verstößt in klarer Weise gegen § 133 BGB., indem sie am buchstäblichen Sinne des Ausdrucks haftet und nicht den wirklichen Willen der Vertragschließenden erforscht. Denn wenn jemand einem anderen ein Recht einräumt, so räumt er ihm in aller Regel nach Treu und Glauben mit Rücksicht auf die Verkehrssitte auch die Mittel ein, um das Recht zu verwirklichen. Wenn insbesondere hier die Beklagte der Klägerin das Recht einräumte, in einen etwaigen Vertrag zwischen ihr und einem Dritten einzutreten, dann übernahm sie auch die Verpflichtung, der Klägerin den Inhalt des mit dem Dritten abzuschließenden oder bereits abgeschlossenen Vertrags mitzuteilen. So spricht auch der § 7 ganz zwanglos von der Mitteilung der von anderen Bewerbern angebotenen Bedingungen, und es ist unerheblich, ob dies nur im letzten Satzteil bei Erwähnung der Nichterklärung geschieht und nicht auch bei der vorher erwähnten Ablehnung der Bedingungen, die hierfür natürlich erst einmal mitgeteilt sein müssen. Auf derselben Erwägung beruht auch § 510 BGB., wonach dem Vorkaufsberechtigten vom Verpflichteten der Inhalt des mit dem Dritten geschlossenen Vertrags unverzüglich mitzuteilen ist. Daß das Bürgerliche Gesetzbuch nur den Vorkauf, nicht dagegen auch andere Eintrittsrechte (Einlösungsrechte, Optionsrechte) behandelt, liegt in der geschichtlichen Entwicklung und in der besonderen wirtschaftlichen Bedeutung des Vorkaufs begründet (RGRKomm. § 504 Anm. 1). Die Einzelvorschriften der §§ 504 flg. erscheinen aber — abgesehen höchstens von besonderen, gerade nur für den Kauf passenden Vorschriften — als der Ausdruck allgemeiner Rechtsgedanken für Fälle, in denen einem anderen, regelmäßig auf Grund eines Vertrags, das Recht zusteht, in einen mit einem Dritten geschlossenen Vertrag einzutreten (RGZ. Bd. 123 S. 268).

Eine bereits geschehene Erfüllung der hiernach der Beklagten obliegenden Auskunftspflicht kann keinesfalls in den von der Beklagten der Klägerin vor Einleitung des Rechtstreits gemachten Mitteilungen über die Dev. und ihr Verhältnis zu dieser gefunden werden. Denn diese Mitteilungen betrafen höchstens die Voraussetzung für die Auskunftspflicht, nämlich die Frage nach dem Zusammenfallen oder Nichtzusammenfallen beider Firmen, dagegen stellten sie nicht die der Klägerin gebührende Auskunft selbst dar.

RGZ. 126, 243

Kann ein auf seinen Antrag entlassener Beamter dann nachträglich Fortzahlung seines Gehalts verlangen, wenn sowohl er wie die öffentliche Körperschaft, in deren Dienst er stand, bei der Entlassung unrichtigerweise davon ausgegangen sind, daß er Kündigungsbeamter sei, während er tatsächlich lebenslänglich angestellter Beamter war?

BGB. § 242.

III. Zivilsenat. Urt. v. 22. November 1929.

I. Landgericht Osnabrück. II. Oberlandesgericht Celle.

Der Kläger war seit 1913 im Dienste der verklagten Stadtgemeinde zunächst als Polizeisergeant, dann als Stadtassistent tätig. Im April 1925 wurde entdeckt, daß er eine Unterschlagung im Amte begangen hatte, wegen der er später im Strafverfahren rechtskräftig zu drei Monaten Gefängnis verurteilt wurde. Am 25. April 1925 erklärte er zu Protokoll des Senators S., er habe sich entschlossen, am 1. Mai 1925 aus dem Dienste der Beklagten auszuscheiden, und verzichte ausdrücklich auf alle Ansprüche aus seinem bisherigen Amte, wie Gehalt, Ruhegehalt, Hinterbliebenenversorgung, Abfindungssumme usw. Jetzt hält er diesen Verzicht für rechtsunwirksam und verlangt deshalb mit der Klage Fortzahlung seines Gehalts. Er behauptet, er habe bei Abgabe seiner Erklärung angenommen, daß er Kündigungsbeamter sei, während er tatsächlich mit seiner Ernennung zum Stadtassistenten lebenslänglich angestellter Beamter geworden sei. Er habe daher nur im Wege des Disziplinarverfahrens entfernt werden können. Hätte er dies gewußt, so würde er nicht auf seine Beamtenrechte verzichtet haben.

Die Beklagte hat bestritten, daß der Kläger lebenslänglich angestellter Beamter geworden sei, und hat geltend gemacht, der Kläger könne die einmal abgegebene Erklärung nicht anfechten. Landgericht und Oberlandesgericht haben die Entscheidung des Rechtsstreits von zwei vom Senator S. zu leistenden Eiden abhängig gemacht. Die Revision des Klägers führte zur Aufhebung und Zurückverweisung.

Gründe:

Das Oberlandesgericht stellt fest, daß der Kläger lebenslänglich angestellter Beamter der Beklagten geworden ist. Die Feststellung beruht auf einer Auslegung der ortsstatutarischen Vorschriften der Stadtgemeinde O. Sie ist daher der Nachprüfung in der Revisionsinstanz entzogen.

Das Oberlandesgericht ist der Auffassung, daß der Kläger den aus dem Beamtenverhältnis fließenden Gehaltsanspruch dann verloren habe, wenn auf seinen Antrag seine ordnungsmäßige Entlassung aus dem Beamtendienst erfolgt sei. Es geht davon aus, daß der Antrag des Klägers auf Entlassung rechtsverbindlich gestellt sei, und erklärt es für unwesentlich, daß beide Teile damals der irrigen Ansicht gewesen seien, der Kläger sei nur Kündigungsbeamter. Der Vorderrichter hält den Irrtum des Klägers für rechtlich bedeutungslos, da er nur den Grund betreffe, der ihn zu seinen Erklärungen bewogen habe, und ein solcher Irrtum auf dem Gebiete des öffentlichen Rechts keine Grundlage für eine wirksame Anfechtung der durch ihn hervorgerufenen Erklärungen biete. Diese Rechtsansicht kann nicht gebilligt werden.

Es kann dahingestellt bleiben, ob der Irrtum des Klägers über seine Eigenschaft als lebenslänglich angestellter Beamter ihn nicht zur Anfechtung seines Entlassungsantrags berechtigen würde. Denn sein Gehaltsanspruch ist schon um deswillen rechtlich begründet, weil sowohl der Kläger wie die verklagte Stadtgemeinde bei der Entlassung des Klägers unzutreffenderweise annahmen, er sei Kündigungsbeamter, und weil sich die Beklagte jetzt nicht zur Abwehr des Klaganspruchs auf die Entlassung berufen kann, die unter einem übereinstimmenden Irrtum über das ihr zugrunde liegende Rechtsverhältnis zustande gekommen ist. Wenn man nicht aus dem Umstand, daß beide Streitteile das Vorliegen eines kündbaren Verhältnisses angenommen haben, die Ungültigkeit des Entlassungsaktes überhaupt herleiten will, so muß ihm doch jedenfalls die Bedeutung beigemessen werden, daß es gegen Treu und Glauben verstößt, wenn die Beklagte den Kläger an einem Entlassungsantrag festhalten will, den er unter einem von ihr geteilten Irrtum über die objektive Grundlage der Entlassung gestellt hat. Die Grundsätze von Treu und Glauben haben, wie der erkennende Senat wiederholt ausgesprochen hat, im öffentlichen Recht ebenso Geltung wie im bürgerlichen. Für bürgerlichrechtliche Rechtsverhältnisse hat der Senat im Anschluß an das Urteil des IV. Zivilsenats RGZ. Bd. 108 S. 105 (110) bereits entschieden, daß es bei einem Vertragsabschluß, bei dem beide Vertragschließende übereinstimmend von unrichtigen Voraussetzungen ausgegangen sind, keiner Irrtumsanfechtung bedarf, daß vielmehr für die rechtliche Beurteilung schlechthin § 242 BGB. maßgebend ist (Urteil vom 2. November 1926 III 2/26, abgedr. Gruch. Bd. 69 S. 216). Die Entlassung eines Beamten, selbst wenn sie auf seinen besonderen Antrag geschieht, ist allerdings kein Vertrag, auch nicht im Sinne des öffentlichen Rechts. Sie ist aber immerhin ein zweiseitiger Verwaltungsakt, indem auf der Seite des Beamten eine Willenserklärung, die Stellung des Entlassungsantrags, erfolgen muß, damit dann auf der anderen Seite, durch die öffentlich-rechtliche Körperschaft, die Entlassungserklärung, der Staatshoheitsakt, ausgesprochen werden kann. Es bestehen daher keine rechtlichen Bedenken, auf ein solches öffentlichrechtliches Verhältnis den in § 242 BGB. enthaltenen Rechtsgedanken zu übertragen und ihn für den vorliegenden Fall dahin zu bestimmen, daß die Beklagte, die bei Vornahme der Entlassung mit dem Kläger darüber einig war, daß nur kündbares Beamtenverhältnis vorliege, jetzt dem Klaganspruch gegenüber nicht geltend machen kann, durch die Entlassung sei das Beamtenverhältnis beendigt, obwohl sich nachträglich herausgestellt hat, daß der Kläger lebenslänglich angestellter Beamter war.

RGZ. 126, 374

Haftet, wer eine Bescheinigung des Inhalts ausstellen und aushändigen läßt, daß er einen Geldwert für Rechnung eines andern gemäß einem von diesem mit einem Dritten geschlossenen Vertrag hinterlegt habe, dem Dritten, der sich auf die Bescheinigung verläßt, vertraglich auf Zahlung des in Wahrheit nicht hinterlegten Betrags?

BGB. §§ 276, 305.

I. Zivilsenat. Urt. v. 19. Dezember 1929.

I. Landgericht Hannover. II. Oberlandesgericht Celle.

Der Beklagte verkaufte durch Vertrag vom 13. November 1923 eine ihm gehörende Büdnerei mit Inventar an den Landwirt M. für den Geldwert von 5000 Zentnern Roggen und ließ sie ihm auf. Der Käufer gab als Anzahlung 10 Aktien einer bestimmten Gesellschaft; außerdem sollte er bis zum 24. November 1923 weitere Aktien dieser Gesellschaft in einer solchen Anzahl liefern, daß dadurch der Kaufpreis in Höhe von 10 000 GM. belegt würde. Ferner sollte er bis zu diesem Tage den Rest des Kaufpreises in Goldmark oder in denselben Aktien bei einer Bank hinterlegen und dem Beklagten den Hinterlegungsschein aushändigen. Die Hinterlegung sollte so lange bestehen bleiben, bis der Beklagte die vorhandenen Hypotheken zur Löschung gebracht habe. Alsbald nach dem 13. November sanken die genannten Aktien im Kurswert. M. konnte deshalb in diesen Aktien nicht mehr 10 000 GM. hinterlegen. Er wandte sich an die Firma W. & K., welche Grundstücksgeschäfte betrieb und finanzierte und deren Mitinhaber W. unter seinem eigenen Namen auch ein Bankgeschäft unterhielt. W. war damals vom Kläger, einem Prokuristen, beauftragt, ihm ein Grundstück zu verschaffen. Er brachte den Kläger mit M. zusammen. Zu notariellem Protokoll vom 20. November 1923 bot M. dem Kläger, der in dem Protokoll als Landmann bezeichnet wurde, die erwähnte Büdnerei nebst Inventar zum Gegenwert von 5000 Zentnern Roggen an; die Gegenleistung war bis zum 2. Januar 1924 zu bewirken; das Angebot lief bis zum 2. Dezember 1924.

Am 23. November 1923 stellte W. folgende Bescheinigung aus:

> „Ich bestätige hierdurch, daß durch den Landmann . . . (den Kläger) für Rechnung des Landwirts M. bei mir in Gemäßheit des zwischen letzterem und dem Landwirt . . . (dem Beklagten) geschlossenen Kaufvertrages vom 13. November 1923 der Gegenwert von 10 000 GM. hinterlegt worden ist."

Am 24. November 1923 änderten der Beklagte und M. die Preis- und Zahlungsbedingungen vom 13. November in notarieller Urkunde ab. Der Käufer übernahm als Selbstschuldner die eingetragenen Hypotheken und verpflichtete sich zur Zahlung von 19 000 und 1500

Billionen Mark. In der Urkunde wurde bemerkt, daß der Käufer ausweislich einer Bescheinigung des Bankgeschäfts S. W. 10 000 GM. hinterlegt habe. Der Anspruch auf Auszahlung dieser Summe wurde dem Beklagten abgetreten.

Die erwähnten 19 000 u. 1500 Billionen Papiermark wurden vom Kläger gezahlt; es wurde deshalb für ihn auf der Büdnerei eine Reallast im Geldbetrag von jährlich 240 Zentnern Roggen eingetragen.

Der Beklagte klagte zunächst gegen W. auf Zahlung von 10 000 GM. aus der Bescheinigung vom 23. November 1923 und der Abtretung im Vertrag vom 24. November. W. geriet in Vermögensverfall und schied aus dem Leben; der Rechtsstreit wurde nicht weiter betrieben. Bald darauf lief auch die Frist für die Annahme des Vertragsangebots ab, das M. dem Kläger am 20. November 1923 gemacht hatte, ohne daß die Annahme erfolgte.

Der Beklagte forderte sodann vom Kläger 10 000 GM. Der Beklagte ließ sich auch alle Ansprüche von M. abtreten, welche dieser gegen den Kläger auf Zahlung der 10 000 GM. hatte. Daraufhin strengte der Kläger eine Feststellungsklage des Inhalts an, daß dem Beklagten weder aus eigenem Recht noch auf Grund der Abtretung ein Anspruch auf 10 000 RM. gegen ihn zustehe. Der Beklagte erhob Widerklage auf Zahlung von 10 000 RM. nebst Zinsen. Damit erledigte sich die Klage.

Das Berufungsgericht entsprach der Widerklage. Die Revision des Klägers hatte keinen Erfolg.

Gründe:

Die Revision geht davon aus, daß kein Vertragsverhältnis zwischen den Parteien bestanden habe, und nimmt an, das Berufungsgericht habe die Frage offen gelassen, ob der Kläger etwa die Verpflichtung des M. aus dem von diesem mit dem Beklagten abgeschlossenen Vertrag übernommen habe. Die Entscheidung beruhe daher lediglich auf der Annahme, daß der Kläger in arglistigem Zusammenwirken mit W. und M. den Beklagten geschädigt habe. Diese Auffassung kann nicht als zutreffend erachtet werden. Die Ausführungen des Berufungsgerichts laufen vielmehr darauf hinaus, daß unmittelbare vertragliche Beziehungen zwischen den Parteien begründet worden sind; wenn diese Annahme auch nicht ausdrücklich im angefochtenen Urteil zum Ausdruck gekommen ist, so zwingen doch die Entscheidungsgründe in ihrem Zusammenhang dazu. Für eine Haftung des Klägers aus unerlaubter Handlung, wie sie die Revision erörtert, geben dagegen die Ausführungen des Berufungsgerichts keinen ausreichenden Anhalt. Das Berufungsgericht will diesen Klagegrund offenbar dahingestellt lassen, indem es ausführt, der Beklagte müsse mindestens für die Richtigkeit der Bescheinigung einstehen, die mit seinem Wissen und Willen zur Verwendung gegenüber dem Beklagten ausgestellt worden sei.

Nach den Feststellungen des Berufungsgerichts ist der Sachverhalt folgender: Dem Kläger kam es darauf an, die in Rede stehende Büdnerei zu Eigentum zu erwerben. Der Kläger kannte sowohl den Vertrag, den der Beklagte und M. am 13. November abgeschlossen hatten, als auch die Abänderung dieses Vertrags durch das Abkommen vom 24. November; er billigte diese Abänderung. Nach dem Vertrag vom 13. November hatte M. außer der in bestimmten Aktien geleisteten Anzahlung noch weitere 10 000 GM. durch Lieferung von solchen Aktien, die dem Wert dieser Summe entsprechen sollten, zu zahlen und bis zum 24. November den Rest des Kaufpreises gleichfalls in solchen Aktien derart zu berichtigen, daß diese für den Beklagten bis zur Löschung der Hypotheken zu hinterlegen waren. Diese Bestimmungen wurden im Nachtragsvertrag abgeändert. Um dem M. den Erwerb des Grundstücks zu ermöglichen, stellte ihm der Kläger einmal die für die Barzahlungen erforderlichen Beträge von 19 000 und 1500 Billionen Papiermark zur Verfügung. Durch den Abänderungsvertrag wurde dem Beklagten aber auch zur weiteren Tilgung der Kaufpreisforderung der Anspruch auf Auszahlung der 10 000 GM. abgetreten, von denen in diesem Vertrag gesagt wurde, daß M. ausweislich einer Bescheinigung des Bankgeschäfts W. 10 000 GM. hinterlegt hatte; dagegen sollte der Beklagte die als Anzahlung erhaltenen Aktien sofort an W. zurücksenden. Zum Zwecke der Verwendung in diesem Vertrag vom 24. November war die Bescheinigung vom 23. November von W. im Hinblick auf die am nächsten Tage zu treffende Vertragsänderung ausgestellt worden. Der Kläger wußte nach der Feststellung des Berufungsgerichts, daß M. den Beklagten durch die Abtretung der aus der Hinterlegungsbescheinigung hervorgehenden Rechte wegen der Kaufpreisforderung befriedigen sollte; er duldete, daß W. eine Bescheinigung ausstellte, die unrichtig war, weil der Kläger gegen W. nur einen schuldrechtlichen Anspruch auf Lieferung von Wertpapieren hatte. Der Kläger kannte diese Sachlage, wußte aber auch, daß M. die Bescheinigung dem Beklagten übergeben und sich diesem gegenüber von seinen Verpflichtungen wegen des Restkaufgelds durch Abtretung der Ansprüche aus einer in Wahrheit nicht erfolgten Hinterlegung befreien sollte. Es ist nicht rechtsirrtümlich, wenn das Berufungsgericht meint, der Beklagte habe die Bescheinigung nur dahin auffassen können, daß der Kläger an jenem Tage einen entsprechenden Wert tatsächlich bei W. hinterlegt habe Es ist rechtlich auch nicht zu beanstanden, wenn das Berufungsgericht aus dem Sachverhalt weiter den Schluß zieht, der Kläger müsse dem Beklagten gegenüber dafür einstehen, daß die Bescheinigung richtig sei. Es liegt nicht eine — weitergehende — Schuldübernahme des Klägers gegenüber dem Beklagten vor; auch bedarf es nicht, wie der Revisionsbeklagte meint, der unmittelbaren Heranziehung des § 405 BGB., der die Ausstellung einer Urkunde über eine Schuld und die Abtretung der Forderung unter Vorlegung dieser Urkunde zum Gegenstande hat; vielmehr handelt es sich um eine mit Wissen des Klägers und für ihn dem Beklagten abgegebene Erklärung, daß Vermögensstücke des Klägers mit einem bestimmten, als garantiert anzusehenden Wert dem Beklagten zur Verfügung ständen. Im Vertrauen hierauf und auf der Grundlage der Bescheinigung ließ sich der Beklagte auf die Abwicklung des mit M. abgeschlossenen Vertrags in der geschilderten Weise ein. Damit ist die vertragliche Haftung des Klägers mit dem angeführten Inhalt gegeben (§§ 276, 305 BGB.).

Die Revision kämpft gegen die tatsächlichen Feststellungen des Berufungsgerichts, wenn sie ausführt, daß die Absicht des Klägers, das Grundstück für sich zu erwerben, die Absicht ausschließe, den zwischen dem Beklagten und M. geschlossenen Vertrag zu finanzieren. Nach der tatsächlichen, nicht von Rechtsirrtum beeinflußten Feststellung des Vorderrichters beruhte die Absicht gerade auf dem Entschluß des Klägers, selbst das Grundstück zu erwerben; beides ist zu vereinigen. Der Kläger sicherte sich aber auch für den Fall, daß er selbst nicht das Eigentum an dem Grundstück erwerben würde, dadurch, daß er eine Reallast auf dem Grundstück für sich eintragen ließ. Ohne Grund beruft sich die Revision auch auf den Umstand, daß die Bescheinigung des W. vom 23. November nur auf den Vertrag vom 13. November Bezug nimmt; denn aus dem angefochtenen Urteil ergibt sich, daß sie gerade im Hinblick auf die bevorstehende, am Tage darauf erfolgte Aenderung jenes Vertrags ausgestellt worden ist Daß die Abtretung der Ansprüche des M. aus der Hinterlegungsbescheinigung rechtlich unter falschen Gesichtspunkten als solche an Zahlungsstatt gewürdigt sei, ist nicht ersichtlich; die Revision will hieraus auch nur folgern, daß der subjektive Tatbestand des betrügerischen Vorgehens nicht gegeben sei. Auch die sonstigen Bemängelungen der Revision befassen sich mit dem Tatbestand der nach ihrer — nicht zu billigenden — Meinung vom Berufungsgericht angenommenen unerlaubten Handlung.

Ein ähnlicher Sachverhalt ist vom Reichsgericht in RGZ. Bd. 114 S. 290 in gleicher Weise rechtlich gewürdigt worden. Die gleiche Erwägung liegt der Entscheidung in RGZ. Bd. 90 S. 273 bei einer für den Dritten noch weniger günstigen Sachlage zugrunde, wonach sich der Gläubiger einer Briefhypothek, der dem Zessionar eine privatschriftliche Urkunde über die Abtretung der Hypothek und den Hypothekenbrief aushändigt, einem dritten Erwerber gegenüber nicht darauf berufen kann, daß er in Wirklichkeit die Hypothek nicht dem Abtretungsempfänger übereignet habe; für den Dritten konnte nur die Abtretungsurkunde maßgebend sein, wie sie vorlag. Es ist dabei auf die den §§ 172, 405, 409 BGB. zugrunde liegenden Rechtsgedanken verwiesen worden. Bei einer ähnlichen Rechtslage hat das Reichsgericht in RGZ. Bd. 101 S. 301 das Vorliegen eines Auskunftsvertrags daraus entnommen, daß ein Lagerhalter einem Dritten die Auskunft erteilte, ein Lieferschein, der über eine bei ihm eingelagerte Ware ausgestellt war, sei in Ordnung. Ferner wurde in RGZ. Bd. 82 S. 339 angenommen, daß der Bezogene, der auf Anfrage des Wechselinhabers erklärt, daß das Akzept in Ordnung gehe, damit verspreche, für die Echtheit des Wechsels aufzukommen; er will das Akzept, mag es echt oder gefälscht sein, rechtlich so behandelt wissen, wie wenn es echt wäre. Ein rechtliches Bedenken gegen die Vertragshaftung ist auch im vorliegenden Falle nicht anzuerkennen.

RGZ. 126, 383

Kann nach dem Rechte des Bürgerlichen Gesetzbuchs ein Zurückbehaltungsrecht über die Vorschrift des § 273 das. hinaus auch auf den Gesichtspunkt der allgemeinen Arglist des Vertragsgegners gestützt werden?

II. Zivilsenat. Urt. v. 5. Juli 1929.

I. Landgericht II Berlin. II. Kammergericht daselbst.

Die Beklagte verkaufte am 13. April 1924 mit notariellem Vertrag ihr landwirtschaftliches Grundstück in T. für 17 500 RM. an den Landwirt Thi. Vom Kaufpreis wurden 4000 RM. sofort gezahlt, der Rest von 13 500 RM. wurde hypothekarisch sichergestellt. Der Vertrag umfaßte alles Zubehör, jedoch nicht „Mobiliar, Inventar und Geräte". Durch notariellen Vertrag vom gleichen Tage verkaufte der Handelsmann Theu. das ihm gehörige, in T. auf dem genannten Grundstück befindliche Wirtschaftsinventar samt Vorräten für 5000 RM. ebenfalls an Thi. Dieser Kaufpreis war in Teilzahlungen abzutragen und bis dahin zu verzinsen; der Käufer sollte für ihn eine Sicherungshypothek auf dem der Beklagten abgekauften Grundstück bestellen, sobald er als dessen Eigentümer eingetragen wäre. Zu dieser Abzahlung und Sicherstellung kam es nicht, vielmehr focht Thi. der Behauptung der Klägerin zufolge nach der Uebergabe des Inventars den über dieses abgeschlossenen Kaufvertrag an und stellte es dem Verkäufer zur Verfügung, weil dieser in der Zeit zwischen Verkauf und Uebergabe vorhanden gewesene Stücke in minderwertige umgetauscht habe. Thi. verkaufte das Grundstück allein, bevor er als dessen Eigentümer eingetragen wurde, für 20 000 RM. an die Klägerin weiter, wobei diese die der Beklagten hypothekarisch zu sichernde Kaufpreisschuld von 13 500 RM in Anrechnung auf den Kaufpreis übernahm. Am 25. November 1925 wurde zunächst Th., dann die

Klägerin als neue Eigentümerin des Grundstücks eingetragen und im Anschluß hieran kam es auch zur Eintragung der Hypothek über 13 500 RM. für die Beklagte. Inzwischen hatte die Beklagte, welcher Theu. am 21. Februar 1925 seine Kaufgeldforderung an Thi. abgetreten hatte, am 2. März 1925 als grundbuchmäßige Eigentümerin des Grundstücks für sich eine Grundschuld in Höhe von 18 775 RM. (nämlich für ihre eigene Kaufpreisrestforderung von 13 500 RM., sowie für die ihr von Theu. abgetretene Forderung an Thi. von 5000 RM. nebst 275 RM. rückständige Zinsen) eintragen lassen. Davon wurden 13 500 RM. wieder gelöscht, nachdem der Beklagten für diesen Betrag die bedungene Hypothek bestellt worden war. Die verbliebene Grundschuld von 5275 RM. bildet den Gegenstand des jetzigen Rechtsstreits. Thi. hat am 17. November 1927 der Klägerin seine Ansprüche an die Beklagte abgetreten, insbesondere auch das Recht auf Beseitigung dieser Grundschuld.

Die Klägerin verlangt von der Beklagten Einwilligung in die Löschung der Grundschuld und Herausgabe des Briefs, hilfsweise Abtretung der Grundschuld an sie, die Klägerin. Das Landgericht gab dem Hauptantrag statt, jedoch — wegen eines von der Beklagten geltend gemachten Zurückbehaltungsrechts — nur Zug um Zug gegen Zahlung von 5000 RM. nebst Zinsen. Auf die Berufung der Klägerin wurde die Beklagte ohne diese Maßgabe zur Einwilligung verurteilt. Die Revision der Beklagten führte zur Aufhebung und Zurückverweisung.

Aus den Gründen:

Theu. hat durch den Kaufvertrag vom 13. April 1924 über das Inventar samt Vorräten zwei Ansprüche erlangt, den Zahlungsanspruch und den Sicherungsanspruch. Indem sich die Revision für den Uebergang des in der Abtretungserklärung des Theu. vom 21. Februar 1925 nicht erwähnten Sicherungsanspruchs auf § 401 BGB. beruft, vertritt sie die Auffassung, daß es sich dabei um ein Neben- oder Hilfsrecht für den Zahlungsanspruch handle. Diese Berufung auf § 401 trifft zu, obwohl das Gesetz nur bestehende Hypotheken, Pfandrechte und Bürgschaften erwähnt und keine zwingende Vorschrift enthält. In der Rechtsprechung des Reichsgerichts ist nach der Entstehungsgeschichte dieser Vorschrift anerkannt, daß sie auf andere Nebenrechte entsprechend anzuwenden ist (RGZ. Bd. 60 S. 369 (371), Bd. 65 S. 414 (418), Bd. 91 S. 277 (279); JW. 1907 S. 170 Nr. 8). Dies gilt insbesondere auch für Ansprüche auf Sicherung durch Hypothek oder Pfand, die sog. Hypotheken- oder Pfandrechtstitel (Planck BGB. § 401 Bem. 1 a; Oertmann Recht d. Schuldverh. § 401 Nr. 2 Abs. 1; für das gem. Recht RGZ. Bd. 24 S. 152). Der Anspruch auf Zahlung und Sicherstellung richtet sich indessen nur gegen Thi., nicht gegen die Klägerin selbst, die beim Kauf des Grundstücks in keinerlei Vertragspflichten des Thi. aus dem Inventarverkauf eingetreten ist. Die Beklagte dagegen war gegenüber dem Käufer Thi. und ist nun zufolge der späteren Abtretung seiner Käuferrechte vom 17. November 1927 gegenüber der Klägerin selbst aus dem Grundstücksverkauf gemäß § 439 Abs. 2 BGB. verpflichtet, die von ihr zwischen Verkauf und Auflassung zum Entstehen gebrachte Grundschuld zu beseitigen. Da sie aber auf Grund der Abtretung des Theu. überhaupt keinen fälligen Anspruch an die Klägerin hat, so kann sie aus eigenem Recht auch kein Zurückbehaltungsrecht nach § 273 BGB. ausüben. Sie kann dies aber auf Grund des ihr als Schuldnerin des Thi. durch § 404 BGB. gewährten Schutzes tun, soweit ihr zur Zeit der Abtretung vom 17. November 1927 gegen Thi. ein Zurückbehaltungsrecht zustand; denn ihre Rechtslage durfte durch jene Abtretung nicht verschlechtert werden. Da sie die Rechte des Theu. schon am 21. Februar 1925 erlangt hat, stand ihr ein Zurückbehaltungsrecht gegenüber Thi. zwar nicht nach § 320 BGB. zu, weil ihre Verpflichtung und ihr Recht auf zwei verschiedenen gegenseitigen Verträgen beruhten, wohl aber nach § 273 das. unter der Voraussetzung, daß die beiderseitigen Ansprüche aus demselben rechtlichen Verhältnis hervorgegangen sind. In dieser Hinsicht standen der Zahlungsanspruch und das Nebenrecht auf Sicherung einander gleich. Ist das soeben erwähnte Erfordernis für den einen Anspruch zu verneinen und verneint, so gilt dies auch für den anderen, der sich, wie gezeigt, auch nur gegen Thi. richtet. Dieses Erfordernis verneint aber der Vorderrichter mit Recht auch für das Rechtsverhältnis zwischen der Beklagten und Thi. Sind einmal über Grundstück und Inventar zwei besondere Kaufverträge mit verschiedenen Verkäufern und verschiedenen Bedingungen geschlossen worden, so wurden damit verschiedene Rechtsverhältnisse geschaffen, die sich weder rechtlich gegenseitig bedingten, noch wirtschaftlich derart eine Einheit darstellten, daß sich Forderungen aus dem einen Vertrag nach Treu und Glauben nicht ohne Erfüllung des andern hätten erheben lassen. Daran wird auch durch die Abtretung des Rechts aus dem einen Vertrag an die verpflichtete Vertragspartei des anderen nichts geändert. Sie kann die letztere in dieser Hinsicht nicht besser stellen und die vordem fehlende Einheit nicht zuwege bringen. Ueber die Vorschrift des § 273 BGB. hinaus gilt aber auch nach dem Rechte des Bürgerlichen Gesetzbuchs der alte gemeinrechtliche Satz: dolo facit, qui petit, quod redditurus est. Auf diesen Satz beruft sich die Revision, wenn sie geltend macht, Thi. würde arglistig gehandelt haben, wenn er die Löschung der Grundschuld verlangt hätte. Der Satz wäre gegen Thi. anzuwenden gewesen, falls er die Klage erhoben hätte; er hätte nicht in Gestalt der Grundschuld herausverlangen können, was er in Gestalt der Hypothek zu gewähren hatte. Die Grundschuld hätte ihn nicht härter getroffen als die Hypothek. Das zeigt die Verwandelbarkeit der einen in die andere nach § 1198 BGB., wobei, abgesehen von der technischen Aenderung des Rechts, alle Nebenbestimmungen gleich bleiben. Die Zustimmung der Beklagten zu einer solchen Umwandlung ist nicht bestritten. Diese der Beklagten dem Thi. gegenüber zustehende Einwendung muß sich nach § 404 BGB. auch die Klägerin gefallen lassen, wenn sie sich auf das von ihm erlangte Recht stützt.

Die Folge dieser rechtlich anderen, aber aus dem früheren Parteivorbringen sich ergebenden Einwendung wäre die Abweisung der Klage, nicht die vom ersten Richter ausgesprochene Verurteilung Zug um Zug gegen Zahlung. Da indessen die Beklagte das landgerichtliche Urteil ihrerseits nicht angegriffen hat, müßte es dabei sein Verbleiben haben. Jedoch kann nicht sofort auf Zurückweisung der Berufung erkannt werden. Denn der Vorderrichter hat die Einwendung noch nicht beschieden, die sich gegen das Zurechtbestehen des Kaufvertrags über das Inventar richtet.

RGZ. 129, 109

1.—2. . . .

3. Zum mitwirkenden Verschulden.

BGB. §§ 133, 151, 157, 254.

III. Zivilsenat. Urt. v. 20. Mai 1930.

Die Entscheidung ist abgedruckt unter „Bürgerliches Recht, Allgemeiner Teil".

RGZ. 129, 143

Bedarf es, wenn bei einem Wahlkauf der wahlberechtigte Käufer die Erfüllung des Vertrags überhaupt verweigert, vor der Androhung des Selbsthilfeverkaufs noch einer befristeten Aufforderung des Verkäufers zur Vornahme der Wahl und einer besonderen Bestimmung der zu liefernden Ware durch diesen?

BGB. § 264 Abs. 2.

VII. Zivilsenat. Urt. v. 27. Mai 1930.

I. Landgericht Leipzig. II. Oberlandesgericht Dresden.

Die Klägerin hatte der Beklagten im September 1925 zur Deckung ihrer Schuld aus früheren Geschäften ein Wechselakzept über 3700 RM. gegeben, zu dessen Einlösung die Beklagte ihr den Betrag demnächst hatte übermitteln müssen. Die Klägerin unterbreitete dann mit Schreiben vom 5. Oktober 1925 der Beklagten den Vorschlag, daß sie ihr im Oktober und November neun Maschinen zu bestimmten Preisen behufs Tilgung ihrer Verbindlichkeiten liefern wollte. Nach weiteren fernmündlichen, drahtlichen und schriftlichen Verhandlungen faßte die Beklagte sodann das Abkommen in einem Brief vom 13. Oktober 1925 dahin zusammen, daß die Klägerin ihr sofort eine Hobelmaschine und eine Shapingmaschine zu liefern habe daß sie sich „verpflichte, der Klägerin im November, Dezember und Januar je drei Maschinen ihres Fabrikats abzukaufen, deren Festsetzung rechtzeitig erfolge", sich auch „auf jede der vier Lieferungen ein Viertel ihrer Forderung abziehen zu lassen, den Restpreis aber jeweils 30 Tage dato Faktura zu begleichen". Die Hobelmaschine und die Shapingmaschine waren schon vor diesem Schreiben an die Beklagte abgegangen und wurden abgenommen. Dagegen ergaben sich über die Bestimmung der weiter zu liefernden Maschinen und über deren Preise Meinungsverschiedenheiten, in deren Verfolg die Beklagte mit Schreiben vom 21. November 1925 vom Vertrage zurücktrat und die Klägerin am 23. Januar und 20. Februar 1926 zum Selbsthilfeverkauf von drei Drehbänken und sechs Shapingmaschinen schritt. Die Klägerin klagte nun den nach Abzug der 3700 RM. und des Erlöses der Selbsthilfeverkäufe verbleibenden Rest der listenmäßigen Preise der Maschinen ein, wurde aber von den Vorinstanzen abgewiesen, weil ein Lieferungsvertrag mangels Bestimmtheit des Gegenstandes nicht zustandegekommen sei. Mit Urteil vom 31. Januar 1928 (VII 540/27) hob das Reichsgericht das Berufungsurteil auf, indem es auf den darin übersehenen Gesichtspunkt eines Kaufvertrags über einen wahlweise zu bestimmenden Gegenstand hinwies. Das Oberlandesgericht, an das die Sache zurückverwiesen wurde, gelangte jedoch abermals zur Abweisung der Klage. Die Revision der Klägerin führte wiederum zur Aufhebung und Zurückverweisung.

Gründe:

Das Berufungsgericht stellt fest, der Vertragsschluß zwischen den Parteien sei nicht vor dem 13. Oktober 1925, sondern erst dadurch zustande gekommen, daß die Klägerin dem Briefe der Beklagten von diesem Tage, indem sie ihn unbeantwortet ließ, ihre Zustimmung erteilt habe. (Eine hiergegen gerichtete Prozeßrüge wird zurückgewiesen.)

Dagegen beanstandet die Revision mit Recht die weiteren Ausführungen des Berufungsgerichts, daß die Klägerin trotz des Verzugs der Beklagten in der Ausübung des ihr nach dem Vertrage zustehenden Wahlrechts und trotz des unberechtigten Rücktritts der Beklagten vom Vertrage nicht befugt gewesen sei, ohne weiteres den Selbsthilfeverkauf anzudrohen, vielmehr zunächst durch eine befristete Aufforderung zur Vornahme der Wahl den Uebergang des Wahlrechts auf sie habe herbeiführen und dann ihrerseits die zu liefernden Maschinen habe bestimmen müssen. Hinsichtlich der Voraussetzungen des Rücktritts von einem gegenseitigen Vertrag oder des Schadensersatzanspruchs wegen Nichterfüllung bei Erfüllungsverzug des Vertragsgegners hat das Reichsgericht in ständiger Rechtsprechung anerkannt, daß es der im § 326 BGB. vorgeschriebenen Fristsetzung nicht bedarf, wenn der Vertragsgegner die Erfüllung bestimmt, ernstlich und endgültig verweigert (RGZ. Bd. 51 S. 350, Bd. 66 S. 421). Diese Stellungnahme beruht auf der Erwägung, daß nicht angenommen werden kann, der Gesetzgeber wolle vom Rechtsverkehr zwecklose und überflüssige Erklärungen verlangen, und dieser Gesichtspunkt, der sich aus den allgemeinen Anforderungen des Rechtsverkehrs ergibt, muß auch bei der hier in Frage stehenden Auslegung des § 264 Abs. 2 BGB. maßgebend beachtet werden. Er muß zu der Auffassung führen, daß es der dort vorgesehenen befristeten Aufforderung des Schuldners an den Gläubiger zur Vornahme der ihm zustehenden Wahl dann nicht bedarf, wenn der Gläubiger nicht nur die Ausübung seines Wahlrechts verzögert, sondern die Erfüllung des Vertrags überhaupt ernstlich und endgültig verweigert. Denn bei derartiger Weigerung ist nicht abzusehen, welchen Zweck die förmliche Aufforderung zur Ausübung des vertraglichen Wahlrechts innerhalb einer bestimmten Frist noch haben sollte. Eine solche Aufforderung wäre eine völlig überflüssige Weiterung. Der Berufungsrichter durfte deshalb nicht ohne weiteres annehmen, daß „der Rücktritt der Beklagten die rechtliche Beurteilung des Klaganspruchs nicht zu beeinflussen vermöge", sondern er mußte zunächst prüfen, ob in dem die Rücktrittserklärung enthaltenden Schreiben der Beklagten vom 21. November 1925 nicht eine bestimmte, ernstliche und endgültige Ablehnung der Vertragserfüllung zu sehen war. Zu dieser Prüfung bestand um so mehr Anlaß, als die Rücktrittserklärung wegen erheblicher, in mehreren früheren Briefen erörterter Preisstreitigkeiten erfolgt und trotz Klagedrohung in einem weiteren Schreiben der Beklagten vom 30. November 1925 bekräftigt worden war.

Lag eine bestimmte, ernstliche und endgültige Erfüllungsverweigerung der Beklagten vor, so war nicht nur die befristete Aufforderung zur Vornahme der Wahl, sondern aus den gleichen Gründen auch eine besondere Bestimmung der Klägerin über die von der Beklagten abzunehmenden Waren entbehrlich. Es genügte, wenn bei der Androhung des Selbsthilfeverkaufs die Bestimmung mitgeteilt und die Aufforderung zur Abnahme ausgesprochen wurde. Die hier in Betracht kommenden Briefe der Klägerin und ihres Rechtsanwalts vom 27. November und 17. Dezember 1925 begründen allerdings das Verlangen nach Abnahme der darin bezeichneten Maschinen nicht mit einer von der Klägerin infolge des Uebergangs des Wahlrechts auf sie getroffenen Bestimmung, sondern — entsprechend dem von ihr im Rechtsstreit eingenommenen Standpunkt — mit der angeblich festen Bestellung dieser Maschinen bei den Verhandlungen der Parteien. Aber dieser Umstand hindert nicht, in den Briefen eine wirksame Wahl der abzunehmenden Maschinen zu finden, da hierzu nicht eine zutreffende rechtliche Begründung, sondern nur die bestimmte Angabe der auf Grund der Erklärung zu bewirkenden Leistung und eine Bezeichnung des Schuldgrundes erforderlich ist, die keinen Zweifel darüber zuläßt, welcher Anspruch gemeint ist. Eine Prüfung, ob aus diesem Gesichtspunkt eine wirksame Vornahme der Wahl anzuerkennen ist und ob auch die Androhung des Selbsthilfeverkaufs ordnungsgemäß stattgefunden hat, ist im Berufungsurteil unterblieben.

RGZ. 129, 316

Welche Bedeutung kommt den erst nach Rechtskraft des Urteils im Vorprozeß erkennbar gewordenen Ursachen einer bestehenden Erwerbsunfähigkeit zu, wenn diese in jenem Urteil als dauernde Unfallsfolge angesehen worden ist?

ZPO. § 323. BGB. § 242.

IX. Zivilsenat. Urt. v. 2. Juli 1930.

I. Landgericht III Berlin. II. Kammergericht daselbst

Am 9. August 1912 erlitt der Kläger auf dem Bahnhof in D. dadurch einen Unfall, daß er über das Pfeifen und Zischen einer hinter seinem Rücken entlangfahrenden Lokomotive heftig erschrak und dabei mit dem Kopf gegen die Wand des Tenders der Lokomotive schlug. Er war als Militäranwärter im Gerichtsvollzieherdienst verwendet worden, zur Zeit des Unfalls aber beim Bekleidungsamt eines Armeekorps angestellt. Nach dem Unfall war er meist krank und mit geringen Unterbrechungen bis zu seiner am 30. Mai 1915 erfolgten Zurruhesetzung beurlaubt. Wegen vollständiger Dienstunfähigkeit und Erwerbsunfähigkeit wurde ihm eine Militärrente bewilligt, die jetzt auf monatlich 162,75 RM. festgesetzt ist.

Der Kläger führt seine Erkrankung auf den Vorgang vom 9. August 1912 zurück und verklagte zunächst im Jahre 1913 den preuß. Eisenbahnfiskus auf Erstattung von 936,80 M. Kurkosten sowie auf Feststellung, daß dieser ihm auch allen sonstigen Schaden aus dem Unfall zu erstatten habe. Das Oberlandesgericht erkannte durch rechtskräftiges Urteil vom 20. Mai 1914 zugunsten des Klägers. In einem weiteren Rechtsstreit wurde der Eisenbahnfiskus durch rechtskräftiges Landgerichtsurteil vom 6. März 1918 zur Zahlung einer lebenslänglichen Unterhaltsrente von durchschnittlich 4800 M. jährlich, jedoch unter Anrechnung der Militärrente, verurteilt.

Mit der im Jahre 1918 erhobenen gegenwärtigen Klage verlangt der Kläger von der Beklagten als Rechtsnachfolgerin des preuß. Eisenbahnfiskus gemäß § 323 ZPO. wegen völlig veränderter Verhältnisse die anderweitige Festsetzung seiner Rentenbezüge. Die Beklagte wendet ein, der angebliche Unfall des Klägers sei gar nicht die Ursache seiner gegenwärtigen Erwerbsunfähigkeit. Er leide an einer schon zur Zeit des Unfalls in der Entwicklung begriffenen, auf Syphilis beruhenden Paralyse. Die frühere abweichende Annahme beruhe auf unrichtiger medizinischer Beurteilung und auf mangelnder Erkennbarkeit des wahren Sachverhalts.

Beide Vorinstanzen gaben den Anträgen des Klägers statt. Auf die Revision der Beklagten wurde das Urteil des Kammergerichts aufgehoben und die Sache zurückverwiesen.

Aus den Gründen:

. . . Zutreffend ist der Ausgangspunkt des Berufungsgerichts, wonach die Klage als eine solche aus § 323 ZPO, anzusehen und deshalb den aus den Absätzen 2 und 3 das. ersichtlichen Beschränkungen unterworfen ist, die sowohl für die Zulässigkeit der Klagebegründung wie für die Abgrenzung der ihr gegenüber zulässigen Einwendungen gelten. Die Revision meint, daß diese Beschränkungen überhaupt nicht in Betracht kommen können, weil der Kläger eine Erhöhung der Rente erstrebe. Das frühere Urteil vom 6. März 1918 stelle als Papiermarkurteil nur eine Entscheidung über einen Teil des Anspruchs dar, so daß jetzt im Rechtsstreit über einen weiteren Teil die Einwendungen der Beklagten erneut zu prüfen seien.

Diese Auffassung kann nicht gebilligt werden. Allerdings könnte nicht entscheidend sein, daß bisher beide Parteien und beide Vorinstanzen die Klage ausschließlich als eine Abänderungsklage im Sinne des § 323 ZPO. angesehen und behandelt haben. Es wäre möglich, daß diese rechtliche Beurteilung unzutreffend wäre und daß es sich in der Tat um einen Anspruch handelte, der rechtlich allein aus § 242 BGB. zu beurteilen oder tatsächlich auf zwei Klagegründe gestützt wäre, nämlich auf die aus § 242 BGB. und die aus § 323 ZPO. beachtlichen Veränderungen tatsächlicher Verhältnisse. Eine solche mehrfache Klagebegründung ist zweifellos zulässig (RGZ. Bd. 114 S. 188, bes. S. 192) und kann gerade für die Anpassung von Unfallrenten an die völlig veränderten Verhältnisse der Gegenwart zweckmäßig erscheinen. Für die rechtliche Beurteilung gibt jedoch das tatsächliche Vorbringen des Klägers Maß, aus dem einwandfrei hervorgeht, daß sein Anspruch nur nach § 323 ZPO. begründet sein kann. Allerdings handelt es sich auch bei der Klage wegen Aufwertung einer Rente nach § 242 BGB. nicht allein um die Anwendung der von der Rechtsprechung entwickelten Rechtsgrundsätze, die sonst für die Aufwertung von Forderungen maßgebend sind, sondern auch um die Anpassung des Ergebnisses der früheren maßgeblichen Berechnungsfaktoren an die heutigen Geld- und Wirtschaftsverhältnisse. Wurde also in einem früheren Zeitpunkt die einem Verletzten zuzubilligende Rente nach dem Geldwert der Minderung seiner Erwerbsfähigkeit berechnet, so kann nach § 242 BGB. eine Neufestsetzung unter Berücksichtigung des damals gültigen Berechnungsfaktors verlangt werden. Damit soll dann der Rentenanspruch nicht über die Rechtskraft eines vor oder während des Weltkriegs ergangenen früheren Urteils hinaus erweitert werden; es soll vielmehr nur entsprechend der Zweckbestimmung der Rente der Wertstand auch für die nun streitigen späteren Leistungen aufrechterhalten oder wiederhergestellt werden. Darum handelt es sich hier aber nicht. Der Kläger legt wie früher so auch jetzt seiner Schadensberechnung das Gehalt eines im Jahre 1914 angestellten Gerichtsvollziehers unter Berücksichtigung seines eigenen Dienstalters zugrunde. Der wesentliche Unterschied dieses Anspruchs von einer sonstigen Unfallrente besteht darin, daß es bei dieser, aber nicht bei der Gehaltsforderung, auf die Angemessenheit der Vergütung zur Sicherstellung des der Erwerbsfähigkeit entsprechenden Lebensunterhalts ankommt. Zwar soll auch das Beamtengehalt den Unterhalt sicherstellen. Was dazu aber erforderlich ist, wird durch Gesetz für jede einzelne Beamtengruppe festgesetzt und kann durch Gesetz auch in der Weise geändert werden, daß sich die Bezüge einer bestimmten Beamtengruppe im Verhältnis zu anderen Gruppen verschieben, so daß jene Gruppe gehaltlich gegenüber anderen gehoben oder zurückgesetzt wird. Dann ist für eine Entscheidung nach § 242 BGB. überhaupt kein Raum, vielmehr bleibt nur die Klage aus § 323 ZPO. mit den dort geordneten Beschränkungen offen. Diese Klage hat der Kläger erhoben, und das Kammergericht hat sie mit Recht nur unter diesem Gesichtspunkt geprüft. Es ist deshalb verfehlt, wenn die Revision gegenüber dieser Klage auf die Rechtsprechung über den Umfang der Rechtskraft von Papiermarkurteilen verweist (vgl. z. B. RGZ. Bd. 119 S. 362). Wenn der Kläger bewußt nur den in § 323 ZPO. gegebenen Rechtsbehelf verfolgt, so ist es nicht angängig, die Einschränkungen, die der Geltendmachung der Aenderungsklage nach § 323 Abs. 2 und 3 anhaften, durch Berufung auf die vorgenannte Rechtsprechung außer Kraft zu setzen, zumal da diese zu Lasten beider Parteien des neuen Rechtsstreits wirken können.

Zu Unrecht hat aber der Vorderrichter angenommen, daß es sich bei dem Vorbringen der Beklagten um Gründe der in § 323 Abs. 1 ZPO. bezeichneten Art handle, die nicht erst nach dem 6. März 1918 entstanden seien. Insofern hat er die rechtliche Bedeutung des § 323 ZPO. verkannt.

Im Vorprozeß wurde davon ausgegangen, daß die vollkommene und dauernde Erwerbsunfähigkeit des Klägers eine Folge des Vorfalls vom 9. August 1912 auf dem Bahnhof in D. sei. Eine andere Ursache seines krankhaften Zustandes kam nicht in Frage, war insbesondere von dem damaligen Beklagten gar nicht behauptet worden. Von dieser unstreitigen Annahme geht deshalb auch das Urteil vom 6. März 1918 aus; es stellt somit den ursächlichen Zusammenhang zwischen dem Unfall und den bis dahin aufgetretenen Krankheitserscheinungen sowie der sich daraus ergebenden gegenwärtigen und künftigen Erwerbsunfähigkeit des Klägers ohne weiteres fest. Demgegenüber ist die Behauptung der Beklagten, die damaligen Krankheitserscheinungen seien nicht Folgen des Unfalls, sondern bereits Folgen einer noch nicht erkannten und noch nicht erkennbaren Syphilis gewesen, schon deshalb unbeachtlich, weil mit der Abänderungsklage eine Aenderung der früheren Entscheidung nur für die Zeit nach Erhebung der neuen Klage erreicht werden kann und hier auch nur beabsichtigt ist. Auf die Behauptung kommt es aber auch deshalb nicht an, weil durch das ältere Urteil der ursächliche Zusammenhang rechtskräftig festgestellt war und demgegenüber nach ständiger Rechtsprechung eine neuere, bessere medizinische Erkenntnis nicht berücksichtigt werden könnte, aus der sich eine Verneinung des früher irrtümlich angenommenen ursächlichen Zusammenhangs ergeben würde.

Indessen hat sich die Beklagte nicht auf die Geltendmachung eines dem früheren Urteil zugrunde liegenden medizinischen Irrtums beschränkt. Sie behauptet vielmehr weiter, daß die als Unfallsfolgen anzusprechenden Krankheitserscheinungen beim Kläger inzwischen völlig abgeklungen seien, und daß die jetzt und schon seit 1920 sichtbaren Krankheitserscheinungen vollständig oder doch im wesentlichen eine Folge der im Jahre 1918 noch nicht erkennbar gewesenen Syphilis seien. Im Zusammenhang damit behauptet sie, der Kläger leide ohne jede Beziehung zu dem Unfall an Syphilis, die auch ohne den Unfall zum Ausbruch gekommen wäre und ihn mindestens seit dem 1. Dezember 1923 ohne weiteres erwerbsunfähig gemacht hätte.

Diese Anführungen betreffen in der Tat wesentliche Veränderungen der für die frühere Entscheidung maßgeblichen Verhältnisse im Sinne des § 323 ZPO., und zwar solche Veränderungen, die erst nach dem Vorprozeßurteil eingetreten sind. Wenn man die Behauptungen als richtig unterstellt, so konnte jenes Urteil mit der ihm zugrunde liegenden medizinischen Beurteilung der Gesundheitsschädigung als Unfallsfolge eine damals für den Durchschnittsarzt gar nicht erkennbare Folge syphilitischer Erkrankung des Klägers überhaupt noch nicht berücksichtigen; das Gericht konnte deshalb auch nicht prüfen, ob die weitere Krankheitsentwicklung durch die Syphilis beeinflußt oder gar später allein bestimmt werden würde. Das Vorhandensein einer syphilitischen Infektion beim Kläger schon zur Zeit des früheren Urteils, aber ohne die für den Durchschnittsarzt erkennbaren Symptome, ist jedenfalls keiner der für die frühere Entscheidung maßgeblichen Umstände, weil man damals die Beachtlichkeit dieser Erkrankung für die Frage des ursächlichen Zusammenhangs zwischen Unfall und Krankheitserscheinungen nicht in Erwägung ziehen konnte. Die Beklagte behauptet also nicht etwa, daß man nur versehentlich die Krankheitserscheinungen des Klägers auf den Unfall statt auf die syphilitische Erkrankung zurückgeführt habe, sondern sie sagt, daß die Unfallsfolgen nach dem Urteil vom 6. März 1918 mehr oder weniger vollständig in Wegfall gekommen seien und nunmehr — allerdings mit der fast gleichen Wirkung der Erwerbsunfähigkeit — die schweren Folgen der syphilitischen Erkrankung an deren Stelle getreten seien. Ist das richtig und waren diese Folgen zur Zeit der Fällung jenes Urteils nicht aus irgendwelchen Symptomen derart für den Durchschnittsarzt voraussehbar, daß die Beklagte in dem früheren Verfahren die veränderten Krankheitsgrundlagen hätte geltend machen können, so darf sie sich jetzt auf die behauptete veränderte Sachlage berufen. Ihre Behauptungen sind auch nicht etwa widerspruchsvoll, weil einerseits eine Besserung im Befinden des Klägers, anderseits eine Verschlechterung behauptet wird; denn beide Behauptungen beziehen sich auf die verschiedenartigen Wirkungen zweier ganz verschiedener Krankheitsursachen.

Die Einwendungen der Beklagten wären auch dann nicht unbeachtlich, wenn sich ergeben sollte, daß die Unfallsfolgen mit dem Ergebnis der Erwerbsunfähigkeit nicht weggefallen sind. Denn die Beklagte hat weiter behauptet, daß — unabhängig von der Gesundheitsheitsbeschädigung des Klägers durch den Unfall — mindestens mit Wirkung seit Dezember 1923 die schon lange in ihm schlummernde syphilitische Erkrankung die vollständige Erwerbsunfähigkeit durch Ausbruch der Paralyse herbeigeführt haben würde. Mit Recht sagt die Revision, daß der Berufungsrichter diese Behauptung auf ihre Richtigkeit hätte prüfen müssen und daran durch die Beschränkungen des § 323 ZPO. nicht gehindert gewesen sei. Denn es ist damit eine Unterbrechung des ursächlichen Zusammenhangs zwischen Unfall und Erwerbsunfähigkeit behauptet, und zwar derart, daß ein zur Zeit des früheren Urteils noch nicht erkennbarer Krankheitskeim später eine Wirkung gehabt habe, die zur vollständigen Erwerbsunfähigkeit des Klägers führte, so daß man diese nicht mehr als Unfallsfolge ansehen könne (vgl. auch JW. 1911 S. 658 Nr. 35 und 1912 S. 594 Nr. 15, ferner RGRKomm. 6. Aufl. Vorbem. zu § 249 BGB. Anm. 3 S. 395). Aber selbst wenn die Syphilis schon früher erkennbar gewesen wäre, müßte gefragt werden, ob damals eine Entwicklung dieser Erkrankung vorauszusehen war, welche die jetzt zutage tretenden Folgen haben, insbesondere in bestimmter Zeit die Erwerbsunfähigkeit des Klägers herbeiführen mußte, oder ob wenigstens mit irgendwelcher Sicherheit erwartet werden konnte, daß solche Folgen — voraussehbar nach Zeit und Art ihres Eintritts — eintreten würden.

Deshalb ist es nicht richtig, wenn das Kammergericht ausführt, das neue Vorbringen der Beklagten sei nur dann zu beachten, wenn sie behaupten könne, die syphilitische Erkrankung des Klägers sei erst nach Erlaß des Urteils vom 6. März 1918 entstanden. Denn Sinn und Zweck der Beschränkungen, die § 323 ZPO. der neuen Geltendmachung rechtserheblicher Tatsachen im Hinblick auf die Rechtssicherheit nach Erlaß eines rechtskräftigen Urteils auferlegt, werden verkannt, wenn man die Berücksichtigung solcher Umstände verbieten wollte, wie sie im gegenwärtigen Rechtsstreit von der Beklagten geltend gemacht sind. Der Vorderrichter würdigt die Rechtsprechung des Reichsgerichts unzureichend, wenn er sich dadurch gehindert sieht, auf die neuen Behauptungen einzugehen.

RGZ. 130, 1

1. Kann ein Notar, der unter Verletzung seiner amtlichen Belehrungspflicht einen Knebelvertrag und einen wucherlichen Darlehnsvertrag beurkundet hat, gegenüber der Ersatzklage des geschädigten Gläubigers mit Erfolg einwenden, daß diesem ein für den Vertragsschluß mitursächliches Verschulden oder gar ein Verstoß gegen die guten Sitten zur Last falle?

BGB. §§ 138, 254.

III. Zivilsenat. Urt. v. 16. November 1930.

Die Entscheidung ist abgedruckt unter „Bürgerliches Recht Allgemeiner Teil".

RGZ. 130, 215

Welche Anforderungen sind an das Verhalten desjenigen zu stellen, der die rechtzeitige Anfechtung eines Vertrags wegen arglistiger Täuschung versäumt hat und nun dem Gegner die allgemeine Arglisteinrede entgegensetzt?

BGB. §§ 124, 242, 853.

VII. Zivilsenat. Urt. v. 7. November 1930.

I. Landgericht Magdeburg. II. Oberlandesgericht Naumburg a. S.

Der am 10. April 1927 verstorbene Kaufmann R. in M. war mit Wirkung vom 1. August 1925 ab bei der Beklagten in Höhe von 25 200 GM. (oder 6000 Dollar nordamerikanischer Währung) auf den Todesfall versichert. Am 30. Juli 1926 hatte er seinen Anspruch aus dieser Versicherung der klagenden Firma verpfändet. Die Beklagte lehnt die Zahlung der Versicherungssumme ab, weil R. in den Erklärungen über seinen Gesundheitszustand, die er in seinem Versicherungsantrag und bei der vertrauensärztlichen Untersuchung abgegeben hatte, ihm vorgelegte Fragen absichtlich falsch beantwortet habe. Aus diesem Grunde hat sie durch Schreiben vom 3. Mai 1927 ihren Rücktritt vom Versicherungsvertrag und im Rechtsstreit durch Schriftsatz vom 1. November 1927 die Anfechtung des Vertrags wegen arglistiger Täuschung erklärt.

Die Klage ist auf Zahlung der Versicherungssumme gerichtet. Das Landgericht gab ihr statt. Auf die Berufung der Beklagten wies das Oberlandesgericht die Klage ab. Die Revision der Klägerin führte zur Aufhebung und Zurückverweisung.

Gründe:

Das *Berufungsgericht* hält den *Rücktritt* der Beklagten vom Versicherungsvertrag sowie ihre Anfechtung des Vertrags wegen arglistiger Täuschung für unwirksam, weil sie die betreffenden Erklärungen nur der Klägerin, nicht aber -- wie es hätte geschehen müssen — den Erben des Versicherungsnehmers gegenüber abgegeben habe. Dagegen nimmt der Vorderrichter an, daß die Beklagte befugt sei, der Klage die Einrede der Arglist entgegenzusetzen.

Die Revision verlangt Nachprüfung, ob hier die Arglisteinrede durchschlägt. In der Tat bestehen in dieser Hinsicht grundsätzliche Bedenken. Zwar ist in der Regel, im Sinne der §§ 242, 853 BGB., die allgemeine Arglisteinrede auch demjenigen zu verstatten, der die Jahresfrist des § 124 BGB. versäumt und sich dadurch außerstande gesetzt hat, die Nichtigkeit des Vertrags wegen arglistiger Täuschung von seiten des Vertragsgegners herbeizuführen und den Rechtserfolg des Vertrags in allgemein wirksamer Weise zu beseitigen (RGZ. Bd. 79 S. 197). Doch muß man von der Partei, die sich dieser Einrede bedienen will, fordern, daß sie mit Deutlichkeit den Willen zum Ausdruck bringt, den durch Betrug des Gegners erschlichenen Vertrag aufzulösen (RGZ. Bd. 60 S. 294 flg., bes. S. 296). Mit Treu und Glauben im Verkehr wäre es unvereinbar, wenn jemand die Arglisteinrede dazu benutzte, sich gegenüber dem Gegner seinen vertraglichen Verpflichtungen zu entziehen, ohne seinerseits die Pflicht zur Rückgewähr der auf Grund des Vertrags bereits erlangten Vorteile anzuerkennen. Aus den Erklärungen des die Vertragserfüllung Verweigernden muß daher erhellen, daß er wirklich die Auflösung des Vertrags begehrt und die sich daraus ergebenden Folgen seinerseits zu tragen bereit ist. Wie in RGZ. Bd. 60 S. 296 dargelegt, braucht er sich zwar nicht zur Rückgabe des Empfangenen zu erbieten, sondern darf abwarten, bis der Gegner seine Leistung zurückfordert. Er darf sich aber in dem Rechtsstreit, in welchem er die Arglisteinrede vorschützt, nicht in der Weise verhalten, daß er die Rückgewähr von vornherein ablehnen und sich unter Berufung auf den Vertrag die daraus gezogenen Vorteile weiterhin sichern will. In solchem Falle steht seiner Arglisteinrede die Replik der eigenen Arglist entgegen.

So liegen aber die Dinge hier. Die Beklagte will mit der Arglisteinrede nur ihre Befreiung von der Pflicht zur Zahlung der Versicherungssumme erreichen. Die vom Versicherungsnehmer seit 1925 empfangenen Prämien will sie aber nicht zurückgeben; diesen Entschluß hat sie hinreichend dadurch bekundet, daß sie dem von der Klägerin im zweiten Rechtsgang erhobenen Anspruch auf Erstattung der auf die Versicherung des R. entfallenden Prämienreserve den Einwand der unzulässigen Klagänderung entgegensetzte. Dies kann nur so aufgefaßt werden, daß die Beklagte es ablehnt, die Prämienreserve und demnach erst recht die sie übersteigende Summe der von R. gezahlten Prämien zurückzuvergüten. Sie will also die Vorteile behalten, die ihr der Versicherungsvertrag brachte, sich hingegen ihrer eigenen Leistung mit Hilfe der Arglisteinrede entziehen. Ein solches Verhalten kann aber durch die Rechtsordnung nicht geschützt werden (RGZ. Bd. 71 S. 436).

Aus diesen grundsätzlichen Erwägungen ist der Entscheidungsgrund des Berufungsgerichts unhaltbar. Sein Urteil läßt sich auch nicht mit den Erwägungen aufrechterhalten, welche die Beklagte in der mündlichen Revisionsverhandlung vorgetragen hat. Diese bewegen sich in der Richtung, daß wegen der besonderen Gestaltung des Versicherungsverhältnisses die der Klägerin gegenüber abgegebenen Rücktritts- und Anfechtungserklärungen doch als rechtswirksam anzusehen seien. Da jedoch die näheren Bedingungen des Vertragsabschlusses zwischen der Beklagten und dem Versicherungsnehmer R. bisher nicht Gegenstand der Verhandlung im Rechtsstreit gewesen sind, kann das auf sie gestützte Vorbringen der Beklagten in diesem Rechtszuge keine Beachtung finden.

RGZ. 130, 367

Kann jede Reichsmarkschuld, auch eine Wertschuld, dadurch getilgt werden, daß der Nennbetrag in Reichsmark gezahlt wird? Gilt das auch dann, wenn die Kaufkraft der Reichsmark, z. B. nach den Reichs-Teuerungsrichtzahlen, zur Zeit der Entstehung der Schuld höher war als im Zeitpunkt der Zahlung?

Münzgesetz vom 30. August 1924 (RGBl. II S. 254) §§ 3, 4, 5, 9.

Bankgesetz vom 30. August 1924 (RGBl. II S. 235) §§ 31, 52.

VII. Zivilsenat. Urt. v. 28. November 1930.

I. Landgericht Dortmund. II. Oberlandesgericht Hamm.

Durch gemeinsamen Beschluß des Oberbergamts in D. und des Regierungspräsidenten in A. vom 26. Januar/13. Februar 1925 ist auf

Antrag der Beklagten der Kläger für verpflichtet erklärt worden, nach Eintritt der Rechtskraft des Beschlusses eine 85,46 ar große Fläche seines Grundbesitzes in B. zum Bau einer Hafenbahn gegen eine Entschädigung von 25 419 GM. nebst 8 % Zinsen seit dem 11 Juli 1924 der Beklagten schulden- und lastenfrei abzutreten. Auf das Verfahren waren durch Staatsministerialbeschluß vom 15. Mai 1924 die Vorschriften des Gesetzes über ein vereinfachtes Enteignungsverfahren vom 26. Juli 1922 (GS. S. 211) für anwendbar erklärt und durch den Beschluß vom 28. Juni, zugestellt am 11. Juli 1924, war die Beklagte in den Besitz der Parzelle eingewiesen worden. Die Beklagte hat am 27. Juli 1925 die Entschädigungssumme mit 25 528,50 RM. (einschließlich Zinsen) gezahlt. Im gegenwärtigen Rechtsstreit verlangte der Kläger ursprünglich eine weitere Entschädigung von mindestens 100 000 RM. nebst gewissen Zinsen. Das Landgericht hat ihm durch Teilurteil vom 16. Mai 1927 eine weitere Entschädigung von 70 614 RM. nebst — der Höhe nach gestaffelten — Zinsen seit dem 11. Juli 1924 zugesprochen, den Anspruch des Klägers auf Entschädigung wegen Lehmvorkommens abgewiesen und die Entscheidung über einen weiteren Posten der Klagerechnung — betreffend Anlegung und Unterhaltung eines Durchlasses des B.er Baches — vorbehalten. Beide Parteien haben Berufung eingelegt. Vor dem Oberlandesgericht haben sie den Anspruch wegen des Bachdurchlasses für erledigt erklärt. Die Berufung des Klägers ist durch rechtskräftig gewordene Entscheidung zurückgewiesen worden. Der Berufungsantrag der Beklagten ging schließlich dahin, die Klage abzuweisen, soweit die Beklagte zur Zahlung von mehr als 4273 + 372 = 4645 RM. nebst Zinsen verurteilt worden sei. Die Beklagte erklärte sich nämlich damit einverstanden, daß der Einheitssatz für den Wert des Grund und Bodens von 150 auf 200 RM. für das Ar erhöht, insoweit also 17 092 — 12 819 = 4273 RM. mehr in die Rechnung eingestellt würden. Außerdem billigte sie dem Kläger für Land, das er zu einem Kulturweg verwenden mußte, statt 1500 RM. 1872 RM., also 372 RM mehr zu. Jene 4273 RM nebst Zinsen sind am 22. Juni 1927 gezahlt worden. Das Oberlandesgericht hat die Beklagte unter Abweisung des weitergehenden Anspruchs verurteilt, an den Kläger noch 31 122 RM. nebst 4 % Zinsen von 30 750 RM seit dem 11. Juli 1924 zu zahlen. Von den weiteren 372 RM. soll die Beklagte die gestaffelten Zinsen zahlen, wie sie im Urteil des Landgerichts festgesetzt worden sind.

Die Revision der Beklagten griff diese Entscheidung an, soweit sie ihr ungünstig ist. Sie führte in diesem Umfang zur Aufhebung und Zurückverweisung.

Gründe:

1. Die Revision richtet sich, wie die Revisionsklägerin in der mündlichen Verhandlung mit Recht erklärt hat, dagegen, daß die

Beklagte verurteilt ist, noch 30 750 RM. nebst Zinsen an den Kläger zu zahlen. Nur in diesem Punkt ist das Berufungsurteil der Beklagten ungünstig. Die 372 RM. nebst den gestaffelten Zinsen, welche die Beklagte noch weiter zahlen soll, gehören zu jenen 4645 RM., zu deren Zahlung bereits das Landgericht verurteilt hatte und auf welche sich der Berufungsantrag der Beklagten schließlich nicht mehr bezog. Die außerdem noch dazugehörigen 4273 RM. sind inzwischen gezahlt worden. Der Berufungsrichter hat das bei seiner Berechnung berücksichtigt; deshalb hat er die Beklagte nicht mehr zur Zahlung dieser 4273 RM., nebst Zinsen verurteilt.

2. Gegen die Zulässigkeit des Rechtswegs und die Rechtzeitigkeit der Klagerhebung ergeben sich keine Bedenken, vgl. §§ 6 und 7 des Gesetzes über ein vereinfachtes Enteignungsverfahren vom 26. Juli 1922. *Richtig ist auch, daß der Berufungsrichter* als den für die Höhe der Entschädigung maßgebenden Stichtag den 11. Juli 1924 angesehen hat, den Tag, an welchem dem Kläger der Beschluß zugestellt worden ist, der die Beklagte in den Besitz der zu enteignenden Fläche einwies. Von diesem Tag an ist die Entschädigung nach § 6 Abs. 1 Satz 4 a. a. O. zu verzinsen, und der Beginn der Verzinsung entscheidet, wie der erkennende Senat bereits in RGZ. Bd. 69 S. 349 ausgesprochen hat.

3. Begründet sind aber die Angriffe, welche die Revision gegen die teils vom Oberlandesgericht selbst, teils mit dessen Billigung von den Sachverständigen vorgenommenen Umrechnungen erhebt. Die Sachverständigen haben den Grundstückswert in an sich zulässiger Weise nach Vergleichskäufen ermittelt, die in der Zeit von 1924 bis 1928 liegen. Das Grundstücksangebot, daß der Kläger im Jahre 1917 gemacht hatte, haben sie als Unterlage für die Wertermittlung nicht berücksichtigt; sie haben es, wie sie selbst betonen, nur zur Klarstellung eines wirtschaftlichen Irrtums benutzt. Obwohl die Sachverständigen nun annehmen, daß schon Mitte 1924, trotz noch herrschender schwieriger Verhältnisse, die gezahlten Grundstückspreise einen gerechten Maßstab für die Beurteilung der Wertverhältnisse bildeten, haben sie doch bei Würdigung der Vergleichskäufe aus den Jahren 1924 bis 1928 die Reichsmark — und die ihr gleichstehende Vorläuferin, die Rentenmark, die im folgenden immer unter der Reichsmark mitverstanden wird — nicht als Währung, als feststehenden und gleichbleibenden Wertmesser behandelt, sondern sie haben in ihr verschiedene Wertmaßstäbe erblickt, die sie durch Umrechnen nach den Zeilerschen Geldwertzahlen, d. h. also nach den Reichs-Teuerungsrichtzahlen, auf die Friedensmark als den gemeinsamen Nenner zurückführten. So sind die Sachverständigen dazu gelangt, den Grundstückswert und auch die übrigen Einzelposten der Entschädigungsforderung in Friedensmark festzustellen. Von der in

Friedensmark ermittelten Gesamtforderung des Klägers haben sie und, ihnen folgend, das Oberlandesgericht die Zahlungen der Beklagten abgezogen, aber auch erst, nachdem sie diese an Hand der Reichs-Teuerungsrichtzahlen in Friedensmark umgerechnet hatten. Durch dieses Verfahren wird die Beklagte benachteiligt, wie schon folgende Ueberlegung zeigt. Legt man, mangels anderen Anhalts, die von den Sachverständigen berechnete Gesamtentschädigung von 40 970 Friedensmark zugrunde, so hatte die Beklagte am 11. Juli 1924 bei einer Geldwertzahl von 1,28 52 441,60 RM. zu zahlen. Sie hat am 27. Juli 1925 25 528,50 RM. und am 22. Juni 1927 noch 4273 RM. auf die Hauptsumme gezahlt. Wenn Reichsmark gleich Reichsmark zu rechnen ist, konnte die Restschuld der Beklagten danach nur noch 22 640 RM. betragen; der Berufungsrichter hat die Beklagte aber zur Zahlung von insgesamt noch 31 122 RM. verurteilt, weil er die 25 528,50 RM. nach der Reichs-Teuerungsrichtzahl vom Juli 1925 (1,433) in 17 814,72 Friedensmark und die 4273 RM. nach der Richtzahl vom Juni 1927 (1,477) in 2893,03 Friedensmark umgerechnet und diese Beträge von den 40 970 Friedensmark Entschädigungsforderung abgezogen hat. Den verbleibenden Rest von rund 20 262 Friedensmark hat der Vorderrichter nach der für die Zeit des Urteilserlasses maßgebenden Richtzahl (1,536) umgerechnet und ist so zu den erwähnten 31 122 Reichsmark gelangt. Welche weiteren Nachteile für die Beklagte sich etwa dadurch noch ergeben haben, daß die Vergleichspreise schon bei Ermittlung der Entschädigung in Friedensmark umgerechnet und überhaupt alle Einzelposten in Friedensmark festgestellt worden sind, kann unerörtert bleiben.

4. Das Umrechnungsverfahren des Berufungsrichters ist nicht zu billigen. Die Reichsmark ist zu allen Zeiten ihres Bestehens dieselbe Reichsmark gewesen und geblieben. Jede Reichsmarkschuld konnte und kann durch Reichsmarkzahlung getilgt werden. Nur diese Auffassung entspricht der geltenden Münzgesetzgebung und ihrer tasächlichen Herrschaft im Verkehr. Nach § 3 Abs. 1 des Münzgesetzes vom 30. August 1924 ist die Reichsmark gleich 1/1395 Pfund Feingold, genau wie nach §§ 1 und 2 des Gesetzes betr. die Ausprägung von Reichsgoldmünzen vom 4. Dezember 1871 (RGBl. S. 404), nach Art. 1 Abs. 1 des Münzgesetzes vom 9. Juli 1873 (RGBl. S. 233) und nach § 3 Abs. 1 des Münzgesetzes vom 1. Juni 1909 (RGBl. S. 507). Deshalb konnten auch die auf Grund der früheren Gesetze geprägten Reichsgoldmünzen als solche in die neue Reichsmarkwährung hinübergenommen werden, vgl. § 4 des Gesetzes vom 30. August 1924. Die Reichsmark der neuen Währung ist danach dasselbe, was man in den Zeiten der Papierwährung und der Inflation eine Goldmark genannt und als Rechnungsmark benutzt hat. Wer eine Reichsmark schuldet, schuldet 1/1395 Pfund Feingold, und wer 1395 Reichsmark zu fordern hat, wird durch den Empfang von

einem Pfunde Feingold befriedigt. Auf die — in der Tat veränderliche — Kaufkraft des Goldes kommt es dabei nicht an, auch nicht bei den sog. Wertschulden, zu denen die Forderung des Klägers als Entschädigungsforderung an sich gehört. Ein Blick in die für die ganze Aufwertung und damit auch für die Umrechnung von Wertschulden grundlegende Entscheidung vom 28. November 1923 (RGZ. Bd. 107 S. 78) zeigt denn auch, daß für sie nicht die geänderte Kaufkraft der Goldmark ausschlaggebend war, sondern der Umstand, daß die in Gold nicht mehr einlösbare, im Verkehr aber ausschließlich maßgebende Papiermark eigene Wege gegangen war und ihren Wert beinahe völlig eingebüßt hatte. Das war der Grund dafür, daß die Währungsgesetzgebung hinter den gebieterischen Anforderungen von Treu und Glauben im Verkehr zurücktreten mußte. Aufgegeben wurde damals nicht eigentlich der Satz „Mark gleich Mark", sondern der erst einen wirklichen Inhalt aufweisende Satz „Papiermark gleich Goldmark".

Seit die Reichsmark eingeführt ist, hat es keine Papiermark im alten Sinne mehr gegeben. Zwar spielen die Reichsgoldmünzen heute im Verkehr noch keine Rolle, aber die sonstigen gesetzlichen Zahlungsmittel nach § 5 des Münzgesetzes vom 30. August 1924, d. h. die Reichsbanknoten und — in beschränktem Maße, § 9 a. a. O. — die Scheidemünzen haben seit der Neubefestigung der Währung stets die volle Zahlungskraft besessen, ihr Nennwert hat als Goldwert gegolten. Dasselbe war und ist der Fall bei den gesetzlich außerdem noch zugelassenen Zahlungsmitteln, wie z. B. bei den Noten der Privatbanken und den Rentenbankscheinen. Bei alledem hat es sich nicht um einen Zwangskurs im Inlande gehandelt; das beweist klar der Umstand, daß die Reichsbanknoten an den Börsen des Auslands — innerhalb der kleinen Schwankungen, denen alle wertbeständigen Währungen unterworfen sind — stets ihren Kurs gehalten haben, und zwar auch schon ehe — nach Erlaß des Berufungsurteils — die in § 31 des Bankgesetzes vom 30. August 1924 enthaltene Vorschrift über die Einlösung der Reichsbanknoten gemäß § 52 das. in Kraft gesetzt worden war (vgl. die Bekanntmachungen des Reichsbankdirektoriums vom 15. April 1930, des Reichswirtschaftsministers und des Reichsministers der Finanzen vom 17. April 1930, RGBl. II S. 691)*).

5. Der Kläger hat also die an ihn geleisteten Zahlungen in Geld erhalten, dessen Goldwert seinem Nennwert entsprach. Etwas Gegenteiliges hat weder der Berufungsrichter angenommen noch der Kläger behauptet. Ebenso sind die Preise der von den Sach-

*) a) VO. 16. VII. 38 — RGBl. I S. 901 (Außerkurssetzung der Reichsgoldmünzen).
b) Vgl. auch RGBl. 1931 I S. 379; 1933 I S. 119, 1934 I S. 574.
c) Die Umstellungsgesetzgebung 1948.

verständigen herangezogenen Vergleichskäufe Reichsmarkpreise gewesen. Sie sind deshalb an sich unmittelbar miteinander vergleichbar, wenn auch die besonderen Umstände einzelner Käufe eine sie beachtende Würdigung rechtfertigen mögen.

Alles das hat auch der Berufungsrichter nicht eigentlich verkannt. Seine Erwägungen beruhen darauf, daß die Reichsmark, obwohl Goldmark, doch zu den verschiedenen Zeiten ihres Bestehens eine verschiedene Kaufkraft gehabt hat. Die Richtigkeit dieser Tatsache ist schon oben zugegeben worden; sie vermag aber die vom Berufungsrichter daraus gezogenen Schlüsse nicht zu begründen.

Die Kaufkraft des Goldes ändert sich einmal, weil dieses nicht nur Währungsmetall, sondern auch Ware ist, dem Gesetz von Angebot und Nachfrage unterliegt und deshalb in seinem eigenen Werte, gemessen an dem der übrigen Waren, steigt und fällt; und sie ändert sich zweitens, weil die übrigen Waren, am Gold gemessen, in ihrem Werte steigen und fallen. Die Versuche, die jeweils eintretenden Wirkungen gesondert auf jede der beiden Ursachen zurückzuführen, haben als aussichtslos aufgegeben werden müssen, wie das Reichsgericht im Anschluß an Helfferich Das Geld 6. Aufl. S. 563 flg. schon in seinem Plenarbeschluß vom 31. März 1925 (RGZ. Bd. 110 S. 373) anerkannt hat. Darauf kommt es übrigens hier nicht an. Ohne weiteres ist klar, daß die auf der Warenseite eintretenden Preisänderungen, vielfach hervorgerufen durch künstliche Eingriffe in den Warenumlauf, durch Steuern und Lasten ebenso wie durch Maßnahmen der Handelspolitik, die lösende Kraft einer Zahlung in Gold oder goldwertem Gelde nicht zu beeinträchtigen vermögen. Die Schwankungen aber, die das Gold in seinem eigenen Wert erleidet, dürfen nicht beachtet werden, weil das Gold trotz dieser Schwankungen zum Währungsmetall bestimmt worden ist. Sie sind in aller Regel nur gering und meist nur in längeren Zeiträumen von erheblicherem Gewicht. Die hierdurch bedingten Nachteile hat man bewußt in Kauf genommen, als die Goldwährung geschaffen wurde; sie können jetzt nicht zur Unterlage von besonderen Ansprüchen gemacht werden. Nachdem mit Einführung der Reichsmark wieder normale Zeiten eingetreten sind, muß der Gold- und Geldwert für den Verkehr wieder als gleichbleibend angesehen werden, wie das vor dem Kriege geschah. Auch damals war vielfach ein Sinken des Goldwertes zu beobachten; die sogenannten Erhöhungen der Beamtengehälter hatten wesentlich den Zweck, das gesunkene Realeinkommen wiederherzustellen. Trotzdem ist in jenen Zeiten nicht der Versuch gemacht worden, auch nicht bei Wertschulden, Nennwertzahlungen in Gold oder goldgleichem Geld als unterwertig zu bemängeln.

Nur nebenbei sei bemerkt, daß nicht immer nur der Gläubiger begünstigt würde, wenn man die Kaufkraft des Geldes als jeweils maßgebend beachtete. Seit einiger Zeit fallen die Reichs-Teuerungsrichtzahlen; wir erleben unverkennbar ein allmähliches Wiederansteigen der Kaufkraft des Geldes.

6. Der Vorderrichter beruft sich für seine von der hier vertretenen abweichende Ansicht auf die vom erkennenden Senat in seinen Entscheidungen RGZ. Bd. 107 S. 228 und Bd. 109 S. 258 aufgestellten und seitdem in ständiger Rechtsprechung festgehaltenen Grundsätze. Er umschreibt sie dahin, daß eine in der Zeit zwischen dem maßgeblichen Stichtag der Enteignungsentschädigung und der Auszahlung der Entschädigungssumme eingetretene Verschlechterung der allgemeinen inneren Kaufkraft der Mark dem Enteigneten nicht zum Nachteil gereichen, daß dieser vielmehr Anspruch auf den Geldbetrag haben soll, der, gemessen an der allgemeinen inneren Kaufkraft der Mark, zur Zeit der Zahlung oder des Urteils dem für die Stichzeit ermittelten Wert entspricht.

Bei Anwendung jener Grundsätze auf den vorliegenden Fall übersieht jedoch das Oberlandesgericht, daß es sich in allen bisher vom Senat entschiedenen Fällen um Enteignungsentschädigungen aus der Papiermarkzeit gehandelt hat. Hier war eine Umrechnung in Reichsmark von vornherein notwendig, und dabei mußte auch die von ihrem Kurswert häufig recht verschiedene Kaufkraft der Papiermark berücksichtigt werden. Dann war es aber geboten, entsprechend bei der Reichsmark zu verfahren, alle ihre Eigenschaften und Beziehungen zu beachten, einschließlich ihrer Kaufkraft, und so, wie jene an dem jeweils maßgebenden Zeitpunkt vorhanden waren. Allgemein etwa die Verhältnisse vom 1. Januar 1924 zugrunde zu legen, wäre nicht angegangen, weil sie damals noch ungewöhnlich waren und weil z. B. in den überhohen Zinssätzen das Mißtrauen in den Bestand der Währung noch klar zutage trat.

Im gegenwärtigen Fall ist eine Enteignungsentschädigung für den 11. Juli 1924 zu ermitteln und sind Zahlungen zu beachten, die in den Jahren 1925 und 1927 geleistet wurden. Alles hat sich also in der Reichsmarkzeit abgespielt; die Reichsmark als Währung muß deshalb nach allen Richtungen hin maßgebend sein.

7. Nicht entgegen steht dieser Auffassung das Urteil des V. Zivilsenats vom 4. Juni 1930 V 16/29, worin eine von den Sachverständigen auch des gegenwärtigen Rechtsstreits in ähnlicher Weise wie jetzt angestellte Rechnung gebilligt worden ist. In dem dort entschiedenen Falle handelt es sich nämlich auch um eine durch Beschluß vom Sommer 1921 in Papiermark festgesetzte Entschädigung, bei der eine Umrechnung in Reichsmark vorgenommen werden mußte und dann in der geschilderten Weise bewirkt werden durfte.

8. Erwähnt mag endlich noch werden, daß die Frage, ob die Kaufkraft der Reichsmark zu berücksichtigen ist, auch in der Recht-

sprechung über die eigentliche Aufwertung aufgeworfen wurde. Der V. Zivilsenat hatte sie bejaht (Zeiler Aufwfälle Nr. 1441), andere Senate hatten sie verneint, nämlich der I. (Zeiler a. a. O. Nr. 610 und Nr. 916), der II. (RGZ. Bd. 126 S. 399), der IV. (Zeiler Nr. 671), der VII. (Zeiler Nr. 1057) und der VI. Zivilsenat (Zeiler Nr. 972 und Nr. 1481). Neuerdings hat sich der VI. Zivilsenat wiederum mit der Frage beschäftigt. Er hat sie in seinem Urteil vom 16. Juni 1930 VI 559/29 (RGZ. Bd. 129 S. 208 = JW. 1930 S. 2413 Nr. 26) abermals verneint, nachdem der V. Zivilsenat — anscheinend übrigens nach Erlaß des vorstehend in Nr. 7 erwähnten Urteils — auf Anfrage erklärt hatte, daß er an seiner gegenteiligen Meinung nicht festhalten wolle.

9. Aus den vorstehenden Gründen muß das angefochtene Urteil in dem im Eingang erwähnten Umfang aufgehoben und die Sache insoweit zurückverwiesen werden. Dem Berufungsgericht wird es nunmehr obliegen, die Entschädigung in Reichsmark zu ermitteln und die geleisteten Reichsmarkzahlungen zu berücksichtigen, alles das ohne Ausschaltung der rechtlich geltenden und im Verkehr tatsächlich maßgebenden Reichsmarkwährung.

RGZ. 132, 9

1. Wird die Gültigkeit einer Hypothek durch eine persönliche Pfandbrieflieferungspflicht des Schuldner-Eigentümers beeinträchtigt?

2. Kann der Schuldner-Eigentümer dem Gläubiger die Befugnis zugestehen, ihm die Löschung der Hypothek bis zur Lieferung von Pfandbriefen zu verweigern?

BGB. §§ 262 flg., 273, 1113, 1144.

V. Zivilsenat. Urt. v. 21. März 1931.

I. Landgericht II Berlin.

Die Klägerin, die im Jahre 1925 vom Beklagten ein Hypothekendarlehen von 8000 Feingoldmark in zehnprozentigen Goldpfandbriefen erhielt, kündigte es ihm für Ende 1930. Der Beklagte verlangte darauf, daß das Kapital, soweit es nicht schon durch Beiträge getilgt sei, in Goldpfandbriefen erstattet werde. Die Klägerin lehnte das ab und will im vorliegenden Rechtsstreit die Hypothek überhaupt nicht mehr gelten lassen. Sie fordert deshalb in erster Linie Verurteilung des Beklagten zur Berichtigung des Grundbuchs durch Löschung der Hypothek und zur Herausgabe des Briefs, hilfsweise die gleiche Verurteilung gegen Zahlung von 7297,75 GM. ab 31. Dezember 1930 und zugleich die Feststellung, daß dem Beklagten keine weiteren Ansprüche gegen sie zustehen, andernfalls die Feststellung, daß der Beklagte durch Zahlung von 7297,75 GM. ab 31. Dezember 1930 zur Ausstellung der löschungsfähigen Quittung verpflichtet werde und danach keine weiteren Ansprüche mehr gegen sie habe; in letzter Linie verlangt sie die Feststellung, daß dem Beklagten kein dinglich gesicherter Anspruch auf die Ablösung der auf ihrem Grundstück eingetragenen Darlehnshypothek in Pfandbriefen zustehe.

Der Streit der Parteien geht um den Inhalt und die rechtlichen Wirkungen der nach dem Vordruck des verklagten Hypothekenvereins in die Urkunde vom 22. Juli 1925 aufgenommenen Vereinbarungen. Die Klägerin bekennt darin, vom Beklagten ein Darlehen in Höhe des Preises von 2867,30 g Feingold = 8000 GM., ausgezahlt in zehnprozentigen Berliner Gold-Stadtschaftspfandbriefen des Beklagten, unter den nachfolgenden Bedingungen erhalten zu haben. Unter I ist (neben anderem, was hier nicht in Betracht kommt) die Verpflichtung vermerkt, zur Tilgung des Darlehens jährlich 1 %, unter Umständen mehr zu zahlen. Unter II heißt es: „Wegen aller Ansprüche der Gläubigerin aus dieser Urkunde, insbesondere auch auf Rückzahlung, unterwirft sich die Schuldnerin den Bestimmungen der durch Erlaß vom . . . genehmigten Satzung und des . . . Nachtrags." Nach V sind alle Zahlungen auf Grund der Urkunde an der Kasse der Gläubigerin zu leisten; die Geldbeträge sind in Feingold zu berechnen und in Reichswährung zu zahlen. Im Anschluß hieran erklärt die Klägerin, daß sie für alle Ansprüche aus der Urkunde . . . auf Zinsen, Kosten, Nebenleistungen sowie auf Zahlung eines Betrags in Höhe der angegebenen Feingoldmenge an ihrem Grundstück Hypothek bestelle; sie bewillige und beantrage die Eintragung der obigen Hypothek. Zum Schlusse heißt es:

> Abgesehen von den vorstehenden durch die Hypothekbestellung gesicherten Bestimmungen sollen noch folgende, nicht im Grundbuch einzutragende Bestimmungen gelten:
>
> A. Bei Fälligkeit des Darlehens, gleichgültig, ob sie auf Grund der Kündigung der Gläubigerin oder der Schuldnerin eintritt, ist die Schuldnerin berechtigt und auf Verlangen der Gläubigerin verpflichtet, das Darlehenskapital in nicht ausgelosten Gold-Stadtschaftspfandbriefen von derselben Gattung, wie sie der Schuldnerin gegeben sind, nach deren Nennwert . . . zurückzuerstatten. . . . Werden die Goldpfandbriefe trotz wirksamer Erklärung, sei es der Schuldnerin, sei es der Gläubigerin, nicht zurückgewährt, so hat die Gläubigerin das Recht, an Stelle der . . . briefe einen Betrag in Höhe des Preises des oben angegebenen Quantums Feingold sowie Schadensersatz wegen unterlassener Rückgewähr zu verlangen. In jedem Fall bleibt aber bis zur tatsächlichen Rückgewähr der . . . briefe bzw. anderweitigen Tilgung dieses Anspruchs der Gläubigerin die Geldforderung der Gläubigerin, auf Grund deren die Hypothek bestellt ist, sowie die Hypothek selbst bestehen.

Unter B bis D folgen Bestimmungen über Schadensersatz wegen Verzugs oder vertragswidrigen Verkaufs der Pfandbriefe sowie über den Beitritt zur Stadtschaft. Im Satzungsnachtrag, auf den zu II verwiesen wird, findet sich der Satz: „freiwillige wie notwendige Darlehensrückzahlungen sind bei Goldhypotheken nur in nicht ausgelosten Gold-Stadtschaftspfandbriefen . . . zulässig."

Die Klägerin führt aus, die Forderung des Beklagten sei, wie durch die Kündigung zutage getreten, nicht oder nicht mehr eine Geldforderung, sondern gehe auf Lieferung von Pfandbriefen. Sie folgert daraus die Nichtigkeit der Hypothek. Andernfalls glaubt sie wenigstens nur zur Zahlung der Darlehenssumme in Geld verpflichtet zu sein oder, wenn sie Pfandbriefe liefern müsse, gegen solche Zahlung immerhin die Löschung der Hypothek verlangen zu dürfen. Der letzte Antrag bezweckt angeblich die Klärung des Umfangs der dinglichen Belastung. Ihm hat sich der erste Richter versagt, weil der Beklagte selbst die Hypothek nicht auf die Forderung nach Lieferung der Pfandbriefe beziehe und deshalb kein rechtliches Interesse an der verlangten Feststellung bestehe. Im übrigen hat er die Klage als sachlich unbegründet abgewiesen.

Die unmittelbar eingelegte Revision der Klägerin blieb ohne Erfolg.

Gründe:

Die Hypothek ist für eine Geldforderung eingetragen. Die Eintragung nimmt aber auf die Bewilligung, die Satzung und den Satzungsnachtrag Bezug. Sie will also von diesen Urkunden nicht abweichen und konnte jedenfalls nur in Verbindung mit einer gültigen Einigung die Hypothek zur Entstehung bringen. Die Klage läßt aber gerade die Einigung nicht gelten. Sie beruht auf der Annahme, die Einigung sei nicht, wie § 1113 BGB. voraussetze, auf die Sicherung einer Geldforderung gerichtet oder, weil sie einen Widerspruch berge, nichtig. In der Revisionsinstanz ist auch geltend gemacht worden, man könne die Begründung einer Geldforderung als Scheingeschäft auffassen. Das Berufungsgericht hat die Ernstlichkeit der in der Schuldurkunde enthaltenen Erklärungen nicht in Zweifel gezogen und darin die Bestellung einer Hypothek für eine bestimmte Geldforderung gefunden. Die Angriffe der Revision sind nicht begründet.

Mit klaren Worten sagt die Urkunde in ihrem ersten Teil, daß die Eigentümerin ein Darlehen im Preise einer gewissen Menge Feingold erhalten, es mit 1 % jährlich abzutragen und den Geldbetrag der Tilgungsbeiträge in Reichswährung zu zahlen habe. Das Bedenken der Klage geht in erster Linie darauf zurück, daß im Satzungsnachtrag des Beklagten, dessen Bestimmungen sich die Klägerin in der Schuldurkunde unterworfen hat, freiwillige wie notwendige Darlehensrückzahlungen nur in nicht ausgelosten Gold-Stadtschaftspfandbriefen für zulässig erklärt werden. Der Zweifel entfällt aber, wenn man den weiteren Inhalt der Schuldurkunde würdigt. Sie beschränkt sich nicht darauf, allgemein auf die Satzung und ihren Nachtrag zu verweisen, sondern sie bestimmt in der Folge gerade die Pflicht zur Lieferung von Pfandbriefen näher und ordnet ihr Verhältnis zur Hypothekenforderung und zur Hypothek. Einleitend wird hervorgehoben, daß die Vereinbarungen über die Lieferung von Pfandbriefen nicht zu denen gehören, welche den Inhalt der hypothekarisch gesicherten Forderung bestimmen. Soweit eine Verpflichtung zur Lieferung von Pfandbriefen entsteht, soll vielmehr nach ausdrücklicher Vorschrift die Geldforderung, wofür die Hypothek bestellt ist, daneben fortbestehen, bis die Pfandbriefe zurückgewährt werden. Pfandbriefe zu liefern, soll eine Befugnis der Schuldnerin und ihre Pflicht sein, falls der Gläubiger die Lieferung in bestimmter Form und Frist verlangt. Die erklärte Absicht der Parteien ging also dahin, zunächst eine hypothekarisch gesicherte Forderung auf Zahlung einer bestimmten Geldsumme zu begründen, daneben unter Umständen einen Anspruch auf Lieferung von Pfandbriefen entstehen zu lassen und in diesem Falle mit der Erfüllung des Anspruchs auch die Geldforderung zum Erlöschen zu bringen. Eine Unklarheit oder ein Widerspruch liegt hierin nicht. Es besteht insbesondere nicht etwa deshalb ein unlöslicher Widerspruch, weil die Urkunde auf die Satzung samt dem Nachtrag Bezug nimmt und dann die Pfandbrieflieferung selbst regelt. Sieht man darin eine Abweichung von dem erwähnten Grundsatz des Satzungsnachtrags, so unterliegt es doch keinem Zweifel, daß insoweit nur der Inhalt der Urkunde gelten sollte. Daß es den Parteien mit dem erklärten Willen ernst war, dafür spricht die Sach- und Rechtslage. Kann man die Pfandbriefe im Rückzahlungstermin zum Nennwert anschaffen, so sind die Interessen beider Parteien durch die Rückzahlung in Geld gewahrt. Sind die Pfandbriefe billiger, so hat nur der Schuldner einen Vorteil, wenn er Briefe zurückgeben darf. Für diesen Fall genügt die ihm in der Urkunde vorbehaltene Befugnis, statt des Geldes Briefe zu erstatten. Uebersteigen aber die Anschaffungskosten den Nennbetrag, so wird der Gläubiger von dem ihm zugestandenen Rechte Gebrauch machen. Im Fall der normalen Tilgung durch vieljährige Beiträge, wie sie auch die Klägerin seit 6 Jahren geleistet hat, wird nur Geld gezahlt. Damit sind alle Bestimmungen der Urkunde über den Inhalt der Forderung erklärt. Wenn aber der Anspruch auf Lieferung der Pfandbriefe selbständig gestaltet und die Hypothek allein für die Geldforderung bestellt worden ist, so beruht das ersichtlich darauf, daß § 1113 BGB. die Hypothek nur für die Geldforderung zuläßt und die Sicherung der Pflicht zur Lieferung von Pfandbriefen auf diesem Wege, wie schon beim Abschluß mit der Klägerin bekannt war, in der Rechtsprechung des Kammergerichts abgelehnt wurde (Beschluß des I. Zivilsenats vom

24. April 1924, JFG. Bd. 2 S. 366). Auch insofern war demnach, was erklärt worden ist, ernsthaft gewollt. Es bleibt nur zu prüfen, ob etwa bei dem dargelegten Zusammenhang zwischen der Geldforderung und der Forderung auf Lieferung von Pfandbriefen die Hypothek dennoch an zwingenden Rechtsvorschriften scheitert.

Es ist in der Rechtsprechung anerkannt, daß die dem Schuldner eingeräumte Befugnis, seine Geldschuld durch Pfandbriefe zu tilgen, und seine Erklärung, davon Gebrauch machen zu wollen, den Gegenstand der Forderung nicht ändern und den Bestand der Hypothek nicht in Frage stellen (JW. 1929 S. 750 Nr. 21, S. 1390 Nr. 23). Hier kommt daneben die dem Gläubiger eingeräumte Befugnis in Betracht, die Lieferung von Pfandbriefen zu fordern. Die Klägerin nimmt deshalb eine Wahlschuld an und folgert aus § 263 Abs. 2 BGB., daß mit dem Verlangen des Beklagten nach Lieferung von Briefen die Geldforderung rückwirkend erloschen sei. Aber diese Vorschrift gilt nur, soweit nichts anderes vereinbart ist (RG. VI Zivils. vom 17. Mai 1923 WarnRspr. 1923/24 Nr. 63; KG. I. Zivils. vom 2. Februar 1928 Recht Nr. 1034), und hier bestimmt die Schuldurkunde, daß die Geldforderung bis zur tatsächlichen Rückgewähr der Pfandbriefe fortbestehen solle. Bei dieser rechtlichen Beurteilung würde allerdings die Frage auftauchen, ob eine Wahlschuld hypothekarisch gesichert werden kann, insoweit daraus eine Geldforderung entspringt. Der I. Zivilsenat des Kammergerichts hat die Frage gegen die im Schrifttum herrschende Lehrmeinung, deren Belegstellen sein Beschluß zusammenstellt, bejaht (JFG. Bd. 1 S. 456). Einer Entscheidung bedarf sie hier aber nicht. Denn nach dem Inhalt des vorliegenden Vertrags sollte zunächst nur eine Geldforderung entstehen und allein bestehen bleiben, wenn sich die Rechtslage nicht änderte. Sie zu ändern, hat aber der Gläubiger durch der Vertrag die Befugnis erhalten. Er darf danach statt der geschuldeten Geldleistung eine andere — Lieferung von Pfandbriefen — verlangen, und zwar so, daß erst mit deren Bewirkung die insoweit auflösend bedingte Geldschuld erlischt. Diese in der Wissenschaft als Ersetzungsbefugnis, als Gestaltungsrecht, als facultas alternativa des Gläubigers und mit anderen Namen bezeichnete Rechtsform kann nach der Rechtsprechung auch durch Vertrag begründet werden (vgl. RGUrt. vom 17. Mai 1923 s. o., vom 25. Oktober 1923 VI 662/22, vom 17. September 1928 Recht Nr. 2249). Selbst für den Fall, wo die Befugnis des Gläubigers, an Stelle der zunächst geschuldeten Leistung eine andere zu verlangen, auf dem Gesetz beruht, die Wirkung des Verlangens aber nicht geregelt ist, wird gelehrt, es hänge von der Interessenlage ab, ob schon die Bestimmung einer anderen Leistung durch den Gläubiger sein Recht auf die ursprüngliche Leistung beseitige (Planck BGB. Bd. II 1 S. 126 2b). Die Rechtsgültigkeit der hier ausdrücklich getroffenen Vereinbarung, daß die Geldforderung bis zur Rückgewähr der Pfandbriefe fortbestehen solle, ist bei der geltenden Vertragsfreiheit und den schutzwürdigen Interessen, denen ihr Gebrauch dient, nicht zu beanstanden. Die Hypothek des Beklagten besteht mithin für diese Geldforderung noch zu recht. Der Hauptanspruch ist daher hinfällig.

Auch die Hilfsanträge sind mit Recht abgewiesen worden. Die Klägerin hat die Verpflichtung, Pfandbriefe zu liefern, für den eingetretenen Fall übernommen und, wie sie selbst nicht verkennt, persönlich übernehmen können. Der erste Grundgedanke der Hilfsanträge, der Beklagte habe nichts als den Geldbetrag zu fordern, geht also fehl. Zu entscheiden bleibt, ob jene persönliche Verpflichtung die Voraussetzungen berührt, unter denen die Klägerin die Löschung der Hypothek fordern darf. Nach § 1144 BGB. kann der Eigentümer gegen Befriedigung des Gläubigers die Aushändigung des Hypothekenbriefs und der sonstigen Urkunden verlangen, die zur Berichtigung des Grundbuchs oder zur Löschung der Hypothek erforderlich sind. Diese Vorschrift unterscheidet nicht, ob der Eigentümer der persönliche Schuldner ist oder nicht. Die Rechtsprechung hat sie daher auch auf den ersten Fall angewandt und gefolgert, daß der Gläubiger wegen persönlicher Ansprüche aus demselben Rechtsverhältnis, die nicht durch die Hypothek gesichert sind, das gesetzliche Zurückbehaltungsrecht nach § 273 BGB. nicht ausüben könne (WarnRspr. 1911 Nr. 392). Man hat insbesondere bei der verschiedenen Regelung des persönlichen und des dinglichen Aufwertungsbetrags als gesetzmäßig anerkannt, daß der Gläubiger schon gegen die Zahlung des Aufwertungsbetrags der (Verkehrs-) Hypothek deren Löschung bewilligen müsse (RGZ. Bd. 116 S. 241). Es ist aber, wie der erkennende Senat im Urteil vom 3. Dezember 1924 (WarnRspr. 1925 Nr. 36) ausgeführt hat, durch die erwähnte Vorschrift des Sachenrechts dem Schuldner nicht verwehrt, sich weiter zu binden, also die Verpflichtung des Gläubigers zur Aushändigung der im § 1144 BGB. bezeichneten Urkunden bis zur Befriedigung anderer Ansprüche aus demselben Rechtsverhältnis hinauszuschieben. Auch hier ist eine solche Vereinbarung in der Schuldurkunde getroffen, indem sie sagt, daß bis zur tatsächlichen Rückgewähr der Pfandbriefe sowohl die Geldforderung wie auch die dafür bestellte Hypothek fortbestehen solle. Bei der nach den §§ 133, 157 BGB. gebotenen Auslegung ist dem Beklagten damit die Befugnis eingeräumt, bis zur Gewährung der Pfandbriefe oder bis zur sonstigen Erledigung dieser Verpflichtung nicht nur die Annahme des Geldes, sondern auch die Aushändigung der Löschungsurkunden zu verweigern. Es ist nicht richtig, daß so die persönliche Verpflichtung der Klägerin dinglich gesichert wird. Denn der Beklagte kann ihretwegen nicht ins Grundstück vollstrecken, er kann nicht mehr daraus erhalten als die eingetragene Geldsumme. Ebensowenig können Dritte, etwa nachstehende Gläubiger, dadurch einen Schaden erleiden, weil ihnen die persönlichen Verpflichtungen des Eigentümers, die nicht durch die Hypothek gesichert sind, nicht entgegengehalten werden können. Dagegen steht dem Verlangen des Schuldners nach Annahme des Geldbetrags die Vereinbarung entgegen, und es wäre bei deren feststehender Gültigkeit kein annehmbares Ergebnis, wenn der Gläubiger zunächst das Geld annehmen und die Löschungsurkunde erteilen müßte, um dann auf Rücknahme des Geldes und auf Lieferung der Pfandbriefe zu klagen. Deshalb kann auch nicht anerkannt werden, daß die Ausübung des vereinbarten Zurückbehaltungsrechts arglistig sei, wie die Klägerin meint.

Für den letzten Antrag hat das Landgericht die Voraussetzungen des § 256 ZPO. mit Recht verneint.

RGZ. 132, 26

Liegt unter allen Umständen ein zum Schadensersatz verpflichtendes Verschulden darin, daß jemand gemeinsam mit anderen Personen, mit denen er sich zur Gründung einer Aktiengesellschaft zusammengetan hat, einen Notar beauftragt, die erforderlichen Verträge zu entwerfen, dann aber sich weigert, die Verträge zu unterschreiben, und so bewirkt, daß die Notargebühren nutzlos aufgewendet werden?

BGB. § 276.

III. Zivilsenat. Urt. v. 24. Februar 1931.

I. Landgericht I Berlin. II. Kammergericht daselbst.

Ausgangs 1923 beabsichtigten die drei Beklagten, das der Erstbeklagten gehörige Werk in eine Aktiengesellschaft umzuwandeln. Sie verhandelten hierüber mit dem Kläger, einem Bankier, und einer diesem nahestehenden Firma, die später in Vermögensverfall geraten ist. Auf Anregung der Beteiligten fertigte der Notar Dr. B. die Entwürfe mehrerer auf die Umwandlung bezüglicher Urkunden an und übersandte sie den Beteiligten. Auf Grund einer Besprechung vom 19. Dezember 1923 waren sämtliche Beteiligte, einschließlich des Klägers, über alle Einzelpunkte einig geworden; gleichwohl verweigerte der Kläger bei diesem Anlaß seine Unterschrift zu dem Gründungsvertrag. Der Kläger suchte vergeblich andere Banken zu der Gründung heranzuziehen; die Umwandlung kam nicht zustande. Der Notar hat seine Gebühr auf insgesamt 28 560,80 RM. berechnet; davon hat der Kläger auf Grund eines mit ihm geschlossenen Vergleichs 18 000 RM. nebst 2000 RM. Zinsen gezahlt.

Der Kläger macht geltend, daß die drei Beklagten gesamtschuldnerisch mit ihm dem Notar für dessen Gebühren hafteten. Auf Grund des § 426 BGB. verlangt er von ihnen Ausgleichung in Höhe von drei Vierteilen der von ihm geleisteten Zahlungen. Das Landgericht gab der Klage zum Teil statt, wies sie aber zum Mehrbetrag ab. Beide Teile legten Berufung ein. Das Kammergericht versagte der Berufung des Klägers den Erfolg und wies auf die Berufung der Beklagten die Klage in vollem Umfang ab. Die Revision des Klägers führte zur Aufhebung und Zurückverweisung.

Gründe:

Wie außer Streit, waren der Kläger und die Beklagten dem Notar für dessen Gebührenforderung als Gesamtschuldner (§§ 421 flg. BGB.) haftbar geworden. Demzufolge waren die Beklagten im Innenverhältnis der Parteien untereinander dem Kläger anteilmäßig zur Ausgleichung verpflichtet, soweit nicht ein anderes bestimmt war (§ 426 a. a. O.). Die gegenseitigen Rechtsbeziehungen der Parteien bestanden darin, daß sie miteinander über die Gründung einer Aktiengesellschaft verhandelten. Ersichtlich nimmt der Berufungsrichter nicht an, daß die Verhandlungen schon zu einem Gesellschaftsvertrag (§ 705 BGB.) gediehen waren, kraft dessen der Kläger und die Beklagten sich gegenseitig verpflichtet hätten, die Aktiengesellschaft zu gründen. Denn der Berufungsrichter geht nicht etwa davon aus, daß der Kläger, indem er es ablehnte, die Vertragsentwürfe zu unterzeichnen, gegen eine ihm obliegende Vertragspflicht verstoßen habe. Das Urteil stellt vielmehr lediglich darauf ab, daß schon in dem Eintritt in die gemeinsamen Verhandlungen ein stillschweigendes Uebereinkommen zu erblicken sei, wonach jeder Beteiligte die Interessen der übrigen Beteiligten tunlichst zu wahren habe: hiergegen habe der Kläger — so nimmt der Berufungsrichter an — schuldhaft verstoßen.

Gegen diesen Ausgangspunkt lassen sich keine rechtlichen Bedenken erheben. Er entspricht dem Rechtsgedanken, den man kurz als die Haftung für Verschulden beim Vertragsschluß zu bezeichnen pflegt und auf den auch die Beklagten ihre Rechtsverteidigung gegen den Klaganspruch vornehmlich gestützt hatten. Aber von diesem Ausgangspunkt aus kommt es darauf an, ob dem Kläger ein Verschulden nachgewiesen werden kann.

Die Beklagten hatten Arglist des Klägers behauptet. Nach ihrer Darstellung wäre der Kläger bewußt darauf ausgegangen, die fertigen Notar-Entwürfe in die Hand zu bekommen, um sie weiteren Interessenten vorzulegen. Diesen Vorwurf hält der Berufungsrichter nicht für begründet. Er nimmt nur ein Fahrlässigkeits-Verschulden des Klägers an; das will er daraus ableiten, daß der Kläger es zur Anfertigung der Entwürfe durch den Notar überhaupt habe kommen lassen. Denn solange eine Partei nicht gewillt sei, den zur Beratung stehenden Vertrag abzuschließen, dürfe sie der Beauftragung eines Notars nicht zustimmen; sie dürfe es nicht dahin kommen lassen, daß eine Notargebühr nutzlos entstehe. Auf Grund dieser Erwägung stehe den Beklagten nach Treu und Glauben die Befugnis zu, die Zahlung der auf sie entfallenden Gebührenanteile dem Kläger zu verweigern.

Mit diesen Ausführungen wird der Berufungsrichter dem Begriff des Verschuldens nicht gerecht. Gewiß kann es ein Verschulden bedeuten, wenn der Kläger seine Weigerung erst zu einer Zeit erklärt hat, als bereits Kosten enstanden waren; aber dazu bedarf es der einwandfreien Feststellung, daß er die Weigerung zu einer früheren Zeit hätte aussprechen können und von seinem eigenen Standpunkt aus früher hätte aussprechen sollen. Nach dieser Richtung gebricht es an jeder Feststellung. Die Gründung einer Aktiengesellschaft ist ein Rechtsgeschäft von weittragender Bedeutung; sie bedarf eingehender Vorbereitung, insbesondere auch nach der rechtlichen Seite hin. In gesteigertem Maß galt dies von Gründungen der Inflationszeit. Es ist nicht von vornherein auszuschließen, daß es ohne durchgearbeitete notarielle Vertragsentwürfe überhaupt nicht gegangen wäre. Für Geschäfte solcher Art ist der Satz des Berufungsrichters, eine Partei dürfe es gar nicht dazu kommen lassen, daß nutzlos Notargebühren entstehen, in dieser Allgemeinheit unhaltbar. Zudem kann der Kläger, selbst wenn er früher fest entschlossen gewesen sein sollte, die Gründung mitzumachen, hinterher durch gewichtige Gründe bestimmt worden sein, seine Absicht wieder aufzugeben. Derlei Gründe hat der Kläger in den vorderen Rechtszügen nachdrücklich behauptet. Er hat darauf hingewiesen, daß man im Dezember 1923 im Uebergang von der schlimmsten Inflation zur Festwährung stand, daß eine Papiermarkgründung, wie sie in den notariellen Entwürfen vorgesehen war, sich gar nicht mehr habe durchführen lassen, daß bei dem Währungsumschwung das wirtschaftliche Risiko vollkommen unübersehbar geworden sei; ja, der Kläger hat sogar behauptet, daß er mit seiner Weigerung, die Verträge zu vollziehen, die Gegenpartei keineswegs geschädigt, sondern vor erheblichem Schaden bewahrt habe. Mit alledem hat sich der Berufungsrichter nicht auseinandergesetzt. Die Revision rügt das als Verletzung des § 286 ZPO. Die Rüge wäre auch als Verfahrensrüge begründet; aber die völlige Uebergehung der klägerischen Ausführungen beweist schon, daß der Berufungsrichter sachlich-rechtlich den Begriff des Verschuldens verkannt hat.

Das angefochtene Urteil, das einzig auf der bisher gewürdigten und als nicht ausreichend befundenen Erwägung beruht, war mithin aufzuheben. . . .

RGZ. 132, 76

Welche Ansprüche stehen dem Käufer zu, der von einem Mündel, vertreten durch seinen gesetzlichen Vertreter, ein Grundstück gekauft

hat, wenn der Vertreter nicht vorhandene Eigenschaften zugesichert oder vorhandene verschwiegen hat?

BGB. §§ 164, 249, 276, 278, 459, 463, 823, 826, 831, 1821.

VI. Zivilsenat. Urt. v. 5. März 1931.

I. Landgericht I Berlin. II. Kammergericht daselbst.

Die minderjährigen Erstbeklagten, vertreten durch ihre mitverklagte Mutter, die auch die Verkaufsverhandlungen geführt hatte, boten dem Kläger ein ihnen gehöriges Hausgrundstück in notarieller Urkunde vom 16. Dezember 1927 für 125000 RM. zum Kauf an. Am 12. Dezember 1928 nahm der Kläger das Angebot an. Nach welchen Gesichtspunkten der Kaufpreis errechnet worden ist, ergibt sich aus den Urkunden nicht. Nachdem die vormundschaftsgerichtliche Genehmigung zu dem Kaufvertrag erteilt worden war, wurde der Kläger am 24. April 1929 grundbuchlich als Eigentümer eingetragen.

Der Kläger behauptet, das Grundstück sei zum 6¹/₄fachen Betrag der Friedensmiete verkauft worden. Die mitverklagte Mutter der Erstbeklagten habe ihm zugesichert, daß die Friedensmiete etwa 1660 RM. monatlich ausmache, während sie in Wirklichkeit nur 1340 RM. betrage. Die Zweitbeklagte habe das gewußt und ihn somit über eine wesentliche Eigenschaft des Grundstücks arglistig getäuscht. Demgemäß ständen ihm Minderungs- und hilfsweise Schadensersatzansprüche gegen sämtliche Beklagte zu. Diese Ansprüche macht der Kläger zum Teilbetrag von 10000 RM. im gegenwärtigen Rechtsstreit geltend. Er beantragt 1. gegen die Erstbeklagten festzustellen, daß ihnen keine Restkaufgeldforderung von 3800 RM. nebst Zinsen aus dem Kaufvertrag zustehe; 2. die Erstbeklagten zur Einwilligung in die Löschung der Restkaufgeldhypothek von 4600 GM (die unstreitig in Höhe von 800 GM. getilgt ist) und 3. sämtliche Beklagte zur Zahlung von 6200 RM. nebst Zinsen zu verurteilen. Die Beklagten bestreiten, daß über die Höhe der Friedensmieten etwas zugesichert und daß der Kläger arglistig getäuscht worden sei. Es sei nur von den Grundmieten gesprochen worden, und für die Wertberechnung sei eine Taxe maßgebend gewesen.

Beide Vorinstanzen wiesen die Klagansprüche ab. Die Revision des Klägers blieb erfolglos.

Gründe:

1. Soweit sich die Klagansprüche gegen die Erstbeklagten richten, sind sie aus folgenden rechtlichen Gesichtspunkten zu prüfen.

a) Zwar würde eine etwaige Zusicherung über die Höhe der Friedensmieten eine Zusicherung über eine Eigenschaft des Kaufgrundstücks im Sinne des § 459 Abs. 2 BGB. enthalten (WarnRspr.

1929 Nr. 134; JRsch. 1929 Nr. 591) und der Mangel der Form des § 313 Satz 1 BGB. würde gemäß Satz 2 das. geheilt sein. Aber ein Gewährleistungsanspruch nach § 463 Satz 1 das. würde dem Kläger gleichwohl nicht zustehen. Denn der schriftliche Kaufvertrag enthält über die angebliche Zusicherung nichts, und die etwaige mündliche Nebenabrede über die Höhe der Friedensmieten wäre unverbindlich, da sich die nach § 1821 Nr. 3, § 1643 Abs. 1, § 1686 BGB. erforderliche und erteilte vormundschaftsgerichtliche Genehmigung nicht auf diese Abrede erstreckt hätte (RGZ. Bd. 61 S. 209, Bd. 99 S. 72, Bd. 114 S. 38; RGRKomm. Erl. 1 zu § 1821). Daher kann es auf sich beruhen, ob die behauptete Zusicherung erfolgt ist (RGR.-Komm. Erl. 4 IIb zu § 459).

b) Auch der § 463 Satz 2 BGB. steht dem Kläger weder in unmittelbarer Anwendung (arglistiges Verschweigen eines Fehlers), noch in entsprechender Anwendung (arglistige Vorspiegelung einer nicht vorhandenen Eigenschaft) zur Seite, vgl. RGRKomm. Erl. 5 zu § 463. Denn für ein arglistiges Verhalten seines gesetzlichen Vertreters haftet der Mündel zum mindesten dann nicht, wenn, wie im vorliegenden Fall, der gesetzliche Vertreter allein, d. h. ohne das Vormundschaftsgericht, den Mündel nicht vertreten kann (vgl. RGZ. Bd. 61 S. 209; RGRKomm. Erl. 3b γ zu § 166). Demnach nützt es dem Kläger nichts, daß er auf Grund des § 463 Satz 2 nicht nur Minderungsansprüche, sondern auch Schadensersatzansprüche, gerichtet auf das Erfüllungsinteresse (RGRKomm. Erl. 5b zu § 123 nebst Nachweisen), bei Zugrundelegung seiner Behauptungen gegen die Erstbeklagten, wenn sie volljährig wären und die angebliche Täuschung verübt hätten, würde verfolgen können. Es erübrigt sich daher jede Stellungnahme zu der Auffassung des Vorderrichters, daß der Mitbeklagten als der gesetzlichen Vertreterin der Erstbeklagten ein arglistiges Verhalten nicht nachgewiesen sei, und zu den hiergegen von der Revision erhobenen sachlich-rechtlichen und verfahrensrechtlichen (§ 286 ZPO.) Angriffen.

c) Ihre Hauptbeschwerde stützt die Revision darauf, daß der Berufungsrichter die Klagansprüche gegen die Beklagten nicht deshalb zuerkannt habe, weil der Mitbeklagten Verschulden, zum mindesten Fahrlässigkeit, beim Vertragsschluß zur Last falle und für dieses Verschulden die Beklagten nach § 278 BGB. einzustehen hätten. Es ist anerkannten Rechtens, daß schuldhaftes Verhalten bei Vertragsverhandlungen zum Schadensersatz verpflichtet (vgl. u. a. RGZ. Bd. 120 S. 251, 252 nebst Nachweisen), daß nach § 278 Satz 1 BGB. der Schuldner im allgemeinen für das Verschulden seines gesetzlichen Vertreters und seiner Erfüllungsgehilfen haftet und daß auch die Handlungen, die den Vertragsschluß vorbereiten, als Erfüllungshandlungen im Sinne des § 278 BGB. anzusehen sind (RGRKomm. Erl. 3 zu § 278 S. 462 Abs. 3). Allein es mag dahingestellt bleiben, ob die folgerichtige Durchführung des oben unter b erörterten Grundsatzes zum mindesten in den Fällen, wo der gesetzliche Vertreter den Mündel nur unter Hinzutritt vormundschaftsgerichtlicher Genehmigung durch seine Rechtsgeschäfte wirksam verpflichten kann, dazu führen muß, daß der Mündel auch aus einer dem gesetzlichen Vertreter beim Vertragsschluß zur Last fallenden Fahrlässigkeit dem Geschäftsgegner nicht haftbar wird. Denn auch wenn man mit der Revision die Haftbarkeit des Mündels in diesen Fällen bejahen wollte, so würde dadurch für den Kläger nichts gewonnen sein. Der Schaden, dessen Erstattung er verlangt, geht offensichtlich auf das Erfüllungsinteresse, das heißt, der Kläger will so gestellt sein, wie er stehen würde, wenn die behauptete Angabe der Mitbeklagten über die monatliche Friedensmiete von 1660 RM. zuträfe. Ein Verschulden beim Vertragsschluß verpflichtet jedoch in aller Regel nur zum Ersatz des negativen Interesses (RGZ. Bd. 83 S. 246, Bd. 103 S 51, Bd. 120 S. 251; RGRKomm. Erl. 5a zu § 123 und Erl. 3 a. E. zu § 276 nebst weiteren Nachweisen). Aus dem Urteil WarnRspr. 1927 Nr. 139, das die Revision für ihre Auffassung heranzieht, daß Verschulden beim Vertragsschluß regelmäßig zum Ersatz des Erfüllungsinteresses verpflichte, ergibt sich nichts anderes. Nach dem allgemeinen Grundsatz des § 249 Satz 1 BGB. ist der Schädiger nur verpflichtet, den Zustand herzustellen, der bestehen würde, wenn der zum Ersatz verpflichtende Umstand nicht eingetreten wäre. Allerdings kann es Ausnahmefälle geben, in denen der Herstellungsgrundsatz zur Zubilligung des Erfüllungsinteresses führt, nämlich dann, wenn der Berechtigte ohne das schuldhafte Verhalten des Vertragsgegners einen entsprechenden Erfüllungsanspruch gehabt hätte (vgl. u. a. RGZ. Bd. 95 S. 58, Bd. 97 S. 336; JW. 1912 S. 743 Nr. 5; Warn.-Rspr. 1910 Nr. 383, 1915 Nr. 230, 1918 Nr. 181, 1920 Nr. 149 = SeuffArch. Bd. 75 Nr. 124; RGUrt. in LZ. 1921 Sp. 373 Nr. 1). Ein solcher Ausnahmefall liegt hier nicht vor. Das träfe nur dann zu, wenn der Kläger dargetan hätte, daß ihm die Erstbeklagten mit Genehmigung des Vormundschaftsgerichts das Grundstück zu einem um mindestens 10 000 RM niedrigeren Kaufpreis oder wenigstens überhaupt zu einem geringeren Preise als 125 000 RM. verkauft haben würden, falls die behauptete Angabe über die Höhe der monatlichen Friedensmiete von 1660 RM. nicht gemacht worden wäre. Einen solchen Beweis aber kann der Kläger nicht erbringen. Denn nach der Feststellung des angefochtenen Urteils fehlt jeder Anhalt dafür, daß der Vormundschaftsrichter einen Kaufvertrag mit einem Kaufpreis von weniger als 125 000 RM. genehmigt hätte.

d) Aus dem Gesichtspunkt der unerlaubten Handlung endlich (§ 823 Abs. 2 BGB. in Verb. mit § 263 StGB. — vgl. dazu übrigens RGZ. Bd. 83 S. 246 und RGSt. Bd. 16 S. 1 — und § 826 BGB.) können die Beklagten deshalb nicht in Anspruch genommen werden, weil der

Mündel grundsätzlich für die unerlaubten Handlungen seines gesetzlichen Vertreters (§ 831 BGB.) nicht haftbar gemacht werden kann (RGZ. Bd. 67 S. 154, Bd. 121 S. 118 u. a.).

2. Zur Frage der Haftung der Mitbeklagten ist folgendes zu bemerken:

a) Eine vertragliche Haftung dieser Beklagten (§ 463 BGB.) entfällt, weil sie den Kaufvertrag nicht in eigenem Namen, sondern als gesetzliche Vertreterin ihrer Kinder geschlossen hat und es also an vertraglichen Beziehungen zwischen ihr und dem Kläger fehlt. Eine entsprechende Anwendung des § 463 Satz 2 ist deshalb unzulässig; auch der Anspruch aus diesem Satz 2 ist ein Gewährl istungsanspruch vertraglicher Art (RGRKomm. Erl. 5 zu § 463).

b) Ein Verschulden des Vertreters beim Vertragsschluß macht g mäß § 164 BGB. *im allgemeinen nur den Vertretenen, nicht aber* den Vertreter auf vertragsähnlicher Grundlage schadensersatzpflichtig (WarnRspr. 1915 Nr. 74; RGRKomm. Erl. 6 zu § 463). Nur ausnahmsweise, nämlich dann, wenn der Vertreter am Zustandekommen des Vertrags ein eigenes Interesse hatte, kann eine solche Schadensersatzpflicht des Vertreters in Frage kommen (RGZ. Bd. 120 S. 252, 253, vgl. auch Bd. 103 S. 160, 161). Ob hier ein Fall dieser Art deshalb angenommen werden könnte, weil die Mitbeklagte mangels gegenteiliger Feststellung die Nießbraucherin am Vermögen ihrer Kinder ist, kann unerörtert bleiben. Denn auch dann würde die etwaige Schadensersatzpflicht der Mitbeklagten nicht dazu führen können, dem Kläger das Erfüllungsinteresse zuzubilligen. Dies ergibt sich aus den Ausführungen oben unter 1c.

c) Auch auf Grund der §§ 823 Abs. 2, 826 BGB. könnte der Kläger die Mitbeklagte nur auf Herstellung des vor der angeblichen Täuschung vorhanden gewesenen Zustands, nicht aber auf Herstellung des Zustands in Anspruch nehmen, der bestehen würde, wenn die etwaigen Angaben der Mitbeklagten über die Höhe der Friedensmieten zuträfen. Der Anspruch geht also nur auf Ersatz des negativen und nicht des positiven Interesses (§ 249 Satz 1 BGB.). Denn der Kläger hat nicht nachgewiesen, daß die vormundschaftsger'chtliche Genehmigung auch bei einem geringeren Kaufpreis als 125 000 RM. erteilt worden wäre (vgl. oben unter 1c).

RGZ. 132, 305

1. . . .

2. . . .

3. Ueber die Offenbarungspflicht beim Vertragsschluß.

BGB. § 276.

Die Entscheidung ist abgedruckt unter „Zivilprozeß".

RGZ. 133, 126

Zum Begriff des sog. adäquaten ursächlichen Zusammenhangs.

BGB. § 254. Kraftfahrzeuggesetz § 9.

VI. Zivilsenat. Urt. v. 22. Juni 1391.

I. Landgericht Gladbach-Rheydt. II. Oberlandesgericht Düsseldorf.

Der Sachverhalt ergibt sich aus den

Gründen:

In der Revisionsinstanz ist nur noch die Frage im Streit, ob ein für den Kraftwagenunfall vom 9. November 1928 ursächliches mitwirkendes Verschulden des dabei verletzten Klägers vorliegt (§ 9 KFG., § 254 BGB.). Das Berufungsgericht, das zugunsten des Klägers erkannt hat, verneint dies mit folgender Begründung: Zwar habe der Kläger unvorsichtig gehandelt, indem er als Fußgänger unterlassen habe, sich vor dem Ueberqueren der Landstraße darüber zu vergewissern, ob sich ein Kraftwagen nähere. Indessen sei der mitverklagte Kraftwagenführer dadurch nicht gehindert worden, den Unfall zu vermeiden, wie es ihm leicht möglich und seine Pflicht gewesen sei. Zwischen dem Verhalten des Klägers und dem Unfall bestehe hiernach kein adäquater Kausalzusammenhang.

Die Revisionsrüge, daß in diesen Ausführungen der Rechtsbegriff des adäquaten Kausalzusammenhangs verkannt sei, ist begründet. Daß ein natürlicher ursächlicher Zusammenhang zwischen dem Verhalten des Klägers und seinem Unfall besteht, kann keinem Zweifel unterliegen; denn hätte der Kläger nicht in dem Zeitpunkt die Straße überquert, als der Kraftwagen der Beklagten an dem Fuhrwerk des J. vorüberfuhr, so hätte er nicht von dem Kraftwagen erfaßt werden können. Dies stellt anscheinend auch der Vorderrichter nicht in Abrede. Aber auch ein adäquater Kausalzusammenhang muß nach bisheriger Sachlage als gegeben angesehen werden. Ein solcher besteht dann, wenn eine Handlung oder Unterlassung im allgemeinen und nicht nur unter besonders eigenartigen, ganz unwahrscheinlichen und nach dem regelmäßigen Lauf der Dinge außer Betracht zu lassenden Umständen zur Herbeiführung des eingetretenen Erfolgs geeignet gewesen ist (vgl. u. a. RGZ. Bd. 66 S. 409, Bd. 69 S. 59, Bd. 72 S. 326, Bd. 81 S. 360, Bd. 86 S. 436, Bd. 115 S. 155, Bd. 129 S. 131; RGRKomm. Erl. 3 vor § 249 BGB.). Daß es aber in Anbetracht der heutigen Verkehrsverhältnisse jenseits aller Erfahrung (vgl. § 4 I 6 Preuß. ALR.) läge, daß in dem Augenblick, wo ein Fußgänger eine Landstraße überquert, ein Kraftfahrzeug die gleiche Stelle durchfährt, wird sich in aller Regel nicht vertreten lassen. Der Berufungsrichter scheint derselben Meinung zu sein; denn er findet eine Unvorsichtigkeit des Klägers darin, daß dieser nicht vor dem Ueberschreiten des Weges nach etwa nahenden Kraftfahrzeugen Umschau gehalten habe, und bejaht damit ein Verschulden des Klägers (§ 276 BGB.).

Demnach ist die Verursachung und das Verschulden beider Parteien gemäß § 9 KFG. und § 254 BGB. abzuwägen. Diese Abwägung ist im wesentlichen Sache der tatsächlichen Beurteilung und daher dem Berufungsgericht vorzubehalten.

RGZ. 133, 221

Zur Frage der Ausgleichung von Vorteilen, die im Laufe einer Zwangsvollstreckung erwachsen.

BGB. § 249.

IX. Zivilsenat. Urt. v. 21. März 1931.

I. Landgericht Detmold. II. Oberlandesgericht Celle.

Die klagende Gesellschaft verhandelte im September 1925 mit der H.-Hütte Gesellschaft mbH. über die Lieferung von zwei Waschmaschinen für Kunstseide, wobei für die H.-Hütte der Agent R. tätig war, der sich die Bestätigung des Vertragsabschlusses durch die H.-Hütte ausdrücklich vorbehalten hatte. Ohne eine solche Bestätigung abzuwarten, übersandte die Klägerin am 17. September 1925 gemäß ihrer Abmachung mit R. der H.-Hütte einen Scheck über 13 000 RM. Der Betrag sollte die vorgesehene Anzahlung eines Drittels des Preises der Maschinen sein. Der Beklagte W., der damals Mitgeschäftsführer der H.-Hütte war. verwertete den Scheck, dessen Einlösung zu Lasten der Klägerin erfolgte. Die H.-Hütte bestätigte den von R. vorgeschlagenen Vertrag nicht, sondern suchte andere Zahlungsbedingungen zu erreichen. Mit Schreiben vom 26. September 1925, unterzeichnet vom Beklagten, teilte sie der Klägerin mit, daß der Scheck über 13 000 RM. bis zur Annahme ihrer Bedingungen bei ihr zur Verfügung der Klägerin liege. Darauf forderte die Klägerin am 1. Oktober 1925 unter Rücknahme ihres Angebots den Scheck vergeblich zurück; sie erwirkte dann einen Arrest, auf Grund dessen sie eine der von ihr in Auftrag gegebenen Maschinen pfändete, und erhob Klage auf Erstattung des ihr durch widerrechtliche Verfügung über den Scheck entstandenen Schadens von 13 000 RM. nebst Zinsen. Die Klage war zunächst auch gegen die H.-Hütte gerichtet; sie erledigte sich aber gegen diese Beklagte dadurch, daß sie am 13. November 1925 in Konkurs verfiel, und daß der Konkursverwalter den Absonderungsanspruch der Klägerin anerkannte und in die Versteigerung der Maschine willigte. Der Beklagte W. wurde vom Landgericht antragsgemäß verurteilt. Danach erwarb die Klägerin die Maschine für das Höchstgebot von 1400 RM. Sodann wurde die Berufung des Beklagten mit der Maßgabe zurückgewiesen, daß jener Erlös von der Urteilssumme in Abzug gebracht wurde. Die Revision des Beklagten führte zur Aufhebung und Zurückverweisung.

Gründe:

Das Berufungsgericht begründet seine Entscheidung dahin: Nach den Abmachungen der Parteien sei der Scheck nur unter Vorbehalt der H.-Hütte zu treuen Händen übergeben worden; erst bei Zustandekommen des Vertrags hätte diese darüber verfügen dürfen. Der Vertrag sei nie abgeschlossen worden, auch nicht durch schlüssige Handlungen, da der Agent die Bestätigung der Hütte ausdrücklich vorbehalten habe, die nie erfolgt, sondern abgelehnt worden sei. Der Beklagte W. habe erkannt, daß der Scheck noch Eigentum der Klägerin sei und daß er nicht darüber verfügen dürfe; trotzdem habe er dies getan. Dadurch sei die Klägerin um 13000 RM. geschädigt worden. Daran ändere auch der Umstand nichts, daß sie im Laufe des Rechtsstreits eine der bestellten Maschinen erworben habe, ganz gleich, zu welchem Preise und in welchem Zustande. Denn dieser Erwerb beruhe auf einem neuen selbständigen Entschluß der Klägerin, die Maschine in der Zwangsversteigerung zu erwerben, nicht aber auf den ursprünglichen rechtlichen Beziehungen. Daher bestehe kein ursächlicher Zusammenhang zwischen der schadenstiftenden und der den etwaigen Vorteil begründenden Handlung.

Die Revision rügt Verletzung des § 249 BGB., die sie in der Unterlassung der Vorteilsausgleichung findet. Die Rüge ist begründet.

Vorteile sind auf den Schaden anzurechnen, wenn ihre Entstehung in adäquatem Zusammenhang auf das schädigende Ereignis zurückzuführen ist. Der erforderliche Zusammenhang ist nicht nur dann gegeben, wenn der Vorteil unmittelbar aus der schädigenden Handlung erwächst, sondern kann auch dann anerkannt werden, wenn diese nur mittelbar und im Zusammenwirken mit anderen Ereignissen dazu beigetragen hat, dem Geschädigten einen Nutzen zu verschaffen, sofern nur nach der natürlichen Entwicklung der Dinge mit der Entstehung eines solchen Vorteils zu rechnen und der Zusammenhang nicht so lose ist, daß er nach vernünftiger Lebensauffassung keine Berücksichtigung mehr verdient.

Die schädigende Handlung sieht das Berufungsgericht in der widerrechtlichen Verfügung über den zu treuen Händen übergebenen Scheck. Aus derselben Handlung ergab sich aber der Anspruch auf Schadensersatz, der bei Leuten, die in bedrängter Lage sind und sich daher an fremdem Gut vergreifen, nach dem gewöhnlichen Lauf der Dinge zur Zwangsvollstreckung führt. Hat der Gläubiger beim Schuldner Bestellungen gemacht oder ihm in Aussicht gestellt auf

Sachen, die für die persönlichen Bedürfnisse des Gläubigers zugeschnitten sind und nach denen sonst nur vereinzelt Nachfrage besteht, so entspricht es wiederum der natürlichen Entwicklung, daß der Gläubiger gerade diese Stücke zur Pfändung noch vorfindet. Hat der Gläubiger aber erst ein Pfandrecht, so ist es keine ungewöhnliche Folge, daß er selbst in der Versteigerung die auf seinen Bedarf zugerichteten Pfandstücke zu einem Schleuderpreise erwirbt. Denn der Kreis von Abnehmern für Maschinen, die selten gebraucht werden und noch dazu für besondere Zwecke des Pfandgläubigers eigens hergestellt worden sind, wird sicherlich ganz gering sein; andere Bieter werden daher oft ganz fehlen. Die zum Schadensersatz verpflichtende Handlung wird deshalb in solchen Fällen häufig dazu führen, daß der Gläubiger einen mit erheblichen Mitteln hergestellten Gegenstand zu einem Preise erwirbt, der keinen Gegenwert für die aufgewendeten Mittel bietet, obgleich für den Pfandgläubiger noch das alte Bedürfnis besteht und für ihn die Sache noch den alten Wert hat, abgesehen von Einbußen, auf die noch einzugehen ist. Für den Gläubiger kann daher der Erwerb einen Vorteil bedeuten, der ihm nicht erwachsen wäre, wenn es nicht zur unerlaubten Handlung und demnächst zur Zwangsvollstreckung gekommen wäre. Der ursächliche Zusammenhang zwischen unerlaubter Handlung und Vorteil ist damit gegeben, soweit dafür zu fordern ist, daß die schadenstiftende Handlung nach dem gewöhnlichen Laufe der Dinge zu dem eingetretenen Erfolge führen konnte.

Man kann diesen Zusammenhang nicht mit der Betrachtung abtun, die das Berufungsgericht anstellt. Auch der neue selbständige Entschluß, das Pfandstück im Laufe der Vollstreckung zu erwerben, kann sich als Folge der unerlaubten Handlung darstellen. Man versetze sich in die Lage des Gläubigers: Er hat ein Pfandrecht, der Schuldner ist im Konkurs; der Versteigerungserlös fließt daher bis zum Nennbetrage seiner minderwertigen Forderung zum Gläubiger voll zurück. Der Gläubiger zahlt nicht an die Konkursmasse, um dann nur die Konkursquote davon wieder zu erhalten, wie er es tun müßte, wenn er das Pfandrecht nicht besäße. An die Stelle der ohne Pfandrecht minderwertigen Forderung tritt der vollwertige Pfanderlös, dazu vielleicht auch noch ein Mehrwert der Maschine. Der Entschluß, in der Zwangsversteigerung zu bieten oder auch vorher freihändig zu erwerben, ist dem Geschädigten in seiner Eigenschaft als Pfandgläubiger ganz wesentlich erleichtert, und daher findet dieser Entschluß seinen letzten Grund mit in der unerlaubten Handlung, aus der die Pfandgläubigerstellung erwuchs. Wenigstens wird das der Regelfall sein.

Jedoch darf der Vorteil, ebenso wie der Schaden, nach der Auffassung des Lebens nicht so lose mit dem verursachenden Ereignis zusammenhängen, daß dieser Zusammenhang vernünftigerweise unberücksichtigt zu lassen wäre. Beim Erwerb in der Zwangsvollstreckung fällt die Mängelhaftung weg; beim freihändigen Ankauf von einer zahlungsunfähigen Firma ist nichts beizutreiben, wenn sich später Mängel ergeben. In dem Erwerb einer unfertigen Maschine liegt eine nicht zu unterschätzende Gefahr. Alledem und etwaigen andern preismindernden Gründen muß Rechnung getragen werden, wenn man den angemessenen Wert der Maschine für die Klägerin ermitteln will. Geht das in solchem Erwerbe liegende Wagnis gut aus und erwächst in diesen Grenzen ein Vorteil, so sieht ihn eine vernünftige Auffassung doch nur als einen Gegenwert für die beim Erwerb übernommenen Gefahren und nicht mehr als einen durch den Erwerbspreis nicht ausgeglichenen Gewinn aus der Gläubigerstellung an. Vorteile in diesen Grenzen sind daher nicht auszugleichen. Nur dann, wenn der bezahlte Preis noch unter den gekennzeichneten Grenzen bleibt, kann von einem ausgleichspflichtigen Vorteil die Rede sein. Dabei kommt in Betracht, daß hier nicht ein Fall vorliegt, in dem etwa ein Gläubiger, nur um sein Geld zu retten, zu dem sonst unerwünschten Erwerb eines Gegenstandes geschritten wäre, den er selbst nicht gebrauchen und dessen Verwertung ihm noch Gefahren bringen könnte. Hier handelt es sich vielmehr um den Erwerb einer Maschine, die für die Klägerin angefertigt worden war, und deren Ankauf sie beabsichtigte und ohne die Veruntreuung wohl auch bewirkt hätte; für diesen Gegenstand bestand auch zur Zeit des Zwangserwerbs noch das alte Bedürfnis und daher der alte Wert, abgesehen von der erörterten Einbuße.

Der Beklagte hatte darauf hingewiesen, daß nach dem in Aussicht genommenen Vertrage zwei der Maschinen für 39 000 RM. hätten geliefert werden sollen, daß die eine gepfändete Maschine beinahe fertiggestellt gewesen und der Klägerin für etwa 1000 RM. zugefallen sei. Beweis hierfür war angetreten. Daher muß damit gerechnet werden, daß die neuwertige Maschine zu 5 bis 10 v. H. ihres Neuwerts weggegangen ist, und daß dieser niedrige Preis nicht durch den gewöhnlichen Abschlag, der bei jedem Zwangsverkauf dieser Art vom ordentlichen Preise gemacht werden muß, zu erklären ist, sondern auf den gekennzeichneten besonderen Gründen beruht. Dadurch fiele der Klägerin ein Vorteil zu, der sich in Fällen der vorliegenden Art als die nicht ungewöhnliche Folge der unerlaubten Handlung des Beklagten darstellt, nach verständiger Lebensauffassung auf jene, nicht auf irgendwelche andere Umstände, zurückzuführen ist und eine sachliche Berechtigung sonst nicht findet. Das Berufungsgericht hätte daher den Behauptungen des Beklagten nachgehen und ermitteln müssen, ob ein Vorteil der gekennzeichneten Art für die Klägerin entstanden ist. Würde ihr dieser nicht abgerechnet werden, so führte die Verurteilung des Beklagten zu dem Ergebnis, daß seine unerlaubte Handlung der Klägerin im Enderfolg einen durch nichts gerechtfertigten Vorteil bringen und das Urteil nicht nur den Schaden abwenden würde.

RGZ. 136, 127

1. Zur Auslegung einer Vertragsbestimmung, nach der Darlehnsrückzahlungen nach Wahl des Gläubigers entweder in holländischer Währung oder in deutscher Reichswährung zu leisten sind.

2. Fassung der Urteilsformel bei Verurteilung zu einer solchen Leistung.

BGB. §§ 262, 263.

IV. Zivilsenat. Urt. v. 17. März 1932.

I. Landgericht I Berlin. II. Kammergericht daselbst.

Am 28. Juli 1913 schlossen die Parteien zu notariellem Protokoll einen Darlehnsvertrag. In § 1 dieses Vertrags bekannte der Beklagte, von der Klägerin, einer holländischen Bank, ein Darlehen von 100 000 M. erhalten zu haben. Nach § 3 Abs. 1 verpflichtete er sich, das Kapital vom 1. August 1913 ab mit jährlich 6 v. H. zu verzinsen. § 3 Abs. 2 bestimmte:

> Die Zahlungen sind nach Wahl der Bank entweder in holländischer Währung (die Mark berechnet als 60 holländische Cents) oder in deutscher Reichsmark im Geschäftslokale der Bank im Haag (Holland) zu leisten.

Das Darlehen sollte am 1. Juli 1918 zur Rückzahlung fällig sein (§ 4). Unter gewissen Voraussetzungen sollte die Klägerin jedoch zur vorzeitigen Kündigung berechtigt sein (§ 5). In § 9 unterwarf sich der Beklagte der sofortigen Zwangsvollstreckung aus der Urkunde. Nach § 11 unterwarfen sich die Parteien wegen aller Streitigkeiten aus dem Vertrage der Zuständigkeit des Landgerichts I Berlin sowie den Grundsätzen des deutschen Rechts. Im Jahre 1914 kündigte die Klägerin das Darlehen, ließ sich eine vollstreckbare Ausfertigung der Vertragsurkunde erteilen und versuchte in der Folgezeit wiederholt Zwangsvollstreckungen gegen den Beklagten. Am 10. April 1930 wurde der Klägerin auf ihren Antrag eine neue Vollstreckungsklausel in Höhe eines Teilbetrags von 1200 holländischen Gulden erteilt. Diese wurde aber auf Einwendung des Beklagten für unzulässig erklärt.

Mit der Klage verlangt die Klägerin Zahlung von 1200 holländischen Gulden oder des Betrages, der erforderlich ist, um 1200 holländische Gulden am Zahlungstag anzuschaffen, nebst Zinsen. Der Beklagte will die Klage abgewiesen haben. Widerklagend verlangt er für einen

Kapitalteilbetrag von 6000 holländischen Gulden die Feststellung, daß die Klägerin aus dem notariellen Vertrag vom 28. Juli 1913 keinen Anspruch gegen ihn auf Bezahlung in holländischen Gulden habe.

Das Landgericht wies die Klage ab und erkannte nach dem Widerklagantrag. Das Kammergericht entschied umgekehrt. Die Revision des Beklagten führte zur Aufhebung und Zurückverweisung.

Gründe:

. . . Den § 3 Abs.2 des Vertrags vom 28. Juli 1913 legt das Kammergericht dahin aus, daß er nicht bloß auf die Zinszahlungen, sondern auch auf die Kapitalrückzahlungen zu beziehen sei. Das ihr hiernach zustehende Wahlrecht — so wird ausgeführt — habe die Klägerin durch ihre Briefe vom 31. Juli 1926 und 24. Januar 1928 sowie durch die Erhebung der auf Guldenzahlung gerichteten Klage ausgeübt. Daß die Klägerin bereits im Jahre 1914 durch Kündigung die Forderung in Papiermark fällig gemacht und eine ebenfalls für eine Wahlerklärung verwendbare Handlung, nämlich die Erteilung des Vollstreckungsauftrags in Mark, vorgenommen habe, könne an diesem Ergebnis nichts ändern. Eine damals vorgenommene Wahl habe sich auf eine jetzt nicht mehr bestehende Währung bezogen, sei also heute gegenstandslos geworden. Der Klägerin stehe hiernach ein Guldenanspruch zu.

Der Angriff, den die Revision gegen die Auslegung des § 3 Abs. 2 des Vertrags durch das Berufungsgericht erhebt, kann keinen Erfolg haben. Es trifft nicht zu, daß § 3 Abs. 2 das Wahlrecht der Klägerin ausdrücklich auf die Zahlung von Zinsen beschränke, so daß die Auslegung des Kammergerichts, wie die Revision offenbar geltend machen will, gegen den klaren Wortlaut des Vertrags verstoße. Die Bestimmung war vielmehr, wie das Berufungsgericht mit Recht angenommen hat, der Auslegung fähig. Die von ihm vorgenommene Auslegung ist möglich und daher für das Revisionsgericht bindend.

Im übrigen aber ist das angefochtene Urteil nicht frei von Rechtsirrtum. Das Kammergericht geht davon aus, daß durch den Vertrag vom 28. Juli 1913 ein Wahlschuldverhältnis gemäß §§ 262 flg. BGB. begründet worden sei. Diese Annahme hätte jedoch einer näheren Begründung bedurft. Es ist zwar möglich, daß die Bestimmung in § 3 Abs. 2 des Vertrags von den Parteien im Sinne einer wahlweisen (alternativen) Währungsklausel gemeint war, also dahin, daß von vornherein zwei Leistungen, nämlich nach Wahl des Gläubigers entweder ein Betrag von 100 000 M. oder der entsprechende Guldenbetrag (die Mark berechnet als 60 holländische Cents) geschuldet sein sollten. In diesem Fall läge allerdings ein Wahlschuldverhältnis vor. Denkbar ist aber auch, daß es sich nach dem Willen der Parteien bei der Bestimmung in § 3 Abs. 2 lediglich um eine facultas alternativa (Ersetzungsbefugnis) des Gläubigers handeln sollte, derart, daß zwar zunächst nur eine Leistung, nämlich ein Betrag von 100 000 M. geschuldet wurde, der Klägerin aber das Recht zustehen sollte, statt der Zahlung des Markbetrags Zahlung in holländischer Währung zu verlangen. In diesem Rechtszuge kann zu der Frage keine abschließende Stellung genommen werden, da ihre Beantwortung wesentlich von der an Hand der Vertragsurkunde vorzunehmenden Ermittlung des Parteiwillens abhängt.

Läge eine Ersetzungsbefugnis des Gläubigers vor, so würde die Vorschrift des § 263 BGB. keine Anwendung finden (WarnRspr. 1916 Nr. 158). Es wäre daher nicht ausgeschlossen, daß der Darlehnsgläubiger später Zahlungen in holländischer Währung verlangen kann, auch wenn er früher Zahlungen in deutscher Währung gefordert oder angenommen hat. Für die Frage, ob dies zulässig ist, kommt es lediglich auf den Parteiwillen und die besondere Gestaltung des Rechtsverhältnisses an.

Beim Vorliegen eines Wahlschuldverhältnisses würde noch zu prüfen sein, ob nicht die nachgiebige Vorschrift des § 263 BGB. durch Vereinbarung der Parteien außer Wirksamkeit gesetzt worden ist (vgl. WarnRspr. 1923/24 Nr. 63). Wäre § 263 gleichwohl anwendbar, so würde es noch näherer Feststellungen bedürfen, ob und in welcher Weise bereits vor Eintritt des Währungsverfalls eine Wahlerklärung der Klägerin abgegeben worden war dahin, daß sie Zahlung in Mark verlange. Die bisherigen Darlegungen des Kammergerichts reichen hierfür nicht aus. Die Kündigung des Kapitals enthält für sich allein noch nicht notwendig eine Wahlerklärung. Ob in dem Betreiben der Zwangsvollstreckung wegen eines Markbetrags eine Wahlerklärung gefunden werden kann, läßt sich nur auf Grund der näheren Umstände zutreffend beurteilen. Rechtsirrig ist jedenfalls, wie der Revision zuzugeben ist, der Ausspruch des Kammergerichts, daß eine bereits im Jahre 1914 erfolgte Wahlerklärung der Klägerin heute gegenstandslos geworden sei, weil sie sich auf eine jetzt nicht mehr bestehende Währung bezogen habe. Die frühere deutsche Währung ist nicht ersatzlos untergegangen, sondern durch die neue Reichswährung ersetzt worden. Für die Umrechnung gilt § 5 Abs. 2 des Münzgesetzes vom 30. August 1924 (RGBl. II S. 254). Danach ist, sofern eine Schuld in Mark bisheriger Währung gezahlt werden kann, der Schuldner berechtigt, die Zahlung in gesetzlichen Zahlungsmitteln in der Weise zu leisten, daß eine Billion Mark einer Reichsmark gleichgesetzt werden. Wenn daher ein Wahlschuldverhältnis vorlag und wenn die Forderung auf Grund einer bereits im Jahre 1914 erfolgten Wahlerklärung der Klägerin zu einer Markforderung geworden war, so unterlag diese Forderung den Wandlungen der deutschen Währung, da die Parteien nach der ausdrücklichen Bestimmung in § 11 des Vertrags vom 28. Juli 1913 ihre Vertragsbeziehungen den

Grundsätzen des deutschen Rechts unterworfen hatten. Die Frage, ob die Klägerin Aufwertung ihrer Markforderung verlangen könnte, liegt auf einem anderen Gebiet.

Eine Stellungnahme zu der Frage, ob ein Wahlschuldverhältnis oder eine bloße Ersetzungsbefugnis des Gläubigers vorliegt, würde sich erübrigen, wenn etwa der Vertrag seinem ganzen Inhalt nach in der Weise auszulegen wäre, daß die Klägerin in der jeweiligen Reichswährung so viel solle fordern können, als zur Deckung ihrer Forderung in Guldenwährung nötig ist, oder daß sie berechtigt sei, für 100 M. 60 holländische Gulden zu verlangen. Solche Vertragsauslegungen lagen dem Urteil des VI. Zivilsenats des Reichsgerichts vom 11. Dezember 1919 (teilweise abgedr. JW. 1920 S. 373 Nr. 2) und dem Urteil desselben Senats vom 20. Dezember 1921 (WarnRspr. 1921 Nr. 134) zugrunde.

Das Berufungsurteil entbehrt nach alledem einer erschöpfenden rechtlichen und tatsächlichen Würdigung des Streitstoffs. Seine Ausführungen vermögen die Entscheidung, daß die Klägerin Zahlung in holländischen Gulden fordern könne, noch nicht zu tragen. Aus diesem Grunde mußte es aufgehoben und die Sache zur anderweiten Verhandlung und Entscheidung an das Berufungsgericht zurückverwiesen werden. . . .

Die Revision macht noch geltend, daß, da die Klägerin Zahlung von holländischen Gulden verlange, die Verurteilung nur zur Zahlung von holländischen Gulden habe ausgesprochen und der Beklagte auch nicht hilfsweise dazu habe verurteilt werden können, den Betrag — gemeint ist: den Reichsmarkbetrag — zu zahlen, der erforderlich sei, um den Guldenbetrag am Zahlungstag anzuschaffen. Diese Bemängelung ist unbegründet. An sich könnte die Klägerin nach § 3 Abs. 2 des Vertrags Zahlung in ihrem Geschäftslokal im Haag (Holland) verlangen. Von diesem Recht hat sie in der Klage keinen Gebrauch gemacht, sondern sich auf das Verlangen nach Zahlung im Inland beschränkt. Nach § 244 Abs. 1 BGB. kann, wenn eine in ausländischer Währung ausgedrückte Geldschuld im Inland zu zahlen ist, die Zahlung in Reichswährung erfolgen, es sei denn, daß Zahlung in ausländischer Währung ausdrücklich bedungen ist. Ob diese Vorschrift hier anwendbar wäre, kann auf sich beruhen, denn die Klägerin gesteht dem Beklagten in ihrem Klagantrag ein Wahlrecht dahin zu, die Zahlung entweder in Gulden oder in Reichswährung zu leisten. Der Beklagte wird hierdurch nicht beschwert, sondern begünstigt. Die Fassung der Formel des Berufungsurteils, die dem Klagantrag entspricht, unterliegt daher keinen Bedenken. Im übrigen ist auch bei einem lediglich auf ausländische Währung lautenden Schuldtitel im Zweifel anzunehmen, daß er nicht auf Verschaffung ausländischer Geldsorten — die Vollstreckung eines solchen Schuldtitels wäre zur

Zeit nach § 10 der Siebenten Verordnung zur Durchführung der Verordnung des Reichspräsidenten über die Devisenbewirtschaftung vom 10. November 1931 (RGBl. I S. 673) nur mit Genehmigung der Stelle für Devisenbewirtschaftung zulässig —, sondern auf Zahlung eines in ausländischer Währung ausgedrückten Geldbetrags in Reichswährung gerichtet ist (vgl. RGZ. Bd. 106 S. 74; Stein-Jonas ZPO. Vorbem. I 1 vor § 803; Planck BGB. § 244 Anm. 1).

RGZ. 139, 131

Zur Frage, ob ein Verletzter schuldhaft handelt, wenn er die Vornahme einer Operation ablehnt. Welchen Umständen ist dabei besondere Bedeutung beizumessen?

BGB. §§ 254, 823.

VIII. Zivilsenat. Urt. v. 15. Dezember 1932.

I. Landgericht Zwickau. II. Oberlandesgericht Dresden.

Am 19. November 1928 kam der Zweitkläger E. durch das Verschulden des Beklagten zu Fall. Da er alsbald und auch in den nächsten Tagen sich verstärkende Schmerzen spürte, begab er sich am 24. November 1928 in die Behandlung des Arztes Dr. P. in W. Dieser erklärte, nachdem am 1. Dezember auf seine Veranlassung eine Röntgenaufnahme gemacht worden war, es sei ein Abszeß im Darm entstanden, und riet zur Operation. Das Verlangen des Klägers E., P. solle diese Operation vornehmen, lehnte dieser ab, da er nicht die nötigen Instrumente habe, und gab den Rat, E. solle sich im Stadtkrankenhaus in W. operieren lassen. Da sich E. dazu nicht bereit fand, lehnte P. die weitere Behandlung als zwecklos ab. E. begab sich nun in die Behandlung des nicht approbierten Homöopathen B. in C., der ihn bis zum 19. Februar 1929 mit homöopathischen Medikamenten sowie mit Bestrahlungen und Elektrisierung zu heilen versuchte. Sodann, und zwar nach seiner Angabe Ende Februar 1929, suchte E. wieder den Dr. P. auf. Dieser behandelte ihn und spaltete am 18. und 21. März 1929 zwei Darmabszesse. Am 18. Juni 1929 wurde E. in das Krankenhaus eingeliefert. Dort nahm der Arzt Dr. H. am 19. Juni einen größeren Eingriff in den Darm vor. Dabei wurden, da sich der Eiter bis zum Schließmuskel hingezogen hatte, Teile des Muskels entfernt, was zur Folge hatte, daß E. nun den Stuhl nicht mehr halten kann.

Mit der Behauptung, die Bildung des Abszesses sei durch den Fall verursacht worden, haben E. und mit ihm der Verwalter in dem inzwischen über sein Vermögen eröffneten Konkursverfahren von dem Beklagten Schadensersatz verlangt. Dieser hat insbesondere eingewendet: E. sei schuldhaft dem Rate des Dr. P., sich operieren zu lassen, nicht gefolgt; hätte er das getan, so wäre nach kurzer Zeit völlige Genesung eingetreten. Den seitdem entstandenen Schaden müsse daher unter allen Umständen E. selbst tragen.

Die Klagansprüche haben dem Grunde nach für gerechtfertigt erklärt: das Landgericht nur zur Hälfte, das Oberlandesgericht nur insoweit, als die Schäden bis zum 20. Januar 1929 entstanden sind. Die Revision der Kläger führte zur Aufhebung des Berufungsurteils und zur Zurückverweisung.

Gründe:

Die Entscheidung des Berufungsgerichts beruht im wesentlichen auf folgendem Gedankengange: Der Beklagte hat durch sein Vorgehen am 19. November 1928 fahrlässigerweise die Abszeßbildung im Darm des Klägers E. hervorgerufen und muß daher den dadurch entstandenen Schaden gemäß § 823 Abs. 1 BGB. erstatten. Die Erkrankung des E. wäre aber bis spätestens zum 20. Januar 1929 zu beseitigen gewesen, wenn dieser dem Rate des Dr. P. gefolgt wäre und sich im Dezember 1928 der Operation unterzogen hätte. Daß er das nicht tat, ist ihm zum Verschulden anzurechnen. Denn die Operation war gefahrlos und erfolgversprechend und wäre auch nicht mit erheblichen Schmerzen verbunden gewesen. Dr. P. hatte sie unter Hinweis auf die schweren Folgen, die sich aus ihrer Unterlassung ergeben würden, dringend angeraten und als einziges Mittel zur Heilung dargestellt; er hatte seinen Rat noch dadurch verstärkt, daß er nach Ablehnung der Operation die weitere Behandlung des Mitklägers aufgab. Alle schädlichen Folgen der Erkrankung, die ihren Grund in der noch nach dem 20. Januar 1929 bestehenden Krankheit hatten, sind daher lediglich durch das schuldhafte Verhalten des E. herbeigeführt worden und fallen daher gemäß § 254 BGB. diesem zur Last.

Die Annahme, daß der Beklagte an sich den durch die Abszeßbildung entstandenen Schaden zu erstatten habe, ist frei von Rechtsirrtum. Es kann sich also nur fragen, ob Rechtsbedenken dagegen bestehen, daß die Verantwortung für alle Schäden, die ihren Grund im Fortbestehen der Erkrankung nach dem 20. Januar 1929 haben, allein dem Kläger E. auferlegt worden ist. In dieser Richtung bewegen sich auch die Rügen der Revision.

Daß sich der Unfallverletzte zur Heilung oder zur Erlangung größerer Arbeits- und Erwerbsfähigkeit trotz des Selbstbestimmungsrechts über seinen Körper unter Umständen einer Operation unterziehen muß und daß er schuldhaft im Sinne des § 254 BGB. handelt, wenn er sich ihr nicht unterzieht, steht in der Rechtsprechung des Reichsgerichts fest (vgl. SeuffArch. Bd. 46 S. 294 flg. Nr. 189; RGZ. Bd. 60 S. 147, Bd. 83 S. 15, Bd. 129 S. 398; JW. 1906 S. 206 Nr. 30

und S. 341 Nr. 23, 1907 S. 740 Nr. 6, 1912 S. 136 Nr. 8; RGUrteile vom 23. Juni 1905 III 46/05, vom 26. Februar 1917 VI 424/16, vom 19. April 1928 VI 365/27, vom 1. Juni 1931 VI 642/30). Diese Rechtsprechung geht davon aus, daß auch für das Verhältnis des Verletzten zum Schädiger die Grundsätze von Treu und Glauben Platz zu greifen haben, daß der Verletzte danach verpflichtet ist, zu tun, was in seinen Kräften steht, um die Heilung zu erreichen, und die Heilmittel anzuwenden, welche die ärztliche Wissenschaft an die Hand gibt und der Arzt anrät. Diese Pflichten ergeben sich auch aus dem im § 254 BGB. maßgebenden Gesichtspunkt, daß jeder im eigenen Interesse auf seinen Körper Rücksicht zu nehmen hat und bestrebt sein muß, ihn gesund zu erhalten und im Falle der Krankheit möglichst rasch und gründlich der Genesung zuzuführen. Anderseits kann dem Verletzten aber nicht zugemutet werden, sich einer sein Leben gefährdenden Kur oder Operation zu unterziehen, dabei erhebliche Schmerzen zu erdulden oder auch Operationen dann vornehmen zu lassen, wenn sie keine sichere Aussicht auf Heilung oder beträchtliche Besserung bieten. Wo die Grenze einer solchen Zumutung zu ziehen, welchen Erwägungen die überwiegende Bedeutung zu geben ist, läßt sich nur nach den gesamten Umständen des einzelnen Falles und auch unter Berücksichtigung der persönlichen Eigenschaften des Verletzten beurteilen. Handelt dieser lediglich aus Eigensinn oder nutzt er nur rücksichtslos und selbstsüchtig die Haftung des Schadensersatzpflichtigen aus, so trifft ihn ohne weiteres ein Verschulden.

Daß die Operation des Klägers E. Anfang Dezember 1928 einfach und gefahrlos und nicht mit besonderen Schmerzen verbunden gewesen wäre, auch mit an Sicherheit grenzender Wahrscheinlichkeit in vier bis sechs Wochen volle und glatte Heilung gebracht hätte, ist den Feststellungen des Berufungsgerichts zu entnehmen. Es kann der Revision nicht zugegeben werden, daß diese Annahme auf Rechtsirrtum beruhte. Der Umstand, daß die Operation in allgemeiner Narkose hätte durchgeführt werden müssen, weil Lokalanästhesie wegen der Eiterung nicht möglich und Leitungsanästhesie nicht ratsam war, machte nach Lage der Umstände die Operation noch nicht zu einer gefahrvollen, nicht zumutbaren. Wenn das Reichsgericht in RGZ. Bd. 83 S. 15 (19) eine Operation in Chloroformnarkose als gefährlich und deshalb nicht zumutbar bezeichnete, so hat es damit keinen ein- für allemal gültigen Grundsatz aufstellen, sondern nur sagen wollen, nach dem damaligen Stande der Wissenschaft habe man eine Operation in Narkose als gefährlich zu erachten. Inzwischen hat sich deren Gefährlichkeit offenbar bedeutend verringert; denn das Berufungsgericht stellt fest, daß bei der Narkose nur ein Todesfall auf etwa 3000 bis 4000 Fälle vorkommt. Ergeben sich aus der körperlichen Beschaffenheit des Verletzten keine besonderen Bedenken — und solche sind hier nicht behauptet —, so muß eine Operation in Narkose, die ja praktisch nur in fast verschwindendem Maße gefährlich ist, dem Verletzten jedenfalls dann zugemutet werden, wenn sonst eine gefährliche Verschlimmerung des Leidens sicher zu erwarten ist und die Operation als einziges Mittel bleibt. So aber lag die Sache hier, und dadurch unterscheidet sich dieser Fall auch wesentlich von dem in RGZ. Bd. 83 S. 15 entschiedenen, wo die Operation in der Hauptsache nur dazu dienen sollte, die Erwerbsfähigkeit des Verletzten zu steigern. In Fällen solcher Art wird man nach Lage der Umstände etwas strengere Anforderungen an die Gefahrlosigkeit stellen können. Hinzu kommt im vorliegenden Falle als gefahrherabsetzend noch, daß nach dem Gutachten des Dr. H. eine oberflächliche Aethernarkose genügt hätte. Eine etwa nicht erfüllte Kostenvorschußpflicht des Beklagten, worauf die Revision hinweist, kam hier als den Kläger E. entschuldigend nicht in Frage. Irgendwelche Behauptungen, daß der Beklagte damals schon auf Schadensersatz in Anspruch genommen worden wäre, ja daß er überhaupt nur von der ernsteren Erkrankung des E. und der Notwendigkeit einer Operation erfahren hätte, sind nicht aufgestellt.

Lagen somit objektiv die Voraussetzungen für die Zumutbarkeit der Operation vor, so rügt die Revision doch mit Recht, daß bei der Prüfung der subjektiven Seite des Verschuldens nicht alle dafür in Betracht kommenden Umstände erwogen worden sind. Es bestehen deshalb insoweit Rechtsbedenken gegen das Berufungsurteil. Die erbetene Nachprüfung hat allerdings keine Bedenken gegen die Annahme des Berufungsrichters ergeben, daß Dr. P. ernsthaft und dringend die Operation angeraten und die schweren Folgen, die andernfalls eintreten würden, geschildert hat, und daß alles dies dem Kläger E. klar geworden ist, sowie daß die Heilung bis zum 20. Januar 1929 erfolgt wäre. Alles das beruht auf rein tatsächlichen Erwägungen. Dagegen sind die Behauptungen des Klägers E. über seinen Nervenzustand in der in Betracht kommenden Zeit und dessen Wirkung auf seine Entschließungen nicht ausreichend gewürdigt worden. Das Berufungsgericht erwägt in seiner Betrachtung nur, daß die Behauptungen nicht geeignet seien, einen solchen psychischen, die Unmöglichkeit der Entschlußfassung bewirkenden Zustand darzutun und aufzuzeigen, daß E. die Operation wegen dieser Enschlußunfähigkeit unterlassen habe. Darauf allein kam es aber nicht an. Denn ein Verschulden konnte auch schon dann beseitigt oder jedenfalls erheblich gemindert werden, wenn E. zwar nicht unfähig zu Entschlüssen, aber doch in seiner Entschlußkraft erheblicher beeinträchtigt war. Und auch darauf kommt es grundsätzlich nicht an, ob die geringe Entschlußkraft gerade eine Folge des Unfalls war oder ob schon die körperliche Veranlagung des E. diese Folge ganz oder teilweise herbeigeführt hat. Denn für die Frage des Verschuldens ist das Vorhandensein der geringen Entschlußkraft schlechthin in Betracht zu ziehen. Zu erwägen ist auch noch, daß E. zwar bereit war, sich von dem ihm bekannten Dr. P. operieren zu lassen. nicht aber im Krankenhaus von einem anderen Arzt. Weiter ist die Hinzuziehung des Homöopathen B. unzureichend gewürdigt worden. Daß keine Schädigung durch seine Behandlungsweise als solche herbeigeführt wurde, ist festgestellt. Im übrigen hat aber der Berufungsrichter nur die durch diese Behandlung herbeigeführte Verzögerung in der zutreffenden Behandlung betrachtet. Das Vorbringen der Kläger hierzu hatte jedoch erkennbar den folgenden weiteren Sinn: die gesamten Umstände ließen es dem E. geboten erscheinen, sich nicht nur auf den Rat des Dr. P. zu verlassen, sondern noch einen anderen, ihm vertrauensvoll erscheinenden Heilkundigen zuzuziehen. Das war für ihn B. Dieses Vorbringen ist nicht bedeutungslos. Es läßt sich insbesondere nicht ohne weiteres sagen, daß der Kläger E. grob schuldhaft handelte, wenn er dem Arzte nicht traute und zu dem nicht approbierten Homöopathen flüchtete (vgl. auch RG. im Recht 1915 Nr. 2655). Hatte E. Vertrauen zu B. und war dieses Vertrauen wegen des Rufes, den B. genoß, und wegen der von ihm erzielten Heilerfolge nicht unberechtigt, so wird es ihm nicht zu einem erheblichen Verschulden anzurechnen sein, wenn er ihn zuzog, ehe er sich zur Operation entschloß. Dies gilt besonders, wenn E. wegen der Verweisung an das Krankenhaus und der Ablehnung einer Erfolgsgarantie durch P. von seinem Standpunkt Anlaß hatte, doch Zweifel in die Gefahrlosigkeit und das sichere Ergebnis der Operation zu setzen. Riet ihm dann B. auch nicht zur Operation und besserte sich, wie letzteres aus der Aussage des B. zu entnehmen ist, im Laufe der Behandlung sein Zustand scheinbar, so wird man ihm um so weniger einen Vorwurf machen können, wenn er in dieser Behandlung längere Zeit verblieb.

Es muß also unter Würdigung dieser Gesichtspunkte geprüft werden, ob die Hinausschiebung der Operation ein Verschulden des E. darstellt und wie es zu bewerten ist. Denn es ist, da die Handlung des Beklagten immer auch mit die Ursache der weiteren Erkrankung blieb, nicht nur die Verursachung, sondern auch das Verschulden des Klägers E. und des Beklagten abzuwägen. Schon deshalb muß das Urteil des Berufungsgerichts, soweit es angefochten ist, aufgehoben und die Sache zurückverwiesen werden. . . .

Sachregister

(Die Ziffern bedeuten die Seitenzahlen dieses Bandes)

A

B

C

D

E

H

N

O

P

Q

R

S

T

U

W

Z

Kolibri 360 GmbH
Ferdinand-Jühlke-Straße 7
99095 Erfurt, Deutschland
produktsicherheit@kolibri360.de